国家出版基金资助项目

"新闻出版改革发展项目库"入库项目

国家出版基金项目 "十三五"国家重点出版物出版规划项目
NATIONAL PUBLICATION FOUNDATION

特殊冶金过程技术丛书

环境界面胶体化学

程芳琴　杜志平　编著

北　京

冶金工业出版社

2023

内 容 提 要

本书系统介绍了气-液、气-固、液-固等多相界面性质，界面间吸附润湿等物质迁移转化性能，胶体分散体系的基本性质等环境界面胶体化学的基础理论。以作者团队成果为基础，阐述了环境界面胶体化学在废弃物资源化高效利用和环境污染控制中的应用，并对实践过程中遇到的实际问题进行建模、演绎、归纳和总结。

本书可供废弃物资源环境领域，特别是从事固废资源化及安全处理处置技术开发和应用的科研、教学与生产技术人员阅读，也可作为相关专业本科生和研究生的教学参考书。

图书在版编目(CIP)数据

环境界面胶体化学/程芳琴，杜志平编著 . —北京：冶金工业出版社，2023.5

（特殊冶金过程技术丛书）

ISBN 978-7-5024-9429-2

Ⅰ.①环…　Ⅱ.①程…　②杜…　Ⅲ.①界面—胶体化学　Ⅳ.①O648

中国国家版本馆 CIP 数据核字(2023)第 040144 号

环境界面胶体化学

出版发行	冶金工业出版社	**电　话**	(010)64027926
地　　址	北京市东城区嵩祝院北巷 39 号	**邮　编**	100009
网　　址	www.mip1953.com	**电子信箱**	service@ mip1953.com

责任编辑　王梦梦　张熙莹　美术编辑　彭子赫　版式设计　郑小利
责任校对　石　静　李　娜　责任印制　禹　蕊
北京捷迅佳彩印刷有限公司印刷
2023 年 5 月第 1 版，2023 年 5 月第 1 次印刷
787mm×1092mm　1/16；30 印张；723 千字；450 页
定价 249.00 元

投稿电话　(010)64027932　投稿信箱　tougao@cnmip.com.cn
营销中心电话　(010)64044283
冶金工业出版社天猫旗舰店　yjgycbs.tmall.com
（本书如有印装质量问题，本社营销中心负责退换）

特殊冶金过程技术丛书

学术委员会

特殊冶金过程技术丛书

序

　　科技创新是永无止境的，尤其是学科交叉与融合不断衍生出新的学科与技术。特殊冶金是将物理外场（如电磁场、微波场、超重力、温度场等）和新型化学介质（如富氧、氯、氟、氢、化合物、络合物等）用于常规冶金过程而形成的新的冶金学科分支。特殊冶金是将传统的火法、湿法和电化学冶金与非常规外场及新型介质体系相互融合交叉，实现对冶金过程物质转化与分离过程的强化和有效调控。对于许多成分复杂、低品位、难处理的冶金原料，传统的冶金方法效率低、消耗高。特殊冶金的兴起，是科研人员针对不同的原料特性，在非常规外场和新型介质体系及其对常规冶金的强化与融合做了大量研究的结果，创新的工艺和装备具有高效的元素分离和金属提取效果，在低品位、复杂、难处理的冶金矿产资源的开发过程中将显示出强大的生命力。

　　"特殊冶金过程技术丛书"系统反映了我国在特殊冶金领域多年的学术研究状况，展现了我国在特殊冶金领域最新的研究成果和学术思想。该丛书涵盖了东北大学、昆明理工大学、中南大学、北京科技大学、江西理工大学、北京矿冶研究总院、中科院过程所等单位多年来的科研结晶，是我国在特殊冶金领域研究成果的总结，许多成果已得到应用并取得了良好效果，对冶金学科的发展具有重要作用。

　　特殊冶金作为一个新兴冶金学科分支，涉及物理、化学、数学、冶金、材料和人工智能等学科，需要多学科的联合研究与创新才能得以发展。例如，特殊外场下的物理化学与界面现象，物质迁移的传输参数与传输规律及其测量方法，多场协同作用下的多相耦合及反应过程规律，新型介质中的各组分反应机理与外场强化的关系，多元多相复杂体系多尺度结构与效应，新型冶金反应器的结构优化及其放大规律等。其中的科学问题和大量的技术与工程化需要我们去解决。

特殊冶金的发展前景广阔，随着物理外场技术的进步和新型介质体系的出现，定会不断涌现新的特殊冶金方法与技术。

"特殊冶金过程技术丛书"的出版是我国冶金界值得称贺的一件喜事，此丛书的出版将会促进和推动我国冶金与材料事业的新发展，谨此祝愿。

2019 年 4 月

总　序

　　冶金过程的本质是物质转化与分离过程，是"流"与"场"的相互作用过程。这里的"流"是指物质流、能量流和信息流，这里的"场"是指反应器所具有的物理场，例如温度场、压力场、速度场、浓度场等。因此，冶金过程"流"与"场"的相互作用及其耦合规律是特殊冶金（又称"外场冶金"）过程的最基本科学问题。随着物理技术的发展，如电磁场、微波场、超声波场、真空力场、超重力场、瞬变温度场等物理外场逐渐被应用于冶金过程，由此出现了电磁冶金、微波冶金、超声波冶金、真空冶金、超重力冶金、自蔓延冶金等新的冶金过程技术。随着化学理论与技术的发展，新的化学介质体系，如亚熔盐、富氧、氢气、氯气、氟气等在冶金过程中应用，形成了亚熔盐冶金、富氧冶金、氢冶金、氯冶金、氟冶金等新的冶金过程技术。因此，特殊冶金就是将物理外场（如电磁场、微波场、超重力或瞬变温度场）和新型化学介质（亚熔盐、富氧、氯、氟、氢等）应用于冶金过程形成的新的冶金学科分支。实际上，特殊冶金是传统的火法冶金、湿法冶金及电化学冶金与电磁场、微波场、超声波场、超高浓度场、瞬变超高温场（高达2000℃以上）等非常规外场相结合，以及新型介质体系相互融合交叉，实现对冶金过程物质转化与分离过程的强化与有效控制，是典型的交叉学科领域。根据外场和能量/介质不同，特殊冶金又可分为两大类，一类是非常规物理场，具体包括微波场、压力场、电磁场、等离子场、电子束能、超声波场与超高温场等；另一类是超高浓度新型化学介质场，具体包括亚熔盐、矿浆、电渣、氯气、氢气与氧气等。与传统的冶金过程相比，外场冶金具有效率高、能耗低、产品质量优等特点，其在低品位、复杂、难处理的矿产资源的开发利用及冶金"三废"的综合利用方面显示出强大的技术优势。

特殊冶金的发展历史可以追溯到 20 世纪 50 年代，如加压湿法冶金、真空冶金、富氧冶金等特殊冶金技术从 20 世纪就已经进入生产应用。2009 年在中国金属学会组织的第十三届中国冶金反应工程年会上，东北大学张廷安教授首次系统地介绍了特殊冶金的现状及发展趋势，引起同行的广泛关注。自此，"特殊冶金"作为特定术语逐渐被冶金和材料同行接受（下表总结了特殊冶金的各种形式、能量转化与外场方式及应用领域）。2010 年，彭金辉教授依托昆明理工大学组建了国内首个特殊冶金领域的重点实验室——非常规冶金教育部重点实验室。2015 年，云南冶金集团股份有限公司组建了共伴生有色金属资源加压湿法冶金技术国家重点实验室。2011 年，东北大学受教育部委托承办了外场技术在冶金中的应用暑期学校，进一步详细研讨了特殊冶金的研究现状和发展趋势。2016 年，中国有色金属学会成立了特种冶金专业委员会，中国金属学会设有特殊钢分会特种冶金学术委员会。目前，特殊冶金是冶金学科最活跃的研究领域之一，也是我国在国际冶金领域的优势学科，研究水平处于世界领先地位。特殊冶金也是国家自然科学基金委近年来重点支持和积极鼓励的研究

特殊冶金及应用一览表

名　称	外　场	能量形式	应 用 领 域
电磁冶金	电磁场	电磁力、热效应	电磁熔炼、电磁搅拌、电磁雾化
等离子冶金、电子束冶金	等离子体、电子束	等离子体高温、辐射能	等离子体冶炼、废弃物处理、粉体制备、聚合反应、聚合干燥
激光冶金	激光波	高能束	激光表面冶金、激光化学冶金、激光材料合成等
微波冶金	微波场	微波能	微波焙烧、微波合成等
超声波冶金	超声波	机械、空化	超声冶炼、超声精炼、超声萃取
自蔓延冶金	瞬变温场	化学热	自蔓延冶金制粉、自蔓延冶炼
超重、微重力与失重冶金	非常规力场	离心力、微弱力	真空微重力熔炼铝锂合金、重力条件下熔炼难混溶合金等
气体（氧、氢、氯）冶金	浓度场	化学位能	富氧浸出、富氧熔炼、金属氢还原、钛氯化冶金等
亚熔盐冶金	浓度场	化学位能	铬、钒、钛和氧化铝等溶出
矿浆电解	电磁场	界面、电能	铋、铅、锑、锰结核等复杂资源矿浆电解
真空与相对真空冶金	压力场	压力能	高压合成、金属镁相对真空冶炼
加压湿法冶金	压力场	压力能	硫化矿物、氧化矿物的高压浸出

领域之一。国家自然科学基金"十三五"战略发展规划明确指出，特殊冶金是冶金学科又一新兴交叉学科分支。

加压湿法冶金是现代湿法冶金领域新兴发展的短流程强化冶金技术，是现代湿法冶金技术发展的主要方向之一，已广泛地应用于有色金属及稀贵金属提取冶金及材料制备方面。张廷安教授团队将加压湿法冶金新技术应用于氧化铝清洁生产和钒渣加压清洁提钒等领域取得了一系列创新性成果。例如，从改变铝土矿溶出过程平衡固相结构出发，重构了理论上不含碱、不含铝的新型结构平衡相，提出的"钙化—碳化法"不仅从理论上摆脱了拜耳法生产氧化铝对铝土矿铝硅比的限制，而且实现了大幅度降低赤泥中钠和铝的含量，解决了赤泥的大规模、低成本无害化和资源化，是氧化铝生产近百年来的颠覆性技术。该技术的研发成功可使我国铝土矿资源扩大 2~3 倍，延长铝土矿使用年限 30 年以上，解决了拜耳法赤泥综合利用的世界难题。相关成果获 2015 年度中国国际经济交流中心与保尔森基金会联合颁发的"可持续发展规划项目"国际奖、第 45 届日内瓦国际发明展特别嘉许金奖及 2017 年 TMS 学会轻金属主题奖等。

真空冶金是将真空用于金属的熔炼、精炼、浇铸和热处理等过程的特殊冶金技术。近年来真空冶金在稀有金属、钢和特种合金的冶炼方面得到日益广泛的应用。昆明理工大学的戴永年院士和杨斌教授团队在真空冶金提取新技术及产业化应用领域取得了一系列创新性成果。例如，主持完成的"从含铟粗锌中高效提炼金属铟技术"，项目成功地从含铟 0.1% 的粗锌中提炼出 99.993% 以上的金属铟，解决了从含铟粗锌中提炼铟这一冶金技术难题，该成果获 2009 年度国家技术发明奖二等奖。又如主持完成的"复杂锡合金真空蒸馏新技术及产业化应用"项目针对传统冶金技术处理复杂锡合金资源利用率低、环保影响大、生产成本高等问题，成功开发了真空蒸馏处理复杂锡合金的新技术，在云锡集团等企业建成 40 余条生产线，在美国、英国、西班牙建成 6 条生产线，项目成果获 2015 年度国家科技进步奖二等奖。2014 年，张廷安教授提出"以平衡分压为基准"的相对真空冶金概念，在国家自然科学基金委—辽宁联合基金的资助下开发了相对真空炼镁技术与装备，实现了镁的连续冶炼，达到国际领先水平。

微波冶金是将微波能应用于冶金过程，利用其选择性加热、内部加热和非接触加热等特点来强化反应过程的一种特殊冶金新技术。微波加热与常规加热不同，它不需要由表及里的热传导，可以实现整体和选择性加热，具有升温速率快、加热效率高、对化学反应有催化作用、降低反应温度、缩短反应时间、节能降耗等优点。昆明理工大学的彭金辉院士团队在研究微波与冶金物料相互作用机理的基础上，开展了微波在磨矿、干燥、煅烧、还原、熔炼、浸出等典型冶金单元中的应用研究。例如，主持完成的"新型微波冶金反应器及其应用的关键技术"项目以解决微波冶金反应器的关键技术为突破点，推动了微波冶金的产业化进程。发明了微波冶金物料专用承载体的制备新技术，突破了微波冶金高温反应器的瓶颈；提出了"分布耦合技术"，首次实现了微波冶金反应器的大型化、连续化和自动化。建成了世界上第一套针对强腐蚀性液体的兆瓦级微波加热钛带卷连续酸洗生产线。发明了干燥、浸出、煅烧、还原等四种类型的微波冶金新技术，显著推进了冶金工业的节能减排降耗。发明了吸附剂孔径的微波协同调控技术，获得了针对性强、吸附容量大和强度高的系列吸附剂产品；首次建立了高性能冶金专用吸附剂的生产线，显著提高了黄金回收率，同时有效降低了锌电积直流电单耗。该项目成果获 2010 年度国家技术发明奖二等奖。

电渣冶金是利用电流通过液态熔渣产生电阻热用以精炼金属的一种特殊冶金技术。传统电渣冶金技术存在耗能高、氟污染严重、生产效率低、产品质量差等问题，尤其是大单重厚板和百吨级电渣锭无法满足高端装备的材料需求。2003 年以前我国电渣重熔技术全面落后，高端特殊钢严重依赖进口。东北大学姜周华教授团队主持完成的"高品质特殊钢绿色高效电渣重熔关键技术的开发与应用"项目采用"基础研究—关键共性技术—应用示范—行业推广"的创新模式，系统地研究了电渣工艺理论，创新开发绿色高效的电渣重熔成套装备和工艺及系列高端产品，节能减排和提效降本效果显著，产品质量全面提升，形成两项国际标准，实现了我国电渣技术从跟跑、并跑到领跑的历史性跨越。项目成果在国内 60 多家企业应用，生产出的高端模具钢、轴承钢、叶片钢、特厚板、核电主管道等产品满足了我国大飞机工程、先进能源、石化和军工国防等领域对高端材料的急需。研制出系列"卡脖子"材料，有力地支持了我国高端装备制造业发展并保证了国家安全。

自蔓延冶金是将自蔓延高温合成（体系化学能瞬时释放形成特高高温场）与冶金工艺相结合的特殊冶金技术。东北大学张廷安教授团队将自蔓延高温反应与冶金熔炼/浸出集成创新，系统研究了自蔓延冶金的强放热快速反应体系的热力学与动力学，形成了自蔓延冶金学理论创新和基于冶金材料一体化的自蔓延冶金非平衡制备技术。自蔓延冶金是以强放热快速反应为基础，将金属还原与材料制备耦合在一起，实现了冶金材料短流程清洁制备的理论创新和技术突破。自蔓延冶金利用体系化学瞬间（通常以秒计）形成的超高温场（通常超过 2000℃），为反应体系创造出良好的热力学条件和环境，实现了极端高温的非平衡热力学条件下快速反应。例如，构建了以钛氧化物为原料的"多级深度还原"短流程低成本清洁制备钛合金的理论体系与方法，建成了世界首个直接金属热还原制备钛与钛合金的低成本清洁生产示范工程，使以 Kroll 法为基础的钛材生产成本降低 30%~40%，为世界钛材低成本清洁利用奠定了工业基础。发明了自蔓延冶金法制备高纯超细硼化物粉体规模化清洁生产关键技术，实现了国家安全战略用陶瓷粉体（无定型硼粉、REB_6、CaB_6、TiB_2、B_4C 等）规模化清洁生产的理论创新和关键技术突破，所生产的高活性无定型硼粉已成功用于我国数个型号的固体火箭推进剂中。发明了铝热自蔓延—电渣感应熔铸—水气复合冷制备均质高性能铜铬合金的关键技术，形成了均质高性能铜难混溶合金的制备的第四代技术原型，实现了高致密均质 CuCr 难混溶合金大尺寸非真空条件下高效低成本制备。所制备的 CuCr 触头材料电性能比现有粉末冶金法技术指标提升1倍以上，生产成本可降低40%以上。以上成果先后获得中国有色金属科技奖技术发明奖一等奖、中国发明专利奖优秀奖和辽宁省技术发明奖等省部级奖励6项。

富氧冶金（熔炼）是利用工业氧气部分或全部取代空气以强化冶金熔炼过程的一种特殊冶金技术。20世纪50年代，由于高效价廉的制氧方法和设备的开发，工业氧气炼钢和高炉富氧炼铁获得广泛应用。与此同时，在有色金属熔炼中，也开始用提高鼓风中空气含氧量的办法开发新的熔炼方法和改造落后的传统工艺。

1952年，加拿大国际镍公司（Inco）首先采用工业氧气（含氧95%）闪速熔炼铜精矿，熔炼过程不需要任何燃料，烟气中SO_2浓度高达80%，这是富氧熔炼最早案例。1971年，奥托昆普（Outokumpu）型闪速炉开始用预热的富氧空气代替原来的预热空气鼓风熔炼铜（镍）精矿，使这种闪速炉的优点得到更好的发挥，硫的回收率可达95%。工业氧气的应用也推动了熔池熔炼方法的开发和推广。20世纪70年代以来先后出现的诺兰达法、三菱法、白银炼铜法、氧气底吹炼铅法、底吹氧气炼铜等，也都离不开富氧（或工业氧气）鼓风。中国的炼铜工业很早就开始采用富氧造硫熔炼，1977年邵武铜厂密闭鼓风炉最早采用富氧熔炼，接着又被铜陵冶炼厂采用。1987年白银炼铜法开始用含氧31.6%的富氧鼓风炼铜。1990年贵溪冶炼厂铜闪速炉开始用预热富氧鼓风代替预热空气熔炼铜精矿。王华教授率领校内外产学研创新团队，针对冶金炉窑强化供热过程不均匀、不精准的关键共性科学问题及技术难题，基于混沌数学提出了旋流混沌强化方法和冶金炉窑动量—质量—热量传递过程非线性协同强化的学术思想，建立了冶金炉窑全时空最低燃耗强化供热理论模型，研发了冶金炉窑强化供热系列技术和装备，实现了用最小的气泡搅拌动能达到充分传递和整体强化、减小喷溅、提高富氧利用率和炉窑设备寿命，突破了加热温度不均匀、温度控制不精准导致金属材料性能不能满足高端需求、产品成材率低的技术瓶颈，打破了发达国家高端金属材料热加工领域精准均匀加热的技术垄断，实现了冶金炉窑节能增效的显著提高，有力促进了我国冶金行业的科技进步和高质量绿色发展。

超重力技术源于美国太空宇航实验与英国帝国化学公司新科学研究组等于1979 年提出的"Higee（High gravity）"概念，利用旋转填充床模拟超重力环境，诞生了超重力技术。通过转子产生离心加速度模拟超重力环境，可以使流经转子填料的液体受到强烈的剪切力作用而被撕裂成极细小的液滴、液膜和液丝，从而提高相界面和界面更新速率，使相间传质过程得到强化。陈建峰院士原创性提出了超重力强化分子混合与反应过程的新思想，开拓了超重力反应强化新方向，并带领团队开展了以"新理论—新装备—新技术"为主线的系统创新工作。刘有智教授等开发了大通量、低气阻错流超重力技术与装置，构建了强化吸收硫化氢同时抑制吸收二氧化碳的超重力环境，解决了高选择性脱硫难题，实现了低成本、高选择性脱硫。独创的超重力常压净化高浓度氮氧化物废气技术使净化后氮氧化物浓度小于 $240mg/m^3$，远低于国家标准《大气污染物综合排放标准》（GB 16297—1996） $1400mg/m^3$ 的排放限值。还成功开发了磁力驱动超重力装置和亲水、亲油高表面润湿率填料，攻克了强腐蚀条件下的动密封和填料润湿性等工程化难题。项目成果获 2011 年度国家科技进步奖二等奖。郭占成教授等开展了复杂共生矿冶炼熔渣超重力富集分离高价组分、直接还原铁低温超重力渣铁分离、熔融钢渣超重力分级富积、金属熔体超重力净化除杂、超重力渗流制备泡沫金属、电子废弃物多金属超重力分离、水溶液超重力电化学反应与强化等创新研究。

随着气体制备技术的发展和环保意识的提高，氢冶金必将取代碳冶金，氯冶金由于系统"无水、无碱、无酸"的参与和氯化物易于分离提纯的特点，必将在资源清洁利用和固废处理技术等领域显示其强大的生命力。随着对微重力和失重状态的研究及太空资源的开发，微重力环境中的太空冶金也将受到越来越广泛的关注。

"特殊冶金过程技术丛书"系统地展现了我国在特殊冶金领域多年的学术

研究成果，反映了我国在特殊冶金/外场冶金领域最新的研究成果和学术思路。成果涵盖了东北大学、昆明理工大学、中南大学、北京科技大学、江西理工大学、北京矿冶科技集团有限公司（原北京矿冶研究总院）及中国科学院过程工程研究所等国内特殊冶金领域优势单位多年来的科研结晶，是我国在特殊冶金/外场冶金领域研究成果的集大成，更代表着世界特殊冶金的发展潮流，也引领着该领域未来的发展趋势。然而，特殊冶金作为一个新兴冶金学科分支，涉及物理、化学、数学、冶金和材料等学科，在理论与技术方面都存在亟待解决的科学问题。目前，还存在新型介质和物理外场作用下物理化学认知的缺乏、冶金化工产品开发与高效反应器的矛盾及特殊冶金过程（反应器）放大的制约瓶颈。因此，有必要解决以下科学问题：（1）新型介质体系和物理外场下的物理化学和传输特性及测量方法；（2）基于反应特征和尺度变化的新型反应器过程原理；（3）基于大数据与特定时空域的反应器放大理论与方法。围绕科学问题要开展的研究包括：特殊外场下的物理化学与界面现象，在特殊外场下物质的热力学性质的研究显得十分必要（$\Delta G = \Delta G_{重} + \Delta G_{外}$）；外场作用下的物质迁移的传输参数与传输规律及其测量方法；多场（电磁场、高压、微波、超声波、热场、流场、浓度场等）协同作用下的多相耦合及反应过程规律；特殊外场作用下的新型冶金反应器理论，包括多元多相复杂体系多尺度结构与效应（微米级固相颗粒、气泡、颗粒团聚、设备尺度等），新型冶金反应器的结构特征及优化，新型冶金反应器的放大依据及其放大规律。

特殊冶金的发展前景广阔，随着物理外场技术的进步和新型介质体系的出现，定会不断涌现新的特殊冶金方法与技术，出现从"0"到"1"的颠覆性原创新方法，例如，邱定蕃院士领衔的团队发明的矿浆电解冶金，张懿院士领衔的团队发明的亚熔盐冶金等，都是颠覆性特殊冶金原创性技术的代表，给我们从事科学研究的工作者做出了典范。

在本丛书策划过程中，丛书主编特邀请了中国工程院邱定蕃院士、戴永年院士、张懿院士与东北大学赫冀成教授担任丛书的学术顾问，同时邀请了众多国内知名学者担任学术委员和编委。丛书组建了优秀的作者队伍，其中有中国工程院院士、国务院学科评议组成员、国家杰出青年科学基金获得者、长江学者特聘教授、国家优秀青年基金获得者及学科学术带头人等。在此，衷心感谢丛书的学术委员、编委会成员、各位作者，以及所有关心、支持和帮助编辑出版的同志们。特别感谢中国有色金属学会冶金反应工程学专业委员会和中国有色金属学会特种冶金专业委员会对该丛书的出版策划，特别感谢国家自然科学基金委、中国有色金属学会、国家出版基金对特殊冶金学科发展及丛书出版的支持。

希望"特殊冶金过程技术丛书"的出版能够起到积极的交流作用，能为广大冶金与材料科技工作者提供帮助，尤其是为特殊冶金/外场冶金领域的科技工作者提供一个充分交流合作的途径。欢迎读者对丛书提出宝贵的意见和建议。

张廷安　彭金辉

2018 年 12 月

前　言

20 世纪 60 年代以来，世界经济快速发展，人们对矿物资源的开发不断增加，导致富矿减少、贫细矿物资源增加。同时矿物开采过程排出的废水、固体废弃物等对环境的污染问题也逐渐显现并引起重视。界面胶体化学是一门古老又年轻的科学，在我国很早就有了胶体应用的记载，可追溯到史前黏土制陶、周朝胶水应用、西汉刘安豆腐、东汉韦诞制墨、后汉蔡伦造纸、历代帝王炼丹等。国际上，英国化学家 Thomas Graham 于 1861 年首先提出胶体的概念，后逐渐得到广泛关注和发展。物质在界面相的性质与体相的性质有很大差异，特别是在胶体分散体系，其界面性质或现象表现得愈为突出。改变界面结构，不涉及物质内部的性质变化，但常会产生截然不同的表现和结果。因此，研究界面已成为当前科学发展和生产需要的重要课题。目前，界面与胶体化学是研究胶体分散系统和界面现象的一门科学，其应用于国家安全、资源能源开发利用、工业制造、环境保护和人民生活的各个领域。为提升资源和废弃物循环利用效率和污染控制能力，运用界面化学基础理论解决其关键技术难题，已成为相关领域专家学者的共识。环境界面胶体化学的使命是用界面胶体科学手段解决资源与环境污染问题，通过资源、环境、界面、胶体、化学多学科交叉，正在形成一个相对独立的研究体系，也越来越引起广大研究者的关注和探索。

作者及其团队多年来将湿法冶金技术应用于低品位盐湖、煤基固废的资源化利用等方面，并开展了一系列教学、科研及工程化推广应用工作，在实践过程中深感界面胶体化学基本理论对于实际应用问题的认识和解决的重要性。2007 年，程芳琴教授作为高级访问学者在美国犹他大学地球科学院矿物加工系学习交流，与美国工程院院士 Jan Dean Miller 合作开展可溶盐界面水结构研究。其间，运用光谱技术、原子力显微镜、分子动力学模拟等手段，揭示了可溶盐浮选过程中药剂/盐晶体/水界面作用机制，探索了气泡强化界面传质等资源利用过程中的界面胶体科学机制。此后，其团队又多次选派 10 多名研究生和青年教师到犹他大学学习交流，双方在以界面胶体化学为理论指导的资源利用与环境污染控制方面开展深入的合作研究。Miller 院士课题组 Xuming Wang 教授被聘为山西大学教授，每年定期到山西大学交流并讲授"界面化学"国际前沿进展，深化了作者对环境界面化学理论基础的认识，并逐步应用于团队研究工作。长期以来，程芳琴教授把表（界）面热力学、扩展 DLVO 理论、Laplace 公式、Kalven 公式、过饱和介稳相理论、颗粒生长理论等应用在煤基固废资源化利用和安全处置、低品位矿产开发利用，以及大气、水、土壤污染防治等领域，突破了多项关键技术瓶颈，实现了工程化推广。

2012 年，中国日化研究院高级专家、英国 Leeds 大学界面与胶体化学专业博士毕业的杜志平教授加入研究团队，她深厚的理论基础为团队在可溶性盐浮选、废水资源化利用及固-液转化之后的多元复杂体系研究方面注入了新的活力。在本书撰写过程中，杜志平教授对基础理论系统性和章节组织方面付出了大量心血，期望能给废弃资源利用、环境污染控制方面刚起步的研究人员提供一定的理论支撑和实践指导。

本书是基于作者团队 20 多年在固体废弃物资源化利用及污染控制方面的研究与实践积累，历时 3 年补充试验、整理资料撰写而成。具有如下特色：

（1）基础理论的系统性。对废弃物在液-固、气-固等界面的反应过程及在不同反应中其结构、形态和效应的变化规律进行系统研究和总结，有利于提高对固废产生、堆存、资源化利用过程的分散相性质及微界面环境行为的认识，为环境污染控制和资源循环技术的开发提供理论支撑。

（2）列举案例的真实性。书中应用案例为界面胶体化学最新研究进展和真实现场实践，分别介绍了低品位盐湖、煤基废弃资源湿法冶金提取及煤基废水、大气和土壤污染控制过程中所涉及的界面胶体化学性质，有利于提升相关领域研究人员及从业人员进行独立分析与解决复杂工程问题的专业技能。

（3）注重学科交叉性。以界面胶体化学为理论依据，以解决实际环境问题为目标，将环境、化工、化学、材料、冶金等多学科进行交叉，为废弃资源循环利用和污染防治新技术的开发提供指导。

本书内容涉及的主要工作得到国家自然科学基金、国家高新技术研究发展计划（"863 计划"）、国家重点研发计划及国家国际合作等项目的资助，同时本书的出版得到了国家出版基金的资助，在此深表谢意。在本书撰写过程中，东北大学张廷安教授作为本书所在系列丛书主编给予了指导和关心，山西大学耿红教授提供了大气污染界面化学案例，中国日化院李秋小教授、山西大学杨恒权教授多次审查并提出宝贵意见，为本书成稿给予了大力支持，此外，作者科研团队的专家教授和博士研究生也付出了辛勤劳动，在此一并表示衷心的感谢！

由于作者水平所限，书中不足之处，敬请读者批评指正。

作　者
2023 年 5 月于太原

目　　录

3　固体的界面性质 ································· 57

1 绪 论

环境和资源是人类赖以生存和发展的基础，为人类社会繁衍生息和经济发展提供了必不可少的物质条件。然而，随着人类社会的发展和科学技术的进步，人类和自然的关系却逐渐失衡。由于污染物大量排放造成大气环境质量持续恶化，水资源不足和水污染引发的水源危机，矿产资源过度开采使资源面临枯竭，化肥农药的大量使用造成土壤板结和酸化……给人类社会带来前所未有的危机，严重制约了人类社会和经济的可持续发展。妥善解决资源与环境的问题对实现可持续发展的目标至关重要。

1.1 环境和资源问题

在社会发展进程中，人类改造和利用自然环境的能力不断提高，尤其是18世纪以来四次工业革命的发生。第一次工业革命（18世纪60年代）使人类进入"蒸汽时代"，机器生产代替了手工作坊，极大地提高了生产力；第二次工业革命（19世纪60年代后期）使人类进入了"电气时代"，发电机的问世补充和取代了以蒸汽机为动力的能源结构，电器开始逐步代替机器，进一步增强了人们的生产能力，改善了人类的生活方式；第三次工业革命（20世纪四五十年代）开创了"信息时代"，以计算机、原子能、空间技术和生物工程的发明和应用为主要标志，成为工业革命史上的重大飞跃，生产技术的不断进步促进了社会经济结构和生活结构的重大变革；第四次工业革命（21世纪以来）以"绿色工业革命"为主题，在人工智能、新材料、清洁能源等方面取得系列重大突破，工业开始高效的高科技生产模式，全球化的智能连通给人们生活质量带来极大提升。工业文明的快速发展大幅提高了人类利用自然资源的效率和能力，人类在享受工业文明带来生活质量提高的同时，工业生产产生的大量废水、废气和固体废弃物，使自然、生态、环境遭受破坏，对人类的生命健康造成严重威胁。

近100多年来，全世界已发生数十起环境污染造成的严重公害事件，如英国伦敦的煤烟型烟雾事件，美国洛杉矶的光化学烟雾事件，日本水俣湾的慢性甲基汞中毒（水俣病）等震惊全球的"世界八大公害环境污染事件"，不仅使人类付出了生命的代价，也对后代和生态环境造成了严重影响。1972年联合国召开了人类环境会议，会议通过了全球性保护环境的《人类环境宣言》和《行动计划》，号召各国政府和人民为保护和改善环境而奋斗，开创了人类社会环境保护事业的新纪元。近几十年来，为全面遏制生态环境恶化，着力解决环境污染和资源短缺问题，全球掀起了环境污染治理相关科学原理和技术的研究热潮，环境科学也得以迅速发展。

21世纪以来，不断出现的酸雨、臭氧层破坏、全球变暖、生物多样性锐减、土地荒漠化等一系列触目惊心的环境问题给人类带来惨痛教训。尽管如此，环境污染问题仍层出不穷，如化工废液排放、石油泄漏等江河湖海水体污染事件，导致大量水体生物死亡，沿岸居民的用水安全受到威胁；煤电产业及重型工业废气的排放，直接加剧了$PM_{2.5}$的增加和雾霾的产生，有毒污染物随着颗粒物的扩散而传播，导致呼吸道感染、婴儿致畸等重大疾病的发生率明显提高；煤矸石、粉煤灰、冶金尾渣等工业固废的大量堆存不仅侵占土地，其内部的有害物质也会污染水体和土壤，导致周围寸草不生，人体健康受到严重危害；矿产资源开采过程中矿井水的排放和矿物粉尘的沉降都会引发重金属等污染物进入土体，造成矿区土壤的不可逆破坏，土壤重金属通过食物链进入人体后，具有致癌、致畸、致突变的危害。

工业现代化进程促使不可再生资源（化石能源和矿产资源）长期不平衡开采和高速过度消耗，引发系列资源紧缺和能源危机问题，使得资源型地区转型和可持续发展成为重要任务。如辽宁省阜新市长期以煤炭开采和初加工生产为单一产业支柱，百年的采煤历史已造成城市资源枯竭，且伴随有严重的环境污染、矿区土地塌陷、水资源匮乏等一系列问题，资源节约和可持续发展的城市转型已成为首要任务。山西省长期作为全国重要的能源供应和输出基地，同样因"一煤独大"，产业单一，而遭遇结构失衡、经济停滞、生态破坏的切肤之痛，通过创新驱动破解资源困境，以实现"双碳"为目标，在能源产业转型升级领域亟须蹚出一条属于自己的道路。

工业的快速发展所带来的环境与资源问题，为人类敲响了警钟，也唤醒了人们环境保护与资源节约的意识。多年来，大量科技工作者投入到环境污染治理与资源可持续开发研究中，从污染物溯源、工业清洁生产到生命周期评价，取得了系列成效，部分产业已经实现达标排放甚至超低排放。在水体污染治理方面，通过絮凝沉降、生化处置和膜处理等技术耦合可实现颗粒物和难降解有机物的去除；在大气污染治理方面，通过除尘、吸附和催化转化等技术集成完成工业废气的净化排放；在固废处置和低品位矿产开采方面，以分选提质、活化浸出、功能材料化等多手段结合实现资源回收和废弃物治理；在矿区土壤修复方面，以菌根菌复合土壤改良剂促进污染物的去除。然而，在这些过程中生产成本变高，很多技术仅属于工程手段，缺乏科学本质的认识和理论指导。

对环境污染过程本质的认识是治理的前提。环境是多相多介质的集成系统，拥有丰富的微界面，为污染物在土壤-水-空气-生物介质间提供了迁移通道和转化场所。例如，煤基固废煤矸石的大量堆存，其中的污染成分（Hg、Pb、Cd 等重金属元素和难降解有机物）在雨水淋溶的作用下进入土壤，造成土壤和地下水的污染；煤矸石含 S 量高，且具有一定的热值，堆积容易发生自燃，向大气中释放出大量的 SO_2、NO_x、H_2S 等有害气体，在空气中氧化和水蒸气的作用下进一步转化成硫酸和硝酸等二次污染物，在农业和畜牧业释放出来的氨气的共同作用下，形成颗粒污染物，尤其是 $PM_{2.5}$，对人体健康和大气环境质量带来更大的影响。进入土壤中的污染物可被植物吸收，经由食物链最后进入人体。煤矸石中污染物在水-气-固多相介质间的迁移转化如图 1-1 所示。由此可知，污染物通过土壤径流、污水灌溉、颗粒物干湿沉降、气体排放等途径在水体-大气-土壤之间转移和交换，构成水、气、土之间的综合交互污染，从而对生态系统和人体健康产生影响。非均相微界面作用过程是认识和解决环境问题的重要基础，多相间界面作用机制的研究，对环境科学与技术的发展具有重要意义。

界面胶体化学是研究多相界面性质和胶体分散体系的一门学科，其研究内容涉及物理学、光学、电化学、量子力学、统计热力学和流变学等多种学科，具有明显的多学科交叉特征。自 19 世纪初液体界面张力概念形成开始，该学科已从宏观到微观发展了系列经典

图 1-1 煤矸石堆存产生的污染物在水-空气-土壤-生物介质间的迁移转化

基本理论以揭示界面现象和胶体分散体系的物理化学规律。界面胶体化学的基本理论不仅在日用化学、石油化工、功能材料等领域得到广泛应用，也已成为环境保护和资源开发技术发展的重要理论依据。基于多介质多相界面的吸附—解吸、凝聚—共沉、氧化—还原、催化—转化等界面作用原理，发展出多种高效吸附、凝聚絮凝、催化氧化、生物降解等新材料、新技术和新工艺，广泛应用于水、气体、土壤、固体废物、低品位矿产等污染控制与资源回收利用。

1.2　水体污染控制过程中的界面与胶体化学

水环境中污染物质的降解和环境化学效应涉及多相多介质界面的反应过程和界面行为（见图 1-2）。天然水环境中的泥沙、黏土、腐殖质、水藻、细菌等以胶体分散颗粒的形式悬浮存在，组成十分广阔的微界面，对水体的污染控制发挥着重要的作用。污染物在水体中的浓度和形态分布很大程度上取决于污染物在固-液、气-液等微界面的界面化学行为。例如，胶体和悬浮颗粒作为污染物的载体，它们的絮凝沉降、扩散迁移等过程可能影响污染物的去向和归属。天然水环境中铝、硅、铁等元素产生水解产物，具有混凝功能，可以通过胶体脱稳凝聚沉淀、网捕等作用实现颗粒和有机污染物的去除；生物炭等多孔碳材料比表面积大，可以通过形成较大的固-液界面，实现对水中有机和无机污染物的吸附。黏土矿物如铝硅酸盐类（高岭石、伊利石、蒙脱石）等物质，其层状晶体结构表面带电，具有吸附水中离子的能力，同时还具有离子交换性能，是一类天然的离子交换剂。这些天然过程形成的各种微界面，在水体自净过程中发挥着重要的作用，决定了水体中各类污染物（如重金属、有机化合物、农药等）80%以上的迁移传输（见图 1-2）。

在环境中发生的各种各样的界面行为和界面反应是大自然给予人类的馈赠。对有利于污染物去除的界面行为，在污染控制的工程技术中，可以通过进一步强化界面反应过程或调控界面性质有效进行污染防治。例如：在水污染控制的工程技术中，借鉴天然水体的自

图 1-2 天然水体中水体自净过程涉及的界面反应

净作用，通过强化固-液微界面反应过程，改变悬浮颗粒或胶粒表面的物理化学性质，能提高污染物的去除效率；在水体加入带有与水体中细小悬浮颗粒物表面反向电荷的混凝剂，通过压缩胶体颗粒表面的双电层可使胶体颗粒"失稳"，并通过进一步吸附、架桥、网捕聚集成大絮团并聚沉，实现水中悬浮物和胶体的分离（见图 1-3（a））。对于水体中有机污染物的生物降解过程，可以通过改变吸附材料的孔道和表面化学结构，强化微生物

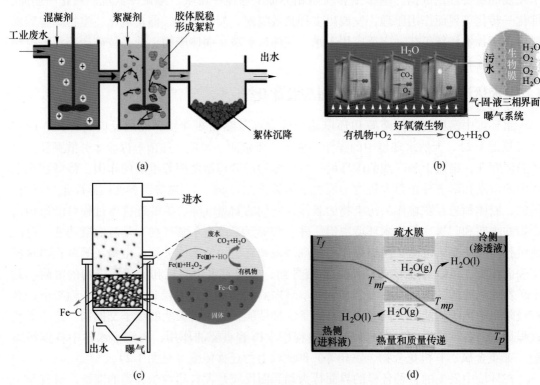

图 1-3 水处理工艺涉及的多相界面反应过程
（a）混凝—沉淀法；（b）生物接触氧化法；（c）芬顿氧化法；（d）膜蒸馏技术

在表面的吸附和固-液界面的相互作用，从而提高污染物的降解效率。可以说，水处理工艺常见的滤池、沉淀池、膜生物反应器（见图1-3（b））、高级氧化技术（见图1-3（c））、膜分离技术（见图1-3（d））等，其中污染物的去除、转化和降解等重要过程都是以强化或者调控固-液界面过程为基础而实现的，甚至涉及固-液-气三相界面。因此，理解界面胶体化学本质对水处理过程提质增效十分重要。

1.3　大气污染控制过程中的界面与胶体化学

　　大气中分布相当数量的气溶胶颗粒，它是指悬浮在气体中的固体和（或）液体微粒与气体组成的多相体系。这些气溶胶颗粒是自然过程和人为活动两部分所造成的，自然过程包括火山喷发、岩石风化、土壤风蚀、生物花粉、森林火灾等；人为气溶胶是由人类生产、生活和社会活动直接排放到大气中的一次性颗粒，或者排放到环境中的气体在大气中经过一系列物理化学过程转化形成的二次颗粒物（见图1-4）。大气能见度、雾霾的形成、光化学反应和污染物的迁移转化等都与其密切相关。如伦敦烟雾的形成除了受逆温天气的影响外，其污染的本质是在燃煤产生的 SO_2、水雾、含重金属的粉尘共同存在时，发生了一系列化学或光化学反应而生成的硫酸烟雾或硫酸盐气溶胶。随着我国经济的快速发展和城市化进程的加快，近20年来，我国出现了大面积的雾霾天气，给人们的生命健康带来了巨大的威胁。雾霾频繁发生，有气象因素的外因，而大气污染才是雾霾产生的根本原因，它既不同于以燃煤污染为特征的伦敦型烟雾，又不同于以机动车为特征的洛杉矶烟雾，它是在大气复合污染条件下，由机动车和化工行业产生的 VOCs、燃煤产生的氮氧化物和 SO_2 及农业和畜牧业产生的 NH_3 等一次污染物的综合作用下，在光照产生的 OH^- 等氧化自由基的共同作用下，催化氧化空气中的气态污染物向颗粒态污染物的转化，从而形成雾霾。以上两种恶劣天气的形成均涉及气-液-固三相的界面反应过程。在雾霾等胶体颗粒物（气溶胶）表面发生的均相和非均相反应对大气污染物的迁移转化及大气复合污染的形成起关键作用。因此，了解大气气溶胶的界面化学反应及机理对于大气污染控制有重要意义。

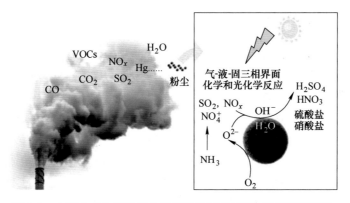

图1-4　大气中二次污染物的形成涉及气-液-固三相的界面反应

　　在大气污染控制工程技术中，通过调控界面的理化性质或者构筑界面可大大提高污染物的脱除效率。如图 1-5（a）所示，氨气选择性催化还原（NH_3-selective catalytic reduction，NH$_3$-SCR）是目前世界上应用最广泛的烟气脱硝技术之一。催化剂表面的活性位点分布、Lewis 酸性、电子结构等性质对催化剂的反应活性影响很大。如何从原子水平揭示催化剂表面活性位点和催化活性之间的关系、调控催化剂表面结构对强化催化活性、提高脱硝效率至关重要。通过吸收进行气体捕集与分离是大气污染控制的主要手段之一，不仅可以实现气体的污染控制，同时还能协同回收资源，图 1-5（b）所示为钙法吸收 SO$_2$ 的工艺过程。该过程是一个气-液界面的传质过程，传质效率与界面的浓度场分布及界面浓度、边界层厚度等有关。吸收过程的强化方法主要通过提高温度差、压力差和浓度差等，其本质是增大气体在相界面上的化学位差，以提高过程的传递速率，但效率比较低；而在现代化工过程中，由于纳微界面和微结构的引入可使系统的热力学性质发生明显变化，改变气体在吸收剂中的热力学极限，从而为气体分离过程的化学位推动力调控提供了新方向。

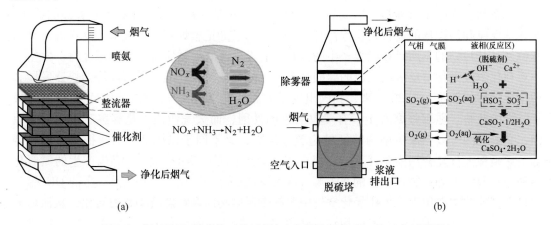

图 1-5 烟气 SCR 脱硝的工艺过程（a）和钙法吸收 SO$_2$ 的工艺过程（b）

1.4 低品位/废弃资源利用过程中的界面胶体化学

随着我国工业化快速推进和经济高速增长，不可再生资源消耗也呈高增长态势。同时，几十年的单一开发局面，随着高品位矿产资源的匮乏甚至枯竭，低品位资源的高效利用迫在眉睫。另外，在工业生产过程产生了巨量的工业固废，如煤基固废、金属矿渣、盐湖尾矿等，大量堆放不仅带来严重的环境污染，也造成大量宝贵资源流失浪费。因此，对其规模化大宗消纳和高值化利用是非常紧迫的战略需求，对资源型产业可持续发展意义重大。煤炭作为我国的主要能源，对国民经济的发展起到重要的作用，然而，在煤炭的开采、加工利用过程中产生了大量的煤矸石、粉煤灰、低阶煤等低品位/废弃资源；另外，在山西北部、内蒙古中西部出现了大量的高铝煤炭，且伴生有锂、镓等稀有、稀散金属元素，极具回收利用价值。因而，煤基低品位/废弃资源的利用以建筑建材领域的大宗消纳为主，辅以铝、硅、锂、镓等有价元素提取与材料化的高值利用，形成规模化与高值化相结合的利用方式（见图 1-6）。

低品位/废弃资源存在有用物质品位低、组分复杂、矿相结构稳定且嵌布夹裹等特点，制约其高效综合利用。在低品位/废弃资源利用的过程中，往往需要进行化工单元操作，如萃取、吸附、吸收、结晶等过程，均存在着组分在固-液、固-气、液-液及固-液-气等界面的迁移扩散、界面反应/作用等，因此，亟须认识和揭示低品位/废弃资源利用过程中颗粒的性质、界面作用/反应、组分的迁移转化规律等，为资源提质增效提供理论基础和调控方法。

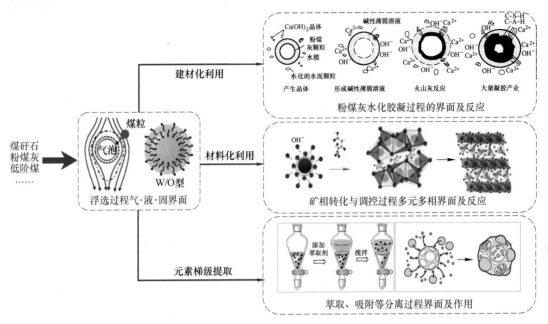

图 1-6　煤基低品位/废弃资源利用过程的界面胶体化学

在煤基低品位资源的高效提质方面，浮选工艺是低品位资源提高品位实现高效利用的重要方式之一。对于细粒矿物在浮选水介质内能稳定分散，难以浮选，基于 DLVO 理论向体系内加入浮选药剂来改变矿粒表面性质，调控矿粒团聚成大颗粒以达到浮选的要求。浮选体系中的捕收剂和矿粒的胶体行为、多相间界面化学性质及界面作用可为低品位资源浮选技术提供理论依据。通过增加气泡通入量，可有效促进捕收剂在有用物质表面的吸附量，提高疏水性，增大气泡与矿粒的碰撞概率和气-液-固三相界面的形成，提高低品位资源浮选回收率。可见，捕收剂在体系中的胶体行为、在气泡和矿粒表面的吸附性能，以及矿粒与气泡的相互作用等，都关系到低品位资源化的高效利用，其背后都与界面胶体化学基本原理密切相关。

煤基固废有价元素的提取与材料化利用，主要采用溶剂浸出、溶剂萃取、吸附、结晶、材料制备等过程实现有价元素的梯级分离、提取及材料化制备，在这些过程中存在着固-液、液-液等多元多相的界面作用/反应。由于煤基固废存在组分复杂、矿相结构稳定、元素分布赋存不清晰导致有价元素溶出率低、产品质量差等问题，因此，需要利用调控界面反应/作用来强化元素的富集分离。在溶出反应过程，通过搅拌等方式改变反应界面的产物浓度，加速溶出反应的进行；在固液分离过程，通过表面活性剂的添加来改变酸性体系铝硅的分离界面，实现高效分离；在萃取分离过程，通过微通道的反应设备或限域空间反应来提高萃取过程元素在两相的分离过程，缩短分离时间，这些过程均和界面化学与调控有直接关系。

煤基废弃资源的建筑建材化利用，主要是利用粉煤灰、钢渣、高炉渣等大宗工业固废的水化胶凝活性，这些物质可以在碱激发条件下发生水化作用，生成水化硅酸钙凝胶（C-S-H）、水化铝酸钙凝胶（C-A-H）等水化产物，具有类似水泥的结构和特性。在建筑建材化利用过程，需要了解固废原料的相界面或多相界面的物理化学性质，并根据实际需求调控界面性质，才能满足实际使用需求。通过超微化增大比表面，可以增加发生水化反应的有效接触面积和反应过程中分子有效碰撞频率，提高有效成分溶出并加速水化反应过程。多孔胶凝材料具有防洪排涝、吸音降噪、除污净水等多重环境效益，对建设"海绵城市"具有特殊的意义。为了制备固相、气相各自分别连续的多孔胶凝材料需要添加发泡剂、稳泡剂来调控气-液界面行为，来实现材料孔结构的调控。

1.5 土壤污染控制中的胶体界面化学

土壤是环境的重要组成要素，是陆地生态系统的承载介质，连接着无机环境和有机环境。人类活动产生的各种废物和污染物均直接或间接地通过大气、水和生物等途径进入土壤，从而引起土壤的污染。土壤拥有较大的环境容量和较强的自我净化能力，但若进入土壤环境污染物的数量和速率超过了平衡，就会导致土壤系统的破坏。

土壤污染的治理是人们关注的话题，阐明污染物在土壤中的迁移转化过程是污染治理的基础。土壤是一个复杂体系，是各种环境微界面的集合体；污染物在各个微界面间的行为是决定其迁移转化的核心。土壤微界面的分类众多，本书主要关注土壤颗粒与土壤溶液之间的"土水界面"、植物根系与土壤环境之间的"根土界面"及土壤微生物与土壤环境之间的"微生物膜界面"等（见图1-7）。

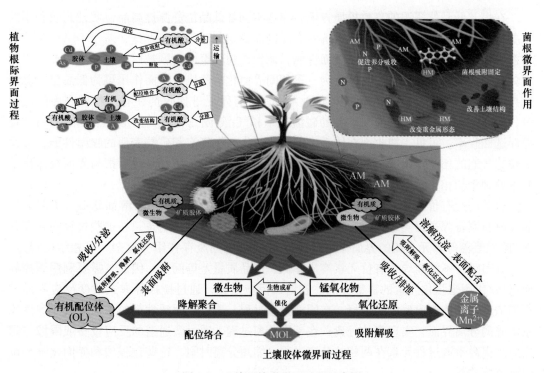

图1-7 土壤环境微界面过程示意图

组成土壤固相的各种黏土矿物、黏粒氧化物、腐殖质等，大多是微米乃至纳米级颗粒，具有大的比表面积并带有电荷，又称为土壤胶体，它们与土壤溶液交界处形成的微界面是土壤中最活跃的点位，是"土水界面"的主要组成。有植物参与的"根土界面"是植物与土壤、土壤微生物相互作用的区域，是土壤中各种生化反应最活跃的部分，这一界面与污染物的迁移和转化有密切关系，是污染物进入食物链不可忽视的环节。土壤是微生物最为丰富的环境介质，土壤微生物依赖于土壤提供的各种生长要素并对土壤中的污染物产生重要作用，污染物在"微生物膜界面"的吸附、跨膜及降解等过程也是其土壤环境行为的核心。

污染物在土壤各个微界面行为的调控，是实现土壤污染去除的关键。如：在"土水"界面，土壤有机质是吸附疏水性有机物的主要位点，利用表面活性剂，可以改善疏水性有机污染物的溶解特性，强化污染物向水相的分配和迁移；在"根土界面"，有机酸等植物释放的根系分泌物，可以改变根际土壤的微环境，影响土壤 pH 值，从而提高部分重金属的可利用性，促进植物对土壤中重金属的提取；在"微生物膜界面"，鼠李糖脂等添加剂，在提高微生物活性的同时，有潜力改善磷脂双分子层的流动性，提高微生物膜的通透性，从而促进污染物的跨膜过程。

1.6 环境界面胶体化学研究对象和任务

环境界面胶体化学是以与环境污染相关的水、气、固体废弃物等为特定研究对象，揭示和阐明水、大气、土壤等环境污染控制与低品位/废弃资源利用过程所涉及的界面与胶体化学问题，特别注重胶体颗粒物及其在水-气-固三相跨界面物质传输、交换和变化，以及资源利用过程组元在气-液-固界面的迁移扩散、界面作用/反应和转化，为环境污染控制与强化及资源的规模化、高值化利用提供理论基础，最终实现环境治理、资源开发、加工利用与环境的协调发展。

环境界面胶体化学涉及的水、气、土壤中的胶体分散系统及其在水-气-固三相跨界面物质传输、交换和变化也是自然界中最基本的环境界面过程。污染物的转移和转化很多情况下都是发生在界面间，其变化或反应特性也与介质或界面环境密切相关。深入探索污染物在液-固、气-固等界面的反应过程及在不同反应中其结构、形态和效应的变化，揭示污染物的环境界面行为，探寻污染控制的过程规律，以微观机制指导环境技术创新与应用。环境界面胶体化学的研究内容和思路如图 1-8 所示。

低品位/废弃资源利用过程涉及化合物、离子等组元在气-液-固界面的迁移扩散、界面作用/反应和转化也是自然界中涉及的基本界面过程。组元的迁移和转化大部分发生在不同的相界面，其作用或反应也会受介质或界面环境的影响。深入认识低品位/废弃资源在物理、化学加工利用过程中涉及的组元的迁移转化、形态和结构的演变规律，阐明组元在不同相界面的化学行为，为低品位/废弃资源的规模化、高值化利用提供理论和技术支撑。

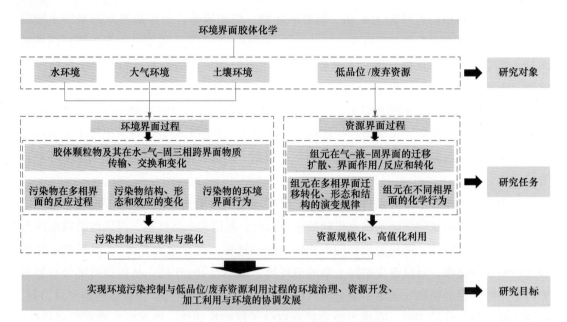

图 1-8 环境界面胶体化学研究内容和思路

2 液体的界面性质与表面活性剂

界面性质是界面与胶体化学的核心问题，也是环境保护和资源利用经常涉及的各类传质和化学反应过程的基础。界面分子的受力、能量状态，以及其热力学及动力学特征是影响吸收、吸附、萃取和非均相催化等宏观过程极限和速率的根本原因。液体的界面性质是指液体与气体或者两种互不相溶液体间界面处分子的化学性质。界面现象对资源利用中的宏观过程有重要的影响，如煤炭浮选、油田驱油都会用到稳定的乳液，在微观上就要求得到一种较低张力的油水界面，这就是微观界面在宏观规律上的具体表现。自然界物质跨过水-气-固三相界面进行传输、交换和变化，而环境污染过程中污染物往往在更微观、更复杂的介质和微界面上发生迁移转化。本章主要介绍气体与液体的界面性质，包括表面张力和表面能、表面热力学、弯曲液面的界面性质、表面活性剂的结构特点、溶液性能及其在液体界面的吸附行为。

2.1 表面性质

2.1.1 表面和界面

任何非均匀系统，至少存在两个性质不同的相，相与相之间接触表面即为相界面，简称界面。常见的界面主要有气-液界面、气-固界面、液-液界面、液-固界面、固-固界面、气-液-固界面等，其中一相为气体的界面通常称为表面。严格地讲，表面应该是液体或固体与其饱和蒸气之间的界面，但习惯上把液体或固体与空气接触的界面通称为液体或固体的表面。从微观角度讲，界面是由一相过渡到另一相间具有一定厚度的物理区域（厚约10nm），而非两相接触的几何平面，也称为界面相、界面区、界面层等，其结构和性质与两侧的体相不同。

环境中的大气、水体和土壤之间存在着大量的宏观或微观界面，化学物质在界面处发生扩散、迁移、溶解、蒸发、吸收等物理过程及催化、水解、降解、配合、氧化还原等化学反应，实现它们在不同环境介质间或相间的传质与迁移转化循环。如碳、氮、硫等元素在大气、水体和土壤及生物体中的循环；大气中的二氧化硫与胶体颗粒物表面水膜中的金属元素（铁、锰等）发生催化氧化反应而生成硫酸盐，再沉降于湖水中导致水体酸化；三氧化硫与雾滴发生界面氧化反应而形成酸雾等。

胶体分散系统表（界）面现象可以通过把物质分散成微小颗粒的程度，即分散度来讨论。一定大小的物质分割得越小，表面积越大、分散度越高，对系统性质的影响也越大。表 2-1 列出了把直径为 1cm 的球形液滴逐渐分散成直径更小的液滴时，所得的液滴数和表面积。可以看出，液滴越小液滴数越多，表面积越大，当直径为 10nm 时，共可得 1×10^{18} 个微小液滴，总表面积可达原来总表面积的 10^6 倍。

为了表示特定物质的分散程度，引入比表面 A_0 的概念。通常定义 A_0 为某分散系统单位质量或单位体积所具有的表面积。

$$A_0 = \frac{A_s}{m} \quad 或 \quad A_0 = \frac{A_s}{V} \tag{2-1}$$

式中，A_s 为系统的总表面积；V 为系统的体积；m 为系统的质量。

表 2-1 直径 1cm 的球形液滴分割成更小直径液滴数及其表面积

直径 d/m	水滴数/个	表面积 A_s/m²
1×10^{-2}	1	3.1416×10^{-4}
1×10^{-4}	1×10^{6}	3.1416×10^{-2}
1×10^{-6}	1×10^{12}	3.1416
1×10^{-8}	1×10^{18}	3.1416×10^{2}

高比表面积必将引起特殊的表面性质，在环境资源领域可以有特殊的应用价值。微纳尺度的多孔材料因较大的比表面积和较多的活性位点常被应用于水处理，作为重金属吸附剂、有机污染物降解催化剂等。钢渣经超微粉化后形成的粉体就会具有可分散性和可溶解性等独特的表面效应，为进一步资源化利用提供了有效途径[1]。

2.1.2 表面张力和表面能

2.1.2.1 净吸力与表面张力

A 净吸力

界面现象的本质是组成物质的分子在界面层所处力场与体相中不同。如图 2-1（a）所示，液体内部任一分子，处于同类分子包围中，故该分子与周围分子间的平均作用力呈球形对称，各方彼此抵消，使合力为零。然而界面层中的分子处于不对称力场中，一个方向受到体相内相同物质分子的作用，另外一个方向受到性质完全不同的另一相物质分子的作用，其作用力往往不能相互抵消。考虑图 2-1（b）中液体表面上某分子 M，受到各个方向吸引力，其中 a、b 可抵消，e 向下，c、d 的合力 f 也向下，故 M 所受合力垂直于表面指向液体内部，通常称为净吸力 $f_\perp$。

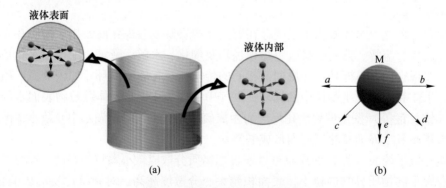

图 2-1 液体分子和受力示意图
（a）表面分子；（b）体相分子

B 表面张力

由于存在净吸力，任何液体表面分子有自发向液体内部迁移的趋势，宏观表现为液体表面仿佛存在一层紧绷的液膜，膜内部产生的膜紧绷力即为液体的表面张力。净吸力与表面张力既有区别又有联系，分子间力可以引起净吸力，而净吸力使液体表面产生表面张力。表面张力是一种宏观力，其作用方向与液面相切，且垂直作用于表面上单位长度线段，如果液面是平面，表面张力就在这个平面上，如果液面是曲面，表面张力就在这个曲面的切面上。

如图 2-2 所示，用钢丝制作一矩形框架，一边可以自由活动，长度为 l。固定活动边，将框架浸泡于肥皂溶液中沾上一层液膜。将活动边放松后，肥皂膜会自动收缩；若维持膜不变，必须在活动外施加外力 F。实验表明，F 的大小与 l 成正比，满足式（2-2）。

$$F = 2\gamma l \tag{2-2}$$

式中，γ 为比例系数，又称为表面张力；系数 2 为液膜有两个面。

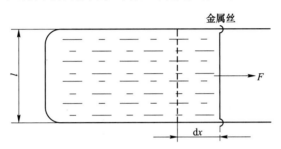

图 2-2　钢丝框架表面肥皂膜受力示意图

从图 2-2 可以看出，表面张力 γ 表示沿液体表面垂直作用于单位长度上的收缩力（单位为 N/m）。因此，表面张力是抵抗表面扩张的力，其作用是使一定体积的系统具有最小表面积。

2.1.2.2　表面功与表面能

从图 2-2 还可以看出，当用外力 F 使金属丝非常缓慢地向右移动 dx 的距离，肥皂膜面积增大 dA_s，则表面张力所做可逆表面功满足式（2-3）。

$$\delta W'_r = F dx = 2\gamma l dx = \gamma dA_s$$

则

$$\gamma = \frac{\delta W'_r}{dA_s} \tag{2-3}$$

式（2-3）表明，表面张力也可以理解为当组成不发生变化，且温度及压力恒定时，使液体增加单位表面积时环境所需的可逆功，也称表面功，单位为 J/m²。从能量上来看，要将液相内部的分子移到表面，需要对它做功。根据能量守恒定律，表面功转换为表面分子势能，亦即 γ 也可以表示为表面能，单位为 J/m²。这就说明，要使系统的表面积增加必然要增加它的能量，所以系统处于高能的非稳定状态。为了使系统趋于稳定，液体的表面积总是尽可能地取最小值，所以对一定体积的液滴，不受外力的影响时，其形状总呈表面积最小的球形。

2.1.3　表面张力的影响因素

表面张力是液体（固体）表面的一种性质，可以受到多种因素的影响，这也是在自然界观察到的常见现象[2]。

2.1.3.1 物质本性

由前所述表面张力由净吸力引起，而净吸力取决于分子间的引力和分子结构，因此表面张力与物质本性有关。例如水是极性分子，分子间有很强的吸引力，常压下20℃时水的表面张力高达72.75mN/m，而非极性分子正己烷在相同温度下表面张力只有18.4mN/m。水银分子有极大的内聚力，在25℃时表面张力为485mN/m，被认为是室温下表面张力最高的液体。另外，表面张力比较高的还有熔态金属，如1100℃的铜熔液表面张力为879mN/m。

2.1.3.2 相界面性质

通常某种液体的表面张力，指该液体与含有本身蒸气的空气相接触时的测定值。当与液体相接触的另一相物质的性质改变时，表面张力也会发生变化。两个液相之间的界面张力可以用经验公式（2-4）表示，即

$$\gamma_{1,2} = \gamma_1' - \gamma_2' \tag{2-4}$$

式（2-4）称为Antonoff法则，其中γ_1'和γ_2'分别为两个相互饱和液体的表面张力。表2-2中列出了常见有机液体与水之间的界面张力实验值及Antonoff法则计算值，结果相似度很高。

表2-2 不同有机液体与水之间的界面张力实验值及Antonoff法则计算值

相组分	表面张力/mN·m⁻¹		$\gamma_{1,2}$的界面张力/mN·m⁻¹		温度/℃
	水层 γ_1'	有机液体 γ_2'	计算值	实验值	
苯/水	63.2	28.8	34.4	34.4	19
乙醚/水	28.1	17.5	10.6	10.6	18
CCl₃/水	59.8	26.2	33.4	33.3	18
CCl₄/水	70.9	43.2	24.7	24.7	18
戊醇/水	26.3	21.5	4.8	4.8	18
5%戊醇+95%苯/水	41.4	28.0	13.4	16.1	17

气-液界面上，空气分子对液体分子的吸引可以忽略，表面张力是液体分子相互吸引所产生的净吸力的总和。但液-液界面上，两种不同分子之间也会相互吸引，因而降低了每种液体的净吸力，使界面张力比原有两种液体表面张力中较大的那个小一些[3]。

2.1.3.3 温度

一般液体的表面张力都会随温度升高而降低，且γ-T往往呈线性关系。当温度升高到接近临界温度T_c时，液-气界面逐渐消失，表面张力趋近于零。这可以定性解释为温度升高时物质膨胀，分子间距增大，因此吸引力减弱，表面张力降低。

表面张力和温度之间的数学关系，主要采用经验公式。实验表明，非缔合性液体在温度变化不大时（10~20℃），γ-T关系基本上是线性的，见式（2-5）。

$$\gamma_T = \gamma_0 \left[1 - b(T - T_0) \right] \tag{2-5}$$

式中，γ_T、γ_0分别为温度T和T_0时的表面张力；b为表面张力的温度系数。

当温度接近于临界温度时，气-液界面消失，这时表面张力也趋于零，由此Ramsay和

Shields 提出式（2-6）所示的关系式。

$$\gamma \widetilde{V}^{2/3} = K(T_c - T - 6.0) \tag{2-6}$$

式中，$\widetilde{V}$ 为液体的摩尔体积；T_c 为临界绝对温度；K 为常数，非极性液体 K 约为 2.2×10^{-7} J/K。

一些常见液体在不同温度下的表面张力列于表 2-3 中，可以看出，温度越高表面张力越低。

表 2-3　几种常见液体在不同温度下的表面张力　（mN/m）

常见液体	温度/℃					
	0	20	40	60	80	100
水	75.64	72.75	69.56	66.18	62.61	58.85
乙醇	24.05	22.27	20.60	19.01	—	—
甲苯	30.74	28.43	26.13	23.81	21.53	19.39
苯	31.60	28.90	26.30	23.70	21.30	

2.1.3.4　压力

从气-液两相密度差和净吸力分析，气相压力对表面张力也会有影响。因在一定温度下液体的蒸气压不变，压力对液体表面张力的影响只能在改变空气或惰性气体的压力条件下研究。可是空气和惰性气体都在一定程度上（特别是在高压下）溶于液体并为液体所吸收，也会有部分气体在液体表面上吸附，而且压力不同，溶解度和吸附量也不同，因此用改变空气或惰性气体压力所测得的表面张力变化，应是包括溶解、吸附、压力等因素的综合影响。实验测定结果显示，25℃ 时，水在 0.098MPa 压力下的表面张力 γ 为 72.82mN/m，在 9.8MPa 下为 66.43mN/m；苯在 0.098MPa 压力下的表面张力为 28.85mN/m，在 9.8MPa 下为 21.58mN/m。可知表面张力随压力增大而减小，但当压力改变不大时，压力对液体表面张力的影响很小。

2.2　表面热力学

2.2.1　表面吉布斯函数

由 2.1.2 节可知，表面张力也可以理解为表面功，即温度、压力和组成恒定时，使表面积增加 dA_s 所需的可逆非体积功，而可逆非体积功等于系统吉布斯（Gibbs）函数的改变，故可得式（2-7）。

$$\delta W_r' = dG_{T,p} = \gamma dA_s$$

$$\gamma = \left(\frac{\partial G}{\partial A_s}\right)_{T,p} = \frac{\delta W_r'}{dA_s} = \frac{F}{2l} \tag{2-7}$$

从式（2-7）可以看出，γ 等于系统增加单位表面积时 Gibbs 函数的增加，也可称为表面 Gibbs 函数，单位为 J/m²。虽然表面张力、表面功和表面 Gibbs 函数三者的数值和量纲都相同，但它们具有不同的物理意义，是从不同角度说明同一问题。

2.2.2 表面热力学公式

2.2.2.1 基本公式

根据热力学第一定律，纯物质组成的系统在可逆条件下发生无穷小变化时，其内能变化 dU 可表示为物体吸收的热量 δQ_r 和对物体所做的功 δW_r 的总和，满足式（2-8）。

$$dU = \delta Q_r + \delta W_r \tag{2-8}$$

对于多组分系统，热力学基本方程见式（2-9）。可以看出，Gibbs 函数 G 不仅是温度 T、压力 p 的函数，还是各组分物质的量 n_i 的函数，即 $G=f(T, p, n_i, \cdots)$。

$$\begin{cases} dG = -SdT + Vdp + \sum_i \mu_i dn_i \\ dU = TdS - pdV + \sum_i \mu_i dn_i \\ dH = TdS + Vdp + \sum_i \mu_i dn_i \\ dF = -SdT - pdV + \sum_i \mu_i dn_i \end{cases} \tag{2-9}$$

对于相界面面积较大的多分散系统，还须考虑表面功 γdA 带来的影响，方程组（2-9）变化为方程组（2-10）所示形式。

$$\begin{cases} dG = -SdT + Vdp + \gamma dA + \sum_i \mu_i dn_i \\ dU = TdS - pdV + \gamma dA + \sum_i \mu_i dn_i \\ dH = TdS + Vdp + \gamma dA + \sum_i \mu_i dn_i \\ dF = -SdT - pdV + \gamma dA + \sum_i \mu_i dn_i \end{cases} \tag{2-10}$$

因此，表面张力可以定义为保持相应的特征量不变时，比表面积增加所引起的相应热力学函数的增值，即可以看作是广义的表面自由能，满足式（2-11）。

$$\gamma = \left(\frac{\partial U}{\partial A}\right)_{S,V,n_i} = \left(\frac{\partial H}{\partial A}\right)_{S,p,n_i} = \left(\frac{\partial F}{\partial A}\right)_{T,V,n_i} = \left(\frac{\partial G}{\partial A}\right)_{T,p,n_i} \tag{2-11}$$

2.2.2.2 界面相

如图 2-3 所示，由 α(g) 和 β(l) 两相液体所组成的系统，在达到平衡时，系统内除了 α、β 两个体相外，还存在界面相 χ。该界面相实际上是从一个体相过渡到另一个体相的区间，所以微观上存在一定的厚度。在远离界面的 α、β 两个体相内各自的性质都是均匀的，而界面层内沿着垂直于界面的方向，其组成和性质都是不均匀的。这一界面层（过渡层），既不同于 α 相，也不同于 β 相，即形成了界面相。

若用 α、β、χ 为上标，分别表示 α、β 两个体相和 χ 界面相对应物理量，则有：

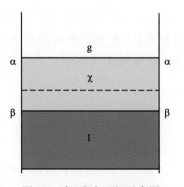

图 2-3 气-液表面相示意图

$$\begin{cases} U = U^{\alpha} + U^{\beta} + U^{\chi} \\ G = G^{\alpha} + G^{\beta} + G^{\chi} \\ H = H^{\alpha} + H^{\beta} + H^{\chi} \\ S = S^{\alpha} + S^{\beta} + S^{\chi} \\ F = F^{\alpha} + F^{\beta} + F^{\chi} \\ n = n^{\alpha} + n^{\beta} + n^{\chi} \end{cases} \tag{2-12}$$

Gibbs 规定，$V^{\chi} = 0$，因此系统的体积 V 只由两个体相组成，即

$$V = V^{\alpha} + V^{\beta} \tag{2-13}$$

2.2.2.3　表面"过剩量"

虽然假设表面相没有体积，但是仍有 U^{χ}、G^{χ}、S^{χ}、n^{χ} 等物理量，它们相对于体相具有"过剩量"的意义。根据热力学基本公式（2-10），系统的 U、H、F、G 的增量分别为

$$dU = dU^{\alpha} + dU^{\beta} + dU^{\chi} = TdS^{\alpha} - pdV^{\alpha} + \sum_i \mu_i dn_i^{\alpha} +$$
$$TdS^{\beta} - pdV^{\beta} + \sum_i \mu_i dn_i^{\beta} + TdS^{\chi} + \gamma dA + \sum_i \mu_i dn_i^{\chi} \tag{2-14a}$$

$$dH = dH^{\alpha} + dH^{\beta} + dH^{\chi} = TdS^{\alpha} + V^{\alpha}dp + \sum_i \mu_i dn_i^{\alpha} +$$
$$TdS^{\beta} + V^{\beta}dp + \sum_i \mu_i dn_i^{\beta} + TdS^{\chi} + \gamma dA + \sum_i \mu_i dn_i^{\chi} \tag{2-14b}$$

$$dF = dF^{\alpha} + dF^{\beta} + dF^{\chi} = - S^{\alpha}dT + pdV^{\alpha} + \sum_i \mu_i dn_i^{\alpha} - S^{\beta}dT -$$
$$pdV^{\beta} + \sum_i \mu_i dn_i^{\beta} - S^{\chi}dT + \gamma dA + \sum_i \mu_i dn_i^{\chi} \tag{2-14c}$$

$$dG = dG^{\alpha} + dG^{\beta} + dG^{\chi} = - S^{\alpha}dT + V^{\alpha}dp + \sum_i \mu_i dn_i^{\alpha} -$$
$$S^{\beta}dT + V^{\beta}dp + \sum_i \mu_i dn_i^{\beta} - S^{\chi}dT + \gamma dA + \sum_i \mu_i dn_i^{\chi} \tag{2-14d}$$

根据关系式组（2-14）可知，在界面相中存在相应界面热力学公式（2-15）。式（2-15）中，A 为几何分界面的面积，且根据 Gibbs 的规定，设界面相体积为零，即 $V^{\chi} = 0$。

$$\begin{cases} dU^{\chi} = TdS^{\chi} + \gamma dA + \sum_i \mu_i dn_i^{\chi} \\ dH^{\chi} = TdS^{\chi} + \gamma dA + \sum_i \mu_i dn_i^{\chi} \\ dF^{\chi} = - S^{\chi}dT + \gamma dA + \sum_i \mu_i dn_i^{\chi} \\ dG^{\chi} = - S^{\chi}dT + \gamma dA + \sum_i \mu_i dn_i^{\chi} \end{cases} \tag{2-15}$$

可以看出：

$$dU^{\chi} = dH^{\chi}；\ dF^{\chi} = dG^{\chi}$$

2.2.3　Gibbs 吸附

2.2.3.1　溶液的表面吸附

气-液表面相存在，必然会有物质表面的浓度与溶液内部浓度不同的现象，宏观表现

为表面"吸附"了溶质分子，即产生所谓表面"吸附"。溶液表面张力的变化就是这种表面"吸附"的结果。在给定温度下，纯水有一定的表面张力值（γ_0），加入溶质形成溶液后，改变了溶液的表面张力 γ，所加入的溶质不同，水溶液的 γ 也不相同，γ 随浓度变化关系通常表现为图 2-4 所示曲线 I、II、III 等三种形式。

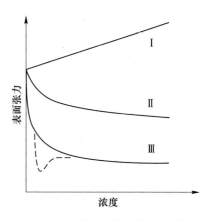

图 2-4 不同溶质水溶液表面
张力随浓度变化关系曲线

研究表明，溶质为无机的盐、酸、碱（$CaCl_2$、$NaCl$、H_2SO_4、KOH 等）及多羟基有机物（甘油、蔗糖等）时，溶液表面张力随浓度变化关系满足图 2-4 中曲线 I 的形式，$\gamma > \gamma_0$，即溶液在表面的浓度小于溶液相浓度。当溶质为低相对分子质量的醇、醛、酸、酯等时，溶液表面张力随浓度变化满足图 2-4 中曲线 II 的形式，即这种类型的溶质能使表面张力降低，$\gamma < \gamma_0$，表面浓度大于溶液相浓度。满足曲线 III 的溶液特点是加入很少量溶质就可以使表面张力迅速下降，达一定浓度后，γ 不再变化，溶液在表面的浓度也大于溶液相浓度。溶液的表面吸附作用就是用来表示这种物质在溶液表面与内部浓度不同的现象。当溶液在表面的浓度大于溶液体相浓度时，被认为表面发生了正吸附（见图 2-4 曲线 II 和 III）；溶液在表面的浓度小于溶液体相浓度时，被认为表面发生了负吸附（见图 2-4 曲线 I）。加入溶剂中，使溶液表面张力上升，产生负吸附的物质为非表面活性物质；加入溶剂中，使溶液表面张力下降产生正吸附的物质为表面活性物质。此外，第 II 和第 III 类型曲线所代表的溶质能够使溶剂表面张力降低的性质称为表面活性，其中符合第 III 类型曲线的溶质大都属于具有特殊性能的两亲分子类物质，即表面活性剂，有关内容将在 2.5 节进行详细介绍。

由于液体表面与其体相存在物理上不可分割性，表面"吸附"往往难于观察和测量。两个著名实验证明溶液表面存在强烈的表面吸附作用。一是英国著名胶体与表面化学家 McBain 及其学生的"刮皮实验"，他们设计了快速刮皮机，用刀片从表面活性物质水溶液表面飞快刮下一薄层液体，收集多次刮下的表面层溶液并测定其浓度，结果确实高于体相溶液的浓度。另一个是"通气实验"，向表面活性剂水溶液中通气产生大量泡沫，收集泡沫分析其浓度，结果也发现其浓度远高于原用体相溶液。利用后者原理，逐渐发展了泡沫分离技术，用于浓缩表面活性物质（在泡沫层）和净化液相主体。更重要的是早在 1915 年泡沫分离技术就开始应用于矿物浮选，20 世纪 60 年代中期又成功应用于处理污水中的表面活性剂（烷基磺酸盐和烷基苯磺酸盐等），20 世纪 70 年代推广到染料等有机物废水处理中。

2.2.3.2 Gibbs 吸附公式

1875 年 Gibbs 通过经典热力学导出表面吸附公式，为该领域相关研究工作奠定了理论基础。Gibbs 考虑有 i 个组分的多组分系统，相界面积增加 dA 时，内能的增量 dU 满足式（2-10），恒压条件下积分得式（2-16）。

$$U = TS - pV + \gamma A + \sum_i \mu_i n_i \tag{2-16}$$

将式（2-16）进行全微分，得式（2-17）。

$$dU = TdS + SdT - pdV - Vdp + \gamma dA + Ad\gamma + \sum_i \mu_i dn_i + \sum_i n_i d\mu_i \qquad (2\text{-}17)$$

将式（2-17）与式（2-10）中的 dU 相减，剩余

$$SdT - Vdp + Ad\gamma + \sum_i n_i d\mu_i = 0$$

在恒温（$dT=0$）和恒压（$dp=0$）条件下，

$$Ad\gamma + \sum_i n_i d\mu_i = 0 \qquad (2\text{-}18)$$

定义表面过剩 Γ_i 为 i 组分单位表面积平均物质的量（mol），即

$$\Gamma_i = \frac{n_i}{A} \qquad (2\text{-}19)$$

式（2-18）可改写为

$$- d\gamma = - \sum_i \frac{n_i}{A} d\mu_i = \sum_i \Gamma_i d\mu_i \qquad (2\text{-}20)$$

式（2-20）即为 Gibbs 吸附公式的原形，描述了表面浓度与表面张力及溶液化学势间变化关系。对恒温溶液，物理化学中给出 $\mu_i = RT\ln a_i$，则有

$$- d\gamma = \sum_i \Gamma_i RT d\ln a_i \qquad (2\text{-}21)$$

式（2-21）中 a_i 为溶液中 i 组分的活度，变形得

$$\Gamma_i = -\frac{1}{RT}\frac{d\gamma}{d\ln a_i} = \frac{1}{2.303RT}\frac{d\gamma}{d\lg a_i} \qquad (2\text{-}22)$$

如图 2-5 所示，以 Gibbs 平面 s 为中心，参照（a）中 Gibbs 平面气-液表面相示意图，（b）中阴影部分就是溶剂过剩浓度，（c）为组分 i（溶质）的表面过剩 Γ_i 即为该组分在 Gibbs 平面两侧组分物质量（阴影区）的差值。

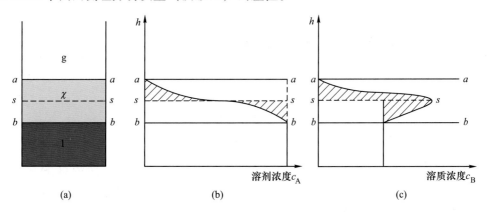

图 2-5 气-液表面相，Gibbs 平面区溶质表面过剩 Γ_i 示意图

（a）Gibbs 气-液表面相；（b）溶液过剩浓度；（c）溶质过剩浓度

以常见的只有一种界面的双组分系统为例（溶剂和溶质），在恒温时，根据式（2-20）可以得到

$$d\gamma = - \Gamma_1 d\mu_1 - \Gamma_2 d\mu_2 \qquad (2\text{-}23)$$

假定组分 1 为系统的溶剂，若选定特定的界面使 $\Gamma_1 = 0$，式（2-23）变为

$$\Gamma_2^{(1)} = -\left(\frac{\partial \gamma}{\partial \mu_2}\right)_T \tag{2-24}$$

式中，$\Gamma_2^{(1)}$ 为相对于 $\Gamma_1 = 0$ 时，组分 2 的表面浓度，即选定了特定几何界面，使溶剂的表面过剩等于零的情况下，溶质的相对表面过剩。由于

$$\mathrm{d}\mu_2 = RT\mathrm{d}\ln a_2$$

式中，a_2 为组分 2 在溶液中的活度。故

$$\Gamma_2^{(1)} = -\frac{1}{RT}\left(\frac{\mathrm{d}\gamma}{\mathrm{d}\ln a_2}\right)_T \tag{2-25}$$

如果是理想溶液或浓度很稀时，就可以用浓度代替活度，则式（2-25）可写成

$$\Gamma_2^{(1)} = -\frac{1}{RT}\left(\frac{\mathrm{d}\gamma}{\mathrm{d}\ln c_2}\right)_T = -\frac{1}{2.303RT}\left(\frac{\partial \gamma}{\partial \lg c_2}\right)_T = -\frac{c_2}{RT}\left(\frac{\mathrm{d}\gamma}{\mathrm{d}c_2}\right)_T \tag{2-26}$$

由式（2-26）可知，$\Gamma_2^{(1)}$ 的正负由 $(\mathrm{d}\gamma/\mathrm{d}c_2)_T$ 的正负决定。如图 2-6（a）所示，乙醇水溶液的表面张力随着乙醇浓度的增加而降低，$(\mathrm{d}\gamma/\mathrm{d}c_2)_T$ 为负，则 $\Gamma_2^{(1)}$ 为正，表明乙醇在水溶液表面相中的浓度比在溶液体相中的大。这就是乙醇在水溶液表面上产生吸附的现象，即发生了正吸附。而图 2-6（b）所示氯化钠水溶液的情况相反，表面张力随着浓度增加而升高，$(\mathrm{d}\gamma/\mathrm{d}c_2)_T$ 为正，则 $\Gamma_2^{(1)}$ 为负，表明氯化钠在溶液表面相的浓度比在溶液体相中的小，即发生了负吸附。

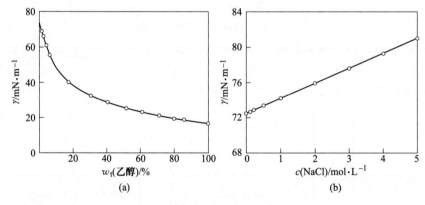

图 2-6　溶液的表面张力与浓度的关系
（a）乙醇水溶液；（b）NaCl 水溶液

早期没有直接测定 $\Gamma_2^{(1)}$ 的方法，只能通过测定表面张力 γ 随浓度的变化获得 $(\mathrm{d}\gamma/\mathrm{d}c_2)_T$，再通过式（2-26）间接计算。20 世纪 30 年代，前述 McBain 等人的"刮皮实验"，通过溶质的表面过剩浓度得到了 $\Gamma_2^{(1)}$ 实验值。通过与式（2-26）计算出的 $\Gamma_2^{(1)}$ 相比较，二者的相符程度使人们信服了 Gibbs 对界面的划分及由此导出的结果。此后，Tajima 等人用示踪原子法进一步验证了 Gibbs 法的正确性。

2.3　弯曲液体的界面现象

2.3.1　弯曲液面附加压力

通常大面积液体表面都呈平面，但一些小面积液面会出现弯曲现象，常见的有毛细管

内液面及气泡、水珠等形成的液面。在表面张力作用下，弯曲的液体表面会承受一定的附加压力。如图 2-7（a）所示，平液面的表面张力沿液面水平方向，在液体表面上任取面积 dA，平衡时各方向表面张力可相互抵消，dA 内外压强相等，即液体一侧所承受的压力 p_1 与气体一侧所承受的压力 p_g 相等，$\Delta p = p_1 - p_g = 0$。对图 2-7（b）中凸液面，dA 边界表面张力沿切线方向，合力指向液面内，dA 紧压在液体上，使液体受附加压力 Δp，且 $\Delta p = p_1 - p_g > 0$，指向液体内部。图 2-7（c）中凹液面，dA 边界表面张力合力指向液体外部，使液体所受附加压强 $\Delta p = p_1 - p_g < 0$。总之，由于表面张力的方向性，弯曲液面产生方向恒指向曲率中心的附加压力，使与液面曲率中心同侧的压强恒大于另一侧。

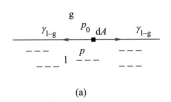 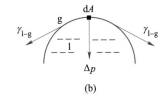 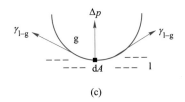

(a) (b) (c)

图 2-7 气-液表面相受力示意图

（a）平液面；（b）凸液面；（c）凹液面

2.3.2 Laplace 方程

2.3.2.1 Laplace 公式的热力学推导

弯曲液面的附加压力与曲率半径大小有关，最早由 Laplace 通过热力学公式导出。

A 简单推导

考虑到如图 2-8 所示恒温恒压密闭容器中分散相 α 存在于分散介质 β 中的简单情况，整个系统相平衡时自由能 F 变化应由 α、β 两相的自由能变化共同贡献。

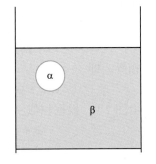

$$dF = -SdT - pdV + \gamma dA = dF^\alpha + dF^\beta \qquad (2\text{-}27)$$

在恒温条件下，可得

$$dF = -p^\alpha dV^\alpha - p^\beta dV^\beta + \gamma dA \qquad (2\text{-}28)$$

由于密闭系统的体积不变，则在恒温、恒容条件下，平衡准则为 $dF_{T,V}=0$，又 $-dV^\alpha = dV^\beta$，故由式（2-28）可得

图 2-8 气-液两相平衡示意图

$$(p^\alpha - p^\beta)dV^\alpha = \gamma dA$$

$$p^\alpha - p^\beta = \Delta p = \gamma \frac{dA}{dV^\alpha} \qquad (2\text{-}29)$$

首先假设 α 相为半径为 r 的球形液滴，则体积 $V = \frac{4}{3}\pi r^3$，面积 $A = 4\pi r^2$。若有 dn mol 物质从 β 相转移至 α 相使液滴半径增加 dr，则液滴的面积增加 $dA = 8\pi r dr$，体积增加 $dV^\alpha = 4\pi r^2 dr$，因此有 $\dfrac{dA}{dV^\alpha} = \dfrac{2}{r}$。

故得液滴球面的内外压差（$p^\alpha - p^\beta$）与表面张力和曲率半径的关系为

$$\Delta p = p^{\alpha} - p^{\beta} = \frac{2\gamma}{r} \tag{2-30}$$

式（2-30）为以简单方法推导的 Laplace 式特殊形式，表明 Δp 与 γ 成正比，与曲率半径 r 成反比。α 相的曲率中心在液体内部，Δp 为正值，相当于图 2-7（b）所示凸面的情况。

换一种情况，若 β 相系半径为 r 的球形气泡，α 相为液体，也有 dn mol 物质从 β 相转移至 α 相使气泡半径增加 dr，则液相表面积减少 d$A = -8\pi r \mathrm{d}r$，体积增加 d$V = 4\pi r^2 \mathrm{d}r$，故得液面的内外压差 $(p^{\alpha} - p^{\beta})$，即 $\Delta p = -\dfrac{2\gamma}{r}$。相当于图 2-7 凹液面的情形。此时曲率中心在气相中，与图 2-7（b）相反，若取曲率半径为正值，则凹面液体的曲率半径必为负值，也可得到相同的结果。

B 普适推导

如图 2-9 所示，考虑任意弯曲液面的情况。取微小矩形曲面 *ABCD*，面积为 xy，垂直于该曲面任意选两个互相垂直的截面，交线为曲面中心 *O* 点的法线，割于 *ABCD* 上两条曲线的曲率半径，分别为 r_1 和 r_2。

令曲面 *ABCD* 沿着法线方向移动 d$z = OO'$ 距离，曲面移动到 *A'B'C'D'*，其面积扩大为 $(x+\mathrm{d}x)(y+\mathrm{d}y)$。所以移动后曲面面积增加 d$A$ 和体积增加 dV 分别为 d$A = (x + \mathrm{d}x)(y + \mathrm{d}y) - xy = x\mathrm{d}y + y\mathrm{d}x$ 与 d$V = xy\mathrm{d}z$。由于面积增加，系统表面功的改变 d$W' = \gamma \mathrm{d}A = \gamma(x\mathrm{d}y + y\mathrm{d}x)$；因为曲面两边存在附加压力 Δp，所以当曲面位移 dz 时，相应地环境要做的体积功应该为 d$W = \Delta p xy\mathrm{d}z$，当系统达到平衡时，上述的表面功和体积功必然相等，即

$$\gamma(x\mathrm{d}y + y\mathrm{d}x) = \Delta p xy\mathrm{d}z \tag{2-31}$$

由图 2-9，根据相似三角形原理可得

$$\frac{x + \mathrm{d}x}{r_1' + \mathrm{d}z} = \frac{x}{r_1'}$$

$$\frac{y + \mathrm{d}y}{r_2' + \mathrm{d}z} = \frac{x}{r_2'} \tag{2-32}$$

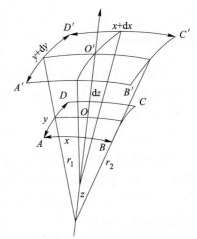

图 2-9 任意弯曲面的
微小面积变化示意图

化简得 d$x = \dfrac{x\mathrm{d}z}{r_1}$，d$y = \dfrac{y\mathrm{d}z}{r_2}$，代入式（2-32），可得

$$\Delta p = \gamma \left(\frac{1}{r_1} + \frac{1}{r_2} \right) \tag{2-33}$$

式（2-33）即为适用于任意曲面的 Laplace 公式一般形式，可以看出该 Δp 与表面张力成正比，与曲率半径成反比，即曲率半径越小，附加压力越大。

如果曲面是球面的一部分，则曲面各处的曲率半径都相等，即 $r_1 = r_2 = r$，因此 Laplace 方程可以简化为与式（2-30）一致的形式，即 $\Delta p = \dfrac{2\gamma}{r}$。如果曲面是圆柱状，那么曲面上

一个曲率半径是圆的半径 r，另一个曲率半径是 ∞，所以 Laplace 方程可以简化为

$$\Delta p = \frac{\gamma}{r} \tag{2-34}$$

2.3.2.2 Laplace 公式的应用

采用附加压力和 Laplace 公式可以对一些常见弯曲界面现象进行解释，在工业也有广泛应用。

A 毛细管顶端液滴

在毛细管内充满液体（如注射器针头，见图 2-10（a）），毛细管顶端有半径为 r 的球状液滴与管内液体保持平衡。对活塞稍加压力，将毛细管内液体压出少许，使管顶端液滴体积增加 dV，相应地其表面积增加 dA。设外压为 p_0，液滴所受总压为 p_s，克服附加压力（$\Delta p = p_0 - p_s$）环境所做的功与可逆增加表面积的吉布斯自由能增加应该相等。即 $\Delta p dV = \gamma dA$。

由于
$$V = \frac{4}{3}\pi r^3 \qquad dV = 4\pi r^2 dr$$
$$A = 4\pi r^2 \qquad dA = 8\pi r dr$$

可计算出附加压力

$$\Delta p = \gamma \frac{dA}{dV} = \frac{2\gamma}{r}$$

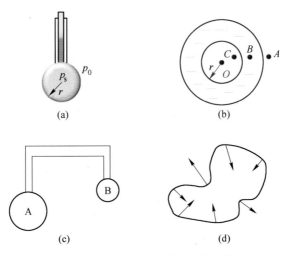

图 2-10 Laplace 公式的应用实例示意图

（a）毛细管顶端液滴；（b）球形液膜（肥皂泡）；

（c）两个联通球形小液滴（气泡）；（d）不规则液滴上的附加压力

B 球形液膜（肥皂泡）

球形液膜，比如常见的肥皂泡，其膜相为液体，膜内外为气体。如图 2-10（b）所示，由于球形液膜很薄，内外膜半径近似相等，设 A、B、C 三点压强分别为 p_A、p_B、p_C，则有

$$p_B = p_A + \frac{2\gamma}{r} \qquad p_B = p_C - \frac{2\gamma}{r}$$

$$p_A + \frac{2\gamma}{R} = p_C - \frac{2\gamma}{r}$$

$$\Delta p = p_C - p_A = \frac{4\gamma}{r}$$

这表明，一个肥皂泡的泡内压力比外压大，吹出肥皂泡后，若不堵住吹管口，泡就很快缩小，直至缩成液滴。

C 两个联通球形小液滴（气泡）

将两个大小不同的液滴或气泡 A 和 B 通过一个细管进行连通，如图 2-10（c）所示。其中，半径 $r_A > r_B$，$p_A = p_0 + \frac{2\gamma}{r_A}$，$p_B = p_0 + \frac{2\gamma}{r_B}$，则 $p_A < p_B$，因此液（气体）体从 B 球向 A 球扩散，则会出现小液滴（气泡）越来越小，大液滴（气泡）越来越大的现象。

D 自然界液滴和气泡趋向球形（类球形）

如图 2-10（d）所示，如果某液滴（或气泡）初始形状不规则，它会因液体表面各处的曲率半径不同而各处所受到的 Laplace 附加压力的大小与方向也各不相同。因此，经过一定时间达到平衡时，这些力的合作用最终会使液滴（或气泡）呈球形或类球形。

E 工业应用

Laplace 公式在生产实际中也很有用。例如喷雾干燥、气体吸收、泡沫精馏等操作，需要把液体或气体通过微孔分散成微小液滴或气泡。根据 Laplace 公式的推导可知，$\Delta p \mathrm{d}V$ 亦即 $\gamma \mathrm{d}A$ 就是所需要的可逆功。Laplace 公式还可提供最小需要多大压力才足以使液体通过微孔喷淋，或在吸收塔中鼓泡，但后者还应加上吸收塔中液柱的静压头。对于润湿欠佳的液体应考虑接触角 θ 的影响，设 r 为微孔半径，则 $\Delta p = \frac{2\gamma \cos\theta}{r}$。此外，气体或液体的流速较大时，还应考虑流体力学因素的影响。

2.3.3 毛细作用

2.3.3.1 毛细上升和下降

液体中两端开口的毛细管（或细缝）内、外液面出现高度差的现象称为毛细现象，是弯曲液面导致流体内部出现附加压力（Laplace 压力），按照流体力学规律发生从压力高处向压力低处的流动。

如图 2-11（a）所示，将玻璃毛细管插入水中时，管内液面为凹液面，水面上某点 C 所受压强 p_C 与大气压强 p_0 相等，即 $p_C = p_0$；而毛细管中与 C 为等高点的 B 处由于 Laplace 附加压力的作用其压强 p_B 小于大气压 p_0，即 $p_B < p_c$；由于 $p_B < p_C$，液体不能静止，管内液面出现毛细上升，直至 $p_B = p_C$ 为止。整个系统中，

$$p_A = p_0 - \frac{2\gamma}{r_1}$$

$$p_B = p_A + \Delta\rho g h = p_0 - \frac{2\gamma}{r_1} + \rho g h = p_C = p_0$$

其中

$$h = \frac{2\gamma}{\Delta\rho g r_1} = \frac{2\gamma \cos\theta}{\Delta\rho g r_2}$$

$$r_2 = r_1 \cos\theta$$

式中，$\Delta\rho$ 为界面两边的液相和气相的密度差，$\Delta\rho = \rho_1 - \rho_2$；$g$ 为重力加速度；h 为毛细管内液面上升高度；r_1 为液面曲率半径；r_2 为毛细管半径；θ 为接触角。

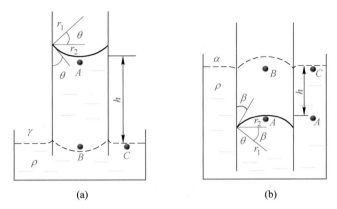

图 2-11　毛细现象及其受力情况示意图
（a）凹液面；（b）凸液面

当液体完全润湿固体表面时 $\theta = 0$，则有

$$r_1 = \frac{r_2}{\cos\theta} = r_2$$

$$h = \frac{2\gamma}{\Delta\rho g r_1} = \frac{2\gamma}{\Delta\rho g r_2}$$

毛细管插入水银中的现象如图 2-11（b）所示，刚插入管内时液面呈凸形，$p_C = p_0$，$p_B > p_0$，B 与 C 为等高点，但 $p_B > p_C$，所以液体不能静止，管内液面出现毛细下降，直至找到等压点为止。整个系统中存在以下关系：

$$p_A = p_0 + \frac{2\gamma}{r_1}$$

$$p_A = p_C + \Delta\rho g h = p_0 + \frac{2\gamma}{r_1}$$

$$h = \frac{2\gamma}{\Delta\rho g r_1} = \frac{2\gamma\cos\theta}{\Delta\rho g r_2}$$

上述关系式中，$r_1\cos\beta = r_2\cos(\pi - \theta) = -r_1\cos\theta = r_2$。当液体完全不润湿时，

$$\theta = \pi, \quad r_1 = -\frac{r_2}{\cos\theta} = r_2, \quad h = \frac{2\gamma}{\rho g r_1} = \frac{2\gamma}{\rho g r_2}$$

可以看出，由于 Laplace 附加压力存在，毛细管内液柱的高度改变 h 普遍满足式（2-35）。

$$h = \frac{2\gamma\cos\theta}{r_2\Delta\rho g} \tag{2-35}$$

液面为水平面时（大平面），$r \to \infty$，$h \to 0$；如液体润湿管壁，液面为凹面时，液体润湿固体，两者的接触角 $\theta < \dfrac{\pi}{2}$，$\cos\theta > 0$，h 为正值，液面毛细上升；液面为凸面时，液体不

润湿固体，接触角 $\theta > \dfrac{\pi}{2}$，$\cos\theta < 0$，h 为负值，液面毛细下降。

2.3.3.2   毛细常数

纯净水和许多常见有机溶剂能够完全润湿洁净玻璃毛细管，即 θ 接近零。若重力对液面形状的影响可以忽略不计，则毛细管半径 r_2 与弯曲液面曲率半径 r_2 相等。根据式（2-35），考虑 $\theta = 0$、$\cos\theta = 1$，故毛细上升高度 h 与毛细管半径 r_2 之积满足式（2-36）。

$$hr_2 = \frac{2\gamma}{\Delta\rho g} \tag{2-36}$$

从式（2-36）可以看出，hr_2 只由毛细管中填充液体性质所决定，即只表示液体的特性。因为 h 与 r_2 都具有长度单位，hr_2 具有平方因次，常用 a^2 表示，称为毛细常数，是液体表面性质常用参数，由式（2-37）表示。

$$a^2 = \frac{2\gamma}{\Delta\rho g} \tag{2-37}$$

2.3.3.3   毛细现象

在自然界和日常生活中毛细现象随处可见。如农民锄地，不但可以铲除杂草，还可以斩断土壤中的毛细管，减少水分沿毛细管上升接近地表产生的蒸发损失，发挥涵养水分的保湿作用。棉布纤维的间隙，由于毛细作用而吸收汗水可保持使用者的干爽舒适。植物根茎内的导管组成植物体内极细的毛细管群，能把土壤里的水分吸上来供植物生长发育。

在耕地中，土壤中的毛细管起着分配、保持土壤中水分的作用，如图 2-12（a）所示。水沿土壤颗粒间隙形成的毛细管上升，称为毛细管上升水（悬着水），可以在土壤毛细管中保持。

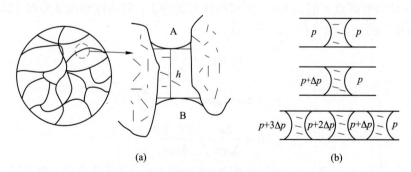

（a）   （b）

图 2-12   毛细现象的应用举例

（a）土壤毛细管中悬着水示意图；（b）气体栓塞现象示意图

h—悬着水的高度

由于 $r_B > r_A$，根据 Laplace 公式 $p = \dfrac{2\gamma}{r}$，可得 $p_B < p_A$，$p_A - p_B = \rho g h$，土壤毛细管中的水可以保持悬浮状态。当外界温度升高时，土壤温度发生变化，悬着水两端温度不同，地表温度高的一端 γ 值减小，导致 A 端压力减小，使悬着水向温度低的土壤深处移动，从而减少蒸发保持水分。

当液体在毛细管中流动时，如果管内液体中混有气泡，液体的流动将会受到阻碍，当气泡数量过多时，可能造成管道堵塞，外加几个大气压都无法使液体流动的现象，称为气体栓塞，也是一种典型的毛细现象。如图 2-12（b）所示，毛细管中有一段液体，液体左右两端压强相等，形成对称的弯液面，欲使液柱向右移动，则在左侧加一压强 Δp，这时两侧液面形状改变，右侧曲率半径增大，左侧曲率半径减小，产生向左的附加压强差来抵抗 Δp，当多个气泡存在时，Δp 成倍叠加可以达到很大，只有外加压力足够大时，液柱才能移动。病人输液时不小心进入空气就可能出现气体栓塞，造成血栓，后果严重。潜水后，潜水员通过吐出气泡产生附加压力，推动自己由深水上浮；高温下植物根茎中水分蒸发形成微小气泡，引起气体栓塞，影响水分输送造成枯萎。

2.3.4 弯曲液面的饱和蒸气压

2.3.4.1 开尔文（Kelvin）公式

纯液体在一定温度下有一定的饱和蒸气压，但仅限于平面液体。对于弯曲液面，由于存在附加压力，使层内的液体分子所受的压力与平面液体不同，因而液体饱和蒸气压及其化学势与平面液体都有所不同。

设外压为 p，球形小液滴的半径为 r，小液滴的饱和蒸气压为 p_r，对应平面液体的饱和蒸气压为 p_0。恒温恒压下气、液两相达到平衡时，任一组分在两相中的化学势应相等，由此可得球形小液滴的化学势 μ_r 和平面液体的化学势 μ_p，可以分别用与之平衡的气相化学势表示。式（2-38）给出球形小液滴和平面液体的化学势变化。

$$\mu_r = \mu^{\ominus} + RT\ln\frac{p_r}{p_0} \qquad \mu_p = \mu^{\ominus} + RT\ln\frac{p}{p_0}$$

$$\Delta\mu = \mu_r - \mu_p = RT\ln\frac{p_r}{p_0} \tag{2-38}$$

对于温度及组成不变的封闭系统，由物理化学中的热力学关系可得

$$\mathrm{d}\mu = V\mathrm{d}p \qquad V_{m,l} = \left(\frac{\partial\mu}{\partial p_l}\right)_T \tag{2-39}$$

忽略压力对液体体积的影响，对式（2-39）积分得式（2-40）。

$$\Delta\mu = \int_p^{p+\Delta p}\left(\frac{\partial\mu}{\partial p}\right)_T \mathrm{d}p_l = \int_p^{p+\Delta p} V_{m,l}\mathrm{d}p_l \tag{2-40}$$

$$RT\ln\frac{p_r}{p} = V_{m,l}\Delta p \tag{2-41}$$

根据 Laplace 公式 $\Delta p = \dfrac{2\gamma}{r}$ 得

$$RT\ln\frac{p_r}{p} = V_{m,l}\frac{2\gamma}{r} = \frac{2\gamma M}{\rho r} \tag{2-42}$$

式中，$V_{m,l}$、M、ρ 分别为液体的摩尔体积、摩尔质量和密度。式（2-42）即为著名的开尔文公式，描述了一定温度下某液体的饱和蒸气压与液滴半径之间的关系。

当液面为水平面时（大平面），$r\rightarrow\infty$，$p_r = p_0$。液面为凸面（小液滴）时，$r>0$，$p_r>p_0$，r 值越小，液滴的饱和蒸气压越高或小颗粒的溶解度越大。液面为凹面（气泡）时，可以看作 $r<0$，$p_r<p_0$；液滴越小，小气泡中的饱和蒸气压越低。

当 $\dfrac{p_r - p_0}{p_0}$ 绝对值很小时，根据级数展开取 1 级近似，$\ln\left(1 + \dfrac{p_r - p_0}{p_0}\right) \approx \dfrac{p_r - p_0}{p_0}$，则开尔文公式表达为

$$p_r - p_0 = \frac{p_0 V_1}{RT} \times \frac{2\gamma}{r} \qquad (2\text{-}43)$$

式（2-43）表明，当蒸气压变化不大时，其改变值与液球半径成反比。表 2-4 列出 25℃时按式（2-43）计算不同大小水珠的蒸气压，与平液面水饱和蒸气压（2306Pa）对比，液滴越小、饱和蒸气压越大、变化越明显。蒸气压随液滴大小改变的现象在资源利用和环境保护过程中十分重要，开尔文公式在人类认识自然、改造自然中起重要作用。

表 2-4　25℃时不同大小水滴的饱和蒸气压

半径/m	蒸汽压力/Pa	升高倍数（p_r/p）
10^{-6}	2309	1.001
10^{-7}	2331	1.011
10^{-8}	2569	1.114
10^{-9}	6804	2.950

2.3.4.2　开尔文公式的应用实例

A　毛细管凝结现象

如对玻璃润湿的液体水，会在玻璃毛细管内形成凹液面，使曲率半径 $r < 0$，毛细管内的饱和蒸气压小于平液面饱和蒸气压（$p_r < p_0$）；即对平面未饱和的蒸汽，在毛细管内可能已达饱和或过饱和，导致蒸汽在毛细管内凝结。多孔硅胶及分子筛等物质用作干燥剂，以及"神州六号"飞船舱内湿气的去除等都是毛细管凝结现象的典型应用。在膜蒸馏处理废水过程中，采用氧化石墨烯涂层是近年来提高膜蒸馏通量的一种新方法，氧化石墨烯涂层内毛细孔的存在会降低孔内水的蒸气压，当石墨烯处于冷侧时将显著提高膜两侧的传质压差，提高蒸汽通量。

B　过饱和蒸汽

恒温下，将未饱和的蒸汽加压，若压力超过该温度下液体的饱和蒸气压仍无液滴出现，则称该蒸汽为过饱和蒸汽。出现过饱和蒸汽的原因是新液相生成的液滴很小，根据开尔文公式和 Laplace 公式，此时 p_r 变得很大，新相很难形成。

图 2-13 为小液滴气-液平衡相图，可以看出形成小液滴的饱和蒸气压远高于平液面的饱和蒸气压，通过引入凝结核心可使部分蒸汽凝结成液滴。借助过饱和蒸汽变相凝结去除空气中 $PM_{2.5}$ 的技术就是基于以上原理，该技术是将装有过饱和蒸汽的喷射装置搭载在飞行器上，喷射出的饱和蒸汽与空气中的 $PM_{2.5}$ 发生凝结能形成较大直径的液滴（见图 2-14），使 $PM_{2.5}$ 与液滴一同降落，该技术除尘效率高，过程无二次污染。

C　过热液体

沸腾是液体从内部形成气泡、在液体表面上剧烈汽化的现象。但如果在液体中没有提供气泡的物质存在时，液体在沸点时将无法沸腾。我们将这种按相平衡条件，应当沸腾而不沸腾的液体，称为过热液体。

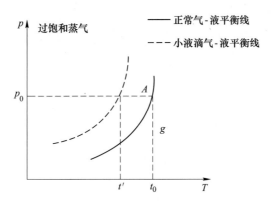

图 2-13　小液滴气-液平衡相图

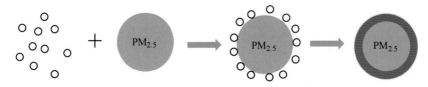

图 2-14　PM$_{2.5}$ 与过饱和蒸气凝结过程

　　液体过热现象的产生是液体在沸点时无法形成气泡所造成的。根据开尔文公式,小气泡形成时期气泡内饱和蒸气压远小于外压,但由于凹液面 Laplace 附加压力的存在,小气泡要稳定存在需克服的压力又必须大于外压。因此,相平衡条件无法满足,小气泡不能存在,这样便造成了液体在沸点时无法沸腾而液体的温度继续升高的过热现象。过热较多时,极易暴沸。为防止暴沸,可事先加入一些沸石、素烧瓷片等物质。因为这些多孔性物质的孔中存在着曲率半径较大的气泡,加热时这些气体成为新相种子(气化核心),因而绕过了产生极微小气泡的困难阶段,使液体的过热程度大大降低。

　　D　过饱和溶液

　　溶液含有超过饱和量的溶质,称为过饱和溶液。在适当条件下,人们能相当容易地制备出过饱和溶液来。这些条件概括说来是:溶液要纯洁,未被杂质或尘埃所污染;溶液降温时要缓慢;不使溶液受到搅拌、震荡、超声波等的扰动或刺激。溶液不但能降温到饱和温度以下不结晶,有的溶液甚至要冷却到饱和温度以下很多才能结晶。不同溶液能达到的过冷温度各不相同,例如硫酸镁溶液在上述条件下,过冷温度可达 17℃ 左右,氯化钠溶液的过冷温度则仅达 1.0℃,而有机化合物的黏稠溶液则能维持很大但不确知的过饱和度也不结晶,例如蔗糖溶液的过冷温度大于 25℃。

　　大量试验的结果证实,溶液的过饱和度与结晶的关系可用图 2-15 表示,图中的 AB 线为普通的溶解度曲线,CD 线代表溶液过饱和而能自发地产生晶核的浓度曲线(超溶解度曲线),它与溶解度曲线大致平行。这两根曲线将浓度-温度图分割为三个区域。在 AB 曲线以下是稳定区,在此区中溶液尚未达到饱和,因此没有结晶的可能。AB 线以上为过饱和溶液区,此区又分为两部分:在 AB 与 CD 线之间称为介稳区,在这个区域中,不会自发地产生晶核,但如果溶液中已加了晶种(在过饱和溶液中人为地加入少量溶质晶体的小颗粒，称为加晶种），这些晶种就会长大。*CD* 线以上是不稳区，在此区域中，溶液能自发地产生晶核。若原始浓度为 *E* 的洁净溶液在没有溶剂损失的情况下冷却到 *F* 点，溶液刚好达到饱和，但不能结晶，因为它还缺乏作为推动力的过饱和度。从 *F* 点继续冷却到 *G* 点的一段期间，溶液经过介稳区，虽已处于过饱和状态，但仍不能自发地产生晶核。只有冷却到 *G* 点后，溶液中才能自发地产生晶核，越深入不稳区（例如达到 *H* 点），自发产生的晶核也越多。由此可见，超溶解度曲线及介稳区、不稳区这些概念对于结晶过程有重要意义。把溶液中的溶剂蒸发一部分，也能使溶液达到过饱和状态，图中 *EF'G'* 线代表此恒温蒸发过程。在工业结晶中往往合并使用冷却和蒸发，此过程可由 *EG"* 线代表。

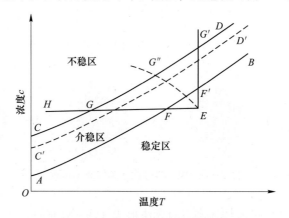

图 2-15 溶液的过饱和与超溶解度曲线

2.4 表面张力的测定方法

目前，测定液体表面张力的方法有很多，这里只介绍几种常见的测定方法和原理。

2.4.1 毛细管上升法

当干净的玻璃毛细管插入液体中时，若此液体能润湿毛细管壁，则因表面张力的作用，液体沿毛细管上升，直到上升的力（$2\pi r \cos\theta$）被液柱的重力（$\pi r^2 \rho g h$）所平衡而停止上升（见图 2-16），则有

$$2\pi r \gamma \cos\theta = \pi r^2 \rho g h$$

或
$$\gamma = \frac{\rho g h r}{2\cos\theta} \tag{2-44}$$

式中，r 为毛细管的半径；γ 为表面张力；g 为重力加速度；h 为液柱高；θ 为接触角，当液体能完全润湿毛细管时，$\theta = 0$。

因此，只要能测得液柱上升的高度便能计算出液体的表面张力。

2.4.2 吊环法

吊环法（Du Noüy 环）通常采用铂丝制成的圆环，将其与一精密天平相连。首先将铂丝环浸入待测样品液面以下，然后缓慢拉起，在液面处会拉起一个液体柱（高于液面）。当环与液面突然脱离时（随时保持金属杆的水平位置不变），所需的最大拉力为 *F*，它和

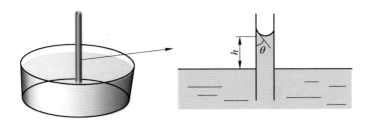

图 2-16　毛细管上升法

液柱重力 mg 相等，也和沿环周围的表面张力反抗向上的拉力相等。因为液膜有内外两面，圆环的周长为 $2×2\pi r$，则

$$F = mg = 4\pi r\gamma \tag{2-45}$$

$$r = r_1 + r_2$$

式中，m 为拉起液柱的质量；r_1 为环的半径；r_2 为铂丝本身的半径（见图 2-17）。

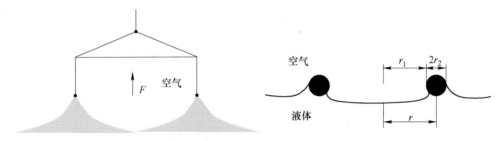

图 2-17　吊环法和铂丝环的平均半径 r 示意图

由式（2-45）可得：

$$\gamma = \frac{F}{4\pi r} \tag{2-46}$$

因此，只要能实验测出 F，就能计算出表面张力 γ。现代制造生产的表面张力仪都能直接测出最大拉力 F，通过连接计算机，经程序计算得到表面张力值。

2.4.3　Wilhelmy 吊片法

Wilhelmy 吊片法又称吊板法，如图 2-18 所示，采用盖玻片、云母片或铂金片垂直插入液体，然后缓慢拉起，使其底边与液面接触，测定吊片脱离液体所需与表面张力相抗衡的最大拉力 F，可得

$$F = G + 2(l + d)\gamma\cos\theta \tag{2-47}$$

式中，G 为吊片的重量；l 为吊片的宽度；d 为吊片的厚度；θ 为接触角。

由于接触角 θ 难以测定，一般预先将吊片加工成粗糙表面，并处理得非常洁净，使吊片被液体湿润，接触角 $\theta\rightarrow0$，$\cos\theta\rightarrow1$。由于吊片的厚度远小于宽度，则 d 可以忽略不计，式（2-47）变为

$$F = G + 2l\gamma$$

即

$$\gamma = \frac{F - G}{2l} \tag{2-48}$$

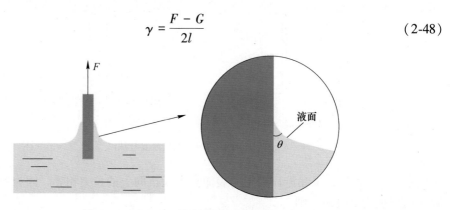

图 2-18 Wilhelmy 吊片法原理示意图

2.4.4 最大泡压法

最大泡压法是基于气泡内外压差大小与液体表面张力呈正比的原理来测定液体表面张力，测试原理如图 2-19 所示。试验时将毛细管管口与被测液体的液面接触，然后缓慢通过毛细管进行鼓泡。随着毛细管内外压差的增大，毛细管口的气泡慢慢长大，气泡的曲率半径 r 开始从大变小，直到形成半球形（气泡的曲率半径与毛细管半径相同），r 达到最小值（此时压差最大）；而后 r 又逐渐变大。在泡内外压差最大（泡内压力最大）时，假设外接的压差计的最大液柱差为 h，则有

$$\Delta p_{\text{max}} = \rho g h \tag{2-49}$$

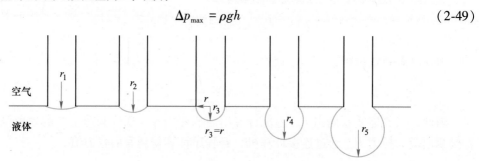

图 2-19 气泡从管端产生时曲率半径的变化

前期实验证明，最大压差与液体的表面张力成正比，与曲率半径成反比，即

$$\Delta p_{\text{max}} \propto \frac{\gamma}{r}$$

或

$$\Delta p_{\text{max}} = \frac{K\gamma}{r}$$

实验和理论都证明比例常数 K 为 2，则

$$\Delta p_{\text{max}} = \frac{K\gamma}{r} = \rho g h$$

或

$$\gamma = \frac{r}{2}\rho g h \tag{2-50}$$

实验时若采用同一支毛细管和压差计对表面张力分别为 γ_1 和 γ_2 的两种液体进行测试，其相应的液柱差为 h_1 和 h_2，则根据式（2-50）可得

$$\frac{\gamma_1}{\gamma_2} = \frac{h_1}{h_2} \tag{2-51}$$

由此，可以根据已知表面张力的液体求得待测液的表面张力。

2.4.5 悬滴法

当液滴被静止悬挂在毛细管的管口处时，液滴的外形主要取决于重力和表面张力的平衡。因此，通过对液滴外形的测定，即可推算出液体的表面张力。另外，若将液滴悬挂在另一不相溶溶液中，也可推算出两种液体的界面张力。用悬滴法来测量液体的表面张力和界面张力已有很长的历史。早在 19 世纪末（1882年），Bashforth 和 Adams 就在 Young-Laplace 公式的基础上，推导出了描述一个处于静力（界面张力对重力）平衡时的悬滴轮廓的方程式，具体如图 2-20 中坐标系所示，图中 φ 是界面上（x，z）处的倾角。液滴的外形可以用式（2-52）表示：

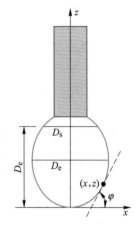

图 2-20 悬滴法测量
表面张力原理图

$$\frac{1}{r} + \frac{\sin\varphi}{x} = 2 + \beta z \tag{2-52}$$

式中，r 为点（x，z）处的曲率半径；β 为与重力加速度 g、表面张力 γ、相接触的两种流体的密度差 $\Delta\rho$ 及液滴原点处的曲率半径 b 有关的量：

$$\beta = -\frac{g\Delta\rho b^2}{\gamma} \tag{2-53}$$

结合式（2-52）和式（2-53）可得

$$\frac{1}{r} + \frac{\sin\varphi}{x} = 2 - \frac{g\Delta\rho b^2 z}{\gamma} \tag{2-54}$$

在式（2-54）中，若取 b 为长度的量纲，x、z 及 β 均可以表达为无量纲形式。可见液滴的形状主要决定于 β，它遵循于由基于 Laplace 方程建立的 Bashforth-Adams 方程。只要确定出相关的 β、b、g 和 $\Delta\rho$，流体的表面或界面张力就可以求得。而得出 β 及 b 较困难，Adams 等人省去了 β 和 b 的确定，简化表面张力的计算公式为

$$\gamma = \frac{gD_e^2\Delta\rho}{H} \tag{2-55}$$

式中，D_e 为液滴最宽处的直径，即液滴的赤道直径；H 为与液滴的形状因子 S 有关的修正后的形状因子。S 定义为

$$S = \frac{D_s}{D_e} \tag{2-56}$$

式中，D_s 为距液滴底部 D_e 处平面上的直径。

Fordham 和 Juza 等人通过不同方法总结了适用于普遍液体的 S 和 H 的关系，并依此建立了 S 与 H 的对应经验关系。至此，与表面张力计算相关的参数已经可以相对简单地得出，进而获得表面张力。

2.4.6　旋转滴测定法

旋转滴测定法主要是用于测定超低界面张力,测量过程中需人为地改变原来重力与界面张力间的平衡,使平衡时液滴的形状便于测定。旋转滴法界面张力仪,通常使液-液或液-气系统旋转,从而达到增加离心力场作用的目的。测定时,首先在样品管中充满高密度相液体,再加入少量低密度相液体(或气体,用于测液体与气体间的界面张力值),密封地装在旋转滴界面张力仪上,使样品管平等于旋转轴并与转轴同心。开动机器,转轴携带液体以角速度 ω 自旋。在离心力、重力及界面张力作用下,低密度相液体在高密度相液体中形成一长球形或圆柱形液滴。其形状由转速 ω 和界面张力决定。测定液滴的滴长 L、宽度 D、两相液体密度差 $\Delta\rho$ 及旋转转速 ω,即可根据式(2-57)计算出界面张力值。

$$\gamma = \frac{1}{4}\omega^2 r^3 \Delta\rho \qquad \left(\frac{L}{D} \geqslant 4\right) \tag{2-57}$$

式中,r 为液滴短轴半径,即 $r = \dfrac{D}{2}$。

2.5　表面活性剂

在界面与胶体化学中,无论分散系统还是表界面行为都常以水为载体,其中最重要的相互作用就是亲疏水作用。而既有亲水(溶剂)性又兼具疏水(溶剂)性的两亲分子往往发挥重要作用。广义的两亲分子可以是表面活性剂、高分子聚合物、蛋白质等,其中表面活性剂是最重要的两亲分子。表面活性剂分子结构简单,具有亲疏水性平衡能力,能够改变系统的表(界)面状态从而产生润湿和反润湿、乳化或破乳、分散和凝聚、起泡、消泡和增溶等一系列作用。表面活性剂被称为"工业味精",在环境保护和资源利用方面具有广阔的应用前景,作为分散剂、稳定剂、乳化剂和破乳剂、消泡剂和起泡剂、絮凝剂、浮选捕收剂等广泛应用在矿物浮选、水处理、土壤修复、大气污染控制等领域[4]。

2.5.1　表面活性剂的结构与类型

2.5.1.1　表面活性与表面活性剂

表面活性是指物质加入能够使溶剂表面张力降低的性质。水溶液的表面张力随浓度变化关系曲线如图 2-4 所示有 3 种类型,其中第 Ⅱ 类曲线和第Ⅲ类曲线的表面张力都随浓度增加而降低($\gamma<\gamma_0$),这些溶质都具有表面活性。具有表面活性的物质不一定都是表面活性剂,例如低相对分子质量极性有机物(如醇、醛、酸、酯、胺及其衍生物等)具有表面活性,能够降低水溶液的表面张力,但不是表面活性剂。

表面活性剂是一种具有两亲性能的化学物质,其特点是在很低浓度(1%以下)就能显著降低溶剂的表(界)面张力,从而改变系统的表(界)面组成及结构;并且在达到一定浓度以上时,表面张力不再下降,分子在溶液中自组装形成一系列有序结构。广义上表面活性剂的定义为:能吸附在表(界)面上显著改变表(界)面的物理化学性质,并产生一系列相关应用功能的物质。

2.5.1.2　表面活性的分子结构

表面活性剂分子结构不对称,由两个部分组成,其中一部分为亲液基团,容易溶于特定液体溶剂；另一部分为不溶于液体溶剂的疏液基团。当溶剂为水时，分别为极性的亲水头基和非极性的亲油或疏水尾链。表面活性剂分子的亲水基包括多种极性和离子基团，疏水链则主要由各种碳氢基团、碳氟基团、聚硅氧烷链、聚氧丙烯基等组成。图 2-21 为阳离子表面活性剂十六烷基三甲基溴化铵分子结构示意图，其中亲水基团是离子性很强的季铵基团，能够起到增溶作用，疏水尾链为直链烷烃。只有分子中疏水基足够大的两亲分子才能形成表面活性剂，以碳氢基团疏水链为例，通常碳链长度要在 8~20 个碳原子时才能形成表面活性剂。如果疏水链过长，则分子的溶解度过小，变为不溶于水的两亲物质。

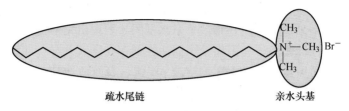

图 2-21　表面活性剂分子结构示意图

2.5.1.3　表面活性剂的分类

表面活性剂的分类方法很多，通常根据分子的化学结构，按照亲水基在水中是否电离分为离子型和非离子型两大类，离子型中又可包括阳离子型、阴离子型和两性型，如图 2-22 所示。

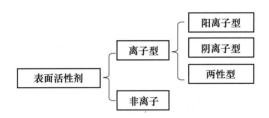

图 2-22　表面活性剂按结构分类示意图

阴离子表面活性剂中的亲水基团是阴离子，如羧酸基（—COO$^-$）、磺酸基（—SO$_3^-$）、硫酸酯基（—OSO$_3^-$）或磷酸酯基（—OPO$_3^-$）等；反离子部分主要有钾、钠、乙醇胺等形成水溶性盐类；疏水基主要有烷基、烷基苯等类型，也有碳氟基团、聚硅氧烷链等。阴离子是目前使用量最多的一类表面活性剂，占表面活性剂总消耗量的 50%~55%。

阳离子表面活性剂中起表面活性作用的部分是阳离子，亲水基带有正电荷，大部分分子含氮元素，均属于有机胺衍生物。阳离子表面活性剂主要有至少一个长链烷基的胺盐型（[RNH$_3^+$]X$^-$、[R$_2$NH$_2^+$]X$^-$）、所有氢原子被取代基取代的季铵盐型（[R$_1$R$_2$N$^+$R$_3$R$_4$]X$^-$）及以吡啶盐型（[RC$_5$H$_5$N$^+$]X$^-$）、吗啉和咪唑啉等衍生物为代表的杂环化合物。由于许多重要的矿物和金属表面都带有负电荷，阳离子表面活性剂在矿物浮选和金属缓蚀等方面有重要作用。

两性表面活性剂的亲水基团既含正电荷又含负电荷，在溶液中具有给出和接受质子的双重性能，可以随溶液 pH 值变化表现出阳离子或阴离子表面活性剂的性质。卵磷脂（豆磷脂、蛋磷脂等）是常见的天然两性表面活性剂，其阴离子部分为磷酸型，阳离子部分为季铵盐型。合成的两性表面活性剂种类很多，常见的有磺基甜菜碱（$RN^+(CH_3)_2CH_2CH_2SO_3^-$）、甜菜碱（$RN^+(CH_3)_2CH_2COO^-$）、氨基酸（$RN^+HCH_2CH_2COO^-$）和咪唑啉衍生物等。甜菜碱是非常重要的渗透调节物质，可增强植物抗逆性，比如抗盐碱、耐旱等。此外，甜菜碱因其较强的耐盐性，在油田驱油方面也得到重要应用。

非离子表面活性剂分子不带电荷，在水溶液中不解离，是以羟基（—OH）或醚键（R—O—R′）等为亲水基的两亲分子。典型的非离子表面活性剂有烷基聚氧乙烯型（$RO(CH_2CH_2O)_n$—）、聚氧乙烯烷基酰胺（$RCONH(C_2H_4O)_n$—）和多元醇型（$RCOOCH_2(CHOH)_3$—）等。由于羟基和醚键靠与水分子之间的氢键作用溶解，亲水性较弱，非离子表面活性剂分子中必须含有多个亲水基团才表现出足够的亲水性，与只有一个亲水基就能发挥亲水性的阴离子和阳离子表面活性剂存在巨大差异。非离子表面活性剂具有对系统中电解质敏感度低、几乎不影响溶液 pH 值、表面活性高、低温性能较好等独特的优点，在工农业生产和环境保护中具有广泛应用。

按溶解性分类，表面活性剂分为水溶性和油溶性两类，大部分常用表面活性剂属于水溶性的。按相对分子质量大小分类，表面活性剂相对分子质量大于 10000 的称为高分子表面活性剂，相对分子质量在 1000~10000 的称为中分子表面活性剂，相对分子质量在 100~1000 的称为低分子表面活性剂。按用途分类，表面活性剂分为去污剂、渗透剂、润湿剂、絮凝剂、捕收剂、起泡剂、消泡剂、缓蚀剂、防水剂等。根据表面活性剂分子中特定基团和特殊性能，还可以将表面活性剂分为有机金属表面活性剂、硅表面活性剂、氟表面活性剂等。

相对分子质量高达数千以上的高分子表面活性剂，也可按亲水基团的离子分为阴离子、阳离子、两性及非离子型；还可以按照产品来源分为天然系、半合成系和合成系等。高分子表面活性剂的特点是对水的表面张力降低能力不大，且多数不形成胶束，渗透能力和起泡力也比较差，但是乳化、分散和凝聚性能往往很好。

为了使表面活性剂获得更优异的性能，人们在过去的几十年中又设计开发了多种新型结构的表面活性剂，这些表面活性剂具有奇特的效果和协同作用，有更好的表面活性和聚集性能。例如，阴阳离子复合型、BOLA 型、双子型、聚合物型及可聚合型等多种类型表面活性剂。另外，表面活性剂的生物降解性和环境友好性也越来越受重视。

2.5.2 表面活性剂在溶液界面上的吸附

2.5.2.1 吸附作用

在水溶液中，遵循相似相溶原则，表面活性分子中亲水基团趋于进入水环境，而非极性部分由于疏水效应有从水环境逃离的趋势。在浓度很低时表面活性剂分子会从溶液体相向表面迁移，形成疏水基指向气相、亲水基插入水中的定向排列层。这一过程称为表面活性剂的表面吸附作用，其结果是一层非极性的疏水链覆盖在水表面，使该处水分子排列结构被扰乱，从而导致表面张力下降。表面活性剂在界面上的吸附过程一般为单分子层，当表面吸附达到饱和时，由于空间位阻和分子间的静电排斥作用，表面活性剂分子不能继续在表面富集，表面张力不再下降。然而，疏水基的疏水作用仍在驱动表面活性剂分子逃离水环境，因此表面活性剂分子在溶液内部发生自聚，形成有序组装结构，即疏水链向内靠在一起形成内核，远离水环境，而将亲水基朝外与水接触。聚集结构最简单的存在形式是胶束，形成胶束的作用称为胶束化作用。表面活性剂开始形成胶束的浓度称为临界胶束浓度（critical micelle concentration，cmc），此时所对应的表面张力达到最小值。图 2-23 为表面活性剂随其水溶液的浓度变化在表面吸附形成单分子膜和在溶液中自聚生成胶束的过程。可以看出，当溶液中表面活性剂浓度低于 cmc 时，大部分分子会很快聚集到水面，只有少量游离在水中（见图 2-23（a））；当溶液中表面活性剂浓度达到 cmc 时，分子在表面吸附饱和，形成紧密排列的单分子膜（见图 2-23（b））；当溶液的浓度超过临界胶束浓度后，表面吸附不再发生，分子在溶液中聚集形成疏水基朝内亲水基插入水中的胶束及各种各样的有序组合结构（见图 2-23（c））。

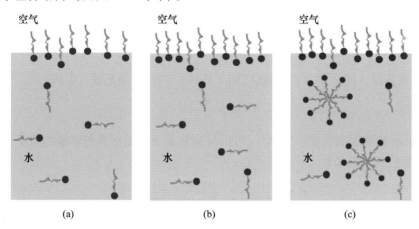

图 2-23　表面活性剂表面吸附及胶束形成过程示意图
(a) $c<\mathrm{cmc}$；(b) $c=\mathrm{cmc}$；(c) $c>\mathrm{cmc}$

2.5.2.2　疏水效应

根据热力学观点，表面活性剂分子的疏水基团不能与溶剂水分子形成氢键，在溶液中破坏了周围水分子原有氢键结构的规则排列，从而导致系统焓增加，周围水分子采取氢键优先取向，形成类似冰山结构，使系统熵减少。其逆过程，即疏水基离开水环境，则焓降低、熵增加，Gibbs 自由能降低，能够自发进行。通常，熵贡献为主，焓有时还起反作用。因此，表面活性剂在水溶液表面吸附和体相形成胶束都是熵驱动过程。

表面活性剂分子向表面富集是一个自发和优先的过程，其结果是产生疏水链向外，而亲水头基插入溶液内部的定向排列单分子吸附层。定义表面压力 π 为在空气/水表面溶剂的表面张力 γ_0 和表面活性剂溶液的表面张力 γ 之差，满足式（2-58）。

$$\pi = \gamma_0 - \gamma \tag{2-58}$$

可以看出，为抵抗溶液表面收缩的趋势，表面压应该增加，相应的表面张力 γ 会降低。

2.5.2.3　表面吸附量

图 2-24（a）为一典型的非离子表面活性剂水溶液的表面张力随浓度对数（$\lg c$）变化曲线。从图 2-24（a）可以看出，水溶液的表面张力 γ 在表面活性剂浓度很低时就很快下降（曲线 A 区）；当浓度接近 cmc 时，γ-$\lg c$ 表面张力呈线性变化关系（曲线 B 区）；当浓度达到 cmc 后，表面张力基本保持不变（曲线 C 区）。

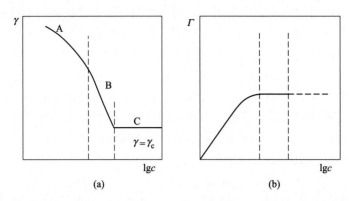

图 2-24 表面活性剂水溶液表面张力（a）及表面过剩（b）随浓度的对数变化曲线

根据直线方程，图 2-24（a）直线区间（B 区）的斜率满足式（2-59）。

$$k = \frac{\mathrm{d}\gamma}{\mathrm{dlg}c} \tag{2-59}$$

根据 Gibss 表面过剩公式（2-26），可以得到非离子表面活性剂溶液的表面过剩量相关的 Gibbs 吸附公式（2-60）。

$$\Gamma = -\frac{1}{2.303RT}\frac{\mathrm{d}\gamma}{\mathrm{dlg}c} = \frac{1}{2.303RT}k \tag{2-60}$$

对离子表面活性剂，因为溶液中同时存在正负离子，式（2-60）相应变化为

$$\Gamma = -\frac{1}{2 \times 2.303RT}\frac{\mathrm{d}\gamma}{\mathrm{dlg}c} \tag{2-61}$$

实验中可以根据表面活性剂溶液的 γ-lg$c$ 曲线中线性部分的斜率 k 代入式（2-60）或式（2-61）求出 Γ。图 2-24（b）为表面活性剂溶液的 Γ-lg$c$ 曲线，实际上在 cmc 前一定浓度 Γ 达到最大值，随后不再随浓度变化。在液-液、液-气界面吸附中，Gibbs 等式是普遍适用的数学关系式，但对固体表面吸附不适用，需要应用第 3 章的 Langmuir 或 BET 理论。

2.5.2.4 吸附效率和效能

表面活性剂强烈的表面吸附作用赋予其很好地降低水表面张力的能力，这种性能可以通过效率和效能两方面衡量。表面活性剂效率是指溶液降低到指定表面张力所需表面活性剂的浓度。显然，所需浓度越低，该表面活性剂越有效，即效率越高。表面活性剂效能是不考虑加入表面活性剂的浓度，能把水的表面张力降低的最小值。显然，能把水的表面张力降得越低，则该表面活性剂就越有效，即效能越高。通常表面活性剂的临界胶束浓度 cmc 和在 cmc 处的表面张力 γ_{cmc}，分别显示了该表面活性剂降低水溶液表面张力的效率和效能，所以它们是表面活性剂的主要性能参数。表面活性剂的效率与效能在数值上常常相反，例如，当憎水基团的链长增加时，效率提高而效能降低。

离子型表面活性剂的效率与效能受无机电解质影响较大，由于存在静电相互作用，受表面活性剂分子中的反离子所驱动，反离子价数越高，水合半径越大，则影响越大。在离子型表面活性剂系统中，无论是吸附单层或者胶束表面，都存在双电层；当加入无机盐时，反离子浓度的增加使双电层压缩，导致表面活性剂离子头间的静电排斥力降低，表面活性剂分子在吸附单层中排列紧密，易于形成胶束，从而提高了表面活性剂的效率和效

能。对非离子型活性剂，无机盐影响不大，它主要通过溶剂化作用影响活性剂的有效浓度（提高浓度）导致临界胶束浓度降低。

2.5.3 表面活性剂的溶解性能

2.5.3.1 水溶性

大多数表面活性剂在水中的溶解性受疏水基长度、头基性质、反离子的化合价、溶液环境等因素的影响，尤其是温度的影响更大。温度对表面活性剂的影响主要表现为表面活性剂的 Krafft 点和浊点两种现象。一般认为浊点现象为非离子表面活性剂的普遍特征，而离子型表面活性剂除极少数外，只有 Krafft 点，而不具有浊点性质。

A   Krafft 点

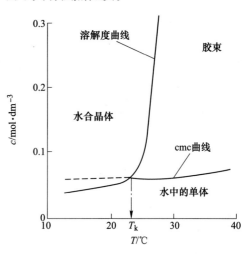

图 2-25　某离子型表面活性剂水溶液相图

大部分溶质在水中的溶解度会随温度的升高而增加。实验发现，离子型表面活性剂的水溶性受温度的影响更大，往往会出现低温下很难溶解，达到某一温度后，溶解度突然增大的现象。溶解性的变化范围可以达到几个数量级，在水溶液相图中表现为一条陡直的上升线，如图 2-25 所示。图 2-25 中溶解度曲线和 cmc 曲线的交点对应的温度称为该表面活性剂的 Krafft 点或 Krafft 温度，用 T_k 表示。这种特殊溶解现象与离子表面活性剂分子的化学结构密切相关，分子中的亲水基团赋予其水溶性；而疏水基团抵抗其在水中溶解。当溶液中表面活性剂的浓度未超过溶解度时，溶液为热力学真溶液。当温度低于 T_k 时，溶液中超过溶解度的过量表面活性剂以固相形式析出并与溶液相平衡共存，形成混浊的复相系统，表面活性剂不能充分体现其作用，也没有临界表面张力和胶束形成等典型特征。温度升高到超过 T_k 后，系统恢复为透明均相外观的胶束相。因此，T_k 就是表面活性剂单分子真溶液相、胶束相和固相（表面活性剂水合固体）三相共存温度。

如表 2-5 所示，表面活性剂分子化学结构的微小调整就可能引起 Krafft 点的急剧改变。对亲水基相同的烷烃链疏水基离子表面活性剂，当烃链长度增加时，Krafft 点急剧上升；亲水基不同 Krafft 点也不同，改变反离子也会改变 Krafft 点。电解质的加入也会显著提高

表 2-5　几种离子表面活性剂的 Krafft 点

表面活性剂	Krafft 点/℃
$C_{12}H_{25}SO_3Na$	38
$C_{14}H_{29}SO_3Na$	48
$C_{16}H_{33}SO_3Na$	57
$C_{12}H_{25}SO_4Na$	16
$C_7F_{15}SO_3Na$	56.5
$C_8F_{17}SO_3Li$	<0
$C_8F_{17}SO_3NH_4$	41

Krafft 点，其他共溶质的增加则可能促使 Krafft 点下降，即溶解性提高了。Krafft 点在离子表面活性剂的许多应用过程非常重要，具有较低 Krafft 点的表面活性剂通常具有更广泛的应用范围。一般可以通过在疏水链中引入支链、不饱和键或亲水基来降低表面活性剂的Krafft 点。其原因为引入这些基团提高了表面活性剂的溶解性从而降低了分子间促进结晶相互作用。

B　浊点

与离子表面活性剂不同，水溶液中的非离子表面活性剂通过与水形成氢键发挥溶解作用，不存在明显的 Krafft 点。但是，温度升高至一定程度时，非表面活性剂与水间的氢键作用削弱而不足以维持其溶解状态，溶液由澄清变浑浊。静置一段时间或离心后还会形成两个透明的液相，其中一相为小体积的表面活性剂而另一相为浓度接近于表面活性剂 cmc的稀水溶液，此分相温度称为非离子表面活性剂的浊点。浊点现象是非离子表面活性剂的独特性质和基本物理参数，并且是一个可逆过程，当溶液温度降低到浊点以下后，经一段时间两相可以重新形成均一的表面活性剂溶液。一般情况下，在浊点温度以下使用非离子表面活性剂才能很好地发挥作用。

近年来，利用非离子表面活性剂浊点现象发展了一种新兴的液-液萃取技术，称为浊点萃取法（cloud point extraction，CPE）。该方法以表面活性剂水溶液的增溶作用和浊点现象为基础，通过调节表面活性剂种类和浓度、溶液酸碱性、添加剂种类和浓度、温度、时间等实验参数驱动相分离，从而实现疏水性物质与亲水性物质的分离，具有经济、安全、高效、简便等优点，已广泛用于生物大分子、临床治疗药物监测、体内微量元素、有机毒性物质及中药成分等样品的分离分析预处理。

亲水基和疏水链长都可能影响浊点，疏水部分相同时，亲水链越长，其水溶液的浊点越高。这主要由于亲水链可与水分子形成氢键，越长形成的氢键数目越多，破坏这些氢键所需能量就越大，因而需要较高的温度才能完全破坏表面活性剂与水分子间的密切联系，出现相分离。相反，亲水链相同时，疏水链越长浊点温度越低。这主要由于疏水链增加后，表面活性剂逃逸水的能力得到加强，因而较低温度就能完全破坏表面活性剂与水分子间的密切联系，出现相分离。另外，溶液中存在酸、碱、电解质、小分子有机物等添加剂或者与其他表面活性剂复配使用等，都会在很大范围内影响表面活性剂的浊点，促进或抑制相分离。

2.5.3.2　亲水、亲油平衡

表面活性剂的种类繁多，应用广泛。对于特定系统，如何选择合适的表面活性剂还缺乏恰当的理论指导，早期提出不少方案，比较成功的是 1945 年格里芬（Griffin）提出的HLB 法。HLB 定义为表面活性剂的亲水、亲油平衡（hydrophile-lipophile balance）值，规定了油或水的综合亲和力，用来表示表面活性剂的亲水亲油性强弱。对于非离子型表面活性剂的亲水性，其计算见式（2-62）。

$$\text{HLB} = \frac{亲水基摩尔质量}{表面活性剂摩尔质量} \times 20\% \tag{2-62}$$

液体石蜡完全无亲水基，规定 HLB 值为 0；聚乙二醇全部由亲水基组成，规定 HLB值为 20；其他非离子表面活性剂在 0~20 之间。HLB 值越大，亲水性越强。反之，亲油性越强。HLB 值为 10 时, 亲水、亲油性均衡。

对表面活性剂 HLB 值的估算, 大体可分为两大类型。一是建立在结构与性能关系实验基础上的经验或半经验关系, 二是建立在结构与性能关系理论基础上的理论关系式, 表 2-6 给出了一些相关实例。

表 2-6 HLB 的部分计算公式

关 系 式	适 用 范 围	公式序号
$HLB = 20\left(1 - \dfrac{S}{A}\right)$ 式中, S 为脂肪酸酯的皂化价; A 为脂肪酸的酸价	多元醇脂肪酸酯及其 EO 加成物为 Span、Tween, 不适用于 PO、EO 加成物	(2-63)
$HLB = \dfrac{E + P}{A}$ 式中, E 为 EO 质量分数,%; P 为多元醇质量分数,%	适用于松浆油、松香、蜂蜡、羊毛脂等 EO 加成物	(2-64)
$HLB = \dfrac{E}{5}$ 式中, E 为 EO 质量分数,%	适用于亲水基为 EO 链的非离子	(2-65)
$lgcmc = \dfrac{1.68(20.42 - HLB)}{19.45 - HLB}$	适用于烷基酸聚乙二醇醚、十三醇醚	(2-66)
$HLB = 7 + 11.7lg\left(\dfrac{M_W}{M_O}\right)$ 式中, M_W 为亲水基相对分子质量; M_O 为亲油基相对分子质量	适用于一般 EO 加成物, 如脂肪醇聚氧乙烯醚等	(2-67)
$HLB = 26 - \dfrac{K}{2.6}$ 式中, K 为二异丁烯的分配系数	适用于非离子、脂肪酸、脂肪醇的 EO 加成物	(2-68)
$HLB = 0.42 \times \Delta H + 7.5$ 式中, ΔH 为亲水性液体表面活性剂的水合热	本法也可用于混合表面活性剂 HLB 值的测定, 适用于非离子	(2-69)
$HLB = 0.0980x + 4.02$ 式中, x 为 10% 表面活性剂水溶液的浊点,℃	适用于非离子 PO-EO 嵌段共聚物聚醚型 Pluronic, 相对分子质量为 900~1000 的不适用	(2-70)
$HLB = 2.5lg\left(\dfrac{a_W}{a_O}\right) + 13$ 式中, a_O、a_W 为表面活性剂在油相和水相中的活性	适用于非离子烷基酸及油酚等的 EO 加成物	(2-71)

注: 1. EO 为聚氧乙烯缩写;

2. PO 为聚氧丙烯缩写;

3. 水合热单位为 cal/g, 1cal = 4.1868J。

水溶解性法也是估算 HLB 值十分简便快速的常用方法, 实验中根据表面活性剂中加入水中后的性质确定 HLB 值范围, 见表 2-7。

表 2-7 水分散性对应 HLB 值范围

水 分 散 性	HLB 值范围
水不分散	1~4
分散不好	3~6
激烈振荡后成乳色分散体	6~8
稳定的乳白色分散体	8~10
半透明至透明分散体	10~18
透明溶液	>18

对于混合表面活性剂系统，HLB 值可以用式（2-72）估算。

$$\text{HLB}_{混合} = \sum (\text{HLB}_i \times q_i) \tag{2-72}$$

式中，HLB_i 为每种表面活性剂的 HLB 值；q_i 为每种表面活性剂的质量分数。

HLB 值是表面活性剂亲水与疏水能力平衡结果，原则上根据 HLB 值确定表面活性剂的大概应用范围。长期以来，HLB 值的计算受到广泛重视。目前，已经得出上千种相关产品的 HLB 值，部分见表 2-8。

表 2-8 一些表面活性剂的 HLB 值及其应用范围

名　　称	化学组成	HLB 值		应用范围
石蜡	碳氢化合物	0		HLB
油酸	直链脂肪酸	1		1~3
Span 85	失水山梨醇三油酸酯	1.8		消沫剂
Span 65	失水山梨醇三硬脂酸酯	2.1		HLB
Span 80	失水山梨醇单油酸酯	4.3		3~8
Span 60	失水山梨醇单硬脂酸酯	4.7	亲油	W/O 乳化剂
Span 40	失水山梨醇单棕榈酸酯	6.7		
阿拉伯胶	阿拉伯胶	8.0		HLB
Span 20	失水山梨醇单月桂酸酯	8.6		7~11
明胶	明胶	9.8		润湿剂
甲基纤维素	甲基纤维素	10.5		铺展剂
PEG 400mono oleate	聚乙醇 400 单油酸酯	11.4		
西黄蓍胶	西黄蓍胶	13.2		HLB
Tween 60	聚氧乙烯失水山梨醇单硬脂酸酯	14.9		8~16
Tween 80	聚氧乙烯失水山梨醇油酸单酯	15.0		O/W 乳化剂
Tween 40	聚氧乙烯失水山梨醇棕榈酸单酯	15.6	亲水	HLB
Tween 20	聚氧乙烯失水山梨醇月桂酸单酯	16.7		12~15
Op 30	辛基苯酚聚氧乙烯 30 醚	17		去污剂
油酸钠	油酸钠	18		HLB
聚乙二醇	聚乙二醇	20		16 以上
油酸钾	油酸钾	20		增溶剂
十二烷基硫酸钠	十二烷基硫酸钠	40		

相关计算方法得到的 HLB 值不够可靠，只能根据其大致范围，在实际应用中判定表

面活性剂的性质和用途，减少在选择和制备时的盲目性。

2.6　表面活性剂溶液相行为

2.6.1　胶束与临界胶束浓度

2.6.1.1　胶束

McBain 等人在 1912 年首次提出了胶束假说。他们对肥皂水溶液物化性质研究时发现：当浓度升高至一定值时，肥皂分子从单体状态自动缔合成"胶态聚集体"，命名为胶束（或称胶团，micelle）。他们还发现胶束溶液可以溶解水微溶或不溶的有机物。在后来的漫长发展历程中，针对胶束假说科学家们开展了大量理论与实验研究。美国 Michigan 大学的 Evans 等人在 1988 年通过冷冻刻蚀透射电镜观察到了表面活性剂水溶液胶束，为胶束假说提供了直接证据。

2.6.1.2　临界胶束浓度

表面活性剂浓度达到临界胶束浓度 cmc 时，开始在溶液中聚集形成胶束，继续增加表面活性剂浓度，溶液中游离表面活性剂单体保持不变，而多余的表面活性剂则自组装形成胶束。典型的胶束由 50~100 个表面活性剂分子组成，各种有序组合体大小和形状由表面活性剂分子的几何结构和系统自由能所决定。表面活性剂水溶液某些物化性质随浓度变化示意图，如图 2-26 所示，表面活性剂溶液的许多平衡性质和迁移性质（如表面张力、界面张力、密度、折射率、黏度、光散射强度等），在溶液达到一定浓度后都会偏离一般强电解质溶液的规律，并且各种性质都在一个相当窄的浓度范围内发生突变。

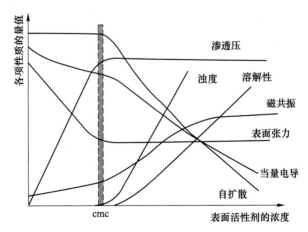

图 2-26　表面活性剂水溶液某些物化性质随浓度变化示意图

2.6.1.3　临界胶束浓度测定方法

A　表面张力法

如前所述，表面活性剂水溶液的表面张力 γ 开始时随溶液浓度增加而急剧下降，当溶液表面吸附达到饱和时，γ 变化缓慢或不再变化，此时溶液浓度即为临界胶束浓度 cmc，故常用表面张力-浓度对数曲线（γ-lg$c$）确定 cmc。实验时，测定一系列不同浓度表面活性剂溶液的表面张力，作出 γ-lg$c$ 曲线（见图 2-27），将曲线转折点两侧的直线部分外延，相交点的浓度即为此系统中表面活性剂的 cmc。表面张力法可以同时求出表面活性剂的 cmc 和表面吸附等温线，具有简单方便、对各类表面活性剂普遍适用及灵敏度不受表面活性剂类型、活性、浓度、无机盐等因素影响的优点。一般认为表面张力法是测定表面活性剂 cmc 的标准方法。

B 　 电导法

电导法是测定 cmc 的经典方法，仅对离子型表面活性剂适用。当溶液浓度很稀时，离子型表面活性剂的分子能够完全解离为离子，有电流通过时，溶液中的阴离子和阳离子分别向电池的正极和负极移动，随着溶液的浓度增大，离子数目增加，溶液的导电能力增强，电导率提高，电导率随浓度变化曲线近乎线性上升。但当溶液浓度达到 cmc 后，由于液体的一部分离子或分子形成了胶束，定向迁移速率减缓，κ 的变化趋势明显减缓，这时 κ 仍随着浓度的增大而直线上升，但变化幅度变小。利用电导仪测定不同浓度水溶液的电导值（或摩尔电导率），从电导随浓度（或摩尔电导率随浓度平方根）变化曲线（见图 2-28）可以看出，在表面吸附达到饱和时，曲线出现转折点，该点的浓度即为临界胶束浓度 cmc。电导法具有简明方便的优点，不过对非离子表面活性剂不适用，且加入电解质会显著影响其测定结果，尤其对 cmc 较小的表面活性剂的影响更大。另外，当表面活性剂中含有无机盐及醇时，测定结果也不甚准确。

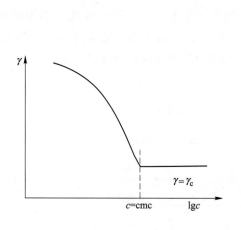

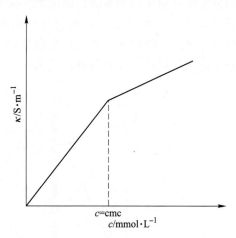

图 2-27 　 表面张力法测定 cmc（γ-lg$c$ 曲线） 　　 图 2-28 　 电导法测定 cmc（κ-c 曲线）

C 　 染料法

油溶性染料不溶于水和表面活性剂稀溶液，当表面活性剂的浓度达到临界胶束浓度后，染料可以被胶束增溶，使溶液吸收光谱发生明显变化。利用此原理，通过配制浓度大于 cmc 的表面活性剂溶液并加入少量染料，然后定量逐滴加水稀释，采用滴定终点观察法或分光光度法测定颜色突变点，对应的表面活性剂浓度即为其 cmc 值。染料法测定 cmc 时，选择合适的染料非常重要。对离子表面活性剂，根据同电荷相斥、异电荷相吸原则，应该选取与表面活性离子电荷相反的染料。阴离子表面活性剂的染料常用频那氰醇氯化物、碱性蕊香红 G 等，阳离子表面活性剂常用曙红或荧光黄，而非离子表面活性剂可用频那氰醇、四碘荧光素、苯并紫红 4B 等。染料法测定 cmc 精度较低，对 cmc 较小的表面活性剂的影响更大，当溶液中加入无机盐及醇时，测定结果也不准确。

D　浊度法

非极性有机物如烃类在表面活性剂稀溶液（小于 cmc）中一般不溶解，系统为浑浊状。当表面活性剂浓度超过 cmc 后，溶解度剧增，系统变清。这是胶束形成后对烃起到了增溶作用的结果。观测加入适量烃的表面活性剂溶液的浊度随表面活性剂浓度变化情况，浊度突变点的浓度即为表面活性剂的 cmc。

实验时可以通过目测或利用浊度计判断终点。所增溶的烃物质的性质可能影响表面活性剂 cmc 测定值，一般会使 cmc 降低，降低程度随所用烃的类型而异。若用苯作为增溶物，有时可能会使 cmc 降低 30%。因此，用浊度法测定 cmc 准确性较差，且会随增溶物不同发生改变。

E　光散射法

利用光通过不均匀介质时部分偏离原方向传播发生光散射的原理，也可以测定表面活性剂溶液的 cmc。用激光照射表面活性剂溶液，当浓度达到 cmc 时，溶液中出现胶束粒子，部分光线将被胶束粒子所散射。因此，测定散射光强度可得出表面活性剂溶液的 cmc。实验时，作光散射强度 I 随表面活性剂溶液浓度 c 变化曲线，当表面活性剂溶液浓度达到一定值后，其中表面活性剂分子会从无光散射的单体（单个离子或分子）缔合成胶束聚集态，光散射强度突然增强，I-c 曲线变点对应的浓度即为该表面活性剂对应的 cmc。利用光散射法还可以测定胶束的聚集数、形状和大小及胶束所带的电荷量等，应用范围比较广。不过，表面活性剂中如果含有杂质，会影响测定结果的准确性，带来较大误差。

F　荧光探针法

表面活性剂水溶液常用芘及其衍生物作为疏水性探针测定 cmc。由于芘的荧光激发单线态有较长的寿命且胶束对芘有明显的增溶作用，其常常作为荧光探针。首先芘在溶液中会产生激发物，在 335nm 处激发后出现的荧光发射光谱有 5 个电子振动峰，分别出现在 373nm、379nm、384nm、394nm 及 480nm 附近，其中在 373nm 的第 1 电子振动峰与在 384nm 的第三个电子振动峰荧光强度之比 I_1/I_3 对芘分子所处环境的极性非常敏感。通过测定芘在不同浓度表面活性剂水溶液中 I_1/I_3，根据芘增溶于胶束后 I_1/I_3 值的突变（胶束形成）得到表面活性剂的 cmc。荧光探针法具有操作简单、对系统无特殊要求、探针用量少、干扰小等特点，具有推广应用价值。

原则上只要溶液性质随溶液中胶束的产生而发生改变，就存在一个与浓度曲线的转折点，从而通过作图得到临界胶束浓度。实际应用中可以根据测定目的、精确程度、样品用量、测定时间、具备的仪器设备和实验条件等进行选择。

2.6.1.4　影响 cmc 的主要因素

不同表面活性剂的 cmc 值与其分子结构及多种环境条件密切相关。

（1）表面活性剂疏水基的碳氢链长度是决定 cmc 的主要因素。对于单碳链表面活性剂同系物，cmc 随疏水基团链碳原子数增长而呈对数形式降低，经验公式见式（2-73）。

$$\lg\text{cmc} = A + Bn \tag{2-73}$$

式中，A 和 B 对确定的同系物和温度为常数，A 随疏水基数和性质而变化，对于单离子头基的所有链烷烃表面活性剂，B 近似等于 lg2（B 为 0.29~0.30）；n 为碳氢链 C_nH_{2n+1} 中的碳原子数。

亲水基和疏水基的碳原子数都相同时，疏水基中含有支链或不饱和键，会使 cmc 升高。疏水基的化学组成也会显著影响活性剂的 cmc 值，例如碳氢表面活性剂的 cmc 远大于相同碳链长度的碳氟表面活性剂。

（2）亲水基对 cmc 也有很重要影响。如 C_{12} 离子表面活性剂的 cmc 在 10^{-3} mol/L 范围内，而相同疏水链的非离子表面活性剂的 cmc 在 10^{-4} mol/L 范围内。由于胶束形成的主要推动力是上面讨论到的熵驱动，因此离子基团的性质对 cmc 没有显著影响。

（3）离子表面活性剂的 cmc 与溶剂和离子极性基团间的相互作用也密切相关。完全离子化的极性基团的静电斥力很大，导致离子束缚程度增大，可以使 cmc 降低。给定疏水链和头基时，表面活性剂的 cmc 下降的强度次序为：$Li^+ > Na^+ > K^+ > Cs^+ > N^+(CH_3)_4 > N^+(CH_2CH_3)_4 > Ca^{2+} \approx Mg^{2+}$。对十二烷基三甲基卤化铵等阳离子表面活性剂而言，cmc 随 $F^- > Cl^- > Br^- > I^-$ 顺序降低。将一价反离子电荷变为二价、三价也会使 cmc 发生突降。

（4）向表面活性剂溶液中外加电解质一般会降低 cmc 值，离子表面活性剂对电解质的敏感性更强。电解质加入会压缩胶束周围的双电层，使其中带有与表面活性离子相反电荷的反离子与胶束结合，削弱表面活性离子间的排斥作用，因而有利于胶束的形成。反离子的价数越高，水合半径越小，降低 cmc 的能力则越强，电解质对离子型表面活性剂的影响满足经验公式（2-74）。

$$lgcmc = -algc_i + b \tag{2-74}$$

式中，c_i 为电解质浓度；a、b 为常数。

电解质对非离子和两性表面活性剂也有类似影响，原因是电解质与溶剂相互作用而影响溶液的有效浓度，导致 cmc 降低，但其影响程度远不如离子型表面活性剂显著。

（5）温度对离子型表面活性剂和非离子型表面活性剂的 cmc 影响不同。离子型表面活性剂在水中的溶解度随温度的升高缓慢增加，但达到 Krafft 温度 T_k 后溶解度迅速增大。在 Krafft 点以下 cmc 大于溶解度，无胶束形成。当系统温度高于 Krafft 点时，cmc 小于相应的溶解度，可以形成胶束。也就是说 Krafft 点温度是离子型表面活性剂形成胶束的下限温度，也是离子型表面活性剂在水中溶解度急剧增大时的温度，是离子型表面活性剂的特征。

对于非离子型表面活性剂，cmc 随着温度的上升而下降。这是因为提高温度会使非离子型表面活性剂的溶解度降低，当温度升高至某一温度时，溶液会突然变浑浊，此时的温度被称为表面活性剂的浊点。浊点反映非离子型表面活性剂与溶剂水的结合能力，亲水性越强浊点越高。

2.6.2 表面活性剂浓溶液相行为

2.6.2.1 常见相区

通常表面活性剂水溶液浓度达到 cmc 时开始形成球形胶束，浓度继续增大到大于 10 倍 cmc 时，往往有棒状、蝶状等不对称胶束出现。随着胶束溶液中表面活性剂浓度的继续增加，由于胶束之间的斥力作用（静电力或水合作用），当聚集体数目增加、胶束间更加拥挤时，为了尽可能分散，需要改变聚集态的形状和大小，出现一系列自组装相行为，形成有序组合结构的溶致液晶相。此时表现出晶体和液体双重物理特性，以及既非简单黏性液体也非类晶体弹性固体的特殊流变性能。液晶相分子排列至少在一个方向上长程有序，在光学上可显示出双折射现象。

通常液晶按照形成方式分成两大类，即热致液晶和溶致液晶。热致液晶是晶体物质受热熔化所形成的单组分各向异性的液体，其结构和性质决定于系统的温度。溶致液晶是由于溶液中两亲分子的浓度改变而形成的液晶态，随溶液浓度变化逐步形成转化，取决于溶质分子和溶剂分子之间的特殊相互作用。除了天然的脂肪酸皂类表面活性剂，其他表面活性剂液晶都可以形成溶致液晶。表面活性剂水溶液可能出现的液晶结构主要包括：六角液晶（正向或反向的）、层状液晶和立方相液晶（不易确定）等。

六角相液晶是由一系列长圆柱形的棒状胶束（无限长）以六角形紧密堆积排列而成。这些胶束可能是"正向"的（如水中的 H_1 相），其亲水基在圆柱形棒状胶束外面；或者是"反向"的（如非极性溶剂中的 H_2），此时亲水基在该圆柱形棒状胶束的里面。由于相邻棒状胶束之间的空间充满了疏水基团，故比 H_1 相中的胶束堆积得更紧密，因此使 H_2 相在相图中占有的空间更小而且相对少见液晶相。

层状相 L_a 是由交替的水与表面活性剂双分子膜组成的。其疏水链具有极大的自由度和流动性，并且其双分子层结构可以从刚性不可弯曲到可波动弯曲的范围存在。由于系统不同，层状液晶的无序程度可以逐渐改变或突然改变，因此，一种表面活性剂可能逐步形成几种截然不同的层状液晶相。

立方液晶相的结构变化是多种多样的，并且其在相图的不同部分都可能存在。立方液晶相是典型的光学各向同性系统，所以无法简单地通过偏光显微镜来鉴别。迄今为止，明确定义了两大类立方液晶相。胶束立方相（I_1 和 I_2）是由小的胶束（或者如 I_2 相中的反相胶束）规则堆积而成，其排列方式为体心立方形式紧密排列。双连续立方相（V_1 和 V_2）是在三维空间中可以延展、多孔、且相互连接的结构，由双层结构及互相连接的棒状胶束构成，有正向或反向结构，其位置在 H_1 和 L_a 相或 L_a 和 H_2 之间。

2.6.2.2 临界堆积因子

在有序组合结构的形成过程中，表面活性剂分子的几何形状起着重要的作用。Israelachvili 等人引入如式（2-75）的临界堆积因子 P_c，对表面活性剂分子聚集状态进行了量化描述。

$$P_c = \frac{V}{a_0 l_c} \tag{2-75}$$

式中，a_0 为两亲分子的头基所占的最小面积，主要由静电作用和头基的水化作用决定；l_c 为胶束内核烃链最大伸展长度；V 为疏水基所占体积，与疏水基的碳链长度、链不饱和度、支链情况及其与相邻疏水基间的相互作用等相关。

图 2-29 为表面活性剂有序结构分子堆积示意图，对确定的表面活性剂 a_0、l_c 和 V 值可以由实验测定或理论计算获得。

通过几何关系可以看出，表面活性剂的临界堆积因子 P_c 与其在浓溶液中的有序组合结构之间的关系见表 2-9。当 $P_c \leqslant 0.33$ 时，分子在溶液中呈圆锥形，在堆积过程中锥尖朝内易于形成球形或椭球形胶束；同理，$0.33 < P_c \leqslant 0.5$ 时，易于形成较大的柱状或棒状胶束；当 $P_c = 0.5 \sim 1.0$ 时则易形成层状胶束；$P_c > 1.0$ 的表面活性剂分子易于形成反胶束[4]。

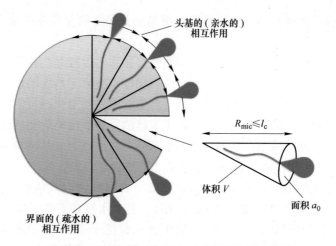

图 2-29   表面活性剂有序结构分子堆积示意图

表 2-9   表面活性剂临界堆积因子 P_c 与有序组合结构关系

P_c 值	表面活性剂类型	有序组合结构
<0.33	大头基单长链	球形或椭球状胶束
0.33~0.5	小头基单长链或大量电解质存在下的离子表面活性剂	棒状胶束
0.5~1.0	大头基双长链和弹性尾基	囊泡和球形层状液晶
1.0	小头基双长链或僵硬非弹性尾基	扩展平面双层
>1.0	小头基双长链或大疏水尾基	反向胶束

2.6.2.3 研究方法

表面活性剂在溶液中的有序组合体结构具有晶体的特征，即形成了多种液晶相，因而可以用多种实验手段对表面活性剂相行为进行研究[5]。

A 偏光显微镜

利用偏光显微镜（POM）可研究溶致液晶的产生、晶相转变及液晶态结构等。各相异性的相在交叉偏振镜下显示出特征结构形成的双折射，各向同性的溶液相则呈黑色无双折射现象。其中层状液晶和六角状液晶都有光学各向异性，具有双折射性质。在偏光显微镜下观察，层状相典型的偏光织构为十字花（见图 2-30（a））或油纹。六角相在偏光显微镜下多呈扇形纹理（见图 2-30（b））或模糊纹理。而立方液晶为各向同性，无双折射性质。借此可区别三种液晶结构。

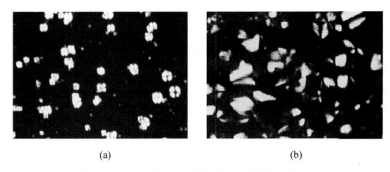

(a)   (b)

图 2-30 表面活性剂液晶相偏光显微镜图像实例

（a）十字花；（b）扇形纹理

B 小角 X 射线散射

液晶是物质的一种热力学稳定状态，是介于液体和固体之间的各向异性的一类物质。在小角 X 射线散射（SAXS）实验中，通过检测液晶相两亲分子与溶剂之间的电子云密度变化，可得到在纳米级范围内与晶相结构相对应的一系列尖峰，根据 Bragg 方程可以计算出液晶结构的重复间距。一般 SAXS 一级衍射与高级衍射之间 Bragg 空间关系满足：层状液晶为 $1:1/2:1/3:1/4$，六角液晶为 $1:\sqrt{1/3}:\sqrt{1/4}:\sqrt{1/7}$，立方液晶为 $1:\sqrt{3/4}:\sqrt{3/8}:\sqrt{3/11}$。这里 Bragg 比值指 SAXS 衍射峰的第一峰角度、第二峰角度、第三峰角度之比（见图 2-31）。利用 SAXS 曲线，还可以定性、定量判断系统有序性的优劣。通常系统得出的散射峰越多、散射峰越尖锐，系统有序性越好。

C 核磁共振氢谱（^1H NMR）

通过氘（^1H）核磁共振四极距在非均匀环境中会发生四极裂分的特点，从成对裂分峰的裂分幅度可以判断液晶的种类，从裂分峰的相对强度可确定各相的相对含量，从成对裂分峰的数目可确定液晶相是单相还是多相。各向同性的相（包括胶束溶液、立方相、海绵相和微乳状液），只出现一个窄峰（见图 2-32（a））。各向异性液晶相，则显示一对双峰（见图 2-32（b）），其大小依赖于各向异性的程度，层状相的裂分比六角相大一倍。对两相共存系统，所观察到的核磁共振谱为两相图谱的叠加。如，一个各向同性相与一个各向异性相共存，将显示 3 个峰，如图 2-32（c）所示。若系统未达平衡，各向异性相以小

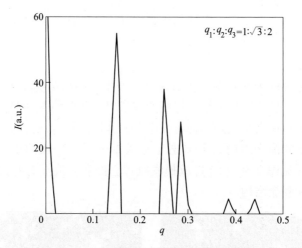

图 2-31   表面活性剂液晶相 SAXS 分析结果

粒子形式分散于各向同性相中，则会看到一个窄峰和一个宽峰。当两个各向异性相共存（层状液晶与六角状液晶）则得到两对双峰，如图 2-32（d）所示。而对于由一个各向同性相与两个各向异性相组成的三相系统则得到 5 个峰，谱图如图 2-32（e）所示。

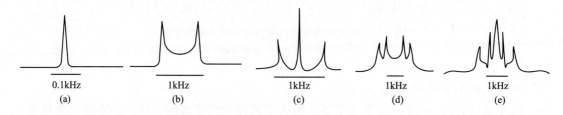

图 2-32   表面活性剂液晶相 ^{1}H NMR 示意图
（a）单峰；（b）双峰；（c）3 个峰；（d）两对双峰；（e）5 个峰

D   其他方法

a   量热分析

采用差热分析（DTA）和差示扫描量热法（DSC）对样品进行热分析，从热分析谱图上确定其相变温度。液晶态是一个热力学平衡态，它从一种相态转变成另一种相态总是伴随着能量的变化，DSC 法正是利用这些热效应来判断各种相存在的温度范围及相变温度。通过分析能量的变化来判断各种相存在的温度范围，从热分析谱图上还可以确定样品的相变温度及热稳定性，但无法确定液晶的相态和结构。

b   黏度

立方相液晶在光学上各向同性，无双折射性，用偏光显微镜观察不到液晶纹理，但黏度很大，也可以作为判据。表面活性剂液晶相黏度变化顺序为：胶束溶液<层状相液晶<六角相液晶≤立方相液晶。

c   折光指数

根据相变时折光指数的突变也可以间接判断相结构。

2.6.3 表面活性剂溶液的相图

2.6.3.1 相图的绘制

对单一表面活性剂水溶液相图，称取一定量的表面活性剂和去离子水于比色管中，加热搅拌至完全均匀，冷却至室温，静置数小时后在偏光显微镜下观察室温下的相结构，确定其区域及相的种类。然后将已配制好的不同浓度的样品加热成完全透明的溶液，放在两个相互垂直交叉的偏振滤光片之间，肉眼观察为暗场，缓慢冷却（冷却速度为：1℃/2min)，以双折射相刚出现的温度为相转变温度。但是，相边界是由 ^1H NMR、黏度测量和偏光显微镜三者结合起来确定。

对表面活性剂复配体系，需要按照一定配比分别称取各种表面活性剂混合均匀，再称取一定量混合后的表面活性剂与去离子水混合。其余方法与单一表面活性剂基本相同，但得到的是一个特定配比复配系统的相图，全相图需要由多个单一相图组合而成，即形成三维相图。

2.6.3.2 相图举例

图 2-33 为实验得出阴离子表面活性剂 LAS 的相图[6]，在等温条件下，随着 LAS 浓度增大，透明度变小，表观黏度变大。相结构的变化：由胶束溶液→层状液晶分散体→层状液晶相→LAS 固体物。在变温条件下，随着温度升高，各个样品的透明度变大，表观黏度变小。液晶相结构的变化为：浓度在 10%~20%，随着温度升高液晶相结构与形状变化不大；浓度在 20%~50%，随着温度升高液晶相结构不变，但液晶个体变大；LAS 浓度在 50%~65%，由短线层状液晶变为层状液晶分散体；浓度在 65%~90%，随着温度升高，由连片的层状液晶+LAS 水合晶体→层状液晶→层状液晶分散体。

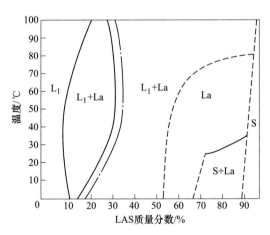

图 2-33　H_2O/LAS 系统相图

2.7 表面活性剂的作用及应用

2.7.1 增溶作用及其在土壤修复中的应用

2.7.1.1 增溶作用

表面活性剂的增溶作用是指不溶或微溶于水的有机物在表面活性剂水溶液中的溶解度

显著提高的性能。增溶作用，只有当表面活性剂的浓度大于 cmc 时，才可以明显观测到。根据相似相容原则，物质的溶解性要求溶剂具有相适应的极性。而胶束的特殊结构，使其从水相到疏水内核形成了从非极性到极性环境的全过渡。因此，不同极性的有机溶质都可能或多或少增溶于胶束溶液中。表面活性剂增溶作用与有机物在混合溶剂中溶解性增加不同，后者是溶剂的性质改变的结果。如，加入乙醇可以大幅度通过苯在水中的溶解度，这时乙醇的加入量比较大，从而乙醇改变了溶剂水的性质，通常称之为水溶助长作用。

表面活性剂在水溶液中达到临界胶束浓度后，一些水不溶性或微溶性物质在胶束溶液中的溶解度可显著增加并形成透明胶体溶液，这种作用即增溶作用。增溶后溶液没有两相界面存在，是热力学稳定系统，溶液的其他物理性质与胶束溶液比较没有明显改变。如图2-34 所示，表面活性剂的增溶作用主要有四种形式：（1）非极性分子增溶到胶束内部，被增溶的物质完全处于胶束内核的非极性环境中（见图 2-34（a））；（2）分子结构与表面活性剂类似的极性有机化合物，增溶到在表面活性剂分子组成的胶束栅栏之间，甚至拉入胶束内部（见图 2-34（b））；（3）既不溶于水也不溶于油的小分子极性有机化合物，在胶束表面吸附增溶（见图 2-34（c））；（4）以聚氧乙烯基为亲水基的非离子表面活性剂，被增溶分子包裹在胶束外层聚氧乙烯基的长链中（见图 2-34（d））。

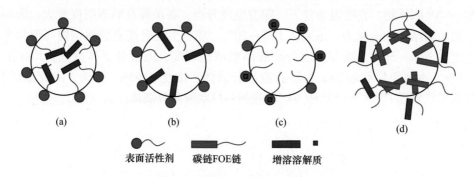

■ 表面活性剂	➖ 碳链FOE链	■ 增溶溶解质

图 2-34　表面活性剂增溶作用示意图

（a）胶束内部增溶；（b）胶束栅栏间增溶；（c）胶束表面吸附增溶；（d）胶束外层增溶

系统的化学组成会影响表面活性剂的增溶作用，通常疏水基相同的不同类型表面活性剂的增溶能力满足：非离子型>阳离子型>阴离子型。其原因是各类表面活性剂分子在胶束中排列的紧密程度不同，在不破坏胶束原有结构的条件下能容纳被增溶分子的量也不同。表面活性剂碳氢链长度增加，在导致 cmc 降低和聚集数变大的同时也使胶束对非极性分子的增溶量变大；而疏水链支链化则使系统增溶能力降低。另外，有时候添加少量极性有机物有助于非极性有机物的增溶，而系统中存在少量非极性物质也可提高极性有机物增溶作用。温度通过对胶束的形状、大小、cmc，甚至带电量及对溶质分子间相互作用的影响，显著改变系统的增溶作用。通常，使 cmc 降低或使聚集数增加的因素，都能促进增溶作用。

近期研究表明，表面活性剂浓度低于 cmc 时也有增溶作用，可能是由于表面活性剂溶液中存在一定量的表面活性剂分子二聚体和三聚体，在一定程度上增加了疏水有机物在水中的溶解度；表面活性剂单体本身也可能增加疏水有机物在水中的溶解度，这时表面活性剂对疏水有机物的增溶作用类似于共溶剂的增溶机理。

表面活性剂的增溶能力可以用增溶量来衡量，即往 100mL 已标定浓度的表面活性剂溶液中，滴加被增溶物达饱和开始析出时被增溶的物质量，单位为 mol。

许多因素都会影响表面活性剂对不溶物的增溶作用。表面活性剂的化学结构不同，增溶性能不同，一般情况下，非离子型>阳离子型>阴离子型；胶束越大，增溶量越大；直链型>支链型；疏水基含有极性基团可以提高对某些物质的增溶量。被增溶物的化学结构也会影响其在表面活性剂溶液中的增溶性能，一般极性化合物比非极性化合物易于增溶；芳香族化合物比脂肪族化合物易于增溶；带支链的化合物比直链化合物易于增溶。当离子型表面活性剂中加无机盐，能降低其 cmc，有利于加大表面活性剂的增溶能力；非离子表面活性剂中加中性电解质，能增加烃类的增溶量，主要是因为加入电解质后胶束的聚集数增加。升高温度能增加极性和非极性物质在离子型表面活性剂中的增溶量；对于非离子表面活性剂来说，升温的影响与被增溶剂的性质有关，若被增溶物为非极性物质（例如脂肪烃类和卤代烷），随温度的升高溶解度增加，接近于浊点时胶束聚集数剧增，增溶量提高；对极性物质来说，温度升高至浊点时，被增溶物的量出现一最大值。

实际上，表面活性剂的增溶相当于在系统中添加了能够降低 cmc 的添加剂，使增溶现象可以在 cmc 时就发生。表面活性剂对有机物的增溶作用是一项重要的性质，在乳液聚合、石油开采、胶片生产及环境中有机化合物污染的去除等方面有广泛应用。

2.7.1.2　利用增溶作用进行污染土壤修复

利用表面活性剂增溶作用，可以洗脱被污染土壤的有机污染物，达到土壤修复的目的。当表面活性剂浓度大于 cmc 时，表面活性剂分子在土壤-水系统中以溶解单体、吸附在土壤上的分子和胶束态 3 种形式存在，而土壤-水系统中的有机物可以增溶于胶束中、溶解于周围溶液中、直接吸附在土壤-水界面或与吸附在土壤-水界面的表面活性剂相吸附。而且，吸附于土壤颗粒上的有机物又可以从土壤上大量解吸并溶解于表面活性剂胶束内，使得溶解度显著增加。图 2-35 为表面活性剂增溶修复有机物污染土壤原位淋洗示意图。工作时，首先将表面活性剂溶液注入或渗入含有机污染物的土壤或地下水层，当表面活性剂溶液流经污染区域时，通过表面活性剂胶束对有机物的增溶或表面活性剂在油-水界面吸附使界面张力降低后液态有机物从土壤孔隙溢出，含有液态有机污染物的水经抽提井移至地表进行处理，去除有机物并回收利用表面活性剂。最后，以清水冲洗地下修复区域，以降低表面活性剂在土壤和地下水中的残留。

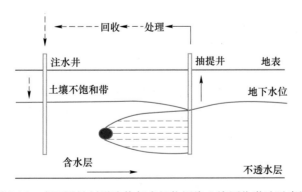

图 2-35　表面活性剂增溶修复有机物污染土壤原位淋洗示意图

表面活性剂对土壤中有机污染物的增溶作用受表面活性剂的浓度、种类、HLB 值及有机物的含量、种类、温度等因素的影响。一般有机物的表观增溶量随表面活性剂浓度的增大而增大。当表面活性剂的浓度大于 cmc 后，增溶效果明显增加。对于同系表面活性剂，随碳氢链的增长，增溶能力变强，疏水基有支链或不饱和结构使增溶性降低。对亲油基相同的表面活性剂，烃类及极性有机物的增溶作用顺序是：非离子表面活性剂＞阳离子表面活性剂＞阴离子表面活性剂。表面活性剂对有机物的增溶能力随其极性增加而增加。脂肪烃和烷基芳烃的增溶量随碳数增加而减小，随不饱和度及环化程度增加而增加。对于多环芳烃，增溶量随分子大小的增加而减小。作为增溶剂的表面活性剂，其 HLB 值在 12~18 较合适，随 HLB 值增大，胶束核心体积减小，对非极性污染物的增溶能力减小。极性有机污染物与结合在聚氧乙烯链上的水分子之间产生氢键，并且与聚氧乙烯基团发生电子受体和供体相互作用导致聚氧乙烯外壳脱水，可以提高增溶量。

离子型表面活性剂对极性和非极性有机物的增溶量随温度升高而增加。对于聚氧乙烯型非离子表面活性剂，温度升高，非极性有机物的增溶量也有所提高，极性有机物的增溶量随温度上升在浊点前出现最大值，之后增溶量开始降低。其原因是，温度的升高加剧了聚氧乙烯基脱水，易蜷缩得更紧，从而减少了极性有机物的增溶空间。表面活性剂增效修复技术具有效率高、周期短的优点，可去除或减轻土壤和地下水中对人类健康有害的有机污染物如多环芳香烃、多氯联苯、多氯代联二苯、多氯代二苯并呋喃等。目前该技术面临的主要问题是选择合适的表面活性剂、提高修复效率、减少表面活性剂用量及降低表面活性剂对土壤的污染等[7]。

2.7.2　润湿与渗透作用

2.7.2.1　润湿作用

表面活性剂的加入可以显著降低液体的表面张力，更容易使 $\gamma_{gs} > \gamma_{ls}$，从而提高固体表面的润湿性。更重要的是，液体中的表面活性剂分子能疏水基会定向吸附于低能固体表面，使亲水基朝外，改变固体表面的性质。因此，在表面活性剂的作用下，固体表面更亲水、更容易被润湿。实际应用中，润湿剂常选阴离子和某些非离子型表面活性剂，很少选用阳离子型，因为固体表面通常带有负电荷，易吸附带相反电荷的阳离子型表面活性剂，使亲水基朝向固体表面，疏水基朝外，导致固体表面更难被润湿。这种借助表面活性剂来润湿物体的作用称为润湿作用。能使液体湿润或能加速固体表面湿润的表面活性剂称为润湿剂，其润湿性能与分子结构有关。一般情况下，表面活性剂分子中亲水基位于分子中间时，润湿性能比较强，位于分子末端时去污能力比较强；分子中亲油基有分支结构的润湿性和渗透性较好，去污能力较差，相对分子质量小的润湿性和渗透性较好，相对分子质量大的洗涤、分散、乳化能力较好。常用作润湿剂的阴离子表面活性剂有十二烷基苯磺酸钠、十二醇硫酸钠、烷基萘磺酸钠或油酸丁酯硫酸钠等，非离子表面活性剂为脂肪醇聚氧乙烯醚等。

2.7.2.2　渗透作用

渗透作用是润湿作用的一个应用，也常将渗透剂归为润湿剂中的一种，但是根据它们的物理、化学理论，润湿剂的润湿作用与渗透剂的渗透作用又有很大区别。润湿剂的作用实质是加速液固界面接触和增加接触面积；渗透剂的作用则是增加和促进液体进入固体内部。比如，当一种多孔性固体（例如棉花）未经脱脂就浸入水中时，水不容易很快浸透；如加表面活性剂后，水与棉花表面的接触角降低了，水就在表面充分铺展，即渗入棉花多孔纤维内部。相反，表面活性剂也能使原来润湿得较好的两个界面变得不润湿。

2.7.3 分散和絮凝作用

2.7.3.1 分散作用

分散作用是指固体粉末能够分散于固体、液体和气体等介质中的现象。分散的固体粉末具有很大的相界面和界面能，因而有粒子自发聚结减小相界面的趋势，属于热力学不稳定系统。加入分散剂可以提高分散系统的稳定性，从而获得能够在相当长时间内稳定存在的良好分散系统。分散剂可分为无机分散剂和有机分散剂，或者低相对分子质量分散剂和高相对分子质量分散剂。表面活性剂是良好的分散剂，具有促进研磨效果、改进润湿能力和防止凝聚等分散作用。例如，使织物表面油污分散在水中发挥洗涤作用，使颜料分散在油中制备油漆，使黏土分散在水中形成泥浆等。

表面活性剂通过以下几个方面发挥分散作用：

（1）降低表面张力。吸附于固-液界面上的表面活性剂，通过降低固体颗粒界面自由能，减弱了颗粒间自发凝聚的热力学过程（见图 2-36（a））。

（2）增加空间位阻。表面活性剂分子吸附在固-液界面上形成溶剂化膜，增加颗粒互相接近时的空间位阻（见图 2-36（b）），降低颗粒聚结概率。由于热运动，分散的颗粒始终处于相互碰撞的状态，因此，表面活性剂的表面薄膜必须具有足够的黏附性以免发生解吸作用，并且必须有足够的浓度以产生能垒，防止由碰撞动能引起的颗粒聚结。

（3）静电排斥。离子型表面活性剂吸附在固体颗粒表面上后，由于离子化的亲水基朝向水相（见图 2-36（c）），使所有的颗粒获得同性电荷，它们互相排斥，因此颗粒在水中保持悬浮状态。

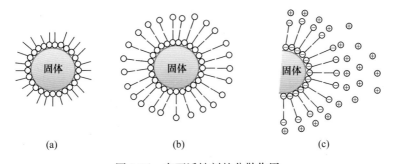

（a）　　　　　　　（b）　　　　　　　（c）

图 2-36　表面活性剂的分散作用

2.7.3.2 絮凝作用

絮凝与分散相反，其作用是使悬浮在液体中的颗粒相互凝聚、加速沉降。发挥絮凝作用的表面活性剂称为絮凝剂，常常应用于给水和污水处理领域。例如，黏土颗粒表面荷负电，故极性水分子能在黏土周围形成水化膜，若于其中加入阳离子型表面活性剂（如季铵盐类），则与黏土结合后能中和黏土表面上的负电荷，并使黏土表面具有亲油性，从而增大了与水的界面张力，故黏土颗粒易于絮凝。另外，还有一类高分子表面活性剂具有吸附基团（如聚丙烯酰胺类），它能与许多颗粒一起产生架桥吸附而使颗粒絮凝。

表面活性剂发挥分散作用或絮凝作用，与固体表面性质、介质性质及表面活性剂性质有关。例如上述季铵盐是黏土在水中的絮凝剂，但若加入季铵盐的量大到黏土离子交换容量的 2 倍以上时，则又可使黏土颗粒发生再分散。又如低相对分子质量的聚丙烯酸可作黏土在水中的分散剂，而高相对分子质量的聚丙烯酸则作为黏土在水中的絮凝剂。

2.7.4　泡沫性能

泡沫是气体分散在液体中所形成的系统。通常，气体在液体中能分散得很细，但由于表面能，且气体的密度总是低于液体，因此进入液体的气体要自动地逸出，所以泡沫也是一个热力学不稳定系统。泡沫作用是表面活性剂的主要作用之一，包括起泡作用、稳泡作用和消泡作用，被广泛应用于矿物泡沫浮选、石油开采等资源加工领域及化学工业中泡沫塑料的生产和造纸领域中。

泡沫吸附分离是通过在溶液中通气鼓泡，根据系统中颗粒表面不同的润湿性能，使水润湿性能差（$\theta > 90°$）的物质吸附于气泡表面，通过溶液的密度差引起的浮力驱动，使吸附于气泡表面的物质和溶液主体分开，从而达到净化或浓缩目的的分离方法。若加入特定表面活性剂（捕收剂）选择性吸附于待分离的表面，则可以增加表面疏水性（θ 增加），提高分离效率。被分离物质可以是污水中的疏水性物质及与某种表面活性剂具有亲和能力的任何物质，如表面活性剂、金属离子、阴离子、蛋白质、酶、染料和矿石等，该分离手段被广泛应用于环境保护、医药、生物工程及金属离子富集等[8]。

参 考 文 献

[1] 江龙. 胶体化学概论 [M]. 北京：科学出版社，2002.

[2] 沈钟，赵振国，康万利. 胶体与表面化学 [M]. 4 版. 北京：化学工业出版社，2014.

[3] LYKLEMA J. Fundamentals of Interface and Colloid Science：Volume Ⅲ，Liquid-Fluid Interfaces [M]. London：Academic Press，2000.

[4] 刘红. 表面活性剂基础及应用 [M]. 北京：中国石化出版社，2015.

[5] 赵振国，王舜. 应用胶体与界面化学 [M]. 2 版. 北京：化学工业出版社，2017.

[6] 王红霞，陆用海. 直链烷基苯磺酸钠/水二元体系相行为研究 [J]. 日用化学品科学，2000，23（S1）：19-23.

[7] 杨悦锁，王园园，宋晓明，等. 土壤和地下水环境中胶体与污染物共迁移研究进展 [J]. 化工学报，2017，68（1）：23-36.

[8] BINKS B P. Particles as surfactants-similarities and differences [J]. Current Opinion in Colloid & Interface Science，2002，7（1/2）：21-41.

3 固体的界面性质

在煤炭、复杂贫尾矿、大宗固废等资源清洁和综合利用过程中，分离、富集、纯化、提取、改性等技术经常涉及复杂固体界面性质。污染物在环境中的迁移转化行为及治理过程中的微观作用也会受系统气-液-固多相界面的结构与性质影响。表（界）面性质调控和相应科学技术的发展与固体表（界）面热力学和动力学行为及组成结构密切。固体与气体、液体或不同固体间相互接触组成了多种多样的固体界面。固体界面性质的研究是界面胶体化学中的重要内容，也是界面工程中的热门研究课题。本章通过固体的表面与界面、固体表面对气体的吸附作用、固-液界面现象及固体表面对溶液中溶质的吸附四个方面，对固体的界面性质进行深入讨论。

3.1 固体的表面与界面

3.1.1 固体的表面结构

固体的界面一般可分为表面、界面和相界面等，其中表面是指固体与真空（空气）的交界面，界面是指相邻两个结晶空间的交界面，相界面则指相邻相之间的交界面。而固体的相界面又有三类，即固相与固相的相界面（s-s）、固相与气相之间的相界面（s-g）、固相与液相之间的相界面（s-l）。

表面的形成需要经过两个步骤。首先将物质分开，使新的表面分子、原子或离子裸露，然后这些裸露在表面的分子（原子或离子）发生重排，使表面自由能降低，从而达到稳定的平衡状态。对于液体而言，由于分子具有可流动性，表面重排的时间很短，在千分之一秒内的瞬间就可以完成。固体表面的分子由于具有不可流动性，表面重排极为缓慢，固体分子的表面几乎维持在被分割时所保留的形态。

3.1.1.1 固体表面的粗糙度

与液体的分子流动性而使表面呈现分子水平上的光滑表面不同，固体表面是凹凸不平的，因此其实际的真实表面积远大于其理想的几何表面积，粗糙度 ω 定义为式（3-1）。ω 越大说明表面越粗糙。

$$\omega = \frac{\text{真实表面积}}{\text{理想几何表面积}} > 1 \tag{3-1}$$

表 3-1 列出了一些常见固体表面粗糙度值，从表中数据可知，即使是经过电抛光处理表面粗糙度也大于 1，说明表面不是绝对光滑的。

3.1.1.2 表面晶型的无定型化

以氯化钠为例，一块晶体被切开后会形成新表面，由于阴离子 Cl^- 半径大，在表面阳离子作用下易于变形而极化，极化后的阴离子会比未极化的 Na^+ 以较快的速度外移，使晶体表面的晶格变形，位移的结果是使表面自由能降低使表面趋于稳定（见图 3-1）。表面层

表 3-1   几种经不同方式处理后的表面粗糙度

表　面	粗糙度 ω	表　面	粗糙度 ω
一次清洁玻璃球	1.6	银箔	5
二次清洁玻璃球	2.2	腐蚀过的银箔	15
充分清洁玻璃球	5.4	电抛光的钢材	1.13

这种晶格变形或无定型化的厚度，与物质本性、形成条件有关。

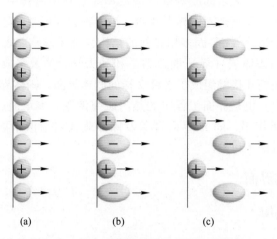

图 3-1   氯化钠晶体表面无定型化示意图
（a）理想表面；（b）极化后表面；（c）极化后再位移面

3.1.1.3   表面原子密度

由于固体表面晶格变形和疏松化，其密度降低，但这种变形部分的含量 x 和原子密度 ρ 的变化与粒径 d 相关。图 3-2 表明，石英粒子粒径 d 与其密度 ρ 和无定型部分含量 x 的关系。由图 3-2 可知，随粒径 d 的减小，比表面积增大，密度 ρ 减小的含量增加。

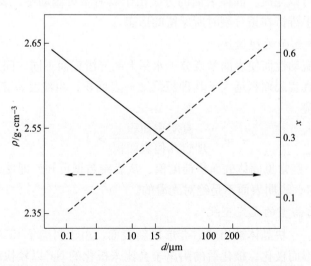

图 3-2   石英粒径 d 与原子密度 ρ 和变形部分含量 x 的关系

3.1.2 固体的表面特性

固体表面上的原子或分子与液体一样，受力也不均匀，但不像液体表面分子可以移动，通常它们是固定的。固体不像液体那样具有流动性，因此固体表面保持它形成时或破坏后的形状。

固体表面不均匀，即使肉眼观察非常平滑的表面，微观上也是凹凸不平的，与液面的平滑形成鲜明的对比。同种晶体由于制备、加工方式不同，会具有不同的表面性质，而且实际晶体的晶面是不完整的，会有晶格缺陷，如空位和位错等（见图3-3）。固体表面上的力场也不均匀，那些表面凸起处、边角棱处、裂缝处和破损处具有更高的能量，其表面活性极不均匀。因此，固体表面必须通过吸附气体或液体分子，使表面自由能下降。吸附实验表明，吸附优先发生在表面活性极强的部位，这正是固体表面催化与吸附活化中心理论提出的基础。

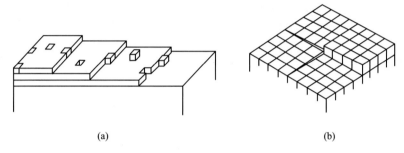

(a)   (b)

图 3-3　固体表面的各种形态示意图

（a）表面形态的各种类型：断层、台阶、附晶等；（b）螺旋位错

3.1.3 固体的表面张力和比表面能

与液体表面类似，固体表面同样拥有表面张力和表面能。但是，由于固体表面不易压缩和变形（但高温金属表面分子、原子会流动，如铜板熔结现象），不能直接测定其表面能。固体的比表面能是固体比表面吉布斯函数的简称，以 G_s 表示，其定义为恒温、恒压下产生单位新表面积时所引起的体系吉布斯函数的增量，见式（3-2）。

$$G_s = \left(\frac{\partial G}{\partial A} \right)_{T,p} \tag{3-2}$$

根据热力学原理可知，G_s 也等于恒温、恒压下产生单位新表面积时环境所耗费的可逆功，常称为内聚功。对液体来讲，当表面扩大时，液体分子很容易从体相迁到液面上并达到平衡位置，因此液体的表面能与表面张力相等。但固体扩张表面时的情况则不相同。将截面积为 1cm^2 的固体方块切开时，露出两个新表面。新表面上的分子（或原子）原先是处于固体内部的，它们受到周围分子（或原子）的作用力是均衡的。现在这些分子（或原子）成为表面层的分子（或原子）了，它们受周围分子（或原子）的作用力不再平衡，趋于移动到受力平衡的位置上。对于固体分子，这种移动不能在瞬间完成，需要很长的时间。在完成这种迁移之前，这些分子受到一个应力。为使固体新表面上的分子（或原子）保持在原有位置上，单位长度所需施加的外力称为固体表面的表面应力或拉伸应力。新产生的两个固体表面的表面应力之和的一半称为表面张力。

$$\gamma = \frac{\tau_1 + \tau_2}{2} \qquad (3\text{-}3)$$

式中，τ_1、τ_2 为两个新表面的表面应力，通常 $\tau_1 = \tau_2 = \gamma$。

恒温、恒压下由于形成新表面而增加的固体吉布斯函数为 $\mathrm{d}(AG_s)$，它等于反抗表面张力所耗费的可逆功。

$$\mathrm{d}(AG_s) = \gamma \mathrm{d}A \qquad (3\text{-}4)$$

因此，

$$\gamma = G_s + A\left(\frac{\partial G_s}{\partial A}\right) \qquad (3\text{-}5)$$

式（3-5）说明固体的表面张力包括两部分，一部分是表面能的贡献，另一部分是由于表面积改变引起表面能改变的贡献。式（3-5）右端第一项可以理解为仅由于表面层分子数目的增加（由体相分子变成表面层分子）而引起的体系吉布斯函数的变化；而第二项则反映了表面分子间距离的改变引起了 G_s 的变化，从而产生对体系吉布斯函数的贡献。对于液体来讲，分子很快就移动到平衡位置，所以 $\left(\dfrac{\partial G_s}{\partial A}\right) = 0$，表面张力等于表面能。而固体在表面分子移动到平衡位置之前的长时间内，$\left(\dfrac{\partial G_s}{\partial A}\right) \neq 0$。因此，固体新表面产生后，在表面层分子没有到达平衡位置之前的长时间内，$\gamma \neq G_s$。

固体表面具有不饱和的分子间力，而且由于固体表面的不均匀程度远远大于液体表面，因而具有更高的表面自由能。通常液体的表面自由能小于 100mN/m，固体表面能可以以此为界分为两大类，即低于 100mN/m 的称为低能表面，而超过 100mN/m 时称为高能表面。当固体特别是高能表面固体与周围介质相接触时，将会引起表面自由能降低，界面现象便相伴发生[1]。

3.2 固体表面对气体的吸附作用

3.2.1 固体表面吸附本质

根据热力学第二定律，温度、压力和组成恒定时，系统总的吉布斯函数减少的过程为自发过程。和液体表面原子一样，固体表面上的分子与内部的分子所处的环境不同。处在固体内部的原子，其周围原子对它的作用力对称，即受力饱和。但是处在固体表面上的原子，周围原子对它的作用力不对称，所受的力不饱和，因而有剩余力场，存在表面能。液体可以通过表面收缩降低表面能，固体表面分子几乎不可移动，不会发生表面收缩，只能通过从表面的外部空间吸附气体等其他分子，以减小表面层分子受力不对称的程度，从而降低表面张力及表面吉布斯函数。因而固体表面具有自发捕获气体等其他分子的能力，使这些分子在固体表面的浓度（或密度）不同于固体表面外部空间气相中的浓度（或密度），具有吸附气体分子和从溶液中吸附溶质分子的特性。固体从溶液中吸附溶质分子后，溶液的浓度将降低，而被吸附的分子将在固体表面上聚集，所以吸附是界面现象。人们通常把活性炭、硅胶等比表面积相当大的物质称为吸附剂，把被吸附剂所吸附的物质称为吸附质。

当固体与气体接触时，固体对气体的吸附、溶解和化学反应都会引起体相气体压力的下降。因此不能单凭体相气体压力的下降而断定发生了吸附作用，需根据这三种作用过程的不同规律来判断。实验表明，在一定温度下，固体对气体的溶解、化学反应或吸附的量 V 与气体压力 p 的典型关系如图 3-4 所示。图 3-4（a）表示气体溶解量 V 与压力 p 成正比，例如，氢气溶解在金属钯中，这种过程又称为吸收。图 3-4（b）的曲线表示气体与固体发生了化学反应，例如循环流化床锅炉内脱硫时 CaO 对 $SO_3(g)$ 的作用：$CaO + SO_3(g) \rightleftharpoons CaSO_4$。当压力 p 小于固体的分解压力 p_d 时，没有气体参加反应，气体反应量 $V = 0$。当压力到达 p_d 时，水蒸气开始参加反应并且压力保持不变，尽管压力进一步增加，而 V 仍保持不变。图 3-4（c）的曲线表示气体被固体吸附时的吸附等温线。例如，硅胶吸附空气中的水分子或活性炭吸附甲醛，在压力很低时，吸附量随压力线性增加；当压力稍大时吸附量随压力变化速度下降；最后当吸附饱和后，吸附量不再变化。

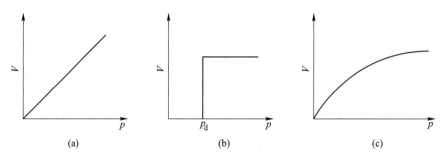

图 3-4　在一定温度下，固体与气体相接触的 p-V 曲线图
（a）吸收；（b）化学反应；（c）吸附

由于压力对吸附量具有重要影响，研究人员开发了用于不同物质分离的变压吸附技术。自 20 世纪 60 年代商业化以来，变压吸附技术广泛应用于空气制氧制氮、氢气纯化、气体干燥及温室气体捕集等多个领域。该技术利用吸附剂的平衡吸附量随组分分压升高而增加的特性，通过加压吸附、减压脱附的操作方法实现气体混合组分的分离净化。例如多塔变压吸附沼气，吸附剂高压选择性吸附 CO_2 及少部分 CH_4，高纯度的 CH_4 产品由吸附塔顶排出。此后，借助真空解吸方式或产品气冲洗方式使吸着在吸附剂的 CO_2 解吸，实现吸附剂的完全再生循环利用。

3.2.2　物理吸附与化学吸附

吸附是固体表面分子和气体分子相互作用的一种现象，按作用力的性质可分为物理吸附和化学吸附两种类型。物理吸附是分子间力（范德华力），它相当于气体分子在固体表面上的凝聚。化学吸附实质上是一种化学反应。因此这两种吸附在许多性质上都有明显的差别。

3.2.2.1　物理吸附

物理吸附仅仅是一种物理作用，没有电子转移，没有化学键的生成与破坏，也没有原子重排。图 3-5（a）给出了 H_2 在金属镍催化剂表面物理吸附过程。在相互作用的位能曲线上，随着 H_2 向 Ni 表面靠近，相互作用位能下降。到达 a 点时，位能最低，达到物理吸附的稳定状态。这时 H_2 没有解离，两原子核间距等于 Ni 和 H 的原子半径加上两者的范德华半径。放出的能量 E_a（a 点能量值）等于物理吸附热，这数值相当于氢气的液化热 Q_p。如果 H_2 通过 a 点要进一步靠近 Ni 表面，由于核间的排斥作用，使位能沿 ac 线升高。

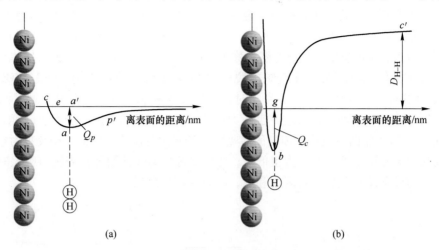

图 3-5　H_2 在金属镍催化剂表面物理化学吸附示意图

（a）物理吸附；（b）化学吸附

物理吸附具备以下特点：（1）吸附力是由固体和气体分子之间的范德华力产生的，一般比较弱；（2）吸附热较小，接近于气体的液化热，一般在每摩尔几千焦以下；（3）吸附无选择性，任何固体可以吸附任何气体，当然吸附量会有所不同；（4）吸附稳定性不高，吸附与解吸速率都很快；（5）吸附可能是单分子层，也可能是多分子层；（6）吸附不需要活化能，吸附速率并不因温度的升高而变快。

3.2.2.2　化学吸附

化学吸附是形成吸附化学键的吸附。由于固体表面存在不均匀力场，表面上的原子往往还有剩余的成键能力，当气体分子碰撞到固体表面上时便与表面原子间发生电子的交换、转移或共有，形成吸附化学键的吸附作用。图 3-5（b）是 H_2 分子在金属镍催化剂下的化学吸附相互作用的位能线，可以看出 H_2 必须首先获得解离能 D_{H-H}，解离成 H 原子，处于高能量状态的 c' 点位置。随着 H 原子向 Ni 表面靠近，位能不断下降，到达 b 点时，达到化学吸附的稳定状态。这时 Ni 和 H 之间的距离等于两者的原子半径之和。放出的能量（gb 段）等于化学吸附热，这相当于两者之间形成化学键的键能 Q_c。随着 H 原子进一步向 Ni 表面靠近，由于核间斥力，位能沿图 3-5（b）中 bc' 线迅速上升。

化学吸附往往具备以下特点：（1）吸附力是由吸附剂与吸附质分子之间产生的化学键力，一般较强；（2）吸附热较高，接近于化学反应热，一般在 40kJ/mol 以上；（3）吸附有选择性，固体表面的活性位只吸附与之可发生反应的气体分子，如酸位吸附碱性分子，反之亦然；（4）吸附很稳定，一旦吸附，就不易解吸；（5）吸附是单分子层的；（6）吸附需要活化能，温度升高，吸附和解吸速率加快。

3.2.2.3　物理吸附和化学吸附的关系

图 3-6 给出 H_2 在金属镍催化剂由物理吸附向化学吸附转变过程的能量曲线。从图 3-6（a）可以看出，H_2 分子从 p' 到达 a 点发生物理吸附，放出物理吸附热 Q_p，这时提

供了等量的活化能 E_a 后，使 H_2 顺利到达 p 点，就解离为氢原子（见图3-6（b）），接下来发生化学吸附。这里的活化能 E_a 远小于 H_2 分子的解离能 D_{H-H}（见图3-6（c）），为 Ni 成为一个高效加氢催化剂创造了条件。

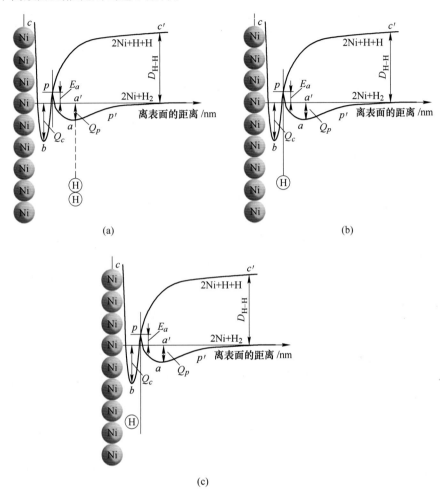

图 3-6　H_2 在金属镍催化剂物理吸附向化学吸附转变过程能量曲线

（a）H_2 物理吸附；（b）H_2 解离成 H 原子；（c）H 原子发生化学吸附

图3-6（c）中，脱氢作用沿化学吸附的逆过程进行，所提供的活化能等于 Q_c+E_a，使稳定吸附的氢原子越过这个能量达到 p 点，然后变成 H_2 分子沿 $p_a p'$ 线离开表面，完成脱氢过程。

物理吸附和化学吸附的性质和规律各不相同，但二者之间的区分并不是绝对的，因为吸附质与吸附剂分子间作用力的量变往往会引起质的飞跃。在某些情况下物理吸附和化学吸附可以同时发生。一般先发生物理吸附，再发生化学吸附。例如，氧在钨表面上吸附时，有的呈氧分子状态（物理吸附），有的呈氧原子状态（化学吸附）。温度不同，吸附力的性质也可能改变，图3-7所示 CO 在 Pd 表面的吸附等压线就是这种情况。通常吸附温度都在吸附质的临界温度以下，鉴于存在范德华力，在可以液化的条件下都可能发生物理吸附。而化学吸附一定要在吸附质与吸附剂之间的作用力达到可以形成吸附键的条件时才有可能发生。可以通过测定吸附前后吸收光谱的变化来判定吸附类型。发生物理吸附时，只能使被吸附分子的特征吸附峰带来某些位移或在强度上有所变化，但不产生新的特征谱带。而发生化学吸附时，往往在紫外-可见或红外光谱波中出现新的特征吸收峰。

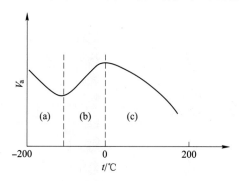

图 3-7　CO 在 Pd 表面的吸附等压线
（a）物理吸附区间；（b）过渡状态区间；（c）化学吸附区间

3.2.3　等温吸附

3.2.3.1　吸附量

当气体或蒸汽在固体表面被吸附时，固体称为吸附剂，被吸附的气体称为吸附质。常用的吸附剂有硅胶、分子筛、活性炭等。在测定固体的比表面积的实验中，常用的吸附质是氮气、水蒸气、苯或环己烷的蒸气等。吸附是表面效应，只发生在相界面上，被吸附的物质并不进入固体内部，否则就称为吸收，被吸收的气体在固相中均匀分布[2]。

对吸附剂与吸附质一定的系统，当吸附速率等于脱附速率时所对应的状态，称为吸附达到平衡。当吸附达到平衡时，单位质量吸附剂所吸附的吸附质的物质的量或其在标准状况（0℃，101.325kPa）下所占体积，称为吸附量 Γ，单位为 mol/kg 或 m³/kg，由式(3-6)表示。

$$\Gamma = \frac{n}{m} \quad \text{或} \quad \Gamma = \frac{V'}{m} \tag{3-6}$$

式中，m 为吸附剂的质量；n 为吸附质被吸附剂所吸附的量；V' 为吸附剂所吸附的吸附质在标准状况（0℃，101.325kPa）下的体积。

3.2.3.2　吸附方程

达到平衡时，吸附量是温度和压力的函数，满足 $\Gamma = f(T,p)$。研究中常固定一个变量，研究其他两个变量间的关系，称为吸附方程。经常用的有 3 种吸附方程：

（1）压力 p 一定，根据吸附量与温度的关系，可以得到吸附等压线，$\Gamma = f(T)$，图 3-8（a）即为固定压力下氨在活性炭表面吸附的 Γ-T，即吸附等压线。

（2）吸附量 Γ 一定，根据平衡压力与温度的关系，可以得到吸附等量线 $T = f(p)$ 或 $p = f'(T)$，图 3-8（b）即为固定 Γ 条件下，氨在活性炭表面吸附的 p-T 曲线，即吸附等量线。

（3）温度一定，改变气体压力并测定相应压力下的平衡吸附量，作 $\Gamma = f(p)$ 曲线，此曲线称为吸附等温线。图 3-8（c）即为固定温度条件下，氨在活性炭表面时所作的 Γ-p 曲线，即吸附等温线。

三组吸附曲线相互联系，可以通过一组换算出另外两组，任何一种曲线都可以用来描述吸附作用的规律，实际工作中使用最多的是吸附等温线。

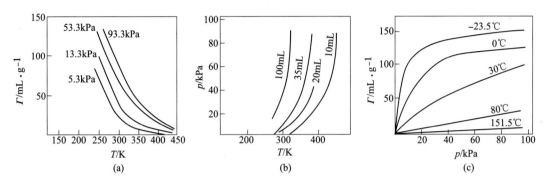

图 3-8　氨在炭上的吸附曲线

（a）吸附等压线；（b）吸附等量线；（c）吸附等温线

3.2.3.3　吸附等温线

吸附等温线描述一定温度下吸附量和压力的关系，对溶液吸附来说是描述吸附量和溶液吸附平衡浓度的关系。实验表明，不同吸附体系的吸附等温线形状很不一样，Brunauer 把它们分为 5 类，如图 3-9 所示，这 5 种吸附等温线反映了 5 种不同吸附剂的表面性质、孔分布特性及吸附质与吸附剂相互作用的性质。

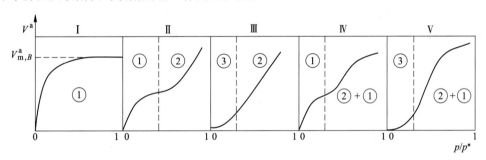

图 3-9　Brunauer 的 5 种类型吸附等温线

①—单分子吸附；②—多层吸附直至发生毛细凝结，在比压接近 1 时不饱和；③—弱吸附

p^*—在吸附温度下吸附质的饱和蒸气压

第 I 类吸附等温线，Langmuir 称为单分子吸附类型，也称为 Langmuir 型。室温下氨、氯乙烷等在炭上的吸附及低温下氮在细孔硅胶上的吸附常表现为第 I 型。化学吸附通常也是这种等温线。从吸附剂的孔径大小来看，孔半径在 2.5nm 以下的微孔吸附剂上的吸附等温线属于这种类型。此种等温线远低于饱和蒸气压 p^*，即横坐标中比压 p/p^* 远小于 1 时，固体表面就吸满了单分子层（严格说是微孔中填满了吸附质分子），吸附达到平衡，此时的吸附量可称为饱和吸附量 V_m。

第 II 类吸附等温线形状如同反"S"，所以称为反 S 型（简称 S 型）等温线。这是常见的物理吸附等温线，在吸附剂孔径大小不一，发生多分子层吸附时出现。其特点为在低压下首先形成单分子层吸附（相当于 B 点，此时的吸附量为 V_m），随着压力的增加逐渐产生多分子层吸附，当压力相当高时，吸附量又急剧上升，这表明被吸附的气体出现毛细凝结现象。对应的吸附剂孔半径相当大（孔很大时可近似看作无孔），通常都在 10nm 以上。-78℃下 CO_2 在硅胶上和室温下水蒸气在特粗孔硅胶上的吸附，常表现为第 Ⅱ 型等温线。

第Ⅲ类等温线比较少见，当吸附剂和吸附质相互作用很弱时会出现这种等温线。在低压下呈凹形，但压力稍微增加，吸附量即强烈增大。当压力接近于 p_0 时便和 Ⅱ 型曲线相似，成为与纵轴平行的渐近线，表明吸附剂的表面上由多层吸附逐渐转变为吸附质的凝聚。低温下溴在硅胶上的吸附属于此种情况。

第Ⅳ类等温线常在多孔吸附剂发生多分子层吸附时出现，主要表现为低压为凸，吸附质与吸附剂亲和力较强，与 Ⅱ 型等温线 B 点前的曲线相近（相当于单分子层吸附饱和时的饱和吸附量 V_m）。随着压力的增加，又由多层吸附逐渐产生毛细管凝聚现象，所以吸附量强烈增大。最后由于毛细凝聚，孔中均装满吸附质液体，吸附量不再增加，等温线变平缓。室温下苯蒸气在氧化铁凝胶或硅胶上的吸附，水或乙醇在硅胶上的吸附，均属于这种情况。

第Ⅴ类等温线表示，吸附力较弱，起始吸附量很小。随着压力增加，较快发生多层分子层吸附。然后，与第Ⅳ类等温线相似，开始出现毛细凝聚，在较高压力下吸附量达到极限值。所以类型Ⅳ和Ⅴ的吸附等温线反映了多孔性吸附剂的孔结构。例如，373K 时水汽在活性炭上的吸附属于这种类型。

总之，通过吸附等温线的测定，大致可以了解吸附剂和吸附质之间的相互作用及有关吸附剂表面和孔结构性质等信息。在实际工作中，也会遇到等温线形状不典型，很难用以上 5 种形式概括，就需要具体情况具体分析。

前面提到的毛细凝聚一般指气体在毛细管中出现外压小于饱和蒸气压时发生凝聚形成液体的现象。根据 Kelvin 公式，凹面上的蒸气压比平面上小，所以在外压小于饱和蒸气压时，凹面上已达饱和而发生凝聚，即出现毛细凝聚现象。因此，在测量固体比表面时，应该采用低压，否则可能发生毛细凝聚使测量结果偏高。继续增加压力，凝聚液体增多，当达到图 3-10（b）中的 β 线处，液面接近平面，这时对应图 3-10（a）吸附等温线中曲线的 CD 段。

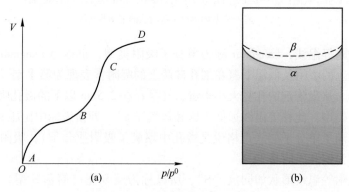

图 3-10　多孔毛细凝聚现象示意图

(a) 吸附等温线；(b) 毛细凝结过程

3.2.3.4 不可逆吸附等温线

根据平衡原则，吸附—脱附应该可逆，其等温线应该完全重合。若吸附—脱附不完全可逆，则吸附—脱附等温线不重合，出现迟滞效应。这一现象与吸附剂组成结构和吸附过程有关，多发生在图 3-9 所示Ⅳ型吸附平衡等温线。低比压区一般发生单层吸附，吸附—脱附过程可逆，不出现迟滞效应。随着比压增加多层吸附开始发生，才有可能出现吸附—脱附不可逆的迟滞现象。随着多孔吸附剂的开发应用，在初步孔几何学分析的基础上提出来一些吸附—脱附作用的机理，认为迟滞环的形状取决于孔的几何效应。国际纯粹与应用化学联合会（IUPAC）按形状将迟滞环分为四类（H1、H2、H3 和 H4），如图 3-11 所示。

H1 型迟滞环很陡，几乎呈直立的平行线，常见于孔径均匀形状较规则的多孔吸附材料，包括孔径单分散的圆柱形细长孔道、粒径单分散的球形粒子堆集孔等。以圆柱形细长孔道为例，吸附质在吸附时层层叠加吸附于孔表面，使孔径逐渐变小（见图 3-12（a）），满吸附后出现毛细凝聚形成弯液面，如图 3-12（b）所示；脱附时需要从弯液面开始，吸附和脱附过程不一样，脱附时会出现迟滞效应。

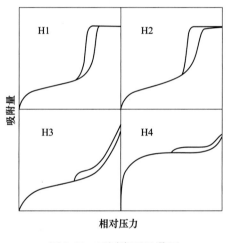

图 3-11 不同类型迟滞环

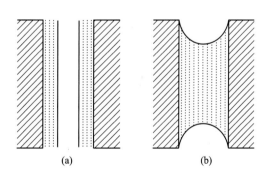

图 3-12 圆筒状孔道毛细凝聚示意图
（a）吸附；（b）脱附

H2 型吸附等温线的吸附分支由于出现毛细凝聚随比压逐渐上升，而脱附分支则在较低比压突然下降，多见于瓶状孔材料（口小腔大）。H3 和 H4 迟滞环多见于狭缝状孔道，形状和尺寸均匀时为 H4，不均时为 H3。

3.2.4 吸附理论及吸附等温式

为了解释上述不同类型吸附等温线，在总结大量的实验结果的基础上，前人曾提出多种描述吸附的物理模型和等温式[3]，包括 Freundlich 吸附经验式、Langmuir 吸附等温式和 BET 多层吸附等温式等。

3.2.4.1 Freundlich 吸附经验式

Freundlich 根据大量实验结果，提出吸附气体体积 V 与压力 p 间关系经验公式（3-7）。

$$V = k \cdot p^{\frac{1}{n}}$$

(3-7)

或

$$\frac{x}{m} = k'p^{\frac{1}{n}}$$

式中，k、k'、n 为与温度和吸附体系有关的经验常数，且 $n \geqslant 1$；x 为吸附气体的质量；m 为吸附剂质量。

将 $V = k \cdot p^{\frac{1}{n}}$ 两边取对数得式（3-8）。

$$\lg V = \lg k + \frac{1}{n}\lg p \tag{3-8}$$

若以 $\lg V$-$\lg p$ 作图，就得到一条直线，直线的截距为 $\lg k$，而斜率为 $1/n$，这样即可将经验常数 k 和 n 求出。这个公式的不足之处在于它反映不出图 3-9 中第 I 类吸附等温线的水平部分，即吸附量不再随压力而变化的区间。式（3-7）所表示的吸附量 V 总随平衡压力 p 增大而增加，不会出现饱和吸附量 V_m，因此此式仅适用于第 I 类型吸附等温线的中压区域。Freundlich 吸附公式是经验公式，形式简单，使用方便，应用广泛，但经验常数 k 和 n 没有明确的物理意义，不能说明吸附作用的机理。

3.2.4.2 Langmuir 吸附等温式——单分子层吸附理论

Langmuir 完善了早期气体吸附理论，并通过一系列假设推出吸附等温式，较好地解释了单分子层化学吸附和在适宜温度下的物理吸附过程。

A Langmuir 理论模型假设

为了便于用简单的公式表达出平衡吸附量与平衡压力间的关系，Langmuir 提出如下假设，即理论模型。

（1）对于化学吸附，吸附力近似化学键力，故为单分子层吸附，也包括单层的物理吸附。

（2）吸附是局部的，即吸附质分子吸附在固体表面上的活化中心上，这些地方具有很强的不饱和力场，因此具有强烈的吸附气体分子以平和不饱和力场的能力。活化中心仅占固体表面的极小部分。在催化剂中毒的研究中发现极微量的毒物会使催化活性丧失殆尽，而这极微量的毒物根本无法覆盖催化剂整个表面，从而证明了活性中心仅占固体表面极小部分的假设。

（3）吸附热与表面覆盖率无关。

（4）不考虑被吸附分子之间的作用力。

（5）吸附平衡是吸附与解吸间的平衡。

所谓解吸是被吸附气体分子逃离活性位点又返回气相的过程，也就是说活化中心仅对气体分子保留了有限的时间，在这段时间内被吸附的气体分子获得足够的能量而挣脱吸附剂分子的束缚重新进入气相，而部分气相分子也可能在运动中撞击固体表面的这个活性中心时被捕获。气体分子对于固体表面的撞击，可分为两类，一类为弹性碰撞，撞后立即分离；另一类为有效碰撞或非弹性碰撞，分子会在固体表面停留一段时间，时间长短范围很宽。实验表明，温度越高，被一个活化中心所束缚的时间越短，这反映了温度的提高增大了被束缚分子的运动能量，当温度处于 1000~2000℃ 时，停留时间仅为百万分之一秒。吸附就是这种停留时间的表现，一般认为 $t < 10^{-13}$ s 不吸附，t 大于几十秒为化学吸附，处于中间者为物理吸附。但这不是绝对原则，两者根本区别还在于吸附剂与吸附质间是何种吸

附力。

B Langmuir 吸附等温式

若单位质量固体表面有 S 个活性位点，其中有 S_0 个已被气体分子所占据，那么吸附速率可表示为式（3-9）。

$$v_a = k_a p(S - S_0) \tag{3-9}$$

式中，k_a 为吸附速率常数，表示单位时间内碰撞一个活性位点的次数，通过分子热运动可以得出式（3-10）。

$$k_a = \frac{A_0}{(2\pi m k_B T)^{\frac{1}{2}}} \tag{3-10}$$

式中，m 为分子的质量；A_0 为分子在表面所占面积；k_B 为玻尔兹曼（Boltzmann）常数；T 为热力学温度。

解吸速率为

$$v_d = k_d S_0 \tag{3-11}$$

式中，k_d 为解吸速率常数。

如果吸附热为 q，那么只有在表面能量大于 q 的被吸附分子才有可能脱离表面，即 q 可视为解吸活化能。按阿累尼乌斯（Arrhenius）化学反应速率常数随温度变化关系的经验方程，解吸速率可以改写为

$$v_d = k_0 \exp\left(-\frac{q}{k_B T}\right) S_0 \tag{3-12}$$

当达到吸附平衡时，$v_a = v_d$，则有

$$\frac{A_0 p}{(2\pi m k_B T)^{\frac{1}{2}}} (S - S_0) = k_0 \exp\left(-\frac{q}{k_B T}\right) S_0 \tag{3-13}$$

设覆盖率为 θ：

$$\theta = \frac{S_0}{S} = \frac{\dfrac{A_0 p}{k_0 (2\pi m k_B T)^{\frac{1}{2}} \exp[-q/(k_B T)]}}{1 + \dfrac{A_0 p}{k_0 (2\pi m k_B T)^{\frac{1}{2}} \exp[-q/(k_B T)]}} \tag{3-14}$$

或

$$\theta = \frac{bp}{1 + bp} \tag{3-15}$$

式中，b 为与体系组成和温度有关的吸附常数，$b = \dfrac{k_a}{k_d}$，有

$$b = \frac{A_0}{k_0 (2\pi m k_B T)^{\frac{1}{2}} \exp[-q/(k_B T)]} \tag{3-16}$$

设占据 S_0 个活性位点气体分子的体积为 V，占据表面上所有活性位点 S 的气体分子的体积为 V_m，则 $\theta = \dfrac{V}{V_m}$，代入式（3-15）得式（3-17）。

$$V = V_m \frac{bp}{1 + bp} \tag{3-17}$$

式（3-15）和式（3-17）均称为 Langmuir 吸附等温式。利用式（3-17）在不同压力区域内的近似，可以解释图 3-9 所示第 I 类吸附曲线，即 Langmuir 型吸附等温线。

（1）低压区：$bp \leqslant 1$，$1+bp \approx 1$；则 $V = V_m bp$，V 与 p 呈直线关系，此关系式称为 Henry 公式。

（2）高压区：$bp \geqslant 1$，$1+bp \approx bp$；则 $V = V_m$，达饱和吸附状态，曲线呈 V 不随 p 变化的水平直线。

（3）压力处于中间区域（中压区）：只能用式（3-17）或者 Freundlich 方程来解释 p-V 间的关系。

将式（3-17）分子与分母颠倒，并整理可得式（3-18）。

$$\frac{p}{V} = \frac{p}{V_m} + \frac{1}{bV_m} \tag{3-18}$$

式（3-18）可以看作因变量 $\frac{p}{V}$ 随自变量 p 变化的直线方程。实验中测得一定 p 下的吸附量 V，作 $\frac{p}{V}$-p 图，得到截距为 $\frac{1}{bV_m}$，而斜率为 $\frac{1}{V_m}$ 的直线。这样就可以解出饱和吸附量 V_m 和吸附常数 b。

$$V_m = \frac{1}{斜率} \tag{3-19}$$

$$b = \frac{斜率}{截距} \tag{3-20}$$

如果在固体表面吸附的是由 n 种纯气体组成的混合气体，那么第 i 种气体在同一固体表面上的吸附量的 Langmuir 公式可以表达为式（3-21）。

$$V_i = \frac{V_m b_i p_i}{1 + \sum b_i p_i} \tag{3-21}$$

式中，p_i 为第 i 种气体的平衡分压；b_i 为第 i 种气体的吸附常数。

对于一个吸附质分子吸附时解离成两个粒子的吸附，即每个吸附质分子要同时占两个空白位，则 $V = \frac{\sqrt{bp}}{1 + \sqrt{bp}}$。

3.2.4.3 BET 公式——多分子层吸附理论

Langmuir 吸附等温式只能应用于单分子层吸附，因此只能解释前面介绍的五种吸附等温线的第一种，其后美国通用电气公司 Brunauer、Emmett 和 Teller 于 1938 年为了解决 Langmuir 单分子层吸附理论带来的误差问题，进一步提出多分子层吸附理论——BET 理论。

BET 公式可以用多种方法导出，这里介绍最初使用的平衡状态的动力学方法。若固体表面上的活化中心或吸附基点总数为 S，其中 S_1 个被吸附质分子占领，则未被占领数为 $S_0 = S - S_1$，吸附速率为 $k_a p S_0$，解吸速率为 $k_{d1} S_1$，这里的下标 a 表示吸附，d 为解吸，1 为第 1 层，平衡时有

$$k_a p S_0 = k_{d1} S_1 \tag{3-22}$$

若只存在一层吸附，则式（3-22）可容易地还原为 Langmuir 公式。关于系数 k_a 和 k_{d1} 的关系：

$$k_{d1} \propto k_0 \exp\left(-\frac{\varepsilon}{k_B T}\right) \tag{3-23}$$

式中，k_0 为频率因子；ε 为近似化学反应热。

而 k_a 与表面碰撞频率有关，按照气体分子运动论，碰撞频率 $Z = (2\pi m k_B T)^{\frac{1}{2}} \sigma p$，因此 p 的系数可视为与 k_a 成正比，故

$$k_a \propto (2\pi m k_B T)^{-\frac{1}{2}} \sigma \tag{3-24}$$

以上为第 1 层的情况，$S = S_1 + S_0$；若有 i 层吸附层，则

$$S = S_0 + S_1 + S_2 + \cdots = \sum_{i=0}^{n} S_i \tag{3-25}$$

对于第 2 层也存在吸附平衡：

$$k_a p S_1 = k_{d2} S_2 \tag{3-26}$$

式中，k_{d2} 与 k_{d1} 不同的是，与式（3-23）相同的表达式中对应 k_{d2} 的 ε 不再是化学反应热，而是近似液化热 ε_v，即

$$k_{d2} \propto k_0 \exp\left(-\frac{\varepsilon_v}{k_B T}\right) \tag{3-27}$$

同理，对于其后的第 3、4、5、…乃至第 i 层吸附平衡有

$$k_a p S_{i-1} = k_{di} S_i \quad (2 \leqslant i \leqslant n) \tag{3-28}$$

第 2 层由 $k_a p S_1 = k_{d2} S_2$，得

$$S_2 = \frac{k_a}{k_{d2}} S_1 p$$

第 3 层由 $k_a p S_2 = k_{d3} S_3$，得

$$S_3 = \frac{k_a}{k_{d3}} S_2 p = \frac{k_a^2}{k_{d2} k_{d3}} p^2 S_1$$

第 4 层由 $k_a p S_3 = k_{d4} S_4$，得

$$S_4 = \frac{k_a}{k_{d4}} S_3 p = \frac{k_a^3}{k_{d2} k_{d3} k_{d4}} p^3 S_1$$

以此类推，第 i 层有

$$S_i = \left(\frac{k_a}{k_{di}}\right)^{i-1} S_1 p^{i-1} = \left(\frac{k_a}{k_{di(i \geqslant 2)}}\right)^{i-1} p^i S_0 \frac{k_a}{k_{d1}} \tag{3-29}$$

由于各层有相同的 k_a，但 k_{di} 与 k_{d1} 的区别仅在于指数项能量的不同，因此式（3-29）可写成式（3-30）。

$$S_i = \frac{k_a^i p^i S_0}{\gamma^i \{\exp[-\varepsilon_v/(k_B T)]\}^{i-1} \left[\exp\left(-\frac{\varepsilon}{k_B T}\right)\right]}$$

$$= \frac{k_a^i p^i S_0}{\left[\gamma \exp\left(-\frac{\varepsilon_v}{k_B T} \right) \right]^i} \frac{\exp\left(-\frac{\varepsilon_v}{k_B T} \right)}{\exp\left(-\frac{\varepsilon}{k_B T} \right)} = x^i c S_0 \tag{3-30}$$

其中

$$x = \frac{k_a p}{\gamma \exp\left(-\frac{\varepsilon_v}{k_B T} \right)} = \frac{k_a}{k_{di}(i \geqslant 2)} p \tag{3-31}$$

$$c = \exp\left(\frac{\varepsilon - \varepsilon_v}{k_B T} \right) \tag{3-32}$$

将式 (3-30) 代入式 (3-25) 得式 (3-33)。

$$S = S_0 + S_1 + S_2 + \cdots = \sum_{i=0}^{\infty} x^i c S_0 \tag{3-33}$$

引入两个新变量，V 为被吸附气体总体积，V_m 为第 1 层吸满的吸附气体体积，显然

$$V = \sum_{i=0}^{\infty} V_i$$

由于 $V_i \propto i S_i$，因此

$$V \propto \sum_{i=1}^{n} i S_i$$

又

$$V_m \propto S \propto S_0 + \sum_{i=1}^{\infty} S_i \tag{3-34}$$

因此覆盖率 θ 满足式 (3-35)。

$$\theta = \frac{V}{V_m} = \frac{\sum_i i S_i}{S_0 + \sum_i S_i} = \frac{\sum_i x^i c S_0}{S_0 + \sum_i x^i c S_0} = \frac{c \sum_i i x^i}{1 + c \sum_i x^i} \tag{3-35}$$

按照幂级数展开

$$x(1-x)^{-1} \approx x(1 + x + x^2 + \cdots) = \sum_{i=1}^{n} x^i$$

$$x \frac{d}{dx}\left(\sum_{i=1}^{n} x^i \right) = x \sum_{i=1}^{n} i x^{i-1} = \sum_{i=1}^{n} i x^i$$

则

$$\sum i x^i = x \frac{d}{dx}\left(\sum x^i \right) = x \frac{d}{dx}\left[x(1-x)^{-1} \right] = \frac{x}{(1-x)^2}$$

将相同的数学表达式代入式 (3-35) 可得式 (3-36)。

$$\theta = \frac{V}{V_m} = \frac{c \frac{x}{(1-x)^2}}{1 + c \frac{x}{1-x}} = \frac{cx}{1 - x[1 + (c-1)x]} \tag{3-36}$$

式 (3-36) 即为二参数 (c 和 x) 的 BET 方程。将式 (3-36) 整理就会得到常用的二参数

BET 公式（3-37）。

$$\frac{1}{V}\frac{x}{1-x} = \frac{c-1}{cV_m}x + \frac{1}{cV_m} \tag{3-37}$$

由式（3-36）可知，在 $x = 1$ 时，$V = \infty$，而按照 x 的定义式（3-31），只有当 $p = p^0$（饱和蒸气压）时，吸附层数才趋于 ∞，进而 $V = \infty$，故

$$1 = \frac{k_a}{k_{di(i \geqslant 2)}}p^0$$

此式与式（3-31）对比得到式（3-38）。

$$x = \frac{p}{p^0} \tag{3-38}$$

这就是在实验中求 x 的方法。

对于多孔的吸附剂，由于其中毛细孔的空间有限，因此吸附层数不可能是 ∞，而是有限的吸附系数 n，于是就有如下的三参数 BET 公式（3-39）。

$$V = \frac{V_m cx}{1-x}\frac{(n+1)x^n + nx^{n+1}}{1+(c-1)x - x^{n+1}} \tag{3-39}$$

如令 $n \rightarrow \infty$，则在 $x < 1$ 时，$x^n \rightarrow 0$，$x^{n+1} \rightarrow 0$，则式（3-39）可还原为式（3-38）。

综上，单分子层吸附的 Langmuir 理论模型和 BET 理论模型具有很多不同点，具体区别见表 3-2。

表 3-2　Langmuir 理论与 BET 理论模型对照

序号	Langmuir 理论	BET 理论
1	单分子层吸附，只有碰撞到固体空白表面上，进入吸附力场作用范围内的气体分子才有可能被吸附	多分子层吸附：被吸附的分子可以吸附碰撞在它上面的气体分子，也不一定等待第一层吸附满了才吸附第二层，而是一开始就表现为多层吸附
2	固体表面是均匀的，各晶格位置处吸附能力相同，每个位置吸附一个分子。吸附热是常数，与覆盖率无关	固体表面是均匀的，各晶格位置处吸附能力相同。因第二层以上各层为相同分子间的相互作用，所以除第一层外，其余各层吸附热都相等，为被吸附气体凝结热
3	被吸附在固体表面上的分子相互之间无作用力	被吸附在固体表面上的分子横向相互之间无作用力
4	吸附平衡是动态平衡，当吸附速率与解吸速率相等时达到吸附平衡	当吸附达到平衡时，每一层上的吸附速率与解吸速率都相等
5		第四层 第三层 第二层 第一层 表面层

3.2.5 固体比表面积的测定

研究气-固吸附理论的重要应用之一就是测定固体的比表面积。比表面积是固体颗粒及其相关材料的重要基础物理参数，它是研究固体表面吸附以及催化现象和理论的基础参数之一[4]。通常有三种与 BET 公式密切相关的测定比表面积的方法。

3.2.5.1 BET 方程多点法

将 $x = p/p^0$ 代入式（3-37）可得实验中常用公式（3-40）。

$$\frac{1}{V}\frac{\dfrac{p}{p^0}}{1-\dfrac{p}{p^0}} = \frac{c-1}{cV_m}\frac{p}{p^0} + \frac{1}{cV_m}$$

即

$$\frac{1}{V}\frac{p}{p^0-p} = \frac{c-1}{cV_m}\frac{p}{p^0} + \frac{1}{cV_m} \tag{3-40}$$

以实验数据代入 $\dfrac{1}{V}\dfrac{p}{p^0-p}$-$\dfrac{p}{p^0}$ 作图（见图 3-13），从所得曲线直线部分的斜率 $\dfrac{c-1}{cV_m}$ 和截距 $\dfrac{1}{cV_m}$ 可以求出 V_m，$\dfrac{c-1}{cV_m} + \dfrac{1}{cV_m} = \dfrac{1}{V_m}$，$V_m$ 的意义是在气体布满一层后的气体体积（标准状态）。

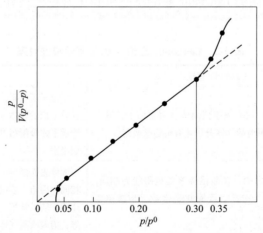

图 3-13 氮气在粒径为 0.1μm 的 α-Fe₂O₃ 上吸附的 $\dfrac{p}{V(p^0-p)}$-$\dfrac{p}{p^0}$ 实验曲线

吸附气体多用氮气，氮气分子按紧密堆积方式每个分子的截面积为 $16.2 \times 10^{-2} \text{nm}^2$，从而按如下公式计算吸附剂的表面积 A。

$$A = \frac{V_m}{22.4 \times 10^3} \times N_A \times (16.2 \times 10^{-20}) = 4.36 V_m \quad (\text{m}^2)$$

式中，N_A 为阿伏伽德罗常数；V_m 为饱和吸附量，mL。

若吸附剂的量为 W,g，则比表面积 A_{sp} 满足式（3-41）。

$$A_{sp} = \frac{A}{W} = 4.36 \frac{V_m}{W} \quad (\text{m}^2/\text{g}) \tag{3-41}$$

3.2.5.2 BET 方程一点法

在 BET 公式中，$c = \exp\left(\dfrac{\varepsilon - \varepsilon_v}{kT}\right)$，其中 ε 为第 1 层吸附热，而 ε_v 为第 2 层以后的吸附热，由于 $\varepsilon \gg \varepsilon_v$，则 c 值很大，于是截距 $= \dfrac{1}{cV_m}$ 必定很小，可以认为近似为零，即直线是通过坐标原点的。这样就可以在 $0 < p/p^0 < 0.3$ 内任取一点（与多点法成对比），与原点连一条直线，求出其斜率，由 $V_m = 1/(\text{斜率}+\text{截距}) \approx 1/\text{斜率}$，从而求出 V_m，再按式（3-41）求出比表面积 A_{sp}。

实际上用一点法不必作图即可求出 V_m。由 BET 方程可知，当 $c \gg 1$ 时：

$$\frac{x}{V(1-x)} = \frac{1}{V_m c} + \frac{c-1}{V_m c} x$$

可写为

$$\frac{x}{V(1-x)} = 0 + \frac{c}{V_m c} x$$

则

$$V_m = V(1-x) \tag{3-42}$$

将式（3-42）代入式（3-41）中，即得 A_{sp}。

$$A_{sp} = \frac{V(1-x)}{W} \times 4.36 \quad (\text{m}^2/\text{g})$$

3.2.5.3 B 点法

前面谈及的 BET 方程所绘制的曲线是随 c 变化的，其中 $c = \exp\left(\dfrac{\varepsilon - \varepsilon_v}{kT}\right)$，当 c 较小时无拐点出现，此时曲线符合图 3-9 中的第 III 类型曲线；而当 c 增大时会出现拐点，尤其当 $c > 100$ 时，拐点极为明显，此时曲线符合图 3-9 中的第 II 类型曲线，Emmett 和 Brunauer 把这个拐点，即曲线直线部分的开始点称为 B 点。如图 3-14 所示，B 点对应的体积即为 V_m，许多实验证实了这一设想。只有当 c 很大时 B 点才明显，当 c 减少时 B 点就越来越不明显了。不过大多数固体在低温时对氮气的吸附多呈第 II 类型曲线，B 点比较明显。

总之，用 BET 方程求比表面积在一定 p/p^0 范围内是相当成功的，$0.05 \leqslant p/p^0 \leqslant 0.3$ 反映出第一层还没有填满，因此才得出各种不同吸附剂表面积即 V_m 不同，而在 $p/p^0 > 0.3$ 时第一层已满，之后的吸附是吸附质吸附在已被吸附的吸附质上，再也反映不出与吸附剂的区别了。

BET 方程自从诞生之日起就引起人们的争议，因为在它的推导中有一些不切实际的假定，但是用 BET 公式测定的比表面积与用电子显微镜方法测出的值极为接近，因此这种方法已被科学界（国际理论与应用化学联合会（IUPAC））公认为测定比表面积的方法了。

3.2.5.4 实验方法

A 重量法

将一定量的试验样品置于精准微量天平，首先通过加热和抽真空对样品进行脱气（空气、水等）处理，然后通入作为吸附质的气体，在选定温度下改变吸附质气体的压力（从

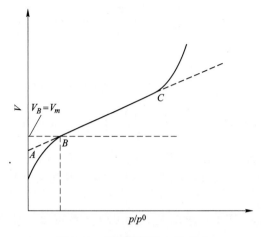

图 3-14   吸附等温线上的 B 点

小到大吸附，再从大变到小脱附），同时记录微量天平中样品质量变化，即可得到吸附—脱附等温线。

B   容量法

将一定量的试验样品装入已知体积的样品管中，通过加热和抽真空对样品进行脱气（空气、水蒸气等）处理，封闭样品。然后在恒定温度下，通入一定量吸附质，关闭活塞。用压力计读出压力，达吸附平衡后再读取压力。根据压差的变化，用气体状态方程计算吸附量。调节吸附质压力，可得到不同压力下的吸附量，从而可绘出吸附等温线。然后逐渐降低压力，记录样品在平衡压力下的吸附量，从而得到脱附过程的平衡等温线。

实验时一定要严格地控制实验条件（如真空度、温度、气体压力和纯度等）并仔细操作（注意样品用量、制备方法、预处理，仪器经过校正并稳定运行等），否则难以得到可靠的数据。

3.3   固-液界面现象

由固-气界面性质可知，由于表面原子受力不对称和表面结构不均匀，在空气中固体会自发吸附气体分子，使表面自由能下降。将在空气中吸附了气体分子的固体与液体接触，所吸附的气体被排开，同时就产生了固体和液体的界面，通常把这种现象称为润湿。从化学角度分析，润湿是固体表面上的一种流体（气体或液体）被另一种流体所取代的过程，所遇到的后一种流体可能是水或水溶液、油或油溶液。固体和溶液接触时，还会出现从溶液中吸附溶质及固体粉末在液体中分散等现象，都与液-固界面性质密切相关，其理论基础对环境保护实践有指导作用。另外，资源加工过程中的浮选三大基本理论，即润湿理论、吸附理论和双电层理论就是基于固-液界面提出和发展起来的。

3.3.1   固体表面的润湿

润湿过程是在固-液界面发生的最常见的物理化学现象之一。例如水滴在干净的玻璃板上会迅速扩展，而滴在固体石蜡表面则保持球滴状，说明水可以润湿玻璃板而不润湿固体石蜡。反之，非极性的有机溶剂可以润湿固体石蜡表面而不润湿玻璃板。在环境保护和资源利用中随处可见与固体表面的润湿相关的例子。如含油废水处理过程中，油在吸附材料和油水分离材料表面的润湿，以及煤炭分选和矿物油团聚分选过程中油在煤和矿物表面的润湿等。矿物浮选、注水采油、油砂分离、农药杀虫、油漆涂饰、洗涤去污、防水抗黏等生产生活活动都与固体表面润湿过程密切相关。

3.3.1.1 接触角和杨氏方程

A　接触角

图 3-15 为液体在固体表面上的接触角及其所受各种界面张力示意图。其中，θ 称为润湿角或接触角，定义为在气、液、固三相交界处，沿气-液界面的切线与沿固-液界面的切线通过液体内部的夹角。

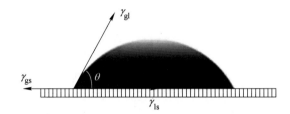

图 3-15　液体在固体表面上的接触角示意图

B　杨氏方程

当液滴处于质地均匀、绝对平滑的理想固体表面上达到平衡时，于气、液、固三相交界处有三种表面张力作用，达到平衡时，满足式（3-43）。

$$\gamma_{gs} = \gamma_{ls} + \gamma_{gl}\cos\theta \qquad (3-43)$$

式（3-43）称为润湿方程，1805 年由托马斯·杨（Thomas Young）提出，故又称杨氏（Young）方程。

从式（3-43）可以看出，$\cos\theta$ 或 θ 的大小可以用来判断液体是否可以润湿固体表面。θ 小则 $\cos\theta$ 大，表明液体容易在固体表面铺展，即润湿该固体。反之，液体不易润湿该固体表面。例如，实验测得水对洁净玻璃表面的接触角近似为零，而水对固体石蜡表面的接触角约为 110°。因此可通过接触角变化，反映液体对固体表面的润湿性能，并作为液体对固体表面的润湿性能的直观判据。

C　固体表面能

一般液体的表面张力都小于 0.1N/m，故表面张力大于 0.1N/m 的固体被称为高能表面固体，如金属及其氧化物、硫化物、无机盐等无机固体；反之为低能表面固体，如有机固体、高聚物等。当液体与高能表面固体接触时，容易在表面展开，可以被润湿，而低能表面固体往往难以被润湿。

3.3.1.2 润湿功

润湿过程中固-气表面消失，重新形成了固-液界面，此时必然伴随自由能的变化。通常润湿过程可以分为三类，即沾湿、浸湿和铺展，如图 3-16 所示。

A　沾湿

沾湿是一种接触润湿，指液体与固体表面相接触时固-液界面逐渐取代原有气-液界面和气-固界面的过程。如图 3-17 所示，在恒温和恒压条件下沾湿过程中的自由能变化满足

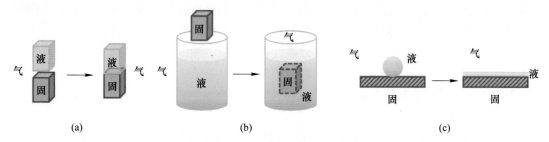

图 3-16   液体在固体表面润湿过程示意图

（a）沾湿；（b）浸湿；（c）铺展

式（3-44）。

$$\Delta G_{T,p} = \gamma_{ls} - (\gamma_{gl} + \gamma_{gs}) = -W_a \qquad (3-44)$$

式中，γ_{ls}、γ_{gl}、γ_{gs} 分别为液-固、气-液和气-固界面张力；$-W_a$ 为黏附功，相当于把单位面积的液-固界面分开成为气-液和气-固界面需要的最大功（见图 3-18）。可以看出，只有当 $W_a > 0$，即 $\Delta G_{T,p} < 0$ 时，沾湿过程才会自发发生。W_a 越大，自由能降低越多，润湿过程越容易实现。因此，黏附功的大小是固-液分子间作用力强弱的标志。

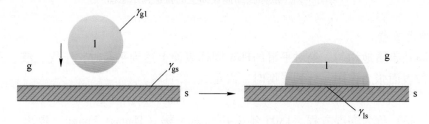

图 3-17   固-液界面逐渐取代气-液界面和气-固界面的过程

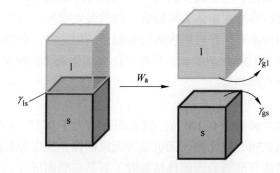

图 3-18   固-液分离与黏附功示意图

B   浸湿

浸湿即浸入润湿，指固体浸入液体时气-固界面被固-液界面所取代而液体表面无变化的润湿过程。把纤维制品浸入水中而产生的润湿就是典型的浸湿过程。如图 3-19 所示，在恒温和恒压条件下，浸湿过程中自由能变化满足式（3-45）：

$$\Delta G_{T,p} = \gamma_{gs} - \gamma_{ls} = -W_i \qquad (3-45)$$

因为液体表面没有变化，与式（3-45）相比，式（3-46）中 $\gamma_{gl} = 0$。式中，W_i 为浸湿功，相当于把单位面积的液-固界面由气-固界面取代需要的最大功。只有 $W_i > 0$，即 $\Delta G_{T,p} < 0$ 时，过程才是自发的。同理，W_i 越大，润湿过程越容易实现。

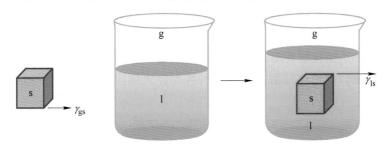

图 3-19　浸湿过程示意图

C　铺展

液体在固体表面扩散成为液膜的过程称为铺展，这时液-固界面代替了原来的气-固界面，同时又增加了气-液界面。在恒温和恒压条件下，浸湿过程中自由能变化满足式（3-46）。

$$\Delta G_{T,p} = \gamma_{ls} - \gamma_{gs} + \gamma_{gl} = -W_s \tag{3-46}$$

式中，W_s 为铺展功，相当于把单位面积的液-固界面和气-液界面分开形成气-固界面需要的最大功，定义为液体在固体表面上的铺展系数 $S = W_s$，则

$$S = -\Delta G_{T,p} = \gamma_{sg} - \gamma_{sl} - \gamma_{gl} \tag{3-47}$$

由式（3-47）可知，只有当 $S \geq 0$ 时，液体才能在固体表面自发铺展。S 越大，铺展过程越容易发生。

将杨氏方程（3-43）分别代入式（3-44）~式（3-46）中，便可简化成只包括 γ_{gl} 的关系式：

$$W_a = \gamma_{gl}(\cos\theta + 1) \tag{3-48}$$

$$W_i = \gamma_{gl}\cos\theta \tag{3-49}$$

$$W_s = \gamma_{gl}(\cos\theta - 1) \tag{3-50}$$

根据以上讨论，自发进行的润湿过程其润湿功 W_a、W_i、W_s 必须为正。这样便找到了各润湿过程的判据：对于黏附润湿，$W_a \geq 0$，即 $\theta \leq 180°$；对于浸渍润湿，$W_i \geq 0$，即 $\theta \leq 90°$；对于铺展润湿，$W_s \geq 0$，即 $\theta = 0°$。可以看出，在润湿研究中，重要的是，首先决定润湿的类型，然后通过测量 γ_{gl} 和 θ，能够计算出润湿功。普遍地，若 $\cos\theta > 0$ 或者 $\theta < 90°$，即 $\gamma_{gs} > \gamma_{ls}$ 为润湿；若 $\cos\theta < 0$ 或者 $\theta > 90°$，即 $\gamma_{gs} < \gamma_{ls}$ 为不润湿；当 $\theta = 180°$ 时为完全不润湿，$\theta = 0°$ 时为完全润湿或者铺展。表 3-3 列出了水在一些物质上的接触角。

表 3-3　水在不同物质表面上的接触角

物质	石英	孔雀石	方铅石	石墨	滑石	硫	石蜡
$\theta/(°)$	0	17	47	55~60	69	78	106

3.3.1.3　接触角滞后

A　前进接触角和后退接触角

前进接触角 θ_A 是指液-固界面取代气-固界面后形成的接触角，后退接触角 θ_R 则是以气-固界面取代液-固界面后形成的接触角。利用斜板法测定接触角时，将固体板插入液体

中测出的是 θ_A，抽出时测得 θ_R。将水滴在斜玻璃板上，流动也可形成前进接触角和后退接触角。前进接触角大于后退接触角的现象称为接触角滞后，用 $\Delta\theta = \theta_A - \theta_R$ 表示。

B 接触角滞后的影响因素

a 固体表面不均匀

表面不均匀是造成接触角滞后的一个重要原因。如固体表面由与液体亲和力不同的两物质分 a 和 b 组成，则液体接触角与对两种纯固体表面成分自身的接触角满足 Cassie 公式，见式（3-51）。

$$\cos\theta = x_a\cos\theta_a + x_b\cos\theta_b \tag{3-51}$$

式中，x_a、x_b 为物质 a 和 b 的摩尔分数；θ_a、θ_b 为液体在 a 固体和 b 固体上的接触角。

前进角一般反映与液体亲和力较弱部分固体表面的润湿性，对液滴有推阻作用，θ_A 较大（$\cos\theta$ 小），而后退角反映与液体亲和力较强的那部分固体表面的润湿性质，对液滴有拉拽作用，θ_R 较小。对于一些无机固体，由于表面能较高，故而极易吸附一些低表面能的物质而形成复合表面，因此，造成液体对这种复合表面形成的接触角滞后现象，可见，欲准确测定一种固体的接触角，必须保证固体表面均匀不受污染。

b 表面粗糙度

表面不平也是造成接触角滞后的主要因素。若将一玻璃粗化后，水滴滴在倾斜玻璃平面，会出现接触角滞后。Wenzel 研究了固体表面粗糙度对润湿性的影响，发现给定几何面粗化后表面积必然增大，进而对润湿性产生影响。固体表面粗糙度 r 越大，表面越不平，这时，杨氏润湿方程应进行粗化校正，得式（3-52）。

$$r(\gamma_{gs} - \gamma_{ls}) = \gamma_{gl}\cos\theta' \tag{3-52}$$

式中，θ' 为粗糙表面上的接触角，与无粗化的杨氏润湿方程相比可得表面粗糙度 r。

式（3-53）称为 Wenzel 方程。

$$r = \frac{\cos\theta'}{\cos\theta} \tag{3-53}$$

由于粗糙度 r 始终大于 1，由式（3-53）可知，当 $\theta<90°$，表面粗化将使 $\theta'<\theta$，接触角变小，润湿性变好；当 $\theta>90°$，表面粗化将使 $\theta'>\theta$，接触角变大，润湿性变差。

Wenzel 模型（见图 3-20）描述的是液滴完全润湿粗糙表面时的状态，即液滴完全渗透到表面空穴中，与整个粗糙固体表面完全接触。

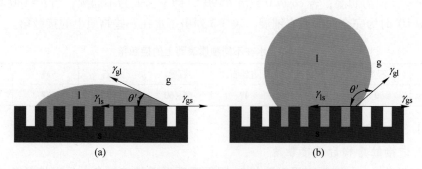

图 3-20 液滴在粗糙固体表面上的 Wenzel 模型示意图

（a）超亲液表面；（b）超疏液表面

Wenzel 模型虽然很好地解释了液滴在粗糙固体表面的接触角极小或极大的现象，但却无法解释液滴在某些超疏液表面很容易滚落的现象（滚动角很小）。为解释该现象，Cassie 和 Baxter 于 1944 年提出了另外一种模型，认为液滴与粗糙表面接触时不会完全进入粗糙结构内，而是和其中的空气接触，即在液滴和固体表面之间存在"空气垫"，所以表观上的固-液接触面实际上是由固-液接触面和气-液接触面组成的复合接触面。以图 3-20（b）所示超疏液表面作为 Cassie-Baxter 模型，润湿程度可由 Cassie-Baxter 方程式（3-54）表示。

$$cos\theta_C = \Phi_S(cos\theta + 1) - 1 \tag{3-54}$$

式中，θ_C 为表观接触角；θ 为杨氏方程中的接触角；Φ_S 为复合界面上液体与固体接触面积所占的比例。

由上述两个模型可知，材料表面的疏水性能应该由表面张力（表面自由能）及表面粗糙度共同决定。虽然这两个理论在解释稳定润湿状态方面有一些争议，例如晶型不同的表面接触角有明显的差异、不同表面空间缺陷对接触角的影响等，但是其所描述的润湿态表面已被广为应用，成为解释超疏水表面性质最为经典的理论。

固体表面粗糙度改变有许多实际应用，如对可润湿的金属表面，经表面打磨粗糙化后，可使润湿性变好，电镀时就需要经过打磨使表面充分润湿。对于液体不润湿的固体表面，经过表面粗糙化，使 θ 变大，润湿性能进一步变差，如对一些高聚物表面，可通过粗糙化使其防水能力提高。在疏水膜材料表面构筑纳米结构，提高粗糙度，润湿性降低，更有利于疏水性有机物在其表面吸附。

3.3.1.4 固-液界面水化膜

从接触角深入到固体与水溶液界面的微观润湿性，可认为润湿是水分子（偶极）对固体表面的吸附所形成的水化作用。水分子是极性分子，固体表面的不饱和键能也具有不同程度的极性。因此，极性的水分子会在极性固体表面吸附，并在固体表面形成水化膜。水化膜性质取决于固体表面润湿性。亲水性矿物（石英、云母）的表面水化膜可达 $10^{-6} \sim 10^{-7} cm$。矿物浮选是矿物表面水化膜薄化破裂，气泡吸附在矿物表面，固-气界面取代固-液界面的过程，水化膜的薄化破裂是矿物浮选的前提。因此，矿物界面水化膜性质决定矿物可浮性。

固-液界面水结构可采用界面和频共振光谱（SFG）分析，另外通过分子动力学模拟的方法，可以研究固-液界面水膜厚度、水膜中水分子的结构和动力学性质、水分子与固体表面官能团间的相互作用能。

3.3.1.5 咖啡效应和马兰戈尼效应

咖啡环效应是指当一滴含有微小颗粒物的液滴（如咖啡或者茶）滴于固体表面，可以观测到颗粒物质向液滴边缘移动，液体挥发干燥后在固体面留下一个有色的环状物的现象。这种现象产生的原因主要是由于靠近液滴边缘的液体蒸发速率超过液滴中心的速率，从而产生一种毛细作用使得液滴中的液体向液滴边缘移动，驱使溶质从液滴的中心转移到液滴的边缘，并随着液体蒸发而产生富集。当液体完全蒸发后，在基底上形成一个环形的图案。咖啡环效应由于具有独特的性质，已经被广泛用于纳米组装、样品富集等。

借助于表面张力变化而产生自驱动的方式被称为马兰戈尼（Marangoni）效应。马兰戈尼效应是指当液膜受到外界扰动而局部变薄时，液体在表面张力梯度的驱动下会产生流动，使液体沿着最佳路线流回薄表面进行"修复"。由于高表面张力的液体比低表面张力的液体对周围流体的拉力更大，表面张力梯度的存在会使液体从低表面张力区域流向高表面张力区域。

3.3.2 接触角的测定

目前，常见的接触角测定方法有角度测量法、长度测量法、表面张力测量法和透过测量法等。根据固体表面的性质，接触角的测定方法有所不同。

3.3.2.1 固体表面接触角的测定

A 角度测量法

角度测量法是一类应用范围广、方便简便的直接测量方法。测定原理是用量角器直接量出固-液-气三相交界处流动界面与固体平面的夹角，可以通过投影显微量角、斜板和光点反射等方法实现。

（1）投影显微量角法。用一安装有量角器和叉丝的显微镜观察液面，直接读出角度。

（2）斜板法。将固体板插入液体中，当板面与液面的夹角恰为接触角时，液面会一直延伸至三相交界处不出现弯曲，量得此夹角即为接触角。

（3）光点反射法。利用点光源照射在固体表面小液滴上，并在光源处观察反射光，当入射光与液面垂直时，才能在液面看到反射光的原理。测定时，将光点落于三相点位置，并以此为中心，改变入射光角度，使之在固体表面法平面做圆周运动，当光线突然变亮时，入射光与固体平面法线的夹角即为接触角。此方法只可测定小于 90°的接触角，有较好的测量精度，可用于测定纤维的接触角。

B 长度测量法

a 液滴法

如图 3-21 所示，用极细的毛细管或针头将一滴液体滴加在固体表面上，在照明条件下，采用高清摄像对液滴在固体样品表面铺展情况进行拍摄，通过计算机软件进行成像和计算出接触角。

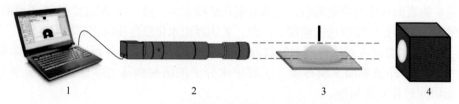

图 3-21 液滴法测试接触角装置示意图
1—计算机软件成像；2—高清摄像头；3—样品台；4—照明光源

b 被俘气泡法

如图 3-22 所示，将待测液体盛入槽中，再将待测固体浸入液体内，然后将小气泡由弯曲毛细管中放出，使气泡停留在被测固体表面下，再用与液滴法相同的光学测试方法测出接触角。

c 液饼法

将液体滴于固体平面，不断增加液体量至液滴高度不再变化，再加液体只能往两边扩展（r 变大）。故平衡时可形成半径为 r，体积为 V 的圆形液饼。此后不再滴加液体，则体积保持不变，适当给予外界微扰，液饼高度下降 dh，半径扩大 dr，最后体系又达平衡（见图 3-23）。显然，此过程中，体系位能减少，但表面自由能增加，且两者数值相等。

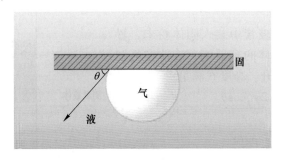

图 3-22　被俘气泡法测量接触角示意图

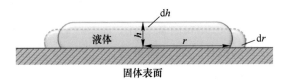

图 3-23　液饼法测接触角示意图

根据

$$A = \pi r^2 \qquad V = Ah = \pi r^2 h$$

则有

$$\Delta A = 2\pi r \Delta r \qquad \Delta V = 2\pi r h \Delta r + \pi r^2 \mathrm{d}h = 0$$

此时

$$\Delta A(\gamma_{sl} + \gamma_{gl} - \gamma_{gs}) = \frac{\rho V g \mathrm{d}h}{2}$$

即

$$2\pi r \mathrm{d}r(\gamma_{sl} + \gamma_{gl} - \gamma_{gs}) = \frac{\rho V g \mathrm{d}h}{2}$$

$$-\frac{V\mathrm{d}h}{h^2}(\gamma_{sl} + \gamma_{gl} - \gamma_{gs}) = \frac{\rho V g \mathrm{d}h}{2}$$

根据 Young 方程

$$\gamma_{gl}(\cos\theta - 1) = -\frac{\rho g h^2}{2}$$

$$\cos\theta = 1 - \frac{\rho g h^2}{2\gamma_{gl}} \tag{3-55}$$

C　表面张力测量法

实验原理与斜板法测定表面张力一致，当板正好接触液面时，液体作用于板的力为 f，板的周长为 p，接触角为 θ，则

$$f = p\gamma_{lg}\cos\theta$$

$$\cos\theta = \frac{f}{p\gamma_{lg}} \tag{3-56}$$

3.3.2.2　粉末接触角的测定

固体粉末粒子间存在空隙，相当于一束毛细管，毛细作用可使液体透过粉体，其作用与液体表面张力和对固体的接触角有关。通过测定已知表面张力液体在固体粉末中的透过参数，可计算出接触角 θ。测试过程如图 3-24 所示。

A 透过高度法

在以多孔板为底的玻管中装入固体粉末，置于盛有已知表面张力液体的容器中，液体在毛细作用下沿管中粉末柱上升。高度 h 满足：

$$\rho g h = \frac{2\gamma_{\text{lg}}\cos\theta}{r}$$

$$\cos\theta = \frac{\rho g h r}{2\gamma_{\text{lg}}} \tag{3-57}$$

由式（3-57）可见，测得粉末孔隙毛细管平均半径 r 及透过高度 h，结合已知 γ_{lg} 可以求出 θ。由于 r 值无法直接测定，常用一已知表面张力 γ_{lg}^0、密度 ρ^0、对粉末接触角为零的液体，通过测得透过高度 h^0 进行标定。

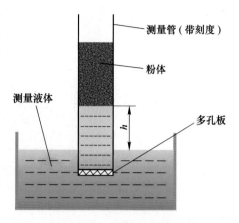

图 3-24 粉末接触角的测定

$$r = \frac{2\gamma_{\text{lg}}^0}{\rho^0 g h^0}$$

$$\cos\theta = \frac{\gamma_{\text{lg}}^0 h \rho}{\gamma_{\text{lg}} h^0 \rho^0} \tag{3-58}$$

因此，测出 h、h^0 可求得 θ。

B 透过速度法

可润湿粉末的液体在粉末中上升可视为液体在毛细管中流动，速度满足 Poiseulle 方程式（3-59）。

$$\frac{\mathrm{d}h}{\mathrm{d}t} = -\frac{2\gamma r \cos\theta}{8\eta h} \tag{3-59}$$

$$\frac{\mathrm{d}h^2}{\mathrm{d}t} = -\frac{\gamma r \cos\theta}{2\eta}$$

积分得式（3-60）。

$$h^2 = -\frac{\gamma r \cos\theta}{2\eta} t \tag{3-60}$$

式（3-60）称为 Washburn 方程，如果在粉末柱接触液体后立即测定不同 t 时间的透过高度 h，以 h^2-t 作图，则从直线斜率得 $-\dfrac{\gamma r \cos\theta}{2\eta}$，代入已知的 η（黏度）、r（平均半径）、γ 可得 θ。应用时注意粉末柱的等效毛细管半径与粒子大小、形状及填装紧密度密切相关，否则所得曲线线性难以满足，带来结果的不可信。

在所有接触角测定方法中，都应该保证体系已经达到平衡。未达平衡时，得到的是不断变化的接触角，即动接触角。对于黏度较大的液体平衡时间长，可以通过动接触角研究液体在固体平面的流动或铺展性能。其次，温度变化会引起表面张力变化，从而影响接触角测定的准确性。一般情况下，平衡时间的影响是单方向的，而温度的波动可能使测定值升高或降低。

3.3.3 固体表面润湿性能调控

3.3.3.1 表面活性剂

从 Young 方程可以看出，液体的表面张力越低润湿能力越强，当某液体（如水）的表面张力大于某固体表面的 γ_c 值时，此液体无法润湿该固体。但若在该液体中加入表面活性剂，使其表面张力降低到 γ_c 以下，便能润湿固体。这种用于改变固体表面润湿性能的表面活性剂常称为润湿剂。显然，润湿剂的 γ_{cmc} 和 cmc 值越低，润湿性能也越好。因此，选择润湿剂时应注意不要在固体表面形成憎水基朝外的吸附层。由于固体表面通常是带负电荷，表面易吸附阳离子型活性剂形成憎水基朝外的吸附层，故不宜用作润湿剂。

表面活性剂也可通过物理吸附或化学吸附以改变固体表面的组成和结构，使高能表面变为低能表面而降低润湿性。产生物理吸附的表面活性剂有碱土金属皂类、长链脂肪酸、有机胺盐、有机硅化合物、合氟表面活性剂等，这些表面活性剂一般是在表面形成憎水基朝外的吸附层，而使固体表面能降低。

表面活性剂的亲水基在固体表面产生静电吸附或化学吸附，而使憎水基朝外，则这也有利于降低固体的表面能而使其润湿性降低，这方面的实例有黄药（黄原酸）在矿物浮选中的应用。黄药与方铅矿表面发生化学作用，在矿物表面形成碳氢基外层，使润湿性大幅度下降，容易附着于气泡上被浮选到液体表面。又如，用甲基氯硅烷处理玻璃或带有表面羟基的固体表面，通过羟基作用，形成化学键 Si—O，使原亲水固体表面被甲基覆盖赋予其长期有效的强憎水性。此法常常用于玻璃表面改性，达到防水防潮目的（如汽车玻璃、玻璃镜片等）。应用吸附材料处理油和疏水性有机物时，常进行表面疏水改性，通过疏水力强化去除效果。

普通棉布因纤维中有醇羟基团而呈亲水性，很容易被水沾湿。但采用季铵盐类活性剂与氟氢化合物混合处理后，表面活性剂极性基与纤维醇羟基结合使憎水基朝向空气，则棉布表面可以从水润湿变为不润湿，形成可用于雨衣或防水布的新材料。

以上讨论的是极性固体的表面改性，若为非极性固体表面，表面活性剂疏水尾基吸附在固体表面上形成亲水基向外的吸附层则可使憎水表面变为亲水表面，使其润湿性提高。聚乙烯、聚四氟乙烯、石蜡等典型低表面能固体浸在氢氧化铁或氢氧化锡溶胶中，经过一段时间，水合金属氧化物在表面产生较强的吸附，干燥后可使表面润湿性发生永久性的变化，即从憎水变为亲水。

3.3.3.2 超亲液和超疏液表面

当液体在固体表面上的接触角为 $150° < \theta < 180°$ 时，其润湿性能表现为超疏液，包括超疏水、超疏油和超双疏，如图 3-25 所示。当接触角为 $0° < \theta < 30°$ 时，表面润湿性为超亲液（如超亲水、超亲油或超双亲），这时液滴可以在表面迅速铺展并形成完全润湿表面的行为，是和超疏液相对应的另一种极端润湿状态。对于超疏液表面，滚动角 θ_{SA} 是另一个常用的浸润性表征参数，它是指一定质量的液滴从倾斜表面开始滚落的临界倾斜角，如图 3-26 所示。

液滴在超亲水表面会直接铺展，自然界存在许多这种表面。如植物中的泥炭藓叶面、紫花琉璃草、天鹅绒竹竿和紫叶芦莉草表面通过海绵状结构或者乳突结构保证了高亲水性，从而汲取水分，保证了植物的生存。

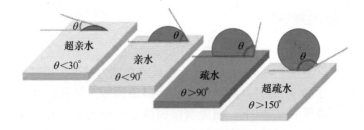

图 3-25　液滴在固体表面上的不同润湿情况

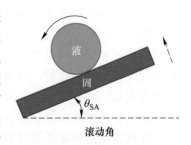

图 3-26　滚动角示意图

超疏水固体表面的润湿性主要由表面的化学组成和表面微观结构共同决定。荷叶的自清洁特性是因为表面微米级乳突外加蜡状表层物质保证了荷花的出淤泥而不染（见图 3-27）；水黾腿部具备帮助其快速行走的定向排列的超疏水微米刚毛；蝴蝶翅膀上用于定向排水的平行疏水微/纳分层结构；这些表面特性保证了动植物们在水环境中的生存。受自然界的启发，人工制备自清洁、超疏水的表面成为润湿领域最新的研究方向。超疏水表面由于具有耐腐蚀、自清洁、抗污秽、防结冰及流体减阻等特性，被广泛应用在定向运输的超疏水管道、抗污秽腐蚀和防结冰的架空输电线绝缘子、大型建筑物的自清洁玻璃表面及减阻耐磨的织构化刀具等各项重大工程领域。

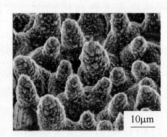

10μm　　1μm

图 3-27　微观尺度下荷叶表面的粗糙结构

3.3.3.3　超润湿性油水分离材料

根据超润湿性材料对油和水表现出不同的润湿性，将油水分离材料分为三类：第一类为可以使油被吸收或者自由通过，而水被排斥的超疏水-超亲油材料；第二类为可以使水被吸收或者自由通过，而油被排斥的超疏油-超亲水材料；第三类为能够随 pH 值、光照、温度等刺激而可逆改变表面润湿性的智能响应润湿性材料。例如，具有超润湿性表面的多孔膜、网等材料通过对油、水截然相反的润湿状态（超亲或超疏），使油（水）选择性通过而水（油）无法透过，可实现"过滤式"油水分离。超疏水/超亲油粉末、颗粒及泡沫、海绵等超润湿性材料具有优异的吸油/斥水能力、高的比表面积，可实现水面浮油的原位吸附清理，被称为"吸附式"油水分离材料[5]。

3.3.3.4　超润湿性表面材料的制备

由 Wenzel 模型可知，表面微观结构对超润湿性的获得起着至关重要的作用，而具有粗糙结构的表面呈现超疏液性还是超亲液性则由表面化学成分（表面能）决定。目前制备空气中超疏液表面的思路主要有三种：（1）在疏液材料（低表面能材料，如聚四氟乙烯、聚乙烯、石蜡、PDMS 等高分子材料）表面构建微纳米粗糙结构；（2）在亲液材料（高表面能材料，如金属、陶瓷等材料）上构造微纳米粗糙结构后进行低表面能化处理（如氟硅烷、硬脂酸溶液浸泡）；（3）在基体材料表面引入具有低表面能的粗糙结构，如喷涂超疏水涂层、等离子体沉积碳氟薄膜等，该方法对基体材料表面的原润湿性无明显要求。

相对应的，制备空气中超亲液表面的思路为：在亲液材料表面构建微纳米粗糙结构或在疏液材料表面构建粗糙结构后进行高表面能化处理，或在基体材料表面引入具有高表面能的粗糙结构。

研究人员已提出多种用于构建超浸润表面所需特殊微观结构的加工技术，主要包括传统机械加工、化学刻蚀、化学沉积、电化学加工、电火花加工、激光微加工、静电纺丝、高温氧化、等离子体处理、模板法等方法。

3.4 固体表面对溶液中溶质的吸附

当固体表面与溶液相接触时，溶液组成可能发生变化。体相某组分的浓度增加则说明固体界面发生了负吸附，浓度减小则说明固体界面发生了正吸附，浓度不变即没有发生吸附。与气体在固体上的吸附类似，固体自溶液中对溶质的吸附也是一种固-液界面现象，其自发发生的驱动力是固-液界面自由能的降低。

利用固-液吸附可以实现对溶液中溶质的分离，伴随着固体表面状态的诸多变化，其应用几乎渗透到工农业生产和日常生活的各领域，如着色、脱色、液体净化、废水处理、三次采油、浮选、润湿与润滑、洗涤、渗透、匀染等方面。

固体对溶液中溶质的吸附现象要比固体对气体的吸附及溶液表面对溶质的吸附复杂得多，对所得结果的分析通常也比较困难。然而，在实验方法上，液体吸附比气体吸附简单，理论研究也可以套用气体吸附方法进行近似处理。与气体在固体表面的吸附类似，液体在固体表面也有物理吸附与化学吸附之分，吸附作用也是吸附剂、吸附质、溶液综合相互作用的结果，受到这三者性质及温度等因素的影响[6]。

3.4.1 稀溶液的固-液吸附性能

3.4.1.1 吸附量

固-液吸附量定义为：恒温下，吸附达到平衡时单位质量固体或单位固-液界面吸附的溶液中某组分物质的量（或质量），可以根据吸附平衡前后溶液中某组分浓度的变化计算出。设组分 i 在溶液中的初始浓度为 c_0，在 V 体积溶液中加入 mg 比表面积为 S 的固体，吸附平衡后溶液浓度变为 c，i 组分的吸附量 n_i^s 可表示为式（3-61）。

$$n_i^s = V(c_0 - c)/m \qquad (3-61)$$

或

$$n_i^s = V(c_0 - c)/mS \qquad (3-62)$$

式（3-61）表示单位质量固体上吸附 i 组分物质的量，式（3-62）表示单位固体表面吸附量，统称为表观吸附量。表观吸附量是表面过剩量，反映了固-液界面吸附相中组分的浓度与体相溶液中组分浓度的关系。真实吸附量是固-液界面吸附相中真正的某组分的量，不能从溶液浓度吸附前后的变化直接得出。只有在稀溶液情况下，吸附剂量很小、被吸附溶液体积大，才可以用表观吸附量代替真实吸附量。

3.4.1.2 等温吸附及吸附等温式

A 等温吸附

Giles 研究了固体在稀溶液中的吸附性能，以等温线起始段的斜率和随后的变化，将吸附等温线分为 4 类 18 种，如图 3-28 所示。其中，4 大类分别命名为 S、L、H 和 C 型等温线。S 型等温线在低浓度区域斜率比较小，曲线往浓度轴偏移，这是强烈溶剂竞争吸附的表现。随后在略高平衡浓度区域，吸附量较快增长，其原因在于已经吸附的溶质分子对溶液中溶质分子的作用或溶质分子吸附对固体表面性质的影响。L 型在低浓度区域斜率就有较快增加，说明溶液中溶质吸附能力更强，吸附量经常会在中等平衡浓度趋于定值。H 型在很低浓度区域就有比较大的吸附量，体现了溶质对吸附剂的强亲和性能，大分子吸附、离子交换和化学吸附往往会出现 H 型等温线。在低浓度区域为直线是 C 型等温线，表示吸附相和溶液相溶质分配保持恒定，在实际应用中比较少见。当平衡浓度提高后，4 类等温线共产生出 18 种不同的变化，说明在吸附过程中可能发生了多层吸附或者是多级孔效应发挥作用，溶质浓度的增加产生的活度变化也可能影响吸附等温线的现状。

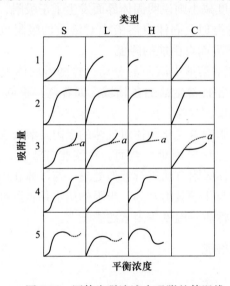

图 3-28 固体自稀溶液中吸附的等温线

B 吸附等温式

固体在稀溶液中的吸附理论通常借用气体吸附研究结果，再结合溶液性质进行适当修改，建立的吸附等温式往往是经验公式。因此，理论模型及相关参数往往难以给出明确的物理意义。近年来，有人也在一定假设条件下，推导出一些相关等温式。

a Freundlich 等温式

类比于气体分子吸附 Freundlich 公式，提出吸附量与溶液相溶质浓度的经验方程。

$$n_2^s = k'c_2^{1/n} \tag{3-63}$$

式中，n_2^s 为平衡浓度为 c_2 时溶质 2 的表面吸附量；k'、n 为常数，$n>1$。

从式（3-63）可以看出，当浓度很大时吸附量会一直增加而无极性值，这显然与实际吸附过程不符合。因此，Freundlich 等温式只能在有限浓度范围内使用，一般适用于中等浓度的吸附数据处理。将式（3-63）两边取对数，可以得到直线方程式（3-64）。

$$\ln n_2^s = \ln k' + \frac{1}{n}\ln c_2 \qquad (3\text{-}64)$$

b　Langmuir 等温式

借用气体 Langmuir 单层吸附模型，假设固体表面对溶质分子的吸附是溶液中溶质分子与表面已吸附溶剂分子交换的动态平衡过程。为简化推导过程，考虑溶质和溶剂分子在固体表面所占面积不变。设 1 为溶剂分子，2 为溶质分子，溶液液相 l 和表面相 s 的吸附平衡见式（3-65）。

液相溶质(2^l) + 吸附相溶剂(1^s) $\Longleftrightarrow$ 吸附溶质(2^s) + 液相溶剂(1^l)　　（3-65）

吸附达到平衡时，平衡常数 k 满足式（3-66）：

$$k = \frac{x_1^s \cdot a_2^l}{x_2^s \cdot a_1^l} \qquad (3\text{-}66)$$

式中，x_1^s、x_2^s 分别为溶剂和溶质分子吸附于表面的摩尔分数，$x_1^s + x_2^s = 1$；a_1^l、a_2^l 分别为溶剂和溶质分子在溶液相中的活度，对于稀溶液 a_1^l（$\gg a_2^l$），近似为常数，设 $b = \dfrac{k}{a_1^l}$ 称为吸附常数，代入式（3-66）得出 b。

$$b = \frac{x_2^s}{x_1^s a_2^l}$$

故

$$x_2^s = \frac{ba_2^l}{1 + ba_2^l}$$

对稀溶液可以用溶质的浓度（c_2^l）代替活度，即 $a_2^l \approx c_2^l$。如果以 n_2^s 表示溶液中平衡浓度为 c_2^l 时的溶质 2 吸附量，n_m^s 表示极限吸附量，即任何浓度时固体吸附溶质与溶剂的总量。所以，溶质的表面覆盖分数为 $\theta = n_2^s/n_m^s$，溶剂的表面覆盖分数为 $1 - \theta = n_1^s/n_m^s$。又 $n_m^s = n_1^s + n_2^s$，$x_2^s = n_2^s/n_m^s = \theta$，故

$$\theta = \frac{bc_2^l}{1 + bc_2^l} \qquad (3\text{-}67)$$

式（3-67）即为 Langmuir 等温式，其直线形式为式（3-68）。

$$\frac{c_2^l}{n_2^s} = \frac{1}{n_m^s b} + \frac{c_2^l}{n_m^s} \qquad (3\text{-}68)$$

这里 n_m^s 不同于气体单层吸附的饱和吸附量（气体吸附分子达紧密单层排列时的量），只是溶液吸附时溶质能达到的最大吸附量，固体表面还可能存在溶剂分子。根据式（3-68）计算的分子占据面积或许有溶剂分子贡献。

许多情况下，实验获得的数据用 Langmuir 等温式和 Freundlich 等温式都可以得到比较理想拟合，在应用中可以通过想从公式常数获得相关信息来选择。

c　Henry 等温式

在溶液浓度很低时，常常可以用 Henry 定律表示，即溶质吸附量与其浓度成正比，形成直线型 Henry 等温式。

$$n_2^s = k''c_2 \tag{3-69}$$

通过式（3-69）可以看出，由 Henry 等温式做出的等温线为通过原点的直线。

d   多层吸附的 BET 等温式

利用非孔性或大孔类吸附剂吸附溶液中有限溶解物质时，当溶质平衡浓度接近其饱和溶液浓度后，常出现吸附量急剧增加。此时，等温线会类似 S 型，有类似于气体吸附的多层特征。将气体 BET 等温式中 p/p_0 换为 c/c_0，略加改进后得

$$\frac{kc/c_0}{n_2^s(1 - kc/c_0)} = \frac{1}{n_m^s b} + \frac{b-1}{n_m^s b} \cdot kc/c_0 \tag{3-70}$$

式中，b 相当于气相吸附的 BET 等温式中的常数；k 为与所用吸附剂性质有关的常数。

3.4.1.3 影响稀溶液吸附的因素

对固体在稀溶液中吸附性能影响因素的讨论，需要综合了解溶质、溶剂、吸附剂三者之间关系。

A   溶液性质

根据"相似相溶"和"相似相吸"原理，溶液中溶质（吸附质）性质与吸附剂性质相近的易被吸附。Traube 规则对这一现象进行了半定量描述：活性炭对水溶液中有机同系物的吸附量随有机物碳链长度的增加而增加。同理，极性吸附剂硅胶等吸附非极性溶剂中的有机同系物时，吸附量随有机物碳链长度的增加而降低。

溶剂的性质直接决定溶质的溶解度和溶剂在吸附剂表面竞争吸附能力，即溶剂和溶质性质相近时溶质易溶解不易被吸附，与吸附剂表面性质相近的溶剂具有强烈表面竞争吸附能力。常用表征溶剂极性的物理常数（如偶极矩、介电常数、摩尔极化度等）表示溶剂的性质，文献中也有针对特定吸附剂吸附性质与这些物理常数之间的经验公式。

B   吸附剂性质

化学组成和表面性质都会影响吸附剂的吸附性能。例如，极性吸附剂（如硅胶、氧化铝、分子筛、天然黏土等）容易从非极性溶剂中吸附极性物质，非极性吸附剂（如活性炭、石墨化炭黑等）容易从极性溶剂中吸附非极性（或极性小）物质。极性相同的吸附剂，当比表面、孔结构及后处理条件不同时，吸附能力也可能大不相同。一些功能化改性的吸附剂表面既有极性基团又有非极性基团（如氧化处理活性炭），在极性和非极性溶剂中都有较好的效果。

C   温度

通常，吸附是放热过程，吸附量随温度升高而降低。另外，溶解度也受温度影响，大多数情况下随温度的升高溶解度增加，其吸附量也降低。特殊情况下，如果溶解度随温度升高而降低时，吸附规律会出现多种复杂现象。

D   无机盐

无机盐存在时可能改变固液体系的吸附量。一般情况下，无机盐的存在可增加有机物水溶液中溶质的吸附量。因为无机离子具有强水合作用，可以减少体系中有效水含量，从而降低有机物溶解度，提高吸附量，类似于盐析作用。也有人提出无机盐的水合作用降低了有机物与水形成氢键的机会，使溶解度减小。对于带电的固体表面，吸附有机和无机反离子可能改变表面电性，进而影响以静电作用驱动的吸附过程的吸附量。

3.4.2　表面活性剂吸附性能

由于表面活性剂两亲分子的特殊结构，在不同吸附剂表面吸附性能有很大差异。另外，表面活性剂特殊的疏水驱动作用也可能使其在固体表面自组装，形成各种特殊结构，进一步影响其吸附性能。表面活性剂常作为固体表面润湿性调控的润湿剂，如矿物浮选过程的捕收剂、抑制剂，吸附材料和油水分离材料的表面改性剂。

3.4.2.1　吸附等温线

表面活性剂在固液界面上的吸附等温线常见三种形式，即 L（Langmuir）型、S 型和 LS 型，如图 3-29 所示，可以看出，随着溶液浓度的升高，表面活性剂吸附量均明显增大。后者会出现两阶段平台，也称双平台型。

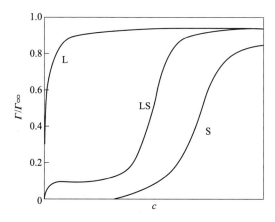

图 3-29　表面活性剂在固-液界面吸附的三种吸附等温线

与气体吸附性能类似，低浓度表面活性剂的吸附在等温线起始阶段与吸附质及吸附剂表面作用性能密切相关。低浓度时，离子型表面活性剂与表面带相反电荷固体表面，或非离子型表面活性剂在极性固体表面均有较强的吸附能力。在 S 型等温线中，在低浓度区域表面活性剂吸附性能很弱，说明其与吸附剂固体表面作用较弱。LS 型吸附等温线，一般在低浓度区域吸附性能比 L 型弱，但比 S 型强得多；但若第一平台的吸附量极小时可表现为 S 型，若第一平台在极低浓度时就急剧上升至第二平台，则表现为 L 型。在三类等温线中吸附量明显上升区域都与胶束的形成有关。L 型等温线可用 Langmuir 公式描述，从所得吸附常数可获得吸附层结构的信息。S 型等温线用 BET 公式也可做形式上的处理，LS 型可以进行分段处理。

3.4.2.2　吸附机理

表面活性剂在亲水性固体表面吸附时，亲水头基朝向固体表面；而在疏水性固体表面吸附时，疏水尾链朝向固体表面。以亲水性固体为例，在当表面活性剂浓度远低于其 cmc 时，一般通过范德华作用，以分子或离子形式在固体表面吸附，在 cmc 之前会出现一个吸附量相对稳定的平台，说明单层吸附量达到饱和，如图 3-30（a）所示。随着浓度的增加，在疏水驱动力的作用下，形成半胶束类二维缔合结构，使吸附量急剧增加（见图 3-30（b））。随着水溶液浓度的进一步增大，在表面形成了由疏水内核与亲水外核所构成的双分子层半胶束结构，如图 3-30（c）所示。

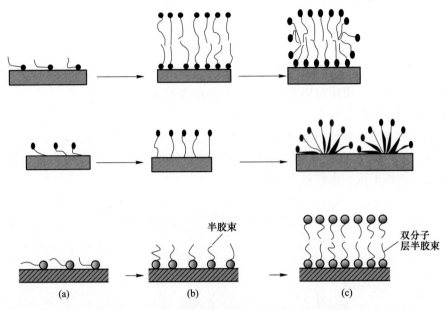

图 3-30　表面活性剂在固体表面吸附机制示意图

如果在吸附等温线上出现最高点，说明表面活性剂中存在少量高活性杂质，在形成半胶束前，杂质的吸附使吸附量偏大，形成胶束后杂质加溶其中，使杂质浓度下降。由于表面活性剂的特殊两亲分子结构，其在固-液界面吸附可以有多种驱动作用。

（1）静电作用。带电固体表面的反离子被同号的表面活性剂离子取代引起离子交换吸附；带电固体表面与带反离子的表面活性剂的离子配对吸附，常出现在低浓度表面活性剂溶液。

（2）色散力作用。固体表面与表面活性剂因范德华力引起的吸附，其特征是吸附量随相对分子质量增加而增加，适用于各种表面活性剂在非极性或弱极性固体（如碳质吸附剂）表面的吸附。

（3）氢键作用。固体表面某些基团与表面活性剂分子间形成氢键也可进行吸附，如聚氧乙烯醚非离子型表面活性剂分子中氧乙烯基中氧原子可以与硅胶表面形成氢键而吸附。

（4）疏水作用。表面活性剂分子中疏水基团的疏水效应驱动其在固-液界面形成各种有序组合体，使吸附大幅度提高并改变固体表面结构。

界面和频共振光谱（SFG）具有界面特异性和亚分子层的灵敏性，结合原位多维界面光谱技术有可能在原位条件下获取固-液界面分子密度、界面分子或基团取向与分布、界面光谱和结构、界面动力学和动态过程的信息。

3.4.2.3　影响因素

表面活性剂在固-液界面上的吸附机理和吸附能力受以下三方面的影响：

（1）表面活性剂的性质。表面活性剂分子的结构，包括所属类型、疏水烃链的长短、直链还是支链、脂肪族还是芳香族等都会影响其吸附性能。一般固体吸附剂在水溶液中表面往往带负电荷，故阳离子表面活性剂更容易被吸附。表面活性剂疏水链越长，吸附越容

易。这是因为链长增加，极性减少，在水中溶解度也降低。对聚氧乙烯型表面活性剂，亲水的聚氧乙烯链长的增加极性增加，结果相反。表面活性剂的亲水基也会影响其在固体表面的吸附状态，如十二烷基胺在亲水性的云母表面发生无序吸附，而十二烷基二甲基叔胺则以蠕虫状胶束形态吸附。

（2）固体的性质。固体吸附剂的亲疏水性、表面电性、表面基团、表面极性和非极性、结晶度等都会影响表面活性剂的吸附行为。大多数固体在水中表面都带有电荷，每种固体表面等电点（IEP）决定了其在介质中带电符号。当介质 pH>IEP 时表面带负电，反之带正电。带电固体表面总是易吸附带反号电荷的表面活性剂离子，得到 L 型或 LS 型等温线。如硅胶带负电，易吸附阳离子表面活性剂，而对阴离子表面活性剂则起排斥作用，极性固体表面遵循相似相吸原则。矿物浮选过程中，常依据矿物在矿浆中的表面电性进行捕收剂的选择。比如石英零电点为 pH=2，浮选捕收剂阳离子表面活性剂 DDA 通过静电作用吸附在石英表面，提高其疏水性。

（3）介质环境：

1）温度。由于吸附是放热过程，温度升高一般不利于表面活性剂在固体表面的吸附。此外，温度升高会导致溶解度增加（特别超过 Krafft 点后），离子型表面活性剂在固-液界面上的吸附量随温度升高而降低。但对非离子型活性剂，由于溶解度随温度升高而下降，其吸附量也会随温度升高而增加。

2）介质 pH 值和离子强度。介质 pH 值的变化可影响大部分固体表面的电性质（表面电荷密度，甚至表面带电符号改变），从而强烈影响离子表面活性剂的吸附性能。一般情况下，在介质中加入中性电解质将改变溶液的离子强度，一般情况下，将使吸附量上升，吸附等温线向低浓度方向移动。

（4）吸附层性质。表面活性剂在固体表面形成吸附层后，疏水固体表面可以通过吸附层改善其润湿性。例如，石蜡对水的接触角大于 100°，而对表面活性剂的接触角甚至可降至 0°。同样，亲水固体表面也可以通过吸附表面活性剂先变为疏水，吸附量继续增加到一定程度再变为亲水。当表面吸附达到一定程度后，会把一些不具有吸附能力的物质也带入吸附层，一般称之为表面增溶。

3.4.3　高分子化合物吸附行为

高分子物质具有相对分子质量高、体积大、形状可变等特点，其在固体界面上的吸附也有其独特性。不同溶剂的溶液中高分子物质的分子形状不同（一般在良溶剂中呈舒展的带状，在不良溶剂中呈卷曲的团形），吸附难易程度相应也有很大区别。

3.4.3.1　吸附特点

高分子化合物吸附特点有：

（1）平衡时间长。由于高分子物质相对分子质量大，且多数具有多分散特性，在溶液相中不易扩散，又由于体积大、移动慢、向固体内孔扩散阻力大，因此吸附平衡时间长，需要很长时间（几天、几十天，或者更长）才能缓慢达到吸附平衡。当溶液浓度较大时，甚至在观测时间内难以达到吸附平衡。

（2）吸附剂表面结构影响大。在多孔吸附剂上，孔的屏蔽效应和吸附中多分散高分子的分级效应使达到吸附平衡更为困难，其吸附与无孔和有孔性平滑和粗糙固体表面高分子吸附速率差别很大。而且，由于高分子体积大、移动慢、向固体内孔扩散阻力大，因此多孔吸附剂上吸附平衡时间更长。

（3）吸附不可逆性。高分子化合物吸附的可逆性与其相对分子质量、溶剂及吸附剂表面性质有关。很多高分子向固体表面移动时会变形，大分子的各部分在表面可能有多个吸附位点，使吸附不可逆。当高分子化合物能与表面形成化学吸附键时，吸附也是不可逆的。良溶剂常可使吸附的高分子脱附，但脱附速率与脱附程度还与高分子化合物性质有关，而且许多情况下脱附有滞后现象，随相对分子质量增大，滞后更加明显。

3.4.3.2 等温吸附

当相对分子质量相对较低时，高分子化合物在固液界面吸附等温线多符合 Langmuir 或 Freundlich 吸附。由于高分子化合物的每个分子都存在多个链节，设吸附时有 m 个链节直接与固体接触，同时 1 个大分子吸附就有 m 个溶剂分子脱附，则 θ 改写为式（3-71）。

$$\frac{\theta}{m(1-\theta)^m} = bc \tag{3-71}$$

当吸附过程中每分子与表面只有 1 个接触点时，即 $m=1$ 时，式（3-71）等同于一般的 Langmuir 等温式（3-67）。

3.4.3.3 影响因素

A 化合物性质及相对分子质量

非极性高分子化合物易被非极性的碳质固体吸附，极性高分子化合物易被极性的氧化物及金属类固体吸附。多分散的高分子体系中较小相对分子质量的扩散速率快，优先被吸附，随后可能相对分子质量较大的逐渐取代。高分子化合物吸附一般随相对分子质量增大而增大，在无孔或大孔吸附剂上，极限吸附量（Γ_m，g/g）与相对分子质量 M 之间常满足式（3-72）。

$$\Gamma_m = KM^\alpha \tag{3-72}$$

式中，K、α 为常数，其中 α 在 0~1 之间。当 $\alpha=0$ 时，$\Gamma_m=K$，Γ_m 与 M 无关，大分子平躺于表面上吸附。当 $\alpha=1$ 时，大分子以 1 个吸附点与表面接触吸附，$\Gamma_m=KM$，与 M 成正比。因此，可以用 α 的取值范围判断高分子吸附的取向方式。

B 溶剂性质

在良溶剂中，吸附量不受一般高分子化合物的相对分子质量的影响，遇到不良溶剂时吸附量随相对分子质量增加而增加。相同的高分子化合物在不良溶剂必然更容易吸附，吸附量也大。溶剂性质对高分子化合物的表面的竞争吸附作用也有影响，如硅胶从 CCl_4 中吸附聚乙酸乙烯酯的量比从 $CHCl_3$ 中吸附大，因为硅胶对溶剂 $CHCl_3$ 的吸附量比溶剂的 CCl_4 大。

C 温度

同样，由于吸附是放热过程，许多情况下温度升高吸附量减小的一般规律在高分子化合物吸附时也适用。但是，当因一个高分子化合物的分子吸附导致多个溶剂小分子脱附时，体系吸附过程 $\Delta S>0$ 转变为吸热过程，故温度升高将使吸附量增加。当温度改变引起高分子化合物构象变化时，温度对其吸附的影响变得十分复杂，需要针对具体体系进行分析。

3.4.4　二元混合溶液吸附性能

3.4.4.1　吸附等温式

如果二元混合溶液中包含组分 1 与组分 2 两种化合物，其物质的量（mol）分别为 n_1^0 和 n_2^0、摩尔分数分别为 x_1^0 和 x_2^0，则物质总量 $n_0 = n_1^0 + n_2^0$。设在溶液中加入 m g 吸附剂，吸附达到平衡后，溶液中组分 1 和 2 物质的量分别为 n_1^b 和 n_2^b、摩尔分数分别为 x_1 和 x_2，单位质量吸附剂表面分别吸附了 n_1^s 和 n_2^s 摩尔的组分 1 和 2。由于吸附前后物质的总量不会变化，

$$n_1^0 = n_1^b + mn_1^s \tag{3-73}$$
$$n_2^0 = n_2^b + mn_2^s \tag{3-74}$$

根据摩尔分数的定义，$x_1 + x_2 = 1$，$x_1^0 + x_2^0 = 1$，$n_1^0 = n^0 x_1^0$，$n_2^0 = n^0 x_2^0$，

$$n_1^b x_2 = n_2^b x_1 \tag{3-75}$$

将式（3-75）分别代入式（3-73）和式（3-74）。

$$mn_1^s x_2 + n_2^b x_1 = n_1^0 x_2 \tag{3-76}$$
$$mn_2^s x_1 + n_1^b x_2 = n_2^0 x_1 \tag{3-77}$$

用式（3-77）－式（3-76）。

$$m(n_2^s x_1 - n_1^s x_2) = n_2^0 x_1 - n_1^0 x_2 \tag{3-78}$$

$$m(n_2^s x_1 - n_1^s x_2) = n^0 x_2^0 x_1 - n^0 x_1^0 x_2 = n^0 [x_2^0 (1 - x_2) - x_2 (1 - x_2^0)] = n^0 (x_2^0 - x_2)$$

因此

$$\frac{n^0 \Delta x_2}{m} = n_2^s x_1 - n_1^s x_2 = n_2^s - (n_1^s + n_2^s) x_2 \tag{3-79}$$

式（3-79）是二元混合溶液的吸附等温式，其中 $\Delta x_2 = x_2^0 - x_2$ 为吸附平衡前后溶液相组分 2 的摩尔分数改变。$n^0 \Delta x_2 / m$ 即为组分 2 在固体吸附剂表面的表观吸附量，而 n_2^s 才是组分 2 的真实吸附量。表观吸附量是表面过剩量，只有当 $x_2 \to 0$（稀溶液中）、$x_1 \to 1$ 时，才可近似为 n_2^s；即在稀溶液中表观吸附量与真实吸附量近似相等。如果 $x_2^0 > x_2$，则 $\dfrac{n^0 \Delta x_2}{m} > 0$ 为正吸附；如果 $x_2^0 < x_2$，$\dfrac{n^0 \Delta x_2}{m} < 0$ 为负吸附；$x_2^0 = x_2$，$\dfrac{n^0 \Delta x_2}{m} = 0$ 无吸附。

同理

$$\frac{n_0 \Delta x_1}{m} = n_1^s x_2 - n_2^s x_1 \tag{3-80}$$

其中，$\Delta x_1 = x_1^0 - x_1$，当 $x_1 \to 0$、$x_2 \to 1$ 时，$\dfrac{n_0 \Delta x_1}{m} = n_1^s$。

3.4.4.2　吸附等温线

根据式（3-79），以 x_2 为自变量，$\dfrac{n^0 \Delta x_2}{m}$ 为函数（因变量）得到的曲线即为二元体系复合吸附等温线。按照 Schay 和 Nagy，二元混合溶液的吸附等温线也分为五种类型，如图 3-31 所示。前三类只有正表观吸附量，Ⅰ型极大值在中等浓度区域（U 型）；Ⅱ型极大值

出现在低浓度区域，然后随浓度直线下降，当在极低浓度出现极大值时呈直线状（直线型）；Ⅲ型极大值后呈直线，高浓度区又弯曲。后两类表观吸附量有正有负，Ⅳ型低浓度有极大值，中等浓度为直线，高浓度区出现极小负值（S型）；Ⅴ型线与Ⅳ型线相似，但无直线部分。在五种等温线中主要有U型和S型两种，U型在全浓度范围内某一种组分都优先吸附，即为正吸附；而另一组分则表现为负吸附，等温线形状为U型或倒U型。S型等温线表明某一组分在某一浓度区间内为正吸附；在其余的浓度区间内为负吸附；在某一浓度不吸附。

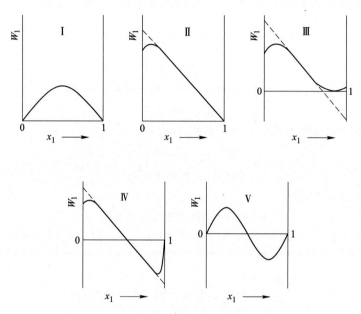

图 3-31　二元溶液吸附等温线的分类

x_1—溶液中组分 1 的摩尔分数；W_1—组分 1 的吸附量

3.4.4.3　真实吸附量

式（3-79）得出的复合吸附等温线是溶液中各组分吸附的综合结果，其中出现了 n_1^s 和 n_2^s 两个变量，难以同时获得。真实吸附量 n_1^s 和 n_2^s 需要通过表观吸附量 $\dfrac{n^0 \Delta x_2}{m}$ 和其他可直接测量的实验结果联立解出。

（1）考虑溶液吸附与对应混合蒸气吸附等效，设 W 为单位质量固体自混合蒸气的吸附量，M_1 和 M_2 分别为组分 1 和 2 的相对分子质量。则

$$W = n_1^s M_1 + n_2^s M_2$$

$$n_1^s = \frac{W - n_2^s M_2}{M_1}$$

$$\frac{n^0 \Delta x_2}{m} = n_2^s - \left(\frac{W - n_2^s M_2}{M_1} + n_2^s \right) x_2 \tag{3-81}$$

（2）另一种简单方法是测出在同一固体上，纯组分 1 和 2 蒸气单层饱和吸附量 $n_{1,m}^s$ 和 $n_{2,m}^s$，则有

$$\frac{n_1^s}{n_{1,m}^s} + \frac{n_2^s}{n_{2,m}^s} = 1$$

$$n_1^s = n_{1,m}^s \left(1 - \frac{n_2^s}{n_{2,m}^s}\right)$$

$$\frac{n^0 \Delta x_2}{m} = n_2^s - \left[n_{1,m}^s \left(1 - \frac{n_2^s}{n_{2,m}^s}\right) + n_2^s\right] x_2 \qquad (3\text{-}82)$$

根据式（3-81）或式（3-82）的复合等温线，可计算出真实吸附量 n_1^s 和 n_2^s。图 3-32（a）是 1g 活性炭自乙醇-苯混合液中吸附乙醇的表观吸附量 $n_0 \Delta x_1$ 与达吸附平衡后混合液中乙醇摩尔分数 x_1 的关系，该吸附过程符合复合等温线。图 3-32（b）中实线是根据式（3-80）计算的乙醇和苯的吸附等温线，数据点是实验测量值，可以看出理论与实验比较符合。

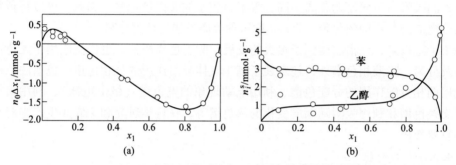

图 3-32 活性炭对乙醇-苯二元混合液的吸附等温线
（a）复合等温线；（b）单个等温线

通过二元混合液中的吸附可以说明表观吸附量的表面过剩意义，并有助于研究固-液和液-气界面吸附的关系、表面活度系数、固-液界面吸附热等溶液吸附热力学。此外，另一直观的应用是用复合等温线计算固体比表面积。

3.4.5 溶液中吸附的应用

在资源加工和环境污染物治理过程中，往往涉及固-液界面和固体自溶液中的吸附。

3.4.5.1 矿物表面亲疏水性调控

浮选是基于有用矿物和脉石矿物疏水性差异进行分选的过程，常采用捕收剂提高有用矿物表面的疏水性，如十二烷基胺（DDA）和油酸广泛应用于氧化矿和硅酸盐矿物的浮选，黄药类等异极性捕收剂常作为硫化矿捕收剂。常采用抑制剂降低脉石矿物表面的疏水性，在反浮选过程中也常用抑制剂降低有用矿物表面的疏水性，如在铁矿石反浮选中，采用淀粉等多糖物质抑制铁矿石的浮选[7]。

3.4.5.2 分散性能调节

通过固体对于表面活性剂和高分子化合物的吸附，能够调控固体颗粒的液体分散性能，常常在涂料工业、资源加工及废水处理等方面有广泛应用。固体粉末在易于润湿其表面的溶液中容易分散，在不易润湿其表面的溶液中不易分散。比如氧化钛粉末具有极性表面，在非极性的苯溶液中很难分散。然而通过表面活性剂十八（烷）胺处理后，氧化钛表

面亲油化，容易被苯润湿，从而改善了其分散性能。同样，具有表面亲油性的固体颗粒不易在极性液体中分散，用同样方法处理也能使之分散。吸附高分子化合物也可以调控固体颗粒的凝聚或分散性能。固体颗粒表面吸附高分子时，主要以水平型或者环路型的形式。如果吸附所用高分子化合物比例高，则多以环路型吸附，反之水平型居多。所以在实际应用中，可以通过改变表面改性高分子的用量实现对凝聚或分散性的调节。在矿物浮选过程中，为了减少矿泥在有用矿物表面的罩盖，常采用羧甲基纤维素 CMC 等分散剂对矿泥进行分散。

3.4.5.3　色谱分离

通过固-液吸附还可以使溶液中的几种物质分离。色谱法就是利用吸附剂对混合溶液中各组分的不同吸附能力分离物质的一种方法，由俄国植物学家 Tswett 于 1906 年首先提出。Tswett 在研究植物色素，发现色素混合物在装有粉末氧化铝的试管下流动时，由于粉末对色素的吸附力不同流动距离不同，吸附力较小的流得较远些。因此，可以将植物色素混合物分离成颜色不同的色带，Tswett 称这种分离方法为色谱分离。

一个世纪以来，色谱法得到了很大的发展，除有色物质外，也广泛应用于无色混合物的分析及分离。除液相色谱外，还发展了基于气体吸附作用的气相色谱。色谱法原理也拓展到利用两相分配作用的分配色谱、利用电动现象的电色谱（纸上电泳）、利用离子交换的离子交换色谱和利用吸附随温度变化的热色谱等，在科学研究和工农业生产中起着不可或缺的重要作用。

3.4.5.4　水处理

吸附法由于操作简单、效率高、成本较低、选择性好、运行耗能小、环境影响小等优点，成为去除水中有机和无机污染物（包括微污染物）较为普遍且前景广阔的方法之一。在难降解有机物废水的处理过程中，优异的吸附剂（如磁性纳米材料）可以有效去除水中的有机污染物，如农药、抗生素等，去除机制包括吸附剂与污染物之间通过氢键、静电吸引、$\pi—\pi$ 相互作用和疏水作用等。一些具有芳香特征的有机物如四环素、三硝基苯酚等，其吸附主要是 $\pi—\pi$ 键和氢键作用的结果，也可能通过络合作用强化去除效果。表面接枝壳聚糖的 Fe_3O_4 与 SiO_2 的复合微球，可以通过静电相互作用在任何 pH 值条件下进行油水分离和乳化油去除。水环境中的重金属可以通过静电相互作用、络合作用或离子交换作用进行吸附处理，也可以通过功能化吸附材料上的多种基团与重金属离子形成化学键进行化学吸附，或通过范德华力和氢键的作用进行物理吸附[8]。

参 考 文 献

[1] 赵振国，王舜. 应用胶体与界面化学 [M]. 2 版. 北京：化学工业出版社，2017.

[2] Li X, ZHANG L, YANG Z, et al. Adsorption materials for volatile organic compounds（VOCs）and the key factors for VOCs adsorption process：A review [J]. Separation and Purification Technology, 2020, 235：116213.

[3] Al-GHOUTI M A, DA'ANA D A. Guidelines for the use and interpretation of adsorption isotherm models：A review [J]. Journal of Hazardous Materials, 2020, 393, 122383.

［4］徐如人，庞文琴，霍启．分子筛与多孔材料化学［M］．北京：化学工业出版社，2004.

［5］陈发泽．油水分离用超浸润表面制备及其性能研究［D］．大连：大连理工大学，2018.

［6］张玉亭，吕彤．胶体与界面化学［M］．北京：中国纺织出版社，2008.

［7］王淀佐，邱冠周，胡岳华．资源加工学［M］．北京：科学出版社，2005.

［8］FENG D，LI X，WANG X，et al. Water adsorption and its impact on the pore structure characteristics of shale clay［J］. Applied Clay Science，2018，155：126-138.

4 溶胶的制备与性质

胶体分散系统广泛存在于河湖、地下水、海洋等自然水体和污（废）水、土壤和大气中，其组成极为复杂，可能包括微生物、生物碎片、有机质、各种矿物黏土颗粒、金属氧化水解产物，甚至微塑料及人工纳米材料等环境次级产物。环境中的胶体分散系统具有携带污染物迁移转化的性能，故胶体性质的研究是了解水体、土壤和大气污染和治理的基础。近年来，由于环境功能材料的迅速发展，在纳米（胶体）尺度内进行分子组装和材料的制备，逐渐成为胶体制备与性质的研究热点，创新性成果不断涌现。掌握胶体制备方法是应用胶体物质开发新材料的前提。本章主要介绍胶体的制备与净化、胶体的运动性质、胶体的光学性质、胶体的电学性质及胶体的电动现象。

4.1 溶胶与分散系统

4.1.1 分散系统

一种或几种物质以高度分散状态存在于另一种物质中形成的混合系统称为分散系统。被分散的物质称为分散相，而另一种作为连续介质的物质称为分散介质。根据分散相分散程度的大小，可进一步分为粗分散系统、胶体分散系统和分子分散系统，不同分散系统的特性见表 4-1。其中，分子分散系统和大分子化合物溶液的胶体分散系统均为均相系统；而粗分散系统和分散相与分散介质之间存在相界面的胶体分散系统，则成为不同于大块固体和分子分散液体的不均匀分散系统。

表 4-1 分散系统的分类及特性

系　统	分散相颗粒大小	特　性
粗分散系统	>1μm	颗粒大、不能通过滤纸，不扩散、不渗析、显微镜下可见；系统不稳定、易沉降分离
胶体分散系统	1nm~1μm（10^{-9}~10^{-6}m）	颗粒小、能通过滤纸、不渗析、扩散极慢、普通显微镜下不可见；系统稳定性较高
分子分散系统	<1nm	分子扩散快、能通过滤纸、能渗透，系统完全为均相透明、稳定性高

分散相和分散介质均可具有固、液、气 3 种不同聚集状态，因此分散系统也可以用"分散相/分散介质"的形式表示，见表 4-2。其中，气/气分散系统和部分液/液分散系统（如混溶液体）为均相系统；其他的为分散相与分散介质之间存在相界面的不均匀分散系统。

表 4-2 分散系统按照分散相和分散介质聚集状态分类

分散相	分散介质	分散系统	实 例
气	液	气-液分散系统，泡沫	灭火泡沫
气	固	气-固分散系统，固体泡沫①	泡沫塑料，气凝胶，多孔固体②
液	气	液-气分散系统，气溶胶	云雾、油雾、湿气
液	液	液-液分散系统，乳状液	牛奶、面乳、原油
液	固	液-固分散系统，凝胶	某些宝石、珍珠、豆腐
固	气	固-气分散系统，气溶胶	青烟、高空灰尘
固	液	固-液分散系统，溶胶，悬浮液凝胶	水溶胶、油漆、墨汁
固	固	固-固分散系统	合金、有色玻璃

①固体泡沫中气体是分散相。

②多孔固体具有双连续相结构。

在气体分散介质中形成的分散系统称为气溶胶，如液态分散相形成的雾、烟或尘等固体微粒（烟是比尘更小的微粒）分散相形成的混浊大气现象霾。

在液体分散介质中，气体分散相形成的分散系统为泡沫；不相混溶液体分散系统为乳状液；高度分散的固体分散相形成溶胶或胶体溶液，其中普通显微镜下可见固体粒子的粗分散系统称为悬浮体。作为分散介质的液体可以是纯液体，也可以是多组分完全混溶的液体混合物和溶液。分散介质为水溶液形成的溶胶为水溶胶（如金的水溶胶），形成悬浮体则称为水悬浮体（如 Al_2O_3 水悬浮体）。若分散介质为有机液体则形成的胶体系统为有机溶胶（如硫的苯溶胶）或有机悬浮体。一般未特别说明所表述的均为水溶胶或水悬浮体。

在固体分散介质中，气体分散相形成的分散系统包括固体泡沫和气凝胶；液体分散相形成凝胶和固体乳状液；固体分散相形成固体溶胶。

广义上，表 4-2 所示的所有分散系统都是胶体分散系统，实际在自然界还可以包括存在于液体和气体中的各种肉眼可见的悬浮颗粒。

4.1.2 溶胶

溶胶是以液体作为分散介质（分散剂）的胶体。溶胶分散系统中分散相粒子称为胶粒。如表 4-1 所示，胶粒大小在 $1nm \sim 1\mu m$（$10^{-9} \sim 10^{-6}m$）之间。在有些书中也将其上限规定为 $0.1\mu m$（$10^{-7}m$）。某些高分子化合物或聚电解质溶解后可生成单分子颗粒，大小在胶体粒子范围内，构成热力学稳定胶体分散系统，粒子与溶剂具有亲和性，被称为亲液胶体，也称为大分子溶液。当溶剂蒸发后，高分子化合物析出仍可再溶解于溶剂。亲液胶体是分散相与分散介质具有亲和性的真溶液，一般能自发形成且具有可逆性。当分散相与分散介质亲和性差时，需通过外界做功才能形成的胶体分散系统称为疏液（或憎液）胶体。疏液胶体的分散介质常为液体，包括固-液、气-液和液-液分散系统，一般以溶胶、泡沫、凝胶、乳状液等命名。疏液胶体为热力学不稳定系统，不能自发形成，分散相有自发从分散介质中分离的趋势。分散相与分散介质为单独的相，为分散相与分散介质组成的多相系统，其最主要的特点是界面面积大、界面能高[1]。

4.2 溶胶的制备和净化

如图 4-1 所示，一般可以通过大块物质分散或分子（离子）凝聚两种方法制备胶体分

散系统。通常把前者称为分散法，系统比表面积增加；而后者称为凝聚法，有新的分散相生成。下面介绍溶胶制备的一些传统的基本方法，为涉及胶体系统和纳米材料的初学者提供参考。

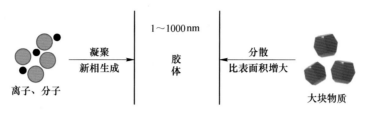

图 4-1   胶体形成示意图

4.2.1   胶体制备的条件

胶体制备的条件有：

（1）分散相在分散介质中的溶解度极小。分散相在介质中有极小的溶解度，是形成胶体的必要条件之一。例如，硫在乙醇中的溶解度较大，能形成真溶液；但硫在水中的溶解度极小，以硫黄的乙醇溶液逐滴加入水中，便可获得硫黄水溶胶。又如三氯化铁在水中溶解为真溶液，但水解成氢氧化铁后则不溶于水，故在适当条件下使三氯化铁水解可以制得氢氧化铁水溶胶。此外，在制备过程中，还需要反应物浓度很稀、生成的难溶物晶粒很小且不再长大才能得到胶体。反之，如果反应物浓度很大，细小的难溶物颗粒突然增多，则可能生成凝胶。

（2）分散介质中添加稳定剂。当采用分散法将大块物体分散制备胶体时，由于分散过程中颗粒的比表面积增大，势必造成系统的表面能增加，导致此系统热力学不稳定。为了使溶胶系统稳定，必须添加第三种物质，即稳定剂。例如，制备白色油漆时，将白色颜料（如 TiO_2）等在油料（分散介质）中研磨，同时加入金属皂等表面活性剂作稳定剂。用凝聚法制备胶体时，同样需要稳定剂辅助，这时稳定剂不一定需要外加，很可能是反应物本身或化学反应后生成的产物之一。在实际制备胶体时，往往需要某种反应剂过量，它们才能起到稳定剂的作用。

4.2.2   胶体的制备方法

4.2.2.1   分散法

分散法包括机械粉碎、电分散、超声波分散和胶溶分散等多种方法。对于机械粉碎法，根据制备对象和对分散程度的要求不同，工业上有多种能将大块物料粉碎成细小颗粒的机械设备，如球磨机、振动磨、冲击式粉碎机、胶体磨和空气磨等。粉碎方式可干、可湿，可连续也可间歇。滚筒式球磨机是在滚筒中装有许多刚性材料制成的圆球的粉碎设备。使用时将圆球和要粉碎的大块物料装入滚筒中，通过转动滚筒利用圆球和物料的不断碰撞和摩擦，将物料磨细。这种方法效率较差，最细也仅能得到 $1\mu m$ 左右。振动磨有较小的能耗和较高的研磨效率，胶体磨可得到 $1\mu m$ 以下颗粒，空气磨无须磨体可避免污染。在研磨的过程中，由于颗粒的比表面积增大，系统的表面能升高，颗粒团聚的趋势增强。磨到一定程度后，分散作用和聚集作用达到平衡，再继续磨，颗粒也不会再细了。停止研

磨后，颗粒会自发变大，表面积和表面能降低，系统趋于比较稳定的状态。适当的稳定剂会吸附在颗粒表面，通过稳定或保护作用防止颗粒聚集长大。工业上除了在物料中添加助磨剂（或分散剂）外，最重要的是要及时地分出合格粒级产品，避免合格粒级物料出现"过磨"现象，同时也提高了粉碎效率。超微粉碎技术通常可分为微米级粉碎（$1 \sim 100 \mu m$）、亚微米级粉碎（$0.1 \sim 1 \mu m$）、纳米级粉碎（$0.001 \sim 0.1 \mu m$）。亚微米级粉碎和纳米级粉碎是获得胶体颗粒的有效机械分散方法。

电弧法是最原始的金属（如 Au、Ag、Hg）水溶胶制备方法。操作过程中，将金属制成电极，电极相互靠近，浸泡于冰冷的分散介质；通以直流电，电极间产生电弧使表面金属气化，在冰冷的介质中冷却并凝聚为胶体颗粒。本质上，电弧法制备胶体是一种集电分散与凝聚过程共同作用的方法。

超声波法也可以用来获取溶胶。通过超声振荡可以产生振动频率大于 2000Hz 疏密交替的高能机械波，机械波作用于分散物质产生很大的撕碎力，使分散相分散为细颗粒。可用来制备黏土、汞等的水溶胶或者将油水混合形成乳液，是一种无化学反应、无磨体的清洁方法。

胶溶法也是一种分散方法。制备时首先通过化学反应产生沉淀，然后加入胶溶剂，使沉淀转化为溶胶。例如，将新形成的 $Fe(OH)_3$ 沉淀充分洗涤，再加入少量稀 $FeCl_3$ 溶液，通过搅拌分散沉淀就转化为红棕色的 $Fe(OH)_3$ 溶胶。这种作用称为胶溶作用，$FeCl_3$ 称为胶溶剂。

4.2.2.2　凝聚法

依据是否发生化学反应，凝聚法进一步分为物理法和化学法。

A　物理凝聚法

物理凝聚法是利用物理方法使分散相分子或离子在分散介质中聚集成胶体粒子的方法，包括溶液过饱和法和蒸汽凝聚法等。

溶液过饱和法是通过物理的方法，使饱和或接近饱和的溶液中溶质的溶解度降低，出现过饱和凝聚成胶体颗粒的过程。溶剂替换法是利用分散相分子或离子在不同溶剂中的溶解度差异，形成过饱和溶液，并进一步形成溶胶。例如，松香溶于乙醇，但在水中溶解度很低，将松香乙醇溶液滴入水中形成过饱和溶液，进而形成松香水溶胶。同样，硫黄乙醇溶液滴入水中，形成硫黄水溶胶。蒸汽骤冷法是将某种物质的蒸汽通入不能将其溶解且不能通过化学反应形成可溶物的分散介质中，形成过饱和溶液并制备出水溶胶的方法。例如，将汞蒸气通入冷水即可得汞溶胶。

B　化学凝聚法

化学凝聚法是通过化学反应（如复分解、水解和氧化还原等），在适当反应条件下发生沉淀反应形成不溶物，制备溶胶的方法。下面举例说明：

（1）复分解反应：

$$2H_3AsO_3(稀) + 3H_2S \longrightarrow As_2S_3(溶胶) + 6H_2O$$

（2）水解反应：

$$FeCl_3(稀) + 3H_2O \xrightarrow{加热} Fe(OH)_3(深红色溶胶) + 3HCl$$

（3）氧化反应：

$$2H_2S(稀) + SO_2(g) \longrightarrow H_2O + 3S(溶胶)$$

（4）还原反应：

$$6AgNO_3 + C_{76}H_{52}O_{46} + 3K_2CO_3 \longrightarrow 6Ag\downarrow + C_{76}H_{52}O_{49} + 6KNO_3 + 3CO_2$$

（5）离子反应：

$$AgNO_3(稀) + KCl(稀) \longrightarrow AgCl(溶胶) + KNO_3$$

4.2.2.3 纳米材料的制备

21 世纪蓬勃发展的纳米科学技术以纳米材料为研究对象，其尺度范围在胶体分散系统范围内。纳米技术是新出现的，但胶体分散系统已经在纳米尺度进行了长期研究。纳米材料的制备方法也与胶体制备类似，主要包括大块物质分散和分子（离子）凝聚两种方法。前者又被称为"自上而下"法，通过粉碎或者磨碎大块体材料获得纳米粒子；后者被称为"自下而上"，通过分子（离子）凝聚制备纳米粒子。随着纳米科学的不断发展及不同应用需求，在上述方法的基础上发展了许多特别的制备技术，下面举例说明：

（1）溶胶-凝胶法。利用易水解的金属化合物（金属醇盐或无机盐），在饱和条件下，经水解和缩聚反应形成均匀溶胶，再将溶胶颗粒凝结成透明凝胶，凝胶干燥后通过热处理等获得氧化物、复合氧化物、金属单质等纳米材料。溶胶-凝胶法具有反应物种多，产物颗粒均匀，过程易控制、温度低等优点。

（2）共沉淀法。通过将沉淀剂加入含有多种金属阳离子的溶液中，在搅拌条件下将全部金属离子沉淀出来制得纳米粒子。如在 $BaCl_2$ 和 $TiCl_4$ 的混合水溶液中加入草酸沉淀剂，生成 $BaTiO(C_2O_4)_2 \cdot 4H_2O$ 沉淀，在 $450 \sim 750℃$ 高温下煅烧即得纳米 $BaTiO_3$ 粉体。沉淀剂一般不直接参与化学反应，而是通过缓慢分解释放出能与金属离子作用生成沉淀的组分发挥作用。共沉淀法制备的纳米粒子粒径分布窄、分散性好，但纯度低、颗粒半径较大。

（3）水（溶剂）热法。反应发生在高压釜中，通过在高温高压的水（溶剂）热条件下使物质反应而制得纳米材料。水（溶剂）热法是一种高效的纳米材料制备方法，具有条件温和、体系稳定、产品纯度高、分散性好、粒度可控等优点。

（4）微乳液法。两种互不相溶的溶剂在表面活性剂的作用下形成微乳液，为纳米粒子的制备提供了特殊的微反应器，反应物在其中经成核、长大形成纳米粒子。纳米粒子的大小决定于乳滴尺寸，可以通过溶剂和表面活性剂的摩尔比调控。微乳液法制备纳米粒子具有粒径分布窄、粒径易于调节等优点，但由于反应温度低，可能出现结晶不完善、内部缺陷多等问题。

4.2.3 胶体颗粒生长机理

前期研究认为，溶液中凝聚形成胶体颗粒的过程，类似于结晶，可分为两个阶段，即晶核形成阶段与晶体长大阶段。Weimarn 早在 1908 年提出晶核的生成速度 v_1 满足式（4-1）。

$$v_1 = \frac{dn}{dt} = K_1 \frac{c-S}{S} \tag{4-1}$$

式中，t 为时间；n 为产生晶核的数目；K_1 为比例常数；c 为析出物质浓度；S 为溶解度；$c-S$ 为过饱和度；$\dfrac{c-S}{S}$ 为相对过饱和度。

由式（4-1）可见，浓度 c 越大、溶解度 S 越小，则 v_1 越大，即生成大量晶核。由于

系统中物质的数量一定，要生成大量的晶核，就只能得到极小的粒子。

关于晶体（晶核）长大，其速度 v_2 可用式（4-2）表示。

$$v_2 = K_2 D(c - S) \tag{4-2}$$

式中，D 为溶质分子的扩散系数；K_2 为另一比例常数。

可以看出，v_2 也与过饱和度成正比，但 v_2 受 S 的影响较 v_1 小。在凝聚过程中，v_1 与 v_2 是相互关联的。当 $v_1 \gg v_2$ 时，溶液中会形成大量晶核，故所得粒子的分散度较大，有利于形成溶胶；当 $v_1 \ll v_2$ 时，所得晶核极少，而晶体成长速度很快，故粒子得以长大并产生沉淀。粒子的分散度与 v_1 成正比，与 v_2 成反比，亦即与 v_1/v_2 的比值成正比。

Weimarn 以乙醇-水作为溶剂，研究了 $Ba(CNS)_2$ 与 $MgSO_4$ 反应所得 $BaSO_4$ 沉淀颗粒大小和反应物浓度之间关系。结果表明，在保证晶核形成足够的过饱和度的低反应物浓度（$10^{-5} \sim 10^{-4}$ mol/L）时，由于晶体成长速度受到限制，最终形成溶胶；当浓度较大（$10^{-2} \sim 10^{-1}$ mol/L）时，有利于晶体成长，故产生结晶状沉淀；当浓度很大（$2 \sim 3$ mol/L）时，生成的晶核极多，溶解度 S 增加，过饱和度（$c - S$）降低，故晶体成长速度减慢，又有利于形成小粒子的胶体。但是由于形成的晶核太多，粒子间的距离太近，易于形成半固体状凝胶。$BaSO_4$ 颗粒的生成长大过程如图 4-2 所示。

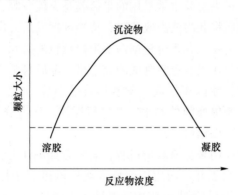

图 4-2　$BaSO_4$ 颗粒大小与反应物浓度的关系

因此，只有当 v_1 远大于 v_2 时，才能制得胶体分散系统。v_1 大意味着过饱和度高，即溶解度要尽可能小。反之，若 v_2 较大，v_1 较小（例如溶解度很大的 NaCl），溶液的过饱和度较低，则形成颗粒尺寸大的晶体沉淀。溶液的过饱和度和 v_1、v_2 及晶粒大小的关系如图4-3所示。

4.2.4　溶胶的净化

用物理凝聚法制备溶胶时，系统中粒子大小可能不均匀，还有可能存在一些不属于溶胶颗粒的杂质。而化学法制备的溶胶系统中含有较高浓度电解质，影响溶胶的稳定性。因此，制备出溶胶后，需要把多余的电解质及杂质除去，才能获得纯净、稳定的溶胶分散系统。

净化溶胶中的粗粒子，采用普通滤纸过滤（胶体通过）、沉降（胶体不沉）或超离心（胶体沉降）等方法即可。而对于溶胶中过多电解质的去除，一般采用渗析（电渗析）和超滤（电超滤）等方法。

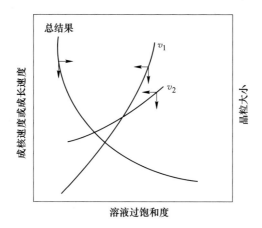

图 4-3 过饱和度对 v_1、v_2 和晶粒大小的影响

4.2.4.1 渗析

普通渗析是采用孔径很小只能透过小分子（离子）的半透膜，以除去溶胶中可溶性电解质，使溶胶得到净化。过去实验室常采用的半透膜是火棉胶膜，它是用硝化纤维溶于乙醚和乙醇的混合液中，然后将此溶液涂成薄膜，待溶剂挥发后，即得半透膜。现在市场上能买到各种规格的渗析半透膜，孔径可根据需要阻挡颗粒的尺寸，进行人为的调控。

渗析过程中，将溶胶装在用半透膜制成的袋子里，随后将整个膜袋浸入水中。由于膜内、外电解质的浓度不同，膜内离子或其他能透过的小分子在浓度差的驱动下向膜外扩散。在渗析过程中，应不断更换膜外的水，并进行搅拌，促进分子从膜内向膜外的转移。有时为了提高渗析效率，可以稍微加热。

电渗析是通过电场的作用来加速渗析过程，其装置如图 4-4 所示。中间部分盛放要提纯的溶胶，用半透膜与纯水隔开。两边用惰性金属作电极（阳极为铂网，阴极可以是铜网），当通直流电时，离子向与所带电荷相反电极的方向迁移，穿过半透膜进入两侧的水中。应不断换水，以提高渗透效率。渗析时，孔的大小是影响通过颗粒大小的关键因素。此外，由于膜孔存在 Laplace 附加压力 $\left(\dfrac{2\gamma}{r}\right)$，表面张力 γ 也有影响，通常表面张力小容易通过半透膜，表面张力大则不容易通过。如在血红素中添加肥皂水可以促进血红素通过半透膜，而不加则不能通过。

4.2.4.2 超滤法

超滤法是利用半透超滤膜的微孔结构，在外压（0.1~0.5MPa）作用下，对溶胶和无机盐离子等小分子杂质实现选择性分离的方法。在溶胶净化过程中，超滤可以用于分离粒径为 5nm~10μm 的胶体颗粒物的分离净化。图 4-5 为一简易超滤装置示意图，类似于普通的抽滤漏斗，底部孔径较大的多孔支撑板上是超滤膜，漏斗内装满溶胶，在压力作用下含有无机盐等小分子可溶性杂质溶液从漏斗中分离出来，实现溶胶的净化，还可以通过溶剂洗涤将溶胶进一步净化。有时还可以在超滤膜两侧配上电极，通以直流电，将电渗析和超滤（电超滤）结合起来，在电压不太高（约 40V/cm）、压差不太大的情况下，就能获得很好的净化效果。不论是电解质或者是低分子物质，这种电超滤方法比渗析或电渗析的净

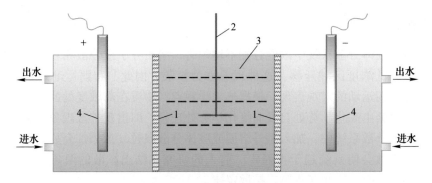

图 4-4　电渗析示意图

1—半透膜；2—搅拌器；3—溶胶；4—铂电极

化效率高得多，其最终效率取决于膜的孔径和膜的材质。半透膜的孔径大小虽然很重要，但也不是决定物质能否通过的绝对条件，因为膜的电荷与胶体颗粒有相互排斥或相互吸引的作用，胶粒可被吸附在膜的孔径中而起阻塞作用等，影响因素十分复杂。现在工业上用的半透膜大多是高分子材料，如醋酸纤维膜、改性聚乙烯醇膜等。近年来，合成的离子选择性半透膜和离子交换树脂膜均能有效地提高渗透效率。

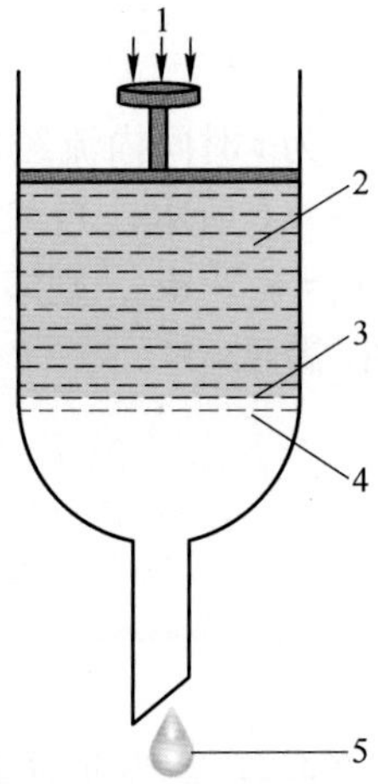

4.3　溶胶的运动性质

4.3.1　布朗运动

图 4-5　超滤装置示意图

1—驱动压力 p；2—溶胶乳液；
3—超滤膜；4—支撑板；5—分离液

1827 年，英国植物学家布朗（R. Brown）通过显微镜观测，发现分散于水中的花粉在不断做无规则运动，称为布朗运动。后来研究发现，只要微粒足够小，就同样具有这种性质，这一现象在当时尚不能正确解释。直到 1888 年古依（Gouy）和 1900 年埃克纳（Exner）分别提出分子热运动观点，才揭示了布朗运动的本质。爱因斯坦（Einstein）和斯莫霍夫斯基（Smoluchowski）通过理论计算证实了微粒热运动的存在，并进一步由佩兰（Perrin）通过实验证实。

分子运动理论指出，介质分子随时随处随机运动，可能在不定时间或地点出现集中或稀疏的情况，导致统计平均值为常数的浓度和密度在局部出现随机改变。液体中有颗粒存在时，液体局部密度的变化会导致颗粒表面产生连续变化的压力，成为布朗运动产生的驱动力。当粒子足够小时，介质分子对其在不同方向的碰撞次数和能量不同，使粒子沿任意复杂轨迹运动；粒子足够大（粒径不小于 $0.5\mu m$）时，各个方向的冲击就有可能达到平衡，观测不到布朗运动。实验还发现对于小粒子，除了做平动外，有时还会出现转动。

选矿废水在尾砂库自然沉降过程中，大部分颗粒的尾砂和尘泥沉降了下来，微细泥尘由于在选矿过程中添加了大量的硅酸钠而形成一个分布均匀相对稳定的胶体分散系统。这种现象就是微小胶体分散颗粒存在布朗运动能够在一定程度上抵抗自身重力作用的结果。

4.3.2 扩散

当真溶液或胶体分散系统中浓度分配不均匀时，溶质分子或分散相粒子因布朗运动会由高浓度区域向低浓度区域迁移，这种现象称为扩散。因此，布朗运动是扩散的微观机制，而扩散是布朗运动的宏观表现。根据热力学观点，物质在高浓度处的化学势比低浓度处高，而物质总会由高化学势处自发向低化学势处迁移，即出现扩散现象。在任何已知浓度的溶液或胶体分散系统中，加入额外溶质或胶体分散颗粒（或添加介质）都会破坏系统的稳定状态，扩散会使系统趋于再稳定。前人的研究总结出扩散的两条基本定律，即菲克（Fick）第一扩散定律和菲克第二扩散定律。

4.3.2.1 菲克第一扩散定律

菲克定义单位时间扩散通过单位面积物质的质量为通量 J。

$$J = \frac{1}{A}\frac{dm}{dt} \tag{4-3}$$

式中，m 为 t 时间内流经截面积为 A 的物质的质量。

如图 4-6 所示，当浓度分别为 c_2 和 c_1 的液体被厚度为 dx 的多孔塞隔离时，假设 $c_2 > c_1$，$c_1 = c_2 - dc$，则溶质（或分散相）从左室透过多孔塞向右方迁移的通量 J 与浓度梯度 dc/dx 满足

$$J \propto \frac{dc}{dx}$$

即

$$J = -D\frac{dc}{dx} \tag{4-4}$$

式（4-4）称为菲克第一扩散定律，比例系数 D 称为溶质（或分散相）在给定介质中的扩散系数，单位为 m^2/s，负号代表粒子是由高浓度区向低浓度区迁移。

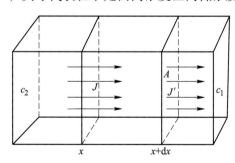

图 4-6 局部区域浓度差 Δc 引起扩散和扩散通量改变 ΔJ 示意图

4.3.2.2 菲克第二扩散定律

考虑到扩散过程物质分布浓度随空间位置的变化，则浓度同时为时间 t 和位置 x 的函数 $c(t, x)$，不同 x 处浓度梯度 $\frac{\partial c}{\partial x}$ 也不一样，扩散物质的通量也是 t 与 x 的函数 $J(t, x)$。如图 4-6 所示，相距 dx 垂直 x 轴平面 A 组成微体积 Adx 内，J 与 J' 分别为进入和流出扩散通

量，扩散中浓度变化速度为 $\dfrac{\partial c}{\partial t}$，则 $A\mathrm{d}x$ 内剩余物质变化速率满足

$$\Delta J = J - J' = \frac{\partial c}{\partial t}\mathrm{d}x \tag{4-5}$$

根据菲克第一扩散定律在 x 处粒子向右方迁移的流量 $J = -D\dfrac{\partial c}{\partial x}$，经过 $\mathrm{d}t$ 时间到达 $x+\mathrm{d}x$ 处的流量为

$$J' = -D\frac{\partial(c+\Delta c)}{\partial x} = -D\left(\frac{\partial c}{\partial x} + \frac{\partial \Delta c}{\partial x}\right)$$

$$\Delta J = J - J' = D\frac{\partial \Delta c}{\partial x} = D\frac{\partial^2 c}{\partial^2 x}\mathrm{d}x \tag{4-6}$$

将式（4-5）代入式（4-6）

$$\frac{\partial c}{\partial t}\mathrm{d}x = D\frac{\partial^2 c}{\partial^2 x}\mathrm{d}x$$

$$\frac{\partial c}{\partial t} = D\frac{\partial^2 c}{\partial^2 x} \tag{4-7}$$

式（4-7）称为菲克第二扩散定律，反映了扩散过程中浓度随距离的变化规律，可以通过积分求解。

4.3.2.3 爱因斯坦第一扩散公式

结合布朗运动和扩散规律，可以对粒子的运动性质做进一步分析。爱因斯坦通过布朗位移 $\overline{\Delta}$，描述了溶液中某粒子在规定时间 t 内特定方向的平均位移。如图 4-7 所示，$\overline{\Delta}$ 与粒子在这段时间所走过路程总长或者说轨迹不同，后者较前者大许多倍。按照分子运动论，介质分子对于分散相粒子的碰撞频率很大，数量级高达 $10^{20}\mathrm{s}^{-1}$，实验无法跟踪颗粒所有运动轨迹，只能得到时间 t 内移动的距离，即 $\overline{\Delta}$。

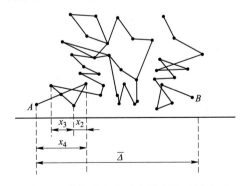

图 4-7　微粒子在介质中随机运动示意图

扩散过程中，如图 4-8 中 $c_1 > c_2$，设垂直于单位截面 AB 的平均位移在 t 时间内为 $\overline{\Delta}$，则粒子由左至右（或右至左）通过单位截面 AB 的净质量 m 满足：

$$m = \frac{(c_1 - c_2)\overline{\Delta}}{2} = \frac{(c_1 - c_2)\overline{\Delta}^2}{2\overline{\Delta}} \tag{4-8}$$

由于 $\overline{\Delta}$ 很小，可以认为

$$\frac{c_1 - c_2}{\overline{\Delta}} = -\frac{dc}{dx} \qquad (4-9)$$

代入式（4-8）得

$$m = -\frac{1}{2}\frac{dc}{dx}\overline{\Delta}^2 \qquad (4-10)$$

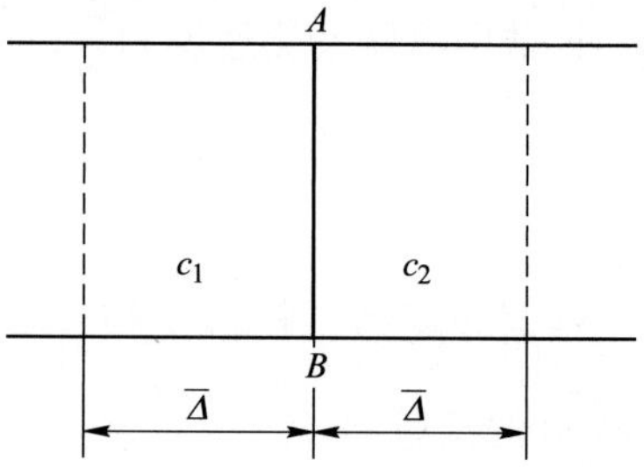

对照菲克第一定律 $dm = -D\frac{dc}{dx}dt$，那么当 $dm \to m$，

$dt \to t$ 时：

图 4-8 微粒在介质中布朗平均位移

$$-\frac{1}{2}\frac{dc}{dx}\overline{\Delta}^2 = -D\frac{dc}{dx}dt$$

$$\overline{\Delta} = \sqrt{2Dt} \qquad (4-11)$$

式（4-11）称为爱因斯坦-布朗（Einstein-Brown）平均位移公式，说明粒子的平均布朗位移是 D 和 t 的函数。由于特定系统中 D 为常数，此时 $\overline{\Delta}$ 仅随 t 变化。

式（4-11）可以改写为：$\dfrac{\overline{\Delta}^2}{t} = 2D$，那么布朗运动的平均速率 $\dfrac{\overline{\Delta}}{t}$ 与布朗位移 $\overline{\Delta}$ 成反比，即

$$\frac{\overline{\Delta}}{t} = \frac{2D}{\overline{\Delta}} \qquad (4-12)$$

由式（4-12）可知，平均位移越大，则平均位移速率越低；相反平均位移越小，平均位移速率越高。

扩散过程中，驱动力 F_D 与化学势 μ_i 的梯度成正比，由于 μ_i 是物质的量，故任何单粒子化学势应为 μ_i/N_A，其中 N_A 为阿伏伽德罗常数，故

$$F_D = -\frac{1}{N_A}\frac{d\mu_i}{dx} \qquad (4-13)$$

而

$$\mu_i = \mu_i^{\ominus} + RT\ln a_i = \mu_i^{\ominus} + RT\ln c_i \gamma_i$$

$$F_D = -\frac{1}{N_A}\frac{RT d\ln c_i}{dx_i} = \frac{-RT}{N_A}\frac{1}{c_i}\frac{dc_i}{dx_i} = \frac{-k_B T}{c_i}\frac{dc_i}{dx_i} \qquad (4-14)$$

式中，k_B 为玻尔兹曼（Boltzman）常数，$k_B = \dfrac{R}{N_A}$。

爱因斯坦指出，在稳定条件下，扩散力与黏滞阻力 fv（其中，f 为黏滞阻力系数，v 为扩散速度）相互平衡，省去下标 i，则

$$\frac{-k_B T}{c}\frac{dc}{dx} = fv \quad \text{和} \quad v = \frac{-k_B T}{fc}\frac{dc}{dx} \qquad (4-15)$$

由于物质通过横截面的流量等于其浓度与扩散速度 v 之积，将式（4-15）代入得

$$J = vc = \frac{-k_\mathrm{B}T}{f}\frac{\mathrm{d}c}{\mathrm{d}x} \tag{4-16}$$

对照菲克第一扩散定律 $J = -D\dfrac{\mathrm{d}c}{\mathrm{d}x}$，则

$$D = \frac{k_\mathrm{B}T}{f} = \frac{RT}{N_\mathrm{A}f} \tag{4-17}$$

Stokes 假定半径为 r 的刚性小球在液体介质中沉降，其沉降速度等价于小球静止而液体以相等速率逆向运动。当液体流动状态为层流时，再假定分散系统的浓度（单位体积内分散相粒子的数量）极低，粒子彼此间的距离很大，以至于粒子间无作用力存在，Stokes 得出在黏度为 η 的介质中粒子黏滞阻力 fv 满足

$$fv = 6\pi\eta rv \tag{4-18}$$

故黏滞阻力系数

$$f = 6\pi\eta r$$

代入式（4-17）得到爱因斯坦第一扩散定律式（4-19）。

$$D = \frac{k_\mathrm{B}T}{6\pi\eta r} = \frac{R}{N_\mathrm{A}}\frac{T}{6\pi\eta r} \tag{4-19}$$

可以看出，η 越小、r 越小，扩散越快。进一步将式（4-19）代入式（4-11）可得爱因斯坦-布朗运动公式。

$$\overline{\Delta} = \sqrt{2Dt} = \sqrt{\frac{RT}{N_\mathrm{A}}\frac{t}{3\pi\eta r}} \tag{4-20}$$

因此，通过实验方法测得在 t 内粒子平均位移 $\overline{\Delta}$，则可从式（4-20）计算出扩散系数 D。

4.3.3　沉降

4.3.3.1　重力沉降

分散介质中的分散相微粒，会受到重力和扩散力两种方向相反的作用力。当微粒密度大于介质时，受重力而沉降，使下层粒子浓度增加，而扩散力的作用则是促进粒子浓度均匀。当两种作用力相等时，达到平衡状态，即"重力沉降平衡"。平衡时，各水平面内粒子浓度相等，从容器底部向上会形成浓度梯度。类比地面上大气分布：

$$p_h = p_0 \cdot \mathrm{e}^{-Mgh/(RT)} \tag{4-21}$$

式中，p_0 为地表面大气压；p_h 为 h 高度处的大气压；M 为大气的平均相对分子质量；g 为重力加速度；R 为气体常数；T 为绝对温度。

离地越远，大气越稀薄、大气压越低。

胶体粒子的布朗运动与气体分子的热运动实质上与大气分子一致，对应于气体分子压力比 p_h/p_0（浓度比），胶体为不同高度的浓度比 n_2/n_1；M 为胶粒摩尔质量，在数值上等于 $N_\mathrm{A} \cdot \dfrac{4}{3} \cdot \pi r^3 \rho$（$N_\mathrm{A}$ 为阿伏伽德罗常数，6.02×10^{23}）；r 为胶粒半径；ρ 为胶粒密度。在分散介质中还要考虑浮力作用 $f = N_\mathrm{A} \cdot \dfrac{4}{3} \cdot \pi r^3 \rho_0 g$，$\rho_0$ 为介质的密度；h 在此表示胶粒浓

度为 n_1 和 n_2 两层间的距离，即 h 等于 (x_2-x_1)。因此胶粒的浓度随高度的变化关系满足式（4-22）。

$$n = n_1 \mathrm{e}^{-\left[\frac{N_A}{RT} \cdot \frac{4}{3}\pi r^3(\rho-\rho_0)\right](x_2-x_1)g} \tag{4-22}$$

胶粒浓度受重力作用随高度的变化与粒子的半径 r 和密度差 $(\rho-\rho_0)$ 有关，粒子半径越大，浓度随高度变化越明显。粒子达到沉降平衡需要一定时间，粒子越小，所需平衡时间越长。

由表 4-3 可知，当介质中粒子放置一段时间以后，似乎都有向容器底部沉降的趋势。但是，粒子越小，沉降所用时间越久。实际上，即使是粗分散溶胶，甚至悬浮液类胶体分散系统，仍能在较长时间内保持稳定而不沉降，许多溶胶往往几天甚至几年都能保持稳定而不出现明显的相分离。因此，胶体分散系统是热力学不稳定但可以在一定程度上动力学稳定的非平衡系统。胶体分散系统的沉降平衡与分散介质的黏度、外界干扰、温度变化所引起的对流等许多因素都有关系。

表 4-3   球形金属微粒在水中的沉降速度

粒子半径/m	沉降速度/m·s^{-1}	沉降 1cm 所需时间
10^{-5}	1.7×10^{-3}	5.9s
10^{-6}	1.7×10^{-5}	9.8s
10^{-7}	1.7×10^{-7}	16h
10^{-8}	1.7×10^{-9}	68d
10^{-9}	1.7×10^{-11}	19a

注：按 $\rho = 10\mathrm{g/cm^3}$，$\rho_0 = 1\mathrm{g/cm^3}$，$\eta = 1.15\mathrm{mPa/s}$ 时的计算值。

粒子的沉降速度反映了胶体分散系统的动力稳定性。在粒径比较大时，浓度梯度引起的扩散作用可忽略的条件下，分散系统介质中体积为 V_0 的胶体粒子所受合力为粒子重力（向下）与介质浮力（向上）之和，满足式（4-23）。

$$F_1 = V_0(\rho - \rho_0)g \tag{4-23}$$

对于半径为 r 球形粒子：

$$F_1 = \frac{4}{3}\pi r^3(\rho - \rho_0)g \tag{4-24}$$

同时，该粒子还受式（4-18）Stokes 黏滞阻力 fv 的作用。当重力与阻力相同时，即 $F_1 = fv$ 时，粒子所受合力为零将匀速下降。

$$\frac{4}{3}\pi r^3(\rho - \rho_0)g = 6\pi\eta rv \tag{4-25}$$

由式（4-25）可以得到球形质点半径与其在液体中的沉降速度之间的函数关系式：

$$r = \sqrt{\frac{9\eta v}{2(\rho - \rho_0)g}} \tag{4-26}$$

因此，沉降速度满足

$$v = \frac{2r^2(\rho - \rho_0)g}{9\eta} \tag{4-27}$$

式（4-27）即为沉降公式。可以看出，在其他条件相同时，沉降速率 v 与 r^2 成正比，与 η 成反比，即粒子半径越大，沉降速度越大；介质的黏度越大，沉降速率越小。因此，增加介质的黏度，可以提高粗分散粒子在介质中的稳定性。生产中往往利用这一道理，加入增稠剂，以使粗分散系统稳定。

粒子的沉降速度与粒子大小等因素有关。对于较粗粒子的分散系统，其沉降速度可进行实际的测定，并可据此求出粒子大小。但对于悬浊液，往往粒子大小不等，形成多级分散系统，单个粒子的沉降速度无法测定，可以通过沉降分析得出粒度分布。沉降实验可以通过称重法进行，如图 4-9 所示。实验时，通过沉降天平（常为扭力天平）测定不同时间 t 粒子在小盘上的净沉降量 p，作出 p-t 曲线，即可得沉降曲线（见图 4-10）。在沉降曲线不同 t 点作切线，令其相交于纵轴，求截距，再根据小盘至液面的高度 h，结合沉降公式（4-26）便可求出不同时间下系统中大于相应于某一半径 r 值的粒子所占的质量分数 Q，作 Q-r 曲线（积分分布曲线，见图 4-11（a））。由 Q-r 曲线可以进一步作出 $\mathrm{d}Q/\mathrm{d}r$-r 曲线（微分分布曲线，见图 4-11（b）），从而获得粒子大小分布曲线，在水处理的混凝实验中常用此法研究絮体特性。

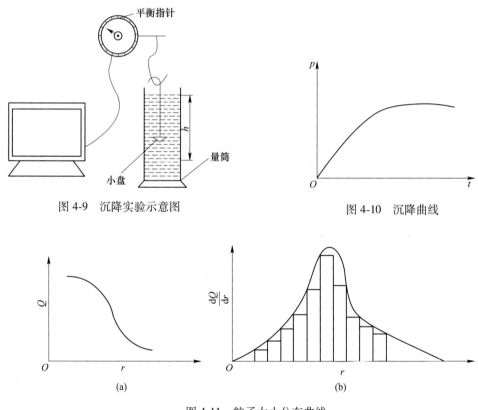

图 4-9　沉降实验示意图　　　　　图 4-10　沉降曲线

图 4-11　粒子大小分布曲线
（a）积分分布曲线；（b）微分分布曲线

4.3.3.2　离心沉降

由表 4-3 可知，当胶体溶液粒子大小处于 1～100nm 时，在重力作用下其沉降速度太小，意味着溶胶具有动力学稳定性。这时溶胶中的胶粒，只能在超离心力场中才能以显著的速度沉降下来。

实验室中，普通离心机的转速 ω 为 3000r/min（50r/s）。若以 ω 为离心机的角速度，x 为旋转轴至粒子的距离（沉降距离，设为 20cm），则离心加速度 $\omega^2 x = (50 \times 2\pi)^2 \times 20 = 1.974 \times 10^6 \text{cm/s}^2$，为重力加速度的 $1.974 \times 10^6/980 \approx 2000$ 倍。但对特别细小的胶体分散颗粒，仍不能完成沉降过程。

1924 年瑞典科学家 Svedberg 发明了超离心机，转速大幅度提高，可达 $(10 \sim 16) \times 10^4 \text{r/min}$，其离心力约为重力的 100 万倍。在这样大的离心力场中，胶粒或高分子物质（如蛋白质分子）都可以较快地沉降。

在离心力场中，离心加速度 $\omega^2 x$ 代替了重力加速度 g，平衡时离心力和黏滞阻力相等，则：

$$\frac{4}{3}\pi r^3 (\rho - \rho_0)\omega^2 x = 6\pi\eta r \frac{dx}{dt} \tag{4-28}$$

式中，x 为沉降距离；dx/dt 为沉降速度。

对式（4-28）两边进行积分：

$$6\pi\eta r \int_{x_1}^{x_2} \frac{dx}{x} = \frac{4}{3}\pi r^3 (\rho - \rho_0)\omega^2 \int_{t_1}^{t_2} dt$$

得

$$\ln \frac{x_2}{x_1} = \frac{2r^2(\rho - \rho_0)\omega^2(t_2 - t_1)}{9\eta}$$

因此，粒子半径：

$$r = \sqrt{\frac{9}{2}\eta \frac{\ln(x_2/x_1)}{(\rho - \rho_0)\omega^2(t_2 - t_1)}} \tag{4-29}$$

对高分子溶液，设每个分子形成一个粒子，1mol 共 N_A 个粒子的总质量即为其摩尔质量 M。式（4-25）左端可改写成为

$$N_A \frac{4}{3}\pi r^3 (\rho - \rho_0)\omega^2 x = V(\rho - \rho_0)\omega^2 x$$

其中 $V = \dfrac{M}{\rho}$ 为总体积，则

$$\frac{M}{\rho}(\rho - \rho_0)\omega^2 x = M\left(1 - \frac{\rho_0}{\rho}\right)\omega^2 x$$

据式（4-28）有：

$$M\left(1 - \frac{\rho_0}{\rho}\right)\omega^2 x = 6\pi\eta r N_A \frac{dx}{dt} \tag{4-30}$$

$$\frac{RT}{D}\frac{dx}{dt} = M\left(1 - \frac{\rho_0}{\rho}\right)\omega^2 x \tag{4-31}$$

因此，通过离心沉降可以得到高分子粒子的摩尔质量：

$$M = \frac{RT\ln\left(\dfrac{x_1}{x_2}\right)}{D\left(1 - \dfrac{\rho_0}{\rho}\right)(t_2 - t_1)\omega^2} \tag{4-32}$$

式中，D 为满足爱因斯坦第一扩散定律式（4-19）的扩散系数。

4.4 溶胶的光学性质

4.4.1 溶胶的光散射

4.4.1.1 丁达尔效应

在黑暗条件下，将一束强光透过溶胶溶液，从入射光的垂直方向可以观察到一条明亮的光径，且入射光越强、光径越明亮。这种现象由英国物理学家约翰·丁达尔（John Tyndall）于 1869 年在研究溶胶溶液时首先观测到，故称为丁达尔（Tyndall）效应。因为真溶液或纯液体观察不到上述现象，所以丁达尔效应常用来判别胶体分散系统。有时丁达尔效应还具有颜色特性，如氯化银、溴化银等溶胶，在光透射方向上观察呈浅红色，在垂直方向观测呈蓝色，即为著名的丁达尔蓝。

丁达尔效应的本质是光散射，即光束通过不均匀媒介时部分光偏离原方向传播的现象。光束通过胶体分散系统等、太阳辐射大气遇到尘粒和云滴等微粒时，都要发生光散射；超短波发射到电离层时也会出现散射。从光传播过程分析，光波遇到的粒子大小不同，其传播发生的改变也不相同；若粒子远大于入射光波长时，会发生光反射；若粒子小于入射光波长时，则发生光散射，可观察到光波环绕微粒向其四周发射散射光（或乳光）。由于溶胶粒子大小一般不超过 100nm，小于可见光波长（400~700nm），因此，当可见光透过溶胶时会产生明显的散射作用。而对于真溶液，虽然分子或离子更小，但因散射光的强度随散射粒子体积的减小而明显减弱，因此，真溶液对光的散射作用很微弱。

4.4.1.2 瑞利散射定律

瑞利（Rayleigh）详细研究了丁达尔现象，推导出非导电性球形粒子的散射光强度 I 与入射光强度 I_0 之间的函数关系式：

$$I = \frac{24\,\pi^3 c V^2}{\lambda^4}\left(\frac{n_2^2 - n_1^2}{n_2^2 + 2n_1^2}\right)^2 I_0 \tag{4-33}$$

式中，c 为胶体分散系统单位体积内的粒子数；V 为单个粒子体积（其线性大小小于入射光波长）；n_1、n_2 分别为分散介质和分散相的折射率。

式（4-33）即为著名的瑞利散射定律，由此可以看出散射光强度与入射光强度、单位体积中的粒子数、粒子的折射率与介质的折射率等因素有关。

（1）散射光强度与入射光波长的 4 次方成反比，即波长越短的光越易被散射。因此，当用白光照射溶胶时，由于蓝光（λ 约为 450nm）波长较短，较易被散射，故在侧面观察时，溶胶呈浅蓝色。波长较长的红光（λ 约为 650nm）被散射得较少，从溶胶中透过的较多，故透过光呈浅红色。人们曾用这个事实来解释天空呈蓝色，以及日出日落时太阳呈红色的原因。

（2）散射光强度与单位体积中的粒子数 c 成正比，通常所用的"浊度计"就是根据这个原理设计而成。当测定两个分散度相同而浓度不同的胶体分散系统的散射光强度时，若知其中一种分散系统的浓度，便可计算出另一种分散系统的浓度。

（3）散射光强度与粒子体积 V 的平方成正比。在粗分散系统中，由于粒子的线性大小大于可见光波长，故无乳光，只有反射光。在低分子溶液中，由于分子体积很小，故散射光极弱，不易被肉眼所观察，因此利用丁达尔现象可以鉴别溶胶和真溶液。

（4）粒子的折射率与周围介质的折射率相差越大，粒子的散射光越强。若 $n_1 = n_2$，则应无散射现象。一些实验证明，即使纯液体或纯气体，也有极微弱的散射。爱因斯坦等认为这是由于分子热运动所引起的密度涨落造成的。局部区域的密度涨落，也会引起折射率发生变化，从而造成系统的光学不均匀性。因此光散射是一种普遍现象，只是胶体分散系统的光散射特别强烈而已。

式（4-33）中散射光强度代表粒子所散射光的总能量。实际上散射光在各个方向上的强度有所不同。细小粒子各方向的散射光强度 I 可以表示成：

$$I_\theta = \frac{9\,\pi^2 c v^2}{2\,\lambda^4\,R^2} I_0 \left(\frac{n_2^2 - n_1^2}{n_2^2 + 2n_1^2} \right)^2 (1 + \cos^2\theta) \tag{4-34}$$

式中，I_θ 为 θ 方向的散射光强度；θ 为观察者与入射光方向的夹角；R 为观察者距样品的距离。

根据式（4-34）可以得出不同角度 θ（不同方向）的散射光强度，向量的长度表示散射光强度的相对大小，如图 4-12 所示。对于小粒子系统，由图 4-12（a）可知，散射光强度在与入射方向 MN 垂直的方向上（$\theta = 90°$）最小，随着与 MN 线相接近而逐渐增加，且这种增加是完全对称的，即在 θ 或（$180° - \theta$）的方向上散射光强度相同。显然在 $\theta = 0°$ 或 $180°$ 时散射光强度最大。对于大粒子系统（线性大小大于 $\lambda/10$），超过瑞利定律的限制，则散射光强度的角分布将发生改变，其对称性受到破坏（见图 4-12（b）），在这种情况下，当与入射光射出的方向呈锐角时，散射光强度最大。根据这个现象，可以估计溶胶的分散度和粒子形状。

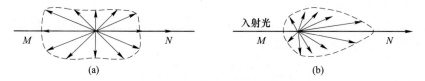

图 4-12　不同大小粒子系统中散射光的角分布
(a) 小粒子系统；(b) 大粒子系统

4.4.2　溶胶的光吸收

溶胶大部分没有颜色，不过许多溶胶会呈现特定色泽，如 $Fe(OH)_3$ 溶胶和 CdS 溶胶分别为红色和黄色。和普通物质一样，溶胶呈现颜色也是由于其中质点对光存在选择性吸收。一般自然可见的白光是由不同波长（400~700nm）的电磁波按一定比例组成的混合光，通过棱镜可分解成红、橙、黄、绿、青、蓝、紫等多种颜色连续的可见光谱。在光学中，两种颜色的光以适当比例混合形成白光时，这两种颜色就称为"互为补色"，如红色与青色（水蓝色）互为补色，蓝色与橙黄色互为补色，黄绿色与蓝紫色互为补色等。如果物质对可见光中的某一波长有较强的选择性吸收，则透射光中该波长部分将变弱，这时透射光就呈该波长光的补色，如金溶胶对 500~600nm 波长的绿光有较强吸收，因此白光透过金溶胶后的颜色为绿色的补色，即红色。物质对混合光中某种波长有较强选择性吸收的性能主要取决于其化学结构，然而胶体分散系统中粒子的大小变化也会引起其颜色改变，如不同粒子大小的金溶胶就呈现不同颜色，当分散度很高粒子很微小时，金溶胶呈红色，吸收峰为500~550nm，这时光的散射很弱；当胶粒的粒径增大时，散射增强，随着粒子的逐渐增大，系统的最大吸收峰波长也逐渐向长波方向移动，颜色也将由红色逐渐变成蓝色。需要指出，溶胶颜色的变迁是由分散相颗粒大小迭变所引起的，即分散系统散射的结果，而不属于分散系统真正的光吸收。Ostwald 曾对银溶胶老化过程进行了追踪观察，他发现溶胶老化过程也是溶胶粒子变大过程，外观颜色也将随粒子的增大而变化，其变化情况见表4-4。各种溶胶分散度在降低的过程中，颜色一般也是从黄红色逐渐变成蓝绿色。

表 4-4　银溶胶颜色与粒子大小之间的关系

粒子直径/nm	10~20	25~35	35~45	50~60	70~80	120~130
银溶胶颜色	黄	红	紫红	蓝紫	蓝	绿

影响溶胶对光吸收的因素十分复杂，除了分散系统化学结构外，粒子本身的结构，以及界面结构性质能影响溶胶颜色。

照射在物质表面的单色光，通过物质的一定厚度后，由于部分光能被吸收，透射光的强度就要减弱。物质对某一波长光吸收的强弱与吸光物质的浓度及其厚度有关，厚度越厚，光强度减弱越显著，满足比尔-朗伯定律（Beer-Lambert Law）（见式(4-35)）。

$$A = \lg \frac{1}{T} = kbc \tag{4-35}$$

式中，A 为吸光度；T 为透光度，$T = \dfrac{I}{I_0}$；I、I_0 分别为透射光与入射光强度；k 为与物质性质和入射光波长相关的摩尔吸光系数；b 为吸收层厚度，cm；c 为吸光物质的浓度，mol/L。比尔-朗伯定律适用于所有的电磁辐射和吸光物质，包括气体、液体、固体、分子、原子、离子及胶体分散系统，是比色分析及分光光度法的理论基础。

胶体分光光度法也是环境监测过程中某些物质表征的重要手段之一。如基于硫化物在弱酸性溶液中，会形成以 S^{2-} 或 Cu^{2+} 为分散相的胶体溶液，该溶液在490nm 的吸光度与 S^{2-} 浓度在一定范围内符合比尔-朗伯定律，故经常采用胶体分光光度法测定环境水质中的硫化物。气溶胶的光学性质对其环境效应的评估具有重要意义，其中对光散射和吸收作用的影响就是地-气系统辐射平衡和大气能见度的两种主要表征方式。

4.4.3　胶体颗粒的光学分析法

4.4.3.1　光学显微镜

胶体颗粒一般小于 $1\mu m$，不能够被人眼识别，只能借助显微镜观测。显微镜的分辨率被用于描述显微镜区分细节的能力，既表示成像观察时能分清微区两点最小距离，又表示分析微区成分时能够分辨的最小范围，对于能够观察到的颗粒大小起关键作用。根据阿贝成像理论，显微镜的分辨率 A 满足式（4-36）。

$$A = \frac{\lambda}{2n\sin\alpha} \tag{4-36}$$

式中，λ 为入射光波长；n 为物体和接物镜间介质的折射率；α 为被观察物体轴点发出的光与射于接物镜上边缘线间的夹角（常称孔径角），在一般估算中近似于 $\pi/2$，即

$\sin\alpha = 1$。如使用波长为 500nm 的入射光时，在空气中（$n=1$）的分辨率 $A = \dfrac{500}{2 \times 1 \times 1} =$
250nm；在水中（$n=1.333$），$A = \dfrac{500}{2 \times 1.333 \times 1} = 188$nm；在油介质中（$n=1.575$），$A =$
$\dfrac{500}{2 \times 1.575 \times 1} = 159$nm。若使用波长为 350nm 的紫外光，在油介质中 $A = \dfrac{350}{2 \times 1.575 \times 1} =$
110nm。可见，普通光学显微镜的分辨率约为 200nm；即使在极端条件下，也只能看到
110nm 大小的颗粒，因而难以直接用来观察胶体分散系统。

在普通显微镜的基础上进一步发展了超显微镜，即一种暗视野显微镜。超显微镜根据
丁达尔效应原理，利用暗视野聚光器将光源中央光束阻挡，使光径发生改变倾斜照射于样
本发生反射或散射，在黑暗背景上观测胶体颗粒因光散射而呈现的闪烁亮点。尽管超显微
镜实质上没有提高显微镜的分辨率，但由于粒子发出强烈的散射光信号，5~10nm 的胶粒
也可以被观察到。

超显微镜通常有两种类型，即狭缝式超显微镜（见图 4-13（a））和心形聚光器或抛
面镜聚光器（见图 4-13（b））超显微镜。其中狭缝式超显微镜以电弧为光源，经过透镜
和可调节的狭缝（光栏）使细小的光束从侧面照射溶胶。抛面镜聚光器通常置于普通显微
镜的普通聚光器位置上，由抛面反光镜改变光线方向并聚于一点（此处放置溶胶样本），
从而可在黑暗背景上通过显微镜观察到胶粒的布朗运动。

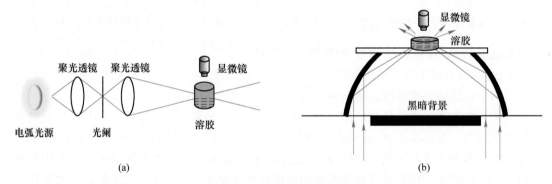

图 4-13 超显微镜示意图
（a）狭缝式；（b）抛面镜聚光器

超显微镜在胶体化学的发展历史上起着重要作用。尽管在超显微镜下不能直接看到胶
粒的大小和形状，但结合其他数据仍可计算出胶粒的平均大小并推断出胶粒的形状。例
如，在超显微镜下数出视野中粒子的平均个数，然后再换算出每毫升溶胶所含的胶粒数 n。
若胶粒的密度为 ρ，每个胶粒的体积为 V，则每毫升溶胶中胶粒的总质量 m 应为 $m=nV\rho$。
若胶粒是球形的，其半径为 r，则：

$$V = \frac{m}{n\rho} = \frac{4}{3}\pi r^3$$

$$r = \sqrt[3]{\frac{3m}{4\pi n\rho}} \tag{4-37}$$

式（4-37）中，胶粒的总质量 m 通过定量分析求得。显然，求得胶粒半径 r 后，可根据

式（4-38）求出胶体粒子的粒子质量 M。

$$M = \frac{4}{3}\pi r^3 \rho N_A \qquad (4\text{-}38)$$

式中，N_A 为阿伏伽德罗常数。

用超显微镜也可以推断粒子的形状。例如，在视野中若看到"光点"（胶粒的散射光）闪烁不定，时明时暗，则表明此种粒子为不对称的棒状（如 V_2O_5 等）或片状物（如蓝色的金溶胶等）；如散射光亮度不变，即"光点"不产生闪烁现象，则表明此为对称的球形或立方体胶粒（如 Ag、Pt 等胶粒）。

总之，超显微镜在胶体分散系统研究中应用相当广泛，除上述特性外，还能给出关于布朗运动、沉降平衡、电泳淌度及絮凝沉降等方面的信息。但要真正了解胶体的形状和大小，还需要借助更先进的电子显微镜。

4.4.3.2 电子显微镜

电子显微镜是一种电子光学微观分析仪器，可将物体放大到 50 万倍。电子显微镜与光学显微镜工作原理类似，不同之处在于其采用电子波代替光波、电磁聚光镜代替普通聚光镜。此外，光学显微镜中物像多用肉眼直接观察，而电子显微镜中的物像通过荧光屏或电子屏幕显示。在测试过程中，需要将聚焦成很细的电子束打到样品待测微区，利用电子显微镜捕获样品信息，再通过计算机收集、整理和分析，得出微观形貌、结构和化学成分等有用信息。自 1933 年德国的 Ruska 和 Knoll 等人在柏林制成第一台电子显微镜后，几十年来，有许多用于表面结构分析的现代仪器先后问世，如透射电子显微镜（TEM）、扫描电子显微镜（SEM）、扫描隧道显微镜（STM）、场电子显微镜（FEM）、场离子显微镜（FIM）、低能电子衍射（LEED）、俄歇谱仪（AES）、光电子能谱（ESCA）、电子探针、原子力显微镜（AFM）、激光力显微镜（LFM）、静电力显微镜（EFM）等，这些工具在界面胶体科学各领域的研究中发挥重要作用。

对电子显微镜而言，分辨率既是成像观察时能分清微区两点的最小距离，又是分析微区成分时能够研究的最小范围。为了突破光学显微镜分辨率的局限，电子显微镜利用波长短许多的电子束作为光源。根据 1924 年德布罗意提出的"物质波"假说，一切物质都具有波粒二象性，电子等微粒也具有干涉和衍射等波动现象。电子的波长比光波长短得多，故可大大提高分辨率。研究表明，电子波波长 λ 与加速电压 V 有关，满足式（4-39）。

$$\lambda = \sqrt{\frac{1.5}{V}} \qquad (4\text{-}39)$$

由此可见，加速电压越大，电子波波长越短。例如在 50000V 的加速电压下，波长仅为 5.47×10^{-3} nm。根据式（4-36），此时电子显微镜的分辨率约为 2.74×10^{-3} nm，比光学显微镜高得多。另一与分辨率相关的指标是"放大率"，定义为人眼可以分辨最小距离（以 2×10^5 nm 为准）与所用显微镜的分辨率之比。对分辨率为 200nm 的显微镜，放大率为 $2 \times 10^5/200 = 1000$ 倍。普通光学显微镜的最大放大率约为 2500 倍，即使采用波长更短的紫外线，也只能提高到 3500 倍。但电子显微镜的放大率一般可达 25 万~30 万倍，甚至 50 万倍。因此，利用电子显微镜不仅可以直接观察到胶粒的大小和形状，而且利用扫描电镜还可以直接观察多孔性物质的孔结构等微观信息。

A   透射电子显微镜

当一束聚焦的高速电子沿一定方向轰击样品时，电子与固体物质中的原子核和核外电子发生作用，会产生二次电子、背散射电子、俄歇电子、吸收电子、透射电子等很多信息。当样品厚度小于入射电子穿透深度时，一部分入射电子穿透样品从下表面射出。透射电子显微镜（TEM）就是利用穿透样品的透射电子成像，如图4-14所示。

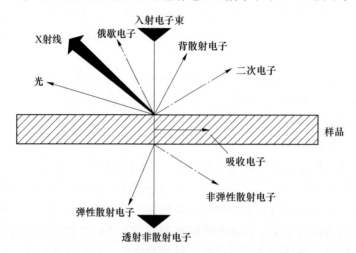

图 4-14   电子束与固体物质相互作用所产生信息示意图

图4-15为透射电子显微镜（TEM）构造原理及其电子束光路示意图，通过电子枪发射出的电子束在真空通道中沿着镜体光轴穿越聚光镜汇聚成一束尖细、明亮、均匀光斑，照射在样品上透过后的电子束携带有样品内部的结构信息。样品内致密处透过的电子量少，稀疏处透过的电子量多；经过物镜的会聚调焦和初级放大后，电子束进入下级的中间透镜进行综合放大成像，最终被放大了的电子影像投射在观察室内的荧光屏板上将电子影像转化为可见光影像以供使用者观察。若样品很薄（几十个纳米的厚度），则透射电子的主要部分是弹性散射电子，这时成像清晰，电子衍射斑点明锐，在白色背景上可观察到样品的黑色颗粒；若样品较厚，则透射电子数减少，且含一部分非弹性散射电子，这时成像模糊，电子衍射斑点也不明锐。对于胶体分散系统，由于样品电子衍射不明显（衬度不够），需要对样品进行负染色预处理或通过冷冻刻蚀（Cryo-TEM）才能获得清晰图像。

负染色技术最早由 Brenner 和 Horne 于1959年提出，因其简单、快捷及成像衬度高等特点而被广泛应用。其原理主要是用染色剂中的重金属粒子沉积在大分子或胶体分散系统周围产生包埋作用，形成由重金属包围的空心结构轮廓（相对于重金属的相对分子质量，胶体分散颗粒可以近似为空白物）。当电子束透过染色样品时，重金属层成像空白处为密度低的分散系统"负"像。用于负染色的材料应该具有性质稳定、不与样品反应、电子密度较大、分子小溶解度大等特点（如醋酸双氧铀、磷钨酸、磷钨酸钠、钼酸铵等）。

冷冻刻蚀技术可以在含水状态下，观察到聚集体形貌和结构，避免了因干燥而使聚集体微观结构发生变化的弊端。在样品制备的过程中，需要在-170℃以下的超低温环境下迅速冷冻样品，再用冷刀片将样品极快蚀刻，并喷铂和碳形成复制样品形貌的薄膜。制备得到的铂-碳膜可以长时间保存，再通过 TEM 观察到被冷冻时刻样品信息。

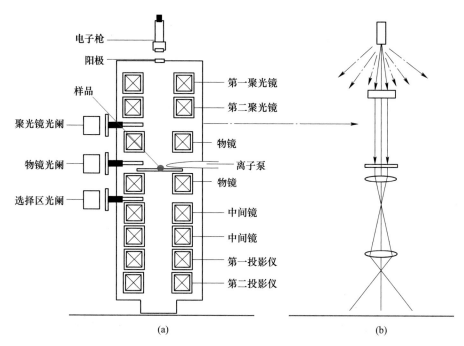

图 4-15　透射显微镜构造原理及其光路示意图

（a）透射电子显微镜；（b）电子束光路

B　扫描电子显微镜

扫描电子显微镜（SEM）依据电子与物质相互作用获取样品表面微区影像信息，其组成结构如图 4-16 所示。首先电子枪发出的电子在磁透镜系统的作用下，形成直径 5~10nm 的电子束，经中间扫描线圈使电子束逐点扫描轰击样品表面，在被激发的区域产生二次电子、俄歇电子、特征 X 射线和连续谱 X 射线、背散射电子、透射电子及可见、紫外、红外光电磁辐射或者电子-空穴对、晶格振动（声子）、电子振荡（等离子体）等；通过不同信号探测器接收这些信息后，经放大送到显像管上，形成二次电子信号。由于样品表面高低不平，从其表面上发出的二次电子信号随形貌不同而变化，由于显像管和电镜镜筒中的扫描线圈受同一扫描发生器控制，因此是严格同步的，所以，样品上每一点的二次电子信号与显像管上的亮度强弱也是一一对应的。由于样品上电子束扫描区可控，扫描区域越小，放大倍数就越大，故可根据需求制造出功能配置不同的 SEM。

SEM 是研究固体材料表面三维结构形态的有效工具之一，可以获取被测样品本身的各种物理、化学信息，如形貌、组成、晶体结构、电子结构和内部电场或磁场等。虽然 SEM 的分辨率不如 TEM，但其对粗糙样品表面仍可以构成细致的图像，分辨率极限可达 6nm，且具有景深长、富有立体感、放大倍数连续可变、可放置大块样品直接进行观察等优点。SEM 图在黑色的背景上可观察到白色颗粒。此外，SEM 若配上其他专用附件，即可一机多用，从而实现 EPMA（电子探针 X 射线显微分析仪）和 EDX（电子衍射仪）等功能。

C　扫描隧道显微镜

扫描隧道显微镜（STM）也是一种扫描探针显微工具，通过探测扫描探针和样品之间的量子隧穿电流来分辨固体表面形貌特征，其基本工作原理是量子隧穿效应。

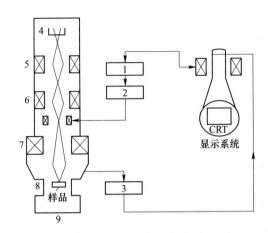

图 4-16　扫描电子显微镜示意图

1—扫描电源；2—方法装置；3—信号放大器；4—电子枪；5—第一聚光镜；

6—第二聚光镜；7—物镜；8—样品室；9—真空系统

利用量子力学电子隧道效应，通过探测固体表面原子中电子隧道电流强度分辨样本表面形貌。根据经典物理，粒子的能量 E 低于前方势垒高度 U 时，不可能越过此势垒；在量子力学中，粒子具有波动性，能量低于势垒的粒子越过势垒的概率不为零，即存在量子隧穿效应。STM 工作时，将一原子线度的极细金属探针与被研究物质（样本）表面作为两电极，非常靠近（距离小于 1nm）时，在外加电场作用下，电子会穿过两个电极之间的势垒，流向另一电极，如果待测样品具有一定的导电性就可以产生隧道电流。隧道电流强度对针尖与样品表面间距非常敏感，距离若减小 0.1nm，隧道电流将增加一个数量级，因此，利用电子反馈线路控制隧道电流恒定，并通过压电陶瓷材料控制探针在样品表面的扫描，则垂直于样品方向上的高低变化能够反映出样品表面的起伏（见图 4-17（a））。将针尖在样品表面扫描时运动的轨迹直接在电脑显示屏上显示出来，就得到了样品表面密度的分布或者原子排列的图像，由施加于 z 向驱动器的电压值可估算表面起伏度值，实现对表面形貌观察。对于表面起伏不大的样品表面，可控制针尖高度守恒进行扫描，通过记录隧道电流的变化亦可得到表面态密度的分布（见图 4-17（b））。后一种扫描方式的特点是扫描速度快，能够减少噪声和热漂移对信号的影响，但一般不能用于观察表面起伏大于 1nm 的样品。

STM 可以观察和定位单个原子，比 SEM 分辨率更高。在低温（4K）下，STM 还可以利用探针尖端精确操纵原子，已经成为现代纳米科技重要的分析手段和加工装置。

4.4.3.3　动态光散射法

动态光散射（DLS）是通过测量样品散射光强度变化获得胶体分散系统颗粒大小信息的一种技术。因为样品中"粒子"存在不停顿布朗运动，故运用"动态"表示。

DLS 的测试原理基于微粒布朗运动引起的散射光多普勒效应，该理论于 1842 年由奥地利物理及数学家多普勒首先提出。主要内容为光波长会随波源和观测者的相对运动发生变化，在运动波源的前面，波被压缩，波长变短，频率变高（出现蓝移）；在运动波源的后面，波长变长，频率变低（出现红移）；而且波源运动越快产生效应越强；通过波

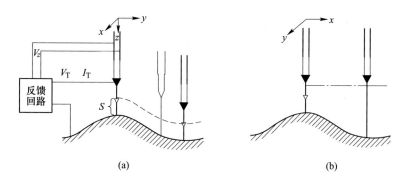

图 4-17 扫描模式 STM 示意图

（a）$V_z(V_x,V_y) \rightarrow z(x,y)$；（b）$\ln I(V_x,V_y) \rightarrow \sqrt{\phi} z(x,y)$

S—针尖和样品间距；I，V_b—隧道电流和偏置电压；

V_z—控制针尖在 z 方向高度的反馈电压

蓝（红）移的程度即可计算出波源相对观测方向运动速度。日常生活中，我们发现救护车由远而近时，鸣笛的频率越来越高，就是多普勒效应的结果，还可以根据声音频率变化快慢判断救护车运动速度。

对于胶体分散系统，由于微粒杂乱无章的布朗运动，朝向监测器的散射光更早到达（频率增高），逆向监测器的散射光更晚到达（频率降低）。根据这种微小的频率变化可以测量溶液中分子的扩散系数 D，再由式（4-19）可求出分子的流体动力学半径 r（水合半径）。DLS 可用于表征蛋白质、高分子、胶束、多糖和纳米材料等胶体分散系统的颗粒尺寸，测试结果取决于颗粒的性质、表面结构、浓度和介质中的离子种类等。应用 DLS 也可以研究胶体分散系统的动力学稳定性，随着微粒的聚沉具有较大粒径的颗粒变多，故粒径随时间分布规律就反映了颗粒聚沉趋势。同样，DLS 也可以用来分析温度对胶体稳定性的影响。DLS 测量颗粒粒径具有准确、快速、可重复性好等优点，已经成为胶体分散系统和纳米科学中的一种常见表征方法，现在该类仪器还可以用来测量 Zeta 电位、高分子聚合物的相对分子质量等。

4.5 溶胶的电学性质

4.5.1 溶胶分散系统表面电荷

在溶胶分散系统中，胶粒表面一般都带有一定电荷，这种现象主要由表面分子电离、离子吸附、晶格取代等因素引起[2]。

4.5.1.1 表面分子电离

溶胶颗粒是高分子电解质时，与水接触就可能发生电离，表现为一种离子进入分散介质中，另一种带异电荷的离子留在胶粒表面（不同 pH 值表面带电不同）。如蛋白质分子作为氨基酸高聚物，在水溶液中会发生水解电离生成 COO^- 或 NH_4^+，从而使蛋白质分子的剩余部分成为带电的离子。高分子所带净电荷为零，对应的 pH 值称为等电点（pI），此时在电场中不出现电泳现象，蛋白质分子的 pI 一般在 4.7 左右。如图 4-18 所示，在不同 pH 值条件下，水介质中蛋白质分子所携带电荷情况不同。

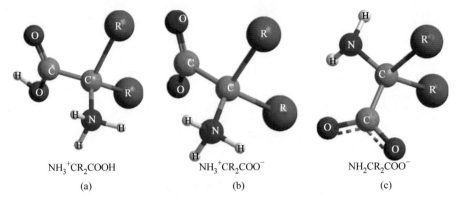

图 4-18   蛋白质分子在不同 pH 值条件下电离示意图

（a）pH<pI；（b）pH=pI；（c）pH>pI

无机聚电解质在水分散介质中也会水解电离，携带电表面。如两性金属氧化物的解离，$AlCl_3+3NaOH=Al(OH)_3+3NaCl$（碱性介质中吸附 OH^- 带负电）；$Al(OH)_3+3HCl=AlCl_3+3H_2O$（酸性介质中吸附 H^+ 带正电）。黏土为硅铝酸盐聚合物，在不同酸碱条件下，水解反应不同，最基本反应如图 4-19 所示。由于高岭土等电点为 5，蒙脱土为 2，故分散在中性介质中时都带负电荷，而蒙脱土带电更多。如果固体表面是硅酸盐类无机物，在水中电离 H^+ 后，表面留下 SiO_3^{2-}。

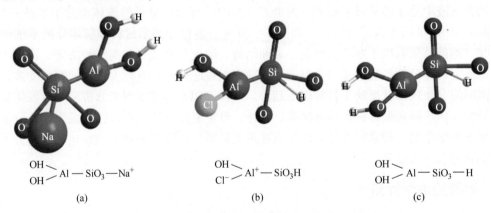

图 4-19   黏土在不同 pH 值条件下的水解示意图

（a）碱性；（b）中性；（c）酸性

高岭土、蒙脱土等黏土颗粒的较强电负性，在水中电离后表面带电，维持良好的分散性和稳定性；在矿物分选过程中，矿浆中的黏土颗粒会通过静电吸附于矿物表面形成矿泥罩盖，影响分选效果。

4.5.1.2　离子吸附

溶胶颗粒的巨大比表面积赋予其很强的吸附能力，容易发生表面离子吸附，使胶粒表面带有电荷。不同的胶粒会吸附不同电性离子，一般金属的氢氧化物和氧化物胶粒吸附阳离子，胶粒带正电；非金属氧化物、金属硫化物胶粒吸附阴离子，胶粒带负电。

溶胶颗粒的离子吸附，包括化学吸附和物理吸附。化学吸附可吸附不同质的异号离子。图 4-20 为 AgBr 胶粒结构示意图，AgNO$_3$ 过量时，Ag$^+$ 吸附在胶粒表面带正电；KBr 过量时，Br$^-$ 吸附在胶粒表面带负电。根据法扬斯（Fajans，美国化学家）规则，对同晶格离子，溶解度低者，优先吸附。由于 AgI 的溶解度小于 AgBr，而 AgBr 的溶解度小于 AgCl，故卤素离子在 AgX 上的吸附能力大小顺序是：I$^-$ > Br$^-$ > Cl$^-$。

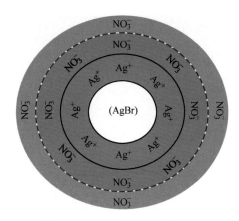

图 4-20　AgBr 胶粒结构示意图

对于物理吸附，若溶胶颗粒吸附表面活性剂分子，极性基团易被吸附到极性（亲水）表面，非极性基团易被吸附到非极性（疏水）表面。当非极性基团被吸附到疏水表面时，疏水表面则会变为亲水，亲水基团由于水解或者电离导致溶胶颗粒表面带电。

4.5.1.3　晶格取代

晶格取代（不同价电的离子）是指在胶体颗粒中，一部分阳离子被化合价不同的其他阳离子所置换，所产生的表面电荷过剩现象。如，黏土矿物胶粒，在成矿时有些 Al^{3+} 的位置被 Ca^{2+}、Mg^{2+} 所取代，使晶体表面电荷变化发生带电现象。

4.5.1.4　相接触电荷

根据 Coehn 经验规律，两个非导体相接触时，介电常数大的一相带正电，另一相带负电。如玻璃（$\varepsilon_r \approx 5\text{~}6$）与水（$\varepsilon_r \approx 81$）接触时，玻璃带负电，水带正电；玻璃（$\varepsilon_r \approx 5\text{~}6$）与苯（$\varepsilon_r \approx 2$）接触时，玻璃带正电，苯带负电；水滴在油中带正电，油滴在水中带负电。但也有例外，如玻璃与二氧杂环己烷（$\varepsilon_r \approx 2.2$）接触时，玻璃带负电。

由于以上原因，在水体中大多数溶胶颗粒都会携带着一定数量的电荷，因此对各种微量离子性污染物（如重金属等）有强烈的吸附作用，故胶体分散系统对这类污染物的迁移转化发挥重要作用。

4.5.2　溶胶分散系统表面带电模型

溶胶颗粒表面带电，所形成的电场作用于留在分散介质中的离子，必然会出现电荷分布不均匀现象。为保持胶体分散系统整体电中性，在表面电场作用下，分散介质中带胶粒表面异电荷的反离子会通过静电吸引靠近胶粒表面，而带胶粒表面同电荷的离子则被排斥远离，形成所谓"扩散双电层"。长期以来，科学家们提出多种胶体分散系统表面带电模型。

4.5.2.1　Helmholtz 平行板电容模型

由 Helmholtz 在 1879 年最早提出，他认为离子在固-液接触面上形成双电层，固体表面为一个电层，一定距离远处溶液内为另一电层，形成由相互平行且排列整齐相异离子构成的平板电容器，如图 4-21（a）所示。假设固体表面带正电荷，由于静电引力液相内负离子形成另一平面，两平面相距 δ（略大于水化负离子半径，数量级约为 10^{-10} m）。设固体表面和 δ 处的电位分别为 ψ_0 和 ψ，表面电荷密度为 σ，则平板电容器两板间匀强电场 E 满足式（4-40）。

$$E = \frac{\sigma}{\varepsilon} \tag{4-40}$$

式中，ε 为介质的介电常数。

两板之间的电位差为 $\psi_0 - \psi$。

$$\psi_0 - \psi = E\delta = \frac{\sigma}{\varepsilon}\delta$$

$$\psi = \psi_0 - \frac{\sigma}{\varepsilon}\delta \tag{4-41}$$

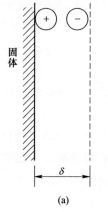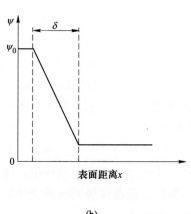

图 4-21　Helmholtz 双电层模型

（a）Helmholtz 平行板电容模型；（b）Helmholtz 模型中的电位变化

如图 4-21（b）所示，在 Helmholtz 模型中，双电层内电位直线下降，在 δ 处达到平衡后便不再变化。由于忽略了离子在溶液中的热运动，Helmholtz 模型并不能完全描述实际胶体分散系统的性质。实际上，离子分布达到平衡时，在固体表面附近反离子的数量较多，随着离开固体表面距离增加而逐渐降低；具有与固体表面相同电性离子的分布正好相反。

4.5.2.2　Gouy-Chamman 扩散模型

为了避免 Helmholtz 模型的局限性，Gouy 和 Chamman 分别于 1910 年和 1913 年提出扩散双电层模型。他们假设界面为平面，电荷分布均匀，溶液中反离子在电场作用下扩散分布。溶液中的反离子除受固体表面离子的静电吸引外，还由于自身热运动力图均匀分布，从而在界面附近形成服从玻尔兹曼（Boltzmann）定律的扩散分布，如图 4-22（a）所示。

仍然设界面附近电位为 ψ_0，在离表面 x 处电位为 ψ（见图 4-22（b）），该处正负离子浓度的玻尔兹曼分布如图 4-22（c）所示，单位体积电荷密度 ρ 满足式（4-42）。

$$\rho = \sum_i z_i e n_i = \sum_i z_i e \exp\left(-\frac{z_i e \psi}{k_B T}\right) \tag{4-42}$$

式中，n_i 为溶液内部远离双电层时 i 离子的离子浓度；z_i 为 i 离子的离子价；e 为一个离（电）子所带电荷（基元电荷），$e = 1.6 \times 10^{-19}\mathrm{C}$；$k_B$ 为玻尔兹曼常数；$z_i e \psi$ 为把 z_i 个表面离子从 ∞ 远处迁移至 x（电位为 ψ）所需功即该处静电位能。对于 $z:z$ 型电解质，正和负离子的价数相同，绝对值都等于 z，$n_0^+ = n_0^- = n_0$；那么，在 x 处的单位体积内电荷密度可以表达为式（4-43）。

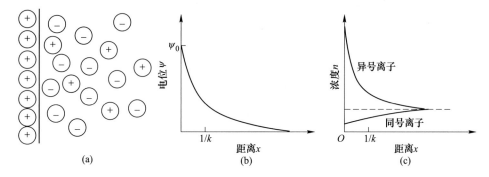

图 4-22 扩散双电层示意图

（a）扩散双电层模型；（b）扩散双电层模型电位分布；（c）正负离子浓度的玻尔兹曼分布

$$\rho = ze(n_+ - n_-) = zen_0 \left[\exp\left(-\frac{ze\psi}{k_BT}\right) - \exp\left(\frac{ze\psi}{k_BT}\right) \right] \tag{4-43}$$

若电荷分布是连续的，将每个离子看作是一个电荷质点，那么电位分布满足 Poisson 方程式（4-44）。

$$\nabla^2\psi = \frac{\partial^2\psi}{\partial x^2} + \frac{\partial^2\psi}{\partial y^2} + \frac{\partial^2\psi}{\partial z^2} = -\frac{\rho}{\varepsilon} \tag{4-44}$$

式中，ε 为介电常数，$\varepsilon = \varepsilon_r\varepsilon_0$，$\varepsilon_0 = 8.854 \times 10^{-12}\mathrm{C/(V \cdot m)}$ 为真空的绝对介电常数，ε_r 为相对介电常数。

为简化计算，只考虑离开固体表面垂直 x 方向，

$$\nabla^2\psi = \frac{\mathrm{d}^2\psi}{\mathrm{d}x^2} = -\frac{\rho}{\varepsilon} \tag{4-45}$$

应用边界条件，$x = 0$ 时，$\psi = \psi_0$；$x = \infty$ 时，$\psi = 0$；在 $ze\psi_0/(k_BT) \leqslant 1$ 时，根据级数展开，取其近似。

$$\exp\left(\frac{ze\psi_0}{2k_BT}\right) \approx 1 + \frac{ze\psi_0}{2k_BT} \tag{4-46}$$

将式（4-46）代入式（4-43）可得式（4-47）。

$$\rho = ze(n_+ - n_-) = \frac{z^2e^2n_0\psi}{k_BT} \tag{4-47}$$

再将式（4-47）代入式（4-45）得二阶微分方程式（4-48）。

$$\frac{\mathrm{d}^2\psi}{\mathrm{d}x^2} = -\frac{z^2e^2n_0\psi}{\varepsilon k_BT} \tag{4-48}$$

解式（4-48）经简化得 Debye-Hückel 近似方程式（4-49）。

$$\psi = \psi_0\exp(-\kappa x) \tag{4-49}$$

$$\kappa = \left(\frac{n_0z^2e^2}{\varepsilon k_BT}\right)^{1/2} = \left(\frac{e^2N_Acz^2}{\varepsilon k_BT}\right)^{1/2} \tag{4-50}$$

式中，c 为离子浓度。$1/\kappa$ 是长度单位，通常用来表示扩散双电层的厚度。根据电解质溶液理论，$1/\kappa$ 也是离子氛的厚度，与电介质中离子的价数和浓度有关。若有 i 种离子，总浓度为 $\sum ic_i$，溶液的离子强度 $I = 1/2\sum iz_i^2c_i$。当有多种离子存在时，式（4-50）可改写

为式（4-51）。

$$\kappa = \left(\frac{-e^2 N_A \sum i z_i^2 c_i}{\varepsilon k_B T} \right)^{1/2} = \left(\frac{2e^2 N_A I}{\varepsilon k_B T} \right)^{1/2} \tag{4-51}$$

在 25℃ 的同价离子水溶液中，据式（4-51）可得 κ。

$$\kappa = 0.328 \times 10^{10} (z_i^2 c_i)^{1/2} \tag{4-52}$$

通过式（4-52）可计算出各种电解质溶液在不同浓度时的 κ^{-1} 值。如 1∶1 型电解质溶液，浓度为 0.1mol/dm^3，$\kappa^{-1} = 1\text{nm}$；浓度为 0.01mol/dm^3，$\kappa^{-1} = 30.4\text{nm}$。对于 2∶2 型电解质溶液，浓度为 0.01mol/dm^3，$\kappa^{-1} = 15\text{nm}$。这个厚度与平板电容器型双电层模型的厚度相仿。图 4-23 是各类电解质在不同浓度下的电位分布曲线。图 4-23 中曲线表明，凡是电解质浓度大的，离子价数高的曲线，电位分布区较窄，电位曲线下降较快，扩散层厚度液较薄。这时，表面电荷密度 σ 和空间电荷密度 ρ 满足函数关系式（4-53）。

$$\sigma = -\int_0^\infty \rho \mathrm{d}x = \varepsilon \kappa \psi_0 = \frac{\varepsilon \psi_0}{\kappa^{-1}} \tag{4-53}$$

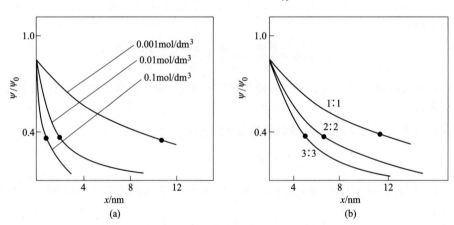

图 4-23 Debye-Hückel 理论近似双电层电位随表面距离变化关系

（" • "处为 κ^{-1} 值）

（a）1∶1 型电解质，不同浓度的电位分布曲线；

（b）在同一浓度（0.01mol/dm^3）下，不同类型电解质的电位分布曲线

4.5.2.3 Stern 扩散电层

Gouy-Chapman 扩散模型认为扩散层离子以点电荷形式存在，实际离子由于存在水化作用会具有一定体积，且固体表面附近离子分布与体相存在差异。1924 年 Stern 进一步修正了 Gouy-Chapman 模型，提出离子有大小，离子中心到微粒表面距离不小于离子半径；离子与微粒表面除静电相互作用，还有范德华力等非静电力。因此，应该将扩散层再分为两部分，即紧贴固体表面的 Stern 层和 Stern 层之外的扩散层，以被吸附水化离子中心连成的面称为 Stern 面，如图 4-24（a）所示。若固体表面电位为 ψ_0，Stern 面上的净电位是 ψ_s（Stern 电位）。由于存在 Stern 层，溶液中的扩散层变成从 Stern 面到溶液本体的反离子扩散层，其电位应当从 ψ_s 衰减到零。引入 Stern 层的假设后，Gouy-Chapman 的扩散双电层理论更趋完善，被称为 GCS 理论。可以将 Stern 层中的离子看作固体表面的一部分，所以

在 Gouy-Chapman 理论的扩散双电层处理上，应当用 ψ_s 代替 ψ_0 更恰当。图 4-24（b）为固体表面电位 ψ_0 变化到 Stern 电位 ψ_s，以及扩散层内从 ψ_s 衰减到零的示意图。

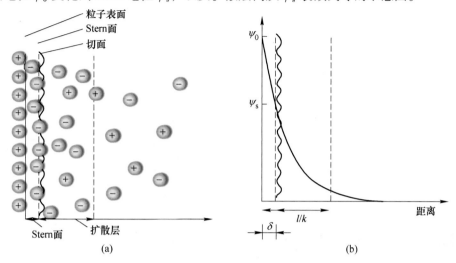

图 4-24 双电层结构示意图

（a）Stern 扩散电层模型；（b）Stern 扩散电层电位分布

在 Stern 层内，表面对离子的吸附能力比较强，不仅可以阻止使离子脱离固体表面的热运动，还能改变离子水化半径。特殊离子的吸附力不仅为静电作用，还包括范德华引力等。离子越大则越容易被吸附，水化能力强的离子则不利于吸附。往分散介质中添加电解质，外加离子被固体表面吸附后对 ψ_s 的改变主要由电解质性质所决定。如果外加离子与固体表面电荷相同又能被固体表面所吸附，那么 ψ_s 会大于 ψ_0，这类离子多为表面活性剂等大离子，其范德华力能克服静电斥力使离子进入 Stern 层，如图 4-25（a）所示。当固体表面选择性吸附电性相反的高价无机离子或高价表面活性剂离子时，可以降低 ψ_s，甚至会使 ψ_s 的电位符号变得与 ψ_0 相反，如图 4-25（b）所示。

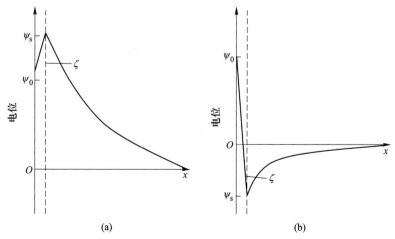

图 4-25 固体表面吸附外加离子对电性的影响

（a）吸附同号表面活性剂离子；（b）吸附表面活性剂或高价异号离子

当胶体颗粒移动时，Stern 层随之运动，与扩散层产生相对滑动。Stern 层与扩散层之间的界面，称为滑动面。滑动面与溶液本体之间的电位差，称为 ζ（Zeta）电位，其大小可以反映胶体颗粒的带电程度。ζ 电位越高，颗粒带电越多。当 $\zeta = 0$ 时，颗粒不带电，不会发生电动现象。

为了说明一些 Stern 假设解释不了的实验现象，有人进一步对扩散双电层模型提出修正。如由 Bockris、Devanathan 和 Muller 提出的 BDM 理论，将紧密 Stern 层又分为内紧密层和外紧密层两部分，如图 4-26 所示。在内紧密层吸附反离子紧贴固体表面不会溶剂化（至少与固体表面接触侧无溶剂分子）形成内 Helmholtz 面（IHP），之后反离子溶剂化构成外 Helmholtz 面（OHP）。IHP 层中反离子不均匀断续分布，因而存在电荷不连续效应，可以解释一些特殊现象。

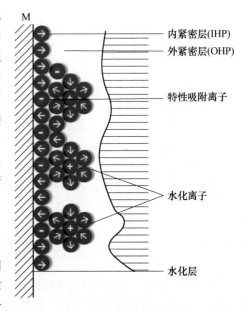

图 4-26　BDM 双电层模型示意图

4.5.3　电动现象

在外电场作用下，带相反电荷的分散介质和胶体颗粒会分别向带反电荷的电极移动；外力作用下，带相反电荷的分散介质和胶体颗粒做相对运动时会产生电位差。这种与胶体分散系统相对运动相关的电性能称为电动现象，通常表现为电渗、电泳、流动电位和沉降电位等四形式[3]。

4.5.3.1　实验观测

1807 年，俄国科学家罗斯（Reuss）最早在实验中发现了潮湿黏土块中的电泳与电渗现象，证明胶体颗粒带电性质。罗斯实验装置如图 4-27（a）所示，将底部覆盖有洗净细沙的两根洁净玻璃管插入潮湿黏土块上，向两管加入同高的清水并分别插入正负电极，然后封闭并接通直流电源。经过一段时间观测发现连接阳极的玻璃管中黏土颗粒透过细沙层逐渐上升，使原有清水变混浊，同时水层缓慢下降；连接阴极的玻璃管中水不混浊，水层逐渐上升。前者即为电泳现象，而后者就是电渗现象。后来发现当在许多多孔支撑体两侧通电时（素磁片、凝胶、棉花等），都会出现电渗现象。

电泳是在电场作用下，带电胶体颗粒向与其电性相反电极定向移动的现象。通过电泳研究可以确定胶体微粒的电性质，向阳极移动的胶粒带负电荷，向阴极移动的胶粒带正电荷。电渗是固体表面吸附带电离子后，留在液体（分散介质）中的反离子在电场作用下携带液体介质沿固体表面定向迁移的现象。固体作为多孔支持物，可以是毛细管或任何多孔材料。此时，阻止液体相对移动所必须施加的外压称为电渗透压。

电泳和电渗都是由于电场作用产生的固-液两相相对运动，即电动现象。

流动电位与电渗现象正好相反，指在外力作用下，把液体挤压通过多孔支撑物，在流过路径两端所产生的电位，如图 4-27（b）所示。沉降电位是在无外电场条件下，带电胶体颗粒由于重力沉降所产生的电位，如图 4-27（c）所示。流动电位和沉降电位都是在外

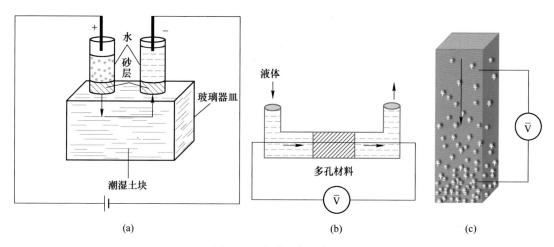

图 4-27　电动现象示意图

（a）潮湿土块中电泳、电渗现象；（b）流动电位实验；（c）沉降电位实验

力作用下，由于固-液两相相对运动产生了电场，也可以认为是电动现象。

产生电动现象的根本原因是在外力作用下，使液-固相界面内的双电层，沿着移动界面分离产生的电作用。在这 4 种电动现象中，电泳应用最广泛，有多种多样测定方法和仪器。电渗可以用来测量毛细管或多孔材料的 ζ 电位，工业上常用于增强微流通道内流体混合、去除产品中水分、控制生物芯片中液膜移动等。流动电位和沉降电位应用较少，测定方法也不多。

4.5.3.2　理论分析

A　电渗

图 4-28 为一个 U 形管电渗实验示意图，底部填充了类似于毛细管集合多孔支持物。其中一根毛细管电渗流动速度分布曲线如图 4-29 所示，当外电场方向与固-液界面平行时，扩散层内过剩反离子带动其溶剂化液体层在电场作用下运动，从吸附双电层外缘 $x=\delta$ 开始，液体速度逐渐增加，到 $\psi=0$ 处液体速度达到极值。电渗液体流动达到稳定状态时，液体所受的电场驱动力与流体黏滞阻力相平衡。

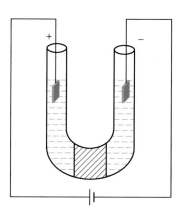

图 4-28　U 形管电渗实验示意图

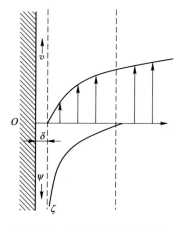

图 4-29　电渗流动的速度分布

考虑图 4-30 中距离表面 x 的面积 A、扩散层厚 dx 的微小体积单元中的反离子，设电荷密度为 ρ，在外电场 E 作用下以速度 v 流动，则微体积元应受电场力 F、外层液体黏滞力 f_{x+dx} 和内层液体黏滞力 f_x 三种力作用。其中，电场力 $F=\rho EdV=\rho EAdx$。根据流体力学，液体的黏滞力（内摩擦力）$f=\eta A \dfrac{dv}{dx}$（其中 η 为流体黏滞系数，$\dfrac{dv}{dx}$ 为流体沿法线方向的速度梯度）。

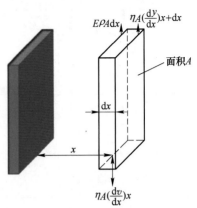

图 4-30   电渗流动时流体元的受力分析

平衡时

$$E\rho Adx + \eta A\left(\frac{dv}{dx}\right)_{x+dx} + \eta A\left(\frac{dv}{dx}\right)_x = 0 \qquad (4\text{-}54)$$

则

$$E\rho dx + \eta\left[\left(\frac{dv}{dx}\right)_{x+dx} + \left(\frac{dv}{dx}\right)_x\right] = 0$$

$$E\rho dx + \eta\left(\frac{d^2v}{dx^2}\right)dx = 0$$

可得

$$E\rho = -\eta\left(\frac{d^2v}{dx^2}\right) \qquad (4\text{-}55)$$

根据泊松（Poisson）方程式（4-44），$\dfrac{d^2\psi}{dx^2}=-\dfrac{\rho}{\varepsilon}$，代入式（4-55）可得

$$\varepsilon E\frac{d^2\psi}{dx^2} = \eta\frac{d^2v}{d^2x} \qquad (4\text{-}56)$$

两边积分得

$$\varepsilon E\frac{d\psi}{dx} = \eta\frac{dv}{dx} + c$$

式中，c 为合并的积分常数，在双电层之外，$d\psi/dx = dv/dx = 0$，所以 $c=0$，于是

$$\varepsilon E\frac{d\psi}{dx} = \eta\frac{dv}{dx}$$

$$dv = \frac{\varepsilon E}{\eta}d\psi$$

由于双电层厚度 δ 一般很小，δ 处为吸附双电层，$\psi=\zeta$，液体不流动 $v=0$；δ 之外，$\psi=0$，$v=v_\infty$ 保持恒定，则

$$\int_0^{v_\infty} dv = \frac{\varepsilon E}{\eta}\int_\zeta^0 d\psi$$

$$v_\infty = -\frac{\varepsilon}{\eta}E\zeta \qquad (4\text{-}57)$$

式（4-57）中 v_∞ 与外加电场强度 E 成正比，不能反映电渗过程的实际性能，因此考虑单位场强下的液体流速，即淌度 v_{EO}。当不考虑流动方向时，略去负号可得式（4-58）

电渗公式：

$$v_{EO} = \frac{v_\infty}{E} = \frac{\varepsilon\zeta}{\eta} \tag{4-58}$$

通过实验测得 v_{EO} 则可以计算出 ζ 电位。由于实验过程中电渗多孔支持物的毛细管半径一般远大于双电层厚度，故可以忽略双电层内液体流动的影响用式（4-57）中 v_∞ 表示液体流速。如果在电场中单位时间内由于电渗流出多孔支持物的液体流量为 J，则

$$J = v_\infty S = \frac{\varepsilon E\zeta}{\eta} S \tag{4-59}$$

式中，S 为多孔支持物中所有毛细管横截面积之和，一般未知，且很难用实验测得。

若溶液电导为 G，电阻为 R，电导率为 λ，多孔支持物形成的电导池的横截面积也应该是 S、长度为毛细管长 L。根据导体材料电导计算公式：

$$G = \frac{1}{R} = \lambda\frac{S}{L} \tag{4-60}$$

设外加电压为 U，电流强度为 I，欧姆定律表示为

$$I = \frac{U}{R} = UG = \frac{U\lambda S}{L}$$

$$\frac{US}{L} = \frac{I}{\lambda}$$

又电场强度 E 为单位距离的电位降，即

$$E = \frac{U}{L}$$

$$SE = \frac{I}{\lambda} \tag{4-61}$$

将式（4-61）代入式（4-59）得

$$J = \frac{\varepsilon\zeta I}{\eta\lambda} \tag{4-62}$$

$$\zeta = \frac{\eta\lambda}{\varepsilon I}J \tag{4-63}$$

因此，在外加电流 I 条件下，通过实验测得电渗液体流量 J，即可以求得电渗过程中的 ζ 电位，实验装置如图 4-31 所示。右侧的水平细管上有刻度，可以读出流出液体的流量 J。

电渗法可以用于确定与液体接触多孔固体表面电荷性质、计算电动电位，也可以实现对多孔材料的干燥。

B　电泳

当胶体颗粒比较大、双电层厚度 κ^{-1} 比胶体

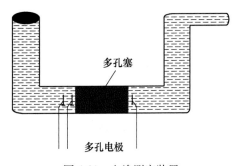

图 4-31　电渗测定装置

颗粒半径 r 小得多（$\kappa^{-1} \ll r$）时，胶粒表面所带电荷满足 Helmholtz 平板电容模型。胶粒在外电场运动受电场力和黏滞阻力作用，平衡时满足式（4-54）。与电渗过程的研究方法

类似，胶粒的电泳速率 v_E 满足

$$v_E = \frac{\varepsilon E \zeta}{\eta} \tag{4-64}$$

由于这里的 v_E 与 E 成正比，不能反映电泳过程的实际性能，考虑单位场强下平均电泳迁移速率，即电泳淌度 u_E。

$$u_E = \frac{\varepsilon \zeta}{\eta} \tag{4-65}$$

式（4-65）称为 Smoluchowski 公式，反映了较大胶体颗粒在电场中迁移的快慢程度，由 Smoluchowski（波兰科学家）首先提出。u_E 的单位是 m·s^{-1}/（V·m^{-1}）或 m^2/（V·s），由于数值太小也常用 cm·s^{-1}/（V·cm^{-1}）或 cm^2/（V·s）表示。

当胶体颗粒比较小时，$\kappa^{-1} \gg r$（$\kappa r \ll 1$），Helmholtz 平板电容模型不再适用。Hückel 将小胶粒近似为带电 Q 的点电荷（对电场不会造成扰动），平衡时所受电场力（QE）与黏滞阻力（满足 Stokes 公式）相等：

$$QE = 6\pi \eta r v_E \tag{4-66}$$

带电胶粒与扩散层（厚度 κ^{-1}）反离子（电荷 $-Q$）构成电位降为 ζ 的球面电容器，满足

$$\zeta = \frac{Q}{4\pi \varepsilon r}$$

$$Q = 4\pi \varepsilon r \zeta$$

代入式（4-66）得：

$$u_E = \frac{v_E}{E} = \frac{2\varepsilon \zeta}{3\eta} \tag{4-67}$$

式（4-66）称为 Hückel 公式，适用于 $\kappa r \ll 1$ 的情形，即低电导的非水介质条件，在水溶液中很难满足。例如，半径为 10nm 的胶粒在 1:1 型电解质水溶液浓度低至 1×10^{-5} mol/L 时，才能使 $\kappa \alpha = 0.1$，实际使用很难满足。

Henry 等人发现，电场中胶体颗粒除受电场力和黏滞阻力外，还受电泳滞后效应和电泳弛豫效应的影响。滞后效应是指胶体颗粒与扩散层中反离子反向运动导致的电泳速率减小现象。这时原有对称扩散层变形、正负电荷中心偏离，扩散双电层落后于运动胶粒，形成与外电场反向附加电场，微粒的电泳速率也因此而减小。弛豫效应是指胶粒在运动着的液体中运动所引起的电泳速率变慢现象。考虑了滞后效应和弛豫效应的影响，Henry 引入了导体和非导体球形微粒电泳速率适用的一般公式（Henry 公式）：

$$u_E = \frac{2\varepsilon \zeta}{3\eta} f(\kappa \alpha) \tag{4-68}$$

校正因子 $f(\kappa \alpha)$ 随 $\kappa \alpha$ 的变化曲线如图 4-32 所示。可以看出，当 $\kappa \alpha \ll 1$ 时，$f(\kappa \alpha) = 1$，式（4-67）Henry 公式变化为 Hückel 公式。当 $\kappa \alpha \gg 1$ 时，$f(\kappa \alpha) = 1.5$，式（4-67）Henry 公式变化为 Smoluchowski 公式。

在实际应用时，根据分离原理不同，电泳可分为区带电泳、移界面电泳、等速电泳和聚焦电泳等。根据电泳是在溶液中还是在固体支持物上进行，又分为自由电泳和支持物电泳等。按照所采用的电泳方法，可分为移界面电泳、显微电泳和区带电泳等。

移动界面电泳是在没有支撑物的溶液中进行的，普遍适用于以蛋白质为代表的各种带电胶体分散系统的分析与分离，通过测定外场作用下胶体颗粒与分散介质间界面移动速度，可以计算出 ζ 电位。简单的界面移动电泳仪如图 4-33 所示，两臂由带刻度的 U 形管构成电泳池，底部由活塞与外界联通，支管顶部装有电极。待测胶体分散系统由漏斗经细管注入 U 形管底部至与 U 形管上活塞上口持平，活塞以上支管内加入分散介质浸没电极。接通电源后观测分散系统和分散介质界面移动速度与方向，确定胶体颗粒的带电性质与 ζ 电位。

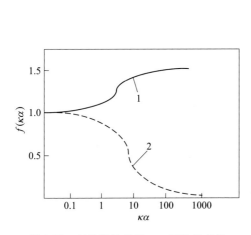

图 4-32　各种微粒的 Henry 函数的变化
1—球形非导体微粒；2—球形导体微粒

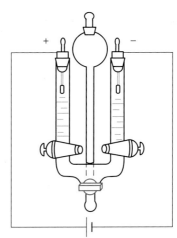

图 4-33　简单界面移动电泳装置示意图

图 4-34 所示为显微电泳仪示意图，可以用显微镜直接观测在外场作用下胶体颗粒的迁移速度与方向，确定胶体颗粒的带电性质与 ζ 电位。该方法简单、测定快速、样品量少，而且是在微粒本身所处的环境下进行测定。所以，常用其确定分散系统微粒的 ζ 电位，但研究对象局限于显微镜下可见微粒。

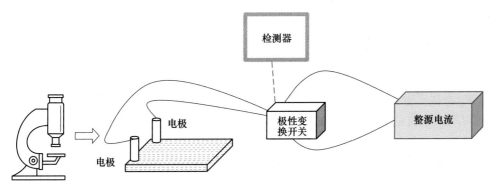

图 4-34　显微电泳仪示意图

区带电泳是在一定的支持物上，于均一的载体电解质中，将样品加在中部位置，在电场作用下，样品中带正或负电荷的离子分别向负或正极以不同速度移动，分离成一个个彼此隔开的区带。区带电泳按支持物的物理性状不同，又可分为纸和其他纤维膜电泳、粉末电泳、凝胶电泳与丝线电泳。

　　电泳的应用范围很广，如在生物化学上常用来分离各种氨基酸和蛋白质，医学中纸上电泳可以判断肝硬化的程度等。工业上的静电除尘也利用了电泳原理，如图 4-35 所示。带有尘粒的气流在高压直流电场下因电极放电而使气体电离，尘粒吸附阴离子而带负电并迅速向正极（集尘极）移动，最后因放电而下落，实现粉尘去除。

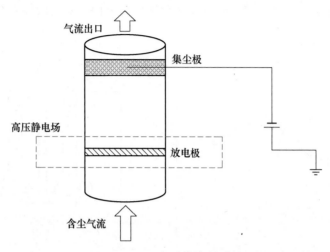

图 4-35　静电除尘装置示意图

　　电泳涂装是以所镀金属部件作为一电极，利用外加电场使悬浮于电泳液中的颜料和树脂等微粒定向迁移并沉积于电极之一的基底表面的涂装方法。电泳涂装是近几十年发展起来的新型镀膜方法，适用于水性涂料施工工艺，具有绿色、环保、易于自动化控制等特点。

　　C　流动电位

　　当分散系统中的液体被挤压通过多孔支撑物时，将携带扩散层同时移动形成流动电流 I_s，同时液体内电荷积累而形成电场引起反向电流 I_c。达到平衡时，$I_s = I_c$，在多孔支撑物毛细管两端形成电位差称为流动电位。

　　根据 Poiseuille 公式和扩散层理论可知：

$$\frac{E_s}{p} = \frac{\varepsilon\zeta}{\eta} \times \frac{1}{\lambda} \tag{4-69}$$

式中，E_s 为在压强 p 下产生的毛细管两端的流动电位；λ 为液体的电导率。

　　可以看出，流动电位与介质的电导率成反比，通常有机溶剂的电导率比水的要小几个数量级，输运过程中产生的流动电位相当大，高压下易产生火花，造成火灾，可以通过加入油溶性电解质提高电导或良好接地预防。对比式（4-63）电渗公式，可表述为

$$\frac{J}{I} = \frac{\varepsilon\zeta}{\eta} \times \frac{1}{\lambda} \tag{4-70}$$

即电渗过程中单位电流强度产生的电渗通量，相当于流动电位中单位压强产生的电位差。二者都与毛细管的尺寸无关。

　　D　沉降电位

　　类比流动电位讨论，当 $\kappa\alpha \gg 1$ 时沉降电位可以直接应用式（4-69），不过其中的 p 为

胶粒沉降时的重力与浮力之差，即

$$p = \frac{4}{3}\pi a^3 (\rho_1 - \rho_2) n_0 g$$

式中，a 为微粒半径；ρ_1、ρ_2 分别是微粒和液体的密度；n_0 为单位体积内的微粒数。

$$E_{sd} = \frac{4\pi a^3 (\rho - \rho_0) n_0 g \varepsilon \zeta}{3\eta\lambda} \tag{4-71}$$

如上所述，此式适用于 $\kappa\alpha \gg 1$ 的情况，在一般情形下，与电泳的处理相似，式（4-71）的右方需乘以一校正因子：

$$E_{sd} = \frac{4\pi a^3 (\rho - \rho_0) n_0 g \varepsilon \zeta}{3\eta\lambda} f(\kappa\alpha) \tag{4-72}$$

$f(\kappa\alpha)$ 的定量关系与在电泳研究中相同。

参 考 文 献

［1］陈宗淇，王光信，徐桂英．胶体与界面化学［M］．北京：高等教育出版社，2001.
［2］刘洪国，孙德军，郝京诚．新编胶体与界面化学［M］．北京：化学工业出版社，2016.
［3］常青．水质控制胶体与界面化学［M］．北京：化学工业出版社，2020.

5 其他分散系统

除固体分散于液体的溶胶分散系统外，还存在气-液、液-液等其他分散系统，如乳液、泡沫、凝胶、气凝胶和气溶胶等。这些分散系统多为热力学不稳定系统，不能自发形成，制备时需要外界输入能量，在储存过程中分散相和分散介质有分离的趋势。本章将从定义、制备、性质及应用等方面介绍乳液、泡沫、凝胶、气凝胶和气溶胶等几类在环境污染控制和固废资源制备材料过程中常见的胶体分散系统。

5.1 乳液

乳液是对乳状液的简称，由一种液体（分散相）以极小液滴（乳滴）形式分散于另一种与其不混溶的液体（分散介质）而形成的一种热力学不稳定的多相胶体分散系统。在乳液中，分散相被称为内相（或不连续相），分散介质被称为外相（或连续相）。对只有两相形成的乳液，若某相体积分数大于 74%，它只能作为外相。乳液的分散相（乳滴）粒径一般在 0.1~10μm，有的甚至是肉眼可见的粗分散系统。在工农业生产和日常生活中，乳液随处可见，经常起着不可或缺的关键作用。开采石油时从油井中喷出的含水原油、合成洗发水、洗面奶、配制成的农药乳剂及牛奶或人的乳汁等都是乳液。含乳液废水是典型的难处理工业废水类型之一。

如图 5-1 所示，乳液中一相为水时，用"W"表示，另一相为有机物（如苯、苯胺、煤油，都称为"油"）时，用"O"表示。油作为不连续相分散在水中所得乳液，称水包油型，用 O/W 表示；水作为不连续相分散在油中所得乳液，称油包水型，用 W/O 表示。还有一些具有特殊用途的多重乳液，可以用 O/W/O（或 W/O/W）表示，目前还不多见。

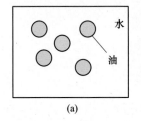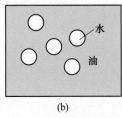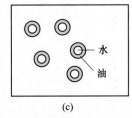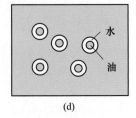

图 5-1 乳液分类示意图

(a) O/W；(b) W/O；(c) W/O/W；(d) O/W/O

不互溶液体单纯混合很难获得稳定乳液，需要加入在油-水界面有强烈吸附作用的表面活性剂或具有一定表面活性的固体粉末，促进乳液的形成与稳定。凡能帮助乳液形成或提高乳液稳定性的物质称为乳化剂，由水相和油相混合生成乳液的过程，称为乳化。

5.1.1 乳液的制备与性质

乳液的制备除与乳化剂性能密切相关外，还与乳化设备的选择与使用、乳化剂的性能及乳化方式等因素相关，需要综合考虑。

5.1.1.1 乳化设备的选择

使用乳化设备对混合的分散相和分散介质进行粉碎、剪切、细化等，是制备乳液系统的常用方法。分散相乳滴太大和大小不均匀是影响乳液稳定性的主要因素，会导致制备出的乳液再凝聚甚至出现分层现象，选择乳化设备时应该根据不同需求尽量避免这种情况。目前，乳化设备主要有搅拌器、胶体磨、超声乳化器、均化器等。

（1）机械搅拌器。一般使用高转速（4000~8000r/min）螺旋桨式，利用旋转叶片所造成的冲击和涡流来起剪切作用，使分散相和分散介质充分混合。该方法具有设备简单、操作方便等优点，但容易导致乳液粒径大、分散度低，且在搅拌混合过程中可能混入空气形成泡沫，影响产品性能。

（2）胶体磨。胶体磨的主要部件是转齿（转子）和与其相匹配的定齿（定子）。使用时，电动机通过皮带带动转子高速（$1 \times 10^3 \sim 2 \times 10^4$ r/min）旋转，分散相与分散介质通过自身重量或外泵压力从定子与转子间隙缝通过，在强大剪切力、摩擦力、高频振动、高速涡流等物理作用下，被有效分散、粉碎、均质完成乳化。胶体磨具有结构简单，设备保养维护方便，可以应用于较高黏度物料等优点；主要缺点是离心运动使流量不恒定，使用黏度差异较大的物料时流量变化很大。

（3）超声波乳化器。超声波乳化器的关键部件是超声波发生器，通过探头将超声波传入乳化系统。在空化作用下，对被乳化液体施加反复压缩、膨胀、破碎和高频振荡，得到微细乳滴，高速混合完成乳化。与其他乳化技术相比较，超声乳化具有乳液粒径小、分布窄、乳液稳定、乳化剂用量小、生产成本低、能耗低等优点，近年来得到了广泛关注。

（4）均化器。均化器的主要组成部分是高压泵，可以加压到60MPa以上。使用时对被乳化的液体施加压力，强制从具有坚硬表面的可调节狭缝喷出，在高剪切作用下实现乳化。这种设备具有构造简单、操作方便、不容易混入空气，可以通过调控压力提高分散度与乳滴均匀性等优点，在狭缝出口配合超声装置等强化装置效果会更好。

（5）膜乳化装置。近几十年来，随着微胶囊药物研究的兴起，一种新型膜乳化技术进入人们的视野。膜乳化装置的关键部件是膜组件，分散介质在管内侧循环，分散相置于容器内通过压缩泵经膜孔形成乳滴压入不断循环的分散介质中形成乳液。根据所用膜与油或水的亲疏性，可制得 O/W 型或 W/O 型的乳液。膜乳化法具有乳滴小且均匀、包封率高、稳定性好、乳化过程能耗较低、条件温和、重现性较好等优点，推广应用前景广阔。

5.1.1.2 乳化方式的选择

乳化器的工作方式不同，其乳化效率和乳化效果也不一样，而且对某种液体用某种方式分散，最多只能达到某特定的分散度。延长乳化时间往往无法有效提高分散度，因为乳化过程中仅开始一段时间内分散度随时间增加，达到一定时间后分散程度不会再发生明显变化。为此，除了乳化设备外，还要注意物料配比、加料顺序和加料方式及混合时间和混合温度等因素。若乳化方式选择适当，不必经过剧烈混合就有可能获得稳定性良好的乳液。

（1）转相乳化法。转相乳化法是一种简单的乳化方法。通常先将乳化剂溶于内相（O）并加热，在剧烈搅拌下缓慢加入预热过的外相（W）制备 W/O 乳液；继续加入外相，外相含量逐渐增加通过相转变形成 O/W 的目的乳液。同理，将乳化剂先溶于外相，在剧烈搅拌下加入内相获得 O/W 乳液；继续加入内相，则会使 O/W 乳液转相变成 W/O 型乳液。此种方法虽操作简单，但制得的乳液液滴均匀性差、尺寸也偏大。

（2）自然乳化分散法。将乳化剂加入油相中形成溶液，使用时将此溶液加入水中制备水包油乳液，根据使用需要确定是否需要搅拌。

（3）瞬间成皂法。将脂肪酸溶于油中后加入碱水溶液中，然后通过剧烈搅拌使油和水两相混合。在搅拌过程中，瞬时界面上会生成脂肪酸金属盐乳化剂，形成 O/W 型乳液。该方法较为简单，只需搅拌即可，制备的乳液却十分稳定。

（4）界面复合物生成法。分别在油相和水相中加入易溶于油和水的乳化剂，剧烈搅拌使油水两相混合，此过程中两种乳化剂在界面上产生一定的相互作用，形成稳定的复合乳化剂，可以制备出稳定乳液。

（5）轮流加液法。将水和油轮流加入到乳化剂中（注意：每次加入量要少），在搅拌下就可以形成 O/W 型或 W/O 型乳状液。该方法可用于制备某些食品乳液。

5.1.1.3 影响乳液分散度的因素

乳液的分散度直接影响其储存稳定性，液滴越小，单分散度越高，则稳定性越好。因此，制备乳液产品时应该尽量提高其分散度。影响乳液分散度的因素主要有分散方法、乳化剂浓度和乳化时间等。

（1）分散方法。不同的分散方式对乳液液滴的大小和分散度具有很大影响，表 5-1 列出几种实验室常用的分散方式所能制备的乳液粒径范围。可以看出，均化器所制备的乳液粒径更小，说明系统分散性能和分散度更好，且与乳化剂用量关系不大。

（2）乳化剂浓度。乳化剂浓度也会影响到乳液的粒径和分散度（见表 5-1）。乳化过程实质上是使用作为乳化剂的表面活性剂降低界面张力的过程，乳化剂用量小时其分子不足以覆盖整个油-水界面，在乳滴界面上不能紧密排列，影响界面张力降低程度，造成乳液形成困难或乳滴粒径不均匀。乳化剂用量过大，则界面张力可以降到最低，得到了稳定的乳液，但是也有可能会引起泡沫增多，影响乳液质量。如造成乳液过于黏稠，给使用带来不便，同时也会增加生产成本。因此，只有适量的乳化剂才能制出经济合理的稳定乳液。

表 5-1　分散方法和乳化剂浓度对分散度的影响

分散方法	液滴大小/μm		
	1%乳化剂	5%乳化剂	10%乳化剂
螺旋桨	不乳化	3~8	2~5
胶体磨	6~9	4~7	3~5
均化器	1~3	1~3	1~3

（3）乳化时间。对同一系统和分散方法，随着乳化时间的延长液滴变小，但小到一定程度后随乳化时间的延长液滴大小将基本不再变化。乳化时间的确定，需要根据油-水两相的体积比、两相的黏度及生成乳液的黏度、乳化剂的类型及用量、乳化温度等条件进行综合判

断。此外，乳化时间的长短，与乳化设备的效率紧密相连的，可根据经验和实验来确定。

5.1.1.4 乳液性质

不同类型的乳液还会呈现出不同的物理性质，如外观形貌、黏度、光性质和电性质等。实验表明，对于只由两相组成的简单乳液（O/W 或 W/O），决定其物理性质的主要因素为乳液的类型及乳滴（内相）的大小和数量。

A 光学性质

由于组成乳液的分散相和分散介质对于光的折射率不同，光照射到乳滴上会出现反射、折射和散射等现象。乳液的光学性质与乳滴大小有关，当乳滴的粒径大于入射光波长时，光线被乳滴反射；乳滴直径远小于入射光波长时，光线完全穿透乳滴，发生透射；当乳滴的直径和光波长相近则发生散射；若乳滴是透明的则有可能发生折射。而以上现象决定着乳液的外观颜色的不同。当乳滴大于 $1\mu m$，外观呈现乳白色；乳滴介于 $0.1 \sim 1\mu m$，外观呈现蓝白色；乳滴尺寸介于 $0.05 \sim 0.1\mu m$，外观呈现灰色半透明状态；而当乳滴小于 $0.05\mu m$ 时，乳液呈现透明状。

B 黏度

乳液的黏度受分散介质黏度、分散相黏度、分散相体积分数、乳滴大小及乳化剂性质等因素的综合影响。当分散相的浓度不太大时，乳液的黏度主要由分散介质黏度决定。而对于 O/W 型乳液，其黏度 η 可以通过经验公式（5-1）近似求出。

$$\eta = \eta_0 \frac{1}{1 - (h\phi)^{\frac{1}{3}}} \tag{5-1}$$

式中，η_0 为分散相黏度；ϕ 为分散相体积分数；h 为体积因子（h 随 ϕ 增加而降低），$h \approx 1.3$。

一般认为，分散相黏度高时系统的黏度也增高。但事实上油-水界面液膜性质对系统黏度的影响远比分散相显著，这与乳化剂的性质有关。油-水界面上的乳化剂可以改变分散相在分散介质中的分散程度，从而影响体积分数 ϕ。而且乳化剂属于表面活性剂，在水溶液中会形成胶束，对油相有增溶作用，可能会进一步影响黏度。乳化剂的浓度与乳液黏度的关系符合经验公式（5-2）。

$$\ln \frac{\eta}{\eta_0} = ac\phi + b \tag{5-2}$$

式中，c 为乳化剂浓度；a、b 为常数。

C 电导率

乳液的电导率取决于分散（外）相。由于 O/W 型乳液的电导率比 W/O 型乳液的电导率大得多，可以通过操作简便的电导率法判断乳液类型。同时，电导率法也是研究乳液破乳和转相的重要手段。利用该原理，也可以通过电导变化，测定低含水原油中的水分值。

5.1.2 乳液类型的鉴别及其影响因素

影响乳液类型的因素有很多，不同系统或不同情况下，发挥主导作用的因素也不会相同。对乳液类型的鉴别及对其类型影响因素的讨论对于乳液的制备和应用具有重要作用[1]。

5.1.2.1　乳液类型的鉴别

乳液类型通过外观往往难以区别，需要通过一定的方法才能确定。常见的乳液鉴别方法有染色法、稀释法、电导法、折射率法、荧光法、滤纸润湿法等。

（1）染色法。染色法通过将极微量的油溶性染料加到乳液中，若整个乳液都带有染料颜色，则该乳液属于 W/O 型；如果只有乳滴带有染料颜色，则为 O/W 型乳液。相反，若采用微量的水溶性染料，乳液染色为 O/W 型，仅乳滴染色为 W/O 型。有时候，目测难以判断乳液染色情况，也可以采用光学显微镜的乳滴成像法，提高鉴别的准确性。常用的油溶性染料有苏丹红，水溶性染料有荧光红、亚甲基蓝等。

（2）稀释法。稀释法根据乳液能被其外相液体所稀释的原理，分别在乳液中加水或有机液体，能够稀释乳液的液体性质与外相相同。实验时，在乳液中滴入油滴，若油滴能在乳液表面扩展，则为 W/O 型；若不扩展则为 O/W 型。同理，也可以通过滴入水滴鉴别。在低倍显微镜下观察实验现象会更清楚。

（3）电导法。电导法通过电导率值测定判断乳液类型。因为多数油是不良导体，水是良导体，所以实验测得的 O/W 型乳液的电导率一般会比 W/O 型大得多，可以用来鉴别乳液类型。但是，该方法影响因素较多，对乳化剂的类型和相体积等比较敏感。所以该法虽简便，但并不十分准确。

（4）滤纸润湿法。滤纸润湿法用一般滤纸能被水润湿而不为油润湿的性质鉴别乳液类型。实验时，往滤纸上滴加少量乳液，若液体很快展开并留下散落细小油滴，则此乳液为 O/W 型，否则为 W/O 型。但是，由于苯、环己烷、甲苯也能润湿滤纸，以这些液体为外相所形成的乳液，不适于用滤纸润湿法鉴别。

除以上四种方法外，还有折射率法、荧光法等。实际使用时，往往几种方法相互验证，以便得到更可靠的结果。

5.1.2.2　影响乳液类型的因素

乳液作为复杂的多分散系统，影响其类型的因素有很多。如相体积、乳化剂分子构型、乳化剂溶解度、聚结速率、润湿性、界面张力等。按照溶液形成惯例，体积量大的液体倾向于成为外相或连续相，但在乳状液的形成过程中，也可能有例外。

（1）两相体积。相体积理论是 Ostwald 从纯几何学的观点提出来的。根据立体几何计算，分散相为半径相同的刚性球形液滴时，密堆体积只能占总体积的 74.02%。若分散相的体积分数大于 74.02%，乳状液就会发生变型或被破坏。以油-水系统乳液为例，若油相体积分数大于 74.02%，只能形成 W/O 型乳状液。同理，油相体积分数小于 25.98% 时，就只能形成 O/W 型乳液。乳液中油相体积分数在 25.98%~74.02% 时，O/W 或 W/O 型都有可能形成。但是，近期研究表明内相液滴的相体积分数在超过 74.02% 以后，也并非一定会发生变型。如，石蜡油-水系统中，石蜡油的相体积分数可高达 99%，这时的 O/W 型乳液实际上只是被一层薄薄的水膜隔开的多分散多形态油珠。其原因为分散相液滴大小不均匀，小液滴填充在大液滴堆积形成的缝隙里占据空间，多分散在高浓度、内相易形变甚至可呈多面体的系统。

（2）乳化剂分子构型。乳化剂分子的空间构型对乳液的类型起重要作用。在 2.6.2.2 小节中引入表面活性剂分子堆积系数 $P_c = v/(al)$（其中，v 为乳化剂分子体积，a 为极性头基团面积，l 为非极性尾基伸展长度）。$P_c > 1$，乳化剂分子的非极性基团的体积大于极性基团的体积，非极性基团所处的油相应该为外相，形成 W/O 型乳液。相反，$P_c<1$，极性基团的体积大于非极性基团的体积，极性基团所处的水相应该为外相，形成 O/W 型乳液。如一价碱金属皂类乳化剂，极性基团为大头，容易形成 O/W 型乳液；二价碱金属皂类乳化剂，极性基团为小头，容易形成 W/O 型乳液。当然这种理论只适用于大部分乳液系统，同样也存在例外情况。如一价银皂的极性基团为小头，但作为乳化剂形成的是 W/O 型乳状液。

（3）乳化剂溶解度。乳化剂在油（非极性溶剂）与水（极性溶剂）两相的溶解度也是影响乳液类型的重要因素。当温度恒定时，乳化剂在油相和水相中溶解度之比应为常数，称分配系数。分配系数越大，越易得到 W/O 型乳液，且乳液较稳定；反之，易形成 O/W 型乳液，且分配系数越小乳液越稳定。

（4）液滴聚结速率。制备乳液过程中，一般都是将水油两相各自形成液滴，其聚结动力学也会影响乳液类型。通常，液滴聚结速率快意味着能够迅速团聚形成外相。因此，水滴的聚结速率大于油滴时，易形成 O/W 型乳液；反之，则形成 W/O 型乳液。

（5）润湿性。20 世纪初，Pickering 发现固体微粒（微纳米级）也可以作为"乳化剂"稳定乳液，制备出"Pickering"乳液。作为乳化剂时，只有固体颗粒的大部分表面被分散介质所润湿，才能形成较为稳定的乳状液，即对固体颗粒润湿性能好的相构成乳液的分散介质。当水接触角 $\theta<90°$ 时，固体颗粒大部分被水润湿，易于形成 O/W 型乳状液；反之，当水接触角 $\theta>90°$ 时，固体颗粒大部分被油润湿，易于形成 W/O 型乳状液。如易被水润湿的黏土、Al_2O_3 微粒作为乳化剂，可形成 O/W 型乳液；易被油润湿的炭黑、石墨粉作为乳化剂，能够形成 W/O 型乳液。

（6）乳化器材质。在乳化过程中，容器壁对水和油的润湿性也会影响乳液的类型。亲水性强的容器容易得到 O/W 型乳液，亲油性强的容器容易形成 W/O 型乳液。容器壁对某一种液体容易润湿，这种液体在器壁上保持一层连续相，在搅拌时它不易被分散，倾向于成为乳液的外相。表 5-2 是用煤油、变压器油、液体石蜡为油相，蒸馏水、0.1mol/L 油酸钠水溶液、0.1% 的十二烷基磺酸钠水溶液和 2% 的十二烷基磺酸钠水溶液为水相，在玻璃容器和塑料容器内进行实验所得的结果。可以看出，如果加入乳化剂的量足以克服容器壁润湿所带来的影响，那么容器壁的影响可以忽略，形成乳液的类型完全由乳化剂性质所决定。

表 5-2　容器性质对乳液类型的影响

水　相	煤油		变压器油		石油	
	玻璃	塑料	玻璃	塑料	玻璃	塑料
蒸馏水	O/W	W/O	O/W	W/O	O/W	W/O
油酸钠溶液（0.1mol/L）	O/W	两种	O/W	W/O	—	—
磺酸钠溶液（0.1%）	O/W	W/O	O/W	W/O	O/W	W/O
磺酸钠溶液（2%）	O/W	O/W	O/W	O/W	O/W	O/W

（7）界面张力。乳液形成过程中乳化剂聚集于油-水界面并形成界面膜，这种界面膜相对于内外相会有两个界面，那么就产生两种界面张力，即膜-水界面张力 $\gamma_{膜/水}$ 和膜-油的界面张力 $\gamma_{膜/油}$。界面张力较大的相易成为分散相（内相），这样就可减少该界面的面积，

有利于降低表面自由能。

尽管对乳液的研究有了很大进展，但也很难找出各种情况都适用的理论。以上所述，有些是只限于特殊系统的经验规律，在某种情况下符合规律，对另一些系统未必适用，实际应用时还需要做进一步的深入研究。

5.1.3 乳化剂的分类与选择

5.1.3.1 乳化剂的分类

乳化剂是乳液制备和稳定的关键，品种繁多，粗略可分为四大类，即合成表面活性剂类、高分子类、天然产物类及固体颗粒类。其中以表面活性剂类乳化剂最常见，其特点是可以针对乳液制备和性能进行设计和合成。

（1）合成表面活性剂。用作乳化剂的表面活性剂主要包括阴离子型、阳离子型和非离子型三大类。阴离子型乳化剂在水中能电离生成带负电的阴离子亲水基团，如烷基硫酸盐、烷基苯磺酸盐、脂肪酸皂等。阴离子乳化剂通常只能在碱性或中性条件下使用，由于酸性系统中氢离子能够与阴离子亲水基团结合，发生质子化现象，影响原来乳化剂性质。阴离子乳化剂也可以与其他阴离子型或非离子型乳化剂复配使用，但不得与阳离子型乳化剂混合使用。阳离子型乳化剂在水中电离生成带正电的阳离子亲水基团，如长链烷基卤化铵（N-十二烷基三甲基溴化铵）、N-长链烷基二甲胺及其他胺衍生物等。非离子型乳化剂，如环氧乙烷和环氧丙烷嵌段共聚物、聚氧乙烯醚、聚乙烯醇等，在水中不电离，亲水基是各种极性基团。常见的非离子型乳化剂有失水山梨醇单油酸酯（Span 80）、山梨醇酐单油酸酯聚氧乙烯醚（Tween 80）等。非离子乳化剂可以同时适用于酸性、中性或碱性系统，适用范围比较广。

（2）高分子乳化剂。高分子乳化剂的分子量比较高，在油水界面排列不整齐。尽管降低界面张力不多，但可吸附在油-水界面，既改进膜的机械性质，又增加分散相和分散介质的亲和力，从而提高乳液的稳定性。高分子乳化剂的其他性能也有利于乳状液的稳定，如平均分子量在五万以上的羧甲基纤维素钠盐，能提高 O/W 型乳液的水相黏度，从而提高乳液稳定性。根据 Stokes 方程式（4-18），乳滴的沉降速率与体相的黏度成反比，因此，高分子乳化剂的加入有利于提高乳液的稳定性。

（3）天然乳化剂。天然乳化剂来源于天然产物，大多是一些具有乳化性能的动、植物提取物。磷脂类（如卵磷脂）、植物胶（如阿拉伯胶）、动物胶（如明胶）、海藻胶类（如藻朊酸钠）、纤维素、木质素等都是 O/W 型乳液的良好乳化剂。而甾类（如羊毛脂）和固醇类（胆固醇）等都是 W/O 型乳液的乳化剂。单独使用天然乳化剂乳化性能普遍不理想，故经常与其他类型乳化剂复配使用。另外，天然乳化剂进一步加工制得的衍生物往往具有更好的乳化效果，如聚氧乙烯羊毛脂、聚氧乙烯羊毛醇等。其主要特点是安全性高、生物相容性好、较少有刺激性，也是化妆品和食品用乳化剂发展的方向，但也存在价格较高、易水解、对 pH 值敏感等缺点。

5.1.3.2 乳化剂选择

合适的乳化剂对乳液的优化制备具有重要意义，实际选择乳化剂时，不仅要考虑乳化效果，还需综合其经济性。

A 选择原则

最可靠的乳化剂选择方法是实验筛选,但太费时费事,根据已有研究经验有一些通用原则可供参考。

(1)具有良好的表面活性,能降低界面张力,在乳液外相中有较好的溶解能力;能适当增大外相黏度,在油-水界面上能形成稳定和紧密排列的凝聚膜,以减小液滴的聚集速度。

(2)与分散相具有亲和性,根据相似相溶原理,乳化剂的疏水基结构和油结构越相似,即亲和越强,越容易使油分散。因此,乳化剂与分散相的亲和力强,分散效果好,用量低。

(3)满足乳化系统的特殊要求,如食品和药物系统的乳化剂要求无毒、无特殊气味且有一定的药理性能等。

(4)乳化剂的制造工艺不宜太复杂,原料来源丰富,能以最小的浓度和最低成本达到乳化效果。

B 选择方法

选择乳化剂的常用方法有两种:HLB 法和 PIT 法。前者适用于各类表面活性剂,但未涉及温度、油/水体积比等因素的影响;后者只适用于非离子型表面活性剂,考虑了温度、油/水体积比等因素的影响。

a HLB 法

决定乳液类型的主要因素是乳化剂的亲水亲油性质,可以用表面活性剂的 HLB(亲水亲油平衡值=亲水基值/亲油基值)作为经验指标衡量。HLB 值越大,亲水性越强;HLB 值越小,亲油性越强。一些常用表面活性剂的 HLB 值已经在表 2-8 中列出。通常,HLB 值在 3~6 的乳化剂适用于制备 W/O 型乳液,HLB 值在 8~18 的乳化剂适用于制备 O/W 型乳液。表 5-3 列出了乳化几种不同油相和水相所需乳化剂的 HLB 值,基本符合以上范围。

表 5-3 乳化各种油所需乳化剂的 HLB 值

油相	HLB 值		油相	HLB 值	
	O/W	W/O		O/W	W/O
石蜡	10	4	苯	15	—
蜂蜡	9	5	甲苯	11~12	—
石蜡油	7~8	4	油酸	17	—
芳烃矿物油	12	4	DDT	11~13	—
烷烃矿物油	10	4	DDV	14~15	—
煤油	14	—	十二醇	14	—
棉籽油	7.5	—	硬脂酸	17	—
蓖麻油	14	—	四氯化碳	16	—

对于混合乳化剂,一般认为 HLB 值具有加合性,例如将 40% 的 Tween 80(HLB = 15)与 60% 的 Span 80(HLB = 4.3)混合,可以计算出此混合乳化剂的 HLB = 0.4×15 + 0.6×4.3 ≈ 8.6。通过混合使用可以使 HLB 值相差较大的多种乳化剂复配,调控其 HLB 值,以

适应不同的实际需求。

b   PIT 法

HLB 法只考虑了乳化剂本身的分子结构因素，但没有考虑温度变化对其性能的影响。但是，有些乳化剂（尤其是非离子型）制备乳液的类型与温度密切相关。例如，同一乳化剂在低温时形成 O/W 型乳液，而在高温下形成 W/O 型乳液。因为温度升高，非离子乳化剂的亲水基团水化作用减弱，乳化剂分子的疏水性增强。相反，对于亲水性随温度升高而增强的乳化剂，则可能出现低温时形成 W/O 型乳液，温度升高后会转变成 O/W 型乳液的情况。

考虑到温度的影响，1964 年日本 Shinoda 提出了"亲水亲油平衡温度"（也称 HLB 温度）的概念，认为在特定系统中发生相转变的温度是该乳化剂亲水亲油性质恰好达到适当平衡的温度，称为转相温度，以 PIT 表示。利用 PIT 不仅可以判断乳状液的稳定性，也可以用来说明乳状液中乳化剂的性质。

PIT 与系统中乳化剂的性质和浓度、油相组成都有关系，与乳化剂的 HLB 值呈近似直线关系，即乳化剂的 HLB 值越高，形成乳状液的 PIT 越高。对于指定的乳化剂，其 HLB 值是一定值，而 PIT 则会随系统特性改变。因此，PIT 能更真实地反映乳化剂在指定条件下的亲水亲油性质。

利用 PIT 选择乳液的乳化剂时，用 3%~5% 的乳化剂乳化等体积的油相和水相，加热到不同温度并同时进行搅拌，通过测定电导率等方法随时监控乳液类型，以便于确定转相温度。通常认为，要制备 O/W 型乳液，得到的 PIT 比乳液储存温度高 20~60℃ 较为合适；若要制备 W/O 型乳液，选择的乳化剂的 PIT 比乳液储存温度低 10~40℃ 较为合适。实际上，选择乳液的乳化剂时，常常开始用 HLB 值确定，然后用 PIT 进行检验。

5.1.4   乳液的热力学不稳定性

乳液是高分散热力学不稳定系统，具有自发减小界面面积降低界面自由能的趋势，其不稳定性主要表现为分层、沉降、变型、Ostwald 熟化和破乳等。每种不稳定形式都是乳状液破坏的一个过程，有时相互关联发生。例如，分层往往是破乳的前导，变型也可与分层同时发生。

5.1.4.1   分层与沉降

分层与沉降都是乳液上下层出现浓度梯度的现象。当分散相与分散介质密度相差较大时，重力作用超过布朗运动，较大的乳滴逐渐向顶部（分散介质密度大）或底部（分散相密度大）迁移，出现相分离。乳滴上升到顶部称为分层，沉降到底部称为沉降。

乳状液分层并不是真正的破坏，而是分为两个乳液层，一层分散相比原来的多，而另一层中则相反。如牛奶变质后就会出现分层现象，这时乳脂（分散相）含量上层约占 35%，而下层仅占 8%。减缓乳液分层和沉降的方法，主要是使油水两相密度匹配及添加增稠剂。有些乳液需要加速分层，如从牛奶分离奶油时，采用高速离心机（6000r/min）离心加速分离过程。也可以通过添加试剂（分层剂）加速分层，对天然橡胶乳状液常用加入普通电解质作为分层剂。

5.1.4.2   变型

变型也称转相，指 O/W（W/O）型乳液变成 W/O（O/W）型乳液的不稳定现象。变型是乳液中乳滴聚结和分散介质分散的过程，需要改变外界条件才能触发。

乳化剂的构型是决定乳液类型的重要因素，如果某一乳化剂从一种构型转变为另一种构型，就会导致乳液的变型。如在以脂肪酸钠为乳化剂的 O/W 型乳液中加入高价正离子，脂肪酸钠中的钠离子被取代形成脂肪酸高价盐，乳化剂的构型改变导致乳液从 O/W 型转变为 W/O 型。改变相体积也会引起乳液变型，一般在分散相体积小于 74% 的乳液中继续加入分散相液体，当分散相体积分数超过 74% 时，就可能发生变型。温度变化可能引起乳化剂亲油亲水性的改变，也可能造成乳液变型。电解质对离子型乳化剂稳定乳液变型能力的影响与离子价数密切相关，满足以下排列次序：$Al^{3+} > Cr^{3+} > Ni^{3+} > Pb^{2+} > Ba^{2+} > Sr^{2+}$（ = Ca^{2+},Fe^{2+},Mg^{2+}），可能与高价金属离子压缩液滴双电层及改变乳化剂构型有关。对非离子型乳化剂稳定的乳液电解质影响不大。

5.1.4.3 Ostwald 熟化

Ostwald 熟化是指由于乳滴的弯曲液面存在与半径成反比的 Laplace 附加压力，推动小乳滴中的分散相经过分散介质向大乳滴扩散，随着时间的延长，小乳滴越来越小，大乳滴逐渐长大；表现为乳液中乳滴数目减少，半径增加。

根据经典 Lifshitzc-Slezov-Wanger（LSW）理论，Ostwald 熟化乳滴成长速率 ω 满足式（5-3）。

$$\omega = \frac{\mathrm{d}r^3}{\mathrm{d}t} = \frac{8}{9} \times \frac{c_{\infty\gamma}\gamma V_\mathrm{m}D}{\rho RT} \tag{5-3}$$

式中，r 为乳滴半径；ρ 为分散相密度；D 为分散相在分散介质中的扩散系数。

对于一个固定的乳液系统，以 r^3 对 t 作图应该得到一条直线，由直线的斜率可求出 Ostwald 熟化速率。图 5-2 为以烷基糖苷（APG）和脂肪醇聚氧乙烯醚羧酸盐（AEC）为复配乳化剂，载农药脂肪酸甲酯用水稀释后所得 O/W 乳液 r^3 随时间变化关系曲线。其中 1 线分散相体积分数为 5%，2 线分散相体积分数为 0.5%，在 150min 内都满足式（5-3）所示直线关系。

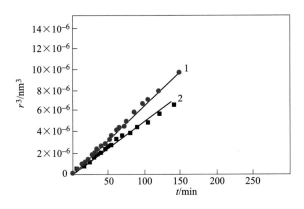

图 5-2　载农药脂肪酸甲酯 O/W 乳液 r^3 随时间变化关系曲线

以上几种不稳定因素，最终都会导致破乳，使乳液完全被破坏，分离为不混溶的两个液相。

5.1.5 乳液动力学稳定性影响因素

作为典型的热力学不稳定系统，乳液不能永远保持不变是绝对的、客观的。在实际应用中只能尽量提高乳液的动力学稳定性，使其外观能够在储存和应用过程中保持不变，不出现明显的分层或沉降。研究发现，影响乳液稳定性的主要因素包括以下几点：

（1）界面张力。油水界面张力是影响乳液稳定性的关键性因素，较高时乳滴容易聚并失稳。界面张力降低有利于减少乳化过程中分散相分散破裂所需能量，更易形成小乳液颗粒，进一步提高乳液稳定性。降低界面张力最有效的方法是加入乳化剂，通过分子的两亲性赋予其聚集于油水相界面的能力，使亲水头基伸入水中，亲油尾基伸入油中，形成保护膜发挥稳定乳液作用。例如，煤油与水的界面张力为 40mN/m，加入适当的表面活性乳化剂，界面张力可降低至 1mN/m。但是，乳液稳定性与界面张力之间的关系并不绝对。如有些短链醇可使油水界面张力降低，但无法形成稳定的乳液；而一些高分子乳化剂对油水界面张力降低的能力并不高，仍可以制备出很稳定的乳液。

（2）界面膜强度。乳化是乳化剂分子在油水界面吸附形成一层保护膜的过程，就乳液长期稳定性而言，界面膜强度的作用要比界面张力更重要。在乳液系统中乳滴通过布朗运动相互碰撞，当界面膜强度较小时，很容易发生膜破裂引起聚并，最终导致破乳。通常界面膜上乳化剂分子排列越密集，油水界面吸附分子间相互作用越强，界面膜强度（韧性等）越大、黏弹性越高，乳液越稳定。要达到优化效果，应该综合考虑乳化剂种类和用量等多种因素，使用不同乳化剂时各自的加入量也不会相同，对形成的界面膜强度会有重要影响。混合乳化剂形成的复合膜具有相当高的强度，不易破裂，可能形成很稳定的乳液。

（3）电荷。乳液界面膜一般都会带有电荷（尤其是乳化剂为离子型时），形成界面双电层电位能。根据分散系统稳定性 DLVO 理论，在范德华引力作用下分散乳滴会相互靠近，当界面双电层发生重叠时静电斥力作用于乳滴，界面电位越高，排斥作用越强，避免乳滴聚并，达到稳定乳液的目的。水相中膜界面电位足够大时，可以保证 O/W 乳液的动力学稳定性。如果往 O/W 乳液中添加带相反电荷的物质或无机盐，可能压缩膜界面双电层改变其结构，导致乳滴间斥力下降，造成乳液不稳定。如使用阴离子型乳化剂，带正电的反离子溶于水，阴离子非极性基插入油。水相和油相分别带正电荷和负电荷，反离子形成扩散双电层，界面膜电位与双电层保证了乳液的稳定性。

（4）其他因素。增加分散介质的黏度能够增加乳滴运动时的黏滞阻力，延缓乳液分层和絮凝的速度，减少乳滴碰撞聚并概率，提高乳液的稳定性。为了增大分散相的黏度，有时会加入一定的高分子增稠剂。另外，分散相与分散介质密度差越大乳液越不稳定，获得稳定乳液需要尽可能匹配系统密度。液滴大小及其分布对乳状液的稳定性也有很大影响，液滴尺寸范围越窄越稳定。制备乳滴平均直径基本相同的单分散乳液，可以大幅度提高乳液系统的稳定性。

5.1.6 乳液的应用

乳液在工业生产及日常生活中无处不在，从牛奶、饮料、咖啡等食品到护肤霜、洗面奶等化妆品，再到农药乳液、钻井液和水与原油混合物等技术应用，以及在生物医药、能源工业等领域的特殊应用。下面介绍几个应用实例。

（1）乳化炸药。乳化炸药（乳胶炸药）泛指一类用乳化技术制备的 W/O 型抗水工业炸药，其分散相为氧化剂水溶液的微小乳滴，分散介质为悬浮着含有微气泡的多孔性材料的油类物质。1969 年美国的 Blabm 最早较全面地阐述了乳化炸药性能及其制备技术。开始时，乳化炸药非雷管敏感，使用时必借助中继起爆药引爆，比较危险。后来，逐渐研究出具有雷管感度的乳化炸药，而且其抗水性能优良、爆炸能力强、机械感度低、安全性有保障，同时成本也低于水胶炸药，已经成为含水炸药家族中的新贵。

（2）乳液反应。许多化学反应大量放热使反应器中温度急剧上升，这样会导致大量副反应生成，影响产品质量，严重时还可能造成事故。如果将反应物制成乳液，使化学反应在乳滴中进行，就可以避免这种情况发生。因为每个乳滴中只有少量反应物，产热量不会太大，而且乳液系统界面积大，散热也快，温度容易控制。如利用乳液聚合的方法合成橡胶，就可以得到高品质产品。

（3）乳化农药。将农业用杀虫或灭草剂制备成 O/W 乳液使用，用量小，在叶面可均匀铺展，提高效率。对水解不敏感的农药可以直接制备成动力学稳定的乳化农药；对容易水解农药（有机磷、氨基甲酸酯类等），可以通过乳化剂和共乳化剂及其他助剂的选择，克服水解问题，制备成乳化农药。或者将农药与乳化剂溶解制成乳油，使用时加水配制 O/W 乳液。

（4）乳化沥青。沥青黏度很大，使用很不方便。将沥青加热熔融，在强力机械搅拌作用力下，通过以细小的微粒分散于含有乳化剂及其助剂的水介质中形成的 O/W 型乳液。早期的沥青乳化剂多为阴离子型，价格相对低廉，但所制备乳化沥青与矿料特别是潮湿矿料及碱性矿料的黏结性较差，使用效果不理想。后来引入阳离子乳化剂，制备得 O/W 乳液，可以大幅度降低系统表观黏度，操作简便、效果好。同时，由于吸附于乳化沥青乳滴界面的阳离子乳化剂带正电荷，容易被表面荷负电的砂石吸附破乳，水分蒸发后沥青能将砂石牢牢黏结。

（5）稠油乳化降黏。我国不少原油是稠油，黏度高，常温下为固体。实际上，当稠油的黏度大于 2Pa·s 时，就无法用抽油机抽取。普遍使用的方法就是在油井的套管环形空间注入一定量表面活性剂溶液，与稠油混合形成不太稳定的 O/W 乳液，黏度大为降低，易抽出且能在管线中流动便于输送到集油站。

（6）乳液模板法制备多孔材料。乳液，尤其是高内相乳液，其连续相可作为聚合相，在一定温度下发生聚合反应，最后经洗涤干燥去除模板剂后可获得具有多孔结构的聚合物材料。该方法操作简单，所得多孔材料比表面积大、孔结构及表面性能易于调控、物理化学和尺寸稳定性良好、重量轻、加工和后续回收方便，在水、空气、土壤中的无机、有机和生物污染物的吸附、分离、消毒、催化/降解、捕获和传感等方面均表现出优异性能。

5.1.7　破乳

破乳是使乳状液破坏的过程（也称去乳化），由乳液中乳滴相互靠近或布朗运动无轨碰撞使界面膜受扰动，最终导致乳液完全被破坏，分离为不混溶的两个液体相。

5.1.7.1　破乳过程

通常破乳过程需要分两步实现，第一步是絮凝，分散相的液滴聚集成团，此时各液滴都独立存在，可以再分散，所以是可逆的，如果介质密度相差很大，则可以加速这个过程的进行；第二步是聚结，在液珠聚集形成的团中各液滴相互合并成大液珠，最后聚沉分离。在乳状液内相浓度较低情况下，絮凝起主要作用，在内相较高浓度时则聚结起主要作用。聚结作用是乳状液的液膜破裂造成的，膜的破裂则是界面上乳化剂分子定向位移所致，所以，液膜的界面黏度及弹性对乳状液的稳定性起着重要作用。

破乳在工业生产中经常遇到，原油含有水形成乳液会增加泵、管线和储罐的负荷，引起设备表面腐蚀或结垢。含乳液废水是典型的难处理工业废水，对生态环境影响很大，现有主要处理方法就是先破乳再实现油水相分离。

5.1.7.2　破乳方法

破乳可以通过物理、化学和生物的方法进行。

A　物理法

物理破乳主要通过改变温度、施加高压电场、高速离心、超声、膜过滤等方法实现。

（1）温度变化。温度升高，加速乳滴布朗运动，提高了絮凝速率；同时会降低界面黏弹性和分散介质黏度，加快聚结速率，更有利于膜的破裂。因此，常常把升温的结果作为判据，用来评价乳液的稳定性。另外，冷冻也能破乳，也可用来评价乳状液的稳定性。但是，如果在制备乳液时使用了足够多的乳化剂或者乳化剂的效率较高，可能使乳液在相当低的温度下仍然保持稳定，这时不选择冷冻破乳。

（2）高压电场。高压电场破乳过程比较复杂，不能只看作破坏了扩散双电层。在电场下，乳滴可能排成一行，呈珍珠项链式；当电压升到某一定值时，聚结过程可在瞬间完成，实现破乳。当用于原油脱水时，电压必须升到很高值后才会发生破乳，通常用的破乳电场强度是 2000V/cm 以上。相同电压下，施加直流电比交流电效果好。采用高压电场破乳需要施加稳定的电场，存在能量消耗大、使用成本高等问题。

（3）超声。超声破乳利用超声波的机械振动和空化作用，对乳液压缩、膨胀、破碎和高频振荡，使油水两相发生位移，从而降低了乳液的稳定性，促进乳液滴聚集，实现相分离，完成破乳。超声破乳的优点是无污染、无添加、无排放、低能耗、普适性强等，但在规模化使用时需要大体积设备，实施困难且成本较高。

（4）膜分离。当乳状液经过一个多孔性滤膜时，由于油和水对固体润湿性的差别和剧烈不均匀形变作用，也可以引起破乳。通常选用滤膜的孔径远小于乳滴的粒径，在外力作用下乳液被压入滤膜组件通过膜孔，发生严重变形直至破裂，然后油相或水相在亲油或亲水的滤膜表面润湿吸附，并逐渐形成小油滴或水滴并不断聚结成大液滴，在重力的作用下发生油、水分离，完成破乳。膜分离具有适用范围广、效率高、能耗低等优点，但也存在膜容易污染，清洗、维护成本高等问题。

B　化学法

化学破乳通过加入破乳剂破坏乳化剂的吸附膜，使乳液分层破坏，达到破乳的目的。随着对破乳剂研发工作的深入，对破乳原理的研究受到广泛关注。目前普遍认可的破乳原理包括置换、转相、增溶和压缩双电层等。置换原理提出破乳剂的表面活性要强于乳化剂的表面活性，在油-水界面具有优先吸附性能，可以显著降低界面张力，能够置换乳液界面膜上的乳化剂，使乳液液膜破裂，实现破乳。转相原理认为加入的转相破乳剂会与稳定乳液的乳化剂生成配合物，促使乳液发生转相（如 W/O 转为 O/W），同时水相在重力作用下沉降，实现破乳，反之亦然。增溶原理认为破乳剂在乳液中可能形成胶束，对界面膜产生增溶的作用，溶解破坏了乳液保护膜，实现破乳。压缩双电层原理认为对于稀的乳状液，起稳定作用的是扩散双电层，加入电解质可破坏双电层，也能使乳状液聚沉。加入电解质破乳作用符合 Schulze-Hardy 规则，常用的电解质有 NaOH、HCl、NaCl 及高价离子，但如果高价离子与乳化剂生成另一类型乳化剂，则往往引起乳状液变型而不能实现破乳。原油破乳剂大多是聚氧乙烯-聚氧丙烯的嵌段共聚物，如商品名为破乳剂 2070 或 4411 等，相对分子质量高达数千甚至数万。

C　生物法

生物法主要利用微生物代谢产物中的表面活性物质达到破坏油水界面膜的目的，从而实现油水相分离，实现破乳。生物破乳法具有方法简便、成本低、能耗小、环境安全等优点，不过专属微生物的发现和培养比较困难，并且费时、费力，在大规模推广应用前还需要进行深入研究。

实际过程中的破乳总是几种方法综合使用，例如，使原油破乳往往是加热、电场、化学破乳等几种方法同时并用，尽可能地提高破乳效率，才能使油中含水量达到万分之二以下。

5.1.7.3　理论分析

由于破乳的第一步是分散相液滴相互接触发生聚集，故可按扩散定律处理。若单位体积乳液中的乳滴数为 n，那么乳滴减少的速率由式（5-4）给出。

$$-\frac{\mathrm{d}n}{\mathrm{d}t} = k_0 n^2 \tag{5-4}$$

$$k_0 = 16\pi aD \tag{5-5}$$

式中，D 为扩散系数，$D = \dfrac{k_B T}{6\pi\eta r}$。

乳滴相互碰撞必须超过能垒 E^* 时才会起作用，k_0 与 E^* 之间关系满足式（5-6）。

$$k_0 = \frac{8 k_B T}{3\eta}\exp\left(-\frac{E^*}{k_B T}\right) \tag{5-6}$$

在初始乳滴数为 n_0 的条件下对式（5-4）积分，可得总颗粒数 n 与时间 t 的关系式（5-7）。

$$\frac{1}{n} = \frac{1}{n_0} + k_0 t \tag{5-7}$$

聚结是一个较复杂的过程，当内相浓度超过 90%，聚结速率便急剧上升，乳滴数 n 的消失速率呈指数性质，如式（5-8）所示。

$$\ln n = k_0 t + c \tag{5-8}$$

式中，c 为相关常数。

乳液稳定存在的主要原因是乳化剂的存在，所以，在需要破乳的情况下，应该消除或削弱乳化剂的保护能力。

5.1.8　复合乳液

复合乳液（也称多重乳状液）是指分散相的水滴中含有油，或分散相的油滴中含有水的分散系统。含油包水的乳滴分散在水相中所形成的乳状液，称为水包油包水（W/O/W）型复合乳状液；而水包油的乳滴分散在油相中所形成的乳状液，称为油包水包油（O/W/O）型复合乳状液。

复合乳液通常有三种类型：

（1）分散相液滴中只含有一个大的内部液滴（见图 5-3（a））；

（2）分散相液滴中包含许多小的（一般为几个到十多个）的内部液滴（见图 5-3（b））；

（3）分散相微滴中捕获了大量极小且紧密堆积的液滴（见图 5-3（c））。

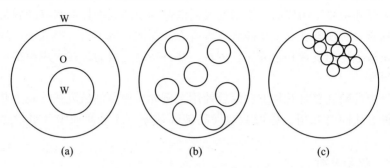

图 5-3   复合乳液类型示意图

复合乳液中可溶解不同的活性物质，在医药、食品和化妆品工业中应用十分广泛。为防止复合乳液中不同活性物质相互作用，可将有效成分加入乳状液的最内相，有效成分要通过两个界面才能释放出来，因此可以延缓有效成分的释放速度，延长有效成分的作用时间。此外，复合乳液的结构和分布可利用光散射和电子显微镜技术观察，外部连续相中自由电解质浓度及从内部微滴向内部连续相中泄漏的信息可采用渗透压法进行检测。

5.2   微乳液

微乳液的概念由英国化学家 J . H. Schulman 于 1959 年提出，指表面活性剂、助表面活性剂、油与水等组分在适当比例下形成的无色、透明（或半透明）、低黏度热力学稳定分散系统，粒径在 5～50nm 之间，具有超低界面张力（10^{-6}～10^{-7}N/m）和很高的增溶能力（可达 60%～70%）。事实上，1943 年 Schulman 团队就在 *Nature* 上报道了一种通过油、水、表面活性剂和助表面活性剂混合就能够自发形成的透明或半透明的胶体分散系统，主要有 O/W 型和 W/O 型。不过，当时他们并没有使用微乳液的概念，在很长一段时间内被称为亲油水胶束、亲水油胶束及溶胀胶束等。1982 年 Boutnonet 等人首先在 W/O 型微乳液的水核中制备出 Pt、Pd、Rh 等金属团簇微粒，开拓了一种新的纳米材料制备方法。

微乳液与普通乳液存在着本质区别。普通乳状液是热力学不稳定胶体分散系统，微乳液是热力学稳定胶体分散系统，更接近胶束溶液。微乳液的粒径分布较均匀，为 10～100nm，比普通乳状液的粒径（>200nm）要小很多。微乳液澄清透明，长时间放置不会分层；而普通乳状液往往不透明，容易分层。微乳液发展到现在也有了更加准确的定义，即是由油、水、表面活性剂和助表面活性剂形成的一种热力学稳定，且各向同性透明或半透明的均匀分散系统。

5.2.1 形成机理

微乳液的自发形成机理包括瞬时负界面张力理论、双重膜理论、几何排列理论和 R 比理论等假设。

5.2.1.1 瞬时负界面张力理论

Prince 提出，表面活性剂能极大地降低油-水界面张力，从而形成普通乳状液，加入短链醇等助表面活性剂之后，在界面上能产生混合吸附，使界面张力降至超低（$1 \times 10^{-3} \sim 1 \times 10^{-5} \text{mN/m}$），甚至在某一时刻界面张力为负值（$\gamma < 0$）。负界面张力不能稳定存在，系统需要通过自发扩张界面，吸附更多的表面活性剂和助表面活性剂分子，使界面张力恢复至零或微小的正值，促使微乳液自发形成。如果微乳液中液滴相互接触发生聚并，系统界面面积会再次缩小，再次出现负界面张力现象，使界面扩张来抵抗微乳液液滴的聚并，这也就说明了微乳液热力学稳定的原因。

5.2.1.2 双重膜理论

1955 年，Schulman 和 Bowcott 提出双重膜理论，该理论认为界面吸附层是除油和水外的第三相，且界面层具有两个面，分别与油和水相接触，通过界面层与油和水的相互作用的大小决定界面层向哪边弯曲，从而决定微乳液系统是 W/O 型还是 O/W 型。

普通乳状液粒径比微乳液大很多，所以界面弯曲的曲率半径也大得多。微乳液系统由于大量使用表面活性剂，往往会形成液晶，形成液晶后的表面活性剂分子不再像处于液体状态时那样能自由流动，因此界面层的刚性增强，不易发生弯曲，所以不能形成微乳液。当加入短链醇之后，表面活性剂分子与醇分子形成混合界面膜，增加了界面层的柔性，使得界面层易于发生弯曲从而形成微乳液。

至于为什么会有 O/W 和 W/O 两种类型的微乳液，可以从混合界面膜两侧的界面张力来解释。界面膜的两侧分别与油和水接触，会各自产生一个界面张力，总的界面张力为二者之和。如果两侧界面张力不相等，就会在界面层上产生剪切力，使界面层发生弯曲，两侧的界面张力也会随之改变，直至两侧界面张力相等而达到平衡。

5.2.1.3 几何排列理论

Robbins 和 Michell 等人在双重膜理论的基础上考虑到两亲分子在界面上的几何排列，提出了几何排列理论。

几何排列理论也认为界面膜是由表面活性剂分子的亲水基和亲油基分别与水和油组成双重界面。在油侧界面，油分子穿插于疏水尾链中；而在水侧界面，亲水基水化形成水化层。界面膜的弯曲取决于表面活性剂分子临界堆积参数（$P_c = v/(a_0 l_c)$）。当 $v/(a_0 l_c) = 1$ 时，界面不发生弯曲，形成层状结构；当 $v/(a_0 l_c) > 1$ 时，界面膜向水相优先弯曲，有利于形成 W/O 型微乳液；反之，当 $v/(a_0 l_c) < 1$ 时，则有利于形成 O/W 型微乳液。Michell 和 Ninham 在此基础上对这一理论作出了进一步的解释，提出了 O/W 型微乳液存在的必要条件为 $1/3 < v/(a_0 l_c) < 1$，当 $v/(a_0 l_c) < 1/3$ 时，形成普通胶束。

5.2.1.4 R 比理论

R 比理论着重考虑分子间的相互作用。表面活性剂分子同时会与油和水发生相互作用，相互作用的叠加决定了界面膜的性质，即界面膜的优先弯曲方向。从微观上来说，微乳液系统存在 3 个相区：油区、水区和界面层区。在界面层上有多种分子间相互作用，归结为内聚能 R，表示两种分子间的内聚能，见式（5-9）。

$$R = \frac{A_{co} - A_{oo} - A_{ll}}{A_{cw} - A_{ww} - A_{hh}} \tag{5-9}$$

式中，A_{co}、A_{cw} 分别为界面层中的表面活性剂分子与油和水的内聚能；A_{oo}、A_{ww} 分别为油分子之间和水分子之间的内聚能；A_{ll}、A_{hh} 分别为界面层中的表面活性剂分子疏水基之间和亲水基之间的内聚能。

R 值给出界面层亲水亲油性的强弱，界面层向哪一侧弯曲也取决于 R 比的大小，所以 R 比的变化能够反映出微乳液结构的变化。当 $R = 1$ 时，系统可形成层状液晶或者双连续结构；当 $R \neq 1$ 时，界面层对水和油的亲和性不再相等；$R < 1$ 时，界面层与水的混溶性增大，与油的混溶性减小，界面层朝向油相弯曲，有利于形成 O/W 型结构；$R > 1$ 时，情况正好相反，界面层趋向于油铺展，有利于形成 W/O 型结构。

5.2.2 组成

微乳液能自发形成，不需要施加外力。常见微乳液主要由表面活性剂、助表面活性剂、油相和水相组成。各种组分的选择和用量对微乳液的结构都有明显的影响。

5.2.2.1 表面活性剂

表面活性剂在微乳液中的主要作用是降低界面张力和形成吸附膜，是促使微乳液形成的关键。表面活性剂种类繁多，主要有阴离子表面活性剂、阳离子表面活性剂和非离子表面活性剂，但并非所有的表面活性剂都能用于微乳液的制备，需要综合考虑形成微乳液的特性和使用情况。首先要根据临界堆积参数 P_c，考虑如 5.2.1.3 小节中表面活性剂分子在界面膜的几何排列。表面活性剂的亲水亲油平衡（HLB）值反映表面活性剂亲水亲油性的相对大小，可以根据表面活性剂的 HLB 值来判断形成的微乳液的结构；HLB 值为 4~7 的表面活性剂可形成 W/O 型微乳液，HLB 值为 8~18 的表面活性剂可形成 O/W 型微乳液。对于离子型表面活性剂，由于亲水基较短，亲油基较长，油比水更容易渗透到膜中，因此更容易形成 W/O 型微乳液。

5.2.2.2 助表面活性剂

非离子型表面活性剂不需要添加助表面活性剂就可形成微乳液，离子型表面活性剂由于其较高的 HLB 值，在制备微乳液时，通常与助表面活性剂（短链醇）或与 HLB 值较低的非离子表面活性剂复配。助表面活性剂的主要作用是调节表面活性剂的 HLB 值，增加界面的柔性（流动性）及降低界面张力。一般选择中长碳链的直链醇、短链酸等两亲分子作为助表面活性剂。表面活性剂和助表面活性剂的比例对微乳液的形成和结构有很大的影响，一般较低醇/表面活性剂值更易形成 O/W 型微乳液，反之更易形成 W/O 型微乳液。

5.2.2.3 油相

在微乳液系统中，油相与表面活性剂之间具有适当的渗透时，更易于形成界面膜。随着油相烷基链长的增加，油相嵌入表面活性剂分子中的难度增大，系统的自由能升高，不利于微乳液的形成和稳定，所以在选择油相时通常选用较小分子量的有机溶剂。此外，油相的用量对微乳液的构成有较大的影响，较高的油/表面活性剂比例更容易成 W/O 型微乳液。

5.2.3　结构和性质分析方法

5.2.3.1　动态光散射

当分散系统的质点远小于可见光的波长时，光通过系统就会发生散射。散射光的强度与系统粒径大小和分布、粒径形状及两相的折射率有关。因此，利用动态光散射技术可以测定微乳液粒径的大小和分布随时间的变化情况。微乳液的粒径在 $10 \sim 100nm$ 之间，比可见光波长小很多，因此白光能完全通过微乳液，以至于看到的微乳液都是澄清透明的，同时白光中的蓝光在透过微乳液时容易发生散射，所以散射光呈蓝色。

5.2.3.2　电导率

微乳液系统的电导率与微乳液的结构密切相关，因此，可以通过测定微乳液系统的电导率来判断微乳液的结构。微乳液系统的电导率会随着系统中含水量的变化而变化，随含水量的增加，电导率在 W/O 型微乳液区逐渐增加，在双连续区增加速度变慢，而在 O/W 型微乳液区电导率急剧下降。W/O 型微乳液区的电导增加，说明双连续结构转变过程中，微乳液滴之间会发生了离子交换或渗透现象。

5.2.3.3　荧光探针

荧光探针技术是通过往待测系统中加入极少量的荧光探针分子（浓度远低于溶液本体浓度，以确保探针加入不会影响系统性质），根据探针分子在微乳液中表现出稳态和瞬态发光性质及猝灭情况，可得到微乳液系统质点大小、形貌转变、相转变等信息。常用荧光探针有 8-苯胺基-1-萘磺酸铵（ANS）和芘（pyrene）等。其中，芘的荧光光谱具有 5 峰结构，在不同极性的微环境中各荧光发射峰的相对强弱不同，其中 I_1/I_3 对环境变化最为敏感（随极性降低而减小）。根据 I_1/I_3 的值可得出其加溶位置的微极性，从而可获取微乳液增溶物在胶束中的增溶位置。I_1/I_3 值越大，增溶处的微极性就越大，说明增溶位置靠近表面活性剂极性基团末端；反之，则增溶位置靠近胶束油相内核。

5.2.3.4　超速离心

超速离心是一种区分普通乳状液和微乳液的简单方法。普通乳状液粒径较大，在重力场或离心场下将发生明显的沉降。微乳液在超速离心作用下会发生暂时分层现象，一旦撤掉离心力场，系统会再次自发变为微乳液系统，这一特点可以用来判断系统是微乳液还是普通乳状液。

5.2.4　微乳液的应用

微乳液应用范围比普通乳液更广泛，源于其超低界面张力、强增溶和乳化能力等重要特征。自从微乳液被发现后，科学家对其性能和应用研究做了大量的工作，取得了许多有意义的结果，推动了微乳液应用的快速发展[2]。

5.2.4.1　三次采油

二次采油中利用水驱或者气驱虽然能提高原油采收率，但由于地下沙岩表面黏附了大量原油，不能被水分散带出，以致残留的原油仍然可观。通常情况下一次和二次采油量共约占油藏储量的1/3，三次采油的目的是至少采出剩余2/3原油中的一部分。在三次采油中多采用微乳液法，当表面活性剂溶液注入油井后，与原油形成中相微乳液并与过量水和油共存，界面张力可以降低到 $10^{-4} \sim 10^{-5}\,\mathrm{mN/m}$，远远低于原油的黏度，增加其流动性使原油易于采出。

5.2.4.2 微乳液载药

微乳液可以增溶一些药物或者酶，这样可以保证产品的均匀度和增加产品的稳定性。载药微乳液通过注射或者口服药物进入人体，有利于药物的扩散和吸收。O/W 型微乳液可以增加油溶性药物的溶解性，W/O 型微乳液可以保护水溶性药物，提高药物的生物活性。在农药应用方面，将农药增溶在微乳液中，能够克服粉剂颗粒较大、不能提供最佳生理效应、容易产生尘埃及乳剂含有大量有毒有害的有机溶剂等缺点。载药微乳液粒径小，能够被喷洒到农作物上普通农药不能到达的地方；其良好的润湿铺展性能使农药迅速均匀铺展，能最大限度地发挥农药的药效。

5.2.4.3 化妆品

微乳液的热力学稳定性质，使其应用于化妆品中可以保证化妆品的储存稳定性，具有重要的意义；另外，微乳液对油的增溶能力强，可以确保制成含油量高的产品，同时在使用时不会有油腻感，除大幅度提高其有效成分的作用效力外，还可以将 TiO_2 和 ZnO 纳米颗粒包裹进微乳液系统中，从而提高美白防晒产品的增白、抗紫外线等特性。微乳液型化妆品近年来的发展非常迅速，而且都有很好的应用，市场前景非常广阔。

5.2.4.4 洗涤剂

微乳液洗涤剂具有超低界面张力，强的乳化和增溶能力，能够快速而有效地渗透到重垢和织物毛细孔中，去污力要优于普通洗涤剂。因此，微乳液对高浓度污垢及重垢都有很好的去污效果并且对环境的污染小，具有广阔的应用前景。但是，制备成微乳液体洗涤剂对配方的要求比较高，难点在于把较高浓度表面活性剂和助表面活性剂溶入水中，同时还要使产品透明。

5.2.4.5 多孔材料

多孔材料在制备过程需要控制材料的结构和形态，用普通方法很难实现，若将反应物分散或增溶在微乳液中，通过调节微乳液系统的配方，可以精准调控多孔材料的结构和形态，根据需要制备出理想产品。

5.2.4.6 微乳燃油

随着经济快速发展与人口急剧增长，环境问题日益突出，空气污染已经是全世界各国共同面临并急于解决的严重问题，而 80% ~ 90% 的空气污染来源于汽车尾气的排放。降低机动车辆的燃油消耗量，努力节约能源、降低污染已经刻不容缓，各国科研人员正在进行微乳化燃油的研发。微乳燃油是用汽油或柴油、表面活性剂和水配制而成的系统，期望该产品较普通燃油燃烧效能高并能更好地减少空气污染。

5.2.4.7 微乳液萃取

微乳液因乳滴高度分散、颗粒小、巨大的比表面积和高效的传质速率，作为液膜在物质提取分离和资源回收方面具有较大应用潜力。如铝土矿中钒的含量较低，采用传统萃取法从其碱浸液里进行回收钒效果太差，若以耐碱性钒萃取剂的油溶液为连续相，无机盐水溶液为分散相制备的微乳液作为萃取系统，在优化条件下钒的萃取率可以高达 90% 以上，大幅度提升了钒资源回收利用。

5.3 Pickering 乳液

1903 年 Ramsden 报道了一种采用固体颗粒（胶体尺度）作为乳化剂稳定的 O/W 型乳液，到 1907 年 Pickering 较为系统地研究了这种乳液，提出 Pickering 乳液的概念。与常规乳化剂稳定乳液比较，Pickering 乳液具有一些特殊的优异性能：（1）固体颗粒吸附在油-水两相界面且形成一层薄膜，能够阻止乳滴聚并，使乳液的稳定性更高；（2）使用不同功能性固体颗粒，可以赋予 Pickering 乳液不同的独特的性能，如导电性、智能响应性等；（3）固体颗粒类型丰富且易得，如二氧化硅、黏土、高分子聚合物等通过表面性质调节之后均可用于 Pickering 乳液的制备；（4）拥有较大的油-水界面，有利于分子在 Pickering 乳液的界面的传输、扩散和反应；（5）少用或不用普通化学品乳化剂，可以节约成本，对环境友好、生物相容性好。因此，Pickering 乳液在食品、化妆品、医药、石油开采、污水处理和分离工程等领域均有广阔的应用前景。

5.3.1 稳定机理

固体颗粒作为乳化剂稳定的 Pickering 乳液具有较强的稳定性，该稳定性与固体颗粒在油-水两相界面的吸附行为有很大关系。要使固体颗粒吸附在油-水界面，其中一个重要条件是固体颗粒能够被两种液体部分润湿，即颗粒具有一定的润湿性。固体颗粒的润湿性通常用三相接触角 θ 描述，θ 不仅会影响 Pickering 乳液类型（O/W 型或 W/O 型），而且还会通过固体颗粒在油-水界面上所占的面积影响乳液的稳定性。对于亲水性固体颗粒，一般 $\theta < 90°$，易形成 O/W 型乳液；对于疏水性固体颗粒，一般 $\theta > 90°$，易形成 W/O 型乳液（见图 5-4）。Binks 等人发现固体颗粒从一相向油-水界面发生吸附所需能量的大小除与 θ 有关外，与油-水的界面张力也有很大关系。如果固体颗粒的尺寸相对于乳滴足够小（<1μm），在所受重力忽略的情况下，颗粒从两相界面脱附所需要能量由式（5-10）给出。

$$- \Delta_{\mathrm{int}} G = \pi r^2 \gamma_{\mathrm{ow}} \left(1 \pm \cos\theta_{\mathrm{ow}} \right)^2 \tag{5-10}$$

式中，$1 - \cos\theta_{\mathrm{ow}}$ 表示移入水相；$1 + \cos\theta_{\mathrm{ow}}$ 表示移入油相。

Binks 采用式（5-10）对甲苯-水系统进行计算，结果如图 5-5 所示，发现当三相接触角越接近 90° 时，二氧化硅颗粒在油-水界面的吸附能越大，脱附所需能量越高，得到的 Pickering 乳液的稳定性也越好。这个能量很高，一旦固体颗粒吸附到两相界面，就可认为形成不可逆吸附，表明 Pickering 乳液在热力学上是非常稳定的。

有研究认为固体颗粒吸附在两相界面可以形成紧密排布的界面膜，界面膜的空间位阻作用会阻碍乳滴间的碰撞聚并。同时，在 Pickering 乳液系统中，颗粒与颗粒间、颗粒与乳滴间会形成三维网络结构，这也将阻碍乳滴相互聚并和碰撞，这两种作用共同提高了乳液的稳定性。研究还发现乳滴间形成的连续相薄膜及乳滴周围颗粒层所提供的空间位阻也可提高乳液稳定性。一般来说，在颗粒稳定的 Pickering 乳液中，通常会观察到乳滴被颗粒完全包覆，故当乳滴相互接触时，颗粒层膜可以阻止乳滴结合，称之为具有双层稳定性。还有一种情况是乳滴间形成单层颗粒，出现"桥连"。无论是双层结构还是单层结构，空间位阻效应都可提高乳液的稳定性。如采用聚苯乙烯硫酸盐胶体颗粒（直径为 0.21μm）和

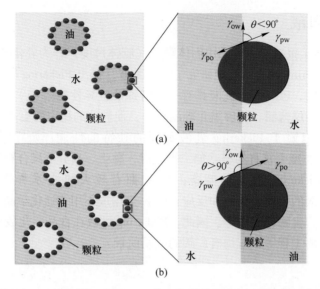

图 5-4　O/W 和 W/O Pickering 乳液在微观和纳米尺度上的示意图

(a) O/W；(b) W/O

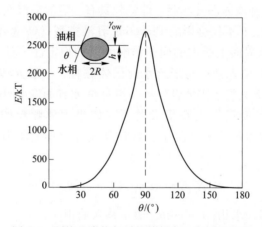

图 5-5　颗粒吸附能与三相接触角 θ 之间的关系

二氧化硅纳米颗粒作为乳化剂可以有效地阻碍乳滴之间聚并现象的产生。

因此，为了强化固体颗粒在油-水界面上的吸附，需要对固体颗粒表面的润湿性进行调控，增强颗粒在介质中的界面相容性。改变固体颗粒润湿性的方法包括化学法和物理法。化学法一般是采用一些表面活性剂或偶联剂（如硅烷偶联剂）与颗粒表面特殊基团发生作用。物理法是采用冷冻干燥、超声和等离子体处理等方法对颗粒表面进行处理。固体表面改性后，由于表面性质发生变化，其吸附、润湿、分散等一系列性质都将发生变化。

5.3.2　制备

Pickering 乳液通常是由油相、水相和乳化剂组成。制备方法通常是将乳化剂加到一相中，分散均匀，然后加入另一相，最后经高速搅拌或震荡制得 Pickering 乳液。目前对于

Pickering 乳液结构和性能调控的研究大都集中于两个方面，一是通过不同功能分子修饰对特定固体颗粒表面润湿性进行调控，一是对制备过程条件进行优化和筛选。在制备过程中，除了固体颗粒表面润湿性外，固体颗粒浓度、油水两相相比、pH 值、温度、离子强度等对 Pickering 乳液的稳定性及乳滴结构均会产生影响。

当乳化方式一定时，固体颗粒的浓度对 Pickering 乳液的形成及乳滴大小有重要的影响。Bink 等人的研究表明，用 SiO_2 稳定的 O/W 型乳液的粒径随浓度的增加而减小；当浓度低于 3% 时，颗粒的大部分都分布于油-水界面，继续提高浓度，乳滴粒径相应减小；当浓度提高到 5.6% 时，存在于油-水界面的颗粒量与 3% 浓度时无明显变化，剩余颗粒会分散在水分散中，乳滴粒径也不再发生明显变化。此外，在基本不改变颗粒润湿性的前提下，改变 pH 值或者加入无机盐电解质，都能够调控颗粒的表面电位，从而促进或者抑制颗粒在油-水界面上的吸附。为了进一步拓宽 Pickering 乳液的应用范围，研究人员还采用不同形状（Janus 型、棒状、椭圆状、圆柱形、纳米片状、纳米管状、层状等）的固体颗粒作为乳化剂制备了多种结构的 Pickering 乳液。特定性能及结构的 Pickering 乳液在制备过程中受各种因素影响程度和影响机制各有不同，因此制备时应综合考虑。

5.3.3 智能响应

由于 Pickering 乳液的稳定性非常强，对其进行破乳和回收乳化剂也是在乳液制备时需要考虑的另一个重要问题。传统的破乳方法一般采用物理、生物和化学的方法，如加入破乳剂、加入生物破乳菌、微波、超声、膜破乳法等，虽然效果良好，但存在操作复杂、成本高、易造成环境二次污染等问题。而智能响应型 Pickering 乳液可根据环境条件自行调控乳液的乳化/破乳，还可回收乳化剂。近年来，国内外报道的关于磁、光、CO_2、pH 值、温度等能产生刺激响应的一系列新型 Pickering 乳液也屡见不鲜[3]。

5.3.3.1 磁响应

磁响应 Pickering 乳液系统是指在磁场作用下能够智能调控乳液的"稳定"与"破乳"。目前，磁响应性 Pickering 乳液的研究主要是集中于通过改性制备具有磁性的固体微米级颗粒，并以此作为乳化剂稳定 Pickering 乳液。比如，通过包裹和嫁接等步骤，制备出具有磁响应性的核壳结构纳米材料 $Fe_3O_4@SiO_2$-R，并将其作为乳化剂制备出稳定性好且具有磁刺激响应的 W/O 型 Pickering 乳液。实验结果表明制备的乳液磁响应性很强，乳液可随外磁场的移动而移动，显示出高可控性和出色的稳定性。在外加磁场作用下收集到的纳米颗粒，去除外加磁场后，可以迅速再分散，实现多次循环利用。

5.3.3.2 CO_2 响应

与磁响应型乳液类似，CO_2 响应性乳液是指在 CO_2 气体影响下乳液液滴将随 CO_2 气体发生变化。这种乳液制备过程中采用的乳化剂是以对 CO_2 具有响应性的分子修饰的固体颗粒。比如，通过原子转移自由基聚合法将少量对 CO_2 有响应的 2-(二乙胺基)甲基丙烯酸乙酯（DEAEMA）接枝在碱性木质素表面，用改性的木质素颗粒作为乳化剂制备了同样具有 CO_2 响应性的 Pickering 乳液（癸烷为油相）。通入 CO_2 后，由于 2-(二乙胺基)甲基丙烯酸乙酯的溶解度增加，改性木质素颗粒表面亲水性增强，该颗粒会从油-水界面脱附分散到水中，乳液破乳，发生相分离。将上层的油完全去除后，通入 N_2 以去除 CO_2，分散的木質素顆粒因表面疏水性增強會迅速絮凝沉澱，加入新的油相後，通過高速攪拌會再次形成 Pickering 乳液。實驗證明，通過兩種氣體（CO_2/N_2）的鼓入使其破乳/乳化實現可逆轉變。該木質素材料具有良好的再生利用性能，符合現代化工綠色化要求，這種氣調特性使木質素材料具有廣泛的應用潛力。

5.3.3.3 pH 值響應

pH 值響應性 Pickering 乳液是指乳液的結構和性質會隨外界 pH 值的變化而變化。這種乳液的製備主要是基於具有 pH 值響應性的固體顆粒乳化劑。例如，研究人員將雙層油酸分子包覆在 Fe_3O_4 納米顆粒表面，並以此改性 Fe_3O_4 納米顆粒為乳化劑製備了具有 pH 值和離子強度雙響應性的 Pickering 乳液。研究發現，當 3.80<pH<6.80 時 Pickering 乳液類型為 W/O 型，而 8.40<pH<11.30 時 Pickering 乳液類型則轉變為 O/W 型。又比如，有研究人員將疏水性的 $(MeO)_3Si(CH_2)_7CH_3$ 和親水性的且具有 pH 值響應性的 $(MeO)_3SiCH_2CH_2CH_2(NHCH_2CH_2)_2NH_2$ 混合物對 SiO_2 微米顆粒表面進行改性。由於接枝鏈上的氨基在酸鹼條件下可發生離子化和質子化，改性所得 SiO_2 的表面親疏水性對 pH 值具有響應性。進一步研究發現，以此 SiO_2 穩定的 Pickering 乳液在酸性條件下為 O/W 型，在鹼性條件下則發生轉向變為 W/O 型，同樣實現了 Pickering 乳液的 pH 值響應性轉相。

5.3.3.4 光響應

光響應 Pickering 乳液是由對不同類型光響應的納米顆粒穩定的乳液。例如，採用具有 UV 光響應特性的 TiO_2 納米顆粒穩定 Pickering 乳液，通過改變 UV 光照/黑暗靜置改變 TiO_2 納米顆粒的表面活性和潤濕性，引起 Pickering 乳液類型由 W/O 向 O/W 可逆反覆轉變。又如，研究人員利用光致變色螺吡喃分子與納米熒光粉複合，成功地製備了具有近紅外/可見光界面活性的納米顆粒，並利用其得到具有可逆相變性能的 Pickering 乳液。在吸收近紅外激發後，納米顆粒會在 UV 區發射光子，進而誘導螺吡喃開環，形成異構體。這個異構化過程可以通過可見光照射來逆轉。這種轉變會導致納米顆粒表面的親疏水性轉變，從而驅動乳液的相變。

5.3.3.5 溫度響應

與其他響應型 Pickering 乳液的獲得類似，一般是由溫度敏感型顆粒作為乳化劑穩定乳液。溫度敏感型顆粒乳化劑除了可以用本身具有溫敏的顆粒，還可以通過採用具有溫敏性的高分子修飾非溫敏顆粒來獲得。比如，採用典型溫敏性聚合物聚 N-異丙基丙烯酰胺（PNIPAM）和殼聚糖（CS）交聯製得對 pH 值和溫度具有雙響應的智能微凝膠（CS-g-PNIPAM），以 CS-g-PNIPAM 微凝膠穩定的 Pickering 乳液能隨 pH 值和溫度的變化可逆地乳化和破乳。在低於 pKa（6.8）和 LCST（32℃）時，可形成穩定的 O/W Pickering 乳液，隨著 pH 值和溫度的升高，乳液破乳。當冷卻至室溫分散均勻後可再次乳化。通過在 40～25℃ 交替升降溫度，至少可以進行 3 次可逆的破乳/乳化，表現出穩定的溫度響應性。

5.3.4 應用

Pickering 乳液因其獨特的微觀結構、良好的穩定性、特殊的表面化學性質和較大的油-水界面，在界面催化、污水處理及日化工業領域均具有廣泛應用[4]。

5.3.4.1 界面催化

由於 Pickering 乳液具有較大的油-水界面面積，能夠大大提高經典系統的催化效率。

而且，稳定的 Pickering 乳液乳滴可作为单独的微反应器。山西大学杨恒权课题组将水溶性催化剂分子限域于 W/O 型 Pickering 乳液乳滴内部（见图5-6），构建了乳滴固定床连续流动催化系统，并成功用于 H_2SO_4 催化的加成反应，杂多酸催化的开环反应和酶催化的手性拆分等化学反应。与传统的间歇式反应相比，该催化系统无需搅拌、催化剂无需分离，且油水双相连续化操作运行可达 2000h 以上，具有绿色、高效的优点。

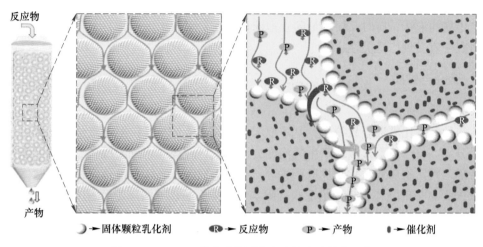

图 5-6　Pickering 乳液乳滴固定床连续流动催化系统

5.3.4.2　污水处理

Pickering 乳液在拥有较强稳定性的同时，也具有较大的油-水界面，有利于某些特定分子在油-水两相界面的迁移与扩散。传统萃取系统往往存在油-水两相分离难、油-水传质界面小等问题，Pickering 乳液系统能够为解决这些问题提供新的思路，在污水处理等方面逐渐引起关注。如采用磁性纳米 Fe_3O_4 稳定的 W/O/W 型 Pickering 乳状液膜选择性地分离和提取废水中的 4-甲氧基苯酚（4-MP），乳液内部的水相为 W_1，最外部水相为 W_2。乳状液膜的油相为磷酸三丁酯（TBP）和玉米油的混合液。乳滴分散在废水中后，外部水相中的 4-MP 扩散到 O/W_2 相间，与油相中的 TBP 发生反应，形成油溶性复合体。复合物通过油膜扩散到内部的 W_1/O 界面，并与 NaOH 反应生成不溶于油的酚钠，这样就不会通过液膜扩散回外相，实现了载体选择性地将 4-MP 从外相到内相的提取。采用这种方法 4-MP 的提取效率高达 86%。类似地，以两亲二氧化硅纳米线（ASNWs）作为乳化剂制备的 Pickering 乳液液膜（PELM），可用于处理重铬（Ⅵ）酸钾水溶液，从水溶液中提取六价铬（Cr（Ⅵ））。在优化条件下，Cr（Ⅵ）的提取效率达到 99% 以上。

5.3.4.3　日化工业

Pickering 乳液因其环境友好性，在化妆品等日化行业受到日益关注。传统表面活性剂作为有机物会带来一定的低毒性和刺激性，而 Pickering 乳液引入化妆品中可以减少甚至消除这些潜在危害，如以淀粉颗粒作为乳化剂所得 Pickering 乳液。固体颗粒的存在，不仅能够显著降低表面活性剂的用量，同时提高化妆品保湿、防晒功效。另外，固体颗粒本身的刚性和可调控的浸润性为包埋和功能分子的缓释及透皮吸收提供了优良的条件。

5.4   泡沫

泡沫是以气体为分散相，液体为分散介质的热力学不稳定胶体粗分散系统。单个由液膜包围的气体分散体为气泡，泡沫是无数个气泡的集合。气泡和泡沫是日常生活及工农业生产中的常见现象，广泛出现在日用化工产品的生产和使用、矿物泡沫浮选、消防泡沫灭火、土壤修复净化、油气开采输运及泡沫建材和塑料等方面。根据实际需求，有时需要得到稳定丰富的泡沫，有时又要尽量防止泡沫产生或者采取消泡措施。长期以来，对泡沫性能的研究一直受到广泛关注。

5.4.1   制备与性质

5.4.1.1   制备

泡沫的制备比乳液容易得多，基本要求是气体和液体相互接触及气体分散到液体中能被液膜分隔。将气体引入液体产生气泡的方法包括：直接通入外来气体、利用气流搅动带入或者加入特定物质通过化学反应产生等。泡沫形成时，气体和液体必须相互接触，占体积分数大于 90% 的气体被极少量液膜分隔。纯液体不易形成泡沫，产生的气泡液膜极不稳定，会在浮力作用下迅速升到水面"破裂"。

因此，对于泡沫这种热力学不稳定胶体分散系统，作为分散介质的溶剂中必须加入起泡剂，才可能使气泡形成并稳定存在。一般用发泡力表示加入起泡剂的液体生成泡沫的难易程度，与溶液的表面张力降低程度有关，原则上表面张力越低越有利于起泡。常见的起泡剂包括表面活性剂、高分子化合物和固体颗粒等。

（1）表面活性剂。表面活性剂是常见的起泡剂，许多阴离子和阳离子表面活性剂在水分散介质中都具有良好的起泡性能，非离子表面活性剂一般不用作起泡剂。加入溶液后，高表面活性的分子首先吸附在气-液界面上，使表面张力显著减小，进而降低了形成气泡的弯曲液面附加压力，促进气泡生成；同时液膜间的排液过程也相应减慢，提高了气泡稳定性。另外，分子在液膜两侧气-液界面做定向排列，伸向气相的碳氢链段之间相互吸引，使表面活性剂分子形成具有一定黏弹性的膜，抵抗泡沫破裂；同时伸入液相的极性基团由于水化作用，具有阻止液膜液体流失的能力。这些性质的共同作用，提高了泡沫的动力学稳定性。

（2）高分子化合物。蛋白质、明胶等高分子物质都有一定的起泡性和良好的泡沫稳定性。这类物质虽然对表面张力降低能力有限，但是可以形成具有一定机械强度的薄膜。因为蛋白质分子间除了范德华引力外，结构中的羧酸基与胺基之间可形成氢键，相互结合可以形成牢固的薄膜，使泡沫能够稳定存在。但是，蛋白质类起泡剂易受溶液 pH 值的影响，并有老化现象。非蛋白质类的高分子化合物，有聚乙烯醇、甲基纤维素及皂素、某些颜料等，其中皂素是最早使用的一种起泡剂，只要在 0.005% 左右就能形成稳定性良好的泡沫。高分子起泡剂的作用与蛋白质有类似之处，但没有蛋白质的那些缺点。染料之所以能够对泡沫有稳定作用，可能也是在气-液表面上形成了多分子层的吸附膜的结果。

（3）固体颗粒。像作为 Pickering 乳液的乳化剂一样，固体颗粒也可以作为稳泡剂。炭末和矿粉等憎水性固体颗粒常聚集于气泡表面，也有利于形成稳定泡沫。这是因为在气-液界面上的固体粉末，成了防止气泡相互聚并的屏障。同时附在液膜上的固体粉末，形状各异，杂乱堆集，也增加了液膜中液体流动的阻力，有利于泡沫稳定。

起泡剂的共同特点是能够在气-液界面上形成坚固膜，其作用的发挥需要借助一定的外界条件（如搅拌、吹气等），而且形成泡沫后不一定有很好的稳定性。为了使生成的泡沫能够比较稳定，往往在表面活性剂起泡剂中加入一些辅助表面活性剂，称之为稳泡剂。

5.4.1.2 泡沫结构

泡沫产生时，如果加入的气体体积分数远小于溶液，则气泡基本呈球形，彼此独立，相互作用弱，起泡剂吸附在气-液界面上保护气泡不破裂。由于气液密度差很大，生成的气泡会迅速上升到液面以上，气泡表面便形成了两个气-液界面组成的液膜，起泡剂分布于内外两侧形成双吸附层（见图5-7）。当气泡很多时，气体的体积分数增加到90%以上，气泡堆集在一起由极薄液膜分隔，相互挤压形成蜂窝泡沫。气泡的液膜可以类比于垂直拉起的肥皂膜，刚开始比较厚，在重力作用下液体向下流动，变得越来越薄。膜厚缩小至微米级时，表面活性剂分子的存在使液体减缓流动并最终停止，形成泡沫的液膜骨架。19世纪后期 Plateau（比利时物理学家）提出大量球形和多面体形气泡共同组成泡沫，相邻气泡间由薄膜组成的三叉水层（Plateau 通道）构成泡沫系统的基本结构。如图5-8所示，点 B 处液膜曲率半径明显大于点 A 处，由于 Laplace 附加压力存在，B 处液体向 A 处移动，导致液膜不断变薄，最后达到暂时平衡。因此，当3个泡之间膜角度均为120°时，A、B 之间的压力差最小，液膜最稳定，所以在多边形的泡沫结构中，大多数是最稳定六边形结构，如图5-9所示。

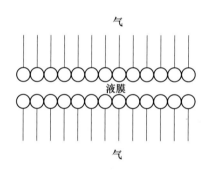

图 5-7　液膜上的吸附层

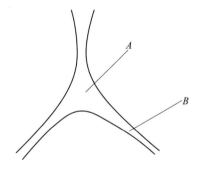

图 5-8　3个气泡的液膜分界面示意图

5.4.1.3 液膜性质

泡沫液膜与乳液界面膜有相似之处，又有本质区别。外观上，乳液内相为液体，一般呈球形；泡沫内相为气体，常呈多面体。另外，泡沫的液膜所占体积分数很小，又与气体接触，其性质与泡沫的形成与稳定密切相关。初始阶段厚液膜的新生泡沫不断长大，但其体积不能无限增加，达到一定体积后，会发生破裂。产生的泡沫静置时，通常会经过一个无膜破裂的亚稳定期，只有膜经过进一步排液，厚度下降到几十纳米时又进入另一个不稳定阶段，最终泡沫会失稳消失。

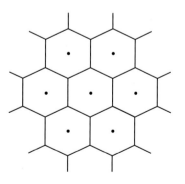

图 5-9　泡沫堆砌 Plateau 交界结构示意图

液膜必须在起泡剂存在下才能形成，由吸附于气-液界面上的表面活性剂双分子层组成，如图5-7所示。双吸附层覆盖液膜，使膜中液体不易挥发；亲水基团伸入水中形成水化膜，降低膜中液体流失；亲油基团间相互吸引有利于增加吸附层强度；对离子型乳化剂，静电排斥阻止膜变薄。这些因素相互影响、协同增效，共同保护液膜，使泡沫能够形成并稳定存在。

5.4.2 稳定性

泡沫稳定性与起泡力不同，起泡能力指泡沫生成的难易程度，而泡沫的稳定性是指泡沫生成后的持久性，即泡沫的"寿命"长短。液膜强度、气体扩散及气泡聚并等因素都可以影响泡沫稳定性。

5.4.2.1 液膜强度

泡沫要保持稳定，其液膜应该在相当长的时间内不变化，即要有一定强度，能抵抗外界各种扰动。液膜强度与表面黏度、表面黏弹性、表面电荷等表面因素有关。

A 表面黏度

表面黏度是指液体表面两分子定向排列层内的黏度，不同于分散介质体相黏度。分散介质的黏度很高，也有助于泡沫稳定，但其影响远不如表面黏度作用大。蛋白质、表面活性剂及其他类似物质的水溶液都有很高的表面黏度，为形成相对稳定的泡沫创造了条件。有效泡沫系统的液膜表面黏度可以很高，甚至可能具有半固体或固体性质，赋予其非常高的稳定性，极不容易破灭。表面黏度无疑是稳定泡沫的重要条件，但也有例外。如十二烷基硫酸钠水溶液的表面黏度并不高，但生成的泡沫却很稳定。有时有些能生成泡沫的溶液，如设法增加其表面黏度，却反而降低了泡沫的寿命，这可能是因为表面黏度太大，表面膜变脆，泡沫容易破裂的缘故。

B 表面黏弹性

Marangoni 认为，当泡沫液膜受外力冲击时，会发生局部变薄表面积增大，吸附表面活性剂分子密度降低，导致局部表面张力升高。吸附分子力图向变薄部分迁移以恢复到原来密度，表面张力随之降到原来水平。在迁移过程中表面活性剂分子还会携带邻近溶液一起移动，结果使变薄的液膜又增加到原来厚度，从而使液膜强度不变，维持泡沫稳定。根据 Gibbs 膜弹性理论，表面活性剂在气-液界面的吸附还会影响液膜弹性，定义液膜表面弹性模量 E 为增加单位表面积 A 时表面张力的增加值，见式（5-11）。

$$E = 2A\frac{\mathrm{d}\gamma}{\mathrm{d}A} = \frac{2\mathrm{d}\gamma}{\mathrm{d}\ln A} \tag{5-11}$$

根据式（5-11），抵抗上述外界扰动，保证液膜强度不变维持泡沫稳定的现象可以用液膜弹性解释，称为 Gibbs-Marangoni 效应。修复作用的宏观现象表现在液膜具有一定的表面弹性，能对抗各种机械力的撞击，保持气泡形态不变。修复作用还要求液膜有适当的黏度，如果黏度过大，不仅可能使液膜变脆，而且活性剂分子的移动阻力也增大，对泡沫稳定性造成不利影响。因此，表面黏弹性对保持泡沫稳定十分重要。

C 表面电荷

如果液膜的上下表面带有相同电荷，液膜受到外力挤压时，表面相同电荷的排斥作用，可以防止液膜排液变薄。用离子型表面活性剂作起泡剂就有此特点，如用十二烷基硫酸钠作起泡剂，其分子排列在液膜两表面，液膜带负电；反离子 Na^+ 分散于液膜中间，与

$C_{12}H_{25}SO_4^-$ 组成扩散双电层。当液膜变薄时，两边表面静电排斥作用维持液膜稳定。溶液中电解质浓度会影响膜表面电位，进而影响液膜中的静电排斥作用。

D 表面活性剂类型

作为起泡剂的表面活性剂分子必须在吸附层有较强吸引力，以使液膜产生较强机械强度。亲水基团有较强水化性能，可以提高液膜表面黏度。含碳原子较多的疏水链可以有较强相互吸引能力，像癸酸钠（C_{10}）碳链较短，几乎不能产生稳定泡沫，而月桂酸钠（C_{12}）和豆蔻酸钠（C_{14}）由于烃链较长，相互吸引力较强，所以可得较稳定的泡沫。可是软脂酸钠（C_{16}）和硬脂酸钠（C_{18}）稳定泡沫的性能反而比月桂酸钠弱，可能是过长的烃链会使活性剂亲水性减弱的缘故。同理，十四烷基苯磺酸钠的稳泡性能最强，其次是十二烷基苯磺酸钠，烷基碳数在16以上和9以下的烷基苯磺酸钠稳泡性能很差。非离子型活性剂因为它既没有足够长的烃链，也没有很强的极性基团，更无法形成电离层，所以几乎没有稳泡性能。

E 温度和压力

起泡剂的溶解度随温度的升高而增加，导致其在气泡液膜表面的吸附量降低，削弱了液膜强度。因此，温度升高一般会降低泡沫稳定性，而且在相对高的温度下，分散介质的黏度也相应较低，从而使气泡运动阻力减小、液膜排液速度加快，造成气泡聚并、破裂。一般情况下，增加压力有利于泡沫稳定。在同样泡沫条件下，施加压力会降低气泡内气体体积、缩小液膜面积、提高液膜强度，使泡沫系统更稳定。

5.4.2.2 衰变

泡沫是热力学不稳定的粗分散系统，一般都会在比较短的时间内衰变，迅速消失不见。泡沫衰变的原因，一般可以归结为液膜破裂或气体穿透液膜扩散等。

A 液膜破裂

液膜破裂是泡沫衰变最主要的原因。一般情况下，界面膜表面活性剂双分子吸附层的机械强度和黏弹性非常有限，稍加用力的外界扰动都有可能造成液膜破裂，泡沫消失。不考虑环境扰动时，泡沫组成气泡间相互挤压及重力作用也会引起液体析出，破坏泡沫稳定性。前面提到，气泡上升形成泡沫后，各个气泡相交处产生 Plateau 边界（见图 5-9）。设 p_A 为 A 点处液膜承受压力，p_B 为 B 点处的液膜承受压力，γ 为表面张力，r 为气泡半径，A 点和 B 点的液体压力差满足式（5-12）。

$$p_B - p_A = \frac{\gamma}{r} \tag{5-12}$$

可以看出，A 点的压力比 B 点小，能够驱动液体从 B 点流至 A 点，当液膜较厚时在重力作用下液体逐渐流失，导致液膜逐渐变薄，最后可能破裂。同时，液膜变薄到一定程度时，重力作用可能不足以使液体流失，泡沫也可能处于暂时稳定状态。但是，泡沫系统的液膜破裂最终导致破灭消失是必然现象。

B 气体扩散

不管使用哪种方式制备泡沫，其大小很难做到均匀一致。在一定表面张力的溶液系统，与曲率半径成反比的 Laplace 附加压力能够驱动小气泡内的气体向大气泡扩散，这就导致系统中小气泡越来越小，大气泡越变越大。最终小气泡全部湮灭，变得更大的大气泡存在一段时间后衰变消失。图 5-10 所示为溶液表面的气泡中气体的扩散过程。其中，标记的气泡半径随时间变化关系曲线如图 5-11 所示。

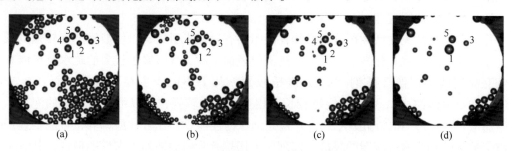

图 5-10   液面下分散气泡显微图像

（a）新生气泡；（b）50min 后；（c）100min 后；（d）250min 后

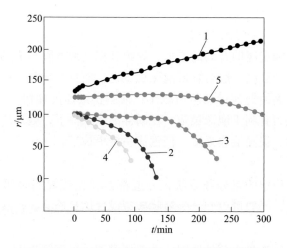

图 5-11   标记的气泡半径随时间变化关系曲线

1—气泡 1；2—气泡 2；3—气泡 3；4—气泡 4；5—气泡 5

可以看出，当小气泡周围存在大气泡时，小气泡的半径随时间的增长而减小；同时附近的大气泡的半径随时间的增加而增大；最终小气泡消失后，大气泡的半径也随时间的增加开始减小。这时液体表面作为半径为无穷的"巨大气泡"，驱使系统中所有气泡最终消失。泡沫的这种由于气体扩散引起的不稳定现象，称为气泡的歧化，与乳液的 Ostwald 熟化相似，驱动力都是 Laplace 附加压力[5]。

5.4.3   稳定性实验

泡沫的稳定性测试方法很多，普遍采用测试宏观泡沫稳定性的方法有体积法、电导率法及压力法等。近年来，随着科学技术的发展，显微观测图像采集等也大量应用。

5.4.3.1   体积法

体积法是根据泡沫的体积变化观测泡沫的形成与稳定，具有设备简单、方法直观易行等优点，被广泛应用于实验室和生产实践中。根据测试时泡沫产生方法的差异，又分为 Bikerman 气流法、Ross-Miles 倾注法和振荡法等。

（1）气流法。Bikerman 气流法的测试装置如图 5-12 所示，主要部件为一底部装有玻璃砂芯的带刻度圆柱形石英泡沫柱。实验时，为确保在起泡前器壁干燥，将长颈漏斗伸向泡沫柱底部加入试液；通过充气泵将按一定的流速把气体充入泡沫柱形成泡沫，一段时间后，泡沫将会达到动态平衡。泡沫稳定性可以分为动态泡沫稳定性和静态泡沫稳定性。动态泡沫稳定性，是对泡沫的生长和衰变过程的实时监测；静态泡沫稳定性，主要是对停止充气后泡沫坍塌过程的观察。一般使用最大泡沫高度和泡沫半衰期作为评价泡沫稳定性的参数。

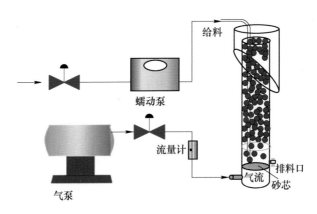

图 5-12　Bikerman 气流法泡沫稳定性实验装置示意图

（2）倾注法。Ross-Miles 倾注法作为室内评价表面活性剂发泡能力的仪器，在日用化工洗涤剂及泡沫浮选分离等行业中应用广泛，是我国泡沫性能测试的国家标准方法。所使用 Ross-Miles 泡沫仪如图 5-13 所示。实验时，将待测溶液 500mL 装入分液漏斗，打开旋塞让溶液在重力作用下流入带刻度的 450mm×12mm 玻璃管中（外有夹套水浴恒温），记录液体完毕的初始时间及 30s、3min 和 5min 的泡沫高度（mm），用以表征溶液的发泡力；同时记录泡沫高度衰减一半的时间（半衰期），用以表征泡沫的稳定性。

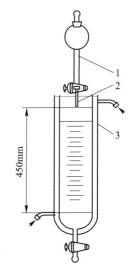

图 5-13　Ross-Miles 泡沫仪示意图
1—分液漏斗；2—计量管；3—夹套量筒

（3）振荡法。振荡法是一种操作简便的测试方法，可以用于实验室中溶液发泡力的初步观测。实验时，只要向具塞量筒中装入待测溶液，剧烈振荡一定时间（10s），停止后立即记录泡沫体积，用来衡量溶液的发泡力。同时，可以用停止振荡到泡沫体积衰一半所用时间于表征所产生泡沫的稳定性。有时候也可以通过手动折返量筒数次（10 次）的方法观测。振荡法的缺点是振荡力度保持恒定困难，使实验结果很难重复，带来比较大的实验误差，一般只用于实验室的初步筛选。

5.4.3.2 电导率法

电导率法利用泡沫系统液相导电、气相不导电的特点，根据泡沫中大量气体被少量液膜分隔的性能，用电导率值衡量泡沫中气泡密度，进一步通过电导率变化规律判断溶液发泡力和泡沫稳定性。与体积法比较，电导率法具有所得结果准确、易于重复等优点，一般又分为单点和多点两种方法。

（1）单点法。单点电导率法使用单对电极，通过测定单点的电导率实现。实验时，把待测溶液装入电导池，通入 N_2 产生泡沫至预设高度（泡沫全部淹没电极板），停止通气。分别测定初始电导率 C_0 和停止通气 5min 的电导率 C_{5min}，用以表征发泡性和泡沫稳定性。

（2）多点法。多点电导率法是在单点电导率法的基础上，分别在通气口上方不同高度放置两对电极板，在液面处放置另一对电极板，通过测定多点电导实现对泡沫性能的评价。实验时，同样向装有溶液的电导池通入 N_2 产生泡沫，利用在通气口上方的两对电极测量不同高度下泡沫的电导率；第三对电极用于测量初始时液相电导率，以及起泡后泡沫与液相之间的电导率。综合测定结果，可以更细致地评价系统的发泡力和泡沫稳定性。

5.4.3.3 显微观测法

显微观测法通过显微镜直接观测气泡随时间的变化规律，用以研究泡沫稳定性。图5-14 为英国利兹大学开发的气泡显微测定仪，用于研究液面下气泡分离行为。该仪器有两个相连的不锈钢圆筒，一个圆筒作为观察室置于显微镜之下，另一个圆筒是密封加压筒，通过活塞可以对观察室加压。实验时，将待测溶液加入观察室，通过观察室壁上小孔，用特定"气泡注射器"将空气注入溶液中，气泡会马上上浮到液面以下，利用显微观察并拍照，通过计算机记录气泡行为。

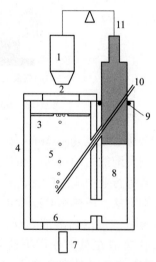

图 5-14　气泡显微装置示意图
1—显微镜；2—上窗口；3—云母浮子；
4—观察室；5—气泡；6—下窗口；
7—光源；8—增压室；9—O 形环；
10—气泡注射器；11—活塞传动

5.4.4 稳泡和消泡

5.4.4.1 应用及问题

前面提到泡沫的应用范围非常广泛，但在实际生产中，泡沫产生也经常带来各种各样的问题。泡沫系统除了在家用化学品（如洗涤用品、化妆品和食品等）中常见外，在工业领域也起着重要作用。泡沫浮选利用各种物料表面性质不同，通过鼓气引入泡沫，在浮力作用下把有用精矿与无用的尾矿有效分离。离子浮选利用离子表面活性剂起泡剂在泡沫表面形成定向吸附离子层，通过对反离子的静电引力，将溶液中某些离子性的物质分离出来，对浓度很稀、含量很少的物质分离发挥不可替代的作用。泡沫分离利用表面活性剂的起泡作用，通过收集泡沫达到提纯与分离的目的。在石油开采中，泡沫驱油已经成为三次采油中常用的方法之一。泡沫灭火技术利用表面活性剂的起泡作用，通过大量泡沫覆盖燃烧物体表面，扑灭火灾。随处可见的泡沫塑料也是泡沫的重要应用之一。泡沫水泥、泡沫玻璃等建筑材料，因其具有隔音、绝热、质轻等优点而广受欢迎。

在工业生产中，泡沫也会导致各种各样的问题。许多过程都涉及搅拌，因而带入空气产生泡沫，严重影响生产工艺和产品质量。在造纸工业的各个工序，从蒸煮放料到洗涤、漂白、浓缩、施胶、涂布、黑液回收都会或多或少引入泡沫，干扰正常生产，影响纸张质量。生物发酵生产食品（酒精、食醋、味精等）和药品（抗生素、维生素等）等时，生化反应过程中也会产生大量气泡，对微生物培养过程及菌体分离、浓缩和产品分离等造成不利影响。纺织印染工业常使用各种染料和助剂振荡或搅拌时产生大量泡沫，会在织物上留下斑点、色差等，降低产品质量。废水中不易消失的泡沫会形成水面隔离层，削弱了水体气体交换，导致水体发臭，带来生物毒性，直接威胁到水生动植物的生存。制糖过程中出现的泡沫会造成糖分损失，影响仪表操作，从而使生成能力降低，给操作带来困难、影响产品质量、造成环境污染。

5.4.4.2 稳泡

泡沫是比乳液更不稳定的胶体分散系统，热力学上其破裂、消失是必然趋势。但是，根据泡沫稳定机理，可以通过一些方法提高泡沫的动力学稳定性，确保在应用泡沫的场合能够有足够的时间发挥作用。提高泡沫的稳定性，可以从以下几方面考虑：

（1）液膜强度。界面液膜是泡沫的保护膜，其强度越高原则上泡沫越稳定。稳泡剂是与起泡剂复配使用的极性物质，其分子会与起泡剂表面活性剂生成混合液膜，增强分子间的作用力，提高液膜表面黏度。通常在稳泡剂的添加量很少时，就能明显提高泡沫稳定性，延长泡沫寿命。如图 5-15 所示，在十二烷基硫酸钠水溶液中加入少量月桂醇（十二醇），泡沫寿命急剧增加。月桂醇之所以可提高泡沫的膜强度，除碳氢链之间疏水作用力外，在极性基团处还会发生氢键结合，而月桂醇分子可插入表面吸附层内，加大表面活性剂离子（$R_{12}SO_4^-$）之间的距离，减弱了同性离子排斥作用，有利于提高膜强度。为达到理想效果，应该选用疏水烃基（R）碳链长度在 12~14 的直链阴离子表面活性剂作为起泡剂，16~18 的直链作为稳泡剂。这样上下表面吸附层的极性头带同性电荷时，互相排斥易使液膜保持一定厚度，而且稳定。非离子表面活性剂不带电，泡沫稳定性一般较差。阳离子表面活性剂的大极性头基会影响分子间紧密排列，且价格较贵，故不常用。

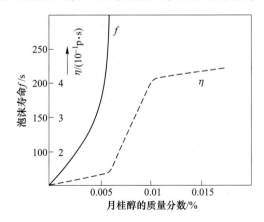

图 5-15　0.1%月桂酸钠中加入月桂醇后泡沫寿命和表面黏度（pH＝10）

（2）液膜持水性。液膜只有保持一定的持水量才能保证泡沫在一段时间内稳定存在。为了提高液膜的持水能力，吸附层内侧应该存在亲水性较强的基团。研究表明，可以通过表面活性剂复配强化液膜持水特性。溶液中添加少许极性有机物，可以提高液膜强度和弹性，使液膜具有稳定持水性，增加界面 Marangoni 效应，从而提高泡沫稳定性。极性有机物稳泡剂的这种作用，取决于其极性基性质。一般稳泡作用满足以下顺序：N-酰胺>酰胺>硫酰醚>甘油醚>伯醇。

（3）溶液黏度。提高溶液黏度能够降低液膜排液速度，从而提高泡沫稳定性。表面活性剂与高分子化合物复配使用，既可以增加溶液黏度，又能够形成聚集结构，大大提高泡沫稳定性。

（4）电解质。适量添加电解质能够有效抑制气泡聚并，提高泡沫稳定性。电解质通过改变水结构影响气泡间疏水作用提高液膜强度，或者通过影响气体在溶液中迁移降低液膜排液，发挥稳泡作用。电解质还会影响液膜表面电位，通过静电排斥作用阻止液膜变薄，提高液膜稳定性和持水量。

（5）固体颗粒。正如 Pickering 很早以前观察到的那样，固体颗粒能够稳定粒径较大的粗胶体分散系统。虽然固体颗粒的起泡性能不太好，但一旦形成气泡，其稳泡性能特别优越。吸附在液膜表面的固体颗粒可以组成坚固的刚性"外壳"，不但能够阻止液膜变薄、破裂，还能够抑制由于气体扩散引起的歧化效应。将疏水改性的纳米 SiO_2 颗粒充分分散到水中，制备成悬浮液，然后通过特制的"注射器"从悬浮液内部注入气体，生成的气泡多数会立即与界面结合聚并，留下一些非常稳定的气泡，如图 5-16（a）和（b）所示。仔细观察发现，大的气泡开始会变小，然后保持稳定，不再产生歧化效应。图 5-16（c）比较了图 5-16（a）和（b）标记的固体颗粒稳定气泡及 0.05%（质量分数）明胶和 β-乳球蛋白稳定气泡的半径 r 随时间 t 的变化关系。可以看出，尽管蛋白质乳化剂更容易形成气泡，但颗粒稳定气泡要稳定得多。因为即使具有高表面弹性和黏度的明胶和 β-乳球蛋白也无法阻止气泡歧化，而在适当的条件下，疏水改性的纳米 SiO_2 颗粒能够使气泡完全停止收缩[6]。

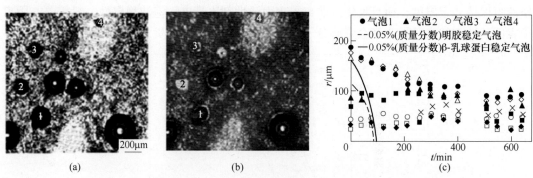

图 5-16　固体颗粒稳定气泡的显微图像及气泡半径 r 随时间 t 变化曲线

（灰色背景是平面气-液界面处聚集的纳米 SiO_2 颗粒）

（a）注射后 0min，标记气泡 1~4；（b）注射后 150min，标记气泡 1~4；（c）气泡半径 r 随时间 t 变化曲线

5.4.4.3　消泡

使泡沫破裂消失的过程即为消泡。可达到消泡目的的外加物质称为消泡剂，有时还加入能抑制泡沫形成的物质，即泡沫抑制剂。

由于泡沫是比乳液更不稳定的热力学不稳定系统，消泡要比破乳容易得多，其主要机理包括：（1）消泡剂一般都具有很高的表面活性，可以取代泡沫上的起泡剂和泡沫稳定剂，降低泡沫界面液膜局部表面张力（使此处表面压增大），吸附分子由此处向高表面张力处扩散，同时带走部分液体，使界面液膜变薄直至破裂；（2）消泡剂能破坏界面液膜黏弹性，使液膜失去自修复能力而破裂；（3）消泡剂能降低液膜表面黏度，加快液膜排液和气体扩散速度，缩短泡沫寿命。

常用的消泡剂分为天然的和合成的两大类。其中，天然产物消泡剂有天然油脂等，合成的消泡剂有脂肪酸酯（如乙二醇和甘油的脂肪酸酯）、聚醚类化合物（如聚氧乙烯醚、聚氧乙烯和聚氧丙烯嵌段共聚物、聚氧丙烯甘油醚、甘油聚醚脂肪酸酯等）、有机硅化合物（如聚硅氧烷、聚醚聚硅氧烷等）等。

添加泡沫抑制剂后界面液膜失去黏弹性，当泡沫扩大或收缩时局部表面张力不会发生变化，局部变薄的液膜无法通过 Marangoni 效应进行修复，使泡沫容易破裂，从而发挥泡沫抑制作用。如聚醚类表面活性剂就可以用作泡沫抑制剂，而长链脂肪酸钙盐形成的液膜易破裂、不稳定，从而也能抑制泡沫的形成。但是，若钙皂能与起泡剂形成混合膜，则可能使泡沫稳定。其他泡沫抑制剂还有：用于造纸和电镀业的辛醇、硅烷（含量在 $10\mu g/g$ 时即有效）等；4-甲基-2-戊醇和2-乙基己醇可用作去污剂的泡沫抑制剂。消泡剂与泡沫抑制剂无本质区别，如全氟醇既是良好的消泡剂也是很好的泡沫抑制剂。

5.5　凝胶

凝胶也是胶体分散系统的一种存在形式，由分散相颗粒相互联结，搭建成具有三维结构的骨架后形成，具有空间网状结构体系，分散介质（液体）充填在空隙中。以液体为分散介质的凝胶常称为液凝胶（简称凝胶），以气体为分散介质的凝胶称为气凝胶[7]。

5.5.1　凝胶的特点与分类

5.5.1.1　特点

凝胶的特点有：

（1）不同于沉淀。沉淀过程中，分散相颗粒会从分散介质中沉淀分离，系统出现明显的固-液两相分离。而凝胶却携带大部分乃至全部分散介质，这些介质被机械地包裹在具有多孔结构的网状结构中。

（2）不同于浆糊（糨糊）。浆糊是高浓度、失去流动性的悬浮流体，称为假凝胶。

（3）不同于固体。凝胶有一定的几何外形，显示出固体的力学性质，具有一定的强度、弹性和屈服值。但是，从内部结构看，凝胶是由固-液（或气）两相组成，属于胶体分散系统，具有液体的某些性质。如在新形成的水凝胶中，不仅分散相是搭建成三维网状结构的连续相，分散介质也是相互连通的连续相，离子在其中的扩散速度与在水中接近。

（4）不同于溶胶。溶胶具有流动性，无固定形状。其中分散介质为连续相，而分散相则由不连续的自由运动的颗粒组成。凝胶具有三维空间网架结构，无流动性，有固定形状和一定屈服值等固体性质。

凝胶普遍存在于自然界和工农业产品中，如工业橡胶、硅铝催化剂、离子交换剂、棉花纤维、豆腐、木材、动物的肌肉、毛发、细胞膜等都属于凝胶。

5.5.1.2　分类

根据分散相的性质（柔性、刚性）及其搭建成三维网状结构的方式，将凝胶分为弹性凝胶和非弹性凝胶两类。

（1）弹性凝胶。弹性凝胶的分散相由良好柔顺的高分子化合物（如明胶、琼脂等）构成。这类高分子化合物形成的凝胶在脱水干燥后得到干胶，加入水中可以重新加热溶解、冷却后会再度形成凝胶，故又可称为可逆性凝胶。

（2）非弹性凝胶。非弹性凝胶的分散相由具有刚性的、活动性很小的胶体颗粒构成。由刚性无机纳米颗粒（如 SiO_2、TiO_2、V_2O_5、Fe_2O_3）形成的无机凝胶大多属于非弹性凝胶，又称为刚性凝胶。这类凝胶脱水干燥以后，再在水中加热，一般不会变为原来的凝胶，更不能形成产生原来凝胶的溶胶，故被称为不可逆凝胶。现代制备纳米颗粒的溶胶-凝胶法就是利用了刚性凝胶脱水工艺。

5.5.2   凝胶的形成与结构

使溶胶或大分子溶液转变为凝胶的过程称为胶凝作用，有以下两种方法：（1）溶胶或大分子溶液在一定条件下（如改变温度、替换分散介质、加入电解质等），使分散相析出并交联；（2）使固态高分子化合物吸收良溶剂，体积膨胀以形成凝胶。

5.5.2.1   形成

凝胶的形成可以通过固体（干胶），也可以通过溶液。许多大分子物质的干胶吸收亲和性液体后体积膨胀而形成凝胶。将明胶放入水中或将硫化橡胶放入苯溶剂中，都会吸收溶剂膨胀形成凝胶。从溶液出发形成凝胶需要满足两个基本条件，即降低溶解度使被分散相从溶液中以"胶体分散状态"析出和析出的胶体颗粒构成既不沉降也不能自由行动的三维网状骨架。其中，构成三维网状骨架是形成凝胶的关键，如果不能有效控制，即使溶解度降低而产生过饱和，也只会产生沉淀，而不会形成凝胶。通过改变温度、加入非水溶剂、加入电解质或者利用化学反应，可以用溶液制备出凝胶。

（1）改变温度。许多物质在热水中能溶解，冷却时溶解度降低有固体颗粒析出，颗粒因碰撞相互连结就会形成凝胶。这类物质包括：琼脂、明胶和肥皂等，如0.5%琼脂水溶液冷却至35℃就可以变为凝胶，2%甲基纤维素水溶液从室温加热至50~60℃也会形成凝胶。

（2）加入非水溶剂。在多糖物质（如果胶）水溶液中加入酒精，可形成凝胶（果冻）。$Ca(Ac)_2$ 的饱和溶液加入酒精，也可以形成凝胶。高级脂肪酸钠盐与乙醇混合可制得酒精凝胶，即固体酒精。制备时需要注意，作为沉淀剂的酒精的用量要适当，制备过程中搅拌混合要快速，才能得到均匀产品。

（3）加入电解质。亲水性较大的高分子溶液及颗粒形状不对称的溶胶，加入适量的电解质可形成凝胶。不过，在高分子溶液中需要加入大量电解质，否则难以形成凝胶。电解质引起溶胶形成凝胶的过程可以看作是整个溶胶聚沉过程中的一部分，如图5-17所示。电解质加入溶胶后，通过压缩双电层使稳定的溶胶颗粒聚集，形成凝胶或者进一步凝聚成沉淀。

（4）化学反应。利用化学反应生成不溶物可以制备溶胶，如果条件合适也可以形成凝胶。其中，形成凝胶的条件是产生不溶物的同时生成大量小晶粒（形状最好不对称），这样有利于搭建骨架结构。如 $MnSO_4$ 与 $Ba(SCN)_2$ 反应，二者浓度都很稀时，可得几十纳米的 $BaSO_4$ 溶胶；二者浓度中等时，析出 $BaSO_4$ 沉淀；二者都为饱和溶液时，可得 $BaSO_4$ 凝

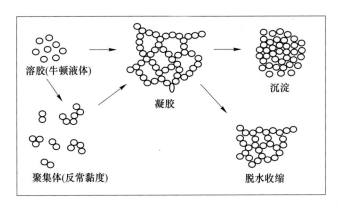

图 5-17 电解质对溶胶的作用示意图

胶。在煮沸的 $FeCl_3$ 溶液中加入氨水，也可以制备 $Fe(OH)_3$ 凝胶。鸡蛋清中蛋白质分子加热时发生变性，从球形分子变成纤维状分子，利于形成凝胶。血液凝结也是血纤维蛋白质（血小板）在酶的作用下发生改变形成凝胶的过程。凝胶渗透色谱中常用的有机聚苯乙烯凝胶，也是由苯乙烯与交联剂二乙烯苯在适当条件下聚合反应生成的。

5.5.2.2 结构

凝胶的三维网状结构随分散相颗粒的形态、刚性、柔性、颗粒间连接方式及作用力性质而变化。主要有球形颗粒联结成的串珠状网架结构（如 TiO_2 和 SiO_2 凝胶），片状或棒状颗粒搭成的无序网架结构（如 V_2O_5 和活性白土凝胶）。由柔性线形大分子构成的骨架中部分有序排列出现微晶区（如明胶凝胶或棉花纤维），线形大分子靠化学键交联而形成交联的网状结构（如硫化橡胶）。影响凝胶结构的因素包括颗粒形状、柔性与刚性及网状联结方式等。

（1）颗粒形状。颗粒形状对形成凝胶所需要的最低浓度值有明显的影响，颗粒越不对称，形成凝胶所需浓度越低。明胶形成凝胶的最低浓度为 0.7%~0.9%，而 V_2O_5 形成凝胶的浓度可以低至 0.2%。

（2）柔性与刚性。柔性大分子通常形成弹性凝胶（高分子溶胶），刚性颗粒形成非弹性凝胶（无机纳米颗粒溶胶）。

（3）联结方式。靠颗粒间的范德华力形成的结构不稳定，在外力作用下易被破坏，静止后又可复原，表现出触变性，$Fe(OH)_3$、$Al(OH)_3$ 和活性白土组成的凝胶属于这种结构。大分子溶液靠范德华力形成的凝胶也属于此类型，如未硫化的天然橡胶、未交联的聚苯乙烯等，这类凝胶吸收液体膨胀时，因质点间联结力很弱，最后转变为溶胶，凝胶结构遭到破坏。靠氢键形成的结构比靠范德华力形成的凝胶稳定，如蛋白质凝胶。此类凝胶在水凝胶状态下所含的液体量较大，有一定的弹性。因为靠氢键形成的内部结构，分子链部分平行排列局部有序，所以结构较牢。靠化学键形成网络结构时，非常稳定。若形成网状结构的单元是刚性质点，凝胶（干胶）即使吸收液体，也没有任何膨胀作用。若形成网状结构的单元是线形大分子，则形成的凝胶吸收液体后只能发生有限的膨胀。即使加热也不会变成无限膨胀，如硫化橡胶、聚苯乙烯等。

5.5.3 凝胶的性质

凝胶具有脱水收缩和吸液膨胀等性质，在其中还可以实现扩散和化学反应等操作。

5.5.3.1 触变作用

触变作用实际上是"无结构"溶胶系统与"有结构"凝胶系统之间在外力扰动下的一种可逆变化过程。通常，由凝胶通过触变形成溶胶可以在振动下立刻发生，表现为剪切变稀现象。然而，要使溶胶变回凝胶，则需要静置一段时间才能发生。

关于触变产生的机理，主要有两种观点：

（1）分散相颗粒带有电荷，系统存在静电吸引和排斥作用，在适当距离时这两种力达到平衡而形成三维网状结构的凝胶；稍加摇动力平衡被破坏形成溶胶，在静置一段时间后平衡重新建立形成凝胶。这种说法不适用于非水介质，而且不能解释为何非球形颗粒（如棒状或片状的）特别易于表现出触变性。

（2）颗粒之间搭成架子，流动时架子被拆散。之所以存在触变性是因为被拆散的颗粒再搭成架子时需要时间。因为在不对称颗粒的末端及边缘处吸引特别强烈，故此种架子理论能说明为什么棒状和片状颗粒较之球形颗粒更易于表现出触变性。

负触变作用是与触变作用相反的一种现象，系统表现为剪切增稠性。具有负触变性的系统多为某些大分子溶液，不过部分无机胶体分散系统（如蒙脱土、SiO_2 等分散颗粒）加入大分子溶液（如部分水解的聚丙烯酰胺），在一定条件下也会出现负触变现象。

5.5.3.2 离浆

离浆，俗称"出汗"，指水凝胶在基本不改变外形的情况下，分离出其中所包含的一部分液体的现象，这种被分离出的液体是大分子稀溶液或稀溶胶。水凝胶的离浆作用是自发过程，无论是弹性凝胶（如明胶等）还是非弹性凝胶都有离浆作用。凝胶形成后，分散相形成的三维网架在颗粒或分子间相互作用下，进一步靠近使骨架收缩，部分填充于网架中的液态介质和未能参与骨架形成的小颗粒和分子被析出，使凝胶体积缩小，出现离浆现象。

5.5.3.3 吸液膨胀

凝胶无限吸收液体，最终形成溶液状态的行为称为无限膨胀。只能吸收一定量液体，仍然呈现固定形状的行为称有限膨胀。膨胀作用由凝胶的骨架结构性质和外界因素（温度、介质性质等）共同决定，升高温度通常使膨胀速度加快。在一定条件下，单位质量或体积的凝胶吸收液体的极限量（或体积）占原质量（或体积）的百分数称为膨胀度。有等电点的各种蛋白质、纤维素凝胶的膨胀度受介质 pH 值的影响在等电点处吸水量有最小值。如图 5-18 所示，为明胶凝胶吸附水量与 pH 值关系曲线。盐类对膨胀的影响主要是阴离子的影响，但恰与对胶凝作用影响的顺序相反。

5.5.3.4 扩散与凝胶色谱

与一般液体一样，凝胶可以作为介质而在其中发生分子或离子的扩散迁移，扩散物的浓度沿扩散方向由高向低分布，即从高浓度向低浓度扩散，扩散速度的大小与扩散物相对分子质量和分散相浓度有关。扩散物相对分子质量小时，其在水凝胶中可以与在水中的扩散速度相同。凝胶中分散相浓度越大，扩散受阻越严重，速度越慢。大分子在凝胶中扩散

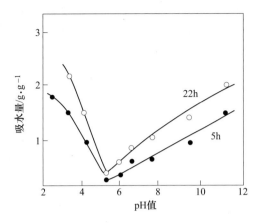

图 5-18　明胶凝胶吸附水量与 pH 值关系

速度明显小于小分子的扩散速度。当凝胶中网状结构的孔隙比大分子的尺寸还小时，大分子不能在凝胶中扩散。凝胶色谱法（GPC）是一种简单快速的分离分析技术，对高分子物质有很高的分离效果。GPC 的分离机理有平衡排除、有限扩散和流动分离等理论。根据平衡排除机理，当相对分子质量大小不等的高分子混合物溶液通过凝胶填充柱时，可依分子大小不同被分离开试液中分子体积比凝胶网络孔隙大者被截留，只能在分散相框架间隙的分散介质中流动，并最早从色谱柱流出；分子稍小者被扩散进入分散相组成的稍大的孔中，并再扩散出来，故从柱中流出需要延迟一段时间；分子最小者可以出入于网络结构中比其大的所有孔，故流出色谱柱最晚。

5.5.3.5　吸附

凝胶分散系统的多孔性结构赋予其巨大的比表面积，因而原则上应该会有很强的吸附能力，能够吸附溶液（气体）中的一定的分子与离子。其中，非弹性凝胶的干胶都具有多孔性的毛细管结构，因而比表面积较大，从而表现出较强的吸附能力。不同的非弹性凝胶表面可能吸附不同电荷的离子，一般情况下，金属氢氧化物、金属氧化物的干胶易吸附阳离子表面带正电，非金属氧化物、金属硫化物的干胶吸引阴离子表面带负电。硅胶是典型的非弹性凝胶，广泛用作干燥剂、吸附剂或催化剂载体等。对于弹性凝胶，由于干燥时高分子链段收缩，形成紧密堆积，故其干胶几乎没有可测量的孔道，比表面积较小，吸附能力较非弹性凝胶小得多。

5.5.3.6　化学反应

水凝胶中的分散水是连续相，构成凝胶骨架的分散相也是连续相。因此，凝胶和液体一样，可以作为在其中进行各种物理过程和化学反应的介质。其中物理过程包括导电和扩散等，化学反应可以是凝胶中的物质和外加溶液间的化学反应，也可以是两种溶液在凝胶中进行化学反应。利用在凝胶中进行的化学反应，可以获得毫米级的单晶。

当分散在凝胶中的某些物质与凝胶系统中的某物质发生化学反应生成不溶物时，此处反应物的浓度减小，引起周围反应物向该处扩散，从而降低了附近凝胶中的反应物浓度，使周围该化学反应难以进行。因此，在凝胶中因扩散作用发生沉淀反应时，常生成一层间歇性沉淀，层与层间没有沉淀物生成。这种层状或环状沉淀物（图像）称为 Liesegang 环。

Liesegang 环的形成实际上并不限于常规凝胶中，在多孔性介质、毛细管、动植物组织，甚至矿物中都可以出现这种现象。换言之，只要在无对流系统中有扩散物和系统中某种物质发生生成沉淀物的化学反应的条件下就可能出现 Liesegang 环现象。如天然玛瑙和宝石中的层状条纹、树木的年轮、动物体内的结石层状条纹都是类似 Liesegang 环的不溶物的间歇层。

5.5.4 凝胶的应用

早些时候，构成凝胶网状骨架结构的主要是天然产物类有机大分子，因此凝胶的应用主要限于食品工业（如豆腐、琼脂等）和少数的工业部门（如硅胶、硅铝胶吸附剂及催化剂载体等）。20 世纪 60 年代以来，人工合成出许多亲水、亲油和带有可交换基团的大分子化合物，并以这些化合物为骨架构成凝胶，在工业部门和日常生活中广泛应用。如淀粉衍生物吸水性树脂具有优越吸水能力，吸水后还有很强的保水性，在卫生用品和农业等方面有广泛应用。离子交换树脂的开发和工业化生产已被应用于离子分离、溶液浓缩与净化（水的净化、海水提铀、裂变产物分离）等。其他如在化妆品、食品包装（保鲜、保冷、除水等）、医药与医疗（如控制药物释放、创伤涂敷料、软质隐形眼镜等）、化学工业（如吸附分离、油水分离、潜热蓄热材料等）等领域都有广泛应用。如硅酸铝凝胶，简称硅铝凝胶，在石油工业中是一种重要的吸附剂和催化剂。高吸水性聚合物，淀粉-丙烯腈接枝共聚水解物、淀粉-丙烯酸接枝共聚物、纤维-丙烯腈接枝共聚物等，吸水量可达到自身质量的 500~1000 倍。高吸油性凝胶是用于处理废油的功能材料，主要是各类合成树脂，特别是以丙烯酸酯类为单体合成的吸油树脂，不仅可以吸油，在加压下也有良好的保油性，在油水体系中对油品有选择吸收能力。

5.6 气凝胶

气凝胶是以气体为分散介质，以胶体分散相颗粒或高分子化合物相互联结构成的多孔网状结构的高分散固体材料。液凝胶只要经干燥处理，做到既除去内部包容液体，又能保持骨架结构不变，原则上都可形成具有高孔隙、低密度的气凝胶。实际上气凝胶与固体泡沫很相似，只是气凝胶中固体颗粒大小可达纳米级，孔分布均匀，孔隙率可高达 80%~99.8%，密度可低到每立方米几克数量级。目前常见的有单组分气凝胶（如 SiO_2、Al_2O_3、TiO_2、V_2O_5 等），多组分气凝胶（如 SiO_2/Al_2O_3、TiO_2/SiO_2、Fe/SiO_2、Pt/TiO_2、(C_{60}/C_{70})-SiO_2、$CaO/MgO/SiO_2$）和有机气凝胶（如碳气凝胶）等。气凝胶可以产生丁达尔效应，对着光看会略显红色（透射光颜色），从光侧面观测得到略显蓝色的散射光。

5.6.1 气凝胶的制备

5.6.1.1 液体干燥法

气凝胶的制备通常是首先制成网状结构的液凝胶，再通过一定的干燥方式除去溶剂得到气凝胶。以金属（或非金属）有机化合物为母体通过水解—缩聚反应形成有空间网状结构的液凝胶。如以甲醇或乙醇为分散介质（溶剂），将正硅酸甲酯（TMOS）或乙酯（TEOS）与水混合，在一定 pH 值条件下，发生水解和缩聚胶凝作用形成硅酸（醇）凝胶。严格控制制备凝胶条件（如介质 pH 值、物料比例、溶剂交换的条件和次数、凝胶中液体去除的条件和方法等）可得到密度很低的气凝胶。这种方法常称为一步溶胶-凝胶法，其缺点是所得液凝胶在干燥时易破碎。

5.6.1.2 超临界干燥法

采用超临界干燥法是将凝胶置于高压容器中并用干燥介质替换液凝胶中的溶剂，控制容器中的温度和压力，使其处于干燥介质的临界温度和压力条件下，这时气-液界面消失，表面张力也不再存在，消除了表面张力可能造成各种影响。在临界条件下，逐渐释放出被干燥液体，待溶剂全部放出即形成保持凝胶原有体积的多孔性气凝胶。常用的超临界干燥介质有二氧化碳（临界温度31℃，临界压力7.39MPa）和甲醇（临界温度239.4℃，临界压力8.09MPa）等。为了减小气凝胶密度，在应用超临界干燥时常先使金属有机化合物与醇及低于化学计量的水混合，使金属有机化合物部分水解，再补足水量控制介质pH值生成凝胶。

多组分气凝胶用超临界干燥法制备大致有三种方法：（1）几种金属醇盐同时水解，得混合凝胶后再超临界干燥；（2）在一种醇凝胶形成的某一阶段添加其他组分并使其充分分散，再超临界干燥；（3）应用某种气凝胶为载体，使其他组分的氧化物沉积在载体上。

5.6.1.3 常压下分级干燥法

有机和碳气凝胶的制备起步较晚。凝胶的形成多应用聚合反应形成空间网状结构聚合物。由于是聚合反应，故常需加入适量催化剂。形成有机凝胶后，再经超临界干燥得到相应的有机气凝胶。有机气凝胶在惰性气体保护下高温热解可制备出碳气凝胶。由于超临界干燥法需要高压设备，条件控制要求严格，制备周期较长，限制了其工业化应用。改进胶凝条件，实现低表面张力溶剂对水凝胶中水的置换，在常压下分级干燥是制备气凝胶的有前途的新工艺。

5.6.2 气凝胶的结构与性质

5.6.2.1 孔隙率与孔隙大小

用多种手段测试，目前制备的气凝胶，孔隙率大多在80%~99.8%，孔隙大小在100nm内，比表面积为几百至1000m^2/g。例如一步法所得SiO$_2$气凝胶的结构如图5-19所示：孔隙率为90%~96%，孔隙大小为100nm。两步法所得SiO$_2$气凝胶比表面积可达500~1000m^2/g，孔隙大小约为15nm。

5.6.2.2 力学性能

气凝胶有良好的机械弹性。其弹性模量（表征物体变形难易程度）在100N/m^{2}量级，纵向声波传播速率低至10m/s。气凝胶有良好的透光度，且能阻止热辐射。实验测得密度为8kg/m^{3}的SiO$_2$气凝胶的介电常数仅为1.008，是块状固体中最低的。

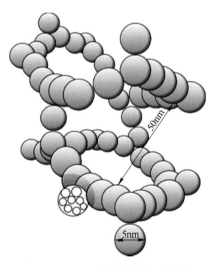

图5-19 SiO$_2$气凝胶结构示意图

气凝胶有良好的透光度，但具有极好的隔热（保温）和吸音效果，是隔热性能优良的固体材料。用喷灯加热气凝胶层，置于其上的鲜花丝毫不受影响。我国2015年研制的纤维气凝胶材料在100~6300Hz宽频段内有高效吸音能力。气凝胶具有很高的机械强度，能承受自身重量几千倍的压力而不变形。且其导热性和折射率极低，绝缘能力比玻璃纤维强几十倍。由于上述诸多特性，气凝胶已成为航天探测技术不可替代的材料。俄罗斯"和平"号空间站和美国"火星探路者"探测器都用它作为热绝缘材料。

5.6.3 气凝胶的实际应用及前景

气凝胶在工业、农业、国防、航天技术及基础研究方面均有广泛的应用。

5.6.3.1 隔热材料

硅气凝胶的纳米网络结构能有效地限制局部热激发的传播，其热导率比相应玻璃态材料的热导率低 2~3 个数量级。硅气凝胶的折射率接近 1，对红外和可见光的湮灭系数之比达 100 以上，能有效地透过太阳光，并阻止环境温度的红外热辐射，故而是一种理想的透明隔热材料。在太阳能利用和建筑物节能方面已得到应用。并且，通过在气凝胶中掺杂，可进一步降低气凝胶的辐射热传导。已知常温常压下掺碳气凝胶的热导率可低至 0.013W/(m·K)，是目前热导率最低的固态材料，有望替代聚氨酯泡沫材料成为新型冰箱用隔热材料。当掺入 TiO_2 时可使硅气凝胶成为新型高温隔热材料，在 800K 时热导率仅为 0.03W/(m·K)，可用作单品配套新材料。

5.6.3.2 隔音材料

硅气凝胶是一种理想的声学延迟或高温隔音材料，其声阻抗可变范围可达 103~107kg/(m²·s)，是理想的超声探测器声阻耦合材料。用厚度为 1/4 波长的硅气凝胶作为压电陶瓷与空气的声阻耦合材料，可提高声波的传输效率，降低器件应用中的信噪比。实验证明，密度在 300kg/m³ 左右的硅气凝胶作为耦合材料，能使声强提高 30dB，若采用有密度梯度的硅气凝胶，可望得到更高的声强增益。气凝胶可用作隔热恒温材料。美国宇航局研制的新型宇航服中，加入 18mm 厚的气凝胶层，就可以使宇航员抗住 1300℃ 的高温和零下 130℃ 的超低温，说明气凝胶是最有效的恒温、保温、隔热材料。

5.6.3.3 储能材料

碳气凝胶是继纤维状活性炭以后开发出的新型碳素材料。它具有大的比表面积（600~1000m²/g）和高的电导率，若在气凝胶的微孔中充入适当的电解质可以制成新型可充电电池。这种电池具有储电容量大、内阻小、重量轻、充放电能力强、可重复使用等优点。

5.6.3.4 激光增益及靶向材料

气凝胶是纳米级多孔材料，可望提高电子碰撞激发产生 X 射线激光的光束质量，节约驱动能，能够实现等离子体三维绝热膨胀的快速冷却，提高电子复合机制，产生 X 射线激光的增益系数。利用气凝胶的超低密度性质可以吸附核燃料。纤维气凝胶的纳米多孔网状结构有巨大比表面积，且其结构介观尺度上的可控性，可使其成为研制新型低密度靶的最佳材料，并且利用硅气凝胶的结构及 C_{60} 的非线性光学效应，经掺杂 C_{60} 的硅气凝胶有很强的可见光发射，并可进一步研制新型激光防护镜。掺杂方法是形成纳米复合相材料的有效手段。

5.6.3.5 环境功能材料

气凝胶有大的比表面积和丰富的孔结构，是非常理想的吸附材料。"碳海绵"是一种特殊的气凝胶，对有机溶剂有超快、超强的吸附能力，是迄今吸油能力最高的材料。如现有的吸油材料只能吸附自身质量 10 倍左右的油品，而"碳海绵"的吸附量可达 250 倍之多，最高可达 900 倍。石墨烯气凝胶（GA）由石墨烯分子相互连接或与其他有机或无机分子接枝链接形成的多孔网状结构，其机械强度极高，可负担超过其本身 14000 倍的重量。三维的 GA 有极大的比表面积和极低的密度（$0.16mg/cm^3$），表面又存在丰富的含氧基团（通过表面改性可使表面功能化），使其对有机物和金属离子都有良好的吸附能力。

GA 可用模板法（化学沉积模板法、高分子胶体模板法、单相冻结冰晶模板法等）、垫片支撑法、自支撑法、基面法、凝胶法等制备。其广泛用于水中重金属的吸附去除。有报道称，通过水热还原法制出的负载有硫的三维石墨烯气凝胶对 Cu^{2+} 的吸附容量达 224mg/g，是活性炭的 40 倍。另有报道，超疏水的 GA，对水中多种染料的吸附容量为 115~1260mg/g，除去率超过 97.8%。

5.6.3.6 其他应用

气凝胶具有极高的机械强度，耐高温、高压、高强度打击，因此可用以制造坚强的防护系统。美国宇航局利用气凝胶建造住所和军车。初步试验证明，在金属片上加一层 6mm 的气凝胶层，即使炸弹直接命中，金属片也分毫无损。

气凝胶含有大量的空气，孔隙率在 80% 以上，孔径大小在纳米范围（1~100nm）。纳米结构赋予其极低的热导率，具有比传统的微米级和毫米级多孔材料（如常见的硅胶、分子筛等）小得多的光、声散射比。因而气凝胶在力学、光学、声学、热学、电学等方面有广泛应用前景。

硅气凝胶作为一种结构可控的纳米多孔材料，其表观密度在一定尺度范围内具有标度不变性，即其有自相似结构。因此，硅气凝胶已成为研究分形结构及其动力学性质的最佳材料。此外，作为一种新型多孔纳米材料，除硅气凝胶外，还有其他单元、二元、多元氧化物气凝胶、有机气凝胶和碳气凝胶。独特的气凝胶制备手段也值得其他新材料研究借鉴，如制备气孔率极高的多孔硅，制备高性能催化剂的金属与气凝胶混合材料、高温超导材料、超细陶瓷粉末材料等都可以应用类似制备原理。

超轻材料是指密度小于 $10kg/m^3$ 的固体材料，这种材料具有优异的比强度、比刚度和耐热性及有优良的减震、降噪、吸能、吸声、过滤和吸附性能。超轻材料都是多孔材料，孔隙率为 20%~99%。孔径多在纳米级到毫米级。一般来说，纳米级和微米级的多孔材料多侧重于材料的功能性质的应用，如电学、光学、磁学应用，而毫米级的多孔材料除轻质外多用于民需和军需方面，这类超轻材料常可降低成本，有利于大规模生产应用。

超轻材料除上述的气凝胶外，还可根据多孔材料结构的规则程度划分出泡沫材料和微点阵材料两大类。气凝胶和泡沫材料为无序结构多孔材料，而微点阵材料则是一种有序结构多孔材料。

泡沫材料根据孔隙的形态又可细分为开孔和闭孔材料。前者的孔隙间相连通，后者则形成闭合孔隙。根据材料的材质，泡沫材料有金属泡沫材料、聚合物泡沫材料等。金属泡沫材料的特点是导电、导热性好，刚性大，减震效果好等，在汽车、飞机、航天器等方面有广泛应用。金属泡沫材料因金属本身密度较碳质材料大得多，故能获得超轻范围的泡沫金属并不多，对其应用带来一定的不利因素。碳系泡沫材料比金属泡沫材料有更多的应用功能。如用 Ni 泡沫为模板，以甲烷为碳源，用化学气相沉积法（CVD）将石墨烯沉积于 Ni 模板上，经 $FeCl_3/HCl$ 混合液腐蚀掉 Ni 模板，得到的石墨烯泡沫可用作超级电容器。

通过模板聚合得到的具有形状记忆功能和生物相容性的聚合物泡沫材料，可以用作固体支撑和医疗设备。

微点阵材料是由结点和结点间连接杆件单元组成的周期性结构轻质材料。与孔性材料比较，微点阵材料具有抗剪切能力强、密度小、承载效率高等优点。或者，可以认为微点阵材料是一种周期性有序的多孔材料。相比于泡沫材料，微点阵材料虽表观密度稍大、比表面积稍小，但因其结构的有序性，其硬度和强度高，因而在实际应用中有更大的优势。微点阵材料另一优势在于可设计性强，借助于计算机软件可设计出任意结构，因而利于根据需要"量体定制"。陶瓷是人类生产和生活中不可或缺的材料，也是我国自古至今引以为豪的工艺制品，但其缺点是易碎、易裂。陶瓷点阵材料不仅超轻、强质，且可以在一定程度上克服陶瓷原有的脆性。

5.7 气溶胶

液体或固体以微米或亚微米级微粒状分散于气体介质中形成的胶体分散系统称为气溶胶。

5.7.1 气溶胶的分类与形成

5.7.1.1 分类

以液体为分散相的气溶胶也称为液/气分散系统，如雾、云、油雾、湿气体等；以固体为分散相的气溶胶也称为固/气分散系统，如烟、尘、霾等。按来源又可把自然界形成的气溶胶分为一次气溶胶（从发生源以微粒形式直接进入大气）和二次气溶胶（一次污染物排放入大气后转化生成）两种。

5.7.1.2 形成

A 自然形成

自然界气溶胶可以由刮风扬起的细灰和微尘、蒸发海水溅沫产生的盐粒、爆发火山出现的散落物及失火森林带来的烟尘等形成。其中，含有微生物的称为微生物气溶胶，含有大分子生物物质的称为生物气溶胶。

B 人类活动引起

气溶胶也可以来自工业锅炉和各种交通工具发动机未燃尽燃料所形成的烟，采矿过程、采石场采掘与石料加工过程和粮食加工时所形成的固体粉尘，燃煤产生的二氧化硫和烟尘等。也有气溶胶形式的工业产品，如杀虫剂、卫生消毒剂、洗涤清洁剂、喷蜡、油漆和发胶等使用后在空气中的残留物。

5.7.2 气溶胶的物理性质

气溶胶中分散相颗粒的大小大多分布在胶体分散相粒径范围内，因而与溶胶系统有类似的物理性质。以下只介绍气溶胶中分散相固体颗粒一些性质，而对气溶胶系统（包括分散相和分散介质）总体的性质不再赘述。

5.7.2.1 密度和粒度

气溶胶固体颗粒的密度是指单位体积颗粒本身的质量（g/cm^3），对于用大块物体破碎和研磨等机械分散方法形成的固体颗粒的密度与原来固体物质应该相同。但当用凝聚法形成颗粒时（如烟尘等）可能在这类颗粒中含有孔隙而使颗粒密度比本体物质小。密度的大小将影响颗粒的运动，在重力场中将影响其沉降速度，并进而影响气溶胶的稳定性。相同大小的颗粒，密度越大，沉降越快，气溶胶的稳定性越差。

固体颗粒的大小称为粒度，指多分散固体颗粒的平均大小，习惯上粒度与粒径通用。粒度分布是指颗粒的某一物理量 φ（如颗粒数、颗粒质量、颗粒体积、颗粒表面积等）在不同粒径间隔内相对于所有颗粒所占的百分比或百分率（$\Delta\varphi$,%）。

5.7.2.2 电学性质

气溶胶中的固体颗粒和液体颗粒（如小水滴）都带有电荷，雷电现象就是带电荷气溶胶颗粒激烈放电的结果。气溶胶中固体颗粒带电和液体中的疏液溶胶带电有所不同，在气溶胶中，带电的颗粒表面可能不存在有扩散双电层。气溶胶的直接带电由固体颗粒吸附气体中的某些离子而产生，而静电带电指空气由存在的高绝缘性液滴与固体颗粒接触后分离时形成。高绝缘性（高介电常数）液体表面存在丰富的电子（或负离子），在高速雾化形成小液滴后同样带有丰富的电子或负离子，即为静电喷雾带电原理。颗粒接触摩擦带电是很古老的固体表面（甚至液滴表面）带电机制，当湿度大时（如超过 40%~60%），这种作用不再明显；但是干燥条件下，摩擦带电可能引起粉尘爆炸，需要引起相关用户高度重视。我国近年来粉尘爆燃事故时有发生，造成严重的人身伤亡和物质损失，教训深刻。燃料燃烧形成的粉尘颗粒带电的原因可能是燃烧生成大量离子，如乙炔燃烧形成的炭微粒，可在 $0.01\mu m$ 粒径的颗粒表面带 10 个单位电荷，称为燃烧带电。此外，放射线照射、电晕放电等都可以使颗粒表面带电。

5.7.2.3 光学性质

气溶胶的光学性质是其物理性质中最易观察和体验到的一种。晴朗的早晨，人们可以看到美丽的红橙色朝霞（傍晚则有晚霞）和头顶蔚蓝的天空，这是大气中悬浮的颗粒发生光散射的结果。一种较粗浅的解释是，人们观察东方升起的朝阳，主要是太阳光通过大气气溶胶透射光的颜色，而头顶的天空是阳光被气溶胶散射后的颜色。一般认为白光为入射光时短波长光被散射，因而透射光则必为长波长的光。

至于在森林中，日光经树叶的间隙透过形成如利剑的混浊光柱，更是丁达尔现象的典型实例。气溶胶颗粒不仅对光有散射作用，而且许多颗粒（金属颗粒、炭颗粒等）对光还有吸收作用。颗粒对入射光的吸收和散射作用的共同作用称为消光作用。气溶胶的消光作用是指入射光通过气溶胶时受到颗粒的散射和吸收，使出射光受到衰减的作用。出射光是指与入射光同轴光路、方向透过介质后的光。这是因为在方向不同时散射光强有很大不同。

5.7.2.4 吸附作用

气溶胶中，固体颗粒细小，经常还存在巨大内表面（孔隙提供），因而对大气中的某些成分（气体、液体，甚至是比气溶胶颗粒更小的其他颗粒物）有强烈的物理或化学吸附。气体在气溶胶颗粒表面的物理吸附可视为液化过程，只有在低于气体的临界温度时才能发生。不过，还必须考虑在气体相对压力（蒸气压与饱和蒸气压之比）较高（如 $p/p_0>0.5$）时方能形成可观的多层吸附，即有较大的吸附量。对于多孔性气溶胶颗粒，p/p_0 较大时才有可能发生毛细凝结，出现明显的吸附量。化学吸附是吸附分子与气溶胶颗粒表面发生了化学反应，只有单分子层吸附发生。氧化物类气溶胶颗粒极易吸附气相中的水蒸气分子，在表面水化薄层，并进一步凝聚成雾滴。

气溶胶固体颗粒的润湿性质与接触液体的性质有关。液体与固体表面性质接近时易于在颗粒表面上展开，润湿性好；反之，润湿性差。这与吸附能力大小有类似的关系。气溶胶颗粒的润湿性还与颗粒大小有关。例如，石英是硅的氧化物，亲水性好，应极易被水润湿，但小到 $1\mu m$ 以下时反而难被水润湿。由于巨大比表面对气体的强烈吸附，形成较厚表面吸附层，阻碍了液体（水）与石英粉体的接触，导致水润湿的能力降低。

5.7.3 气溶胶的化学性质

5.7.3.1 化学组成

气溶胶颗粒的化学组成十分复杂，它含有多种微量金属、无机氧化物、硫酸盐、硝酸盐和多种有机化合物。由于来源不同，形成过程不同，成分各不相同，特别是城市大气受污染源影响较大，故气溶胶的化学组成变动也较大；相对而言，非城市（农村、山区、海洋等）的大气气溶胶化学组成较为稳定。

在我国，大气溶胶的化学成分中，有 50%～80% 的无机物，有 10%～30% 的有机物，有 2%～10% 的生物物质（各种微生物，如花粉、细菌、孢子、病毒等）。无机物中包含了各种元素及化合物。有机物有 200 多种，主要是 C_{16}～C_{28} 的脂肪族烃类、多环芳烃、醛、酮、环氧化合物的过氧化物、酯和醌。大气中二氧化硫转化形成的硫酸盐是气溶胶的主要组分之一。这一转化过程可能是在气相中或在水滴、炭粒和有机颗粒表面上先转化为三氧化硫，再与水作用生成硫酸并与金属氧化物微粒反应生成硫酸盐。

气溶胶中来源于土壤的各种元素，其含量在各地区间差别不大，但来源于工业生产的各种元素（如 Cl、W、Ag、Mn、Cd、Zn、Ni、As、Cr 等）就可能有较大的地区差别。在气溶胶的有机物成分中，多核芳烃普遍存在于城市和乡村各处的大气中，并且凡有多核芳烃存在的，必有苯并芘的存在。而苯并芘是强烈的致癌物质，是一切含碳燃料和有机物热解过程的产物，在城市中相当一部分是由汽车尾气排放而来。纸烟的烟雾和熏制食品中也常含有苯并芘。

5.7.3.2 化学反应

由于气溶胶的化学组成十分复杂，性质相异的物质间接触时在一定条件下可能发生多种类型的反应。最常见的有酸碱中和反应、氧化还原反应等。某些碱金属、碱土金属的碳酸盐、氧化物、氢氧化物，如 Na_2CO_3、$CaCO_3$、Al_2O_3、$Al(OH)_3$、CaO、$Ca(OH)_2$、MgO、$Mg(OH)_2$ 等颗粒为碱性物质，和酸性的阴离子（如 SO_4^{2-}、NO_3^-、Cl^- 等）在水分存在下可发生酸碱中和反应，生成新的盐。

在大气气溶胶中还可能存在某些氧化性或还原性物质，他们之间可发生氧化还原反应，也可能与大气中的氧化还原性物质发生反应，如

$$2SO_2 + O_2 \longrightarrow 2SO_3$$
$$CH_3C(O)O_2 \cdot + SO_2 \longrightarrow CH_3C(O)O \cdot + SO_3$$

大气气溶胶中的某些原子、分子、离子或自由基可以吸收光子发生反应（光化学反应）。如 SO_3 在 $\lambda < 218nm$ 太阳光辐射时可发生光解反应：

$$SO_3 + h\nu \xrightarrow{\lambda < 218nm} SO_2 + O \cdot$$

甲醛吸收 $\lambda = 295nm$ 的光，可发生以下光解反应：

$$HCHO \xrightarrow{h\nu} H_2 + CO$$

　　此外，大气中有各种气体（如 SO_2、NH_3、NO_2 等），气溶胶中有多种金属离子和氧化物，可以为在大气中发生某些催化反应提供条件，如使氮氧化物生成硝酸盐，使 SO_2 氧化成 SO_3，再进一步生成硫酸或硫酸盐，使 CO_2 生成碳酸盐和有机物等。这些无机酸和盐与水作用形成酸雨。在这些反应中无机元素和某些金属离子可起催化剂的作用。

参 考 文 献

[1] 张玉亭，吕彤. 胶体与界面化学［M］. 北京：中国纺织出版社，2008.

[2] 毛雪彬，杜志平，台秀梅，等. 微乳液的理论及应用研究进展［J］. 日用化学工业，2016，46（11）：648-653，660.

[3] 程芳琴，焦玉花，李恩泽，等. 智能响应型 Pickering 乳液的制备及在物质分离中的应用进展［J］. 化工进展，2021，40（4）：2206-2214.

[4] ALBERT C，BELADJINE M，TSAPIS N，et al. Pickering emulsions：Preparation processes，key parameters governing their properties and potential for pharmaceutical applications［J］. Journal of Controlled Release，2019，309：302-332.

[5] DICKINSON E，ETTELAIE R，MURRAY B S，et al. Kinetics of disproportionation of air bubbles beneath a planar air-water interface stabilized by food proteins［J］. Journal of Colloid and Interface Science，2002，252：202-213.

[6] DU Z，BILBAO-MONTOYA M P，BINKS B P，et al. Outstanding stability of particle-stabilized bubbles［J］. Langmuir，2003，19，8：3106-3108.

[7] GUO Y，BAE J，FANG Z，et al. Hydrogels and hydrogel-derived materials for energy and water sustainability［J］. Chemical Reviews，2020，120（15）：7642-7707.

6　分散系统的流变性及稳定性

流变学是研究体系在外力作用下流动和形变的科学。现代流变学涉及范围很广，大至土木建筑、冰川的移动，小到细胞和微生物的蠕动，在工农业生产和高新技术领域发挥着重要的作用。胶体分散体系的流变性质由于其在许多工业产品（化妆品、食品、油漆等）、生命科学（血液、药物）、资源与环境（油田矿产、水处理）等领域的广泛应用而方兴未艾，流变性质已成为影响胶体分散体系研究和应用的重要参数，具有重要的理论和实际意义。

胶体作为多相分散系统是具有巨大的表面积和表面自由能的热力学不稳定体系，但在某些条件下，也能稳定地存在一段时间。胶体的稳定是相对的、暂时的和有条件的，而不稳定则是绝对的。胶体类型的产品的稳定性必须满足生产、输运、储存的需求，而食品、油品生产及水处理过程中各类胶体分散系统的存在又可能带来各种各样的问题。因此，在界面与胶体化学的研究中，稳定性问题一直备受关注。本章以胶体分散系统为研究对象，讨论流变学和稳定性的一些基本的概念和实际应用。

6.1　分散系统的流变性

长期以来，物质的流动和变形及其与外力之间的关系一直受到人们的高度关注。经典物理学针对这两种极端情况进行了大量阐述，Hooke 于 1660 年最早提出纯弹性体的应力和伸长量满足线性关系式，随后牛顿指出牛顿流体的应力与应变也满足线性关系。经过 19 世纪漫长的发展，在三维流动和变形中形成 Hooke 弹性固体力学和牛顿流体力学。20 世纪 20 年代，科学家在研究橡胶、油漆、混凝土、金属等工业材料，岩石、石油、矿物等地质材料，血液、肌肉骨骼等生物材料的性质过程中，发现弹性固体力学理论和牛顿流体理论不能解释这些材料的复杂特性，需要进一步发展理论体系。美国物理化学家 Bingham 在对油漆悬浮液屈服应力研究基础上，于 20 世纪 20 年代正式提出流变学概念。胶体分散体系的特殊性赋予其丰富的流变学行为，其性能不仅是单个粒子性质的反映，也是粒子与粒子之间及粒子与溶剂之间相互作用的结果。

6.1.1　牛顿流体

流变性是系统组成颗粒或分子间相互作用的体现，测量流变学性质可以推测其微观结构和作用力本质；另外，通过相互作用和微观结构变化，也能够调控系统流变性能。胶体分散系统按流变学性质可以分为牛顿流体与非牛顿流体两大类。其中，牛顿流体指受力后极易变形，且所受应力与应变成正比的低黏度系统[1]。

6.1.1.1　剪切变形与牛顿公式

A　剪切变形

任何物质的形状改变都可以简单表述为其相对变形，如图 6-1 所示。在平行六面体的

上表面沿 x 方向施加外力 F，则该物体产生剪切变形。F 称为剪切力，单位面积所受剪切力即为剪切应力，用 $\tau\left(\tau = \dfrac{F}{A}\right)$ 表示，单位与压力相同（Pa）。在 F 作用下，该平行六面体内微体积元 $\mathrm{d}v = y\mathrm{d}x\mathrm{d}z$ 会产生形变 $\dfrac{\mathrm{d}x}{\mathrm{d}z}$。根据三角形相似原理 $\dfrac{\mathrm{d}x}{\mathrm{d}z} = \dfrac{l}{L} = \sigma$，即微体积元的形变与物体形变相等，称之为剪切应变。

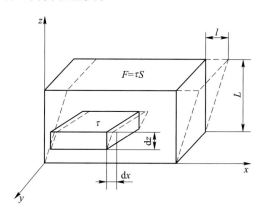

图 6-1 物质形变示意图

对于固体，1678 年胡克（Hooke）提出在弹性极限内，固体中的（剪切）应力与（剪切）应变成正比。

$$\tau = G\sigma \qquad\qquad (6\text{-}1)$$

式中，G 为弹性模量，N/m。

式（6-1）即著名的胡克定律。可以看出，撤去剪切应力，$\tau = 0$，形变消失，原有形状恢复。事实上，只有理想弹簧才能精确满足式（6-1）。

B 牛顿公式

对于流体，在外剪切力 F 作用下，做底部静止的平行移动时发生切变，如图 6-1 所示。由于流体单元间存在内摩擦，形成无数个流速不同的流层。设相距为 $\mathrm{d}z$ 的两流层面积都为 S，流速之差为 $\mathrm{d}v$，在流层间速度梯度为 $\dfrac{\mathrm{d}v}{\mathrm{d}z}$（单位为 s^{-1}）即为切变速率（切速）。若外力 F 与内摩擦所产生剪切应力 τ 相平衡，那么 τ 与速成正比，满足式（6-2）。

$$\tau = \eta\,\frac{\mathrm{d}v}{\mathrm{d}z} \qquad\qquad (6\text{-}2)$$

式（6-2）由牛顿最先导出，称为牛顿公式，其中比例系数 η 定义为该流体的黏度，表示流体的表观黏稠程度，由流动时流休单元间内摩擦阻力引起。对牛顿流体，η 与切速无关只随温度变化，称为牛顿黏度。

大多数纯液体、低分子稀溶液，稀胶体分散系统都属于牛顿流体，而浓分散系多为非牛顿流体。流体的黏度标准规定：两面积为 $1\mathrm{m}^2$ 的平行板浸于流体，板间距 $1\mathrm{m}$，若加 $1\mathrm{N}$ 的剪切应力，使两板移动的相对速率为 $1\mathrm{m/s}$，则此流体的黏度为 $1\mathrm{Pa\cdot s}$。室温下水的黏度为 $1\mathrm{mPa\cdot s}$。

C 雷诺数

处于稳定状态的牛顿流体，同一流层上各点流速相同且不随时间改变，这种流动称为层流。当流层的流速超过某一限度时，同层流体各点流速不再相同，层流就变为湍流。因为湍流会造成不规则或随时间变化的涡流会消耗更多能量，流体流动不再符合式（6-2）。引入表示流体流动情况的无量纲参数雷诺数 Re，则相同 Re 的流体流动状态相似。Re 值与流速 v、管径 R、流体的黏度 η、密度 ρ 等 4 个因素有关，由式（6-3）表示。

$$Re = \frac{2vR\rho}{\eta} \tag{6-3}$$

当 $Re<2000$ 时，流动状态为层流；当 $Re>4000$ 时，出现湍流；当 $2000<Re<4000$ 时，有时出现层流，有时出现湍流，与外界条件有关。

6.1.1.2 黏度测定

黏度作为衡量流体流变性的关键参数，其研究是流变学的重要内容之一，在工业生产中具有十分重要的意义。测定流体黏度的方法有降球法、毛细管法和旋转（同心转筒与锥板）法等。

A 降球法

降球法测定黏度利用了小球在流体中下降时黏滞阻力与重力和浮力的平衡关系。设密度为 ρ_2、体积为 V 的小球以恒定速度 v 在密度为 ρ_1 的流体中沉降，平衡时所受合力为零，即 $V(\rho_1 - \rho_2)g = fv$。V 为小球体积，当半径为 r 时，$V = \frac{4}{3}\pi r^3$。f 为黏滞阻力因子，根据 Stokes 公式 $f = 6\pi\eta r$。

$$\eta = \frac{2r^2(\rho_2 - \rho_1)g}{9v} \tag{6-4}$$

式中，其他参数数值为可知量，通过测定降球速度 v，可计算出流体的黏度。需要注意流体必须是层流时，才能满足 Stokes 公式，需要降球的沉降速度不能太大。

B 毛细管法

毛细管法通过测量一定体积流体在重力作用下，流经毛细管所需时间求出流体黏度。毛细管黏度计有两种，分别为奥氏（Ostwald）和乌氏（Ubbelohde）黏度计，如图6-2（a）和（b）所示。以奥氏黏度计为例，将一定量待测流体从 A 管装入，在 B 管口用洗耳球将液体吸至 a 线以上，但流体不能被吸出。然后让流体自然流下，记录液面从 a 线至 b 线所需时间 t。设流体在毛细管中做层流运动，其体积流量 $Q=V/t$ 与毛细管半径 r、长度 l、管两端压强差 Δp，以及流体黏度 η 之间的关系满足流体动力学泊肃叶（Poiseulle）定律式（6-5）。

$$\frac{V}{t} = \frac{\pi\Delta p r^4 t}{8\eta l} \tag{6-5}$$

$$\eta = \frac{\pi\Delta p r^4 t}{8Vl} \tag{6-6}$$

式中，V 为时间 t 内液体体积（a 线与 b 线间体积）。

因此，可以用式（6-6）计算出流体黏度的绝对值。但是，毛细管半径 r 很难精确确定，一般采用相对法测定 η。同一根黏度计先测定某已知黏度 η_1 液流的时间 t_1，再测

定未知黏度 η 的待测液体的时间 t，两种液体的黏度比如下：

$$\frac{\eta}{\eta_1} = \frac{\dfrac{\pi(\rho gh)\,r^4 t}{8Vl}}{\dfrac{\pi(\rho_1 gh)\,r^4 t_1}{8Vl}} = \frac{\rho t}{\rho_1 t_1}$$

则

$$\eta = \eta_1 \frac{\rho t}{\rho_1 t_1} \qquad (6\text{-}7)$$

式中，ρ 为待测液体的密度；ρ_1 为已知黏度液体的密度。

根据式（6-7）可以计算出待测液体的黏度。一般情况下，如工业产品、血液分析等应用奥氏黏度计并由式（6-7）计算的黏度值完全可以满足实际需求。如果对精度要求更高，还应该考虑：（1）因压差 Δp 使液体动能改变，需做动能修正；（2）液体进出毛细管 a 和 b 段引起的液体流速变化，需做毛细管末端修正。

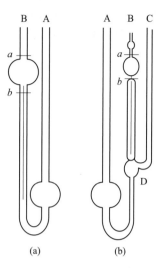

图 6-2　毛细管黏度计示意图
（a）奥氏黏度计；（b）乌氏黏度计

C　旋转法

旋转法是目前应用最普遍的黏度测量方法，所使用的旋转黏度计主要包括转筒式和锥板式两种，都由旋转部分（转子、内筒或锥）和固定（定子、外筒或板）部分组成，如图 6-3（a）和（b）所示。各类旋转黏度计工作原理基本相同，外电机通过游丝与转轴带动转子恒速旋转，转子受液体黏滞阻力使游丝反向产生扭矩 T 以平衡黏滞阻力，测量得到游丝的扭转角，即可算得液体的黏度。

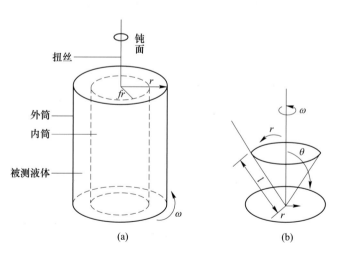

图 6-3　旋转黏度计示意图
（a）转筒黏度计；（b）锥板黏度计

以包括两个同心圆筒的转筒黏度计为例，设外筒和内筒半径分别为 r 和 fr，筒长 L。待测液体置于两筒间，外筒以角速度 ω 旋转，在液体黏度和剪切应力的作用下，内筒向相反的方向扭动，当黏滞阻力和剪切应力相等时，扭矩达平衡状态，与内筒相连扭丝旋转 θ 角。由于 θ 正比于 T，而 T 正比于液体的黏度 η 和角速度 ω，故有式（6-8）。

$$\theta = k\eta\omega \tag{6-8}$$

式中，k 为与仪器相关的未知常数，可以利用已知 η 的液体标定得出。

式（6-8）是旋转法测定液体黏度的基本公式。此时，对特定仪器 k 相同，设定旋转角速度 ω 也相同，则：$\dfrac{\theta}{\theta_1} = \dfrac{k\eta\omega}{k\,\eta_1\omega}$。便有

$$\eta = \eta_1 \frac{\theta}{\theta_1} \tag{6-9}$$

以上初步介绍了 3 种测定黏度的方法及其工作原理，具体使用时，应该仔细阅读仪器使用说明书，以得到更精确的结果。

6.1.1.3　黏度变化的影响因素

物质的黏度会受剪切速率、温度、压力和剪切时间等因素的影响。

A　剪切速率

恒温恒压下牛顿流体应该满足：剪切流动只提供剪切应力（法向应力为零），剪切黏度不随剪切速率和剪切时间变化，不同类型形变测定的黏度成简单比例关系。偏离这些行为的流体就是非牛顿流体。研究发现许多胶体分散系统，如溶胶、乳液和高分子溶液都会偏离牛顿行为。绝大多数情况下，黏度随剪切速率的增加而降低，导致"剪切变稀"。也有少数情况，黏度随剪切速率增加，导致"剪切增稠"，即"胀流"。

表 6-1 给出了许多工业和日常情况下遇到的剪切速率近似范围，任何操作中涉及的近似剪切速率可以借流体平均流速与流动几何空间的特征尺度之比估算（例如管道半径或剪切层厚度）。从表 6-1 可以看出，对许多重要应用，其典型剪切速率具有较大的范围，可以在 $10^{-6} \sim 10^{7}\,\mathrm{s}^{-1}$ 之间变化，说明黏度的剪切速率依赖性十分强。

表 6-1　某些材料和加工过程典型剪切速率范围及应用

情　况	典型剪切速率范围/s^{-1}	应　用
悬浮液体中细粉末的沉降	$10^{-6} \sim 10^{-4}$	医药、涂料
表面张力作用下的展平	$10^{-2} \sim 10^{-1}$	涂料、油墨
重力作用下的滴流	$10^{-1} \sim 10^{1}$	刷漆和涂层、卫生间漂白剂
挤出机	$10^{0} \sim 10^{2}$	高分子
嘴嚼和吞咽	$10^{1} \sim 10^{2}$	食品
混合和搅拌	$10^{1} \sim 10^{3}$	液体生产
管流	$10^{0} \sim 10^{3}$	泵送、血液流动
喷雾和刷涂	$10^{3} \sim 10^{4}$	发动机中的喷油、喷雾干燥、涂漆
擦抹	$10^{4} \sim 10^{5}$	膏和洗涤剂用于皮肤
在流体中研磨颜料	$10^{3} \sim 10^{5}$	涂料、油墨

B　温度

牛顿液体的黏度随温度升高而降低，近似服从 Arrhenius 方程：

$$\eta = Ae^{-B/T} \tag{6-10}$$

式中，T 为绝对温度；A、B 是液体常数。

对于牛顿流体，一般黏度越大，对温度的依赖性越强。因此，黏度测量时严格控制温度对获得精确的黏度值非常重要。例如，室温下水的温度敏感度是每摄氏度 3%，因此 ±1% 的精确度要求试样的温度变化控制在 ±0.3℃。黏度越高的液体，温度对黏度的影响越显著。实验时还应该注意剪切作用产热，应该采取相应措施排出，否则可能导致黏度值偏低。

C　压力

流体的黏度随压力的变化关系可以用式（6-11）表示。

$$\eta_p = (1 + 0.003p)\,\eta \tag{6-11}$$

式中，η_p、η 分别表示压力为 p 和大气压下的黏度。

可以看出，压力大时黏度大，压力小时黏度低，高压时影响显著。因此，在实用上往往可以忽略压力的影响。然而，在某些场合，如测量高压下润滑油和钻井流体的黏度，齿轮中润滑油所受压力可能会超过 1GPa，这时黏度升高就非常显著了。实验表明，当压力从大气压上升到 0.5GPa 时，黏度增加 4 个数量级。

6.1.2　稀胶体分散系统的流变性能

在胶体分散系统中，由于其多相共存性，使得应力与应变之间的函数关系比较复杂。在稀胶体分散系统中分散相的浓度很低，粒子间作用力极小，单分散的颗粒随介质一起运动，可能改变液体的流动方式。如图 6-4（a）所示，层流的纯介质，流速呈抛物线分布；在图 6-4（b）中，颗粒的存在对介质流动有阻挡作用但不旋转，使附近介质与颗粒同速流动，表现为速度梯度降低而受力和面积不改变，按式（6-2）计算的黏度 η 会增加；图 6-4（c）中速度梯度和颗粒存在不对称性，流体会将部分能量传递给颗粒推动其旋转，引起系统黏度增加。

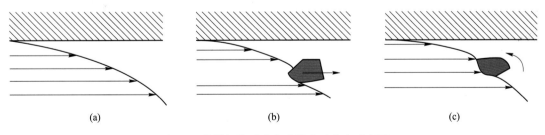

(a)　　　　　　　　　　　(b)　　　　　　　　　　　(c)

图 6-4　分散相粒子改变液体流动状态示意图

总体来说，多相共存胶体分散系统（如溶胶或悬浮体）流动阻力大，能量耗散更高，导致内摩擦量度的黏度增加。稀胶体分散系统的黏度与分散相颗粒大小、形状和浓度，分散相与介质之间的相互作用及其在流场中的定向程度等因素有关。

6.1.2.1 分散相浓度的影响

爱因斯坦针对稀胶体分散系统做了以下假设：

（1）分散颗粒为球形且粒度远大于介质的球形分子，远小于测量容器，分散介质连续且器壁影响可忽略；

（2）分散颗粒为刚性且可被溶剂完全润湿，介质不可被压缩；

（3）分散颗粒浓度低且无接触、无相互作用，均以一定的流动形式存在；

（4）分散介质为层流状态，不产生湍流，介质的密度和黏度为常数。

根据流体力学推导，得到了式（6-12）爱因斯坦公式。

$$\eta = \eta_0(1 + k\phi) \tag{6-12}$$

式中，η 为胶体分散系统（或溶液）黏度；η_0 为其中分散介质（或纯溶剂）的黏度；ϕ 为分散相在分散系统所占体积分数；k 为与分散相颗粒相关的常数，对球形粒子，$k = 2.5$，则 $\eta = \eta_0(1 + 2.5\phi)$。

从式（6-12）可知，稀分散系统的黏度只与 η_0 和 ϕ 有关，其变化只因分散相颗粒对介质流动干扰所引起。后续研究表明，当 $\phi < 3\%$ 时，η 与 ϕ 之间呈线性关系，但式（6-12）中 $k > 2.5$，可能的原因是质点溶剂化使实际 ϕ 变大。若分散颗粒浓度较大，颗粒会相互接触而干扰，系统的 η 急剧增加，爱因斯坦公式不再适用。

6.1.2.2 质点形状的影响

在 V_2O_5、硝化纤维等具有不对称形状的胶体分散系统中，即使颗粒浓度很低，系统黏度也远大于爱因斯坦公式（6-12）计算值。对于球形颗粒分散系统，黏度增加是液体流动经过颗粒时流线受干扰所致。然而，液体流经不对称颗粒时会使颗粒转动消耗额外能量，颗粒之间也会出现相互干扰，多因素叠加作用使黏度增加幅度更大。对刚性棒状颗粒，忽略速度梯度的定向作用，进一步推导得式（6-13）。

$$\eta = 1 + \left(2.5 + \frac{J^2}{16}\right)\phi \tag{6-13}$$

式中，J 为颗粒长短轴比。

对比爱因斯坦公式可知，质点形状越不规则 J 越大，其分散溶液的黏度也越高，如图 6-5 所示。实验证明，对于非刚性棒状的其他形状颗粒，虽然定量关系可能与式（6-13）不同，但分散系统黏度都会随颗粒长短轴比的增加而增大。

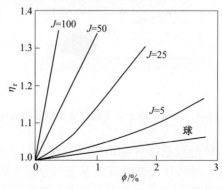

图 6-5 玻璃球和轴比不同的玻璃毛悬浮液的黏度

图 6-6 为某棒状颗粒处于速度梯度场示意图，由于棒两端流体流速不同，颗粒受转矩作用促进棒轴与流体流动方向平行。然而，颗粒同时做布朗运动作用趋无规则排列。两方面作用平衡时，颗粒与流动方向成一定夹角。速度梯度越大，定向作用越强，颗粒往往更趋向于流动方向，以减小对介质流动的干扰，导致表观黏度随速度梯度增加而下降（剪切变稀）。

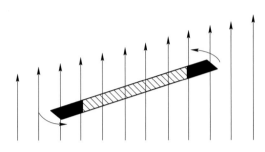

图 6-6　颗粒在流场中的定向

6.1.2.3　颗粒大小的影响

由爱因斯坦公式（6-12）可知，分散系统的黏度只与分散相所占体积分数有关，不能由黏度测量结果确定颗粒大小。上面介绍了不对称颗粒的大小会对黏度产生影响，随着颗粒尺度增加，不对称性增大，分散系统黏度随之增加，这样就有可能建立黏度和颗粒大小的定量关系。实验室中经常采用测定溶液黏度求出线性高分子物质的相对分子质量。

6.1.2.4　表面电荷的影响

在剪切力作用下，带电颗粒表面电荷和双电层与分散介质之间的流速差异会引起相对电位，产生附加阻力，导致黏度上升，称为电黏滞效应。通过数学推导，Smoluchowsky 得出式（6-14）。

$$\eta = \eta_0\left\{1 + 2.5\phi\left[1 + \frac{1}{\lambda\eta_0 r^2}\left(\frac{\zeta\varepsilon}{2\pi}\right)^2\right]\right\} \tag{6-14}$$

式中，λ 为分散系统比电导；r 为分散颗粒半径（假设为球形）；ε 为介质介电常数；ζ 为分散颗粒 ζ 电位。

由式（6-14）可知，带电颗粒的粒径对系统黏度有明显影响。当 ζ 电位为零时，则式（6-14）可以转变为爱因斯坦公式（6-12），说明电黏滞效应与 ζ 电位共存。例如在两性蛋白质或白明胶溶液中，调节介质的 pH 值使质点处于等电点时，溶液黏度最小。

6.1.2.5　多分散性影响

对于多分散系统，颗粒粒径变化会使黏度偏离爱因斯坦黏度，如图 6-7 所示。图中，直线对应单分散胶体系统，曲线对应多分散胶体系统，可以看出曲线与直线的明显偏离，ϕ 越大偏离越显著。

若按颗粒粒径大小将多分散胶体系统分散相分级，令第 i 级的体积分数 $\phi_i \leqslant 10\%$。由于爱因斯坦黏度公式没有粒度相关参数，因此可设想每级颗粒都适用。

$$\eta = \eta_0(1 + 2.5\phi_i) \tag{6-15}$$

微分得

$$d\eta = 2.5\eta d\phi_i \tag{6-16}$$

式中，η 为 $d\phi_i$ 的 i 组分加入后系统的黏度。

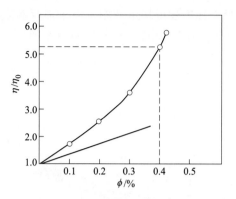

图 6-7 多分散相对黏度的影响

任一分级的体积分数 ϕ_i 与分散相的总体积分数 ϕ 的关系为:

$$d\phi_i = \frac{d\phi}{1 - \phi}$$

则有

$$d\eta = \frac{2.5\eta d\phi}{1 - \phi}$$

$$\frac{d\eta}{\eta} = -\frac{2.5d(1 - \phi)}{1 - \phi} \tag{6-17}$$

当 $\phi = 0$ 时,$\eta = \eta_0$,将式(6-17)定积分得

$$\int_{\eta_0}^{\eta} \frac{d\eta}{\eta} = -\int_0^{\phi} \frac{2.5d(1 - \phi)}{1 - \phi}$$

可得

$$\eta = \eta_0 (1 - \phi)^{-2.5} \tag{6-18}$$

式(6-18)即为多分散胶体系统对爱因斯坦黏度公式的修正。显然,ϕ 很小时,将式(6-18)级数展开即可还原为球形颗粒的爱因斯坦黏度公式(6-12)。

6.1.3 高分子溶液的流变性能

6.1.3.1 分子伸展程度

高分子化合物具有特殊的大分子结构,赋予其很好的柔韧性,在溶液中按照其伸展情况可采取多种构型方式。水溶液中分子的水化程度和带电量对伸展程度起决定作用。带电量越多,水化程度越高,则高分子卷曲的可能性越小,即越伸展(见图 6-8)。带电高分子通过链段间静电排斥促进伸展,水化作用阻碍分子自由卷曲保持伸展。在大分子完全伸展的极端情况下,溶剂可以自由冲刷每个链段,其构型为自由伸展型;在大分子完全卷缩成团的另一极端情况下,其间包裹了一些溶剂,其构型为非伸展型。大分子的其他构型处于两个极端之间,溶液的黏度也处于两种极端情况黏度之间。大分子伸展度越高,其有效体积越大。此外,在溶液中自由旋转加剧也会增大分子有效体积,使溶液的黏度提高[2]。

大分子在溶剂中的伸展程度与溶剂本性有极大关系,一般而言,良溶剂中分子能够充

图 6-8　随带电量和水化程度的加大线性大分子在溶液中伸展程度增大

分分散、伸展，溶剂化程度较大，使分子有效体积增加，溶液黏度增大。反之，不良溶剂中大分子难以分散、呈卷曲团状，溶剂化程度很低，分子有效体积较小，黏度降低。表 6-2 对比了聚苯乙烯在良溶剂（甲苯）和不良溶剂（有机醇）中的增比黏度，结果充分证明了上述论述。

表 6-2　聚苯乙烯在不同溶剂和温度下的增比黏度

溶　剂	增 比 黏 度	
	25℃	60℃
甲苯	0.370	0.350
甲苯+10%甲醇	0.320	0.317
甲苯+20%甲醇	0.160	0.185
甲苯+10%戊醇	0.336	0.340
甲苯+33%戊醇	0.170	0.210

　　从表 6-2 还可以看出，温度对溶液黏度也有影响，而且溶剂不同温度效应也不同。对良溶剂（甲苯），温度升高，溶液黏度下降；对不良溶剂（有机醇），温度升高，溶液黏度升高。温度对不同溶剂高分子溶液有两种截然相反的影响机理：

　　（1）升高温度加剧分子热运动和分散相布朗运动，导致分子间引力及分子的伸展程度降低，结果使溶液黏度降低；

　　（2）温度升高会增加溶解度、提高分散相数目，结果使溶液黏度增加。

　　任何溶剂的高分子溶液都存在这两种温度效应，不过对良溶剂前者起主导作用，对不良溶剂后者起决定性作用。

6.1.3.2　稀溶液的流变性能

　　高分子溶液的黏度随浓度增加而增加，较低浓度时变化平缓（稀溶液），达到临界缠结浓度后会急剧上升。高分子稀溶液的黏度常用式（6-19）估算。

$$[\eta] = \lim\left(\frac{\eta_{sp}}{c}\right)_{c\to0} \tag{6-19}$$

式中，η_{sp} 称为增比黏度；c 为溶液浓度；$[\eta]$ 为特性黏度，$[\eta]$ 定义为溶液无限稀释（$c\to0$）情况下单位浓度的增比黏度，与溶液中分子形态、链长和溶剂性质相关。

　　可以看出，只有当 c 接近零时，$[\eta]$ 才与 η_{sp} 呈正比。对大多数高分子稀溶液，$\frac{\eta_{sp}}{c}$-c 图为一条直线，外推到 $c=0$ 可以得到 $[\eta]$。一般情况下，需要通过测定不同 c 时的黏度，利用近似公式外推得出 $[\eta]$。式（6-20）即为 Huggins 于 1942 年提出的 Huggins 外推法。

$$\eta_{sp} = [\eta]c + K_H [\eta]^2 c^2 \qquad (6-20)$$

式中，K_H为Huggins常数与高分子间相互作用对流动的影响有关，包括流体力学相互作用和热力学相互作用（如分子缔合、链段间、链段与溶剂分子）。K_H值一般为$0.35 \sim 0.40$。对某些二元系统（溶剂+高分子）和三元系统（溶剂+高分子+高分子）的稀溶液，实际黏度常会偏离Huggins方程。当浓度偏高时，溶液中分子间距离近，相互作用的结果使分子形态和尺寸发生改变，导致黏度增加。总之，高分子溶液的黏度变化是高分子内部各种热力学相互作用的综合体现，需要综合考虑。

6.1.3.3 浓溶液的流变性能

高分子溶液的浓度较高时，黏度不仅与分子在溶液中的形态相关，还受其相对分子质量M影响，马克（Mark）和豪温（Houwink）给出黏度与相对分子质量的经验式（6-21）。

$$[\eta] = k M^a \qquad (6-21)$$

式中，k、a均为经验常数，k值对特定溶剂中同系物高分子保持恒定，a值与溶液中的高分子形态有关，分子自由伸展时$a=1$，分子卷曲时$a=0.5$，即满足$0.5 \leqslant a \leqslant 1$。

式（6-21）中，当k和a已知时，根据实验测得特性黏度就可以求出高聚物的相对分子质量，称为黏均相对分子质量。将式（6-21）取对数即可得到式（6-22）表示的直线方程，可以更方便应用。

$$\lg[\eta] = \lg k + a \lg M \qquad (6-22)$$

通过实验测定已知浓度和相对分子质量的大分子溶液η和纯溶剂η_0，根据式（6-20）外推得$[\eta]$，再作$\lg[\eta]$-$\lg M$图，所得直线的截距为$\lg k$，斜率等于a。

表6-3列出了应用Mark-Houwink公式得到的一些高分子溶液k和a值。利用Mark-Houwink公式测定高分子黏均相对分子质量的方法具有操作简便，测量结果准确等优点，应用范围广阔。

表6-3 一些高聚物溶液的k和a值（25℃）

高分子化合物	溶 剂	$k/m^3 \cdot kg^{-1}$	a
醋酸纤维素	丙酮	1.49×10^5	0.82
聚苯乙烯	甲苯	3.7×10^5	0.62
聚氯乙烯	环己酮	0.11×10^5	1
天然橡胶	甲苯	5.02×10^5	0.67
聚异丁烯	苯	10.7×10^5	0.5
纤维素	铜氨溶液	0.85×10^5	0.81

6.1.4 浓胶体分散系统的流变性能

6.1.4.1 浓胶体分散系统

浓胶体分散系统中分散相浓度大，在日常生活和工农业生产中广泛存在，如血液、药物膏剂、油墨、涂料、混凝土浆料、钻井泥浆等。受粒子（尤其是大粒子）间相互作用影响，容易相互聚集，形成三维连续结构。但是，这种粒子间作用力远小于分子间化学键力，聚集结构容易受外力破坏，从而使粒子重获流动性。因此，浓胶体分散系统可以展示出特殊的流变性质。浓胶体分散系统形成的三维连续性结构可以归纳为两类，即絮凝结构和浓缩-结晶结构。

絮凝结构是浓胶体分散系统部分失去稳定性的产物。其中，大量粒子由于双电层破坏或者去溶剂化等因素失稳，在粒子热运动过程中粒子相互黏结形成包含介质的三维网络结构，类似于发生了胶凝作用形成的凝胶。随之胶体分散系统的稳定性进一步降低，粒子接触更频繁，结构变得更紧密，网络中介质被挤出，形成絮凝结构。对一维尺寸过大的棒状、椭球状和板片状分散相粒子，更容易失去稳定性，在较稀的胶体分散系统中也可能形成絮凝结构。

在形成絮凝结构的浓胶体分散系统中，会发生触变和脱水收缩两个重要现象。对高分子溶液或溶胶分散系统，胶凝发生后，网络结构仍可能继续形成与发展。随着时间的延长，胶体颗粒或大分子进一步靠近或定向排列更完全，凝胶骨架收缩，导致部分液体从凝胶中离析，即出现了脱水收缩，为一种接触点不断增加的不可逆过程。形成的浓缩凝胶经低温真空干燥后，得到具有极强吸收溶剂能力的干凝胶。凝胶吸收溶剂的过程称为溶胀，为脱水收缩的反过程。大分子凝胶的溶胀能力远大于憎液溶胶颗粒所形成凝胶的溶胀能力。絮凝结构不稳定，在强烈搅拌下，切向力的作用可能破坏结构返回原来胶体分散系统，即具有触变性；然而，一旦搅拌停止，絮凝结构又可能形成。

浓缩-结晶结构的颗粒间有化学键形成，非常稳定。如硅胶制备和浓缩过程中，通过缩聚反应形成有—Si—O—键相互交联的网络结构：以水泥、石膏和石灰为基础的建筑材料固化过程形成的结晶结构。浓缩-结晶结构不可逆，一旦形成就不会返回初始浓胶体分散系统，不再有触变性、塑性和弹性等性质。

浓胶体分散系统结构的生成和破坏对系统黏度影响极大，故有时称为结构黏度；而且黏度可能随剪切力变化而变化。如用同心转筒黏度计测量黏度时外筒旋转速度决定剪切力大小，比较不同浓胶体分散系统黏度时必须用相同的剪切速率，所测黏度称为表观黏度。

6.1.4.2 流型

流变学中称剪切速率 D 随剪切应力 τ 的变化曲线为流变曲线，如图 6-9 所示。流变曲线因胶体分散系统不同而呈现显著差异，根据流变曲线形状可分为不同流型。

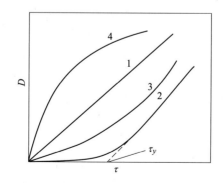

图 6-9 流变曲线示意图

1—牛顿型；2—塑性型；3—假塑性型；4—胀流型

A 牛顿型

牛顿型流变曲线如图 6-9 中曲线 1 所示，为一条通过原点的直线，表示在任意小外力作用下，流体都能流动。直线斜率为不随切速率变化的常数，其值越小，溶液黏度越大。

牛顿型流体仅用黏度就足以表征，产生这种流型的系统称为真流体，在浓胶体分散系统比较少见。

　　B　塑性型

　　塑性型（也称 Bingharm 型）流变曲线如图 6-9 中曲线 2 所示，为一条不经原点的直线，在低剪切速率时有弯曲，延长线与 τ 轴交于 τ_y 处，τ_y 称为屈服应力。可以看出，塑性流体当 $\tau > \tau_y$ 时，才会流动。牙膏是典型的塑性流体，轻挤膏体伸出少许，撤去外力后，又恢复原状；只有当外力达到一定强度（$\tau > \tau_y$），膏体才能从管中挤出，撤去外力（$\tau < \tau_y$）也不能恢复原状。普遍地，塑性流体在较小的外剪切应力作用下，只发生弹性变形；外剪切应力超过一定限度后，才会流动出现永久变形，即具有可塑性。

　　塑性型流变曲线的直线部分可以用式（6-23）表示。

$$\tau - \tau_y = \eta_{塑} D (\tau > \tau_y) \qquad (6\text{-}23)$$

式中，$\eta_{塑}$ 为塑性黏度（或结构黏度），与屈服应力 τ_y 共同为塑性流体的两个重要流变参数。

　　浓胶体分散系统是典型的塑性流体，由于分散相颗粒浓度高，容易相互紧密接触形成三维空间结构，τ_y 是这种结构强度的表征。当外剪切应力超过 τ_y 后，结构稳定性被破坏，胶体分散系统开始流动，说明 τ_y 属于触动系统流动所必须克服的内阻力。由于结构拆散和重新形成会同时发生，流动达到平衡时拆散速度与恢复速度相等，系统存在一个近似稳定的塑性黏度 $\eta_{塑}$。

　　C　假塑性型

　　假塑性流变曲线如图 6-9 中曲线 3 所示，为通过原点凹向剪切力轴的曲线，不存在屈服应力，表观黏度 η_a 随剪切力增加而下降，实际操作时搅拌速度越快，流体越稀。出现假塑性流变行为的流体是常见的非牛顿流体，大多数高分子（如羧甲基纤维素、淀粉、橡胶等）溶液和乳状液都属于假塑性型，流变曲线可用式（6-24）指数定律表示。

$$\tau = KD^n \qquad (6\text{-}24)$$

式中，K、n 为与液体性质相关经验常数，K 为流体稠度的量度，K 越大，液体越黏稠，n 为非牛顿性的量度，数值满足 $0 < n < 1$，与 1 相差越大，非牛顿行为越显著。

　　对式（6-24）取对数，以 $\lg\tau$ - $\lg D$ 作图，应有直线关系，据此可求出 K 和 n。

　　假塑性浓分散系统内部颗粒结合强度很弱，一旦开始流动，三维结构就被破坏且不易恢复，使表观黏度 η_a 随剪切速率增加而降低。有时假塑性流体可能不存在任何结构，只是不对称颗粒在剪切应力作用下定向移动导致了 η_a 下降。

　　流体的假塑性质广泛应用于生产实践中。如油井压裂处理时，为使压裂液在地质层中有更强携沙能力产生更大压裂力，经常需要压裂液在地层中具有较高黏度；而在管道高速输送时又希望压裂液黏度小，以减少能量消耗，制备成假塑性多胶体分散系统正好满足这些要求。常用聚丙烯酰胺稠化水压裂液及稠化的水包油压裂液等就属于这种类型。血液在高剪切速率时是牛顿流体，低剪切速时则表现为假塑性流体。血液流变学的研究对许多疾病的诊断和治疗具有重要意义。

　　D　胀流型

　　胀流型流变曲线如图 6-9 中曲线 4 所示，为通过原点凸向剪切力轴的曲线。其表观黏

度 η_a 随剪切速率的增加而增加，表现为搅动速度越快，系统越稠。流变曲线也可用式（6-24）表示，不过这时 $n>1$。胀流型胶体分散系统的浓度在较高的某一区域内，如淀粉形成胀流型流体的浓度范围为 40%～50%。若分散相浓度较低会成为牛顿流体，分散相的浓度更高则转变为塑性流体。胀流型流体中颗粒分散，外剪切力低时完全是散开无接触，故黏度较小；外剪切力较大时，许多颗粒接触紧密、堆积形成不稳定结构，增加了流动阻力，且搅动越剧烈聚集程度越高，流动阻力也越大，出现剪切增稠现象。

6.1.4.3 时间相关性

流体的流变性能都可以用 $D=f(\tau)$ 来描述，前述流型 D 与时间无关。然而，部分流体的流变性能严重依赖剪切应变时间，如震凝型流体和触变型流体。前者在剪切速率不变的情况下，剪切应力随时间延长而增高；后者正好相反，在剪切速率不变的情况下，剪切应力随时间的延长而降低。

A 震凝型流体

震凝型流体是指只有在外界有节奏震动下（如轻轻敲打、有规则圆周运动或摆式搅动等）才能够变成凝胶的某些溶胶分散系统。震凝型与胀型流体不同，后者的外剪切力撤销后，系统的黏度即刻稀化。而震凝型流体在外剪切力取消后仍保持凝固状态，或至少有一段时间是凝固状态，然后才逐渐稀化。微观结构上，胀型流体中分散相的"浓度"高，固含量在 40% 以上，润湿性能良好；震凝性胶体分散系统固含量低，仅为 1%～2%，而且粒子具有不对称性，凝胶形成是粒子定向排列的结果。

B 触变型流体

震凝型胶体分散系统比较少见，而触变型在解决实际问题上更为重要。凝胶分散系统在搅拌或其他机械作用下，变成流动性较大的溶胶；静置后，又恢复原凝胶状态的性能称为触变性。触变是一个分散系统从有结构到无结构或结构拆散到恢复的等温可逆转换过程。触变性反映了浓分散系统流变性能与时间的相关性，对应于机械强度随时间变化过程中结构的反复破坏和形成。显然触变性是指表观黏度随时间的变化率 $d\eta_a/dt$，而非黏度本身。

具有触变性的胶体分散系统中，分散相粒子必须具有比较规则的形状，如棒状、椭球形和片状粒子，不但易于形成结构，而且结构破坏后撤去外力，颗粒重新形成结构的时间也比其他形状不规则颗粒要短。因此，凡是与分散相颗粒的形成和稳定相关的因素都会影响触变性。首先，分散相颗粒浓度必须很高，以提高碰撞频率，促进一定结构形成。其次，电解质的加入可能压缩双电层，降低颗粒表面 ζ 电位，有助于相互靠近形成一定的结构。另外，温度上升会加剧颗粒布朗运动，提高碰撞概率，更容易形成结构。分散相颗粒形状的不对称性对触变性的影响也很大，这种系统更容易成为触变型流体。

利用转筒黏度计，可以研究分散系统的触变性能。实验从最低转速开始，在一定时间内，逐渐升高转速至预设最大值，同时记录相应剪切力数据，作 D-τ 图，得到如图 6-10 所示 ABC 曲线。到达 C 点后，逐渐降低转速，再记录转速下降到低剪切速率过程中剪切应力值，得曲线 CA，上行线和下行线并不重合，出现月牙形"滞后环"，其面积可以用来表征"触变拆散"的程度。

触变性在自然界的浓胶体分散系统中广泛存在。如人或动物误入沼泽地时，越挣扎泥浆的表观黏度越低，下沉速度越快，直至完全沉入泥潭；泥浆结构在静止一段时间后，又

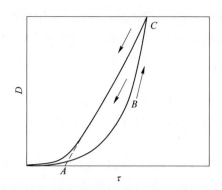

图 6-10   触变型流体典型流变曲线

重新恢复。认识并掌握流体的触变性性能，不但可以避免或减少无谓的生命和财产损失，而且还可以用来为工农业生产服务。油漆是由 TiO_2、$\alpha\text{-}Fe_2O_3$、$\beta\text{-}FeO(OH)$ 等矿物颜料分散在油性介质中的浓胶体分散系统，黏度很大。在刷油漆时，分散相颗粒间的结构被破坏，系统黏度迅速下降，易于刷动；静置时，在结构重新形成的时间内，刷痕自动消失，表现出流平性。油漆的触变能力对其流平性（常用来衡量油漆质量）起决定作用。若结构恢复过快，或系统的黏度增加太快，就会留下刷痕，影响外观；反之，若结构恢复时间过长，油漆黏度较低会垂直流下，也影响质量。

有些浓胶体分散系统表现出与常见的触变相反的性能，即在外力作用下，黏度迅速上升，静置后又恢复原状。这种现象称为负触变，其流变曲线滞后圈以顺时针变化；而不像如图 6-10 所示的触变性，以逆时针变化。负触变型流体大多为高分子溶液，表现出时间相关的切稠现象。某些浓胶体分散系统，如在钠型蒙脱土、二氧化硅等水分散胶体系统中加入水解聚丙烯酰胺后，也会出现负触变现象。因为高分子化合物对固体微粒的"弱吸附"，屏蔽了高分子之间的相互吸引力，即出现"屏蔽效应"。在剧烈振动时，悬浮颗粒从高分子上脱附下来，高分子之间引力增大，黏度又上升。特定水油比的微乳溶液也可能出现负触变现象，经相图分析主要分布于液晶区内。静置时，在分子间引力作用下，表面活性剂和助表面活性剂有序组装形成液晶相。剧烈振动下，液晶结构破坏形成杂乱堆积，阻碍了液体自由流动，使黏度迅速上升。静止后表面活性剂恢复有序排列，液体的流动性增加，黏度下降。

6.1.5   胶体分散系统的黏弹性

物质世界普遍具有黏弹性，表现在当外力作用时，一部分能量消耗于内摩擦，以热的形式放出，系统进入新平衡状态；另一部分能量弹性贮存，系统各部分产生形变处于非平衡状态。根据外界条件（如时间和温度）及实际组成不同，部分物质系统可能会主要显示其弹性或黏性。对胶体分散系统，往往在常温或有限加载时间内就会出现明显的黏弹性现象[3]。

黏弹性物质系统的形变过程不能立即完成，而是随时间逐渐发展，达到最大形变，这个过程称为蠕变；再经过一定的松弛时间，形成新平衡状态。初期系统内会产生很大应力抵抗外力作用，随时间应力逐渐降低，产生应力松弛效应。图 6-11 所示为流体形变随时间变化关系示意图，施加外力后形变开始沿曲线 *abc* 上升，称之为蠕变曲线；在 *c* 点撤去外力，*cc'* 为形变恢复曲线。

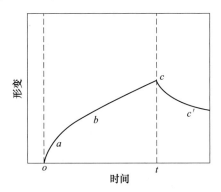

图 6-11　流体形变随时间变化关系示意图

6.1.5.1　力学模型

为了从理论上分析流体黏弹性质，前期研究人员建立了几种理想模型。完全弹性形变体可以用理想弹簧模型，外力撤除后，能够完全恢复原来形状，服从胡克定律式(6-1) $\tau = G\sigma$。若考虑时间因素，则 τ 与 σ 都是时间的函数，胡克定律改写为式（6-25）。

$$\tau(t) = G\sigma(t) \tag{6-25}$$

完全黏性形变流体服从理想黏壶模型，属于牛顿流体，当撤去外力以后，系统无法恢复原状，满足牛顿公式（6-2），$\tau = \eta \dfrac{\mathrm{d}v}{\mathrm{d}z}$，考虑到时间因素变化为式（6-26）。

$$\tau(t) = \eta \frac{\dfrac{\mathrm{d}x}{\mathrm{d}t}}{\mathrm{d}z} = \eta \frac{\dfrac{\mathrm{d}x}{\mathrm{d}z}}{\mathrm{d}t} = \eta \frac{\mathrm{d}\sigma(t)}{\mathrm{d}t} \tag{6-26}$$

由图 6-11 可见，外力和形变与时间之间的关系比较复杂，难以用简单数学关系式表达，经过长期研究建立了许多更全面的理想模型。

A　Maxwell 模型

Maxwell 模型是描述线性黏弹性流体的理想模型，提出系统黏弹性是一个理想弹簧和一个理想黏壶的串联，如图 6-12 所示。当加外力 *F* 向下拉时，弹簧很快产生位移，而黏壶还来不及移动，这时系统处于应力紧张不平衡状态。随着黏壶慢慢移动，弹簧应力逐步放松，应力完全消除，达到了平衡，完成了应力松弛的全部过程。

将式（6-25）对时间 *t* 求导得

$$\frac{\mathrm{d}\tau(t)}{\mathrm{d}t} = G\frac{\mathrm{d}\sigma(t)}{\mathrm{d}t} \tag{6-27}$$

串联组合中剪切应力相等，总剪切应变为两力学元件的剪切应变之和，将式（6-27）与黏壶的关系式（6-26）中的剪切应变项相加得到 Maxwell 模型本构方程（6-28）。

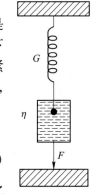

图 6-12　Maxwell 模型示意图

$$\frac{1}{G}\frac{d\tau}{dt} + \frac{\tau}{\eta} = \frac{d\sigma}{dt} \tag{6-28}$$

在应力松弛过程中，形变恒定，$\frac{d\sigma}{dt} = 0$，则

$$\frac{1}{G}\frac{d\tau}{dt} + \frac{\tau}{\eta} = 0 \tag{6-29}$$

在时间 $t=0$ 时 $\tau=\tau_0$ 的起始条件下对式（6-29）积分得

$$\tau = \tau_0\exp(-t/T) \tag{6-30}$$

式（6-30）表明，在 Maxwell 黏弹性模型中应力随时间指数衰减，其中 $T = \frac{\eta}{G}$ 具有时间量纲，通常称松弛时间。图 6-13 给出 τ 随 t 变化关系曲线，称应力松弛曲线。这种情况下，在应力开始瞬间形变到固定值，弹簧立即做出响应，而黏壶来不及运动，弹簧产生全部应变。系统维持应变不变，弹簧回弹驱动黏壶拉开，弹簧逐渐回复，应力间的增加而减少，出现应力松弛。当 $t\rightarrow\infty$ 时，应力将完全消失。

Maxwell 模型可以描述应力松弛过程，但不能描述蠕变过程。例如，沥青块的形变就是蠕变过程，外力作用时，短时间为弹性体，长时间为黏性体。

B　Kelvin 模型

Kelvin 模型假设弹簧和黏壶并联，如图 6-14 所示。

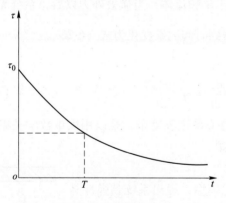

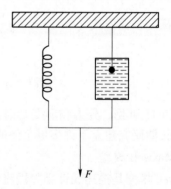

图 6-13　应力松弛曲线　　　　图 6-14　Kelvin 模型示意图

如果用力慢慢拉，并维持一定时间，则形变逐渐进行，产生蠕变现象。并联模型中，剪切应变相等，合剪切应力为弹簧分应力和黏壶分应力之和，把式（6-25）和式（6-26）中应力项相加得到 Kelvin 模型的本构方程式（6-31）。

$$\tau = G\sigma + \eta\frac{d\sigma}{dt} \tag{6-31}$$

将式（6-31）变换函数

$$\tau - G\sigma = -\frac{\eta}{G}\frac{d(\tau - G\sigma)}{dt}$$

同 Maxwell 模型设 $T = \frac{\eta}{G}$，则

$$\frac{\mathrm{d}t}{T} = -\frac{\mathrm{d}(\tau - G\sigma)}{\tau - G\sigma} \tag{6-32}$$

在蠕变情况下,恒定应力 $\tau = \tau_0$,在 $t=0$ 时、$\sigma = 0$,$t=t$ 时、$\sigma = \sigma$ 条件下对式(6-32)定积分,变换得式(6-33)。

$$\sigma(t) = \frac{\tau_0}{G}\left[1 - \exp\left(-\frac{t}{T}\right)\right] \tag{6-33}$$

这里 T 称为推迟时间,由式(6-33)可得形变随时间而变化的关系曲线,如图 6-15 所示,形变最后趋于一个定值。Kelvin 模型可以用来描述蠕变行为,不适用于描述应力松弛行为。

C Burger 模型

前述 Maxwell 模型可以很好地描述黏弹性系统的应力松弛行为,不能描述蠕变行为;而 Kelvin 模型对描述蠕变行为适用,不能描述松弛行为。而 Burger 模型是一个四元模型,可以较完整地说明图 6-11 所示的蠕变曲线。对没有交联的高分子溶液形变与时间之间的关系,具有比较普遍的形变规律。如图 6-16 所示,模型由三部分组成,即理想弹簧、理想黏壶和 Kelvin 模型。各部分的形变分别为

$$\sigma_1 = \frac{\tau}{G_1}$$

$$\sigma_2 = \frac{\tau}{\eta}t$$

$$\sigma_3 = \frac{\tau}{G_2}[1 - \exp(-t/T)]$$

串联的总形变由以上 3 项相加而得

$$\sigma = \frac{\tau}{G_1} + \frac{\tau}{\eta}t + \frac{\tau}{G_2}[1 - \exp(-t/T)] \tag{6-34}$$

对形变曲线,在物体上瞬间施加外力,立即产生弹性形变,这相当于图 6-11 中的 *oa*

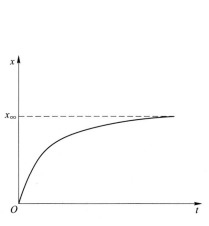

图 6-15 时间与形变的关系

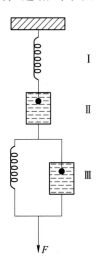

图 6-16 Burger 模型示意图

段变化，也相当于式（6-34）中的第一项。如果对物体所施的力再维持一段时间，黏性形变和弹性形变继续发展，形成图 6-11 中 *ab* 段曲线对应式（6-34）中第三项形变。*b* 点之后是纯黏性形变，所以 *bc* 段是直线，对应式（6-34）中第二项形变。到了 *c* 点系统的形变达到了最大，所以本体黏度可以通过 *bc* 段的斜率计算。在时间 *t* 后，将外力除去，弹性形变立即沿 *cc'* 线向恢复原状方向发展。由于塑性形变不能完全复原，因此形变曲线不能恢复到零。

测定物体黏弹性的仪器和方法很多，尤其是对工业产品质量鉴定的仪器更是多种多样。然而这些仪器并不完美，因为所施加的力或测定的部位，并不均匀分布于全部样品，所以只能显示出物体的部分性质。测定流体的黏弹性的最理想仪器是旋转振动黏度计，此黏度计是用弹簧把圆筒吊住，使它在试料中旋转，测定此时的衰减率或周期，求出流体的黏度和弹性系数。

6.1.5.2　Weissenberg 效应

Weissenberg 效应是黏弹性的重要性质，1947 年由 Weissenberg 首先提出。他在当年的国际流变学会议上，通过用搅拌棒搅动水的实验展示了这种现象。实验中，水随搅拌棒旋转，靠近中心棒处液面下降，而器壁处液面则上升，下降和上升的高度由搅拌棒的旋转速度决定，如图 6-17（a）所示。实际上，任何其他牛顿型液体都会出现类似现象。如果搅动黏弹性液体，则液体会沿棒上爬，其高度同时随液体黏度和棒旋转速度而变化。后来，把这种能克服地心引力和旋转离心力，而又与剪切力方向无关的液体迁移现象称为Weissenberg 效应。

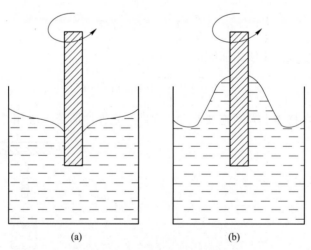

图 6-17　Weissenberg 效应示意图
（a）牛顿型液体；（b）黏弹性液体

对于这种现象可以解释如下：当搅拌棒在液体中做圆周运动时，液体也随之做圆周剪切运动。由于液体有弹性，正如拉紧的橡皮条一样，拉得越紧，张力也越大。在流体中心剪切速率最大，产生张力也最大，这就迫使液体向中心移动，因此液体就有了爬杆现象。仔细观察，在实验室也常常可以看到 Weissenberg 现象，如用搅拌棒搅动聚内烯酰胺等高分子溶液，就有十分典型的爬杆现象发生。

6.1.5.3 振荡剪切流变学

振荡剪切是最常用的流变学研究方法之一，通过对被测试样施加正弦周期振荡应变（或应力）剪切，测量并收集其应力（或应变）响应而实现。当施加信号振幅较小时，试样有线性黏弹性响应，称为小幅振荡剪切（SAOS）；当施加信号振幅较大时，试样产生非线性黏弹性响应，称为大幅振荡剪切测试（LAOS）。SAOS 经常应用于胶体分散系统，其应力响应也为正弦振荡，复数模量与施加的应变振幅无关。LAOS 用于研究非线性流变学行为，试样的信号响应偏离线性黏弹性规律，经常应用于实际材料加工成型过程的复杂系统。

A 小振幅振荡剪切

小振幅振荡剪切研究中应力和应变变化很小（偏转角不大于 1°），系统的弹性部分符合胡克定律、非弹性部分符合牛顿定律，与时间有关的模量或黏度等不依赖于应力、应变和切速率。实验时，样品在正弦变化的剪切应变或剪切应力作用下发生均匀形变，并控制应变小振幅振荡，剪切应变以接近正弦波变化，如式（6-35）所示；对应的应变速率，如式（6-35）所示。

$$\sigma(t) = \sigma_0 \sin(\omega t) \tag{6-35}$$

$$\frac{\mathrm{d}\sigma(t)}{\mathrm{d}t} = \sigma_0 \omega \cos(\omega t) \tag{6-36}$$

式中，σ_0 为应变振幅；ω 为振荡频率；小幅振荡剪切的 σ_0 足够小，有线性黏弹性响应，测得样品应力变化也为正弦曲线，见式（6-37）。

$$\tau(t) = \tau_0 \sin(\omega t + \delta) \tag{6-37}$$

式中，τ_0 为应力振幅；δ 为相位角（耗损角），如图 6-18 所示，对于纯弹性固体，应力对应变的响应无延迟，即 δ 为 0°；对于纯黏性液体，应力对应变的响应绝对延迟，δ 为 90°；对于黏弹性材料，δ 为介于 0°~90°。

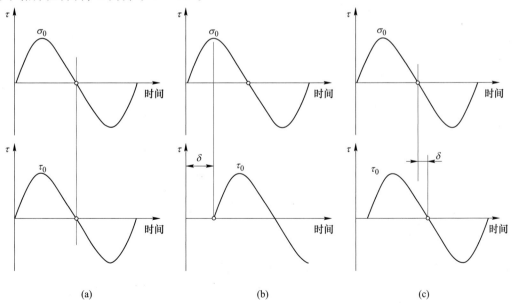

图 6-18 系统黏弹性响应示意图

（a）纯弹性体 $\delta = 0°$；（b）纯黏性体 $\delta = 90°$；（c）黏弹性体 $0° < \delta < 90°$

将式（6-35）中 $\sin(\omega t + \delta)$ 进行数学展开，得式（6-38）。

$$\tau(t) = \tau_0\left[\sin(\omega t)\cos\delta + \sin\delta\cos(\omega t)\right]$$

$$\tau(t) = (\tau_0\cos\delta)\sin(\omega t) + (\tau_0\sin\delta)\cos(\omega t) \tag{6-38}$$

通过式（6-38），结合式（6-35）和式（6-36）可以看出，产生的应力波为两部分的叠加。其中，一部分与式（6-35）施加应变成正比，符合弹性胡克定律，代表系统的弹性部分；另一部分与对应应变速率式（6-36）成正比，符合牛顿定律，代表系统的黏性部分。将等式（6-38）两边除以应变振幅 σ_0，则有

$$\frac{\tau(t)}{\sigma_0} = \frac{\tau_0\cos\delta}{\sigma_0}\sin(\omega t) + \frac{\tau_0\sin\delta}{\sigma_0}\cos(\omega t)$$

小振幅振荡剪切分别引入弹性模量（储能模量）$G' = \dfrac{\tau_0\cos\delta}{\sigma_0}$ 和黏性模量（耗损模量）$G'' = \dfrac{\tau_0\sin\delta}{\sigma_0}$，则可得式（6-39）。

$$\frac{\tau(t)}{\sigma_0} = G'\sin(\omega t) + G''\cos(\omega t) \tag{6-39}$$

通过式（6-39），分别用 G' 和 G'' 表征系统的弹性和黏性。将式（6-39）进一步变化为式（6-40）。

$$\frac{\tau(t)}{\sigma_0} = \left|G^*\right|\sin(\omega t + \delta) \tag{6-40}$$

式中，G^* 为复数模量，$G^* = G' + \mathrm{i}G''\cos\omega t$，$\left|G^*\right| = \dfrac{\tau_0}{\sigma_0} = \sqrt{G'^2 + G''^2}$，$\delta = \arctan\dfrac{G''}{G'}$ 是 G^* 的辐角，如图 6-19 所示。

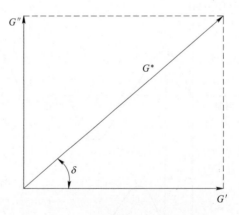

图 6-19　黏弹性参数关系示意图

Maxwell 模型是反映 SAOS 描述的胶体分散系统线性黏弹性的理想模型，其 G' 和 G'' 与 G^* 都与 ω 相关。分析 G' 和 G'' 随 ω 变化关系，对于"纯弹性"系统，$G' \gg G''$，且 G' 不随 ω 变化。对于"纯黏性"系统 $G' < G''$，在低频区 $G' \propto \omega^2$、$G'' \propto \omega$；随着频率增加，G' 越来越大，与 G'' 在某频率 ω_c 相交，随后 $G' > G''$，此时系统发生线性缠结或交联现象。相关表达式由于篇幅限制，这里不再赘述，需要请参考相关书籍。

SAOS 是一种最常用的流变学测试方法和结构表征手段，目前广泛应用于胶体分散系统研究。通过频率扫描，SAOS 可以获得力学响应和结构松弛相关信息。通过温度扫描，SAOS G'突变和损耗角正切（$\tan\delta$）转变峰与高聚物材料的玻璃化转变温度相关。通过在不同频率下时间扫描，SAOS 还可以推测分散系统凝胶化点及临界凝胶松弛指数和分形维数等。

B 大振幅振荡剪切

大振幅振荡剪切（LAOS）采用低频率（1~5Hz）大振幅，产生偏离施加形变刺激波的力学响应。LAOS 由于可以分辨系统的细微结构差别而备受关注，常被用来研究复杂流体和胶体分散系统的性质，如高分子熔体，高分子溶液，纳米悬浮液、乳液等。固定频率的应变扫描曲线，可以明显观察到线性响应区域与非线性响应区与的转变，如图 6-20 所示。在小振幅线性区 G'和 G''与施加的应变振幅 σ_0无关，应力响应为正弦波形，属于 SAOS 测试范围；在非线性区，G'和 G''开始随 σ_0明显改变，应力响应变为非正弦函数，该范围的实验即为 LAOS。

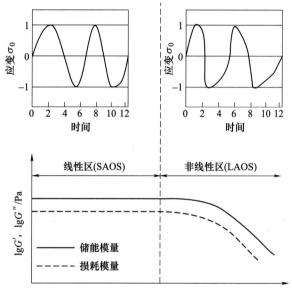

图 6-20 固定频率应变扫描示意图

LAOS 方法中的力学响应信号由于高次谐波的存在变得非常复杂，需要借助实现手段简化处理。傅里叶（Fourier）变换法最常用的分析方法，通过将时域变化转换为频域变化，把应力响应展开成一系列奇次应力谐波信号的叠加。对 LAOS 实验下的剪切应力响应 $\tau(t)$ 进行 Fourier 展开的式（6-41），其中偶次项为零。

$$\tau(t) = \sum_n \tau_n \sin(n\omega t + \delta_n) \qquad (n = 1,\ 3,\ 5,\cdots) \tag{6-41}$$

为了避免非系统性误差的影响，常将第 n 次谐波强度归一化为相对谐波强度。

$$\phi_n = \frac{I_n}{I_1} = \frac{\sqrt{(\tau_n \cos\delta_n)^2 + (\tau_n \sin\delta_n)^2}}{(\tau_1 \cos\delta_1)^2 + (\tau_1 \sin\delta_1)^2}$$

式中，τ_n为 n 阶应力；δ_n为 n 阶相位角；ϕ_n为 n 次相对谐波强度，研究表明，3 次谐波 ϕ_3

最强。

SAOS 实验中，ϕ_n-$n\omega$ 曲线只有在基频 ω 出现极值峰值；LAOS 实验中，ϕ_n-$n\omega$ 曲线高次频也出现峰值，力学响应信号偏离正弦波形。通过对已知结构样品研究，可以找出 LAOS 的各种定量参数与样品结构之间的经验联系。Fourier 变换谐波分析在胶体分散系统研究中有非常广泛的应用。LAOS 下的傅里叶变换（FTR）方法能比较敏感地反映样品的非线性黏弹性，提供了一个比较好的胶体分散系研究手段，可以通过其非线性行为与高次倍频强度及相角之间的关系，研究其中隐含的微观结构变化机理。

6.2　分散系统的稳定性

胶体作为高度分散的多相系统，具有大表面积、高表面自由能的特点，属于热力学不稳定系统。但是，许多胶体分散系统也可以在相当长的时间内稳定存在。如 1857 年英国著名科学家 Michael Faraday 利用氯化金还原出具有鲜艳的酒红色金溶胶，放置数十年仍然可以稳定存在。长期以来，许多科学家致力于对胶体分散系统稳定性的研究，提出多种理论，比较著名的有 DLVO 理论、空间稳定理论及空缺稳定理论等。

6.2.1　影响胶体稳定性的因素

6.2.1.1　热力学因素

根据第 2 章中界面的热力学性质，在恒温、恒压、组分恒定的条件下，胶体分散系统的 $\Delta G = \gamma_{ls}\Delta A$，当液-固界面的界面张力 γ_{ls} 不变时，随表面积减小（$\Delta A<0$）系统的 Gibbs 自由能（ΔG）降低，该过程为自发过程。因此，胶体颗粒倾向于自发聚结以减小系统的表面积，从而失去稳定性，说明胶体分散系统是一种热力学不稳定系统。

6.2.1.2　动力学因素

胶粒始终做不规则的布朗运动，通过扩散作用使浓度趋向于均匀，有利于胶体的稳定。粒子越小，布朗运动越剧烈，稳定性越好。同时，布朗运动也会增加粒子相互碰撞的概率，提供更多的聚结机会；但在粒子的动能不越过势垒的情况下，胶粒不会聚集，具有动力学稳定性。

6.2.1.3　聚结稳定性

一般胶体颗粒表面可能带有一定的电荷，且同一种胶体分散系统，胶粒所带电荷相同。因此，胶粒间具有静电排斥作用，从而抵抗聚集作用使胶体稳定。胶粒间的排斥力是决定胶体稳定的主要因素。不过，胶体的稳定存在只是暂时的，可以采取措施使之稳定，也可以将其破坏，引发聚沉或者絮凝。

6.2.2　带电胶粒稳定性的理论——DLVO 理论

经典 DLVO 理论揭示了带电胶体粒子稳定机理，于 1941 年由苏联科学家 Derjaguin 和 Landau 及 1948 年由荷兰学者 Verwey 和 Overbeek 分别独立提出。该理论认为带电胶粒之间存在着两种相互作用力，即双电层重叠引起的静电斥力和粒子间的长程范德华引力，两种力的相互作用决定了胶体的稳定性。当粒子间斥力作用能在数值上大于引力作用能，而且足以阻止由于布朗运动使粒子相互碰撞而黏结时，则胶体处于相对稳定状态；当引力作用能在数值上大于斥力作用能，粒子将相互靠拢而发生聚沉。如果两胶粒相互靠近使扩散层重叠，扩散层中反离子的平衡分布遭到破坏，重叠区反离子向未重叠区扩散，导致渗透性斥力产生；同时也破坏了双电层的静电平衡，导致静电斥力产生。

任何两粒子之间都存在着相互吸引力（范德华力），该力为色散力、极性力和诱导偶极力之和，其大小与粒子间距离的 6 次方成反比，只在很短距离内才能有明显表现，故称为短程范德华力。胶体颗粒是许多分子（或原子）所组成的集合，相互之间都存在范德华引力。胶粒之间的相互吸引力可以看作是组成胶粒的分子（或原子）间吸引作用的总和，要比一般分子与分子间作用力大得多，故称为长程范德华力。调整胶粒之间引力与斥力的相对大小，可以改变胶体分散系统的稳定性。加入电解质对引力作用影响不大，但带点粒子的加入会通过改变胶粒表面电荷或胶粒所处电场显著影响胶粒间作用，进一步导致系统的总势能发生很大变化。因此，适当调整电解质浓度，可以得到相对稳定的胶体或者使胶体颗粒发生聚沉。DLVO 理论的理论推导就是基于对胶体分散系统静电与范德华相互作用研究[4]。

6.2.2.1　胶粒之间静电斥位能

胶体分散系统所携带总电荷为零，分散相胶粒的核心部分（胶核）带某种电荷，其外面围绕着紧密吸附的反离子 Stern 层和扩散层，净反离子带电量与胶核上离子带电量相等，符号相反。

假设扩散层外任何一点不受胶粒电荷的影响，当两胶粒距离较远时，无排斥力；只有当两胶粒相互接近使扩散层相互重叠时，重叠区的反离子浓度增大，破坏了胶粒扩散层的对称性，从而产生排斥力。扩散层中离子分布平衡破坏使得离子从高浓度重叠区向低浓度未重叠区扩散，产生渗透性的排斥力；扩散层重叠造成双电层静电不平衡，产生静电性排斥力。两类排斥力都随扩散层重叠程度的增加而增强，且与粒子的形状有关。其中，以静电排斥力为主。

A　平行板之间的相互排斥位能

通常胶体颗粒比双电层厚度大得多，两胶粒的双电层都可以看作平行板，在外力作用下逐渐靠近，使双电层相互重叠，在平行板间产生的排斥位能，可以进行简单推导。

如图 6-21 所示，两个相互平行双电层，分散于电解质浓度为 n_0 的分散介质中。设双

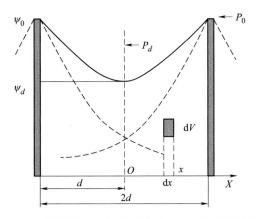

图 6-21　两平行板双电层逐渐靠近交叠电位变化示意图

电层表面电位为 ψ_0，随距离的增加表面电位逐渐降低，当胶粒相距很远时趋于零。在外压 P 推动下，胶粒逐渐靠近。当平行双电层交叠时，仅受一个平板影响的左右区域（外区）电位不变化，而平行双电层交叠区域（内区）产生静电排斥力。如果使两平行板间距保持不变（$2d$），须施加一定外力与静电斥力平衡。

在距任一板 x 处，取一个平行于平行板的微体积元 dV，设 P 为 dV 平行板方向单位面积外推动力，则 dV 上单位推动力为

$$F_x = \frac{dP}{dx} \tag{6-42}$$

同时，dV 上静电斥力等于电场强度（$E = \frac{d\psi}{dx}$）和电荷密度 ρ 之积。

$$F_e = -\rho \frac{d\psi}{dx} \tag{6-43}$$

平衡时合力为零。

$$\frac{dP}{dx} + \rho \frac{d\psi}{dx} = 0 \tag{6-44}$$

$$dP + \rho d\psi = 0 \tag{6-45}$$

对于 $z : z$ 型电解质，将电荷密度式（4-43）代入进行定积分，边界条件为 $\psi = 0$ 时，$P = P_0$，$\psi = \psi_d$ 时 $P = P_d$。

$$\int_{P_0}^{P_d} dp = -\int_0^{\psi_d} zen_0 \left[\exp\left(-\frac{ze\psi}{k_B T} \right) - \exp\left(\frac{ze\psi}{k_B T} \right) \right] d\psi \tag{6-46}$$

代入积分式（6-46），则平衡时 $x = d$ 处需施加外力，亦即将两个平行双电层推开距离为 $2d$ 时的静电斥力，满足

$$P_r = P_d - P_0 = -zen_0 \left\{ -\frac{k_B T}{ze} \left[\exp\left(-\frac{ze\psi_d}{k_B T} \right) - 1 \right] - \frac{k_B T}{ze} \left[\exp\left(\frac{ze\psi_d}{k_B T} \right) - 1 \right] \right\}$$

$$P_r = P_d - P_0 = k_B T n_0 \left[\exp\left(-\frac{ze\psi_d}{k_B T} \right) + \exp\left(\frac{ze\psi_d}{k_B T} \right) - 2 \right] \tag{6-47}$$

式中，$\exp\left(-\frac{ze\psi_d}{k_B T} \right)$ 表示系统中的阳离子部分，而 $\exp\left(\frac{ze\psi_d}{k_B T} \right)$ 则为阴离子部分。

当 $\psi_d < 2\text{mV}$ 时，可以应用泰勒级数展开 $\frac{1}{2}(e^y + e^{-y}) = 1 + \frac{y^2}{2!} + \frac{y^4}{4!} + \cdots$，略去高次项，则有

$$P_r = k_B T n_0 \left(\frac{ze\psi_d}{k_B T} \right)^2 = \frac{n_0 z^2 e^2}{k_B T} \psi_d^2 \tag{6-48}$$

当距离 $2d \to \infty$ 时，图 6-21 平行双电层中点处 ψ_d 近似看作两个平行双电层表面电位的叠加。双电层外缘部分电位很小，随距离的变化关系近似为

$$\psi = \frac{4 k_B T \chi}{ze} \exp(-\kappa x)$$

其中

$$\chi = \frac{\exp\left(\dfrac{ze\psi}{2k_BT}\right) - 1}{\exp\left(\dfrac{ze\psi}{2k_BT}\right) + 1} \tag{6-49}$$

在 ψ_d 处，$x = 2d$，则

$$\psi_d = \psi_1 + \psi_2 = \frac{8k_BT\chi}{ze}\exp(-2\kappa d)$$

据式（4-50）$\kappa = \left(\dfrac{n_0z^2e^2}{\varepsilon k_BT}\right)^{1/2}$，$\dfrac{1}{\kappa}$ 表示 Debye-Hückel 近似中的扩散双电层厚度。因此

$$P_r = k_BTn_0\left[8\chi\exp(-2\kappa d)\right]^2 = 64n_0k_BT\chi^2\exp(-2\kappa d) \tag{6-50}$$

式（6-50）即为两个平行双电层间斥力的近似表达式。描述相应的平行双电层相互作用位能 U_r 可以由 P_r 对其作用下双电层移动的距离 x 积分获得。

$$\mathrm{d}U_r = -64n_0k_BT\chi^2\exp(-\kappa x)\mathrm{d}x$$

$$U_r = \int_0^{U_r}\mathrm{d}U_r = -\int_{2d}^{\infty}64n_0k_BT\chi^2\exp(-\kappa x)\mathrm{d}x = \frac{64n_0k_BT\chi^2}{\kappa}\exp(-2\kappa d) \tag{6-51}$$

$$U_r = \frac{64\,n_0\,k_BT\chi^2}{\kappa}\exp(-2d\kappa) \tag{6-52}$$

式（6-52）即为单位面积上斥力位能近似公式。在浓度为 n_0 的电解质溶液中，$\kappa \propto n_0^{1/2}$，对特定距离内的 U_r 可表示为：$U_r = k_1n_0^{1/2}\exp(-k_2n_0^{1/2})$（$k_1$ 和 k_2 为相关常数）。可以看出，n_0 对 U_R 有双重影响。随着 n_0 的增加，$n_0^{1/2}$ 增加，但 $\exp(-n_0^{1/2})$ 却降低。因此，存在某一浓度，使斥力位能达极值，此时胶体分散系统处于相对稳定状态。电解质浓度过高，会使大量反离子进入 Stern 层、双电层受压缩、ζ 电位降低，从而引发聚沉，通过渗析除去过量电解质可以避免。若电解质浓度过低，难以形成双电层，也会引发聚沉。反离子价数也会影响到斥力位能。由于 $k \propto z$，故式（6-52）可以改写为：$U_R = \dfrac{k_1}{z}\exp(-k_2z)$。显然，价数 z 的增加会导致斥力位能迅速下降，说明高价反离子更容易使胶体聚沉。此外，粒子间距离也有影响。由于 $U_R \propto \exp(-2d\kappa)$，故随着距离 $2d$ 的增大，斥力位能降低。

B 两球形颗粒扩散双电层重叠斥位能

实际胶体颗粒多为球形，需要进一步推导两个球形颗粒扩散双电层重叠时的斥力位能表达式。如图 6-22 所示，两半径均为 r 的球形颗粒，球面之间的最短距离为 H_0。在球面上任取圆心在两球轴心连线半径为 h、相距 H 的对称圆环。

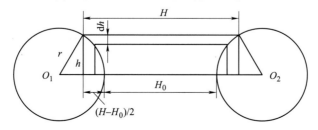

图 6-22 两个球之间的斥力位能计算示意图

根据勾股定理：

$$\frac{H - H_0}{2} = r - (r^2 - h^2)^{1/2} \tag{6-53}$$

将式（6-53）微分：

$$dH = \frac{2h}{(r^2 - h^2)^{1/2}} dh$$

$$r \left(1 - \frac{h^2}{r^2} \right)^{1/2} dH = 2h dh \tag{6-54}$$

如图 6-22 所示，设所选取圆环微面积为 dA_i：

$$dA_i = \pi (h + dh)^2 - \pi h^2 \approx 2\pi h dh$$

将式（6-54）代入得：

$$dA_i = \pi r \left(1 - \frac{h^2}{r^2} \right)^{1/2} dH$$

相应的扩散双电层斥力位能为

$$dU_i = U_i dA_i = \pi r \left(1 - \frac{h^2}{r^2} \right)^{1/2} U_i dH$$

将式（6-51）代入，得

$$dU_i = \pi r \left(1 - \frac{h^2}{r^2} \right)^{1/2} \frac{64 n_0 k_B T \chi^2}{\kappa} \exp(-H\kappa) dH$$

由于扩散双电层重叠部分斥力作用强，可以想象，两球面前端对称圆环斥力远大于远距离的后面对称圆环。故假定 $\frac{h}{r} \ll 1$，可以忽略。

$$dU_i = \frac{64\pi r n_0 k_B T \chi^2}{\kappa} \exp(-H\kappa) dH \tag{6-55}$$

积分式（6-55），边界条件为：$H = \infty$ 时，$U_R = 0$；$H = H_0$ 时，$U_R = U_R$，可得式（6-56）

$$U_r = \frac{64\pi r n_0 k_B T \chi^2}{\kappa^2} \exp(-\kappa H_0) \tag{6-56}$$

从式（6-56）可以看出，n_0、r、H_0 等都会影响 U_r。由于 $\kappa \propto n_0^{1/2}$，故 $U_r = k_1 \exp(-k_2 n_0^{1/2})$。随着浓度的增加，斥力位能降低，与平板粒子时有所不同。$U_r \propto r$，故半径越大，斥力位能越高。随着 κ 的增大，双电层有效厚度减小，斥力位能降低。因此若使胶体稳定，需提高 χ，增大双电层的有效厚度，增大斥力位能。

6.2.2.2 胶体颗粒间范德华引力位能

1873 年，范德华根据分子间存在相互作用，对理想气体方程进行了修正引入引力位能项和排除体积项。范德华引力作用对溶液的电解质种类和浓度、化合价、pH 值、表面电荷密度等不敏感，本质上是一种与重力和库仑力不同的相互引力。任意两分子间的范德华力会受其周围分子的影响，无法通过叠加量化。在黏附、润湿、吸附、表面张力等界面化学现象研究中，范德华引力常作为重要的理论工具。

A 两平面颗粒

设存在两相互平行且可无限扩展的平面粒子相距为 D，如图 6-23 所示。

只考虑组成平面粒子 2 的某微粒对平面粒子 1 中某体积单元的引力位能时，积分可得 2 中选定微粒对 1 的引力位能；再对平面粒子 2 上所有微粒积分，扩展到整个平面粒子 2 对平面粒子 1 的引力作用位能，应该满足式（6-57）。

$$U_A = -\left(\frac{\rho N_A}{M}\right)^2 \frac{\beta \pi}{12} D^{-2} \tag{6-57}$$

式中，ρ 为物质密度；N_A 为阿伏伽德罗常数；M 为物质的摩尔质量；β 为相同分子的相互作用参数。

设

$$A_H = \left(\frac{\pi \rho N_A}{M}\right)^2 \beta \tag{6-58}$$

$$U_A = -\frac{A_H}{12\pi D^2} \tag{6-59}$$

式中，A_H 为 Hamaker 常数，其大小在 $10^{-20} \sim 10^{-19}$ J 范围内，与物质本性有关。可以看出，U_A 与 D^2 成反比，随距离的增加而下降。

B　两球形颗粒

如图 6-24 所示，两半径分别为 r_1 和 r_2 的球粒，圆心相距 S，球面最近距离为 D。与平面粒子处理方法类似，先讨论一个球粒上的某微粒与另一球粒间的相互作用，再逐步扩展到两球粒之间。

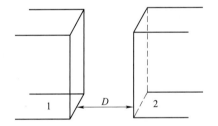
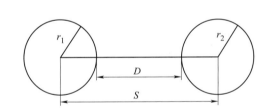

图 6-23　两个平行的平面粒子　　　　图 6-24　两球粒相互作用示意图

通过几何关系，可以推出两球形颗粒间范德华引力位能满足式（6-60）。

$$U_A = -\frac{A_H}{6D} \times \frac{r_1 r_2}{r_1 + r_2} \tag{6-60}$$

对于半径相同的球形颗粒，$r_1 = r_2 = r$。

$$U_A = -\frac{A_H r}{12D} \tag{6-61}$$

类似地，根据 Derjaguin 近似，对相距 D 的半径为 r 的球形颗粒和平面粒子，范德华引力位能满足式（6-62）。

$$U_A = -\frac{A_H r}{6D} \tag{6-62}$$

C　分散介质影响

以上范德华引力位能推导时，假设粒子处于真空中，没有颗粒实际胶体分散系统中分散介质的影响。如图 6-25 所示，在不考虑化学反应和吸附等因素的条件下，胶粒 1 和 2 理想混合于分散介质0。

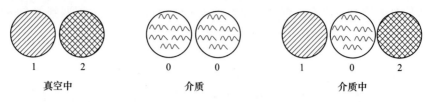

图 6-25　真空中、介质及介质中的粒子

混合前，总引力位能 $U' = U_{12} + U_{00}$，U_{12} 和 U_{00} 分别为胶粒 1 和 2 间及其分散介质间的引力位能。混合后，总引力位能变化为 $U'' = U_{102} + U_{10} + U_{20}$，$U_{102}$、$U_{10}$ 和 U_{20} 分别为胶粒 1 和 2 被分散介质分隔时的引力位能、胶粒 1 与分散介质和胶粒 2 与分散介质间的引力位能。

当其他条件不变时，系统内能的变化即引力位能变化为零。

$$U_{12} + U_{00} = U_{102} + U_{10} + U_{20}$$

对相同胶粒有

$$U_{11} + U_{00} = U_{101} + U_{10} + U_{10}$$

故

$$U_{101} = U_{11} + U_{00} - 2 U_{10} \tag{6-63}$$

对所有胶粒半径相同、胶粒间距相同，根据式（6-62），可得式（6-64）。

$$A_H^{101} = A_H^{11} + A_H^{00} - 2A_H^{10} \tag{6-64}$$

式中，各项分别为两相同胶粒在分散介质中的 Hamaker 常数、真空中两胶粒相互作用的 Hamaker 常数、分散介质的 Hamaker 常数和粒子与介质间相互作用的 Hamaker 常数。若 Hamaker 常数间的几何平均可近似成立

$$A_H^{10} = \sqrt{A_H^{11} A_H^{00}}$$

则

$$A_H^{101} = A_H^{11} + A_H^{00} - 2 \sqrt{A_H^{11} A_H^{00}} = \left(\sqrt{A_H^{11}} - \sqrt{A_H^{00}} \right)^2 \tag{6-65}$$

利用式（6-65）可以用分散相和分散介质的 Hamaker 常数求出处于分散介质中分散相的 Hamaker 常数。

D　Hamaker 常数

从式（6-59）可以看出，$U_A \propto A_H$，引力位能随 Hamaker 常数的增加而增加，会引发聚沉；反之，Hamaker 常数减小引力位能降低，使胶体分散系统趋于稳定。由于 A_H^{00}、A_H^{11} 和 A_H^{101} 都大于零，说明无论是在真空中，还是在介质中，引力位能普遍存在。

从式（6-65）可以看出，$A_H^{101} \leqslant A_H^{11}$，说明介质的存在会降低引力位能，有利于胶体分散系统稳定。当 $A_H^{11} = A_H^{00}$ 时，$A_H^{101} = 0$，分散相和分散介质性质相同，可形成稳定的胶体分散系统。例如，由溶剂化层包裹的胶粒形成的溶胶系统通常就很稳定。

由于 $\left(\sqrt{A_H^{11}} - \sqrt{A_H^{00}} \right)^2 = \left(\sqrt{A_H^{00}} - \sqrt{A_H^{11}} \right)^2$，$A_H^{101} = A_H^{010}$，说明胶粒 1 被分散介质 0 分开

的引力位能与分散介质0形成同样几何形状的胶粒后被胶粒1分开同样距离时的引力位能相等。例如，水在油中或油在水中可能形成同样大小和浓度的乳液。减少A_H^{11}和A_H^{00}间的差别，有利于胶体分散系统稳定。

常见物质在真空和水中的Hamaker常数见表6-4。

表 6-4　一些材料的 Hamaker 常数

材 料 种 类	Hamaker 常数 A/J	
	真空	水
戊烷	3.8×10^{-20}	0.34×10^{-20}
癸烷	4.8×10^{-20}	0.46×10^{-20}
十六烷	5.2×10^{-20}	0.54×10^{-20}
水	3.7×10^{-20}	—
石英（熔融）	6.5×10^{-20}	0.83×10^{-20}
石英（晶体）	8.8×10^{-20}	1.70×10^{-20}
熔融二氧化硅（SiO_2）	6.6×10^{-20}	0.85×10^{-20}
方解石	10.1×10^{-20}	2.23×10^{-20}
氟化钙	7.2×10^{-20}	1.04×10^{-20}
蓝宝石	15.6×10^{-20}	5.32×10^{-20}
聚甲基丙烯酸甲酯	7.1×10^{-20}	1.05×10^{-20}
聚氯乙烯	7.8×10^{-20}	1.3×10^{-20}
聚异戊二烯	6×10^{-20}	0.74×10^{-20}
聚四氟乙烯	3.8×10^{-20}	0.33×10^{-20}
黄金	40×10^{-20}	30×10^{-20}
银	50×10^{-20}	40×10^{-20}
氧化铝（Al_2O_3）	16.75×10^{-20}	4.44×10^{-20}
铜	40×10^{-20}	30×10^{-20}

6.2.2.3　胶体分散系统稳定性的 DLVO 理论

A　DLVO 理论简述

DLVO 理论简述如下：

（1）胶体分散系统颗粒之间，既存在斥力位能，又存在引力位能。如图6-26（a）所示，扩散层未相交时，不存在斥力；扩散层发生重叠时（见图6-26（b）），扩散层反离子平衡被破坏，反离子从重叠区向未重叠区扩散，产生渗透性斥力；同时双电层静电平衡被破坏，产生静电斥力。胶体分散系统中分散相颗粒间范德华引力位能与间距或间距平方成反比，或为间距的更复杂函数。

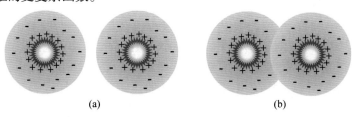

(a)　　　　　　　　　　　　(b)

图 6-26　溶胶颗粒之间的相互作用
（a）扩散层未相交；（b）扩散层重叠

（2）胶体分散系统的稳定性取决于斥力位能和引力位能的相对值。若 $U<0$，即 $|U_r|<|U_a|$，则胶粒会聚集，分散系统失稳。反之，$U>0$，即 $|U_r|>|U_a|$，接近的胶粒可能重新分离，即发生了弹性碰撞。因此，调控 U_r 与 U_a 的相对大小，可以改变胶体分散系统的稳定性。

（3）斥力位能和总位能都随粒子的间距变化，在某距离内引力位能占优势，而在另外距离内斥力位能占优势。

（4）电解质对引力位能影响小，对斥力位能影响十分显著。调控电解质加入浓度，可以完成胶体分散系统相对稳定或导致相分离。

B 胶体分散系统稳定性主要影响因素

a 位能

利用最简单的平行板扩散双电层模型，从前面推导可知，胶体分散系统颗粒间总位能 U 满足式（6-66）。

$$U = U_r + U_a = \frac{64\pi r n_0 k_B T \chi^2}{\kappa^2}\exp(-\kappa x) - \frac{A_H}{12\pi}x^{-2} \tag{6-66}$$

式中，κ 为德拜参量。

溶胶颗粒间斥力位能 U_r、引力位能 U_a 和总位能 U 随粒子间距离 x 变化关系曲线称为位能曲线，如图 6-27 所示。

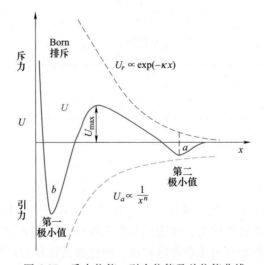

图 6-27 斥力位能、引力位能及总位能曲线

图 6-27 表明，颗粒间距 x 很大时，扩散双电层未重叠，只有很小 U_a 存在。随着 x 减少，U_a 增加，达 $x=a$ 时，总位能 U 达到第二极小值（$U_{\min2}$），两胶粒出现称为絮凝（可逆），结构松散容易破坏，对于小粒子（粒径小于 10nm）基本不在 $U_{\min2}$ 处聚集。继续减小 x，扩散双电层重叠，U_r 渐起作用导致 U 曲线上行；进一步减小 x，U 出现极大值 $U_{\max}$（位垒）；再次减小 x，伴随 U_r 增加，使 U 曲线逐渐下行经过第一极小值 $U_{\min1}$（能阱），出现热力学稳定的聚沉（不可逆）状态，聚集体紧密不易破坏。随后两胶粒继续靠近至紧密层后产生极大的静电斥力（Born 斥力），曲线又上行，U 大于零。$U_{\max}$ 可以类比为化学反应中的活化能，对胶体分散系统的稳定性发挥关键作用。

b　Hamake 常数

考虑到胶体分散系统中分散介质的影响，式（6-66）中的 A_H 应该表示为 A_H^{101} = $\left(\sqrt{A_H^{11}} - \sqrt{A_H^{00}}\right)^2$，说明 A_H 的值取决于分散相与分散介质的物质本性。图 6-28 给出了 $\kappa = 10^9 \text{ m}^{-1}$、表面电位 $\psi_0 = 103\text{mV}$ 时，由式（6-65）计算得出的在不同 A_H^{101} 条件下，U 随两颗粒间距 D 的变化曲线，显然随 A_H 增加，U 减少。另外，当分散相与分散介质的物质性质相近时，即 $A_H^{11} = A_H^{00}$、$A_H^{101} = 0$，系统引力消失变得十分稳定。在 $A_H^{101} = 2 \times 10^{-12}\text{J}$ 的特殊情况下，U 曲线的极大值消失，说明不存在"活化能"，任何粒子相碰均可引起聚集，系统最不稳定。

c　表面电位 ψ_0

ψ_0 的影响体现在式（6-66）中的 χ 上，由式（6-49）可知，χ 随 ψ_0 增加而增加，进而使 U 增加，系统更稳定。图 6-29 给出了 $\kappa^{-1} = 10^{-9}\text{m}$ 及 $A = 2 \times 10^{-9}\text{J}$ 时，在不同 ψ_0 值下，U 随两颗粒间距 D 的变化曲线。可以看出，确实反映了上述规律。但是，当 ψ_0 很大时，$\chi \rightarrow 1$，尽管 U 随 ψ_0 的增加而增加，但增幅越来越小。ψ_0 提高意味着表面带电量增多，粒子间斥力增大，有利于系统稳定。图 6-29 中，达到 $\psi_0 = 103\text{mV}$ 时，U 曲线无峰值，说明此时系统最不稳定。

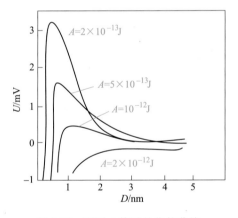

图 6-28　不同 A 值时的位能曲线

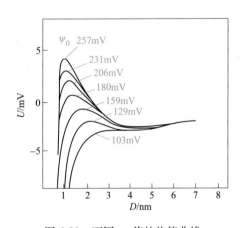

图 6-29　不同 ψ_0 值的位能曲线

d　κ 值

由式（6-65）可知，κ 增加，U 减小。据式（4-50），$\kappa \propto n_0^{\frac{1}{2}} |z|$，因此溶液中电解质浓度和异电离子价数的增加，会使 U 减少，系统变得不稳定。如图 6-30 所示，在 $A_H = 10^{-19}\text{J}$ 和 $\psi_0 = 25.7\text{mV}$ 的条件下，随着 κ 增加，U 会下降，系统更不稳定。当 $\kappa = 3 \times 10^6 \text{ m}^{-1}$ 时，曲线不存在峰值，此时系统极不稳定。从物理概念上分析，电解质浓度和异电离子价数增大，会压缩扩散层，从而降低 ζ 电位，斥力减小，导致系统稳定性下降。

6.2.2.4　电解质对溶胶聚沉规律的影响

电解质浓度和异电离子价数决定 κ 值，n_0 可以直接影响 U_r，也可以通过影响 κ 而影响 U_r。前面讨论过，n_0 增加既可能使 U_r 增加，也可能使其减小，故对 U 的影响较为复杂，存在一个优化的 n_0 使胶体稳定。通常用聚沉值或者聚沉率来表征电解质对胶体分散系统的聚沉能力。

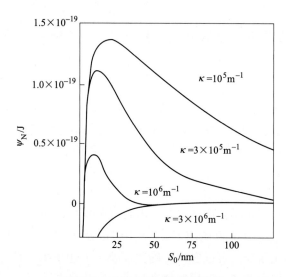

图 6-30   不同 κ 值时的位能曲线

所谓聚沉值，是能使胶体分散系统发生相分离所需要添加的电解质的最低浓度，一个相对值，与实验条件有关，单位为 mol/L。而聚沉率则为聚沉值的倒数。

A   Schulze-Hardy 规则

1900 年 Schulze 和 Hardy 发现电解质中的反离子是影响胶体分散系统稳定性的决定因素。电解质加入分散系统中会使双电层的扩散层被压缩，粒子间排斥位能降低而发生聚沉，发生聚沉的电解质最低浓度称为临界聚沉浓度 CCC。Schulze-Hardy 规则指出，与胶粒电荷相反的离子聚沉作用强，同号离子聚沉作用弱；反离子价数越高，聚沉作用越强，聚沉值越小，聚沉值与反离子价数倒数的 6 次方成反比，即满足式（6-67）。

$$M_{CCC}^{z}\left(\frac{1}{z}\right)^{6} \qquad (6\text{-}67)$$

例如，当反离子 z_1、z_2、z_3 分别为 1、2、3 时，$M_{CCC}^{1}:M_{CCC}^{2}:M_{CCC}^{3}=\left(\frac{1}{1}\right)^{6}:\left(\frac{1}{2}\right)^{6}:\left(\frac{1}{3}\right)^{6}$。式（6-67）称为 Schulze-Hardy 规则，是对聚沉值与反离子价数之间关系进行的实验规律的总结。

B   DLVO 理论与 Schulze-Hardy 规则相互验证

DLVO 理论的辉煌成就之一，就是从理论上证实了 Schulze-Hardy 规则。实验规律与理论结果的一致，为 Schulze-Hardy 规则提供了科学根据，同时还对 DLVO 理论进行了实验验证。

由 DLVO 理论，可以对 Schulze-Hardy 规则进行推导。由于 U_{max} 是决定聚沉的主要因素，为方便推导，设 $U_{max}=0$ 为聚沉条件，则有

$$U=0,\ \frac{\mathrm{d}U}{\mathrm{d}x}=0$$

式中，x 为颗粒间距。

讨论两平板双电层情况，聚沉时，满足

$$U = U_r + U_a = \frac{64n_0 k_B T \chi^2}{\kappa} \exp(-\kappa x) - \frac{A_H}{12\pi} x^{-2} = 0 \tag{6-68}$$

将式（6-68）对 x 微分得

$$\frac{dU}{dx} = \frac{64n_0 k_B T \chi^2}{\kappa} \exp(-\kappa x)(-\kappa) - \frac{A_H}{12\pi}(-2)x^{-1} = -\kappa U_r - \frac{2}{x} U_a = 0$$

故

$$\kappa x = -\frac{2U_a}{U_r}$$

由 $U = U_r + U_a = 0$，可得 $U_r = -U_a$，故 $\kappa x = 2$。

$$\frac{64n_0 k_B T \chi^2}{\kappa} \exp(-\kappa x) = \frac{A_H}{12\pi} x^{-2}$$

将 $\kappa x = 2$ 代入，则

$$\frac{64n_0 k_B T \chi^2}{\kappa} \exp(-2) = \frac{A_H}{12\pi} \times \frac{\kappa^2}{4}$$

解得

$$\kappa^3 = \frac{415.75\pi n_0 k_B T \chi^2}{A_H}$$

对于 $z:z$ 型电解质，由 κ 的定义，$\kappa^2 = \frac{8\pi n_0 z^2 e^2}{\varepsilon k_B T}$，并将 $n_0 = N_A c$ 代入，有

$$\left(\frac{8\pi N_A c z^2 e^2}{\varepsilon kT}\right)^{3/2} = \frac{415.75\pi N_A c k_B T \chi^2}{A_H} \tag{6-69}$$

由式（6-69），可得 $U = 0$ 时的浓度 $c = M_{ccc}^z$，即聚沉值由式（6-70）表示。

$$M_{ccc}^z = \frac{107.5 D^3 k_B^5 T^5 \chi^4}{e^6 A_H^2 N_A} \times \frac{1}{z^6} \tag{6-70}$$

得出平板粒子的聚沉值与 z 的关系，若为球形颗粒，也可以得到类似的关系式，只是前面的系数不同。从式（6-70）还可以看出，聚沉值随 Hamaker 常数 A_H 的增加而降低，说明胶粒间引力增加时，聚沉值降低。ψ_0 通过 χ 影响聚沉值：低 ψ_0 对 M_{ccc}^z 影响明显，随 ψ_0 的增加，χ 增加，$M_{ccc}^z c_e$ 增大；高 ψ_0 时，$\chi \to 1$，ψ_0 对 M_{ccc}^z 的影响趋于零。此外，同价离子由于水化半径不同，吸附能力不同，对聚沉值有一定影响。另外，式（6-70）也给出了一个求算 Hamaker 常数 A_H 的方法。当 ψ_0 确定后，可求出 χ；由实验测出 M_{ccc}^z 后，则可求出 Hamaker 常数 A_H。

表 6-5 列出了一些常见电解质对一些胶体系统的聚沉值，可以看出，随着阳离子价数增加，聚沉值明显降低。因此，水处理阳离子絮凝剂多用高价金属盐，如 Al 盐和 Fe 盐等。

表 6-5 一些电解质对一些胶体系统的聚沉值 （mmol/L）

As_2S_2（负电）		AgI（负电）		Al_2O_3（正电）	
LiCl	58	$LiNO_3$	165	NaCl	43.5
NaCl	51	$NaNO_3$	140	KCl	46
KCl	49.5	KNO_3	136	KNO_3	60
KNO_3	50	$RbNO_3$	126	K_2SO_4	0.3

As$_2$S$_2$(负电)		AgI(负电)		Al$_2$O$_3$(正电)	
CaCl$_2$	0.65	Ca(NO$_3$)$_2$	2.40	K$_2$Cr$_2$O$_7$	0.63
MgCl$_2$	0.72	Mg(NO$_3$)$_2$	2.60	K$_2$C$_2$O$_4$	0.69
MgSO$_4$	0.81	Pb(NO$_3$)$_2$	2.43	K$_3$[Fe(CN)$_6$]	0.08
AlCl$_3$	0.093	Al(NO$_3$)$_3$	0.067		
$\frac{1}{2}$Al$_2$(SO$_4$)$_3$	0.096	La(NO$_3$)$_3$	0.069		
Al(NO$_3$)$_3$	0.095	Ce(NO$_3$)$_3$	0.069		

C 感胶离子序

Schulze-Hardy 规则给出了不同价数的反离子对于胶体分散系统稳定性的影响，其中假设同价反离子的聚沉能力（M_{ccc} 的倒数）相同。但实验表明，同价反离子，由于其吸附能力的差异导致进入 Stern 层的能力不同，因此表面电位和聚沉能力也不同。感胶离子序，即同价反离子聚沉能力的次序，与水合离子半径次序大致相同。后者越小，反离子越易进入 Stern 层，聚沉率高，聚沉值小。

同价正离子，离子半径越小，水化能力越强、水化层越厚、被吸附的能力越小，进入 Stern 层的数量减少，聚沉值增大。对一价阳离子，感胶离子序为 Li$^+$<Na$^+$<K$^+$<Rb$^+$<Cs$^+$<H$^+$，水合离子半径的顺序为 Li$^+$<Na$^+$<K$^+$<Rb$^+$<Cs$^+$，可见二者基本一致。二价阳离子感胶离子序为 Mg^{2+}<Ca^{2+}<Sr^{2+}<Ba^{2+}。同价负离子，由于负离子水化能力很弱，因此负离子的半径越小，吸附能力越强，聚沉值越小。一价阴离子感胶离子序为 CNS$^-$< I$^-$< Br$^-$< ClO$_3^-$<Cl$^-$<BrO$_3^-$<H$_2$PO$_4^-$<IO$_3^-$<F$^-$。

D 其他影响

由于胶体颗粒对高价反离子强烈吸附，故开始加入少量电解质，胶体便会聚沉；再加入时，胶粒可能重新分散，但胶粒表面会带与原来相反的电荷；继续加入该类电解质，则会影响到离子强度及双电层厚度，溶胶可能再次聚沉，即产生不规则聚沉。当两种带相反电荷的胶体分散系统相混合时，也会引发聚沉。同离子可使胶体稳定，但若被胶粒吸附，也可能引发聚沉。

6.2.3 扩展 DLVO 理论

近 20 年来，在研究胶体分散系统的稳定性过程中，由于高聚物产生的空间位阻、亲水胶体之间的水化作用、疏水胶体之间的疏水作用、表面膜的振荡作用及表面水结构作用等，经典的 DLVO 理论不能圆满解释胶体分散系统颗粒间的凝聚行为，从而提出了扩展 DLVO 理论。其中，考虑了多种可能存在的相互作用力，原 DLVO 理论的势能曲线上，加入其他相互作用的额外项[5]。

6.2.3.1 高聚物空间位阻

高聚物对胶体分散系统的稳定作用主要有两种表现形式，即高聚物吸附在胶粒上发挥稳定作用和溶液中游离高聚物对胶粒的保护作用。前者称为空间稳定理论，后者称为空缺稳定理论。高分子化合物既可使胶体分散系统稳定，也可使之聚沉。好的聚沉剂应是相对分子量很大的线型高聚物，如聚丙烯酰胺及其衍生物，其相对分子质量可高达几百万。聚沉剂可以是离子型的，也可以是非离子型的。

A 空间位阻

当高聚物存在时，胶体分散系统（特别是非水溶胶）稳定的主要因素是吸附在表面的高聚物层，而非扩散层重叠时的静电斥力。吸附带电高聚物会增加胶粒间静电斥力位能，与加入电解质的稳定机理类似，可用 DLVO 理论处理。高聚物的存在通常还会减少胶粒间的 Hamaker 常数，降低吸引位能。此外，高聚物还会产生空间位阻，在总作用位能中需要添加空间斥力位能 U_r^S，故 DLVO 理论扩展为式（6-71）。

$$U = U_r + U_a + U_r^S \tag{6-71}$$

当胶体分散系统中存在高聚物或者非离子型表面活性剂时，U_r^S 对胶体的稳定起主要作用，称为空间位阻稳定。

当两带有高聚物吸附层的颗粒相互靠近到吸附层接触后，吸附层被压缩，出现熵效应和弹性效应。设某刚性棒状高聚物分子一端连于胶粒，可自由转动。如图 6-31 所示，颗粒不接触时，高聚物分子有 Ω_∞ 种可能构型。当两颗粒相互靠近，在距离 H 处相接触受压缩。棒状分子转动受限，则相互作用区间内，高聚物分子可能的构型数减少至 Ω_H 种，高聚物失去了结构熵，产生熵斥力位能 U_r^e。

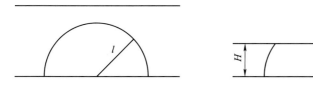

图 6-31 连于胶粒的高聚物分子构型示意图

构型熵的变化 ΔS 由式（6-72）表示。

$$\Delta S = S_H - S_\infty = k_B \ln \Omega_H - k_B \ln \Omega_\infty = k_B \ln \frac{\Omega_H}{\Omega_\infty} \tag{6-72}$$

构型数应该正比于长度为 l 的棒状分子扫过的面积，即 $\Omega_\infty \propto 2\pi l^2$（只有半个球面），$\Omega_H \propto 2\pi lH$（近似球台侧面积），则 ΔS 可用式（6-73）表示。

$$\Delta S = k_B \ln \frac{2\pi lH}{2\pi l^2} = k_B \ln \frac{H}{l} \tag{6-73}$$

故单个高聚物分子由于熵变产生的斥力位能为

$$U_r^e = \Delta G_{\infty \to H}^S = -T\Delta S = -k_B T \ln \frac{H}{l}$$

利用级数展开，$\ln x = (x-1) - \frac{1}{2}(x-1)^2 + \frac{1}{3}(x-1)^3 - \cdots$，当 x 很小时，$\ln x \approx x - 1$。故当 $H \ll l$ 时，U_r^e 近似为式（6-74）。

$$U_r^e = -k_B T \left(\frac{H}{l} - 1 \right) = k_B T \left(1 - \frac{H}{l} \right) \tag{6-74}$$

若以 N_s 表示单位吸附面积高聚物分子数，θ_∞ 表示 $H \to \infty$，即两胶粒未接触时表面被高聚物分子覆盖程度，则 $N_s\theta_\infty$ 为颗粒单位表面分子数。因此，单位表面高聚物分子熵斥力位能改写为式（6-75）。

$$U_r^e = N_s\, k_B T\, \theta_\infty \left(1 - \frac{H}{l}\right) \tag{6-75}$$

U_r^e-H 曲线与 DLVO 曲线类似，出现位垒及最小值。棒越长，熵斥力位能越大，位垒越高，胶体越稳定。若吸附高聚物形状变化，如挠曲状，则熵斥力位能也相应发生变化。

当稳定的胶体分散系统中高聚物为弹性体时，两粒子靠近到其距离小于两倍吸附层厚度后，高聚物层受压会产生弹性斥力位能 U_r^E。如图 6-32 所示，$U_r^E = 0.75Gx^{5/2}(r+\delta)^{1/2}$（其中，$G$ 为吸附层弹性模量；r 为球粒半径；δ 为吸附层厚度；x 为被压缩的吸附层厚度；$x = \delta - H/2$，H 为两粒子间距）。

吸附层也可能相互渗透（见图 6-33），有由重叠区内高聚物浓度高处向低浓度非重叠区扩散的趋势，产生渗透压及渗透斥力位能 U_r^O。同时由于高聚物浓缩，发生焓变，产生焓斥力位能 U_r^H。若产生的过剩渗透压为 π_E，吸附层重叠区总体积为 $\int_0^V dV$，则渗透斥力位能见式（6-76）。

$$U_r^O = 2\pi_E \int_0^V dV \tag{6-76}$$

$$\pi_E = B_2 r T c_2^2$$

式中，2 表示对两个粒子均有影响；B_2 为第二维里系数；c_2 为吸附层浓度。

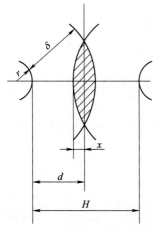

图 6-32　两粒子靠近时弹性
斥力位能计算示意图

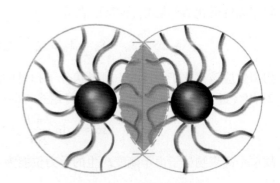

图 6-33　两个粒子相互靠近时
吸附层相互渗透示意图

两粒子吸附层靠近叠加的总体积为图 6-33 中阴影部分，即

$$\int_0^V dV = \frac{2}{3}\pi\left(\delta - \frac{H}{2}\right)^2\left(3r + 2\delta + \frac{H}{2}\right)$$

代入式（6-76），可得式（6-77）。

$$U_r^O = \frac{4}{3}\pi B_2 r T c_2^2 \left(\delta - \frac{H}{2}\right)^2 \left(3r + 2\delta + \frac{H}{2}\right) \tag{6-77}$$

第二维里系数 B_2 反映了溶剂与高聚物之间的亲和力，对良溶剂，B_2 较大且为正值；对不良溶剂，B_2 较小且可能为负值。据式 (6-77)，$U_r^O \propto B_2$，B_2 越大 U_r^O 越大，胶体越稳定。另外，由于 $U_r^O \propto c_2^2$，则 c_2 越大，胶体也越稳定。同时，高聚物吸附层厚度 δ 增大也有利于胶体稳定。

在吸附层重叠区高聚物浓度增加，相当于溶液浓缩，产生浓缩焓变量及焓斥力位能。一般认为吸附层浓缩焓变为溶液稀释热的负值，即满足式 (6-78)。

$$U_r^H = 2n' \int_{c_\infty}^{c_H} -\left(\frac{\partial \Delta H}{\partial c}\right)_n \mathrm{d}c \tag{6-78}$$

式中，n' 为重叠区内吸附高聚物分子的量；c_H 为 $H<2\delta$ 时重叠区高聚物浓度；c_∞ 为 $H>2\delta$ 时吸附层中高聚物浓度；$\left(\frac{\partial \Delta H}{\partial c}\right)_n$ 为高聚物在分散介质中的微分吸附热；n 为溶液中高聚物的量。

综上，高聚物对溶胶系统稳定的空间斥力位能 U_r^S 包括：熵斥力位能 U_r^C、弹性斥力位能 U_r^E、渗透斥力位能 U_r^O 和焓斥力位能 U_r^H 等，见式 (6-79)。

$$U_r^S = U_r^e + U_r^E + U_r^O + U_r^H \tag{6-79}$$

B 高聚物吸附层对范德华引力位能的影响

考虑到高聚物吸附层的影响，对于具有厚度为 δ 的吸附层的两无限厚的平行平板粒子，范德华力位能可改写为式 (6-80)。

$$U_A = -\frac{1}{12\pi}\left[\frac{A_{303}}{D^2} - \frac{2A_{130}}{(D+\delta)^2} + \frac{A_{131}}{(D+2\delta)^2}\right] = -\frac{A_{eff}}{12\pi D^2} \tag{6-80}$$

式中，A_{303} 为高聚物被溶剂分开时的 Hamaker 常数；A_{130} 为粒子与溶剂被高聚物分开时的 Hamaker 常数；A_{131} 为粒子被高聚物分开时的 Hamaker 常数；A_{eff} 为有效 Hamaker 常数；δ 为吸附层厚度；D 为两粒子吸附层表面之间的距离；下标中的 0、1、2、3 分别代表溶剂、粒子 1、粒子 2 和高聚物。

$$A_{eff} = A_{303} - \frac{2A_{130}}{\left(1+\dfrac{\delta}{D}\right)^2} + \frac{A_{131}}{\left(1+\dfrac{2\delta}{D}\right)^2} \tag{6-81}$$

从式 (6-81) 可见，当 $\dfrac{\delta}{D} \to \infty$ 时，吸附层很厚，粒子间距离很近，$A_{eff} = A_{303}$；当 $\dfrac{\delta}{D} \to 0$ 时，吸附层很薄，距离很远，$A_{eff} = A_{303} - 2A_{130} + A_{131} \approx 0 - 2\times 0 + A_{131} = A_{131}$。$A_{eff}$ 与 A_{11} 相比，可能变大，或者变小，甚至为负。吸附层越厚，A_{eff} 和 U_A 越小，胶体分散系统越稳定。在 $A_{11}>A_{00}$ 的情况下，U_A 随 A_{33} 的增加先减小后增大。A_{33} 可使 U_A 减小，也可使其增大。故吸附层既可以使胶体稳定，也可以使其聚沉。

C 空间稳定性的影响因素

吸附高聚物的分子结构对胶体分散系统的空间稳定性有影响，最有效是嵌段共聚物或者接枝高聚物。相对分子质量及吸附层厚度也有影响，由于熵效应及渗透斥力效应，胶体稳定性随着吸附层厚度增加而增强。一般情况下，吸附层厚度随分子量增加而增加，故高相对分子质量吸附高聚物有利于胶体稳定。

分散介质对高聚物的溶解能力有影响。若分散介质为 θ 溶剂（第二维里系数 $B_2 = 0$），则高聚物溶液具有理想溶液性质，即高聚物链节的混合不会导致自由能发生变化；故在 θ 溶剂中，胶粒表面高聚物吸附层重叠不会影响其位能。良溶剂比 θ 溶剂具有更强的可溶性，对高聚物链节有更大亲和力；吸附层重叠时，链节不会发生吸引作用，胶体稳定。

而不良溶剂，会使胶体絮凝，这种情况与空间稳定理论恰好相反。此时，粒子对高聚物产生负吸附，粒子表面的高聚物浓度低于体相浓度，结果在粒子表面形成一层"空缺层"。空缺层也会发生重叠，此时也产生斥力位能和引力位能，从而使位能曲线发生变化并产生势垒。这种稳定作用是靠空缺层的形成，即靠体相中的自由高聚物而达到的，又称"自由高聚物稳定理论"。

如图 6-34 所示，开始时两粒子相距较远，粒子之间存在自由高聚物分子。当粒子逐渐靠近时，渐渐将高聚物分子及溶剂挤出。当两粒子间距小于高聚物链的端-端均方根距离 $(S^2)^{1/2}$ 时（S 为分子链的端-端距离），高聚物分子被完全挤出而只剩下溶剂。由于空缺层的形成，粒子间的空间与体相溶液产生浓度差，从而产生渗透压。这会使粒子进一步靠近而聚沉，产生引力效应。这一过程是将均匀的高聚物溶液分成一个更高浓度的高聚物溶液及纯溶剂的过程。对于良溶剂，形成均匀的高聚物溶液是自发的，分离则是非自发的。这使 $\Delta G > 0$，会产生斥力位能，使粒子分开，高聚物分子重新进入粒子之间的空间，从而使胶体稳定。一般情况下，低浓度时，引力占优；高浓度时，斥力占优。

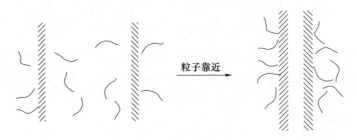

图 6-34 胶粒空缺稳定示意图

6.2.3.2 疏水作用

经典 DLVO 理论作为胶体分散系统稳定性研究的科学基础，早期被广大研究者所接受，成功解释了许多实验现象。但之后的研究又发现，在疏水微粒间存在强度超过范德华力的更强引力作用，即疏水作用。

在自然界和生产实践中，有很多与疏水作用相关的现象。如图 6-35 所示，水与某些有机溶剂（油）不混溶、表面活性剂在水中浓度达到 cmc 后有胶束的形成、某些化合物在水中会形成二聚体、蛋白质分子容易折叠、水中疏水表面对疏水性物质的强力吸附、水不润湿疏水表面、疏水颗粒间很容易团聚、疏水矿物附着在气泡表面完成泡沫浮选等。

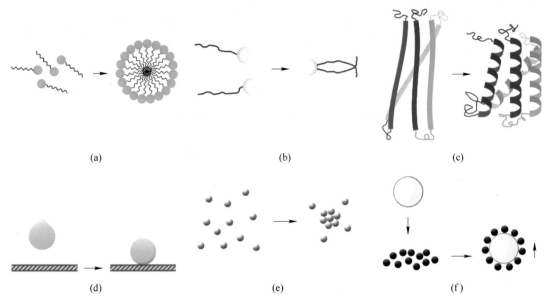

图 6-35　疏水作用示意图

（a）胶束的形成；（b）二聚现象；（c）蛋白质折叠；（d）水在疏水表面的不润湿；

（e）疏水颗粒间团聚；（f）疏水矿物的泡沫浮选

　　疏水相互作用一般与范德华力、氢键和静电等作用共同存在，相互平衡，相互影响。从热力学角度分析，水分子间氢键破坏是疏水相互作用产生的原因。存在于水溶液中的非极性物质，会破坏水分子之间的氢键，而与非极性分子接触的水分子又不能与之形成氢键，导致系统能量升高。为了降低系统能量，介质水分子总倾向于排斥周围非极性分子，以恢复水分子间氢键缔合结构，疏水相互作用随之产生。通过疏水相互作用，非极性分子在水介质中相互聚集或在气-液界面发生有序排列。水溶液中的两亲分子在亲/疏水相互作用的调控下可以实现自组装和解组装。疏水物质间必然存在疏水相互作用，通过减少表面水分子的覆盖增加疏水物质之间相互作用。目前，疏水相互作用位能没有精确理论推导，但有多个通过实验结果得出的经验公式。

　　如对两平板胶粒，相互疏水作用位能 U^{HA} 可以满足式（6-82）。

$$U_r^{\mathrm{HA}} = U_0^{\mathrm{HA}}\exp\left(-\frac{x}{h_0}\right) \tag{6-82}$$

对半径为 r_1 和 r_2 的两球形颗粒，U^{HA} 满足式（6-83）。

$$U_r^{\mathrm{HA}} = 2\pi\frac{r_1 r_2}{r_1 + r_2}h_0 U_0^{\mathrm{HA}}\exp\left(-\frac{x}{h_0}\right) \tag{6-83}$$

式中，U_0^{HA} 为疏水作用位量常数；h_0 为衰减长度；x 为相互作用距离。

　　经验公式（6-82）和式（6-83）是单指数函数模型，适用于当疏水作用比较弱的情况。当疏水作用较强时，引入双指数函数模型比单指数函数模型更能拟合实验结果。

　　20 世纪 80 年代以来，疏水作用对胶体分散系统稳定性的影响，引起了越来越多的关注，并在许多领域得到推广应用。在矿物浮选领域，就开发了以诱导疏水作用原理为基础的微细矿粒分选工艺，取得了显著的效益。在水处理方面，与电解质凝聚和高分子絮凝相比，疏水絮凝也有诸多优点，例如产生的絮体结构更密实，空隙更小，强度更高；絮凝过程还具有可逆性，被外力破坏的絮体可在适当的水力条件下重新聚结成团，絮体的水分含量较低，有利于污泥脱水作业等，对水处理絮凝效率的提高具有重要意义。

6.2.3.3　水合作用

亲水胶体分散系统中，胶粒间表面水化斥力位能也对其稳定性发挥重要作用。Van Oss 等人提出：描述两平面固体亲水（水是极性溶剂）表面之间的相互作用位能时，必须考虑极性位能，即 H^+ 受体和给体在极性溶液中的作用位能。更广泛地，应该包含所有表面 Lewis 酸碱（AB）相互作用位能，又称为水合作用能 U_r^{AB}。亲水胶粒表面，或者吸附了亲水性物质使胶粒表面形成对邻近水分子有极化作用的极性区。当两胶粒接近时，就会产生水化斥力，破坏水分子的有序结构。通过大量实验研究得出了与疏水作用位能类似的水化作用斥位能计算公式。

对两平板胶粒，其相互疏水作用位能为 U_r^{AB} 满足式（6-84）。

$$U_r^{AB} = U_0^{AB}\exp\left(-\frac{x}{h_0}\right) \tag{6-84}$$

对半径为 r_1 和 r_2 的两球形颗粒，U_r^{AB} 满足式（6-85）。

$$U_r^{AB} = 2\pi\frac{r_1 r_2}{r_1 + r_2}h_0 U_0^{AB}\exp\left(-\frac{x}{h_0}\right) \tag{6-85}$$

式中，U_0^{AB} 为水化作用位能常数；h_0 为衰减长度；x 为相互作用距离。

实验表明 h_0 一般数值较小，U_r^{AB} 指数衰减很快，随相互作用距离 x 的增加迅速降低，随 x 的减小迅速提高，作用范围为几个纳米。

6.2.3.4　DLVO 理论的验证——原子力显微镜

原子力显微镜（AFM）可以测定微粒间微观相互作用力，装置如图 6-36 所示。其中，带有尖锐针尖的微悬臂探针靠近样品表面，探针尖端原子与样品表面原子间力作用导致微悬臂形变，引力和斥力分别使探针尖端朝向和远离样品方向弯曲。形变程度可以通过光学设备采集，如图 6-36 中探针背部微悬臂平面发射一束激光，反射于位敏光电信号接收器。微悬臂形变导致反射激光束偏移，通过检测到的偏移量可计算出微悬臂的形变值。基于胡克定律（$F = -kx$），探针与样品间微观相互作用力即为微悬臂弹性系数与变形量之积。

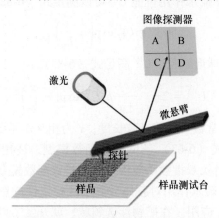

图 6-36　原子力显微镜测试示意图

微悬臂材质一般选用氮化硅、硅或氧化硅等，形状为 V 形或长方形（见图 6-37），长约 $100 \sim 200\mu m$，宽几十微米，厚小于 $1\mu m$。探针多为针形或球形，材质可以多种多样，如氮化硅、胶体颗粒、碳纳米管、微气泡及根据需要自制的微小颗粒等，也可以进行表面修饰，如图 6-38 所示。

(a)   (b)

图 6-37　常见微悬臂

（a）V 形；（b）长方形

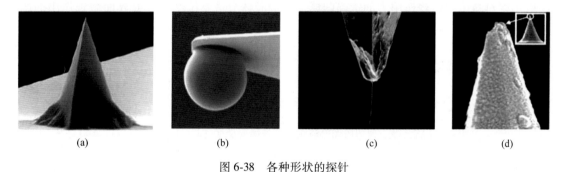

(a)   (b)   (c)   (d)

图 6-38　各种形状的探针

（a）标准针形；（b）胶体颗粒；（c）碳纳米管；（d）表面修饰的探针

探针尖与样品表面原子间存在多种类型作用力，比如静电斥力、范德华力等 DLVO 力。如果在水系统环境下还存在疏水作用力、水合力、磁力等扩展 DLVO 力。不同探针与样品表面距离会产生不同的作用力，概括起来可分为短程排斥力和长程吸引力，如图 6-39 所示。图 6-39 中所示的三个区域对应着 AFM 的三种成像模式，即非接触模式、轻敲模式和接触模式。探针针尖在向样品表面进行靠近的过程中，在远处首先出现非接触模式，针尖与样品保持设定的高度，测量得相互作用引力；随着距离的逐渐缩短，测量进入轻敲模式，微悬臂以近似样品共振频率方式振荡；然后将针尖接近样品表面直至相接触，进入接触模式，针尖可直接测量样品的形貌，测量得相互作用斥力。

原子力显微镜的应用主要体现在两个方面：（1）用于大气或者液体环境下固体物质表面原子级分辨率成像，可观察吸附在基底上的有机分子、生物样品及电沉积、电腐蚀等固体表面现象；（2）利用 AFM 可测量样品表面之间的纳米级力学性质。在矿物加工或浮选化学领域，采用 AFM 对颗粒与颗粒、气泡与颗粒、药剂与颗粒等之间的微观作用力进行测定，可获得总的作用力与间距之间的关系曲线。通过经典 DLVO 和扩展 DLVO 理论对作

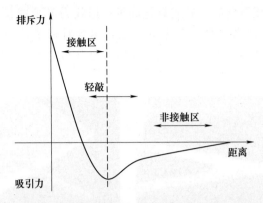

图 6-39　作用力与探针-样品间距离的关系曲线

用力-间距曲线进行拟合，可分析颗粒间微观力的性质，比如在氯化钠水溶液中 SiO$_2$ 与玻璃球间距大于 3nm 时，AFM 测定的二者之间的力符合 DLVO 理论，主要表现为静电斥力；当二者间距小于 3nm 时，AFM 测定的力却不再符合 DLVO 理论，需要扩展 DLVO 理论进行解释，此时二者之间的力主要为水化力。因此，通过 AFM 对力的测定，结合 DLVO 理论可实现对粒子间微观作用力的精确归属，可为胶体分散系统稳定性或界面微观作用的调控提供依据。

参 考 文 献

[1] 张进秋，赵明媚，李欣，等．剪切增稠液体流变特性研究进展［J］．化工新型材料，2021，49（12）：236-241.

[2] HSISSOU R，BEKHTA A，DAGDAG O，et al. Rheological properties of composite polymers and hybrid nanocomposites［J］. Heliyon，2020，6（6）：e04187.

[3] 卢拥军，方波，房鼎业，等．黏弹性表面活性剂胶束体系及其流变特性［J］．油田化学，2003，20（3）：291-294，290.

[4] 张玉亭，吕彤．胶体与界面化学［M］．北京：中国纺织出版社，2008.

[5] SMITH A M，BORKOVEC M，TREFALT G．Forces between solid surfaces in aqueous electrolyte solutions［J］. Advances in Colloid and Interface Science，2019，275：102078.

7 低品位资源浮选界面化学

浮选技术是将表（界）面化学应用于实际工业的成功案例之一。泡沫浮选是一种基于固-液-气三相界面化学性质差异，尤其是表面润湿性的不同，借助气泡对疏水矿物表面的黏附和上浮作用，从而分离非均质细小固体混合物的分离技术。实际操作过程中，为了浮选的有效实施，常用添加特定浮选药剂的方法来扩大物料间润湿性的差别。本章将首先介绍浮选过程中多相之间的界面作用原理，再以可溶盐浮选和低阶/氧化煤浮选为例，详细介绍基于气-液-固三相界面化学性质的浮选技术在低品位资源开发方面的应用。

7.1 浮选界面作用原理

浮选体系是一个多相复杂体系，包含矿物颗粒（固相）、气泡（气相）、浮选介质（液相）、浮选药剂等，浮选的完成也是多相之间相互作用的结果。图 7-1 给出了浮选过程中气泡与矿物表面的相互作用过程：在混合过程中，浮选体系内引入的气泡首先向矿物表面发生移动或者靠近，当二者距离很近时，中间会形成一层液膜（水膜），如果液膜能够发生破裂，气泡与矿物表面发生接触并将表面液体排开，气泡在矿物表面发生黏附，此时气-固界面代替液-固界面，随后气泡上浮将矿物带到体系表面，通过刮泡实现矿物的富集和分离；相反，如果气泡和矿物表面之间的液膜不能发生破裂，气泡就不能在矿物表面发生黏附，该矿物无法随气泡上升而上浮。因此，气泡与特定矿物表面能否发生有效碰撞和黏附是浮选能否成功实施的关键。一般来看，由于气泡属于疏水性极强的物质，当矿物表面疏水性较强时，气泡自然很容易打破矿物表面的水膜，进而发生黏附；相反，对于表面亲水性较强的矿物，界面水膜中的水分子易于与矿物表面分子/基团形成键合作用（如氢键）而不易破裂，导致气泡不能发生有效黏附，矿物可浮性较差。为了提高特定矿物的可浮性，往往会加入相应的浮选药剂，以提高特定矿物表面的疏水性，增大与其他杂质矿物表面润湿性的差异，进一步实现对特定矿物的选择性浮选分离。

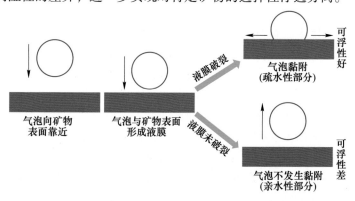

图 7-1　浮选中气泡与矿物作用过程示意图

　　由于浮选是以气、固、液的三相接触为基础的，因此矿物表面的物理、化学特性及溶液化学性质对浮选有很大影响。矿物固体在浮选介质中（大部分情况介质为水）往往被完全润湿，因此如何调控矿物表面润湿性以实现固-气界面取代固-液界面非常关键，而最直接的办法就是加入适当的浮选药剂。此外，矿物颗粒表面在水中会发生吸附或电离，表面具有一定的电性，矿-液界面会形成双电层，表面电性对于浮选药剂的吸附也会产生重要影响。尽管不同矿物具有不同的浮选特性，但浮选过程作用机制具有统一的规律。接下来将从矿物表面润湿性、界面水结构、表面电性及双电层等方面对浮选界面作用原理进行介绍。

7.1.1　表面润湿性与可浮性

　　由于不同矿物表面分子的组成和结构不同，矿物表面与水分子的结合能力也不同，宏观表现出不同的润湿性。当一滴水滴于矿物表面时，水滴在表面的铺展情况存在差异，有的矿物表面水滴很容易铺展，比如石英、长石、方解石等，有的则相反，比如石墨等。矿物表面的润湿性可以通过接触角的测试进行分析，测试过程中一般采用坐滴法，若矿物表面孔隙度高、水的渗透性强，则需要将矿物表面浸入水中，采用被俘气泡法进行测试。

　　浮选过程中，气泡突破矿物表面水化膜与矿物表面发生有效黏附是完成浮选的关键。然而唯有矿物表面达到一定程度的疏水性，气泡才能发生黏附，从而实现浮选，该矿物才具有可浮性，否则不可浮。因此，为了实现不同矿物之间的浮选分离，必须对矿物表面的润湿性进行适当的调节，以扩大分选矿物间润湿性的差异。目前最常见的调节润湿性的方法就是通过加入浮选药剂，以改变浮选体系内固-液界面性质，实现矿物表面润湿性的改变。其他还可采用热压、辐射等方法调整矿物表面润湿性。

7.1.2　矿物界面水结构

　　矿物在进浮选工艺之前往往需要进行破碎筛分等前处理，矿粒从大到小的过程中，会在破裂面上产生大量的断裂键和晶格缺陷。断裂键和晶格缺陷的存在导致表面能较高，且断裂键具有一定的极性，将会吸引周围的极性水分子在矿物表面发生吸附，尤其是亲水性的矿物表面。这种吸附以静电作用为主，有的也会存在氢键作用，使水分子在矿物表面按一定规律排列，矿物表面不饱和键力得到一定程度的补偿，这种作用称为矿物表面的水化作用。

　　矿物表面的水化作用会破坏水分子的原有结构，水分子在矿物表面进行定向密集排列。距离矿物表面最近的第一层水分子受表面键能吸引最强，排列最为整齐；随着距矿物表面的距离逐渐变大，键能影响也相应减弱，水分子的排列秩序也逐渐混乱，直至表面键能不再起作用，水分子呈现原有无序状态。因此，水化膜实际是介于矿物表面与普通水之间的过渡态，被称作界面水，其分子结构和排列行为被称作界面水结构。有关界面水结构的研究已成为浮选化学的重要研究内容和热点之一，主要集中于采用光谱测试和分子模拟的方法进行结构研究，同时也涉及微观作用力的研究。

　　亲疏水性不同的矿物表面的水化膜会有很大差异。亲水矿物表面的水化膜一般较厚（如石英、云母的表面水化膜可以厚达 $10^{-7} \sim 10^{-5}$ m），水化膜内分子排列紧密有序；疏水矿物表面与水分子作用较弱，水化膜较薄（如辉钼矿表面水化膜仅为 $10^{-9} \sim 10^{-7}$ m）。水化膜内水分子与普通水相比，具有密度高、黏度大、运动性差等特点。

浮选过程中，在强烈的机械搅拌和气泡引入时，会形成多相流动，在各种流场下，气泡会与矿粒发生碰撞接触。气泡与矿粒发生碰撞的过程会分为以下几个阶段：气泡在向矿粒靠近的过程中，首先要排走矿粒和气泡之间的自由水（普通水），这部分水分子是无序的、自由的，很容易被排走；当气泡向矿粒进一步靠近时，气泡开始排挤水化膜，使水化膜变薄；再进一步水化膜破裂，固-液界面被固-气界面取代，气泡与矿粒发生有效黏附。而对于亲水表面矿物，矿粒表面水化膜较厚，矿粒表面与水化膜分子间作用力较强，导致气泡无法突破水化膜而不能发生有效黏附，浮选无法完成。进一步说明，需要对矿粒表面亲疏水性进行适当调控。

7.1.3 矿物表面电性与可浮性

如第4章中所述，固体颗粒处于液体介质中（通常为水），由于表面电离或者离子吸附，矿粒表面带有一定的电性，形成双电层和电动电位。矿物表面的电性对浮选也会产生重要影响，主要表现为以下几个方面：

（1）影响不同极性（电性）药剂在矿物表面的吸附。尤其当药剂与矿物表面的吸附是主要靠静电力为主的物理吸附时，矿物的表面电性起决定作用。针对这一点，往往通过改变体系pH值以调控矿粒表面电性，进一步增强矿粒表面与药剂的相互作用。比如，1）当pH>PZC（零电点），矿物表面带负电，有利于阳离子捕收剂吸附；2）pH<PZC，矿物表面带正电，有利于阴离子捕收剂吸附；3）pH=PZC，矿物表面不带电，原则上有利于中性捕收剂吸附，但难控制，选择性差。

（2）影响矿粒的絮凝与分散。同种矿物在相同溶液中电性是相同的。为了使它们更好地分散，必须提高其表面电位，增强颗粒之间的静电斥力。相反，要使悬浮颗粒絮凝则要降低其表面电位，减小颗粒物之间的静电斥力。通常通过向矿浆中添加不同种类电解质以改变矿粒表面双电层。

（3）影响细泥在矿物颗粒表面的吸附和覆盖。水体系中，细泥的表面通常带负电。如果颗粒表面带正电，细泥极易吸附并覆盖到矿粒表面。而矿泥表面具有较强的亲水性，由于矿泥吸附会改变矿粒原本的润湿性，进一步影响浮选效果。

7.1.4 矿粒间相互作用与浮选调控

浮选过程中药剂的加入在调控矿粒表面润湿性的同时也会改变矿粒之间的相互作用，影响矿粒的凝聚与分散，进一步影响浮选效果。矿粒间相互作用同样可以采用DLVO理论进行解释。矿粒间的作用力是静电斥力与范德华引力的加和，矿粒在浮选体系中的稳定分散或凝聚，是两种力相互制衡的结果。如果矿粒间相互作用力主要表现为静电斥力，则矿粒稳定分散，相反，如果范德华引力为主要作用力，则矿粒会发生凝聚。

经典DLVO理论被提出后得到广大研究人员的认可，但随着现代研究手段的发展，起初研究发现在疏水微粒之间存在一种比范德华引力还要强的作用力，这种力被认为是由于疏水性引起的，因此被称作疏水作用力。由疏水力引起的絮凝称作疏水絮凝。疏水力和疏水絮凝首先在矿物加工领域得到应用，比如浮选过程中加入浮选药剂以增强矿物表面疏水性，就是增强了疏水作用力，进一步引发疏水絮凝，产生疏水絮体，为后续选择性浮选创造条件。

　　疏水作用力在一些条件下表现为短程作用力，即出现在疏水颗粒间隔距离较近的范围内，而在另一些条件下表现为长程作用力，即出现在疏水颗粒间隔距离较远的范围内。研究发现，当颗粒（如云母）表面上吸附有水溶性单碳链阳离子型表面活性剂时，疏水作用力出现在相对短的间隔距离（0~15nm）范围内，当不溶性双碳链阳离子型表面活性剂沉淀于颗粒（云母）表面时，疏水作用力可以在长达100nm的间隔距离内出现。

　　随着研究的不断深入，发现在浮选体系中，除了疏水作用力以外，亲水或疏水粒子间还存在着其他的特殊的相互作用力，也对矿物颗粒的分散和稳定起着重要作用，经典的DLVO理论（微粒间作用力只包含静电斥力和范德华引力）无法解释，因此提出扩展DLVO理论（扩展DLVO理论），其表达式如下：

$$F_\mathrm{T} = F_\mathrm{ER} + F_\mathrm{WA} + F_\mathrm{SR} + F_\mathrm{HR} + F_\mathrm{HA} + F_\mathrm{MA} \qquad (7\text{-}1)$$

式中，F_T为微粒之间的总的相互作用力；F_ER为静电斥力；F_WA为范德华引力；F_SR为分子空间斥力（尤其是非离子型或大分子捕收剂存在时）；F_HR为水化作用力；F_HA为疏水作用力；F_MA为磁作用力。

　　分子空间斥力主要是由于一些非离子型或大分子药剂在矿粒表面达到饱和吸附时，矿粒之间产生的排斥力，该空间斥力对矿浆稳定性起着重要作用。水化作用力是两亲水颗粒靠近时，二者之间除了范德华引力和静电斥力之外还会存在的另外一个重要作用力。随着两亲水颗粒逐渐靠近，水化相互作用排斥能迅速增大，当颗粒间距增大时，其水化相互作用排斥能又不断减小。

　　扩展DLVO理论已经在矿物加工及浮选分离方面得到了应用。比如，采用油酸钠对微粒赤铁矿进行处理，通过对其凝聚行为过程中矿粒间界面DLVO能和扩展DLVO能进行计算发现，油酸钠的添加极大地增加了矿粒界面间的极性疏水结构化能，且远大于矿粒间的静电能和范德华力能。对于细粒煤浮选，同样也需要采用扩展DLVO理论进行综合考虑煤粒间的相互作用能，才能更好地解释煤浮选体系内细粒煤的凝聚与分散行为。扩展DLVO理论计算结果认为，煤浮选体系内煤泥颗粒间除了范德华吸引作用能和静电斥能外，还存在疏水吸引作用能。当加入浮选药剂之后，由于药剂在煤泥颗粒表面的吸附作用，此时煤泥颗粒之间的疏水引力远大于范德华吸引力，在煤泥颗粒团聚过程中起主导作用。

7.2　可溶盐浮选

　　可溶盐是一类重要的化学品基础原料，在农业、化工、日用品、食品、医药等行业均有重要应用，比如钾盐可作为钾肥用于改善土壤质量，提高农作物产量；锂盐可用于锂电池的开发与应用；镁盐可用于特殊功能镁基材料的制备。目前可溶盐的生产均可以采用浮选法，尤其是氯化钾的生产。浮选用捕收剂的分子结构类似于表面活性剂，含有一个亲水头基和一个疏水尾链。在浮选过程中，亲水头基会穿过水膜在晶体表面发生吸附，疏水尾链由于疏水驱动力会伸入气泡，之后随着气泡的上升矿物晶体被带出，浮选完成。因此，可溶盐的浮选是饱和盐溶液、矿物晶体、捕收剂和气泡四者之间的相互作用的结果。

　　与不可溶矿物的浮选相比，可溶盐的浮选具有一定的特殊性，主要是因为可溶盐一般具有较高的溶解度，矿物的浮选必须在饱和盐溶液中进行，浮选体系中离子强度较高，且多种离子共存，常规测试手段难以实施。

7.2.1 钾盐浮选

7.2.1.1 钾盐浮选工艺

氯化钾是钾肥的重要原料，我国农业生产对氯化钾需求量已超过世界总需求量的20%。我国钾资源主要分布于青海柴达木盆地盐湖群，从盐湖卤水中提取氯化钾是我国氯化钾的主要生产方式。在现有的氯化钾生产方法中，浮选法因效率高、成本低而被广泛应用[1]。

从现有的以盐湖光卤石矿（$KCl \cdot MgCl_2 \cdot 6H_2O$）为原料生产氯化钾的工艺路线可知，浮选是实现氯化钾和氯化钠最终分离的关键部分。实际上，氯化钾浮选工艺包含正浮选和反浮选两种工艺。正浮选是将氯化钾与混合体系中的氯化钠分离，精矿为氯化钾，尾矿为氯化钠，常采用的捕收剂为长链烷基脂肪胺。相反地，反浮选是将氯化钠从氯化钾中分离出，精矿为氯化钠，尾矿为氯化钾，常采用烷基吗啉作为捕收剂。目前，世界上绝大部分钾盐生产企业均采用正浮选工艺，只有极少数企业采用反浮选工艺，比如中国青海盐湖集团的部分企业。以下对氯化钾正浮选和反浮选工艺分别进行介绍。

A 正浮选

当光卤石冷分解后，整个浮选体系主要包含饱和盐溶液及氯化钾和氯化钠晶体混合物。接着该混合体系被输送至调节池，加入捕收剂进行调浆。目前常用的捕收剂为十八铵（质量分数为93%~98%，工业级），由于分子中含有较长的疏水烷烃链，在饱和盐溶液中溶解度较小，因此在使用前往往先将盐酸和十八铵以2:1比例混合，随后溶解于热水中（>80℃）以配制质量分数为5%十八铵盐酸盐溶液。作为一种阳离子表面活性剂，十八铵盐酸盐（分子结构见图7-2）的亲水头基能够选择性吸附于氯化钾晶体表面，其疏水尾链可增强氯化钾晶体表面疏水性，与气泡有效碰撞后，形成氯化钾晶体-捕收剂-气泡的桥连结构，随着气泡的上升氯化钾晶体被带出，完成浮选过程。为了增强气泡的稳定性，往往也会加入一些起泡剂，常用的有短链醇，如甲基异丁基甲醇（MIBC，$(CH_3)_2CHCH_2CHOHCH_3$）等。此外，浮选体系中也时常含有矿泥（主要成分为$CaSO_4$），含量较高时，需要加入一些抑制剂以抑制捕收剂在矿泥表面的吸附，常用抑制剂有羧甲基纤维素钠（$C_6H_7O_2(OH)_2CH_2COONa$）等，其用量由矿泥含量决定。

B 反浮选

如上所述，反浮选是将氯化钠从氯化钾中分离出，精矿为氯化钠，尾矿为氯化钾。反浮选生产氯化钾的工艺适用于钠含量低于20%的粗光卤石。该工艺首先采用浮选法分离出氯化钠，获得精光卤石，再经冷结晶制取氯化钾。反浮选过程中常采用烷基吗啉作为捕收剂（分子结构见图7-3），文献中报道的还有QHS系列捕收剂。

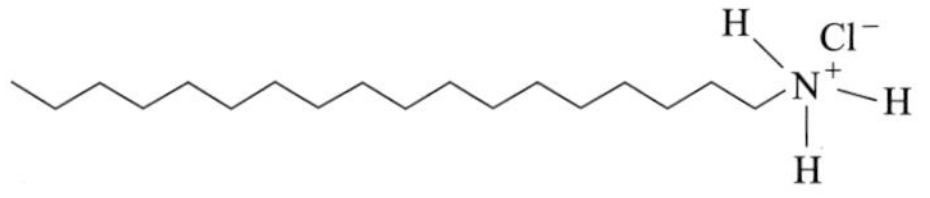

图 7-2　十八铵盐酸盐的分子结构 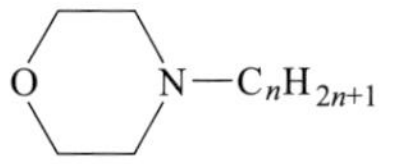　　　　图 7-3　烷基吗啉分子结构

（$n = 12 \sim 22$）

光卤石矿由纯光卤石和细粒氯化钠组成，在饱和的光卤石浮选体系中，加入捕收剂，该捕收剂能够选择性吸附在氯化钠晶体表面，提高氯化钠晶体表面疏水性。而光卤石矿表

面亲水性强，通入气泡后，气泡将会与疏水化后的氯化钠晶体进行作用，从而将氯化钠浮选分离出来，进入精矿，尾矿为光卤石矿。

7.2.1.2   钾盐浮选药剂

A   捕收剂

氯化钾的浮选是要实现氯化钾和氯化钠的分离，因此所用捕收剂必须对氯化钾具有选择性捕收功能。捕收剂按照带电性可分为阳离子型捕收剂、阴离子型捕收剂和非离子型捕收剂。其中阳离子型长链烷基脂肪胺（碳链长度 $C_{12} \sim C_{24}$）和阴离子型长链烷基硫酸钠（碳链长度 $C_{12} \sim C_{20}$）对氯化钾均有捕收作用。

常温下以阳离子型十二铵盐酸盐（DDA）、十四铵盐酸盐（TDA）、十八铵盐酸盐（ODA）、阴离子型十二烷基硫酸钠（SDS）、月桂酸钠及非离子型十二烷基吗啉（DDM）为捕收剂分别对氯化钾和氯化钠进行浮选，浮选曲线如图 7-4 所示。由图可知，月桂酸钠和 DDM 均能浮选氯化钾和氯化钠，说明不能用于钾、钠的分离，而长链胺类和 SDS 只对氯化钾有捕收效果，且在达到相同浮选回收率的情况下，相比于其他捕收剂 ODA 的使用量最少，说明 ODA 对氯化钾选择性捕收效率最好。值得一提的是，DDM 对氯化钾和氯化钠都有浮选效果，采用 DDM 作为捕收剂反浮选生产氯化钾时，是实现氯化钠和光卤石的分离，而不是氯化钠和氯化钾的分离。工业上常采用 ODA 作为捕收剂从氯化钠中分离氯化钾，之后的章节将重点介绍氯化钾浮选过程中 ODA 与氯化钾的相互作用。

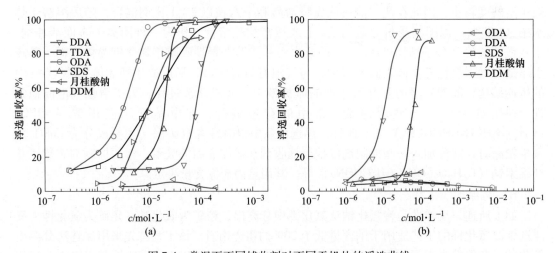

图 7-4   常温下不同捕收剂对不同无机盐的浮选曲线

(a) 氯化钾；(b) 氯化钠

基于长链胺类捕收剂对氯化钾的高效选择性捕收效果，不同碳链长度脂肪胺对氯化钾的浮选性能可起到协同作用。由图 7-5 的浮选结果可知，与单纯的 ODA 相比，不同碳链长度的胺进行一定比例混合时能够明显提高氯化钾的浮选回收率，尤其是对于低温 10℃ 下的氯化钾浮选（见图 7-5 (b)）。这可能是由于其他链长的胺分子与 ODA 一起在氯化钾晶体表面吸附时，DDA/ODA 和 C_{20} 胺/ODA 分子之间的斥力均要小于 ODA/ODA 分子之间的斥力，一定程度上可以提高捕收剂分子在氯化钾晶体表面的吸附密度。

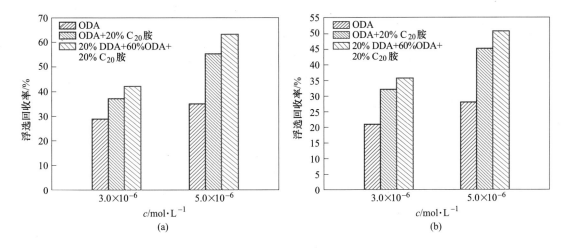

图 7-5　不同温度下混合胺捕收剂对氯化钾的浮选曲线

（a）室温；（b）10℃

B 起泡剂

起泡剂是一类能够促进空气在浮选介质中分散、增大气-液界面、提高气泡稳定性的一类浮选药剂。起泡剂与捕收剂交互作用，可强化气泡的矿化过程。

起泡剂主要是表面活性物质，分子内既含有亲水基团，同时也含有疏水尾链（也叫亲油基），比如松醇油。这类药剂的水溶性较小，由于亲水亲油基团的同时存在，在疏水驱动力下会在气-液界面发生吸附，从而显著降低气-液界面张力，防止气泡的兼并，提高气泡的稳定性和机械强度，保证黏附有矿物颗粒的气泡向上浮并形成泡沫产物排出。

前期研究表明，在矿物浮选体系中，起泡剂的作用主要包含以下几个方面：

（1）防止气泡兼并，改变气泡的大小。实际浮选体系内，气泡的粒径大小对浮选的效果有直接影响。比如，对于一般机械搅拌式浮选机，添加起泡剂后，在纯水中生成的气泡平均直径由 4~5mm 会降低到 0.8~1mm。此时，气泡尺寸的变小，会造成浮选界面变大，有利于矿粒的黏附。然而，如果气泡太小会造成气泡上浮力和上浮速度不足，同样影响浮选效率。因此，在浮选过程中需要适当的气泡大小和粒度分布。

（2）影响捕收剂胶体的分散性能。钾盐浮选体系中的介质为饱和钾盐溶液，离子强度较高，钾盐用捕收剂长链烷胺（$C_{16} \sim C_{18}$）在介质中溶解度较小，以胶体颗粒形式存在。研究发现，起泡剂的加入能够降低胺在饱和盐溶液中的盐析效应，如图 7-6 所示，与二己醇相比乙二醇酯对减弱盐析效应的效果更明显（溶液的光透射率降低，对应着光学密度降低）。

（3）起泡剂可以促进捕收剂在矿物表面的吸附，提高浮选效果。俄罗斯矿物加工专家C. H. 基特科夫研究发现，乙二醇酯的加入能够大幅提高阳离子捕收剂（烷基胺和烷基吗啉）在氯化钾晶体表面的吸附（见图 7-7）及在矿粒表面的固着强度。这主要是由于起泡剂的加入能够提高捕收剂胶体颗粒的分散性，同时也能降低捕收剂的用量。

目前，钾盐浮选过程中常用的起泡剂为松醇油（俗称 2 号油）。松醇油为淡黄色油状液体，有刺激作用，它的主要成分为 α-萜烯醇，含量约占 50%，其余为萜二醇、烃类化合物及其他杂质。松醇油密度为 0.9~0.915g/mL，可溶于水，具有较好的起泡性，能生成大

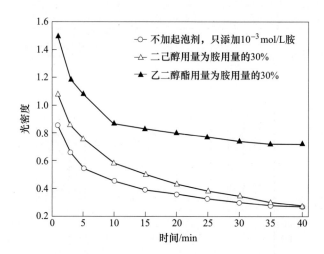

图 7-6　起泡剂对饱和 KCl-NaCl-H$_2$O 盐溶液中 C$_{16}$ ~ C$_{18}$ 胺胶体性质的影响

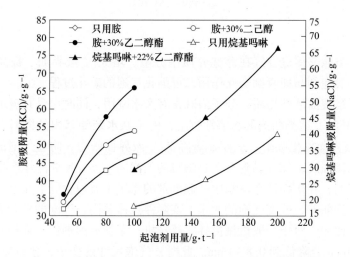

图 7-7　不同起泡剂对烷基胺和烷基吗啉吸附性能的影响

小均匀、黏度中等和稳定性合适的气泡。由于松醇油分子结构中含有环状、支链、叔碳醇等结构，该类化合物难以生物降解，会造成一定的环境污染，限制了其应用。在铜矿、硫化矿、铅锌矿及煤浮选中，均已采用其他新型起泡剂替代松醇油，既降低了成本，又能减少环境污染。然而，能够替代松醇油用于钾盐浮选的起泡剂尚未见报道。

C　抑制剂

抑制剂是用来削弱捕收剂分子与杂质矿物之间的相互作用，或者是提高杂质矿物表面的亲水性的物质，以增大主矿物和杂质矿物表面的润湿性差异。钾盐矿物中含有黏土矿物（铝硅酸盐矿物）和碳酸盐矿物（方解石和白云石）等矿泥杂质，杂质矿物的存在同样吸附捕收剂，造成捕收剂的消耗。使用抑制剂预处理钾矿石，可以降低捕收剂十八胺在矿泥上的吸附量，消除矿泥对钾盐浮选的负面影响。

对于钾盐浮选，可用作抑制剂的有古尔胶、KS-MF 抑制剂、羧甲基纤维素钠（CMC）、糊精等（见图 7-8）。相比于其他抑制剂，古尔胶和 KS-MF 抑制剂具有较好的抑制效果，羧甲基纤维素钠、糊精、木质素磺酸盐均因能与胺类捕收剂发生一定程度的反应导致抑制效果欠佳。由于古尔胶价格较高，KS-MF 抑制剂成为钾盐浮选的常用抑制剂，除了价格便宜且污染小，它的使用可大大降低成本并有利于生态环境的保护。

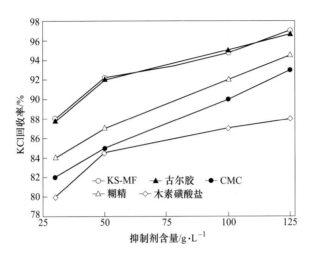

图 7-8   不同抑制剂下氯化钾浮选回收率

7.2.1.3   钾盐浮选的影响因素

氯化钾浮选体系化学组分复杂、离子强度较高、晶体表面呈动态变化，十八胺对氯化钾的捕收效果除了受钾矿的组成和性质影响外，与浮选外界条件也有一定关系。

A   pH 值的影响

胺类因氮原子的外层电子有一对孤对电子，取代基 R 有推斥电子作用，使氮原子呈现出很大的负电场，容易与体系中的 H^+ 结合，具有一定的亲水性。已有研究表明，烷基胺在溶液中的存在形式与溶液 pH 值密切相关，各存在形式之间的相互转换如下：

$$RNH_2 + HCl \longrightarrow RNH_3Cl \tag{7-2}$$

$$RNH_3Cl \longrightarrow RNH_3^+ + Cl^- \tag{7-3}$$

$$RNH_3^+ + OH^- \rightleftharpoons RNH_2 + H_2O \tag{7-4}$$

由以上各式可知，当 pH<7 时，—NH_2 头基会被酸化成—NH_3^+，不仅提高了 ODA 的溶解度，同时也能促进 ODA 在氯化钾晶体表面的吸附。反之，当 pH>7 时，OH^- 浓度较高，会导致—NH_3^+ 向—NH_2 发生转变，削弱了 ODA 在氯化钾晶体表面的吸附，失去捕收效果。

溶液不同 pH 值对氯化钾浮选回收率的影响结果如图 7-9 所示（采用微浮选装置，ODA 浓度为 5×10^{-5} mol/L）。当溶液 pH 值处于酸性时，能够实现氯化钾的有效浮选，然而当 pH 值处于碱性时，氯化钾浮选回收率显著降低。因此，实际 ODA 浮选氯化钾时 pH 值选用 6~7 的弱酸性。

B   温度的影响

在钾盐浮选过程中，浮选回收率除了受体系中化学组分、捕收剂用量等影响外，很大程度上还受温度的影响，尤其低温情况下。青海察尔汗盐湖区冬季时间较长，仅 0℃ 时间就长达数月。生产实际表明，当温度低至 5℃ 及以下时，浮选回收率将严重下降，不同

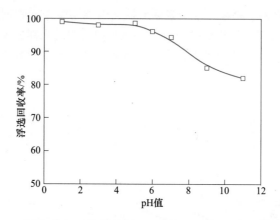

图 7-9　室温不同 pH 值条件下 ODA 对氯化钾浮选回收率的影响

温度下氯化钾浮选回收率的结果如图 7-10 所示。低温下通过增加捕收剂使用量来提高氯化钾浮选回收率，一方面会大幅增加成本，另一方面会导致产品纯度降低。另外，有的企业尝试对浮选槽进行加热保温以提高回收率，但需增加加热保温设备，操作复杂，生产成本同样大幅提高。因此，青海盐湖钾盐生产基地大部分钾盐企业均面临冬季停产的窘境。

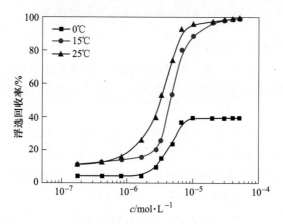

图 7-10　不同温度下实验室氯化钾浮选曲线

7.2.2　钾盐浮选化学性质

7.2.2.1　捕收剂的溶液性质

A　溶解性

离子型表面活性剂的溶解度在温度上升到一定值时会急剧上升，该温度称为 Krafft 点。Krafft 点可以用于判断离子型捕收剂的溶解性，若 Krafft 点较高，则溶解性较差。Broome 等人首次报道了十二铵盐酸盐在水溶液中的 Krafft 点为 25℃，之后 Brandrup 等人给出了十八铵盐酸盐在水溶液中的 Krafft 点为 56℃。Dai 和 Laskowski 考察了溶液 pH 值对 DDA 在水溶液中 Krafft 点的影响，结果表明，pH＝5 时，DDA 在水溶液中 Krafft 点为 17.5℃，当 pH 值上升到 9 时，Krafft 点将降低为 7℃。Laskowski 等人采用理论估算的方法计算了不同离子浓度下 DDA 的 Krafft 点（见图 7-11），结果表明，随着无机盐离子浓度的增加，DDA 的 Krafft 点会显著增高，并推测其在饱和盐溶液中的 Krafft 点会远超过 80℃，以及 $C_{18} \sim C_{22}$ 的烷烃盐酸盐在盐溶液中的 Krafft 点会变得更高[2]。以上表明，长链脂肪胺在常温下的溶解度较低。

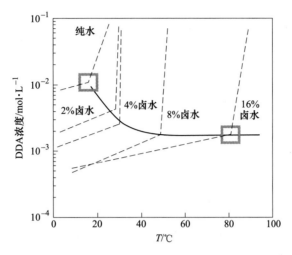

图 7-11　不同离子强度下十二铵盐酸盐的 Krafft 点

B　聚集行为

长链胺类钾盐捕收剂分子因同时含有疏水长链和亲水头基，属于一种表面活性剂，因此在溶液中也会表现出一定的聚集行为，形成聚集体。ODA 的聚集行为可通过浊度和胶团颗粒尺寸的测试进行研究。

a　浊度

浊度值能够准确反映 ODA 胶体颗粒在水溶液或盐溶液中的分散性。当分别向水和盐溶液中逐渐加入 ODA 时，其浊度值变化情况会有明显不同。在水溶液中，即使 ODA 浓度已达到 1×10^{-4} mol/L，溶液浊度值依然变化不大。然而，当有电解质离子存在时，即使在 ODA 浓度很低的情况下，溶液浊度值也会显著增加。不同阴离子对 ODA 溶液浊度的影响程度从大到小遵循 $SO_4^{2-} > Br^- \approx Cl^- > SCN^- > NO_3^-$ 的顺序。这种不同阴离子产生的离子效应，可采用 DLVO 理论进行解释，主要是涉及阴离子与 ODA 头基的直接相互作用。ODA 头基具有正电性，在静电作用驱使下，阴离子将向 ODA 头基靠近，屏蔽 ODA 头基的电荷，减弱 ODA 头基之间的斥力，显著提高 ODA 分子聚集形成胶体颗粒的概率。大量胶体颗粒的出现，致使浊度值升高。与单价阴离子相比，每个 SO_4^{2-} 能够结合两个 ODA 分子，能够更大程度上减少 ODA 分子之间的斥力。此外，SO_4^{2-} 能够极化 ODA 分子周围水化层，致使 ODA 分子更容易析出，出现"盐析"现象。除阴离子之外，阳离子同样会对 ODA 溶液浊度产生不同影响。这种阳离子效应可以采用水合力进行解释。水合力的类型取决于离子的类型，当水合力表现为引力时，水合阳离子能够与 ODA 形成配位结构，增加头基电荷数，增大 ODA 分子间斥力，聚集体不易形成，浊度相对较低。

可知，电解质离子对 ODA 水溶液浊度的影响主要取决于离子的类型，且阴离子和阳离子对 ODA 分子的作用方式不同。阴离子主要是通过静电作用与 ODA 分子直接发生作用，而阳离子主要是通过改变水化层的水结构间接作用于 ODA 分子。

b　胶团颗粒尺寸

ODA 在各溶液体系中的胶团颗粒尺寸大小可通过透射电镜（TEM）和动态光散射（DLS）进行直接测定。研究发现，ODA 在纯水中的胶团颗粒大小处于 100～500nm 之间。然而，当有电解质离子出现时，ODA 胶团颗粒的尺寸明显变大。这可能是由于反离子的出现会促进胶团颗粒的聚集。当盐溶液中加入不同类型阴离子（Cl^-、Br^-、SCN^-、NO_3^-、SO_4^{2-}）时，ODA 胶团颗粒的尺寸也变化不大，表明阴离子对胶团颗粒大小的影响不仅仅取决于阴离子与 ODA 头基的直接静电作用。然而，对于不同的阳离子（Na^+、K^+、Li^+、NH_4^+、Mg^{2+}），ODA 胶团颗粒的尺寸分布出现一定差别，尽管相差不大。说明与纯水中相比，电解质离子的存在可促使 ODA 胶团颗粒变大，但各离子的影响效应区别不大。

c　浮选中捕收剂作用形态

实际浮选过程中，首先将 ODA 在热水（70～90℃）中进行溶解，然后再加入浮选槽内进行浮选。由于钾盐浮选体系介质为饱和盐溶液，且光卤石存在分解的过程，浮选体系温度低，造成捕收剂 ODA 的溶解度较低，易于析出，溶液呈白色乳液状。前期研究表明，钾盐浮选过程中捕收剂 ODA 都是以胶团或者沉淀形式发挥作用。针对 ODA 胶团的作用原理，加拿大 Laskowski 在实验中将 ODA 胶团分别吸附于氯化钾晶体表面和气泡表面（见图 7-12），随后在两种体系中再分别与气泡和氯化钾晶体接触作用[3]。两种 ODA 胶团吸附方式下，氯化钾晶体表面的接触角存在差异。在图 7-12（b）所示的情况下，只有 ODA 胶团吸附于气泡表面时，即使此时氯化钾晶体表面没有 ODA 吸附，当气泡在晶体表面黏附后，氯化钾晶体表面接触角仍很高，说明气泡表面吸附的 ODA 被转移到氯化钾晶体表面，氯化钾疏水性增强；然而在图 7-12（a）所示的条件下，虽然氯化钾晶体表面存在大量 ODA，接触角仍没有在（b）的条件下明显。此结果表明捕收剂在浮选体系中几乎不溶，而且只有当捕收剂的胶团大量吸附于气泡表面时，才有助于氯化钾的浮选。进一步通过浮选实验发现，当捕收剂的浓度超过溶解度时，氯化钾的浮选回收率会显著提高（见图 7-13），同样证实在氯化钾浮选过程中捕收剂主要是以沉淀胶体颗粒起作用，而非分子状态。

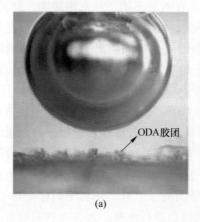

（a）　　　　　　　　　　　（b）

图 7-12　ODA 胶团的表面吸附行为

（a）氯化钾晶体表面；（b）气泡表面

通过显微镜观察可进一步判断 ODA 胶团的吸附行为。当把表面光滑的氯化钾晶体放入氯化钾饱和溶液中，晶体的表面由于溶解/结晶作用会出现晶体表面缺陷（见图 7-14（a））；

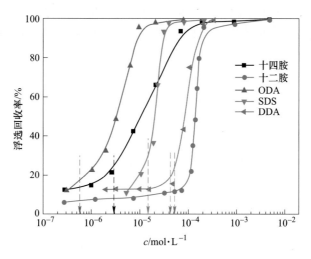

图 7-13　不同捕收剂对 KCl 的浮选曲线
（图中箭头所指浓度为沉淀初始出现浓度）

当在溶液中加入 1×10^{-4} mol/L 的 ODA 捕收剂后，在体系中缓慢加入微小气泡后，捕收剂胶团以类似桥联的方式使气泡在氯化钾晶体表面吸附，且吸附主要发生在氯化钾晶体的边缘或表面存在缺陷的地方（见图 7-14（b））。而且绝大多数的捕收剂胶团都是悬浮在溶液中。在无气泡存在的条件下，没有观察到捕收剂胶团在氯化钾晶体表面的吸附。这种现象同样也能说明，ODA 胶团首先是与气泡表面进行吸附，随后在气泡与氯化钾晶体接触时

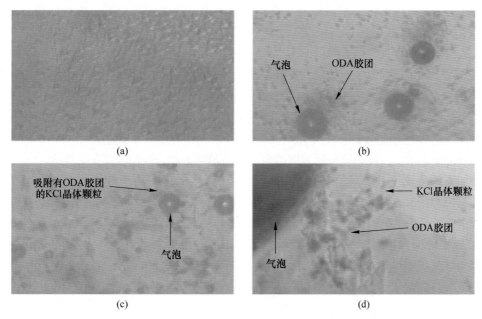

图 7-14　ODA 浓度为 1×10^{-4} mol/L 的饱和氯化钾溶液中氯化钾盐表面显微镜观察结果
（a）氯化钾晶体在其饱和溶液中；（b）小气泡与 ODA 胶团吸附在晶体表面；
（c）ODA/KCl/气泡聚集体在盐溶液中结合；（d）ODA/KCl/气泡之间的相互作用

再与氯化钾发生吸附。当把氯化钾的小颗粒（100~150μm）加入到溶液中时，氯化钾颗粒则被包裹于 ODA 气泡聚集体中（见图 7-14（c）），随着这些聚集体而被浮选。通过对这些捕收剂的胶团做进一步的观察发现，ODA 聚胶团在氯化钾晶体表面的吸附也主要发生在晶体边缘的地方（见图 7-14（d））。

在氯化钾晶体的边缘，钾离子和氯离子的动态溶解/结晶速度要明显快于在晶体表面的速度，晶格的缺陷程度也要远远高于在晶体表面的缺陷程度，因此晶格缺陷可能是可溶盐捕收剂吸附的原因之一。对于由钾离子的溶解而造成的晶格缺陷来说，阳离子的捕收剂（ODA 或 DDA）可以通过其分子的正电荷的极性基团与晶格中负电荷的缺陷位置静电作用而在晶体表面吸附。

7.2.2.2 捕收剂的界面吸附行为

长链脂肪胺分子中含有一个亲水头基和一疏水尾链，疏水尾链在水溶液中会发生疏水效应，导致疏水尾链逃离水环境。实现疏水尾链逃离水环境的途径有二：一是长链脂肪胺分子从体相向气-液界面转移，形成定向吸附；二是在溶液内部形成缔合体，即聚集体。在氯化钾浮选体系中，脂肪胺捕收剂因亲水头基带电会向固-液界面转移，在氯化钾晶体表面发生吸附。

A 气-液界面吸附

a 表面活性及无机盐离子影响

捕收剂在气-液界面的吸附行为及其表面活性可直接通过表面张力测定进行表征。Dai 和 Laskowski 通过表面张力的测定研究了不同 pH 值对 DDA 在水溶液中表面活性的影响。研究结果表明，45℃下 DDA 的临界聚集浓度（CAC）随着 pH 值的增加而降低，当 pH=10 时，即使浓度超过溶解度，溶液中有沉淀出现，表面张力曲线仍没有出现最低值，说明该 pH 值下并没有胶束出现。

无机盐离子的存在会明显降低 ODA 分子的表面活性，主要是由于无机盐离子对 ODA 分子在气-液界面的吸附行为会有很大影响。与纯水体系相比，电解质离子的加入均能导致 ODA 的临界聚集浓度降低和 γ_{CAC} 的升高。这是由于，一方面，高浓度电解质离子对 ODA 分子存在"盐析"作用，使得 ODA 分子更容易自聚形成聚集体，导致临界聚集浓度降低；另一方面，过量的电解质离子会在气-液界面发生吸附，并与水分子发生静电作用，因此增加单位面积所做的功中，还必须包括克服静电引力所消耗的功，致使表面张力变大。

外加不同阴离子对水溶液中 ODA 表面活性所产生的不同离子效应，主要是由于阴离子能够与阳离子表面活性剂分子中的阳离子头基通过静电力发生作用，从而屏蔽头基的电荷，减少表面活性剂分子之间的斥力，促进聚集体的形成，同时能够增大表面活性剂分子在气-液界面的饱和吸附量 Γ_{max}，降低单分子最小占有面积 A_{min}，最终表现为临界聚集浓度和 γ_{CAC} 均降低。与纯水体系相比，外加不同电解质阴离子致使 ODA 的临界聚集浓度均变小，但 γ_{CAC} 反而增大。这种现象主要是由于过量电解质离子在气-液界面发生吸附所造成的。然而，当 SO_4^{2-} 加入时，ODA 在气-液界面的 Γ_{max} 反而减小，致使 A_{min} 增大。这可能是由于 SO_4^{2-} 具有较大的水合半径，吸附于气-液界面的 SO_4^{2-} 能够穿插于 ODA 单分子层内，明显增大了 ODA 分子间的间距，致使 Γ_{max} 降低。

不同阴离子与 ODA 分子之间的相互作用可以通过理论计算进行进一步解释。图 7-15

给出了不同阴离子与 ODA 头基—NH_4^+ 之间的相互作用势能，表 7-1 列出了相应的结合能和解离能。

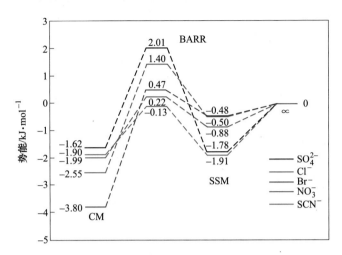

图 7-15　各阴离子与 ODA 头基—NH_4^+ 之间的相互作用势能

CM—接触最小能；BARR—溶剂层能垒；SSM—溶剂分开最小能

表 7-1　各阴离子与 ODA 头基—NH_4^+ 之间的结合能和解离能

能　　量	SO_4^{2-}	Cl^-	Br^-	NO_3^-	SCN^-
结合能（ΔE^+）/kJ·mol^{-1}	3.79	1.90	0.95	1.1	1.78
解离能（ΔE^-）/kJ·mol^{-1}	3.63	3.95	4.27	2.21	2.03

注：ODA 头基—NH_4^+ 与阴离子之间的结合能 $\Delta E^+ = E_{BARR} - E_{SSM}$，二者之间的解离能为 $\Delta E^- = E_{BARR} - E_{CM}$。

从表 7-1 中可知，结合能 ΔE^+ 的排列顺序为 $SO_4^{2-} > Cl^- > SCN^- > NO_3^- > Br^-$，除了 SCN^- 所在位置，该顺序与这些阴离子对 ODA 在水溶液中的浊度和表面活性的影响顺序基本一致。因此，可推测阴离子和 ODA 头基—NH_4^+ 之间的结合能的不同可能是导致 ODA 在不同盐溶液中 γ_{CAC} 不同的主要原因。

除阴离子外，不同的阳离子对 ODA 的表面活性也会产生不同的影响效应。由于阳离子与 ODA 头基之间不存在静电作用，因此阳离子对 ODA 表面活性的离子效应与阴离子的作用方式完全不同。这种阳离子效应可以采用水合力进行解释。阳离子和 ODA 分子在水溶液中都会发生水合现象，形成各自的水合区域。当二者靠近时，二者的水合区域会发生叠加，叠加区域能量过高，致使叠加区域内部分水分子会向体相转移，因此阳离子和 ODA 分子都会发生去水化现象。由于 ODA 分子含有一个烷烃长链，整个分子的极化性弱于水分子。阳离子的去水化，导致阳离子和 ODA 分子之间产生斥力，然而，ODA 分子的去水化却导致阳离子和 ODA 分子之间产生一定的引力。因此，阳离子对 ODA 分子的作用正是这两种力达到平衡的结果，而整体水合力的大小主要取决于离子的类型。比如亲水性离子 Na^+ 和 Mg^{2+}，具有较强的水合能力。这类亲水离子与 ODA 分子靠近时，能够争夺 ODA 分子周围的水分子，致使 ODA 分子发生去水化现象，亲水离子与 ODA 分子之间的水合力表现为引力，二者形成类似于配位结构，电荷量增大，导致 ODA 分子之间静电斥力增强，不易形成聚集体，导致临界聚集浓度变大。对于表观表面张力，是 ODA 分子在气-液界面的吸附量和排列行为，以及电解质阳离子在气-液界面的吸附行为的综合作用结果，与离子类型关系密切。

b   捕收剂分子界面排列行为

由于 ODA 在饱和盐溶液中的溶解度较小，Burdukova 和 Laskowski 认为长链胺在饱和盐溶液中是以胶体颗粒形式存在。与 KCl 晶体表面相比，大部分这种捕收剂胶体颗粒更易于直接吸附于气泡表面。吸附有捕收剂的气泡其活性被加剧，与 KCl 晶体发生有效接触的概率大大提高。Laskowski 认为吸附在气泡表面（气-液界面）的捕收剂胶体颗粒会首先在气泡表面铺展成分子膜，然后在气泡与 KCl 晶体碰撞的过程中吸附于 KCl 晶体表面。因此，ODA 在气泡表面的吸附、铺展及排列行为将会对气泡与 KCl 晶体的有效碰撞产生重要影响。

氯化钾浮选体系中不仅仅只含有 KCl 和 NaCl，还含有很多其他不同电解质离子。离子尺寸较大且极化性较强的阴离子易于在气-液界面发生吸附并产生额外的电场，该电场能够重新排列气-液界面处的水分子，改变界面水的微结构。这些阴离子，同样也会与吸附于气-液界面处的 ODA 分子发生作用，进一步影响 ODA 分子在气-液界面的吸附和排列。ODA 分子在气-液界面的排列行为可通过表面压测试、和频共振光谱测试、分子动力学模拟等手段进行研究。

表面压

表面压是指液体表面有无单分子层覆盖时的表面张力之差，用公式可表述为 $\pi = \gamma_0 - \gamma$（其中，γ_0 为纯液体的表面张力，γ 为液体表面覆盖有单分子层后的表面张力）。在压缩过程中所得的典型表面压-单分子面积（π-A）等温线能够直接反映单分子层在气-液界面的堆积密度。ODA 单分子层在纯水表面的 π-A 等温线（见图 7-16）显示，在压缩过程中，ODA 单分子层从一开始的二维的气相先转变为液相，最终再转变为排列致密的固相。在

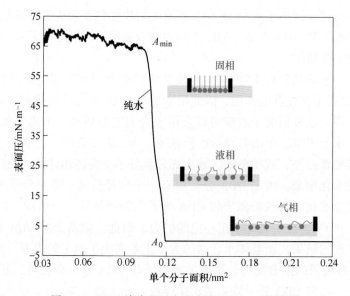

图 7-16   ODA 单分子层在纯水表面的 π-A 等温线

气相阶段，ODA 单分子层中的分子是平铺在气-液界面，单分子占有面积较大，纯水表面张力几乎不变或变化很小，表面压为零或接近于零。随着压缩进行，表面压开始出现，即 ODA 单分子层相态由气相向液相开始转变。液相阶段一般包含液体扩展相和液体致密相。在液相阶段，尽管 ODA 分子的排列与气相时相比变得致密，但分子排列的有序性依然较差。当压缩继续进行，ODA 单分子层呈现固相时，分子排列完全有序，表面压显著增加直到最大值。此时，单分子达到最小占有面积，当继续压缩越过此点后，ODA 单分子层将发生坍塌，导致分子层中的分子排列不再可控。

研究发现，对于 ODA 单分子层在不同盐溶液气-液界面的 π-A 等温线，都呈现出从气相经过液相到固相的转变，ODA 单分子层在含有单原子离子 Cl^-、Br^-、I^- 的盐溶液表面上的 π-A 等温线与在纯水表面的 π-A 等温线非常类似。从气相向液相转变的拐点 A_0 对于 Cl^-、Br^- 和 I^- 体系分别为 $0.12nm^2$、$0.125nm^2$ 和 $0.129nm^2$，该数值比在纯水体系中的 A_0 略大。值得一提的是，Cl^-、Br^- 和 I^- 体系中的 A_0 随离子半径的变大而变大。造成这种现象的原因，可能是由于在进行压缩之前少量阴离子从体相向气-液界面转移并发生吸附，这部分阴离子同样占据一定的面积，导致 ODA 在盐溶液表面的 A_0 略大于在纯水表面的数值。

随着压缩的进行，吸附在溶液气-液界面的阴离子与 ODA 分子头基之间的距离逐渐变小，此时二者之间的范德华力和静电力均在一定程度上增大。在非键力和压缩力的驱使下，部分吸附在气-液界面的阴离子可能会从气-液界面向 ODA 头基周围发生转移。阴离子与 ODA 头基之间的静电作用能够屏蔽 ODA 头基的电荷，减少 ODA 分子之间的斥力，导致最终 ODA 分子排列更加紧密。因此，电解质离子存在时，ODA 单分子层在坍塌之前的单分子最小占有面积要小于纯水体系。电解质阴离子从气-液界面向体相转移的示意图如图 7-17 所示。此外，I^- 存在时对 ODA 单分子占有最小面积影响最大，这可能是因为 I^- 尺寸较大，且极化性较强，更多的 I^- 会与正电性的 ODA 头基发生作用。

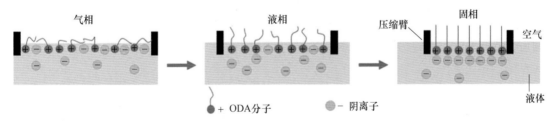

图 7-17 ODA 单分子层在盐溶液表面相转变的过程中阴离子的迁移过程

当阴离子为 NO_3^-、SCN^-、SO_4^{2-} 时，ODA 单分子层的 π-A 等温线（见图 7-16）与纯水体系中的 π-A 等温线相差较大。这些离子均由多个原子构成，与单原子离子体系相比较为复杂。与 Cl^-、Br^- 和 I^- 体系相比，NO_3^-、SCN^- 和 SO_4^{2-} 体系中 π-A 等温线的 A_0 明显变大，这表明有更多的阴离子吸附在溶液气-液界面与 ODA 分子共存。然而，随着压缩的进行，当 ODA 单分子层处于液相和固相阶段时，表面压 π 并不像在纯水体系中那样显著迅速增加，而是相对平缓，说明这些吸附在气/液界面的阴离子在压缩过程中从界面向 ODA 头基周围的转移较为缓慢。此外，图 7-16 中的单分子最小占有面积 A_{min} 比 Cl^-、Br^- 和 I^- 体系中的 A_{min} 要小，说明 NO_3^-、SCN^- 和 SO_4^{2-} 这些多原子复杂阴离子与 ODA 分子头基具有较强的结合能力。

和频共振光谱

和频共振光谱（VSFG）是将一束频率固定的可见光（VIS，绿色的可见光）和一束频率变化的红外光（IR）按照不同角度打在气-液界面的同一点，随后采集和频反射光信号，各类光频率之间的关系为 $\nu_{VSFG} = \nu_{VIS} + \nu_{IR}$。测试原理如图 7-18 所示。

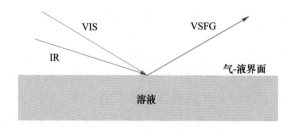

图 7-18   和频共振光谱原理示意图

和频共振光谱可用于探测气-液界面处的水分子结构及 ODA 分子的排布情况，因此能够提供更多的 ODA 分子与不同阴离子在气-液界面处相互作用的信息。依据先前报道，在低频率范围（2800~3000cm⁻¹）内出现的峰主要是归属于吸附在气-液界面的 ODA 分子的碳氢链，而处于高频范围（3000~3600cm⁻¹）内的峰主要来自于气-液界面处水分子中 OH 的响应。

对于纯水体系，和频共振光谱图（见图 7-19）中出现两个显著的尖峰和一个弱峰。其中两个尖峰一个出现在 2880cm⁻¹ 处，该峰归属于碳氢链上—CH₃ 的对称伸缩，另一个出现在 2940cm⁻¹ 处，属于碳氢链上—CH₃ 的费米（Fermi）振动响应。而出现在 2850cm⁻¹ 处的弱峰是由于—CH₂— 的对称伸缩。此外，在 3200cm⁻¹ 处出现一弱宽峰，该峰归属于气-液界面处水分子四面体配体中耦合 OH 对称伸缩振动。这些峰的出现表明，ODA 分子在纯水的气-液界面处为有序紧密排列，致使和频共振光谱图中只有 ODA 分子碳氢链端基—CH₃ 的响应，此时 ODA 分子排列方式如图 7-20（a）所示。

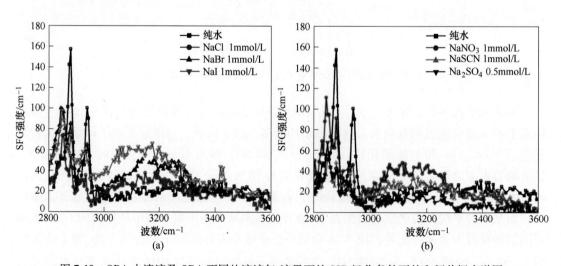

图 7-19   ODA 水溶液及 ODA 不同盐溶液气-液界面处 SSP 极化条件下的和频共振光谱图

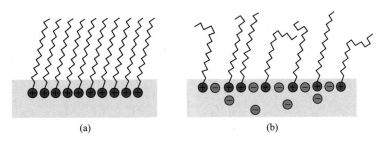

图 7-20　ODA 在纯水(a)及盐溶液(b)气-液界面处分子排列方式示意图

然而，当体系中加入额外的阴离子（Cl⁻、Br⁻ 和 I⁻）时，与纯水体系相比，—CH₃ 的信号强度降低，而—CH₂—信号强度增加（见图 7-19（a））。这种结果表明，气-液界面处 ODA 单分子层出现缺陷，致使部分—CH₂—暴露到空气中，从而产生—CH₂—的光谱响应。这种现象可能是由于部分阴离子吸附并插入到 ODA 单分子层内，导致分子间间隙变大，分子排列有序性被打乱（见图 7-20（b））。此外，阴离子的加入同时也能够增强来自于水分子四面体配体的 OH 信号（3200cm⁻¹ 处）。对于 Cl⁻、Br⁻ 和 I⁻，Cl⁻ 对 OH 信号的影响最弱，I⁻ 的影响最强，表明更多的 I⁻ 吸附在气-液界面且产生较强的额外电场，靠近界面处的水分子的偶极能够在这种额外电场的诱导下整齐排列，水分子四面体配体数目增多，OH 光谱信号增强。同样，NO₃⁻、SCN⁻ 和 SO₄²⁻ 的加入也能够扰乱 ODA 分子在气-液界面的排列，致使—CH₂—的光谱信号增强，—CH₃ 的信号减弱。这种光谱信号的变化同样是阴离子插入到 ODA 分子层内造成的。其中，NO₃⁻ 能够显著增强 OH 的信号强度，SCN⁻ 对 OH 信号几乎没有影响，而 SO₄²⁻ 却能使 OH 信号稍微减弱。与其他阴离子相比，SO₄²⁻ 更倾向于向气-液界面转移。由于 SO₄²⁻ 具有较大的水合壳层和溶剂化熵，所以这些处于界面处的 SO₄²⁻ 具有破坏水结构的能力，能够削弱 H₂O-H₂O 之间的相互作用，减少水分子四面体配体数目，致使 OH 信号变弱。

分子动力学模拟

分子动力学模拟（MDS）因其能够从分子/原子水平上提供实验手段无法获得的信息，而被广泛应用于多个领域。通过分子动力学模拟可以进一步研究不同电解质阴离子对 ODA 单分子层在气-液界面处堆积排列的影响。通过分析各模拟体系中部分分子/原子随 z 轴的密度变化，发现来自于 ODA 分子的 Cl⁻ 的密度分布与 ODA 头基—NH₄⁺ 的密度分布几乎一致，表明这些 Cl⁻ 依然围绕在—NH₄⁺ 周围并与其相互作用。而另外加入的阴离子依据它们的去向大概分为三个方面，一是仍然分散在溶液中，二是通过静电力向 ODA 头基—NH₄⁺ 靠近并与其相互作用，三是吸附于气-液界面，并穿插于 ODA 单分子层内，扰乱 ODA 分子的排列。模拟最终构型图（见图 7-21）显示，部分阴离子能够从体相向气-液界面处转移，并穿插于 ODA 分子尾链之间，尤其是 SO₄²⁻，导致 ODA 分子排列紊乱。

B　固-液界面吸附

在氯化钾浮选体系中，气泡-捕收剂-氯化钾晶体桥连结构的形成是氯化钾成功浮选的前提，因此，捕收剂在氯化钾晶体表面和气泡表面的吸附行为成为氯化钾浮选机理研究的重要部分。

前期研究认为，当气泡被引入浮选体系时，大量捕收剂分子易于在气泡表面发生吸附。Schulman 和 Leja 认为吸附有捕收剂分子的气泡与氯化钾晶体发生碰撞时，捕收剂分

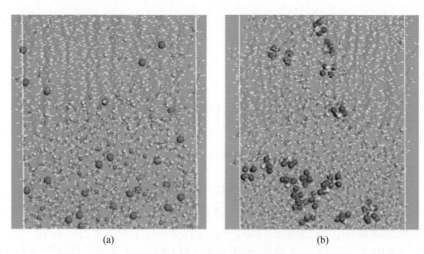

(a)   (b)

图 7-21   模拟体系最终构型侧视图

（a）NaI 体系；（b）Na$_2$SO$_4$ 体系

各原子颜色：I—洋红色；S—黄色；O—红色；N—蓝色；Cl—绿色；Na—紫色；H—白色

子会从气-液界面向固-液界面发生转移。随后，Burdukova 和 Laskowski 通过实验进一步证实了捕收剂分子在不同界面之间的转移现象。以上描述说明，气泡在浮选体系中起到运输捕收剂的作用，气泡的存在能够促进捕收剂分子在氯化钾晶体表面的吸附。本节将主要介绍不同温度下有无气泡通入时 ODA 分子在氯化钾晶体表面的吸附动力学和吸附等温线模型，揭示 ODA 在氯化钾晶体表面的固-液界面吸附行为。

a   吸附平衡时间

吸附平衡状态是指，当含有吸附质的溶液与吸附剂接触足够长的时间后，体相中吸附质的浓度与溶液-吸附剂界面处吸附质的浓度达到动态平衡时的状态。而吸附平衡时间指的就是吸附质在吸附剂表面达到饱和吸附所需要的时间。氯化钾饱和溶液中 ODA 在氯化钾晶体表面的吸附平衡时间受温度有很大影响，比如温度在 15℃ 以下时吸附平衡时间约为 40min，而 25℃ 条件下仅需 10min 便能达到吸附平衡。此外，如若向吸附体系内通入气泡，ODA 在氯化钾晶体表面的吸附速率和吸附量均有明显提高。

气泡的引入之所以能够有效地促进饱和氯化钾溶液中 ODA 分子在氯化钾晶体表面的吸附，并且显著缩短达到吸附平衡的时间，这可能是由于体系中气泡的引入能够提供更多的气-液界面，ODA 分子在疏水驱动力下易于吸附在气-液界面，当气泡与氯化钾晶体碰撞时，吸附在气泡表面的 ODA 分子会被转移并吸附在氯化钾晶体表面。大量气泡的出现，增加了 ODA 分子与氯化钾颗粒相互作用的概率，导致吸附速率的增加。

b   吸附动力学模型

吸附动力学的计算是研究吸附过程的重要内容之一，因为它能够反映出吸附质和吸附剂之间的作用方式及吸附反应机理等基本信息。在吸附过程的动力学研究中，常采用拟一级动力学模型（见式（7-5））和拟二级动力学模型（见式（7-6））进行分析。

$$q_t = q_e(1 - e^{k_1 t}) \tag{7-5}$$

$$\frac{t}{q_t} = \frac{1}{k_2 q_e^2} + \frac{1}{q_e} t \tag{7-6}$$

式中，q_t 为 t 时刻时的吸附量，mol/g；q_e 为平衡吸附量，mol/g；k_1、k_2 分别对应于拟一级动力学模型和拟二级动力学模型中的吸附速率常数。

对于拟一级动力学模型，吸附量 q_t 与时间 t 呈指数函数关系，而对于拟二级动力学模型，t/q_t 与 t 呈直线关系。研究发现，在温度 0~25℃ 范围内，无论有无气泡的通入，ODA分子在氯化钾晶体表面的吸附动力学均符合拟二级动力学模型。

c 吸附等温线模型

吸附等温线是指一定温度下吸附平衡时吸附量与溶液中剩余吸附质的浓度之间的关系曲线，它能够有效地反映吸附质与吸附剂之间的作用方式，同时也能够揭示吸附过程、吸附剂表面化学性质和吸附剂吸附能力。对于 ODA 分子在氯化钾晶体表面的吸附等温线，常通过测定不同初始浓度 ODA 在氯化钾晶体表面吸附的吸附平衡浓度和吸附量来确定。关于吸附等温线的讨论，一般常用的模型为 Langmuir 吸附等温线模型和 Freundlich 吸附等温线模型。其中 Langmuir 吸附等温线模型是一种经验模型，由 Irving Langmuir 于 1916 年提出，它是假设吸附质在吸附剂表面是单层吸附且吸附质各分子之间没有相互作用及空间位阻效应。Langmuir 吸附等温线模型的数学表达式为：

$$\frac{1}{q_e} = \frac{1}{Q_m b} \cdot \frac{1}{c_e} + \frac{1}{Q_m} \tag{7-7}$$

式中，q_e 为吸附平衡时的吸附量；c_e 为吸附平衡时的溶液中吸附质浓度；Q_m 为最大吸附能力；b 为与吸附自由能有关的常数。

式（7-7）即为常见的 Langmuir 吸附等温线模型形式。显然，式（7-7）中 $1/q_e$ 与 $1/c_e$ 呈直线关系。在采用 Langmuir 吸附等温线模型进行讨论之前，首先将 q_e-c_e 的原数据点转换成 $1/q_e$-$1/c_e$ 数据点，再进行直线拟合。然而，将实际原数据点 q_e-c_e 转换成 $1/q_e$-$1/c_e$ 数据点后，$1/q_e$ 和 $1/c_e$ 并不呈直线关系，表明 Langmuir 吸附等温线不适用于描述饱和氯化钾溶液中 ODA 分子在氯化钾晶体表面的吸附过程。因此，可推测 ODA 分子在氯化钾晶体表面不是传统的单分子吸附或者被吸附的 ODA 分子之间存在相互作用或空间位阻效应。

另一种吸附等温线模型是 Freundlich 模型，也是最早提出的一种经验模型，它可用于描述多层分子吸附、非均质表面吸附和可逆吸附过程。该模型假设吸附剂表面含有不同结合能位点，吸附质首先吸附在结合能高的位点上，其次是结合能低的位点。该模型的数学表达式为：

$$\lg q_e = \lg K_F + \frac{1}{n}\lg c_e \tag{7-8}$$

式中，K_F 为与吸附剂相关的吸附参数；n 为代表非均质吸附位点结合能的参数。

从式（7-8）可知，$\lg q_e$ 和 $\lg c_e$ 之间呈直线关系。实际上，ODA 分子在氯化钾晶体表面吸附过程中的 $\lg q_e$-$\lg c_e$ 变化也难以通过直线进行拟合，说明 $\lg q_e$ 与 $\lg c_e$ 不存在直线关系，进一步表明 Freundlich 吸附等温线模型同样也不适用于描述饱和氯化钾溶液中 ODA 分子在氯化钾晶体表面的吸附过程。

综上分析，氯化钾饱和溶液中 ODA 分子在氯化钾晶体表面的吸附行为既不是简单的单层吸附，也不是多层吸附。这可能是在高离子强度下，ODA 分子发生了自组装，形成了聚集体，导致 ODA 在氯化钾晶体表面的吸附是以聚集体的形式而不是以分散的分子形式存在。

d   吸附分子动力学模拟

饱和盐溶液由于离子强度较高，多离子共存，导致传统表/界面化学研究手段不再适用。分子动力学模拟因其可以从分子/原子水平揭示分子/原子之间的相互作用机制，而发展成为表/界面化学的重要研究手段。通过分子动力学模拟可以进一步研究 ODA 在氯化钾晶体表面的吸附和聚集行为。

ODA 在氯化钠晶体表面的分子动力学模拟如图 7-22 所示。ODA 捕收剂分子的初始状态是亲水基靠近氯化钠晶体表面，疏水尾链朝向溶液中。当分子动力学模拟结束，体系达到平衡的时候，ODA 分子在晶体表面自行组装形成一个球形的聚集体结构。该结构中 ODA 分子的疏水基紧靠在一起构成胶束的内核，亲水基团朝外与液相接触。这种聚集体结构主要是由于 ODA 分子中疏水基的疏水驱动力作用的结果，聚集体可以稳定存在。在整个的模拟过程中，没有观察到 ODA 分子在氯化钠晶体表面的吸附现象，该结果与之前的文献中及本节研究中氯化钠的浮选结果相一致。这主要是由于氯化钠晶体表面的晶格离子与水分子之间的相互作用力很强，导致了捕收剂 ODA 分子无法替代表面的水分子在晶体表面发生吸附。

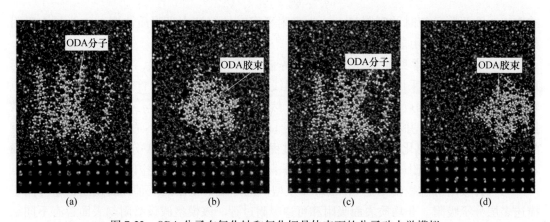

图 7-22   ODA 分子在氯化钠和氯化钾晶体表面的分子动力学模拟
（a）氯化钠体系初始状态；（b）氯化钠体系结束状态；（c）氯化钾体系初始状态；（d）氯化钾体系结束状态

然而在氯化钾晶体表面，ODA 捕收剂分子的聚集和吸附行为与在氯化钠表面差别较大（见图 7-23）。总的来说，在模拟的大多数过程中，在氯化钾饱和溶液中 ODA 分子所形成的聚集体结构与在氯化钠的饱和溶液中的结构相类似。然而在模拟平衡时，ODA 分子的极性基团与氯化钾晶体表面相接触并发生吸附。吸附的原因为晶体晶格中的钾离子与水分子之间的相互作用力较弱，界面水化层中的水分子很不稳定，ODA 分子可以穿透水化层与氯化钾晶体表面发生作用。

将分子动力学模拟结束后 ODA 聚集体在氯化钾晶体表面的吸附形态进行局部放大后（见图 7-23），发现氯化钾晶体界面的水分子不稳定，水分子可以被 ODA 分子替代并在固-液界面达到稳定状态，ODA 通过分子中的正电荷亲水基可以与晶体表面晶格缺陷的负电荷的位点接触（Cl⁻）而吸附于氯化钾晶体表面。

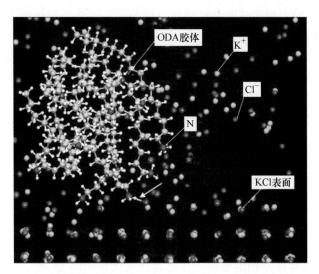

图 7-23 分子动力学模拟结束时 ODA 分子在氯化钾晶体表面的吸附形态

7.2.2.3 可溶盐浮选气泡作用

如 7.2.2.2 小节所述，低温情况下，饱和氯化钾溶液中 ODA 分子的活性降低，导致 ODA 在氯化钾晶体表面上的吸附量减少。一定量的气泡通入后，在气泡的作用下，低温时 ODA 在氯化钾晶体表面的吸附量明显增大。该现象可以通过进一步考察低温下不同气泡通入量下 ODA 在氯化钾晶体表面的吸附行为进行量化。图 7-24 给出了不同氮气通入量下 ODA 在氯化钾晶体表面的吸附等温线。当通气量由 10mL/min 升至 20mL/min 时，ODA 的吸附量显著增加，这可能是因为引入的气泡越多，气泡与固体颗粒碰撞的概率越大，造成 ODA 从气-液界面向氯化钾晶体表面的转移概率也越大，因此吸附量也越大。然而，当通气量继续升至 30mL/min，吸附量只略大于 20mL/min 的情况，说明通气量 20mL/min 下已经接近于饱和吸附，即使再提高通气量，吸附量也不会明显提高。

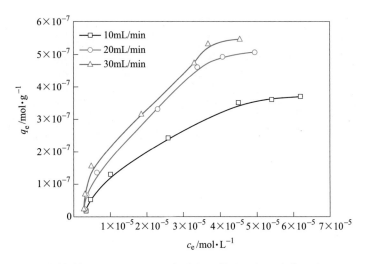

图 7-24 不同气体通入量下 ODA 在氯化钾晶体表面的吸附等温线 ($T=0℃$)

由于捕收剂在矿物表面的吸附是矿物可浮的前提，因此，氯化钾的浮选回收率能够进一步反映 ODA 在氯化钾表面的吸附情况。研究发现，温度 0℃下氯化钾浮选时，在任一 ODA 浓度下，浮选回收率均随着通气量的增加而增大，说明通气量的增大能够有效促进 ODA 在氯化钾晶体表面的吸附。此外，当通气量为 10mL/min 时，氯化钾的浮选回收率随 ODA 浓度的增加几乎不变，而当通气量为 20mL/min 和 30mL/min 时，氯化钾的浮选回收率随 ODA 浓度的增加明显提高，说明在高通气量下高浓度的 ODA 才能有效发挥作用。

在浮选过程中，捕收剂 ODA 的头基吸附在氯化钾晶体表面，而尾链吸附在气泡表面，三者形成稳定的桥连结构（见图 7-25），在气泡的上升过程中，最终完成氯化钾的浮选。在捕收剂的作用下，氯化钾颗粒能够实现对气泡的包裹，间接反映 ODA 在气泡表面和氯化钾晶体表面的吸附。图 7-26 为氯化钾包裹的气泡的显微镜图。结果清晰地显示，在 ODA 的作用下呈现出氯化钾颗粒对气泡的包裹，气泡直径大小约为 870μm，且随着观测时间的延长，气泡尺寸几乎不变，说明氯化钾颗粒包裹的气泡结构非常稳定。这种气泡-捕收剂-氯化钾晶体的桥连结构的形成，正是在浮选体系中固-液-气三相点处三者相互作用的结果，同时也是能够完成浮选的先决条件。

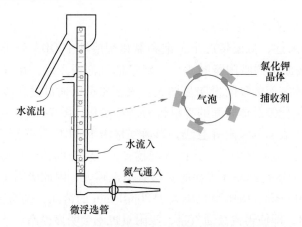

图 7-25   浮选中气泡-捕收剂-氯化钾晶体桥连结构示意图

图 7-26   氯化钾颗粒包裹的气泡随时间变化的显微镜图
（ODA 浓度为 $1×10^{-5}$ mol/L）

7.2.3   捕收剂界面吸附理论模型

氯化钾浮选体系由于离子强度高、离子环境复杂，且溶解度随温度变化较大，致使常规测试手段很难实施，因此，氯化钾浮选机理发展较为缓慢。截至目前，有关氯化钾浮选机理国内外研究多集中于常温下捕收剂与氯化钾晶体表面的相互作用机制，即捕收剂在氯化钾晶体表面选择性吸附机制。国内外学者先后提出了 6 种理论模型，分别为离子交换模型、溶解热模型、表面电荷模型、表面水合理论、捕收剂胶体/表面电荷假设模型及界面水结构理论模型。

7.2.3.1 离子交换模型

离子交换模型认为，长链胺类之所以能够选择性浮选 KCl，是因为该捕收剂在溶液中形成的 RNH_3^+ 可以与 KCl 晶体表面的 K^+ 发生离子交换，却不能与 NaCl 晶体表面的 Na^+ 发生离子交换，因此捕收剂只能在 KCl 晶体表面发生吸附。为了验证这一理论，Fuerstenau 等人系统研究了不同碱金属卤化物的浮选行为，结果表明，只有那些晶体表面上离子半径与 RNH_3^+ 相近的阳离子才可以与 RNH_3^+ 发生离子交换，从而使得 RNH_3^+ 在晶体表面吸附，完成浮选。如图 7-27（a）所示，RNH_3^+ 的离子半径为 0.143nm，与 K^+ 的半径（0.135nm）比较接近，却远大于 Na^+ 的半径（0.095nm），因此，RNH_3^+ 只能与 K^+ 发生离子交换。然而进一步研究却发现，该理论无法解释烷基硫酸盐类捕收剂对 KCl 的浮选情况。如图 7-27（b）所示，RSO_4^{2-} 的离子半径（0.24nm）要大于 Cl^- 的离子半径（0.18nm）。若根据离子交换理论，RSO_4^{2-} 无法与 KCl 晶体表面的 Cl^- 发生交换而吸附于 KCl 晶体表面，进而无法浮选 KCl。然而，在实际生产情况下，烷基硫酸钠仍然可以很好地对 KCl 进行捕收。所以离子交换理论在解释捕收剂选择性浮选 KCl 时存在有很大的局限性。

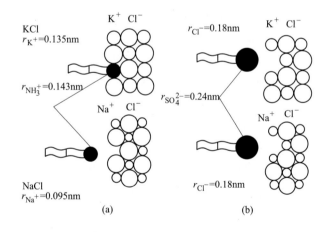

图 7-27　不同捕收剂分子在氯化钾和氯化钠晶体表面的吸附情况
（a）烷基铵盐酸盐；（b）烷基硫酸盐

7.2.3.2 溶解热模型

溶解热模型认为水分子与晶体表面的吸引力弱时捕收剂可吸附晶体完成浮选。溶解热为正值时无吸附，不发生浮选；为负值时一般会发生吸附，可完成浮选。因此，可通过计算溶液热效应来判断可溶性盐的可浮性，表 7-2 中列举了部分碱金属的溶解热及其可浮性。

表 7-2　18℃下单价碱金属盐在稀溶液中的溶解热 ΔH_s　（kcal/mol）

离子	Li$^+$	Na$^+$	K$^+$	Rb$^+$	Cs$^+$	NH$_4^+$
F$^-$	-1.0	-0.4	2.2	5.9	8.5	-1.5
Cl$^-$	4.9	-0.5	-3.8	-4.2	-3.9	-3.4
Br$^-$	7.7	-4.6	-4.1	-5.9	-6.6	-4.5
I$^-$	14.8	-3.9	-3.4	-6.3	-8.1	-3.6

注：1. 表中阴影部分盐均不可浮；

　　2. 1cal = 4.19J。

7.2.3.3　表面水合模型

表面水合理论认为可溶盐能否被浮选主要取决于水分子和捕收剂分子在可溶盐晶体表面的竞争吸附，因此盐晶体表面和捕收剂的水合能力是控制浮选反应的主要因素。依据该理论，可溶盐晶体按照其水合情况可以分为表面水合能力较弱的盐、表面水合能力较强的盐、表面水合能力很强的盐。表面水合能力较弱的盐可以被烷基胺捕收剂和烷基硫酸盐类捕收剂同时浮选；水合能力较强的盐可以被脂肪酸类捕收剂浮选；水合能力很强的盐则无法浮选。而无机盐水合能力的强弱可以通过盐的溶解热来判定。该理论首次将可溶盐晶体表面离子的水合状态与其浮选行为联系了起来。

7.2.3.4　表面电荷模型

表面电荷模型及后来改善的捕收剂胶体/表面电荷吸附假设模型认为可溶性盐的浮选主要是依靠盐晶体表面和捕收剂之间静电作用完成的。但是可溶盐浮选是在饱和盐溶液中进行，溶液中离子强度很高，晶体表面的双电层几乎完全被压缩，导致晶体颗粒表面电荷情况很难被确定，因此当时该理论备受争议。直至 1992 年，Miller 等人采用非平衡电泳测量手段证实了饱和盐溶液中 KCl 表面带负电而 NaCl 表面带正电荷，很好地解释了阳离子捕收剂对 KCl 的选择性捕收，结束了多年以来对该理论模型的争议。然而该理论却同样很难解释阴离子捕收剂烷基硫酸钠浮选 KCl 的机理。

7.2.3.5　界面水结构模型

在表面水合理论和溶解热模型基础上，Miller 课题组提出了一种全新的可溶盐浮选理论——界面水结构理论，该理论认为盐可以分为水结构致密盐和水结构疏散盐，即能够使水分子在盐晶体表面有序稳定排列的盐称为水结构致密盐，相反，使水分子结构在盐晶体表面变得紊乱的盐称为水结构疏散盐。如图 7-28 所示，捕收剂无法突破稳定整齐排列的水分子层而吸附在水结构致密盐表面（见图 7-28（a）），相反，捕收剂易于突破排列紊乱的水分子层而吸附在水结构疏散盐表面，从而使其被浮出（见图 7-28（b））。

界面水结构理论首次从界面水的角度解释了捕收剂与可溶盐晶体表面的作用过程。Hancer 和 Miller 等人认为溶液黏度随浓度增加而变大的盐被称作水结构致密盐，相反，溶液黏度随浓度增加而变小的盐被称作水结构疏散盐。随后，采用不同无机盐进行了一系列微浮选实验，进一步验证了水结构致密盐不能够被浮选，而水结构疏散盐可以被浮选（见表 7-3），表明可溶盐对水结构的效应与其可浮性具有较强的相关性[4]。

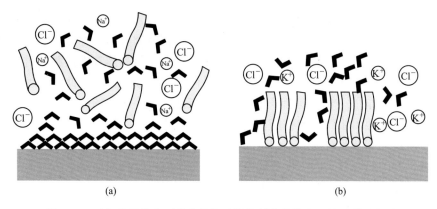

图 7-28　无机盐晶体表面的水结构及捕收剂在晶体表面的吸附示意图
（a）氯化钠晶体；（b）氯化钾晶体

表 7-3　可溶盐表面水结构与该矿物可浮性之间的关系

离子	F⁻	Cl⁻	Br⁻	I⁻
Li⁺	可浮	不可浮	不可浮	不可浮
水结构致密盐				
Na⁺	不可浮	不可浮	不可浮	不可浮
水结构疏散盐				
K⁺	不可浮	可浮	可浮	可浮
Rb⁺	不可浮	可浮	可浮	可浮
Cs⁺	不可浮	可浮	可浮	可浮

为了进一步了解不同无机盐晶体表面水结构的变化，Du 和 Miller 等人采用分子动力学模拟的方法对不同水盐体系进行了研究。通过盐晶体表面水分子密度、水分子偶极矩分布、氢键分布、平衡表面电荷、均方位移、弛豫时间等参数的计算，考察了离子与水分子之间的相互作用及可溶盐晶体表面的水结构。结果表明，尺寸较小但电场较大的 Li^+ 和 Na^+ 能够与界面水分子强烈作用，使得水分子在盐晶体表面稳定有序排列。然而，水分子与 KCl 和 RbCl 表面的作用力较弱，界面水分子排列混乱。

针对温度对 KCl 晶体界面水结构的影响，作者所在团队采用分子动力学模拟的方法研究了不同温度下饱和 KCl 溶液中 KCl 晶体界面水分子的微观结构。在模拟过程中，通过与纯 KCl 饱和溶液体系对比，系统讨论了 KCl 晶体界面水膜中水分子的运动性、水分子间氢键结构及水分子的方向性。结果表明，当温度降低时，KCl 晶体界面水膜中的水分子运动性降低，水分子中的氢原子倾向于靠近晶体表面，氢键数目减少，水分子有序性增强。推测 KCl 可能从常温下的水结构疏散盐向低温下的水结构致密盐发生转变，极大地削弱了 ODA 分子及其聚集体在 KCl 晶体表面的吸附性能，从而导致低温浮选回收率显著降低。

可溶盐浮选机理的研究对于指导可溶盐实际生产非常关键。要使浮选能够有效进行需要满足以下几个条件：（1）可溶盐在水中溶解后，产生的离子应具有一定的疏水性，盐溶液整体黏度应随浓度的增加而变小；（2）可溶盐应为水结构疏散盐，晶体-盐溶液界面处不能形成致密的水层；（3）捕收剂在可溶盐晶体表面能够发生有效吸附，增强晶体表面的疏水性；（4）气泡能够与晶体表面发生接触。此外，在实际浮选过程中，捕收剂使用浓度往往大于其在饱和盐溶液中的溶解度，捕收剂以沉淀胶体颗粒形式存在。捕收剂能够迅速吸附在气泡表面，在气泡表面铺展，形成分子膜。气泡在与晶体表面接触的过程中，气泡表面捕收剂分子会吸附在晶体表面，显著增强晶体表面的疏水性，因此，气泡在浮选过程中起运输捕收剂的作用。气泡剂能够加强捕收剂在饱和盐溶液中的分散，提高捕收剂分子的扩散速率，有效地阻止气泡的粘连，提高浮选回收率。

由于可溶盐的浮选是在高离子强度下进行的，很多常规测试手段的使用都受到限制，可溶盐浮选机理的研究对实验工作者而言仍是一个挑战。结合当前生产实际需要及理论研究进展，今后可溶盐浮选机理的研究可能包含以下几个方面：（1）低温条件下（$T<0℃$）可溶盐浮选机理研究。由于我国盐湖资源多处于西部地区，冬季时间长且温度较低，低温条件下氯化钾浮选回收率相对较低，捕收剂损耗严重，严重影响氯化钾实际工业生产。（2）捕收剂在可溶盐晶体表面及气泡表面的吸附特性研究。目前，对于捕收剂在可溶盐晶体表面及气泡表面的吸附只处于表观认识阶段，至于吸附量、吸附模型、分子排列方式等尚不明确。（3）开发新型捕收剂。在认识可溶盐浮选机理的基础上，开发高效新型捕收剂将会有效提高可溶盐的浮选回收率，节约成本。总之，未来的研究趋势，将是继续完善可溶盐的浮选理论，进一步指导工业实际生产。

7.3 低阶/氧化煤浮选

我国是以煤炭为主要能源的国家，2018 年全国一次能源的消费中煤炭占比为 59%，煤炭在今后相当长时期内仍将占据一次能源的主要地位[5]。据统计，我国低阶煤储量高达5612 亿吨，约占煤炭资源已探明总储量的 45%，仅山西低阶煤资源量就达 251.28 亿吨，其中，长焰煤 206.44 亿吨、不黏煤 22.44 亿吨、弱黏煤 22.22 亿吨。此外，煤炭在自然界中氧化会形成氧化煤（风化煤、自燃煤），其储量也非常可观，仅风化型氧化煤在山西和内蒙古的储量就近 130 亿吨。低阶/氧化煤是煤炭能源生产和供应的重要组成部分，在电力、化工和冶金等领域发挥着举足轻重的作用。随着低阶/氧化煤开采量的不断提高，以及机械化开采力度的不断增强和大型重选设备的推广应用，低阶/氧化煤煤泥含量和灰分急剧上升，这些煤泥只能部分掺入重选精煤中以保证精煤产品的灰分要求，导致大量的煤泥无法有效回收，造成资源浪费的同时带来严重的环境污染[6]。采用浮选的方式对低阶/氧化煤煤泥进行加工处理，可以进一步降低其灰分和硫分，有利于低阶/氧化煤的转化和高效清洁利用。煤表面的亲疏水性决定煤颗粒能否黏附在气泡表面实现浮选，生产中同样也需要采用捕收剂来提高煤的表面疏水性。然而，低阶/氧化煤孔隙率高，表面含氧官能团丰富，表面亲水性较强，捕收剂不易在其表面吸附铺展，且耗量较大。

7.3.1 低阶/氧化煤的表面性质

7.3.1.1 表面官能团及形貌

A 表面官能团

煤的基本结构单元是以碳为骨架的多聚芳香环，在芳香环周围有碳、氢、氧及少量的氮和硫等原子组成的侧链和官能团。不同煤化程度的煤具有不同的结构单元及元素组成。随着煤化程度的减小，煤分子的侧链逐渐增多，侧链上的含氧官能团也逐渐增多。与高阶煤和中等煤化程度的煤相比，低阶煤侧链较多，且大量含氧官能团分布在侧链上，如羧基（—COOH）、羟基（—OH）、羰基（—C＝O）和甲氧基（—OCH₃）。如图 7-29 所示，煤中含氧官能团随煤化程度的提高而减少[7]。甲氧基的消失速度最快，褐煤中几乎没有甲氧基的存在；羧基是褐煤的典型特征，烟煤中羧基的数量较少，中等煤化程度的烟煤中基本看不到羧基的存在；羟基和羰基存在于各种不同煤化程度的煤中。

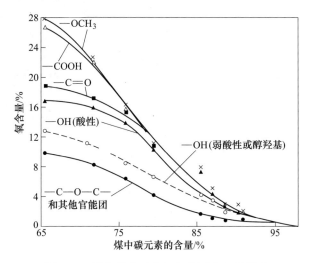

图 7-29　煤化程度对含氧官能团分布的影响

　　煤开采后在空气中存放一段时间后，其表面在与空气中的氧相互作用下会发生不同程度的氧化。煤表面的氧化过程是使煤的分子结构从复杂到简单的逐渐降解过程，煤化程度越低的煤越容易被氧化。研究发现，氧化对煤的可浮性具有重要影响，随着氧化程度的增加煤表面亲水性增强，可浮性随之下降。

　　煤在空气中的氧化是一个复杂的过程，国内外针对煤在氧气或空气中的氧化反应（温度一般低于 200℃）进行了大量研究[7]。氧气在煤粒表面发生物理吸附和化学吸附，使得煤粒表面疏水性碳氢侧链受到氧的攻击，生成大量亲水性含氧官能团（—OH、—C＝O、—COOH），含氧基团随着氧化过程的进行发生以下转换：羟基氧化成羰基，羰基氧化成羧基，羧基氧化成气体产物等，同时释放出大量的热。最终煤粒表面疏水基（碳氢基团）含量不断减少，亲水基（含氧基团）含量不断增加，从而增加煤表面的亲水性。

　　通过高温空气氧化法可以模拟煤的氧化过程。以山西柳林矿区肥煤为例，在 185℃烘箱中分别氧化不同时间。煤表面 1μm 深度的扫描电镜（SEM）和 X 射线能量色谱仪（EDS）面扫结果如图 7-30 所示，碳含量随氧化程度的增加而减少，氧含量随氧化程度的增加而增加。新鲜煤样表面氧含量为 5.41%，氧化 48h 后氧含量增加至 14.09%。

　　长焰煤是山西低阶煤的典型代表，采用 XPS 可对其表面化学基团或组成进行分析。长焰煤的 C 元素相对含量为 63.91%，O 元素的相对含量为 26.60%。表面官能团主要为C—C/C—H 和 C—O，相对含量分别为 79.87% 和 15.29%。此外，低阶煤煤样中还发现了 C＝O 和 O＝C—O 基团。煤表面的含氧官能团可以增加煤样表面的亲水性点，从而增加煤样表面的亲水性，降低可浮性。通过 X 射线衍射仪和 MDI Jade6 软件分析发现，高岭石、石英、单硅钙石为长焰煤中的主要矿物质。由于高岭石是一种黏土矿物，容易水化并

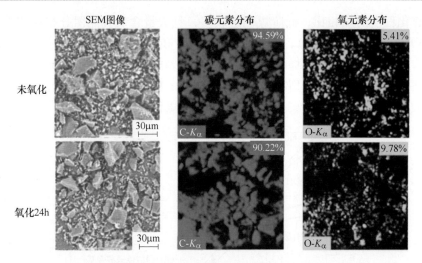

图 7-30　氧化前后煤的 SEM-EDS 图像

在煤表面罩盖，增加浮选药剂消耗。此外，由于石英等亲水性矿物的存在，不利于烃类油捕收剂在低阶煤表面的吸附，同样影响低阶煤的浮选回收率。

通过红外光谱技术分析，长焰煤表面与周围水分子可形成 6 类氢键，分别是自由羟基（—OH）、羟基—π 氢键（OH…π）、自缔合羟基氢键（OH…OH）、羟基醚氧氢键（OH…醚氧）、环状紧密缔合羟基氢键（环状 OH 氢键）、羟基—氮氢键（OH… N）。以上分析结果表明，低阶煤（长焰煤）表面存在大量亲水性含氧官能团，这是导致低阶煤难浮的主要原因之一。

B　表观形貌

利用扫描电子显微镜对低阶煤（长焰煤）表观形貌进行研究，结果如图 7-31 所示。图 7-31（a）为放大 4000 倍后的图像，可以看出低阶煤（长焰煤）表面较为粗糙，且有大量细粒级颗粒；放大 8000 倍后（见图 7-31（b））发现，低阶煤表面有细小孔隙分布。这使得在浮选过程中会有大量的捕收剂吸附、填充在孔隙间隙，增大了捕收剂的耗量。

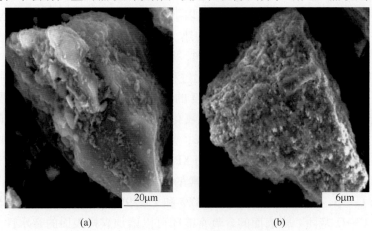

(a)　　　　　　　　　　　　(b)

图 7-31　低阶煤(长焰煤)SEM 表面形貌图
(a) 放大 4000 倍；(b) 放大 8000 倍

7.3.1.2 表面电性

煤是一种非均质混合物，其表面电性的起因很复杂。有研究认为，当煤暴露在空气中，碳原子与空气中的氧反应形成氧化表面，氧化煤表面电性与氧化矿表面电性类似，H_3O^+ 和 OH^- 为电位定位离子。另一种观点认为，褐煤等低阶煤表面的弱酸性含氧官能团（酚羟基—OH，—COOH）在水溶液中以解离和非解离两种形式存在，煤表面电性由弱酸性含氧官能团的解离程度决定。OH^- 和 H_3O^+ 在煤表面的吸附或者弱酸性含氧官能团在水中的解离，都能使煤表面形成双电层结构，并产生一定的动电位。虽然煤表面结构、物理化学性质和电荷分布不均匀，煤-水界面双电层结构仍然满足 Stern 模型。当溶液 pH 值增大，OH^- 浓度增高时，有利于弱酸性基的解离和 OH^- 在煤表面的吸附，使动电位向负方向增大，反之，pH 值降低，H^+ 增多，有利于 H_3O^+ 在煤表面的吸附，动电位向正方向增大。

煤的表面电性取决于煤的基本化学结构，随着煤化程度的减小，煤表面带负电的含氧官能团增多，致使煤表面的零电点负移。高阶煤烟煤的零电点在 pH 值为 5~8 之间，而低阶煤次烟煤和褐煤的零电点为 pH 值为 3~4 之间，煤表面负电荷主要起因于极性含氧官能团（—COOH、—OH）。氧化煤表面电性类似于低阶煤，零电点随氧化程度的增加负移。山西柳林矿区肥煤的零电点（IEP）为 pH 值为 5.3 时，随着氧化时间的增加，煤表面零电点负移至 pH 值更低的区间（pH 值为 3~4），氧化 48h 后，零电点下降至 pH 值为 2.6。煤表面的负电性主要来源于煤表面电负性的含氧官能团，包括弱酸性含氧官能团—OH 和—COOH。从 XPS 分峰拟合结果可知，随着氧化时间的增加，煤表面的 C—O 和 O＝C—O 含量逐渐增加，这些官能团在水中会羟基化变成—OH 和—COOH。因此，随着氧化时间的增加，煤表面—OH 和—COOH 增加，零电点下降。

煤表面电性对煤的浮选效果会产生影响。研究表明煤表面动电位越大，其表面水化膜越厚，疏水性和可浮性越弱，当 Zeta 电位最小时，疏水性最好，浮选回收效果最佳。

7.3.1.3 煤-水界面水化膜

煤浮选是煤粒黏附在气泡表面上浮成为精煤的过程，煤颗粒与气泡的作用具体分为三个阶段：（1）煤颗粒与气泡表面相互接近并碰撞；（2）煤颗粒与气泡之间的液膜薄化并破裂；（3）煤颗粒黏附在气泡表面实现上浮。煤颗粒与气泡间的液膜薄化和破裂，固-液-气三相接触向周边扩展，最后达到平衡接触角，才能实现煤粒颗粒与气泡的矿化，完成浮选。因此，煤-水界面水化膜的特性决定煤的可浮性[8]。

当煤粒处于水中时，为了降低煤-水界面的自由能，水分子在煤表面的吸附及煤表面水化膜的形成完全是一个自发过程。其水化膜的特性是由煤的基本化学结构和表面物理化学性质决定的。根据煤的基本结构特征，可将煤表面基本结构单元分为亲水性部分和疏水性部分。亲水性部分带有较多的—COOH、—OH 等极性基团，这些基团可与水分子形成氢键；另外，在煤-水界面静电场作用下，极性水分子在煤表面形成定向排列-静电偶极吸附。因此，亲水性部分形成具有一定厚度的结构水化膜。而在疏水性部分，水分子不能产生氢键吸附和静电偶极吸附，只能通过微弱的分子间引力作用分布在煤表面，水分子取向程度极低，形成自由水化膜。结构水化膜的生成自由能大，不易薄化、破裂，当煤粒表面亲水性部分与气泡接触，气泡很难排开这层水化膜而使煤粒黏附在气泡上，导致煤粒可浮性差。相反，自由水化膜的生成自由能很小，当煤粒表面疏水性部分与气泡接触，气泡与煤表面间的液膜就会自发地破裂，促使煤粒牢固地黏附在气泡上，煤粒表现出良好的可浮性。

煤-水界面水化膜特性使不同可浮性煤的浮选捕收剂的选择不同。若煤粒未受氧化或表面含氧官能团极少，其表面基本都是疏水的，只能形成自由水化膜，煤的可浮性强，加入少量的起泡剂就可获得良好的浮选效果。若煤粒受轻度氧化或表面带有少量极性基团，其表面同时存在亲水性部分和疏水性部分，煤的可浮性中等。为了消除煤粒表面亲水性部分对浮选的抑制，添加适量的烃类油捕收剂可以增加煤粒表面的疏水性，提高煤粒的可浮性。低阶/氧化煤表面具有丰富的极性含氧官能团，水分子在煤表面的氢键和静电偶极吸附数量大，形成厚且牢固的结构水化膜，致使煤的可浮性差，需要大量的捕收剂才能提高浮选效率。

7.3.1.4　表面亲疏水性

浮选是基于煤和灰分矿物表面亲疏水性差异实现两者有效分离的方法，煤表面亲疏水性对其可浮性具有决定性的作用。接触角测量是表征煤表面亲疏水性最传统的方法，包括坐滴法和被浮气泡法。测定煤表面接触角时，要求煤表面光滑平整，尽可能减小粗糙度对接触角测量结果的影响。大量研究表明低阶/氧化煤表面接触角在 $20°\sim40°$ 之间。随着检测技术的进步，表征煤表面亲疏水性的手段得到逐步发展，包括诱导时间测定、润湿热测量等。

诱导时间是浮选过程中水化膜薄化及破裂所经历的时间，在一定的流体条件下，诱导时间越短，煤的疏水性和可浮性越好。研究发现，中等挥发分烟煤的诱导时间为 $25\sim45ms$，高挥发分烟煤的诱导时间为 $0.8\sim2.3ms$，石墨的诱导时间为 $0.3ms$，取自煤制油选煤厂粒度为 $0.074\sim0.045mm$ 的长焰煤诱导时间为 $75.00ms$。

根据热力学第二定律，一切热力学自发过程都是自由能降低的过程，均伴随着能量的变化。当煤与水接触时，极性水分子对煤表面极性基团产生强烈的补偿作用，在煤表面吸附并铺展，从而产生热效应，煤颗粒的亲疏水性可用润湿热（单位面积煤颗粒被水润湿时释放的热量）来表征。理论上讲，润湿热仅指煤-气界面被煤-水界面取代时引起的热量变化，此时润湿热相当于自由焓或润湿功中热的部分，但实验测量的润湿热包含了表面效应中的多种热效应，与煤的实际加工过程一致。润湿热与润湿接触角成反比，润湿热越大，接触角越小。煤表面的极性官能团越多，对水的吸附越强，铺展的润湿角越小，所产生的润湿热越高。因此，润湿热随着煤的煤化程度和氧化程度的增加而减小。前期研究发现，褐煤、长焰煤、弱黏煤、1/3 焦煤、瘦煤（煤化程度递增）的润湿热分别为 $16.12J/m^2$、$6.74J/m^2$、$7.73J/m^2$、$3.50J/m^2$、$1.80J/m^2$。

7.3.2　低阶/氧化煤浮选捕收剂

7.3.2.1　烃类油捕收剂

在煤的浮选中，通常将煤油和柴油等非极性烃类油作为捕收剂用以提高煤的可浮性。捕收剂的选择主要取决于煤的种类和煤表面亲疏水性。例如轻柴油馏分重、黏度大、疏水性强，被表面孔隙吸收的数量少，可作为低阶/氧化煤的浮选捕收剂。

非极性烃类油对煤的捕收作用大小主要取决于它能否在煤表面吸附和铺展形成油膜。

油滴在煤表面形成的煤-水-油三相接触角如图 7-32 所示，γ_{SO}、γ_{SW}、γ_{OW} 分别为煤-油界面张力、煤-水界面张力和油-水界面张力，$F_{Cohesion}$ 为油分子本身之间的内聚力。以非极性烃类油为捕收剂时，在煤表面的疏水部分，$\gamma_{SO}<\gamma_{SW}$，煤对油分子的吸引力大于对水分子的吸引力，油滴吸附到煤表面；若煤与油分子之间的作用力大于油分子本身之间的内聚力，则油滴可在煤表面铺展，反之不能铺展，只能以油滴的形式吸附在煤表面。在煤表面的亲水部分，$\gamma_{SO}>\gamma_{SW}$，煤对油分子的吸引力小于对水分子的吸引力，煤表面形成一层水化膜，油分子不能在煤表面吸附，仍以油滴状态分散在水中。因此，非极性烃类油对煤表面的亲水部分没有捕收作用。

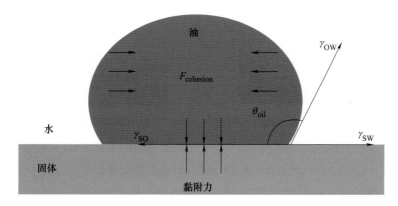

图 7-32 油在煤表面的三相接触角示意图

非极性烃类油对煤颗粒捕收作用的强弱取决于煤表面疏水部分的比例。高阶煤和轻微氧化煤表面的亲水部分面积较小，相邻疏水部分吸附的油滴可以互相合并，形成连续的油膜，因此，添加少量的烃类油捕收剂就可以实现浮选。低阶煤和严重氧化煤表面具有丰富的极性含氧官能团，非极性烃类油在煤表面吸附效率低，通常需要大量的捕收剂才能提高浮选效率。

根据热力学平衡计算，油滴在煤表面的铺展系数 $S_{O/w}$ 如下：

$$S_{O/w} = \gamma_{OW}(\cos\theta - 1) \tag{7-9}$$

$S_{O/w}$ 代表油滴在煤表面铺展时体系所做的功，油滴在煤表面能否有效铺展取决于油水界面张力 γ_{OW} 和煤-水-油三相接触角 θ，γ_{OW} 和 θ 的减小均有利于油滴在煤表面的铺展。一方面，低阶/氧化煤表面结构水化膜的存在致使煤-水-油三相接触角很大，且 θ 随着煤化程度的减小和氧化程度的增加而减小。煤化程度越低，油滴在煤表面的接触角越大。另一方面，非极性烃类油的饱和碳链中没有极性官能团，油-水界面张力高达 $50\sim52\text{mJ/m}^2$。因此，非极性烃类油在低阶/氧化煤表面的铺展系数很小。大量研究也表明，常规非极性烃类油在低阶/氧化煤表面很难铺展。另外，在浮选矿浆 pH 值条件下，低阶/氧化煤表面电负性较高，非极性油表面也具有较高的电负性，煤颗粒与油滴间的静电斥力不利于油滴在煤表面的吸附。

在长链烃类油的分子上进行其他官能团修饰，将会形成一系列功能性捕收剂，比如含氧官能团类捕收剂、脂肪胺类捕收剂等。

含氧官能团类捕收剂兼具长链烃和含氧基团的双重特性，其含氧基团通过氢键作用吸附在煤表面的含氧官能团上，非极性端朝向外提高煤的疏水性，如图 7-33 所示。已报道过的含氧官能团类捕收剂有四氢糠酯、冷凝柴油、失水山梨醇单油酸酯等。四氢糠酯类捕收剂分子能够与低阶/氧化煤表面的含氧官能团及苯环发生键能较强的氢键和 π—π 键作用。而冷凝柴油之所以较普通柴油具有较高浮选效率，是因为柴油在高温变成油气的过程中发生了氧化反应，生成多种含氧化合物，这些含氧化合物的存在提高了煤表面的疏水性。

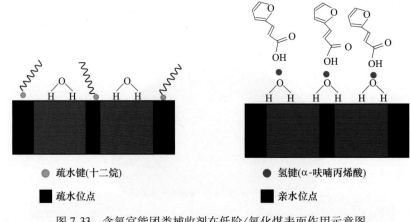

图 7-33　含氧官能团类捕收剂在低阶/氧化煤表面作用示意图

脂肪胺捕收剂作为阳离子捕收剂，胺基能通过静电引力吸附在低阶/氧化煤表面，降低煤表面电负性，同时，非极性端朝向外从而提高煤的疏水性。研究表明，胺类捕收剂能使氧化煤表面在 pH 值小于 10.9 时从电负性转为电正性，同时能增大表面接触角，提高氧化煤可浮性。通过在矿浆中添加十二胺可提高低阶煤的浮选效果。

7.3.2.2　复配捕收剂

将两种药剂复配使用可有效提高低阶/氧化煤可浮性。烃类油捕收剂和表面活性剂复配使用时，表面活性剂分子的亲水基与煤表面的极性含氧官能团发生氢键作用，疏水基朝外；烃类油捕收剂分子通过疏水作用力吸附在表面活性剂的疏水基上，从而有效地覆盖了煤表面亲水性位点，改善低阶/氧化煤的可浮性。表面活性剂的添加量需要严格控制，过多的表面活性剂会吸附在煤表面的疏水部分，亲水基朝外。这不仅会降低煤表面的疏水性，也会减少后续烃类油捕收剂分子与表面活性剂疏水性基团的有效作用。

大量研究表明，非离子型表面活性剂与非极性烃类油复配能有效改善低阶/氧化煤的浮选。比如，前期研究中将十二烷和聚氧乙烯醚类非离子表面活性剂 $C_{12}E_4$ 复配用于氧化煤浮选中，发现十二烷优先在疏水位点吸附，而后 $C_{12}E_4$ 可在亲水位点或疏水位点吸附，同时十二烷还可以与吸附在煤表面的 $C_{12}E_4$ 疏水位点产生重叠吸附，使氧化煤的可浮性大幅提高。将油酸与煤油进行复配作为人工氧化煤的捕收剂，油酸会覆盖在氧化煤表面的含氧官能团上，其极性官能团与氧化煤面极性官能团形成氢键，非极性官能团裸露在氧化煤表面，降低了氧化煤表面的电负性，同时，有利于煤油在煤表面的充分吸附铺展。润湿热测定结果显示，混合捕收剂作用后的氧化煤润湿热小于煤油和油酸单独作用后的润湿热，有效提高了氧化煤的可浮性。

阳离子表面活性剂也能促进非极性烃类油捕收剂在低阶/氧化煤表面的吸附。首先，阳离子表面活性剂能使油滴表面电性发生变化，添加 $1×10^{-4}$ mol/L 盐酸十八胺能使煤油油滴的零电点从 pH 值 2.2 升高至 pH 值 10.7，从而消除了氧化煤与油滴之间的静电斥力。其次，阳离子表面活性剂能通过静电作用吸附在低阶/氧化煤表面，其疏水尾基能促进非极性烃类油在低阶/氧化煤表面的吸附。十二烷基三甲基溴化铵 DTAB 对十二烷在低阶煤表面吸附促进作用如图 7-34 所示。

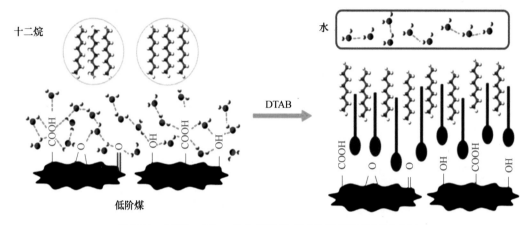

图 7-34　DTAB 对十二烷在低阶煤表面吸附促进作用示意图

7.3.2.3　其他新型捕收剂

煤油、柴油等非极性烃类油是煤泥浮选过程中广泛使用的捕收剂，但由于其在矿浆预处理器中难以形成细小的分散相，导致油滴与煤粒接触概率较小。选煤厂常通过加大捕收剂用量的方法提高浮选回收率，但过量的捕收剂给后续的沉降、过滤等过程带来难以消除的副作用。前文对低阶/氧化煤的结构、组成及性质分析得出，低阶/氧化煤表面含氧官能团丰富、孔隙率高、亲水性强，这使得低阶/氧化煤在以传统非极性烃类油作为捕收剂进行浮选时，存在浮选效率低、捕收剂用量大等问题，这极大地阻碍了低阶/氧化煤清洁高效利用。为了提高低阶/氧化煤的浮选效率，降低浮选成本，改进原有捕收剂或开发新型捕收剂成为人们关注的重点，例如将烃类油捕收剂进行磁化、制作油泡类捕收剂、制作乳液捕收剂等。其中，乳液捕收剂在保持良好的精煤回收率的同时仍具有出色的节油率，在未来低阶/氧化煤浮选中具有良好的应用前景。

A　磁化烃类油捕收剂

磁化烃类油捕收剂是将煤油、柴油等传统的非极性烃类油捕收剂放入磁化装置中，由直流稳压电源提供电流通入电磁线圈进行磁化处理，通过调节电流大小来控制磁场强度。研究表明非极性的烃类油捕收剂经磁化改性后，烃类油表面张力增大，呈现周期性变化，当磁场强度增加到一定值时，非极性烃油的表面张力可能保持不变。非极性烃油表面张力增加，油-水界面张力下降，非极性烃油在矿浆中的弥散性增强。此外，通过磁化烃油可以降低烃类油分子之间的作用力，提高烃油在矿浆中的弥散能力，增加其与浮选矿物的碰撞概率，在技术指标相当的情况下，相比较于煤油，磁化烃类油可使药剂用量减 20%~50%，价格降低 10%~12%。

有研究者以煤油为例考察了磁场强度和磁化时间对烃类油捕收剂黏度和表面张力的影

响（见图7-35）。捕收剂未磁化时的表观黏度为1.51mPa·s，磁化后其黏度均有所减小，随着磁场强度逐渐增大捕收剂的黏度先降低后增大，呈V形变化，在磁场强度为0.3T时，捕收剂黏度达到最小值为1.351mPa·s，与未磁化相比黏度降低约10个百分点。此外，磁化处理也可显著降低捕收剂的表面张力，但整体呈先降低后增加的趋势，当磁场强度在0.0~0.3T间逐渐增大时，捕收剂的表面张力迅速降低，在磁场强度为0.3T处达到最小值25.03mN/m，相比未磁化的捕收剂表面张力降低了11个百分点。

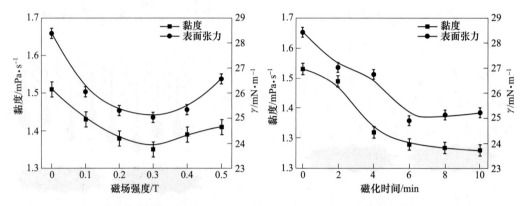

图7-35　磁场强度和磁化时间对烃类油黏度和表面张力的影响

随着磁化时间的增加，捕收剂表观黏度迅速降低，磁化6min后，黏度为1.28mPa·s，继续磁化则黏度趋于稳定。这说明在恒定磁场作用下，经过一段磁化时间后捕收剂在气-油-水界面达到平衡状态，此时继续磁化对捕收剂的性质影响较小。同时，随着磁化时间的增加，捕收剂的表面张力与黏度的变化趋势基本一致，即在磁化6min时，表面张力达到最小值为24.91mN/m，同样说明捕收剂在磁化过程中存在平衡值，达到一定磁化时间后继续增加磁化时间其性质不再变化。

在捕收剂较优磁化条件下进行煤泥浮选实验，结果如图7-36所示。其精煤产率、尾煤灰分和可燃体回收率分别为68.71%、78.40%和87.13%，相较于未磁化时分别提高了约10.6%、10.4%和11.7%。这说明捕收剂磁化后用于煤泥浮选的效果要明显优于未磁化

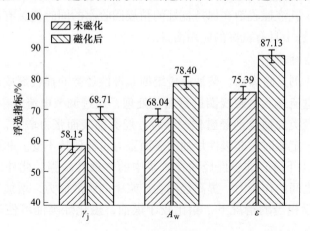

图7-36　捕收剂磁化前后的煤泥浮选效果

时，其原因是捕收剂经磁化后其黏度和表面张力均降低，加快了捕收剂在煤表面的扩散速度，促进了捕收剂与煤颗粒的相互作用，提高煤的可浮性，进而提升了煤的浮选效果。通过以上捕收剂磁化前后的煤泥浮选效果对比得出，对捕收剂进行磁化确实对煤粒的浮选具有明显的促进作用。

B 油泡类捕收剂

所谓油泡捕收剂浮选是指采用活性油泡（将油类捕收剂或者改性的油类捕收剂覆盖在气泡表面）作为浮选载体，取代传统浮选过程中将气泡和捕收剂分别添加入浮选体系的方法。油泡浮选并未改变低阶煤表面的疏水性，而是通过增强气泡表面的疏水性来提高矿粒-油泡间的矿化作用（见图7-37）。

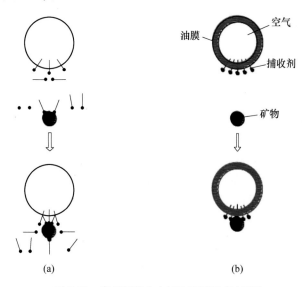

图7-37 常规浮选(a)与油泡浮选(b)对比

在常规浮选中，烃类油捕收剂以液滴形式分散在矿浆中，作用在矿物颗粒上改变其疏水性，再与气泡黏附，完成气泡矿化。这个过程中，只有少数矿物颗粒可以直接与气泡黏附，大部分情况是，油类液滴排开水化膜在矿物表面铺展，疏水性改变后的矿物颗粒再排开水化膜与气泡黏附。油泡浮选中，气泡表面包裹一薄层的油膜，则在油膜与矿物颗粒吸附的同时，气泡也与矿物黏附在一起，减少了黏附功，大幅度缩短了诱导时间。研究表明，油泡与一块表面抛光的煤接触，诱导时间小于5ms，而气泡与之接触，诱导时间则需要88ms。

油泡浮选过程中，捕收剂不直接添加到液相中，可以最低程度活化脉石矿物；捕收剂在气泡表面镀膜后，水中存在的捕收剂就少，煤泥中的脉石矿物吸附量较常规浮选低，可以降低捕收剂的耗量；油泡直接与煤粒碰撞吸附，可减少捕收剂与起泡剂等其他药剂之间的消极作用；气泡表面的捕收剂分子与煤粒疏水表面质点之间存在着某些特效化学作用及电化学作用，只有疏水性的煤粒被油泡捕获，矸石不被捕获，选择性较高。

有研究者分别采用普通柴油、油泡、冷凝液三种类型捕收剂对低阶煤进行浮选实验。结果发现，柴油冷凝液浮选效果比普通柴油的浮选效果明显要好，药剂消耗明显降低，且冷凝液浮选可燃体回收率能达到70%以上；油泡浮选效果比冷凝液浮选效果好，药剂消耗更低，可燃体回收率在 80% 以上，且从浮选数据看出，油泡浮选精煤灰分更低；从精煤产率和可燃体回收率数据看出，油泡浮选效果与冷凝液浮选效果的差别比冷凝液浮选与普通柴油浮选效果的差别小，说明油泡浮选方法中，对于精煤产率的提高，油品的变化起到了重要的作用；相同精煤产率下，油泡浮选精煤灰分更低，冷凝液浮选精煤灰分比普通柴油浮选精煤灰分稍低，说明对于精煤灰分的降低，油品的变化不是主导因素。

综上所述，与普通气泡浮选相比，活性油泡浮选具有如下优点：（1）避免了直接在水相中添加捕收剂，最大限度地降低了捕收剂对矸石矿物的活化作用；（2）消除了油类捕收剂分子在水相中分散效果差及在无用颗粒上吸附消耗量大的问题；（3）避免了捕收剂、起泡剂及其他可能存在于矿浆中的化学药剂之间不必要的协同作用；（4）油泡在油-水界面上具有较高的局部捕收剂分子浓度，显著提高了其捕集能力；（5）油泡通过油-水界面上捕收剂分子与目标矿物上的活性位点间化学和/或电化学作用，使活性油泡仅捕获目标矿物颗粒，故提高了浮选的选择性；（6）由于油泡在目标矿粒上附着的高潜能，使得活性油泡对粗细颗粒均具有较强的捕集能力。

C 乳液捕收剂

乳液捕收剂因其良好的精煤回收率和出色的节油率，在低阶/氧化煤浮选中具有良好的应用前景。根据分散相和分散介质的不同，乳液捕收剂可分为水包油型（O/W）乳液捕收剂和油包水型（W/O）乳液捕收剂。

a 水包油型（O/W）乳液捕收剂

水包油型（O/W）乳液是油分散在水中的体系，油为不连续的内相（分散相），水为连续的外相（分散介质）。制备乳液过程中，往往需要加入乳化剂，而表面活性剂是常见乳化剂。由于表面活性剂吸附在油/水界面，降低了油-水界面自由能，乳液液滴粒径可小至 $1.5 \sim 2.0 \mu m$，能长时间稳定。

烃类油捕收剂经表面活性剂乳化后，分散性和稳定性提高，O/W 乳化油的应用可显著降低捕收剂用量，提高低阶/氧化煤的浮选速率和回收率。其机制在于烃类油捕收剂乳化后油滴体积减小、数目增多，与煤粒接触概率增加，油滴在煤表面覆盖面增大。同时，具有表面活性的乳化剂吸附在油-水界面，能显著降低油-水界面张力，减少油滴在煤表面的铺展能量，使油滴与煤粒作用势能降低，油滴在煤表面的吸附强度增加。另外，有研究报道指出，乳化剂的亲水头基会吸附在煤表面的含氧官能团等极性基上，疏水基朝外，从而促进了油滴在煤表面铺展。

b 油包水型（W/O）乳液捕收剂

油包水型（W/O）乳液与水包油型（O/W）乳液的区别在于 W/O 乳液中油为连续相（外相），水为分散相（内相）。在普通 W/O 乳液中，内相水体积分数一般为 30% ~ 40%，最高可达 50%，如图 7-38（a）所示，内相水滴为互不相连的球状。增加内水相的体积，当内水相以均一不变形的球状进行最有效的方式堆积时，内水相体积分数为 74%，如图 7-38（b）所示。随着内水相体积分数的进一步增加，内相水滴间相互挤压变成多面体形状的液胞，如图 7-38（c）所示，形成的乳液为高内相油包水（HIP W/O）乳液，又称高浓乳液；由于它在稳定状态时呈胶冻状，因而也称它为凝胶乳液，它是一种内水相体积分数大于 74% 且最高可达 99% 的乳液体系。Newman 等人在 1914 年就报道过油酸钡、油酸镁、油酸锌等能稳定 W/O 乳液，随后不久 Briggs 和 Schmidt 制备出用油酸镁稳定的内水相体积分数为90%的 HIP W/O 乳液，他们还首次观察到乳液液滴的不规则形貌。

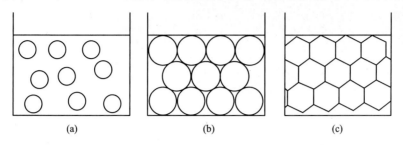

图 7-38 W/O 乳液的内水相体积分数对液滴结构的影响示意图
（a）$\phi=30\%\sim40\%$；（b）$\phi=74\%$；（c）$\phi\geqslant74\%$

W/O 乳液在煤炭分选中的应用鲜见报道，Netten 首次成功地将 W/O 乳液应用在细粒煤油团聚分选中。以优化制备的 HIP W/O 乳液（内水相体积分数为95%）作为细粒煤油团聚剂，只需传统非极性烃类油用量的10%即可获得最大的可燃体回收率。这是由于内相水滴空间替代了大部分煤油，如图 7-39 所示。HIP W/O 乳液表面具有和油相类似的疏水性，填充于团聚体间隙，形成具有一定强度的油-煤团聚体。HIP W/O 乳液中的内相水滴空间替代了大部分煤油，从而降低了油的用量。假定 HIP W/O 乳液在矿浆强剪切作用下充分分散，且遵循传统的细粒煤油团聚机理，则随着 W/O 乳液中水相体积分数的增加，理论上油的用量可从 10%~20% 干煤质量减少至 1.2% 干煤质量。

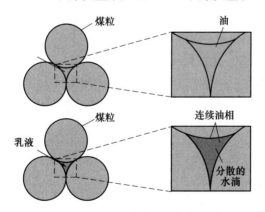

图 7-39 HIP W/O 乳液内水相的空间替代作用示意图

以 Span 80 为乳化剂，煤油为油相，NaCl 为内水相稳定剂可制备内水相体积高达85%的高内相 W/O 乳液，乳液宏观照片和显微照片如图 7-40 所示。这种 HIP W/O 乳液为白色不透明半固体，显微照片显示乳滴紧密堆积，水滴由油层包围。通过机械搅拌，该乳液在水中会分散成小乳滴，大部分乳滴为椭球形和球形，长时间搅拌后乳滴大小和数目均未出现明显变化，表明乳滴在水中具有较好的稳定性。光学显微镜成像显示，HIP W/O 乳液在水中以 $W_1/O/W_2$ 双乳液形式存在（见图 7-41），W_1 为内水相（NaCl 溶液），W_2 为外水相（超纯水）。内相水滴大小为 2~8μm，比新鲜制备的乳液内相水滴（1.4μm）大，这可能是由于 HIP W/O 乳液内相水滴的兼并或者溶胀所致。

进一步将该 HIP W/O 乳液作为捕收剂用于氧化煤浮选，通过与纯煤油作为捕收剂进

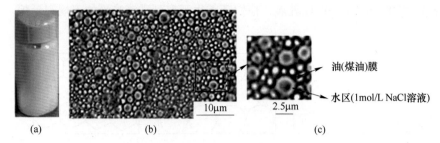

图 7-40   高内相油包水型乳化煤油

（a）外观照片；（b）（c）显微镜图片

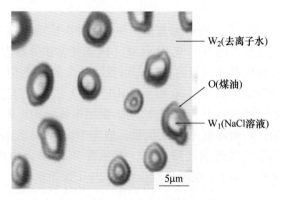

图 7-41 $W_1/O/W_2$ 双乳液结构

行对比（见图 7-42），发现以 HIP W/O 乳液为捕收剂时，油（煤油和乳化剂 Span 80 的混合物）用量为 2.4kg/t 即能获得 81.26%的产率；而以煤油为捕收剂时，油用量为 8kg/t 才能获得 82.53%的产率。继续增加煤油的用量，浮选产率会轻微下降，这可能是煤油的消泡作用导致的。当煤油进入气液界面在气泡表面铺展时会降低气泡表面弹性，使其破裂。因此，增加煤油用量不是回收氧化煤的有效方法，而以 HIP W/O 乳液作为捕收剂，在较低的油用量下即能实现氧化煤的高效回收。

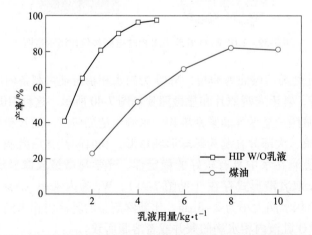

图 7-42   分别以煤油和 HIP W/O 乳液作为捕收剂对氧化煤的浮选曲线

7.3.3　低阶/氧化煤乳液浮选及界面作用

如 7.3.2 节所述，高内相油包水（HIP W/O）乳液捕收剂在有效提升低阶/氧化煤浮选回收率的同时，也能降低油的用量。以下将对 HIP W/O 乳液的浮选性能和浮选过程中的界面作用机理进行详细阐释。

7.3.3.1　浮选分离性能

将普通煤油和不同转速下制备的 HIP W/O 乳液对长焰煤进行浮选试验，结果显示，以煤油为捕收剂，煤油用量为 8.0kg/t 时的浮选产率为 82.33%（见图 7-43（a）），而以乳化煤油为捕收剂能显著降低油的用量（见图 7-43（b））。相比较而言，W/O 型乳液对于低阶煤的浮选性能要优于传统油类。除此之外，4000r/min 搅拌速度下制备的乳液为捕收剂，油用量为 2.4kg/t 时即能获得 80.37% 的产率，节油率为 70%；而以 2000r/min 搅拌速度下制备的乳液为捕收剂，油类用量为 4.0kg/t 时才能获得 81.45% 的产率，节油率为 50%。以上说明，不同转速条件对乳液的性能也有很大影响，因此制备乳液过程中也需要选择合适的转速。采用高岭土作为干扰矿物，HIP W/O 乳液为捕收剂对低阶煤进行浮选时，油用量仅为 1.2kg/t 时便可获得 82.75% 的回收率，此时精煤灰分为 10.67%，与传统仅用煤油作为捕收剂（回收率 81.23% 时所需煤油用量为 4.0kg/t，精煤灰分为 15.58%）相比具有较好浮选效果。此外，高岭土矿物的存在对 HIP W/O 乳液的浮选性能影响较小。

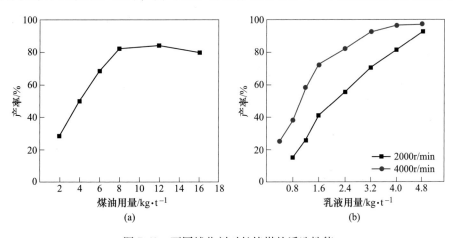

图 7-43　不同捕收剂对长焰煤的浮选性能
（a）煤油为捕收剂；（b）HIP W/O 乳液为捕收剂

7.3.3.2　煤-水界面作用

低阶煤浮选过程中的煤-水界面的相互作用主要是低阶煤表面的含氧官能团与表面水膜中水分子之间的相互作用。它们之间的相互作用会直接关系到煤-水界面处水分子的排布、水分子的运动性及水分子与含煤表面氧官能团位点之间的成键类型和结合能等，从而对低阶煤的浮出效率和捕收剂耗量造成影响。

对于复杂的浮选体系，实验的手段仍难以从分子水平上对界面相互作用进行精确检测，前期研究工作主要通过分子动力学模拟对不同氧化程度煤表面和界面水分子的相互作用进行分析。模拟体系中以不同氧原子含量代表煤的氧化程度，分为高等氧化（$C_{191}H_{169}N_3O_{61}S_3$）、中等氧化（$C_{191}H_{169}N_3O_{21}S_3$）和低等氧化（$C_{191}H_{169}N_3O_{10}S_3$），氧含量分别为 27.30%、11.45% 和 6.47%。煤-水界面的相互作用包含以下几个方面。

A   含氧官能团与水分子的相互作用

结合能大小能够直观反映水分子与含氧官能团位点之间相互作用的强弱。二者之间的势能曲线可通过均力势（PMF）进行表述，而均力势可依据径向分布函数 $g(r)$ 进行计算。径向分布函数 $g(r)$（RDF）是指固定某给定粒子的坐标，其他粒子在其周围的空间分布概率。因此，径向分布函数可用于描述粒子排布的有序性，反映出给定粒子与其他粒子之间的作用强弱及作用范围。径向分布函数 $g(r)$ 描述了原子 B 在原子 A 周围的分布情况，计算公式如下：

$$g_{A\text{-}B}(r) = \frac{1}{4\pi\rho_B r^2}\frac{\mathrm{d}N_{A\text{-}B}}{\mathrm{d}r} \tag{7-10}$$

式中，ρ_B 为原子 B 的数密度；r 为原子 B 和原子 A 之间的距离；$\mathrm{d}N_{A\text{-}B}$ 为 r 和 $r+\Delta r$ 范围内原子 A 周围原子 B 的平均数。

均力势的计算公式如下：

$$E(r) = -k_B T\ln g_{A\text{-}B}(r) \tag{7-11}$$

式中，k_B 为玻尔兹曼常数，为 1.38×10^{-23} J/K；T 为模拟温度，K。通过计算煤表面各官能团位点（—OH、—COOH、—C—O—C—、—C＝O）与界面水分子之间的径向分布函数和均力势，得到水分子与各含氧官能团位点之间的结合能（见表 7-4），其大小排列顺序为—OH＞—C＝O＞—COOH＞—C—O—C—。

表 7-4   各含氧官能团的水化分子数及与水分子间的结合能

含氧官能团位点	单个位点水化分子数	结合能/kJ·mol⁻¹
—OH	约 2	3.517
—COOH	约 1	0.304
—C—O—C—	约 1/2	0.156
—C＝O	约 1/3	1.443

B   煤-水界面水结构

相对密度曲线表示原子/分子在某个方向上（x 轴、y 轴或者 z 轴）的密度分布，可用来描述煤表面水分子分布状态。水分子在不同氧化程度煤表面随 z 轴方向的数密度分布曲线如图 7-44 所示。对于图中三个体系，水分子密度曲线在煤表面前后均呈现出一个显著的尖峰和一个较弱的峰。高等氧化程度煤（$C_{191}H_{169}N_3O_{61}S_3$）体系的第一个峰远强于其他两个体系，表明更多的水分子吸附在氧含量最高的煤面。由此可知，高等氧化程度煤表面具有较高的亲水性，这与煤表面的含氧官能团有很大关系。图 7-45 给出了不同氧化程度煤界面水膜中 O 原子与 H 原子之间的径向分布函数。所有体系的 RDF 曲线都在 0.098nm 处出现一个显著的峰和后续几个较宽的峰。每个峰都表示围绕在某固定 O 原子周围的致密 H 原子层，峰越高，越致密。可以看出，界面水结构和排布受煤表面氧原子密度的影响显著，氧原子密度越高，表面水膜中水分子排列越致密。

尽管径向分布函数能够在一定程度上说明水分子的排布情况，但依然很难精确描述水

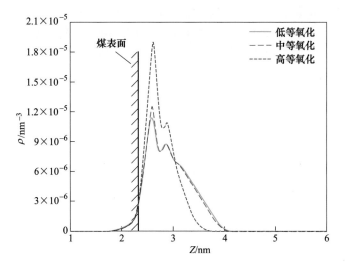

图 7-44 不同煤表面水分子的相对密度曲线

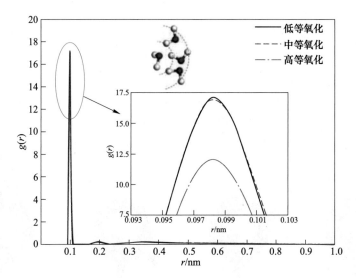

图 7-45 不同模拟体系界面水层分子 O—H 径向分布函数曲线

膜中的水结构。为了补充说明径向分布函数的结果，通过计算各体系界面水分子与不同含氧官能团形成的氢键数，可以进一步揭示水膜中水结构。氢键的计算方法采用常见的几何构型法，当供体和受体之间的距离 r 小于或等于 0.35nm，且供体氢原子受体的夹角 α 大于或等于 120°，则认为供体和受体之间有氢键形成。每个不同官能团的水化数显示（见表 7-4），羟基官能团的水化水分子数远大于—COOH、—C—O—C—和—C＝O，表明水分子与煤表面羟基的作用最强，结合能的大小也进一步证实了这个结论。

7.3.3.3 煤-气泡界面作用

颗粒与气泡的吸附对于浮选效果具有决定性的影响，而吸附过程受颗粒粒度、密度、表面性质，以及气泡性质等多种因素的影响。气泡与颗粒在矿浆中首先发生碰撞，随后气泡表面水化膜逐渐薄化、破裂，形成三相润湿周边，并且三相润湿周边扩展，使颗粒稳定地吸附到气泡表面，矿物颗粒随气泡进入泡沫层并最终进入精矿。

有研究者建立了颗粒与气泡的碰撞概率试验系统，用于研究煤泥颗粒在自由下落时与固定气泡之间的碰撞和吸附行为，其结构示意图如图7-46所示。

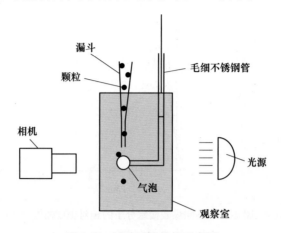

图7-46   试验系统结构示意图

使用该系统可以清晰地看到颗粒与气泡吸附的整个过程，从图7-47中可以看出颗粒首先与气泡接触，随后沿气泡表面滑动，在越过气泡中心线位置后与气泡发生分离进行自由沉降，或者是在气泡表面继续滑动直至静止黏附（吸附）在气泡尾部。颗粒表面性质是影响颗粒与气泡吸附的决定性因素，对于疏水性表面，颗粒与气泡接触后，气泡表面的水化膜逐渐薄化、破裂，形成三相润湿周边，随着三相润湿周边不断扩展，最终使颗粒稳定地吸附在气泡表面；而对于亲水性颗粒，则不会发生水化膜薄化的过程。

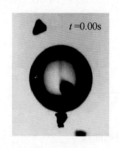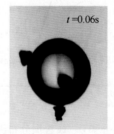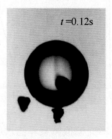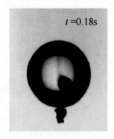

图7-47   颗粒与气泡碰撞过程

根据颗粒与气泡的吸附行为，分为三种情况：碰撞接触、半吸附与吸附。第一种情况为碰撞接触，所谓碰撞接触，是指颗粒与气泡仅发生宏观角度的接触，以重力、浮力、黏滞阻力等流体作用力为主，颗粒与气泡之间不存在表面作用力，颗粒的运动轨迹受流体动力学作用影响。接触的结果是颗粒从气泡表面脱落，多见于高密度颗粒与气泡的碰撞过程。第二种半吸附是指颗粒与气泡接触的时候，气泡表面水化膜出现排液现象，逐渐薄化，二者形成吸附作用力，但吸附作用力仍较弱，不足以使颗粒从气泡表面脱落，同样无法实现稳定的吸附，颗粒最终从气泡表面脱落。第三种吸附是指颗粒与气泡在接触过程中，气泡表面水化膜实现脱水薄化，最终形成三相润湿周边，使颗粒稳定地吸附在气泡表面。并最终在重力作用下滑落至气泡尾部。

研究表明，颗粒与气泡的吸附需要经历水化膜薄化、破裂过程，其中水化膜的破裂不仅能发生在气泡上半球，也能够发生在气泡下半球。对各密度级的吸附试验表明，吸附概率随接触角的增加近似呈线性增加。吸附概率与颗粒密度也呈良好的线性关系。此外，随气泡尺寸增加，颗粒在气泡表面的滑动时间增加，颗粒与气泡的接触时间也因此增加，有利于颗粒与气泡的吸附；但同时颗粒与气泡的诱导时间也增加，诱导时间的增幅与表面性质有关。

7.3.3.4 煤-水-乳液界面作用

浮选与油团聚均是基于煤表面亲疏水性的细粒煤分选方法，油滴在煤表面的吸附铺展是实现浮选和油团聚工艺有效分选的关键。通过高清摄像发现，如图 7-48 所示，煤油在新鲜煤表面吸附后能快速铺展，而在氧化煤表面吸附后几乎不铺展。因此，以传统烃类油作为捕收剂时，其浮选回收率低、捕收剂用量大。

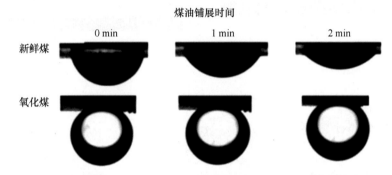

图 7-48　煤油在新鲜煤样和氧化煤样表面的吸附铺展

乳化是提高油类捕收剂分散性的技术，在低阶/氧化煤浮选中能有效降低捕收剂用量。高内相油包水（HIP W/O）乳液是以油为分散介质，油和水经过充分混合后形成的乳液体系，该乳液以内相水空间替代了很大部分煤油，且表面具有与油类似的性质，以其作为低阶/氧化煤浮选的捕收剂，其在氧化煤表面表现出了良好的铺展性，能显著提高氧化煤的浮选效率、降低油的用量。

HIP W/O 乳液在水中以 $W_1/O/W_2$ 双乳液形式存在（见图 7-41），W_1 为内水相（NaCl溶液），W_2 为外水相（超纯水）。乳液在氧化煤表面的吸附机理如图 7-49 所示。在 O-W_2界面，乳化剂 Span 80 分子的疏水碳链会伸入油相，亲水头基伸入外水相，这些亲水头基会与煤表面含氧官能团（—OH，—COOH，C＝O）形成氢键。HIP W/O 乳液在氢键的作用下会逐渐铺展，从而提高氧化煤的可浮性。此外，HIP W/O 乳液的高黏度对乳滴在煤表面的吸附也有一定的促进作用。HIP W/O 乳液在水中分散后，在黏附力作用下乳滴很快牢固地吸附在煤表面。更重要的是，在乳滴的桥连作用下煤颗粒会发生团聚，同时，气泡会吸附在煤颗粒表面的乳滴上，极大地提高了煤粒的可浮性。

上述 $W_1/O/W_2$ 双乳液在氧化煤表面吸附机理可通过分子动力学模拟的方法进行验证。模拟结果如图 7-50 所示，最初 Span 80 分子与煤表面间存在大量水分子，随着时间的增加，Span 80 分子与煤表面间的水分子被 Span 80 分子取代，Span 80 分子吸附在煤表面。

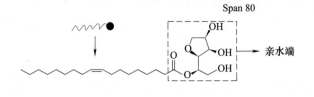

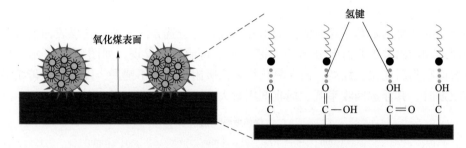

图 7-49 $W_1/O/W_2$ 双乳液与氧化煤的作用机理示意图

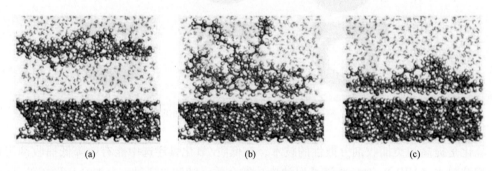

图 7-50   Span 80 分子在氧化煤表面的吸附状态

（a）初始状态；（b）1.0ns；（c）1.5ns

这种吸附主要是由于 Span 80 分子能够与煤表面的含氧官能团形成氢键，且该氢键作用大于水分子与煤表面的氢键作用。此外，HIP W/O 乳液的高黏度对乳滴在煤表面的吸附也有一定的促进作用。HIP W/O 乳液在水中分散后，在黏附力作用下乳滴很快牢固地吸附在煤表面，更重要的是，在乳滴的桥连作用下煤颗粒会发生团聚，同时，气泡会吸附在煤颗粒表面的乳滴上，极大地提高了煤粒的可浮性。

近几十年来，随着现代研究手段的发展和基础理论的突破，浮选技术的应用不再局限于矿产分离领域，已经扩展到环境保护、轻工业、化工、农业等领域。比如，废纸回收处置过程中的脱墨，纸浆废液的纤维回收；废水中小颗粒固体污染物的分离；黑麦中分离角麦，牛奶中分离乳酪；药物级氯化钾的生产；结核杆菌和大肠杆菌的分选等。

浮选技术的发展涉及多学科的交叉，未来的发展趋势包含：（1）高效、高选择性新型药剂的开发及作用性能的研究；（2）浮选基本理论的攻关，尤其是药剂溶液化学、多相间界面作用机制等基础理论的研究；（3）以节能、降耗、高效、环保为根本出发点，进行浮选设备的升级改造及工艺的改进。

参 考 文 献

［1］ WANG X, MILLER J D, CHENG F, et al. Potash flotation practice for carnallite resources in the Qinghai province, PRC ［J］. Minerals Engineering, 2014, 66: 33-39.

［2］ LASKOWSKI J S. From amine molecules adsorption to amine precipitate transport by bubbles: A potash ore flotation mechanism ［J］. Minerals Engineering, 2013, 45: 170-179.

［3］ BURDUKOVA E, LASKOWSKI J. Effect of insoluble amine on bubble surfaces on particle-bubble attachment in potash flotation ［J］. The Canadian Journal of Chemical Engineering, 2009, 87 (3): 441-447.

［4］ HANCER M, CELIK M, MILLER J D. The significance of interfacial water structure in soluble salt flotation systems ［J］. Journal of Colloid and Interface Science, 2001, 235 (1): 150-161.

［5］ 刘炯天, 吴立新, 吕涛, 等. 煤炭提质技术与输配方案的战略研究 ［M］. 北京: 科学出版社, 2014.

［6］ DEY S. Enhancement in hydrophobicity of low rank coal by surfactants—A critical overview ［J］. Fuel Processing Technology, 2012, 94 (1): 151-158.

［7］ BLOM L, EDELHAUSEN L. Chemical structure and properties of coal oxygen groups in coal and related products ［J］. Fuel, 1957, 36: 135.

［8］ 谢广元. 选矿学 ［M］. 徐州: 中国矿业大学出版社, 2001.

8 水污染控制中的界面胶体化学

人类活动产生的大量工农业废水及生活污水进入自然界，导致水污染日益严重，给生态环境和人类身心健康造成巨大威胁。为遏制这种态势，加大水环境治理与水污染控制力度，研发更经济、简便、实用的处理技术对改善水资源现状具有重要意义。河流、海洋、湖泊及地下水等水体与大气、土壤、底部沉积物及水生物相接触，形成广阔的固-液-气三相宏观界面。天然水环境中存在大量泥沙、黏土、腐殖质、水藻、细菌等胶体分散颗粒，组成更加广阔的微界面。重金属、难降解有机物等依赖胶体颗粒迁移传输，在相界面发生多种物理化学和生态变化。水处理工艺常见的混凝、吸附、膜分离及微生物反应等，都会涉及污染物跨界面转移、污染物在胶体和系统界面的反应等过程。因此，理解界面胶体化学本质对水污染控制技术的提质增效十分重要。本章首先介绍水污染及其处理方法，再以混凝、吸附、膜蒸馏和生物电化学过程处理焦化废水为例，阐述水污染控制中的界面胶体化学原理及其应用。

8.1 水污染界面胶体性质

海洋、湖泊、沼泽、江河及地下水等天然水体属于地球上的水圈，构成人类和生物界的水环境体系。水体与大气、土壤、底部沉积物及水生物接触，形成广阔的宏观界面。同时，水体中含有泥沙、黏土、金属水合氧化物、腐殖质、水藻、细菌等，组成以水为分散介质的庞大胶体分散系统，拥有更加广阔的微观界面。这些相间界面对水体中许多自然过程和人为污染过程起着控制作用，因而对人和生物的水环境质量发挥着巨大影响。

8.1.1 水环境及水污染

天然水体按水源的种类可分为地表水和地下水两种。地表水是指存在于地壳表面并暴露于大气的水，包括河流、冰川、湖泊、沼泽；地下水指贮存于包气带以下地层空隙中的水，包括岩石孔隙、裂隙和溶洞之中的水。

宏观上环境界面可以看作是固-液-气三相界面，物质在三相中的传输、交换和变化也是自然界中最基本的环境界面过程。历年来地球化学和环境水化学的观测和研究表明，水体中大多数元素和大部分污染物都结合在分散相胶体颗粒上。如图 8-1 所示，在人为胁迫污染环境下，污染物通过大气中胶体颗粒的干湿沉降、土壤径流、污水灌溉等途径，通过大气-土壤-水体相界面迁移转化，构成了水体、土壤和空气间交互污染，对生态系统和人体健康造成危害。污染物还会在界面上发生诸如溶解沉淀、络合螯合、氧化还原、离子交换和吸附解吸、光化学降解、生物降解等多种作用[1]。

微观上，如图 8-2 所示，环境中常见微界面包括水中无机胶体颗粒（悬浮物）-地面水、沉积物-孔隙水、生物胶体颗粒（藻类）-湖泊水，大气胶体颗粒（烟尘或飘尘）-空气或水膜、雨滴-空气，土壤胶体颗粒（矿物）-空气、土壤胶体颗粒（团粒）-地下水、植物

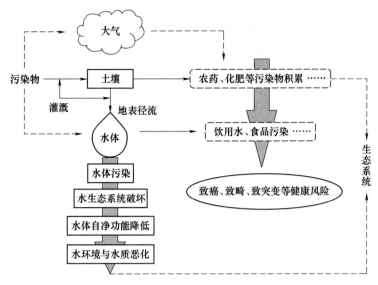

图 8-1 污染物在大气-土壤-水体相界面转移和交互影响示意图

根系-土壤水等。水中溶解性物质和胶体颗粒的组成形态及其动态平衡状态实际取决于微界面的反应性质。在天然水体和水处理过程中，水-分散相胶体-生物微界面也是微量有机和无机污染物的物理、化学和生物转化等过程的重要载体和场所，环境微界面过程对于憎水性物质尤其重要。

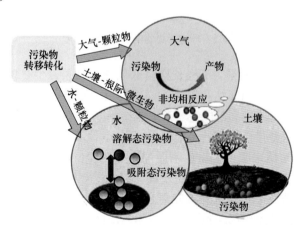

图 8-2 水-气-土环境界面及相关微界面示意图

天然水体的自发净化循环和有机物生物降解、光降解都与岩层土壤胶体及水中胶体微界面过程密切相关。天然水体中的分散相胶体颗粒包括物理、化学或生物学特性不同的纳米级和微米级微粒，相互间存在比较复杂的界面作用行为，不同性质的胶体颗粒间碰撞—聚集—沉积构成最基本的界面过程。这种颗粒物间的作用大体可分为两种行为：吸附和聚集，这两种行为一般同时存在。其中，聚集过程不仅依赖于胶体颗粒的大小、密度、紧密程度和强度等物理特性，而且与其界面化学性质有关。凝聚和絮凝是各个胶体颗粒之间相互作用的结果，对污染物的迁移转化和沉降归宿有重要影响[2]。

如图 8-3 所示，天然水体中分散相胶体颗粒包括黏土矿物、金属水合氧化物和腐殖质等，尺度分布在 0.1~1mm 的广阔范围，各自的组成成分及聚集体结构形态一直是环境界面胶体化学与溶液化学研究的主要对象[3]。

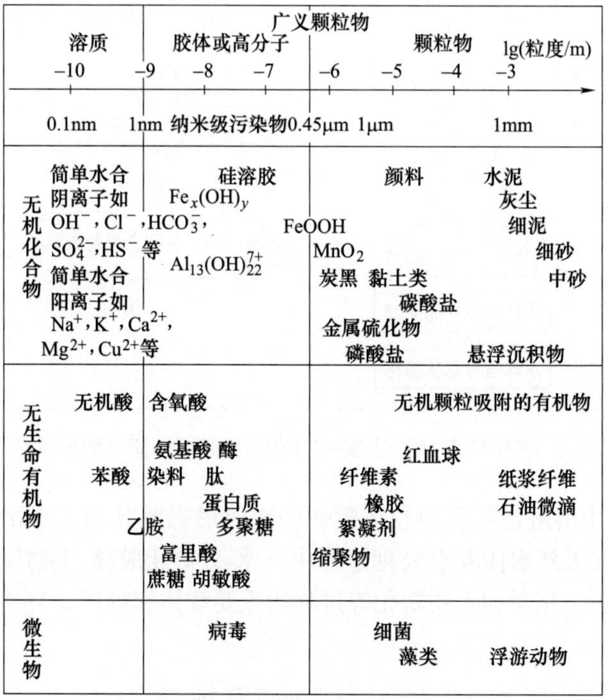

广义颗粒物			
溶质	胶体或高分子	颗粒物	lg(粒度/m)
-10　　　-9	-8　　　-7	-6　　　-5　　　-4	-3
0.1nm　　1nm	纳米级污染物0.45μm　1μm		1mm
无机化合物	简单水合阴离子如 OH^-,Cl^-,HCO_3^-, SO_4^{2-},HS^- 等 简单水合阳离子如 Na^+,K^+,Ca^{2+}, Mg^{2+},Cu^{2+}等	硅溶胶 $Fe_x(OH)_y$ $Al_{13}(OH)_{22}^{7+}$	颜料 FeOOH MnO_2 炭黑　黏土类 碳酸盐 金属硫化物 磷酸盐　悬浮沉积物	水泥 灰尘 细泥 细砂 中砂
无生命有机物	无机酸 苯酸 乙胺	含氧酸 氨基酸　酶 染料　肽 蛋白质 多聚糖 富里酸 蔗糖　胡敏酸	无机颗粒吸附的有机物 红血球 纤维素 橡胶 絮凝剂 缩聚物	纸浆纤维 石油微滴
微生物	病毒	细菌 藻类　浮游动物	

图 8-3　环境污染物的胶体颗粒尺度

（1）黏土矿物。黏土矿物是岩石经长期自然风化的结果，主要包括铝或镁的硅酸盐，具有层状晶体结构，由硅氧四面体和铝氧八面体的层片交替叠加而成。由于其粒度分布、离子交换容量、表面电荷密度和等电点、双电层结构等有所不同，在水体中的环境界面胶体化学表现也不同，对微量污染物的作用随之各异。

（2）腐殖质。腐殖质来源于生物性物质的自然转化，相对分子质量在 300~30000 范围内，按照水溶性分为富里酸（溶于酸及碱溶液）、腐植酸（不溶于酸溶液）和腐黑物（完全不溶）等 3 类。不同地区和不同来源的腐殖质相对分子质量、官能团和元素组成都有区别，对天然水体的水质影响很大，表现出不同的环境界面胶体化学性质。

（3）金属水合氧化物。铝、铁、锰、硅等地球丰产元素，在水体中多与 OH^- 基结合，组成各种水合氧化物，在水环境中以分散相胶体颗粒形式存在，产生重要的界面胶体化学效应。金属水合氧化物胶体颗粒巨大微界面赋予其容易结合水中微量污染物同时又趋于结合于矿物和有机物微粒表面的性质，在水污染控制中发挥重要作用。

（4）悬浮沉积物。天然水环境是一个巨大的热力学不稳定胶体分散系统，其中分散相胶体颗粒趋向于聚集形成肉眼可见的悬浮沉积物。这些悬浮沉积物的结构组成不固定，随着水质、水体组成物质和水动力条件而变化。通常以黏土矿物胶体颗粒为核心骨架，有机物和金属水合氧化物等附着于颗粒界面上形成相互黏附架桥，使若干胶体颗粒相互连接成絮状聚集体。

　　土壤和悬浮沉积物形成的胶粒构造出天然水体中多种多样的微界面,为人类控制、治理和净化水污染提供了有效途径。如利用土壤-植物-微生物的微界面及其相互作用可以通过人工强化吸附、吸收、降解等作用去除水中有机和无机污染物,并根据这一原理构建出可以控制并削减水和大气中污染物的人工湿地(见图8-4)。

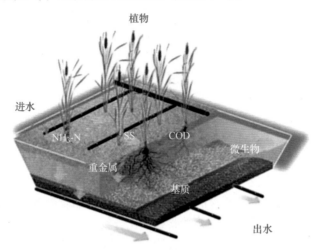

图 8-4　人工湿地示意图

8.1.2　水污染的来源及特点

　　水在自然循环及人为因素(生活污水及工业废水)下,都会在不同程度上混入各种各样的杂质,使水质发生变化造成污染。自然过程中水污染比较复杂,来源多种多样,如初期降水(包括雨雪等)在到达地面之前会溶入大气中污染物、水对地层矿物中某些易溶成分的溶解、水流冲刷地表及河床带入泥沙和腐殖质,以及水中各类微生物、水生动植物繁殖及其死亡残骸等。人类生活和生产活动过程中排放的污染物包括工矿企业生产过程中产生的废水,城镇居民生活区的生活污水,以及农业生产过程中产生的有机农药污水对水体产生的污染,对环境的危害极大。其中生活污水是人类日常活动使用后排放的污染水,如洗漱沐浴水、清洗餐具蔬果水及混入生活污染物(如粪便、残羹剩饭等)的水等。其特点是有机浓度较低(COD 250～800mg/L),氮磷浓度可能较高,进入自然水体后可能引起富营养化造成水质恶化。工业废水是在工业生产过程中形成的废水,具有量大、面广、成分复杂、毒性大、难处理等特点。不同产品和生产门类排放的工业废水所含污染物的成分、类别、浓度等有明显差异,如油田废水、机械切削废水及餐饮、食品加工废水中常含有大量乳化油,煤化工、精细化工、造纸、纺织印染废水含有高浓度难降解有机污染物(酚类、联苯、吡啶、吲哚和喹啉等)、硫氰化物、无机氟离子和氨氮等,煤炭和矿产开采、金属冶炼、垃圾处理等可能排放重金属废水,若排入天然水域对水生态环境及人体健康危害巨大。农业废水是指农业耕种、施肥及养殖等产生的有机废水,以及降雨径渗流携带土壤肥料和农药形成的污水。其中主要污染物包括农药类(有机氯、有机磷、拟除虫菊酯和氨基甲酸酯等)和含铅、砷、汞等制剂,传统的滴滴涕(DDTs)、六六六(BHCs)等,具有致癌性和遗传毒性。农业废水流入江河湖海地表水引起污染,渗入土壤也会造成地下水污染。

水体中的污染物种类十分复杂，按照尺寸大小可分为胶体颗粒和溶解性物质。水中胶体颗粒直径在 $10nm \sim 100\mu m$ 之间。较大的胶体颗粒尺寸为 $1 \sim 100\mu m$，常称为悬浮体，往往肉眼可见，一般是大颗粒泥沙、矿物质废渣及某些高分子有机物。较小胶体颗粒尺寸小于 $100nm$，通常包括黏土藻类、腐殖质及蛋白质等，在水中长期存在，既不能上浮水面也不会沉淀澄清。粒径为 $100nm \sim 1\mu m$，属于过渡阶段产物，具有胶体分散系统的典型特性。胶体颗粒会造成水体浑浊，而有机物如腐殖质及藻类等还引起水体色、嗅、味改变，对工业使用和人类健康产生不利影响。水体中溶解性污染物分无机和有机两类，其中无机溶解物指水中所含的无机低分子和离子，它们与水构成相对稳定的均相体系。水中的离子包括以阳离子和阴离子存在的 Ca^{2+}、Mg^{2+}、Na^+、K^+、HCO_3^-、SO_4^{2-}、Cl^- 等，而地下水中还有 Fe^{2+} 和 F^- 等。所有这些离子主要来源于矿物质的溶解，部分来源于水中有机物的分解。随着水污染的程度日益加重，水中可能含有 Hg^{2+}、Cr^{3+}、Cd^{2+}、Pb^{2+}、As^{3+}、CN^- 等无机毒性物质，无机溶解物可产生色、嗅、味，导致水的硬度和碱度提高，是某些工业用水需要去除的对象。有机溶解物指水中所含的有机高分子物质，如腐殖酸等。随着水污染的程度日益加重，水中还可能含多环芳烃、芳香族氨基化合物、有机汞、酚类化合物、杂环类化合物等有害物质，以及人工合成的有机磷农药、有机氯等有毒物质，此时需要更为复杂的水处理工艺才能去除。

不同水体的水污染性质也有很大差异。河流水污染具有污染程度随流量变化、扩散快、危害大、易控制等特点。当排污量不变时，则径流量大，污染轻；由于河水不停流动，上游的污染必然会迁移到下游；河流还经常是人类饮用和工农渔业等主要水源，污染物通过直接食用或食物链及农田灌溉危及人身健康。湖泊中的水不能流动，属于相对封闭水域。由于雨水冲刷或者人为排放，污染物汇入湖泊超过自净能力时，湖水被污染水质严重恶化，出现有机物重金属超标、富营养化、水量骤减、沼泽化等问题。湖泊是地球上最重要的淡水储存库，蓄积了地表 90% 的可利用淡水资源，与人类生命活动休戚相关，污染后危害很大。海洋中水污染具有污染源复杂、持续性强、范围大等特点，其来源包括油船和油井倾泄、陆地污染物汇入、大气污染物降入等。污染物进入海洋后不可能再出去，难降解部分逐渐累积，被海洋生物富集，对人类健康造成潜在威胁。地下水污染的特点是过程缓慢、不易发现、难以治理。其污染分为直接和间接两种。直接污染从污染源获得，污染过程中污染物的性质没有发生变化，间接污染的污染物由其他物质携带进入地下水造成污染。

8.1.3 水污染控制

废水处理是水污染控制的基础，也是实现污水资源化的前提。应对当前依然严重的水污染问题，需要采用相应的治理措施将污水中各种形态污染物进行分离、分解、降解或转化，实现无害化或资源回收再利用，使废水得到净化。按作用原理和处理对象可以将水污染治理的基本方法分为生物法、化学法、物理法和物理化学法等[4]。

通常，物理法是通过物理或机械作用分离或回收废水中呈悬浮状态胶体颗粒的污染物的废水处理方法，如在污水处理厂不可或缺的调节、筛滤、过滤、沉淀、浮力上升、离心分离、磁分离等。物理处理过程不会改变污染的化学性质。

化学法是通过加入化学物质，使其与废污水中的污染物质发生化学反应来分离、去除、回收废水中呈溶解状态和胶体颗粒的污染物或将其转化为无害物质的处理方法。例如，混凝法就是利用絮凝剂在溶液中水解产生水合配位离子及氢氧化物胶体，与废水中胶体颗粒作用，聚集成较大颗粒发生絮凝或混凝沉淀，实现污染物的去除。高级氧化法通过催化过硫酸盐（PMS）、过氧化氢（H_2O_2）和臭氧，生成硫酸盐自由基（$SO_4^- \cdot$）、羟基自由基（$\cdot OH$）和/或超氧阴离子自由基（$O_2^- \cdot$），将废水中有毒有机污染物快速分解成无害的矿化盐、二氧化碳和水。常见的化学法废水处理技术还有中和法、氧化还原法、化学沉淀法等。

物理化学法是利用传质原理处理或回收利用废水的方法。包括吸附法、离子交换法、膜分离法等。其中吸附法是一种常见的水体深度处理技术，利用多孔性吸附材料的作用，促使废水中污染物从流动相转移到固相表面，并通过物理化学相互作用，将被吸附的物质束缚在固体表面。常用的吸附材料有活性炭、树脂、纳米金属氧化物等。吸附法对废水中重金属离子及有机物、农药污染物等具有很好的去除效果。膜分离法包括反渗透、纳滤、超滤、微滤及膜蒸馏技术，常用于废水的深度处理。利用膜的选择透过性可以将离子、分子或某些微粒从水中分离出来。反渗透较其他膜分离技术对废水小颗粒（包括细菌和单价离子，如钠离子和氯离子）分离效率更高。因此，微滤、超滤、纳滤等过程通常用作反渗透的预处理步骤以减少反渗透膜污染。膜蒸馏可以实现含非挥发溶质水溶液的分离，是一个热驱动的分离过程，当膜两侧存在一定的温差时，水蒸气分子从透过微孔扩散到冷侧凝聚成较纯净水，同时废水中的污染物得到逐步浓缩。

生物处理法是利用微生物的新陈代谢功能，通过微生物的作用将废水中有机物转化为稳定、无害的物质的废水处理方法。据微生物生长对氧环境的需求，生物处理法通常又分为好氧法和缺氧法。好氧处理（如活性污泥法、生物膜法、生物氧化塘等）过程中，微生物在充足氧环境下生长繁殖，以有机污染物为底物进行好氧代谢，将有机物降解转化为低能位的无机物，达到无害化的要求；好氧微生物只适应于 COD 浓度较低（进水 1000 ~ 1500mg/L 以下）的废水。缺氧法进一步分为兼氧和厌氧。兼氧微生物只需要少量氧即可生长繁殖并对废水中的有机物质进行降解处理，可适应 COD 浓度较高（进水 2000mg/L 以上）的废水。厌氧处理（如厌氧活性污泥法和厌氧生物膜法等）过程中，微生物繁殖生长及其对有机物质降解处理的过程中不需要任何氧，可适应更高 COD 浓度（4000 ~ 10000mg/L）的废水；其缺点是生化处理时间很长，废水在厌氧生化池内的停留时间一般需要 40h 以上。将兼氧生化处理或者厌氧生化处理和好氧生化处理组合起来，让 COD 浓度较高的废水先进行厌氧或者兼氧生化处理，再让兼氧池的处理出水作为好氧池的进水，这样的组合处理可以减少生化池的容积。

不同来源废水中污染物成分极其复杂多样，任何一种处理方法都难以达到完全净化的目的，常常要几种方法组成处理系统，才能达到处理的要求。废水处理流程的组合，一般遵循先易后难、先简后繁的原则。先去除大块垃圾和漂浮物质，然后再依次去除悬浮固体、胶体颗粒物及溶解性物质，即首先使用物理法，然后再使用化学法或物化和生物处理法。目前在废水的处理过程，按处理程度的不同，常分为一级、二级和三级处理。一级处理主要是用物理或化学的方法去除污水中呈悬浮状的胶体颗粒污染物和调节废水的 pH 值，是二级处理的预处理。二级处理主要是用生物法或化学混凝法去除污水中呈胶体和溶解状态的有机污染物质,出水一般能达到国家废水排放标准。三级处理又称深度处理。如需较高水质的污水回用,须进行三级处理,即用物理化学方法、生物法或化学法去除难以生物降解的有机物。

废水处理方法多种多样,在选用废水处理方法时,要充分考虑废水的水质特点及处理程度的要求,力求使选用的处理方法操作简便、经济、有效。图 8-5 所示为现行焦化厂典型废水处理工艺流程,废水一般经过厌氧—好氧生化处理后,还要通过混凝、砂滤、超滤、吸附、纳滤、反渗透等一系列复杂的深度处理工艺。整个处理流程较复杂、占地面积较大、运行成本高,而在实际运行中还存在着污泥活性低、排泥量大、混凝效率低下、吸附材料再生困难、膜系统污染严重等问题,给废水处理长期稳定运行带来很大困难。因此,研究典型处理工艺中复杂有机物的迁移转化规律,识别各类有机物的赋存形态及其重点去除单元,阐明不同处理单元与典型有机物的界面相互作用规律,对进一步提升废水的处理效果、优化处理工艺具有非常重要的意义。

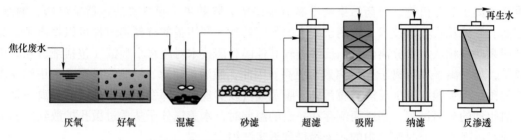

图 8-5 典型焦化废水处理与回用工艺流程图

8.1.4 污染物迁移转化

水体中存在的大量纳米级至微米级的胶体颗粒也是大多数溶解与半溶解微量污染物的载体,其稳定与失稳、迁移转化等过程对污染物的去向和归宿起决定作用。因此,水体中最主要污染物对水生物和人体健康的环境效应,以及对它们的评价和控制,都与环境界面胶体化学密切相关。

污染物跨界面分配和传输性质是水污染控制的重要基础,利用气相色谱质谱联用(GC-MS)技术,分析了图 8-5 典型焦化废水处理工艺流程中污染物迁移转化规律,结果如图 8-6 所示。可以看出,酚类污染物在好氧阶段的去除率要明显高于厌氧阶段,其中苯酚、2-甲基苯酚和 4-甲基苯酚这些主要的酚类污染物均能在好氧阶段中达到 80% 以上的去除率。相比之下,厌氧降解对三甲基苯酚、2-乙基-4-甲基苯酚和硝基苯酚的去除率较高。整体来说,酚类污染物的可生化性较高,最终生化出水的酚类污染物含量低于 10%,这可能因为酚类既可以被氧化又可以被还原,因此在厌氧或好氧条件下均可能发生芳环裂解和矿化,从而得到有效去除。

焦化废水经过生化处理后仍残留部分酚类、多环芳烃类、杂环类有机物及小分子苯系物,需要进一步通过深度处理去除,图 8-7 列出了有机污染物的深度处理过程的分布情况。可以看出,酚类和杂环类有机物在混凝和砂滤阶段去除率较高,以萘类为主的多环芳烃在超滤、吸附阶段去除率较高,苯系物及其衍生物在纳滤、反渗透阶段去除率较高,反渗透出水基本检测不到有机物的存在。全流程处理后,出水能满足锅炉补给水的回用要

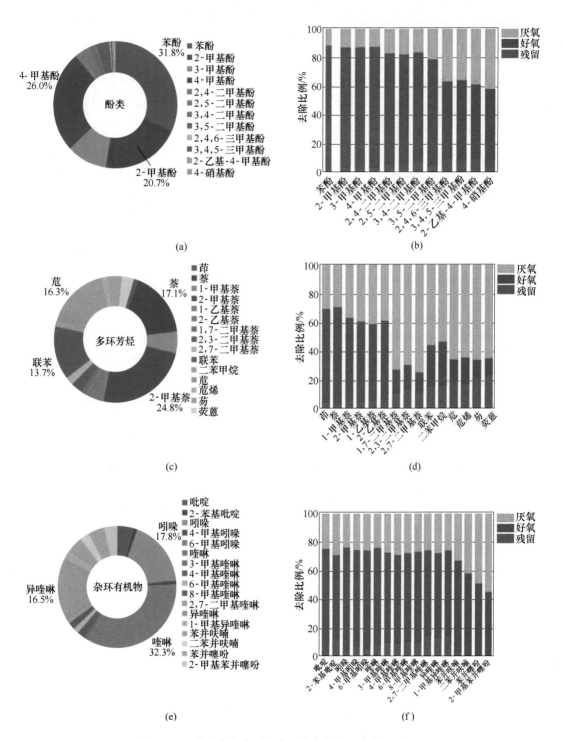

图 8-6　焦化废水中主要污染物在生化处理阶段的迁移

（a）酚类污染物在原水中的分布；（b）酚类污染物在生化阶段的迁移；（c）多环芳烃（PAH）在原水中的分布；

（d）PAH 在生化阶段的迁移；（e）杂环有机物在原水中的分布；（f）杂环有机物在生化阶段的迁移

求。由此可推断在深度处理各阶段，酚类和杂环类有机物是混凝、砂滤阶段的主要污染负荷，萘类及部分苯系物是超滤和吸附阶段的主要污染负荷，甲苯、氯苯等小分子苯系物及其衍生物是 NF 和 RO 阶段的主要污染负荷。

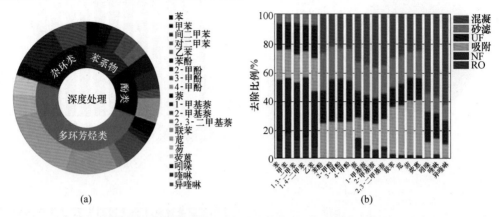

图 8-7　焦化废水中难降解有机物在深度处理阶段的迁移

综上，废水胶体分散系统中的微界面对污染物的迁移转化有重要作用，是决定处理过程中污染物去除效率和效能的关键因素。如传统水处理中经常采用的絮凝、沉淀、膜分离等措施，就可以通过界面强化提质增效。在絮凝处理中，为了提高难降解微量污染物的去除能力，开发出新型无机-有机杂化絮凝剂，在沉淀池中加拦截物或应用斜管斜板构型，在澄清池中设悬浮泥渣层、微界面接触絮凝（见图8-8）直接过滤及深层过滤等，全都是利用强化微界面过程实现微量污染物更好聚集和分离。溶气气浮、离子交换、化学吸附、纤维过滤、各种膜分离、分子筛及电解电渗等工艺无不包含着微界面过程的核心机理作用。专门针对毒性大的难降解有机污染物去除的深度氧化技术，除通过各种物理场强化外，主要是利用纳米级催化剂大比表面积提高微界面吸附催化能力。再如，生活污水和工业废水处理应用最多的生化处理中，无论是活性污泥法生物滤池法、生物转盘法、生物膜法、土地处理法等传统工艺，还是现代衍生发展起来的 SBR、BES、BAF、膜生物反应器固定化微生物法等大量好氧、厌氧的新型组合工艺中，生物吸附絮凝等界面胶体性质都是过程强化核心部分[5]。

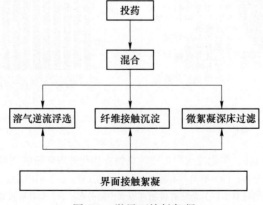

图 8-8　微界面接触絮凝

因此，水污染控制技术性能强化依赖于对环境界面胶体化学应用基础研究的深入理解，需要通过系统深入地探索发现新现象和新规律，不断开发出新技术、新材料和新工艺，进一步促进环境界面胶体科学和技术创新的不断融合与协同发展。以下结合环境界面胶体化学基本原理，介绍山西大学近年来在焦化废水耦合处理新过程研究中的一些成果。

8.2 胶体-水界面过程与强化混凝

混凝具有操作简单、经济实用、设备简单、操作方便、处理效果良好、经济可行、容易升级换代等优点，是水处理领域的一个重要操作单元，可以用于预处理、深度处理等方面，在水污染控制过程中发挥着不可或缺的作用。

8.2.1 絮凝剂

混凝过程处理对象是水中胶体分散相颗粒及其界面附着污染物，所使用絮凝剂的种类和性质是影响污染物去除效率和水处理成本的核心因素，其结构组成、制备工艺及应用过程一直是行业研究的重点之一。絮凝剂主要分为无机和有机混凝剂两大类，为了提高性能和拓展用途又进一步发展了复合絮凝剂和无机-有机杂化絮凝剂等[3]。

8.2.1.1 无机絮凝剂

无机絮凝剂包括无机低分子絮凝剂和无机高分子絮凝剂。其中无机低分子絮凝剂主要是铝盐（$AlCl_3$、$Al_2(SO_4)_3$）、铁盐（$FeCl_3$、$Fe_2(SO_4)_3$）等化合物，在水处理中的应用历史悠久。无机低分子絮凝剂的缺点是投加量大、会对设备产生腐蚀、低温效果差、残留铝对人体神经系统有潜在的毒性等。在此基础上发展了无机高分子絮凝剂，通过无机聚合提高了相对分子质量，改善了混凝效能，常见的有聚合氯化铝（PAC）、聚合硫酸铝（PAS）、聚合氯化铁（PFC）、聚合硫酸铁（PFS）等，已被广泛应用于饮用水、生活污水、工业废水等的净化处理过程中。

8.2.1.2 有机絮凝剂

有机高分子絮凝剂与无机高分子絮凝剂相比，具有相对分子质量更大、投加量小、受pH值及温度影响小、产生污泥量少等优点，在水处理中应用广泛。根据来源不同，有机高分子絮凝剂可以分为人工合成有机高分子絮凝剂和天然有机高分子絮凝剂。

根据所带电荷的不同，可以将人工合成有机高分子絮凝剂分为阳离子型、阴离子型、非离子型和两性，其中阳离子型有机絮凝剂主要为聚季铵盐类（聚二甲基二烯丙基氯化铵）、丙烯酰胺/阳离子单体共聚物；阴离子型有机絮凝剂主要为聚丙烯酸、丙烯酰胺与丙烯酸的共聚物等；非离子型有机絮凝剂主要为聚丙烯酰胺、聚乙烯醇、聚氧化乙烯等；两性有机絮凝剂分子链上同时含有正负两种电荷，如聚丙烯酰胺-二甲基二烯丙基氯化铵-丙烯酸，适用于带有不同电荷的污染物。由于有机絮凝剂相对分子质量大，具有较强吸附架桥能力，同时分子链上带有不同的电荷基团，电中和能力也较强，使得混凝效果良好。

8.2.1.3 复合絮凝剂

上述不同类型的絮凝剂，均存在一定优缺点和适用范围，实践证明，在一定条件下将不同的絮凝剂进行简单混合或反应制得复合混凝絮凝剂，不同絮凝剂进行优势互补，弥补单一絮凝剂的不足，达到提升混凝性能、拓宽使用范围、降低处理成本的目的，成为絮凝剂研发和使用的主要方向。基于复合组分的不同，复合絮凝剂可分为无机-无机复合絮凝剂、无机-有机复合絮凝剂、有机-有机复合絮凝剂。其中，无机-无机复合絮凝剂、无机-有机复合絮凝剂的研究和应用较多，而有机-有机复合絮凝剂因单体毒性、成本较高，限制了其在水处理中的使用和发展。

无机-无机复合絮凝剂包括含有多金属阳离子或者多阴离子的复合絮凝剂。将铝盐、铁盐等多核金属盐进行水解共聚，制备多金属阳离子的复合絮凝剂，如聚合硫酸铝铁（PAFS），可以兼具聚铝、聚铁的性能，增强对原水的适应性；也可在金属盐絮凝剂中加入不同的阴离子基团制备多阴离子型复合絮凝剂，如在 PAC 中引入 SO_4^{2-} 制备复合絮凝剂，可以有效提高聚合度和相对分子质量，改善混凝效果，此外，也可以制备多金属阳离子、多阴离子共存的无机复合絮凝剂。其中，聚硅酸金属盐絮凝剂是在聚合金属盐絮凝剂和活化硅酸助凝剂的基础上发展而来的，综合了聚合金属盐的电中和作用和聚硅酸的吸附架桥作用，使其混凝性能显著提高。

无机-无机复合絮凝剂具有良好的混凝效果和较宽的使用范围，但是与有机絮凝剂相比，相对分子质量仍较低，吸附架桥能力相对较弱，促使絮凝剂的研究与开发向无机-有机复合絮凝剂发展，成为水处理领域的研究重点之一。无机-有机复合絮凝剂的无机组分主要是铝盐、铁盐或铝铁盐及其无机聚合产物，有机部分主要是聚丙烯酰胺（PAM）、聚二甲基二烯丙基氯化铵（PDMDAAC）及其衍生物或共聚物。如将 PFC 和 PDMDAAC 复合，可拓宽投加量范围和 pH 值适用范围，增强混凝的耐盐能力，除浊、除磷、除有机物效果也更优异。

8.2.1.4 无机-有机杂化絮凝剂

无机-有机杂化絮凝剂不同于简单混合的复合絮凝剂，而是通过分子水平的结构调控，利用化学反应得到的新型絮凝剂。这种由化学键结合的絮凝剂不仅结合了无机与有机絮凝剂各自的优良性能，避免了常规的无机-有机复合絮凝剂存在宏观的相分离；同时由于两者的结合产生协同作用，可显著提高混凝性能，拓宽污染物去除范围、减少操作步骤、节约操作时间。

无机-有机杂化絮凝剂无机组分主要包括固体物质（煤矸石、凹凸棒土等）、胶体物质（氧化硅凝胶、金属氢氧化物胶体等）、无机絮凝剂（铝盐及聚合铝盐、铁盐及聚合铁盐等），有机组分经常使用聚丙烯酰胺（PAM）、聚二甲基二烯丙基氯化铵（PDMDAAC）及其衍生物、共聚物等。按照无机组分与有机组分之间键合连接方式的不同，无机-有机杂化絮凝剂的制备方法主要有共聚键合法、离子键合法、共价键合法等。其中，共价键合法在无机组分与有机组分之间形成稳定的共价键，以桥联的形式将不同组分连接起来，防止发生两相的分离，被广泛应用于无机-有机杂化材料的制备。这种絮凝剂具有两亲性质，在水体中能够自组装形成胶束结构，表面亲水的无机部分发生水解成絮状物，使胶体颗粒失稳缠结；中心疏水内核则在一定程度上捕获溶解性有机污染物。

8.2.2 有机污染物靶向去除

焦化废水是一种典型的高污染工业废水，含有大量溶解性有机污染物（DOM），其中部分有机物是难降解或有生物毒性的，使得焦化废水的可生化性低，即使经过生化处理仍然存在多种有机污染物，这些物质外排会对环境和人体造成危害，因此，对有机物的控制是焦化废水处理的难点。传统混凝技术经常用于焦化废水预处理和深度处理，但通常对其中有机物污染物的去除效果并不理想。无机-有机杂化絮凝剂的独特结构使其能够有效去除包括溶解性有机物的一系列污染物，在应用于焦化废水混凝预处理方面具有独特的优势[6]。

8.2.2.1 溶解性有机物

为研究无机-有机杂化絮凝剂对焦化废水中溶解性有机物（DOM）的去除性能，根据树脂对不同亲疏水性有机物的特异吸附脱附作用，使用非离子型 XAD-8 树脂柱层析将DOM 分离为 4 组不同组分，即疏水酸性物质（HOA）、疏水碱性物质（HOB）、疏水中性物质（HON）和亲水物质（HIS），其组成见表 8-1。分析结果表明，在山西某厂焦化废水原水（RCW_1）中，各组分的含量依次为 HIS 39.4%、HOA 31.5%、HOB 14.6% 和 HON 14.5%。经生化处理后的水样（生化出水，BCW_1）中亲水性组分的含量降低，各组分的含量依次变化为 HOA 30.6%、HOB 21.7%、HON 22.7% 和 HIS 25%。主要原因可能是焦化废水原水中的亲水性有机物更易被微生物利用分解而降低，但部分疏水有机物代谢又产生一些亲水性的物质。简言之，关于焦化废水原水和生化出水的亲水性分析，HIS 和 HOA为焦化废水中溶解性有机物的主要组分，二者对原水和生化出水的 DOC 贡献分别大于70%、55%。焦化废水原水和生化出水经过混凝后，各个组分的有机物均有一定程度的去除，但是不同的絮凝剂去除的效率存在差异。聚硅酸铝-聚（丙烯酰胺-丙烯酰氧乙基二甲基苄基氯化铵）（PASi-P（AM-ADB））混凝处理 RCW_1，对 HOA 和 HON 的去除率较高，为36% 和 21.8%，对 HOB 的去除率为 10.7%，对 HIS 的去除率很低（5.9%）。相比之下，对生化出水 BCW_1 各组分的去除率均提高，对 HOA、HON 和 HOB 的去除率可以达到52.6%、40.1%、33.2%，对 HIS 的去除率也提高到了 10.9%。

表 8-1　焦化废水各组分主要有机物构成

DOM 组分	主要有机物类别
HOA	酚类，主要以各种甲基取代酚为主
HOB	各种胺类和含氮杂环化合物
HON	吲哚及其衍生物，各种腈类、酮类、酯类、联苯类和多环芳烃类物质
HIS	苯胺、苯酚、喹啉、异喹啉

结果表明，杂化絮凝剂对 DOM 中溶解性有机物具有明显的靶向去除性能，而且这些有机物的亲疏水性对混凝处理去除效果有较大的影响。混凝优先去除疏水性有机物，其中对非碱性疏水有机物的去除效率高于碱性疏水物质的去除。可能是由于絮凝剂中铝盐水解生成的多羟基聚合产物和 $-NH_3^+$ 或 $-NH_2$ 基团的存在，会与疏水组分特别是酸性组分发生络合、电中和、吸附作用，进而通过网捕沉降得以从水体中去除。

8.2.2.2 荧光响应有机物

焦化废水中有机物的结构复杂、种类繁多，其中含有多种具有荧光响应的物质，可以使用三维荧光光谱技术进行解析，由有机分子的性质、类别、结构等信息，获得混凝处理前后污染物迁移转化性质。以入射光谱 E_x 和发射光谱 E_m 波长范围为基准，可以将焦化废水中有机污染物的荧光光谱分为 5 个区域，Ⅰ区（$E_x/E_m = 200 \sim 250/250 \sim 330nm$）和Ⅱ区（$E_x/E_m = 200 \sim 250/330 \sim 380nm$）主要是类芳香性蛋白类物质，Ⅲ区（$E_x/E_m = 200 \sim 250/380 \sim 550nm$）主要是类富里酸物质，Ⅳ区（$E_x/E_m = 250 \sim 450/250 \sim 380nm$）主要是类微生物代谢产物，Ⅴ区（$E_x/E_m = 280 \sim 450/380 \sim 550nm$）主要是类腐殖酸物质。实验焦化废水水样混凝前后的三维荧光光谱如图 8-9 所示。

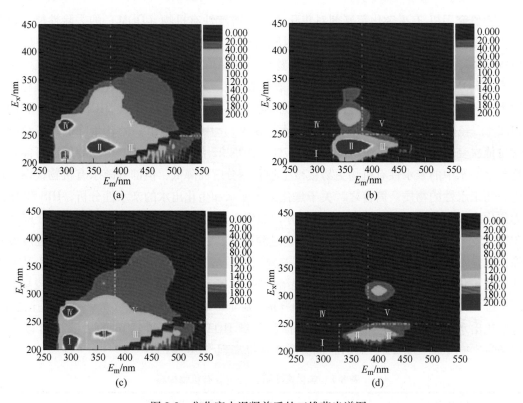

图 8-9   焦化废水混凝前后的三维荧光谱图
（a）原水混凝前；（b）原水混凝后；（c）生化出水混凝前；（d）生化出水混凝后

对于原水 RCW_1，荧光区域内存在 3 个明显的荧光团，其中 $204 \sim 225/288 \sim 311nm$ 为类芳香性蛋白类物质Ⅰ，$254 \sim 298/284 \sim 317nm$ 为类微生物代谢产物，$216 \sim 246/336 \sim 396nm$ 跨越了芳香性蛋白质物质Ⅱ和类富里酸物质Ⅲ区域，此外在Ⅴ区域还存在一定强度的荧光吸收。说明水样中存在类富里酸和类腐殖酸类物质，它们均属于腐殖质类，是典型的难降解有机物，产生于焦化工艺煤裂解或干馏过程。原水经过混凝后三个荧光团区域分别缩小为 $207 \sim 221/292 \sim 306nm$、$257 \sim 296/283 \sim 313nm$、$218 \sim 243/338 \sim 390nm$。通过五类荧光物质的中心荧光峰强度变化，计算出对类腐殖酸类物质和类芳香性蛋白质Ⅰ的去除率最高，分别为 27.4% 和 14.8%。经过生化处理的生化出水 BCW_1，荧光物质主要集中在Ⅱ、Ⅲ和Ⅳ区域内，Ⅴ区域内存在强度相对低的荧光，Ⅰ区域内荧光消失；在混凝之后类腐殖酸类物质和微生物代谢类产物的中心峰强度降低最显著，降低率分别为 38.5%、35%。同时，Ⅲ区荧光峰中心位置发射波长从 498nm 移动到了 461nm，说明难降解多环芳烃容易通过混凝去除使残留在水体的芳香族化合物的芳香环数或共轭键减少了。

8.2.2.3 难降解有机物

为进一步确定焦化废水在混凝过程中主要有机物的去除性能，根据 GC-MS 分析，使用 NIST 数据库按照匹配率最高原则（>10%）确定各有机物组分，通过峰面积变化计算出不同有机物的去除率。PASi-P（AM-ADB）对焦化废水原水 RCW_1 和生化出水 BCW_1 混凝处理前后有机污染物对比，如图 8-10 所示。

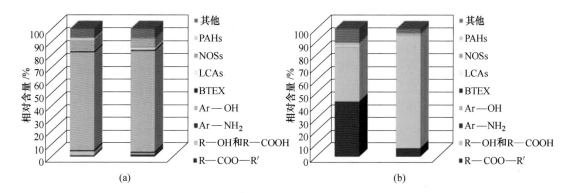

图 8-10　PASi-P（AM-ADB）混凝焦化废水原水和生化出水前后的有机物相对含量分布
（a）原水 RCW_1；（b）生化出水 BCW_1
（R—COO—R′代表酯类化合物；R—OH 和 R—COOH 代表醇类及羧酸类有机物；Ar—OH 代表酚类化合物；
Ar—NH₂ 代表苯胺；BTEX 代表苯系物及其衍生物；LCAs 代表长链烷烃；NOSs 代表含氮/氧/硫杂环化合物；
PAHs 代表多环芳烃；其他代表除此之外的其他有机物）

结果表明，焦化废水原水 RCW_1 可检测到 187 种有机物，其中苯胺、苯酚、甲基酚及其衍生物为 DOC 的主要组成物质，占到焦化废水总有机组分浓度的 78% 以上。由于原煤中含有大量酚羟基，在煤热解过程中必然产生大量酚类物质，成为焦化废水原水中高含量酚类物质的主要来源，这些物质大部分可以通过生化处理有效去除。RCW 中的其他物质主要为吲哚和喹啉等含氮杂化芳烃、长链烷烃、多环芳烃、含有芳香环的酯和醚等，这些疏水性有机化合物虽然含量较少，但是种类繁多、性质稳定，具有难降解、毒性大且生物抑制性强的特点，其中部分物质属于持久性有机污染物，是造成焦化废水生物降解难度大的主要原因。

经过混凝处理后有机物数量减少，原水共可检测到 152 种有机物。其中，脂肪醇/羧酸和多环芳烃的去除率分别为 64% 和 93%，杂环化合物也有小幅度的降低，说明 PASi-P（AM-ADB）对这些有机物优先去除。而混凝对酚类物质的去除效率较低仅为 6.4%（与前述结果吻合），这也使得焦化废水原水的总 DOC 混凝去除率不高。而混凝对原水中疏水性较强的高相对分子质量有机物去除效率较高，如吖啶、咔唑、2,6,10-三甲基十四烷、2,2′-亚甲基双-(4-甲基-6-叔丁基苯酚) 等，分别可达到 52%、57%、55% 和 48%；对多环芳烃荧蒽、芴和并四苯等基本可以完全去除。因此，利用无机-有机杂化絮凝剂，对焦化废水原水的混凝预处理，可以提高其可生化性，有利于后续生物处理的提质增效。

RCW 经过生化处理后的出水 BCW 水样中共检测出 76 种有机物，其中酚类的相对含量大幅度降低，主要有机物为醇类及羧酸类化合物、酯类化合物和一定量的长链烷烃、苯系物、杂化及多环芳烃等其他有机物。经过 PASi-P（AM-ADB）混凝处理后，BCW 样中可检测到 51 种有机物，其中含氮杂环、多环芳烃和酯类化合物的去除率可以到达 84%、90% 和 94%，而长链烷烃则被完全去除。这样的处理结果对后续深度处理十分有利，可以提高处理效率并降低膜污染。

8.2.3 胶体混凝界面调控机制

据第 6 章介绍，胶体分散系统是一种热力学不稳定系统；但在粒子的动能不越过势垒的情况下，具有动力学稳定性；胶体颗粒可能带电荷，且同一种胶体分散系统，胶粒一般所带电荷相同，具有静电排斥作用维持聚集稳定性。根据扩展 DLVO 理论，混凝过程中絮凝剂主要通过压缩双电层、吸附电中和、吸附架桥和网捕等作用，调控水介质中的胶体颗粒稳定性，从而实现失稳凝聚和沉降分离[3]。

8.2.3.1 压缩双电层

根据 DLVO 理论，加入含有高价态正电荷离子的絮凝剂时，高价态正离子通过静电引力进入带负电胶粒表面，置换出原低价正离子，这样双电层仍然保持电中性，但正电荷的数量减少，使双电层变薄，胶体颗粒滑动面上的 ζ 电位降低。当 ζ（Zeta）电位降至零时，称为等电状态，此时排斥势垒完全消失。ζ 电位降至胶粒总势能曲线上势垒 $E_{max}=0$，胶粒就开始失去稳定性发生聚集作用，此时的 ζ 电位称为临界电位 ζ_k。

胶粒之间的总作用力，并不是只有静电作用，还有范德华力、氢键及共价键等作用。不同金属离子絮凝剂压缩双电层的能力有所不同，在浓度相等的条件下，金属离子破坏胶体稳定的能力服从 Schulze-Hardy 规则，即聚沉值与反离子价数倒数的 6 次方成反比。

然而双电层压缩机理不能解释以下三种情况：（1）混凝并不是非要在 ζ 电位达到零时才发生；（2）投加过量的絮凝剂，会使体系出现再稳定，混凝效果变差；（3）加入与胶粒所带电荷同号的聚合物，也可以取得良好的混凝效果。因此在混凝过程中还存在其他界面胶体化学原理。

8.2.3.2 吸附-电性中和

吸附电中和作用是指胶粒表面对异号离子、异号胶粒或链状高分子带异号电荷的部位有强烈的吸附作用，由于这种吸附作用中和了它的部分或全部电荷，减少了静电斥力，因而容易与其他颗粒接近而相互吸附。这种现象在水处理中出现得较多，当微粒吸附的正电荷聚合物过多时，会发生电荷反转，变成带正电荷的微粒，在正电荷静电斥力作用下出现再稳定现象。在铝盐混凝剂的过程中，水解的多核羟基络合物主要起吸附电性中和作用。在水处理中由水合的 Al^{3+} 产生的单纯的压缩双电层作用甚微。

吸附电中和与压缩双电层作用都可以使微粒的 ζ 电位降低，但不同之处在于，吸附电中和作用是带正电荷的絮凝剂吸附在微粒表面，降低其表面负电荷，而过多的吸附还会使微粒发生变号，而且随着絮凝剂投加量持续增大，变号后的静电排斥作用会越来越明显，最终形成再稳定。

8.2.3.3 吸附架桥

如果投加的化学药剂是具有能吸附胶粒的链状高分子聚合物，或者两个同号胶粒吸附在同一个异号胶粒上，胶粒间就能连接，团聚成絮凝体而被除去，这就是吸附架桥作用（见图 8-11）。高分子投量过少，不足以形成吸附架桥，但投加过多，大量聚合物高分子将微粒包围，出现"胶体保护"现象，导致吸附位点不足，不利于进行架桥结合。同时，覆盖的聚合物高分子压缩变形产生反弹力和排斥力或相同电荷之间存在静电排斥，使得微粒难于凝聚沉降，出现再稳定现象。高分子的分子质量越大，则架桥能力越强，絮凝效率也越高。

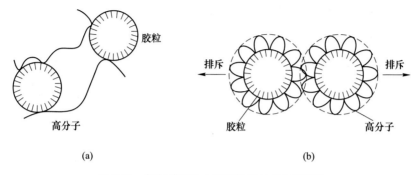

图 8-11 架桥模型(a)和胶体保护(b)示意图

吸附架桥可分为三种类型：（1）胶粒与不带电荷的高分子物质发生架桥，涉及范德华力、氢键、配位键等吸附力；（2）胶粒与带异号电荷的高分子物质发生架桥，除范德华力、氢键、配位键外，还有电中和作用；（3）胶粒与带同号电荷的高分子物质发生架桥，出现"静电斑"作用。

8.2.3.4 网捕或卷扫

网捕或卷扫主要是金属盐絮凝剂的一种作用机理，即向水中投加含金属离子的化学药剂后，由于金属离子的水解和聚合，会以水中的胶粒为晶核形成大量胶体状不溶性沉淀物，或者在这种沉淀物从水中析出的过程中，会吸附和网捕水中的胶粒、悬浮物共同沉降下来。

金属氢氧化物在形成过程中对胶粒的网捕与卷扫所需混凝剂量与原水杂质含量成反比，即当原水胶体含量少时，所需混凝剂多，反之亦然。

8.2.3.5 疏水作用

带疏水基团的絮凝剂分子加入水体后，形成局部非极性区域，破坏了水分子间原有氢键，导致系统能量升高。为了降低系统能量，介质水分子总倾向于排斥絮凝剂的非极性部分，即产生疏水相互作用。通过疏水相互作用，非极性有机污染物可能被带有絮凝剂分子的胶粒携带聚集或胶粒表面吸附排列，实现胶粒与有机污染物的共去除。

8.2.3.6 焦化废水中胶粒与有机物协同去除机理

根据扩展 DLVO 理论，混凝过程中絮凝剂通过压缩双电层、吸附电中和、吸附架桥和网捕及疏水等作用，使水介质中的胶体颗粒失稳凝聚，从而实现沉降分离。经过以上分析，可以初步推断杂化絮凝剂强化混凝预处理焦化废水机制，如图 8-12 所示。

杂化絮凝剂经搅拌快速分散加入废水中，絮凝剂中硅酸金属盐水解生成带正电荷的氢氧化物聚合产物，与分子中有机基团共同作用，强烈吸附于带有负电荷的碱胶体颗粒表面，发挥电中和和压缩双电层作用，显著降低胶体间斥力，出现"脱稳"现象，相互碰撞聚集成小絮团。硅酸金属盐水解聚合物与有机分子链存在的大量吸附位点，对这些小絮团发挥吸附架桥作用使之相互结合形成大絮体，进而实现相分离去除胶体污染物。同时，杂

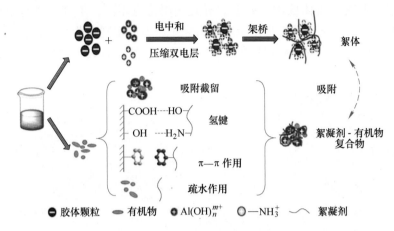

图 8-12　杂化絮凝剂混凝处理焦化废水机理

化絮凝剂的无机有机协同效应赋予其与废水中有机污染物一些特殊作用，如 DOM 与硅酸金属盐水解聚合物间络合、吸附、网捕作用，羧基、羟基等功能团与羟基、氨基、季铵基团间氢键作用，共轭和芳香基与共轭、苯（苄）基间 π—π 作用，疏水基团与非极性有机部分疏水作用等。综合以上多种作用结合絮凝剂本身大分子网状结构特点，在焦化废水混凝过程中可以吸附捕获 NOM 有机物形成不溶性可沉降物质、DOM 及不溶性但不足以沉降的有机物，形成的絮体中的功能基团仍可通过氢键、π—π、疏水等作用对有机物进一步捕获，实现焦化废水中胶体颗粒与有机物的混凝共去除[7]。

8.3　固体-水界面过程与吸附

水污染控制的吸附法可作为离子交换、膜分离过程的预处理，具有效果好、投资小、工艺简单且可以再生等优点；如果作为深度（三级）处理工艺可得到更优质水，实现废水资源化利用。

8.3.1　吸附剂

吸附材料是能从水体中有效地吸附污染物的多孔性固体材料，一般具有比表面大、吸附容量高、吸附过程迅速、不与吸附质和水介质发生化学反应、制造方便、容易再生、有良好的机械强度等特点。常用的吸附材料有活性炭、金属和非金属氧化物（如硅胶、氧化铝、分子筛、天然黏土等）及各种天然和合成的高分子树脂。

8.3.1.1　煤基吸附材料

A　活性炭

活性炭主要由煤炭或木材等含炭原料经高温炭化及活化而得，也可以利用农林剩余物、煤、竹类等废弃资源实现综合利用。由于具有高比表面积、良好的孔结构及表面疏水性等特点，活性炭吸附法可以有效去除水中的有机物。但也存在成本高、分离难等问题，在一定程度上限制了活性炭在废水处理中的发展。经过磁改性的活性炭不仅吸附完成后在外加磁场下可以实现定向分离，而且将吸附饱和的磁性活性炭回收再利用极大地降低了处理成本，具有广阔的开发利用前景。

B 焦粉

焦粉是原煤在干馏炼焦、冶金及化工等生产过程中，焦炭破碎产生的微小颗粒副产物，在实际炼钢等过程中产生量大，价格便宜。焦粉颗粒直径通常小于5mm、外观呈灰黑色、碳含量大于70%、灰分和挥发分含量低、石墨化程度高，其理化性质类似于活性炭，具有一定的孔隙率及较大的比表面积。此外，焦粉还能同很多的物质（水蒸气、CO_2 及 O_2 等）进行特定的反应。

目前，焦粉的利用价值十分有限，主要被当作低级燃料（可以燃烧但热值不大）廉价处理。我国每年废弃焦粉高达4000万吨，不仅会对环境造成严重污染，也会造成极大的资源浪费。由于焦粉与焦化废水有着共同的来源，利用焦粉作为吸附材料或者替代原料，就近处理焦化废水，可以很大程度降低成本。据报道，焦粉对焦化废水的COD、色度和臭味等都有很好的去除效果。

C 活性焦

褐煤基活性焦的主要原料为褐煤，在经过相应的炭化及活化处理后形成活性焦，但其干馏或活化并不充分。由于褐煤是煤化程度最低的矿产煤，热值低、杂质多、储量相对丰富，因此制备活性焦的原材料价格相对低廉。活性焦与其他吸附材料相比表现出很多突出的优点。例如利用褐煤作为主要原料得到的活性焦，具有很多的过渡孔，而且活性焦具有良好的热稳定性及耐热性，在负载催化剂方面表现出优异的特性。同时活性焦具有较高的机械强度，在整个操作过程中不易破碎，也可以反复再生。由于活性焦具有低廉的价格、丰富的表面基团及较高的化学稳定性和机械强度，在烟气的脱硫脱硝领域被证明是烟气中 SO_x 和 NO_x 的有效吸附材料，得到了广泛的研究与应用。此外，活性焦针对废水中存在的许多有机物同样有很好的吸附特性，基本上能够代替活性炭等吸附材料，降低废水的COD和色度，效果十分突出。

焦粉和活性焦有着类似于活性炭的吸附性能，如果将二者作为焦化废水处理的吸附材料，吸附后不经处理直接用作焦炉配煤的黏结剂，或者作为配煤炼焦的瘦化剂，不造成二次污染，同时运行成本大大降低，具有潜在的应用价值。这样解决了深度处理费用昂贵、再生复杂等问题，同时实现了资源的综合利用和废水达标回用的目标，是一条值得重视和探索的焦化废水深度处理新思路。

8.3.1.2 孔结构与吸附性能

吸附材料孔结构对其性能优劣有很大影响，主要包括以下几方面。

A 孔容

孔容表示吸附材料中微孔的实际容积大小，数值上等于单位重量吸附材料中的总容积（cm^3/g），可以用饱和吸附量估算。对特定吸附材料，孔容越大吸附性能越好。

B 比表面积

单位质量的吸附材料所具有的表面积称为比表面积，单位为 m^2/g。比表面积主要受到吸附材料本身构造影响，是吸附材料中包括微孔在内的表面积之和。

C 孔径与孔径分布

孔径是指吸附材料中孔道的形状和大小，需要说明的是吸附材料中的微孔是没有固定的形状的，并且不同的吸附材料其孔隙大小也不一样。孔径分布即吸附材料中存在的各级孔径按数量或体积计算的百分率。

对于活性炭，其孔径对吸附性能影响很大，在吸附过程中，大、中、小三种孔隙结构各自发挥不同作用。大孔的孔径大于100nm，孔容为0.2~0.5mL/g，可以为吸附质扩散到中小孔提供主要通道，对吸附的整体速度具有重要影响；中孔的孔径为2~100nm，孔容为0.02~0.10mL/g，除作为扩散通道外，还能够促进吸附质进入小孔，针对大分子吸附质效果显著；小孔的孔径一般小于2nm，孔容为0.15~0.09mL/g，其表面积很大（可以占整个比表面积的95%以上），构成活性炭吸附容量的主体，对吸附能力起决定性作用。

值得注意的是，如果吸附质分子直径超过活性炭孔径，就不可能发生有效吸附，甚至还会将活性炭孔隙堵塞，形成不可逆吸附。相反，对于直径很小的吸附质，吸附速度快、效果好，但可能结合不牢固，在特定情况下也许出现解吸。

8.3.1.3　表面化学性质

吸附材料表面化学性质对其吸附能力具有十分重要的影响，其中含氧官能团、含氮官能团及表面杂原子等发挥显著的作用。

A　含氧官能团

一般活性炭表面的含氧官能团由制备时原料炭化不完全形成，通常包括羧基、酚羟基、羰基、内酯基及醚基等，其化学结构如图8-13所示。从图中还可以推出，羧基（见图8-13（a））脱水后很可能转变为酸酐（见图8-13（b））；若与羧基或羰基相邻，羰基有可能形成内酯基（见图8-13（c））或芳醇基（见图8-13（d））；单独位于"芳香"层边缘的单个羟基（见图8-13（e））具有酚的特性；羰基（见图8-13（f））有可能单独存在或形成醌基（见图8-13（g））；氧原子有可能简单地替换边缘的碳原子而形成醚基（见图8-13（h））。图8-13(a)~(e)表面的含氧官能团表现出不同程度的酸性，表面含氧量一般与实际吸附材料酸性成正比，会产生阳离子交换。相反，表面的氧含量越低，其碱性就越强，表现为阴离子交换性。

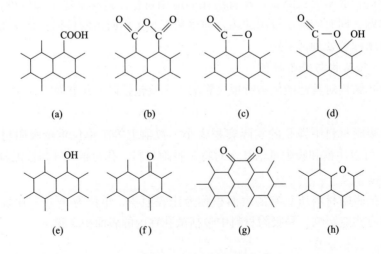

图8-13　含氧官能团

（a）羧基；（b）酸酐；（c）内酯基；（d）芳醇基；（e）羟基；（f）羰基；（g）醌基；（h）醚基

B　含氮官能团

含氮官能团多来自于人为改性引入含氮试剂，或制备工艺过程中有含氮原料参与的化学反应，主要包括酰胺基、乳胺基、肽亚胺基、类吡咯基等结构，如图 8-14 所示。

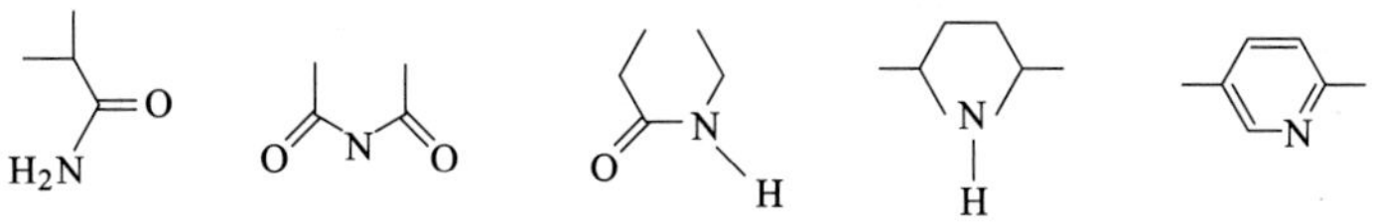

图 8-14　含氮官能团

（a）酰胺基；（b）酰亚胺基；（c）肽亚胺基；（d）类吡咯基；（e）吡啶基

有能力结合质子的含氮官能团（具有碱性）与能够吸引质子的碳芳香环中的共轭 π 电子，共同提供了吸附材料的碱性。有研究也发现某些含氧官能团如吡喃酮、酮、吡喃也对碱性具有一定的贡献。

C　表面杂原子及其化合物

表面杂原子及其化合物大多是根据实际应用要求人为引入的金属杂原子及其盐类化合物，以便赋予吸附材料和吸附质之间特殊亲和力，提高对特殊功能基团的吸附能力。近年来，很多针对活性炭表面改性的相关研究，发现化学官能团组成对其化学性质影响十分突出。

实际应用中，无论改变吸附材料还是吸附质，都会引起吸附性质和吸附能力的改变。吸附材料与吸附质之间又包括范德华引力、静电相互作用、疏水相互作用、氢键相互作用和 π—π EDA 相互作用等，其中 π—π EDA 相互作用和氢键相互作用的结果为化学吸附，而范德华力、静电相互作用、疏水相互作用的结果为物理吸附。

8.3.2　水污染物吸附

8.3.2.1　磁性活性炭吸附去除苯酚

作为典型的有机污染物，酚类约占焦化废水中总污染物的 20%，在传统的焦化废水处理中主要在生化阶段被去除。但是，高浓度酚类对生化阶段微生物的影响较大，现阶段多采取加水稀释降低生物毒性。这无疑会加大处理负荷、提升成本，如果能通过预处理有效降低酚类污染物浓度，不仅为生化处理阶段减轻压力，同时节约整个工艺处理成本。通过磁性活性炭对酚类污染物高效吸附和吸附材料回收利用，提供了一种焦化废水预处理可借鉴手段。

图 8-15 （a）为吸附温度为 25℃、吸附材料用量为 100mg 的实验条件下，磁性活性炭对苯酚吸附量随时间变化的关系曲线。可以看出，苯酚的吸附比较快，在 70min 内几乎达到吸附平衡。吸附开始时，吸附材料有大量可用的孔隙，外扩散占优势，苯酚迅速扩散到吸附材料表面。70min 后，吸附的内部扩散占优势，导致吸附速率减慢直至停止，达到比较可观的平衡吸附量 62mg/g。

图 8-15 （b）为同样吸附温度和吸附材料用量下，不同苯酚初始浓度时，吸附量随时间变化的关系曲线。当苯酚初始浓度分别为 10mg/L、50mg/L、100mg/L、150mg/L 时，平衡吸附量分别为 15.2mg/g、58.3mg/g、77.5mg/g 和 76.6mg/g，去除率分别为 63.2%、

56.3%、28.5%和26.0%。平衡吸附量随着初始浓度的增加而增加，但是初始浓度达到100mg/L后，基本保持不变，说明吸附材料达到饱和。由于吸附材料量一定，总的可用吸附位点有限，因此随着苯酚初始浓度的增加，苯酚去除率会有所降低。

图8-15（c）为吸附温度为25℃、初始苯酚浓度为150mg/L的实验条件下，苯酚的去除率随吸附材料用量变化的关系曲线。当磁性活性炭浓度在0.5g/L以下时，随其浓度的增加苯酚的去除率迅速提高到60%以上；当吸附材料用量大于0.5g/L后，随其浓度的增加去除率不再变化，说明水溶液中极低的苯酚含量很难通过吸附去除。

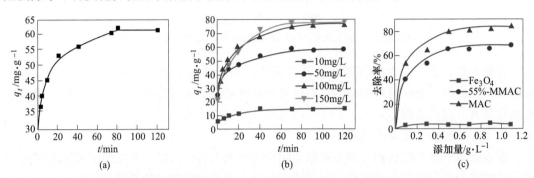

图8-15　吸附材料用量对苯酚去除率的影响

（a）吸附时间的影响；（b）苯酚初始浓度影响；（c）吸附剂用量影响

8.3.2.2　焦化废水吸附预处理

焦化废水因其水量大和成分复杂，在行业内一直备受关注。其中含有许多难以生物降解的有机物（ROPs），处理难度也很大。近期，依照国家的产业政策，我国很多焦化公司被要求使用干熄焦方法，焦化废水无法通过熄焦利用，迫切需要深度处理回用技术实现资源化利用。各种膜分离目前常用于焦化废水深度处理，其出水水质基本都能达到回用标准。但是，日常运行普遍存在膜污染严重，膜通量很快下降等问题，必须经常冲洗更换，造成二次废水和成本攀升。造成膜污染的主要原因是水中存在的大量难降解有机污染物，没有达到膜的进水条件。因此，通过深度处理、预处理有效去除生化出水（BCW）难降解有机物（COD）十分必要。选择焦粉（PC）、褐煤基活性焦（LAC）及具有相似来源的焦油活性炭（AC）为吸附材料，研究了吸附预处理对焦化废水中COD的去除性能，考察了吸附材料用量、运行时间和温度的影响，实验结果如图8-16所示。

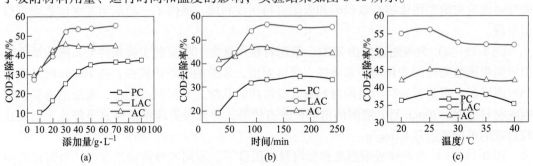

图8-16　煤基碳吸附材料对焦化废水COD的吸附去除

（a）吸附材料用量影响；（b）运行时间影响；（c）温度影响

图 8-16（a）为室温下吸附 4h 后，COD 去除率随吸附材料投加量变化的关系。可以看出，在低浓度时，随着吸附材料用量的增加，COD 的去除率显著上升。这是由于提高浓度增加了吸附材料的表面积和活性位点，使水中更多的有机物通过吸附去除。随着吸附材料用量的继续增加，当 LAC 和 AC 超过 30g/L、PC 超过 50g/L 时，COD 的去除率增幅减缓，这是吸附材料对有机污染物吸附趋于饱和的结果。三种吸附材料对 COD 的去除率也有明显区别，达到平衡时 LAC 最高为 55%、AC 次之为 48%、PC 最小仅为 40%。

吸附时间也是影响炭材料吸附效果的重要参数之一，吸附容量能否得到充分利用主要受吸附时间是否足够的影响。吸附发生在吸附材料的表面，在初始接触时吸附速度比较快，能够大量去除 COD，随着时间增加，吸附活动不断进行，吸附质会通过大孔进入多孔材料内部小孔中，由于传质阻力吸附速度变缓，但吸附容量会逐渐累积，直至达到吸附平衡。图 8-16（b）为室温下吸附材料用量为 50g/L 的条件下，COD 去除率随吸附时间变化的关系。可以看出，PC、LAC 和 AC 达到平衡吸附的时间分别为 180min、120min 和 90min。在初始反应阶段，COD 的去除率会随着吸附时间的增加而提高。2h 内，PC、LAC 和 AC 对 COD 的吸附去除率分别达到 39%、64% 和 56%，随后，COD 去除率变化不大，说明吸附脱附基本达到平衡。在相同的吸附时间内，LAC 比 AC 和 PC 表现出更高的 COD 吸附去除率，表明针对焦化废水中的难降解有机污染物 LAC 是比 AC 和 PC 更高效的吸附材料。

随后，又考察了吸附材料用量和吸附时间分别为 50g/L 和 4h 时，温度对 COD 吸附去除率的影响，结果如图 8-16（c）所示。可以看出，温度变化对焦化废水中 COD 的吸附去除率影响不大，达到平衡时 PC、LAC 和 AC 分别为 37%、58% 和 45%。但是与其他温度条件相比，在 25～35℃ 的温度范围内去除率略微较高。从分子理论上进行分析，温度的上升或降低都会对分子间的布朗运动产生影响，当温度升高时，吸附材料和有机分子就会发生剧烈的布朗运动，相应地增加了两者之间的接触概率，但是针对 COD 的去除率并不会产生明显的波动。另一方面，在较低的温度下，水解程度很小，水的黏度和剪切力的增加，都不利于吸附过程。焦化废水生化池的自然温度是 25～30℃，也是吸附过程的优化温度，而且考虑经济成本完全没有必要调整水温。

8.3.3 污染物界面吸附性能调控

吸附材料的物理结构及表面化学性质等特征，对水体中污染物的吸附性能有调控作用。

8.3.3.1 吸附材料

吸附材料对焦化废水的吸附性能受温度、吸附材料疏水性和浓度等条件的影响。我们实验中优化的吸附温度为褐煤基活性炭（AC）30℃、褐煤基活性焦（LAC）25℃。酸性条件下，活性焦具有较好的吸附效果，而相比之下活性炭在近中性条件下吸附性能更好。

吸附性能还与污染物的亲疏水性密切相关，通常炭吸附材料对疏水含不饱和键的有机污染物亲和力较强。以活性焦用于焦化废水的处理为例，焦化废水中含有苯系物、酚类、苯胺、长链烷烃、含氮杂环和多环芳烃等多种难降解有机物（ROPs），而活性焦对多环芳烃等弱极性污染物及相对分子质量较大疏水污染物的去除具有一定优势。此外，吡啶等杂环类物质及醇类、酮类和苯环类等有机物都具有一定的挥发性，活性焦表面官能团结构也有利于这部分有机物的吸附去除。因此，焦化废水中多环芳烃和氮杂环等强疏水性化合物优先被吸附并占据大部分的吸附活性位点，导致后吸附的烷烃类物质残留。

8.3.3.2 孔隙结构

吸附材料孔隙结构对难降解有机物的吸附也有重要影响。活性焦的比表面积仅为活性炭的 16.7%，但实验发现前者对焦化废水中污染物具有更优越的吸附去除性能，说明比表面积不是衡量材料吸附性能的绝对指标，还会与吸附质分子在吸附材料内部的渗透能力有关。尽管活性炭孔隙表面对吸附质有很强的亲和力，吸附质向孔内部的迁移受限使得只有部分孔隙可以被有效利用，从而降低了对污染物总体的吸附去除能力。

研究发现，活性炭和活性焦之间的孔径及其分布有显著差异。活性炭孔隙分布宽，有微孔、中孔和大孔等多种形式。其中，中孔（2~50nm）和大孔（1~2μm）作为进入微孔的输运通道，对吸附动力学起重要作用。鉴于焦化废水中的 ROPs 分子较大，活性炭中的大孔和中孔应该具有显著优势，与实验结果不相符。可能的原因是 ROPs 在活性炭的孔隙入口处吸附累积，封堵了孔口使 ROPs 不能全部进入。活性焦的孔隙分布则比较单一，与表面直接接触的中孔和大孔相对较少，吸附质与吸附材料在表面的接触点增加，使吸附强度增大。炭材料对有机物的吸附作用是一个复杂的过程，对于大分子物质而言，由于其分子较大，在表面形成凝胶水膜也可能堵塞活性炭内部的微孔，表现为吸附很容易达到饱和，而实际上，其内部结构并未被完全利用。

8.3.3.3 表面性质

吸附能力取决于多孔结构，但与位于炭吸附材料表面的官能团也有很大关系。活性炭表面一般同时存在由疏水官能团组成的非极性区域和由一定亲水性能官能团组成的极性区域。当表面具有含氧极性官能团时，由于氧的强电负性，在石墨结构边缘上形成酸性吸附电子基团，吸引石墨层自由 π 电子，导致表面 π 电子云密度下降。当 ROPs 被吸附在石墨烯层的平坦位置上时，吸附驱动力是 ROPs 芳香环和石墨烯层的芳香结构之间的 π—π 色散作用。位于基底平面边缘的酸性表面含氧基团也会将电子从 π-电子系统中移除，在石墨层的传导带中产生孔隙，减弱 ROPs 芳香环 π-电子与基底平面 p-电子间的相互作用，从而降低对 ROPs 的吸附去除。含氧功能团与杂质之间可能有氢键束缚，而在溶液中氢键的作用更强，导致活性炭中的微孔被拥塞，也会降低 ROPs 的吸附去除性能。水簇理论认为氢键的形成对于酚类物质的吸附形成障碍，导致吸附能力下降。当水接触到活性炭表面时，会吸附在亲水性、极性含氧基团，尤其是孔入口处的羧基上。这些酸性氧基具有很高的亲水性，容易形成含有氢键的水团，有效减少内孔结构对 ROPs 分子的可及性和亲和力。因此，类似微孔体积的活性炭和非极性活性焦对焦化废水中 ROPs 的吸附去除性能不同，可以用水的优先吸附来解释。

特定 ROP 与表面官能团之间存在相互作用，也都会影响吸附材料对有机物的去除性能。多孔炭材料的表面基本结构为石墨微晶，其中边缘碳或其他特殊结构含氧功能团及杂原子结构，对 π—π 色散相互作用、氢键相互作用和电子的供体-受体相互作用有重要影响（见图 8-17）。活性炭的表面主要是非极性的，但其表面化学反应多由于氧、氮、氢、磷和硫等杂原子的存在而引起。其中，酮、内酯、醌类、羰基和羧酸中的氧原子（C＝O），酯类、酰胺、羧酸酐中的羰基氧原子（O＝C—O）和羟基或醚中的氧原子可能存在化学吸附氧和水。边缘碳原子和有缺陷的碳环等，容易暴露活性位点和产生异原子反应性。与活性炭相比，活性焦具有更多的含氧的功能团，其中的 C—O—C、C＝O 和 O—C＝OH 含量及 O/C 比率均显著高于活性炭。活性炭表面的碱性通常来源于含苯并吡喃、二酮或醌、无机杂质和不饱和氧，而酸性基团包括羧酸、苯酚、酸酐和内酯基等。活性焦表面碱性的含氧功能基团如 $C═O$（酮、内酯、醌、羰基）的相对比例更大，有助于选择性地吸附含 N 杂环类化合物。芳香化合物通过电子供体-受体（EDA）复杂机制被吸附在活性炭上，在活性焦中占主导地位的羰基氧基团作为电子供体，ROPs 的芳香环作为受体。当表面氧原子的浓度相对较高时，芳香烃和基本表面氧原子之间的供体-受体相互作用也起着至关重要的作用。

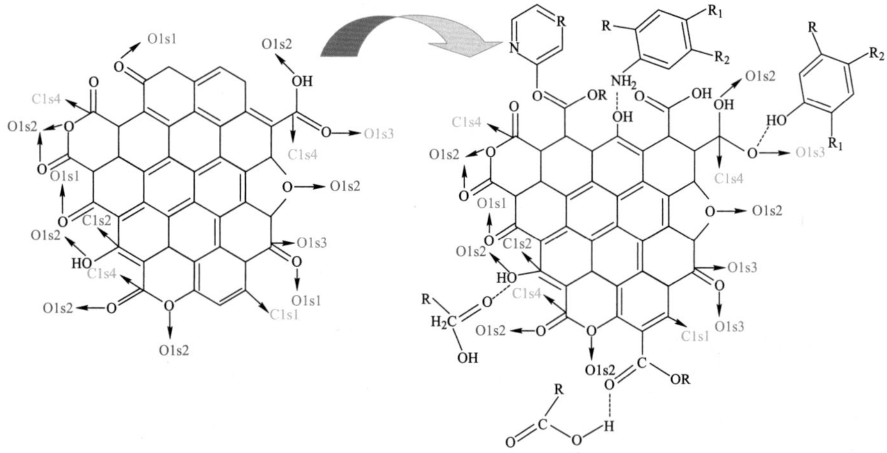

图 8-17　活性炭吸附 ROPs 作用机理

　　活性焦表面存在大量官能团，可以由多芳烃离域 π 电子的电子给体与受体的相互作用提供碱性。一般先进行物理吸附，遇到表面突出部分及棱角边缘处容易产生化学反应，物理吸附就会转变为化学吸附，进一步加强了对污染物的吸附能力。另外，范德华作用在表面平坦处或凹下处会更强。活性焦表面碱性官能团在其吸附有机物过程中起着重要的作用，成为控制 ROPs 去除的主要因素，而其物理性质则扮演次要的角色。对 ROPs 的吸附性能随着表面碱性含氧基团的增加而增加。表面吸附位点与 ROPs 之间的相互作用是增强吸附性能的原因。因此，活性焦表面化学性质尤其是碱性含氧基团是决定焦化废水中 ROPs 吸附的主要因素。

8.4 膜界面过程与膜蒸馏

　　膜蒸馏（MD）技术是将膜分离与蒸馏结合的水处理技术，具有操作条件相对简单、常压低温下即行、截留效率高、膜污染轻、对废水的适应性强等多种优点，在废水的深度处理方面表现出良好的性能。

8.4.1　膜蒸馏

8.4.1.1　定义

　　膜蒸馏（MD）是一种采用疏水微孔膜，以膜两侧维持不同温度的液体之间蒸气压差为传质驱动力的膜分离过程。在实际操作中，温度差使膜孔表面形成气-液界面，热侧液体形成水蒸气，通过分子扩散经膜孔进入冷侧凝结产生蒸馏水。其中，质量和热量传递过程是膜蒸馏工艺的主要因素。

8.4.1.2　装置类型

依据膜蒸馏过程中蒸气压差的产生方式和渗透侧蒸汽的收集方式不同，膜蒸馏可以分为直接接触式膜蒸馏（DCMD）、空气隙膜蒸馏（AGMD）、扫气式膜蒸馏（SGMD）和真空膜蒸馏（VMD）等四种形式（见图 8-18）。在直接接触式膜蒸馏中，冷热侧的液体均与膜表面直接接触，水分子的蒸发发生在热侧液体与膜接触的界面，冷凝发生在膜组件内部的冷侧循环液中。这种膜蒸馏形式构造简单，应用广泛。空气隙膜蒸馏（AGMD）是在热侧蒸汽穿透膜表面之后，在膜冷侧和冷凝介质中间形成一层空气间隙，用来减少由于冷热侧液体直接接触带来的热损失，有利于提高膜蒸馏过程中的热效率。扫气式膜蒸馏（SGMD）与空气隙膜蒸馏类似，都是通过冷侧的空气层来减少热传导过程产生的热损失，但扫气式膜蒸馏冷侧的气流能保持较强的流动性，传质系数更高。真空膜蒸馏（VMD）是通过在冷侧抽真空使热侧挥发的气体在膜组件之外冷凝下来，这个过程中的热损失几乎可以忽略不计。

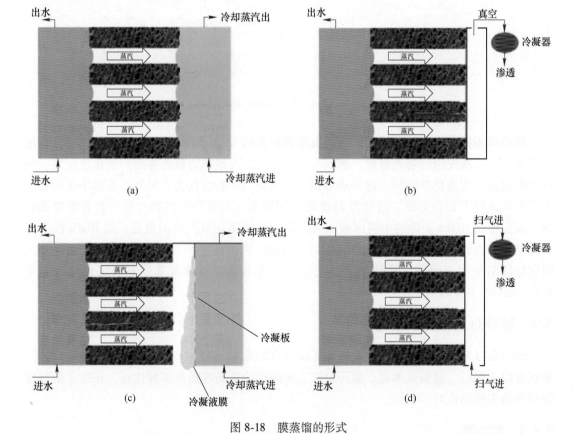

图 8-18　膜蒸馏的形式

（a）直接接触膜蒸馏；（b）真空膜蒸馏；（c）空气隙膜蒸馏；（d）扫气式膜蒸馏

8.4.1.3　膜材料

由于膜蒸馏所用微孔膜的基本要求是要具备疏水性，因而膜材料多选用低表面能聚合物，如聚四氟乙烯（PTFE）、聚偏氟乙烯（PVDF）、聚丙烯（PP）等，表8-2比较了以上三种膜材料的特性，可以根据需要选用。

表8-2　膜蒸馏常用膜材料性质比较

膜材质	结构式	表面能 /N·m⁻¹	热导率 /W·(m·K)⁻¹	热稳定性	化学稳定性	制备方法
PTFE	$\begin{bmatrix} F & F \\ & \\ F & F \end{bmatrix}_n$	0.009~0.02	0.25	良好	良好	挤出成型，烧结，拉伸
PP	$\begin{bmatrix} CH_3 \\ \end{bmatrix}_n$	0.03	0.17	中等	良好	挤出成型，相分离
PVDF	$\begin{bmatrix} F \\ \\ F \end{bmatrix}_n$	0.0303	0.19	中等	良好	相分离，静电纺丝

8.4.2　跨界面输运

膜蒸馏是涉及传热和传质综合的分离过程，膜作为进料和渗透溶液之间的物理屏障，仅允许水蒸气分子跨越界面。为了实现传质，进料液温度比较高（增加蒸汽压力），渗透液温度比较低（降低蒸汽压力）。温差导致的蒸气压梯度作为分子跨界面输运的主要驱动力，通过多相传质和传热完成膜蒸馏[8]。

8.4.2.1　传质过程

传质过程一般通过三个步骤完成液体分子的界面迁移转化。首先，液体分子从进料液体相转移到膜表面汽化，体相进料液和膜表面之间的距离称为边界层。然后，蒸汽分子扩散穿过疏水膜孔，到达渗透侧膜表面。最后，蒸汽分子离开冷侧膜表面，凝结成渗透液。传质效率通过膜通量进行量化，用单位时间、单位面积透过疏水膜水蒸气的质量（kg/(m²·h)）表示，可以通过式（8-1）进行计算。

$$J = K_t[P_{mf}(T_{mf}) - P_{mp}(T_{mp})] \tag{8-1}$$

式中，P_{mf}、P_{mp}分别为疏水膜两侧表面在温度T_{mf}和T_{mp}时的蒸气压，满足Antoine方程；K_t为蒸汽的膜渗透系数，主要由疏水膜结构决定，反映膜中的蒸汽传质阻力，包括努森扩散和分子扩散，满足式（8-2）。

$$K_t = \left[\frac{3}{2} \frac{\tau_t \delta_t}{\varepsilon_t r_t} \left(\frac{\pi R T}{8M} \right)^{\frac{1}{2}} + \frac{\tau_t \delta_t}{\varepsilon_t M} \frac{P_a R}{1.895 \times 10^{-5} T^{1.072}} \right]^{-1} \tag{8-2}$$

式中，ε_t、γ_t、τ_t、δ_t分别为疏水膜的孔隙率、孔径、孔弯曲度和厚度参数；M为水的相对分子质量；R为摩尔气体常数；T为膜两侧的平均绝对温度，$T = \dfrac{T_{mf} + T_{mp}}{2}$；$P_a$为空气压力。

根据第2章，弯曲液面的饱和蒸气压与平液不同，应该满足开尔文公式（式（2-42））。对疏水膜开尔文效应表明孔内部饱和蒸气压更高，故热侧蒸汽分子不会在膜孔内部出现凝结液化，即小孔疏水膜有利于推动膜蒸馏，孔径越小，效果越好。

8.4.2.2　传热过程

膜蒸馏的传热过程在蒸汽分子的界面迁移转化中发挥了重要作用，主要通过三个步骤完成。首先，热量从进料液通过热边界层传到膜表面的热对流过程；其次热量以潜热和导热的形式通过疏水膜；最后，热量从膜表面传递到热边界层。

通过热侧边界层的热量：

$$Q_f = h_f(T_f - T_s) \tag{8-3}$$

通过疏水膜的热量：

$$Q_m = h_m(T_{mf} - T_{mp}) + J\Delta H \tag{8-4}$$

通过冷侧边界层的热量：

$$Q_p = h_p(T_{mp} - T_p) \tag{8-5}$$

式中，h 为传热系数；J 为渗透通量；ΔH 为汽化潜热；T 为绝对温度；下标 f、m、p 分别表示进料侧、膜表面、渗透侧。

根据热守恒定律，各部件的传热通量相等。

式（8-4）表明，通过疏水膜发生了两种热传导方式，即导热（$h_t(T_{mf} - T_{mp})$）和潜热（$J\Delta H$）。热传导的热量为热损失，称为显热，应尽量降低。由于空气比膜的导热系数低得多，一般认为孔隙内空气显热传导可以忽略。因此，膜的传热与孔隙率成正比。而当水分子从进料液转为气相时，会携带潜热通过膜孔在渗透侧凝结成液体释放潜热，说明潜热越大，蒸汽流动量越大，即水通量越大，系统的热效率越高。将潜热与总热量的比值称为热效率。

另外，当进料液温度 T_f 接近膜表面温度 T_{mf} 时，热侧温度降低；渗透侧膜表面由于蒸汽冷凝释放潜热和膜传导显热，膜表面温度 T_{mp} 高于整体渗透流温度 T_p。

热边界层被认为是限制传热效率的主要因素，引入温差极化系数（TPC）描述边界层阻力与总传热阻力之间的关系，由式（8-6）给出。

$$TPC = \frac{T_{mf} - T_{mp}}{T_f - T_p} \tag{8-6}$$

TPC 是评估和设计膜蒸馏系统的重要参数，通常与进料侧热边界层内的对流换热有关。根据热边界层对传热阻力的影响，TPC 的范围为 0~1。当 TPC 接近 0 时，膜蒸馏受到通过热边界层的进料侧传热的限制，表明温差极化现象较严重；当 TPC 值收敛到 1 时，过程受膜传质限制，使温差极化的影响较小。

8.4.2.3 界面性质调控

基于对膜蒸馏工艺的物理理解，可以采用膜表面改性的方法，对界面传质和传热性能进行调控。在原有疏水聚合物膜上增加亲水层，膜的疏水表面起到屏障的作用，防止热进料溶液和冷渗透液之间直接接触，但允许水蒸气通过膜孔传输，较厚而多孔的亲水层有助于减少膜两侧之间的蒸汽传输距离，降低传质阻力，并在膜蒸馏过程中产生额外的传导热阻，降低温度极化效应，从而降低膜蒸馏过程中的热量损失。图 8-19 给出了氧化石墨烯亲水改性膜（GO）与疏水膜（PTFE）复合后的膜通量计算结果，通过蒸发实验测量了润湿后 GO 层的饱和蒸汽。可以看出，随温度升高，GO/PTFE 膜的表面蒸气压明显升高，但均低于相同温度下的平面蒸气压。可以用纳米孔弯曲界面引起 GO/PTFE 界面处开尔文效应来解释。

8.4.3 膜污染控制

尽管膜蒸馏比其他压力驱动膜分离技术的膜污染程度较轻，但经过长期运行膜表面仍

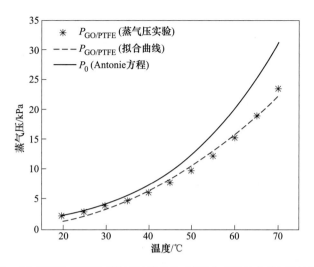

图 8-19 GO/PTFE 界面的蒸气压(星号和虚线)与平面(实线)蒸气压比较

然不可避免出现污染物沉积，在处理高盐废水或污染物浓度高的复杂废水时膜污染尤其严重。膜污染发生后，有机或无机污染物沉积在膜表面或膜孔中，引起形貌结构特性改变，一部分膜孔被污染物堵塞后有效膜面积降低，造成膜通量衰减。同时，膜污染也是引起膜润湿最主要的原因，无机盐晶体在膜表面的沉积生长通常会先引发表面润湿，加剧浓差极化和温差极化[9]。

8.4.3.1 膜润湿及其控制

膜蒸馏过程中膜表面疏水性是保证膜蒸馏产水质量的最基本因素，当膜污染严重或跨膜压差超过了液体进入压力时，会降低膜本身的疏水性，产生所谓膜润湿现象。膜润湿的程度可以分为非润湿、表面润湿、部分润湿和完全润湿四种状态（见图 8-20）。表面非润湿时，水分子顺利通过，通量 J 和截留率 R 不受影响。表面润湿改变了膜表面气液相接触界面，加剧温差极化导致通量衰减，但仍能保持对液体的截留特性，对截留率影响不大。

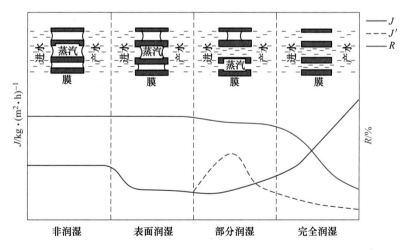

图 8-20 膜润湿程度对通量的影响

随着晶体生长的逐步深入或有机物扩散的不断深入，一部分膜孔被污染物穿透产生部分润湿，膜本身的截留功能受到损失，对污染物的截留效率有所下降；一种情况下由于部分膜孔被污染物堵塞而导致有效膜面积下降，通量衰减；另一种情况下膜孔中的气体传输被液体传输取代，膜通量可能有所上升。当疏水性微孔膜完全被润湿后，水分子不再以气态形式穿过膜，膜功能受损严重，截留率明显下降同时伴随通量的明显上升。

膜润湿可以用第 3 章的固-液体界面现象解释，而膜污染是引起膜润湿的主要因素，因而预处理、膜改性、操作条件优化等膜污染控制措施对减缓膜润湿有帮助。通过预处理能预先去除进水中容易引起膜润湿的表面活性物质，减少疏水性有机物与疏水膜表面的接触。采用纳滤技术对含盐废水进行预处理能够缓解后续膜蒸馏过程的润湿问题。超声处理可有效减缓蛋白类污染物和无机盐在膜表面沉积引发的膜污染和膜润湿问题。另外，膜改性和新型抗润湿膜的制备是提高膜表面抗润湿性能的研究热点。在玻璃纤维膜表面负载纳米二氧化硅颗粒并进行表面氟化，制备的超疏液微孔膜对无机盐和十二烷基硫酸钠（SDS）表面活性剂均表现出良好的抗润湿性能。但这种膜改性方法相对复杂，成本较高，且膜表面氟化所用的有害试剂可能对环境产生负面影响。虽然超疏水改性能有效提高膜表面接触角，但膜本身的基底结构并没有发生明显变化，因而液体进入压力也没有大的提升。研究膜结构对其抗润湿性能的影响发现，内外层均为指形大孔结构而中间层为海绵结构的微孔膜能表现出更强的抗润湿性能和更高的液体进入压力。此外，选择合适的操作温度和流速，以及通过鼓泡在膜表面形成气泡层的方法也有助于减缓膜润湿现象。

8.4.3.2 膜污染形成机制

膜污染的形成是一个复杂的过程，受到多种因素的共同影响。如膜表面特性包括膜表面的亲疏水性、表面电荷、表面官能团、孔径分布和表面粗糙度等；膜蒸馏进水特性包括溶液 pH 值、离子强度和有机/无机组成等；污染特性包括污染物浓度、相对分子质量、溶解性、挥发性、亲疏水性和电性；操作条件包括膜蒸馏进水温度、流速和流量等。

A 膜污染的类型

根据产生原因，膜污染主要分为无机污染、有机污染和生物污染 3 类，不同类型的污染物在膜表面的沉积状态也有所不同（见图 8-21）。

无机污染与无机盐在膜表面的蒸发结晶密切相关，随着热侧进水中污染物的不断浓缩累积，部分无机盐容易达到过饱和而沉积在膜表面，造成膜蒸馏过程的传热阻力增加、温差极化严重，膜两侧蒸气压差减小，通量降低。碳酸钙、硫酸钙和硅酸盐类沉积物是常见的无机污染，进入膜孔内的沉积还会改变膜本身的疏水性，引起膜润湿。

有机污染大多由进水中有机污染物或胶体吸附在膜表面产生的，其中腐殖酸类污染物广泛存在于自然水体中，是引起膜表面有机污染的一个重要因素。腐殖酸类有机物同时含有芳香类和脂肪类官能团，是一类复杂的难降解有机物，容易沉积在膜表面形成膜污染。生物污染多由微生物在膜表面的积累和生长引起，受膜蒸馏条件、进水中有机和无机污染物的浓度和组成等多种因素综合影响，相比于纳滤、反渗透等其他常温下的膜分离过程，膜蒸馏因其进水温度较高（通常保持在 50℃ 以上）而抑制了部分微生物生长，微生物引起的膜污染相对较轻，而且可通过膜清洗减缓微生物污染。

B 膜-污染物界面作用

近年来，人们通过研究有机物与膜界面相互作用探讨膜污染本质。根据扩展 DLVO 理

图 8-21　不同污染物的 SEM 图
(a) 碳酸钙沉积物；(b) 硫酸钙沉积物；(c) 有机污染；(d) 生物污染

论，膜-污染物界面间应该同时存在静电、范德华和溶剂化等相互作用，其位能及影响范围见表 8-3。

表 8-3　膜-污染物界面间常见相互作用

相互作用	性　质	位能/kJ·mol^{-1}	影响范围
溶剂化作用	一般排斥	—	分子间或分子内
静电作用	一般排斥	≤30	分子间或分子内
范德华作用	吸引	≤30	分子间

　　溶剂化作用来源于在膜表面形成一层水（溶剂）化层。大量研究表明，膜表面亲疏水性对膜污染有影响，普遍认为亲水膜具有更强的抗污染能力。因为亲水性膜与水亲和性强，能够隔绝污染物与膜表面的直接接触，使污染物难以在表面吸附、沉积，产生较强的抗污染特性。与此相反，疏水性膜没有水化层保护，更容易受到污染。

　　静电作用来源于膜表面原子的电负性。在水环境中，由于偶极取向或氢键等作用可以使膜表面带有电荷，一般为负电荷。对膜污染的影响取决于应用体系，当溶液与膜表面具有相同电荷时，静电斥力使膜不易被污染；所带电荷相反时，污染物容易吸附于膜表面。

　　范德华作用表现为分子间吸引力，包括分子间偶极-偶极作用、偶极-诱导偶极作用和色散作用。色散作用也称 London 力，其值决定于 Hamaker 常数 A，A 越大，范德华力绝对值越大，溶质越容易吸附在膜表面。它和溶质、膜表面的亲疏水性均有关。

　　根据扩展 DLVO 理论，对复杂的膜污染问题中各种相互作用进行量化，能够有效预测膜材料、污染物形式和粒径、水力条件、溶液性质、膜表面形貌等多种因素对膜污染的影响，理解膜污染实质。膜污染过程可以划分为初期黏附阶段（膜-污染物界面作用控制）

和后期黏聚阶段（污染物-污染物界面作用控制）。为了更有效地利用 DLVO 理论，参考经典堵塞模型中的滤饼层过滤模型，假设初期污染物在膜表面沉积形成滤饼层；继续过滤，膜污染形式转化为污染物在滤饼层上的吸附、沉积等。因此，可以以滤饼层过滤为主导的膜污染形式的开始时刻作为初期膜污染和后期膜污染的分界点。

8.4.3.3 膜污染控制

预处理、膜改性和膜清洗是常用的膜污染控制手段。由于膜蒸馏过程形成的污染层相对疏松，因而对预处理要求不太高，常规的混凝、吸附、过滤均能有效降低进水中污染物浓度，减缓污染物在膜表面的沉积。研究表明，每隔 20h 用纯水清洗膜表面就可以保持稳定的膜通量，有效抑制膜污染发生。另外，酸碱试剂或表面活性剂也常用于膜清洗，在清洗剂中加入阻垢剂对硫酸钙和碳酸钙在膜表面的沉淀有较好的抑制作用，在清洗剂中添加除菌剂可有效控制微生物污染。利用纳米材料（SiO_2 或 TiO_2）对膜表面进行超疏水改性，可以降低膜表面张力，提高液体进入压力（LEP），增加膜表面对污染物的斥力。有机污染较严重的膜表面，超亲水改性则可以减缓疏水性有机污染物在疏水性微孔膜表面的吸附沉积。此外，不断优化膜蒸馏条件也对减缓膜污染有帮助，控制进水温度在 70℃ 以下，或者提高流速至 0.5m/s 也能缓解碳酸钙、硫酸钙类污染物在膜表面的沉积，而且在膜蒸馏外部加入鼓气、磁场和微波照射等处理手段也能干扰污染物的沉积过程及晶核的成长，在膜污染的控制方面也有一定的应用潜力。

8.4.4 膜表面结构调控强化膜蒸馏处理废水

膜蒸馏过程中疏水性微孔膜的表面化学性质对污染物的截留和产水通量都有着重要的影响，近年来许多研究工作通过调控膜表面亲疏水性，开发具有抗污染和抗润湿特性的新型膜材料。其中，亲水-疏水复合膜具有在空气中超亲水而水下超疏油的优异性能，可以抑制疏水性污染物与疏水表面因直接接触而产生的吸附润湿现象。对比超疏水或超双疏改性膜，疏水膜的亲水改性降低了改性对膜孔渗透性能的影响，而且有利于缓解膜蒸馏过程温差极化导致的通量衰减。近年来，山西大学将亲水性氧化石墨烯（GO）改性 PTFE 疏水微孔膜应用于焦化废水的膜蒸馏处理，并初步研究了膜污染控制和污染物强化去除机制[10]。

8.4.4.1 GO 复合膜

由于碳晶格中含有未氧化的六角网格碳原子和大量含氧官能团（羟基、羧基和环氧基），GO 表现出优异的透水性和防污性能，在膜蒸馏领域受到越来越多的关注。研究表明，氧化石墨烯对膜表面改性可以调控表面形貌与理化特性。图 8-22 为 PTFE 原膜和经过 GO 改性的复合膜的 SEM 图，可以看出 GO 改性后膜表面形貌发生了明显的变化。图 8-22（a）所示为 PTFE 原膜表面显示清晰的多孔网状结构，容易成为 GO 改性的结合位点，膜表面平均孔径为 0.22μm。从图 8-22（b）可以看出，改性后 GO 复合膜的多孔结构基本消失，膜表面呈现薄膜片层结构且具有一定的褶皱，与 GO 本身的形貌结构类似，说明 GO 通过 PVDF 的粘连作用已经成功结合在膜表面，形成能够对废水中多种污染物截留的致密薄层。

膜表面粗糙度是影响膜表面抗污染、抗润湿性能的重要因素，可以应用 AFM 分析膜表面结构和粗糙度的变化，平面 AFM 和 3D-AFM 图（10μm×10μm）如图 8-23 所示。从

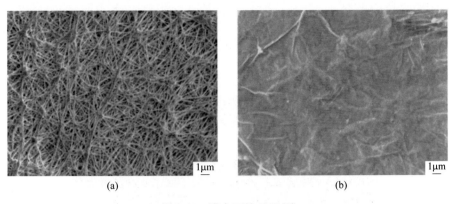

图 8-22　膜表面的 SEM 图

（a）PTFE 原膜；（b）GO/PTFE 膜复合

图 8-23（a）可以看出，原膜的 PTFE 纤维构成的膜孔间高低起伏，膜表面粗糙度为 98.8nm。经过改性后（见图 8-23（b）），GO 层覆盖在原膜的多孔纤维结构表面，导致复合膜表面结构更加不均一，表面粗糙度增大至 116nm。这可能与 GO 片层结构结合在膜表面容易形成褶皱有关，而且复合膜表面粗糙度增大也有利于提高其表面亲水性。

图 8-23　膜表面的 AFM 图

（a）PTFE 原膜；（b）GO/PTFE 膜复合

接触角是影响膜表面抗污染和抗润湿性能的关键因素，图 8-24 给出了原膜和复合膜在空气-水表面和水-环己烷界面的接触角。可以看出 PTFE 原膜的空气-水表面接触角为 121.7°±0.9°，表现出较强的疏水性。经过 GO 表面改性后，复合膜空气-水表面接触角降低到 77.5°±0.6°，这应当与 GO 改性后膜表面出现了羟基、羧基、环氧基等亲水基团有关，说明 GO 改性后复合膜表面具有一定的亲水性。

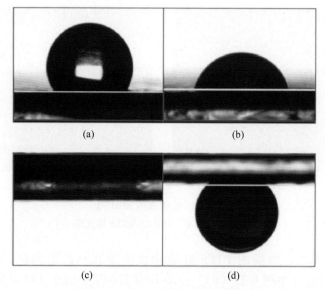

图 8-24   膜在不同界面的接触角

（a）PTFE 原膜在空气中与水的接触角；（b）GO/PTFE 复合膜在空气中与水的接触角；
（c）PTFE 原膜在水下与环己烷的接触角；（d）GO/PTFE 复合膜在水下与环己烷的接触角

环己烷是典型的疏水性有机物，膜表面与环己烷的水下接触角反映了膜表面的水下疏油特性，而焦化废水中含有多种疏水性有机物，因而膜表面的水下疏油特性对其处理焦化废水过程中污染物的截留性能非常重要。图 8-24（c）是原膜在水下与环己烷接触后的图像，由于环己烷与疏水性微孔膜接触后瞬间铺展，无法测量到明显的接触角，说明 PTFE 原膜极易吸附疏水性有机物并发生膜润湿。值得注意的是，经过 GO 改性后，复合膜在水下表现出明显的疏油特性，与环己烷的接触角达到 140.2°±0.4°，这可能是由于 GO 亲水改性后复合膜表面形成的水化层对疏水性有机物具有较高的排斥力。因此，GO 改性后膜表面的亲疏水特性发生了较大的变化，膜表面由原来的空气中超疏水水下超亲油转变为空气中亲水水下超疏油的状态，这种膜表面性质的改变可能对后续膜蒸馏处理焦化废水过程中污染物与膜表面的相互作用产生较大的影响。

8.4.4.2　GO 复合膜对膜蒸馏处理废水的强化作用

膜通量是衡量膜蒸馏产水效能的重要指标，图 8-25（a）显示了 GO 表面改性对通量的影响。可以看出，原膜的初始通量为 $13.96kg/(m^2 \cdot h)$，在连续运行的膜蒸馏过程中，通量不断降低，24h 衰减近 20%。这主要是焦化废水中污染物在膜表面不断积累，致使有效膜面积下降造成的。另外，经过 GO 表面改性后，膜蒸馏初始通量升高至 $20.08kg/(m^2 \cdot h)$，比未改性原膜通量提高了 43.8%，而且运行过程中通量衰减明显减弱，24h 后仍保持在 $19.16kg/(m^2 \cdot h)$。

膜润湿会降低膜蒸馏对无机盐的截留率，从而使无机盐进入产水侧导致电导率显著升高。因此，一般产水电导率可以作为表征膜蒸馏截盐率和膜润湿程度的重要指标。图 8-25（b）给出原膜和 GO/PTFE 复合膜应用于膜蒸馏过程的产水电导率随时间变化曲线。可以看出，在电导率均为 $25\mu S/cm$ 的初始条件下，GO/PTFE 复合膜的产水电导率在

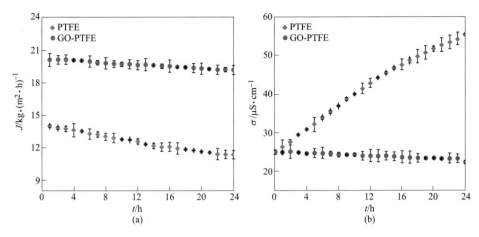

图 8-25　原膜与复合膜通量(a)和产水电导率(b)随时间的变化

膜蒸馏过程中持续保持在较低水平，说明实现了对焦化废水中无机盐组分的有效截留。然而 PTFE 原膜的产水电导率则不断上升达到 55.29μS/cm，说明焦化废水中污染物与原膜接触时降低了膜表面液体进入压力，进而引发膜润湿影响截留率。

8.4.4.3　膜蒸馏强化机制

焦化废水生化出水中含有多种酚类、多环芳烃类、杂环类复杂有机污染物，多数有机物具有较强的疏水性，在常规的膜蒸馏过程中容易与疏水性微孔膜表面产生较强的疏水-疏水界面相互作用，从而导致严重的膜污染和膜润湿现象。研究结果表明，GO 表面改性能有效增强蒸馏膜对焦化废水中无机盐和有机物的截留效率，还能提高产水通量并减缓通量衰减。如图 8-26 所示，GO 复合膜的亲水层能有效减缓疏水组分在膜表面的吸附及其对内部膜孔截留性能的影响，对内部的 PTFE 疏水层起到了一定的保护作用，促进持续保持对污染物的高效截留。

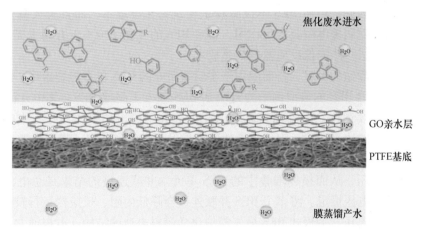

图 8-26　GO 复合膜强化膜蒸馏深度处理焦化废水机制示意图

初步推断，GO 复合膜的强化机制主要是其表面含有丰富的羟基、羧基和环氧基等亲水性基团，与 PTFE 原膜结合后，在原有疏水性基底表面形成一层具有亲水特性的 GO 层，使复合膜表面具有空气中亲水且水下疏油的特性，有效抑制了焦化废水中疏水性有机物在膜表面的吸附，从而减轻膜污染与膜润湿的发生。另外，GO 具有光滑的二维平面结构，其在原膜表面形成的纳米孔道可以选择性地加速水蒸气分子通过，降低膜蒸馏过程中水蒸气分子的传质阻力，同时 GO 产生的毛细管效应可以增强对其他污染物的筛选截留，这种特性不仅有利于膜蒸馏过程中通量的提高，同时也能强化膜表面的抗污染抗润湿性能。此外，GO 相比于 PTFE 还具有更好的导热特性，将其涂覆在膜表面还有利于增强膜蒸馏过程中热侧表层的热传导，从而减缓由于温差极化导致的通量衰减。

8.5 微生物-电极-水界面过程与生物电化学

混凝等预处理过程可以有效降低颗粒物、油分、部分有机负荷，但是污染物的高效去除必须依靠生物处理单元来完成。生物电化学系统（BES）结合了生物处理过程和电化学过程，可以强化微生物-水界面过程，有利于实现有毒有害污染物的高效去除，为焦化废水生物处理提供一条新路径[11]。

8.5.1 BES 构型及工作原理

8.5.1.1 构型

BES 有双室、单室等多种类型。典型的双室 BES 是阳极和阴极两侧是用膜隔开的矩形容器，构筑材料通常选用易于建造玻璃或者有机玻璃。但是双室 BES 中间的隔膜会增大系统的内阻，降低库仑效率。单室 BES 比双室 BES 结构更简单，最早的单室 BES 反应器以碳纸为阳极，碳布作为空气扩散层，在与水接触一侧载有 $0.5mg/cm^3$ 的铂催化剂，空气阴极表面负载一层 Nafion117 阳离子交换膜。之后使用聚偏氟乙烯作为空气扩散层，使 BES 表现出更大功率密度和更高的库仑效率，同时显著改善电化学系统漏水方面的问题。通过共掺杂氮和磷等对阴极材料进行改性，会进一步提高 BES 的电化学性能。单室 BES 的阴极直接暴露在空气中，不需要配置阴极室，且空气中的氧通过被动扩散转移到阴极，不需要阴极液的曝气。因此，单室 BES 不仅减少了构筑物建设成本，而且大大减少了能量消耗。阳离子交换膜对阴极电位具有反作用，单室 BES 的无膜结构不仅有利于提高电化学系统的性能，而且会进一步降低反应器的构建成本。

此外，按照间隔室的形状，目前应用于实验室研究的 BES 包括传统矩形、圆柱形、微型、平板式。圆柱形 BES 的典型例子为升流式 BES 和人工湿地 BES，其中升流式 BES 需要泵运送液体并连续运行，但流体的能量消耗远远大于输出功率。具有三维电极的微型 BES 电极具有较高的比表面积，表现出高效的传质过程和反应速率。将多个微型 BES 单元排列在一起形成 BES 堆栈，可以实现 BES 的扩大运行。串联连接会产生更高的电压，但也可能产生反向电压，从而损坏堆叠中的 BES 单元。并联连接的结果是总电流等于单个 BES 产生的电流，电压恒定。将多个 BES 并联连接会降低内阻，反应器运行较稳定，但不能达到很高的输出电压。平板式 BES 最先模拟化学燃料电池的结构，电极通常被组合在一起，中间由一个 PEM 隔开，这样的构型使电极间距离很近，增强两个电极之间的质子传导，但是 PEM 会使氧气透过进入阳极从而影响 BES 性能。

不同构型的 BES 在污水处理过程中的性能具有显著的差异，近年来研究者对电化学系统的构型进行不断改进，期望可以实现 BES 从实验室规模扩大到实际应用。膜的应用会使阴阳极之间产生 pH 值梯度，增加内阻降低系统的功率密度，同时也会增加电化学系统运行的经济成本。根据有无阴阳极分隔膜，分为有膜 BES 和无膜 BES 等。同普通生物处理工艺相比，将无膜套管式生物电化学系统用于处理合成煤气化废水，可以使 COD 去除率显著提高 2.1~2.6 倍。无膜 BES 用于废水处理，虽然 BES 阳极和阴极微生物和污染物会同时受到影响，但降低了氢离子传质阻力，有利于维持 pH 值稳定，同时阴极产氢可以促进氢营养型厌氧微生物的生长，有利于多种有机污染物的去除。生物阳极和生物阴极组成的无膜电化学系统可以有效去除垃圾渗滤液中的有机物，该装置不仅有较好的 COD 去除率（89.1%），而且通过 A/O 区实现连续硝化-反硝化，废水中氨氮去除率达到99.2%。随着低成本、构造简单的电化学系统的产生，利用电化学系统对实际废水进行处理具有良好的应用前景。

8.5.1.2 工作原理

BES 系统由阳极、阴极、闭合回路和功能性微生物组成。图 8-27 为典型双室 BES 示意图，左侧为厌氧环境阳极室，右侧为阴极室，中间隔板通过质子交换膜（PEM）、盐桥或者陶瓷膜隔开，这样的结构有利于质子在电位梯度作用下自由移动到阴极，同时可抑制氧（或阴极室中使用的电子受体）向阳极扩散。外电路通过导线将阴极与阳极相连接构成一个电回路。

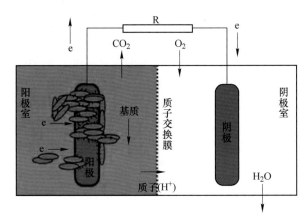

图 8-27　双室生物电化学系统（BES）示意图

　　BES 阳极室产电微生物可以降解水中大多数有机物，包括易生物降解的简单有机物（如醋酸盐、乙醇、葡萄糖等）、高分子聚合物（如淀粉、蛋白质、纤维素等）、多种类型的实际废水（如食品废水、工业废水、城市生活污水等）。产电微生物将电子释放到阳极，使阳极呈负电位。质子通过 PEM 传导到阴极室，而电子可以通过外接导线到达阴极。空气中氧气（硝酸盐或者其他电子受体）作为可持续氧化剂，在阴极得电子还原为水。阴阳极间的电位差驱动电子从阳极迁移至阴极形成电流。BES 打破了传统生物降解过程中电子供体/受体的限制，激发了微生物处理有机物过程中的电子传递，最终促进了有机物的降解。电极上形成的生物膜由多种多样的微生物组成，对 BES 系统处理有机污染物起着十分重要的作用。

8.5.1.3 微生物群落

　　目前研究已经分离出数百种电活性菌，大部分属于变形菌门（*Proteobacteria*）和厚壁菌门（*Firmicutes*）。其中，变形菌门中是 BES 中普遍存在的微生物群落优势菌株，所包含的假单胞菌属（*Pseudomonas*）、地杆菌属（*Geobacter*）、希瓦氏菌属（*Shewanella*）等都是十分常见的电化学活性微生物。由于不同种类的产电微生物对污染物的降解特性存在差异，电极表面微生物分布对 BES 处理废水的效果影响很大。

BES 运行时，微生物将有机污染物作为底物，生成的 H^+ 或者电子一般以氧化还原载体的形式存在，如烟酰胺腺嘌呤二核苷酸（NAD^+）、黄素腺嘌呤二核苷酸（FAD^+）、黄素单核苷酸（FMN^+）等，这些氧化还原载体在呼吸过程中产生能量（ATP）。同时，还原性的 H^+ 经过连串的氧化还原反应传递给末端电子受体，最终通过微生物的细胞膜转运到电极。在 BES 中微生物通常对结构相对简单的小分子有机物有较强的降解性能，当废水中含复杂芳香类有机物（如酚类化合物、多环芳烃或 NHCs 等）时，降解过程中苯环开环需要消耗较多的能量，被认为是高效降解的关键步骤。微生物对难降解有机污染物的分解和转化，实际上是通过一系列的酶促生化反应进行的。通过适当方法诱导关键酶，可以为微生物的生长提供能量来源，从而促进有机物污染物降解效率。

8.5.2　BES 界面作用机制

8.5.2.1　电子转移

在 BES 中，电子的转移主要由参与反应的各组分氧化还原电位的差异决定。阳极电位较低时，会有更多电子从电极表面转移到外电路，只有较少能量能够用于微生物生长和细胞修复。相反，阳极电位越高，微生物生长占用的能量越高，细菌生长越快。最终达到一个稳定的阳极和阴极电位，以满足系统中微生物生长和能量输出。一般情况下，启动阶段阳极电位较高，有利于微生物的生长；随着时间的推移微生物的生长速度下降，系统电动势增大。因此，阳极电位与微生物（生物催化剂）的代谢模式和 BES 的能量耗散有关。

在实际运行中，低阳极电位有利于输出更高电能。产电微生物高效的电子传递能力有利于提高 BES 的性能，可以通过直接或间接两种方式实现，如图 8-28 所示。直接电子传递过程，需要微生物与电极表面直接接触，电子通过外膜细胞色素和纳米线或跨膜电子传

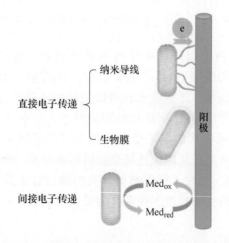

图 8-28　电活性菌与电极表面的电子转移机制

递蛋白到达微生物细胞的外膜，然后传递到电极表面。*Shewanella* 和 *Geobacter* 被证实具有细菌纳米线，在系统中充当电子从细胞中直接到电极表面的通路。在间接电子转移过程，细菌可以通过次级代谢生成生物电。如 *Shewanella oneidensis* 可以生成次级代谢产物核黄素，作为电子介体促进电子传递过程，显著提高转移效率。*Pseudomonas aeruginosa* 可以产生绿脓菌素，通过细胞膜实现电子传递。电子中介体不需要细菌细胞与电极表面直接接触就能实现微生物胞内电子向胞外电子受体（电极）的高效传递，加快了电子传递速率和 BES 功率输出。因此，电子从微生物-电极表面的电子转移效率是 BES 功率输出及污染物降解的主要限制因素之一。

8.5.2.2　界面能量损失

BES 运行过程中，存在大量能量损失。底物代谢过程中产生的还原［H］（实现电子传递的辅酶）在到达阳极和阴极之前需要克服许多障碍，电子可能会被其他受体接收导致能量损失。电子从微生物转移到阳极会受内阻影响，从阳极转移到阴极也受外阻影响。电流恒定时，BES 电压损失由电极电位和系统欧姆损失共同引起，见式（8-7）。

$$E_{emf} = E^{\ominus} - \left(\sum OP_{An} + \left| \sum OP_{Cat} \right| + IR_0 \right) \tag{8-7}$$

式中，$E^{\ominus}$ 为 BES 的最大电压；$\sum OP_{An}$ 和 $\left| \sum OP_{Cat} \right|$ 分别为阳极和阴极的过电位；IR_0 为系统的总欧姆损失。

图 8-29 所示为极化电压随电流密度变化的曲线，描述了电子从微生物转移到阳极过程中能量的损失规律。可以看出 BES 的电压降由三个特殊的区域组成，即电压随电流的增加急剧下降（低电流密度区）、电压呈线性趋势下降（欧姆区）、电压再次急剧下降（高电流密度区）。

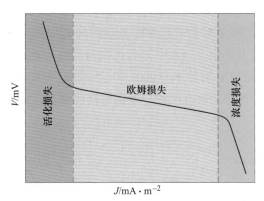

图 8-29　导致的能量下降不同类型的能量损失极化曲线

在低电流密度区，活化损失被认为是 BES 中能量损失的关键，来自阻碍电子从生物催化剂流向阳极的系统内部损耗。从有机物最初的氧化还原反应，到细胞内一连串的氧化还原反应及电子从细胞终端蛋白到阳极表面的传递，所有的过程都必须越过活化能垒。可以通过提高工作温度、增加阳极表面积、提高细菌与阳极电子的传递能力等方式，减少活化过程的能量损失。欧姆损耗是由电极、溶液-电极界面和电解质-膜界面的电阻引起的，离子或质子流经溶液，在膜中的传递及电极或导线的接触点均会导致欧姆损失，控制欧姆损耗有助于利用更高的功率密度。电极间由于溶液传导而引起的欧姆损失可由式（8-8）计算。

$$\Delta V_{ohm} = \frac{\delta_w I}{\sigma} \tag{8-8}$$

式中，δ_w 为电极间的距离；I 为电流密度；σ 为溶液的电导率。

因此，通过适当减小电极间距离，保持电极与电路的良好接触，增加电解质的导电性或使用高导电性的电极材料可以减少欧姆损耗。另外，为考虑 BES 的经济性，降低内阻的材料成本也是 BES 设计过程中要考虑的问题。在高电流密度区产生明显的浓度损失，这是由于电极表面反应物或电极表面生成物的通量不足而限制了反应速率。因此，系统需要保持足够的缓冲溶液的浓度。综上所述，BES 中电子传递受多种因素的影响，包括生物催化剂的性质、燃料电池的设计、燃料电池的组成、操作条件、阳极液的性质等。不同因素条件影响 BES 输出功率的同时，也对有机物的降解产生影响。

8.5.2.3　处理焦化煤化工废水

焦化煤化工废水中包含酚类、苯系物、石油烃、含氮杂环有机物和多环芳烃等多种难降解有机污染物，具有水质复杂、污染物种类繁多、生物降解性差、处理难度大、对环境危害大的特点。BES 通过微生物-电极-水界面过程强化，利用电化学技术结合微生物代谢作用，提高了煤化工废水生化处理效果，具有广阔的应用前景。

为了研究 BES 系统对实际焦化废水中煤化工污染物的去除性能规律，作者及团队设计了多种反应器，通过测定 COD 和 TOC 去除率考察系统在处理实际焦化废水的有效性。图 8-30（a）和（b）给出了不同 BES 系统（BES，N-BES，L-BES，N-L-BES）处理焦化废水过程中，COD 和 TOC 的去除效率随时间变化的规律。可以看出，COD 和 TOC 的去除率数值上存在一定的差异，这可能与废水中氰化物、硫化物等无机还原性物质的存在有关。不同的 BES 反应器中，COD 和 TOC 的去除率随处理时间的增加先增加然后趋于稳定，说明在生物电化学系统的作用下煤化工废水中的有机物得到逐步的降解。在对照 BES 系统中，焦化煤化工废水的 COD 和 TOC 去除率分别为 50.2% 和 66.9%，处于比较低的水平，可能与焦化废水中存在生物毒性难降解有机物导致微生物代谢受抑制有关。N-BES 是在 BES 中

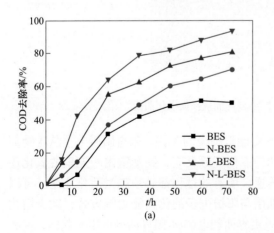
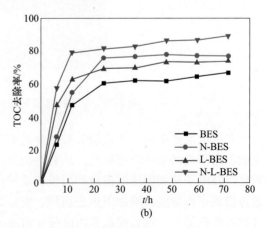

图 8-30　不同 BES 系统污染物去除率随时间变化曲线

（a）COD；（b）TOC

添加了共基质乙酸钠的改进装置，其 COD 和 TOC 去除率分别提高到 69.8% 和 77.1%，对有机物的去除性能明显提高。可能与乙酸钠的添加增加了系统中总有机碳并提高共代谢诱导去除了部分难降解有机物有关。L-BES 是在 BES 中填充了 LAC（活性焦）的改进装置，可以将焦化废水中 COD 和 TOC 去除率分别提高到 80.6% 和 74.1%，说明 LAC 可以通过界面同步吸附强化和生物降解的形式提高对焦化废水中的有机污染物降解效率。N-L-BES 是在 BES 中填充 LAC（活性焦）并添加乙酸钠的改进装置，用于相同浓度的煤化工废水的处理发现 COD 和 TOC 的去除率分别可以提高到 93.4% 和 89.4%。说明 BES 可以用于实际焦化废水等难降解工业废水的处理，通过添加乙酸钠或者填充 LAC 等措施，能够通过促进微生物-水-电极表面作用的强化促进有机物的进一步降解。

8.5.3 微生物-电极-水界面强化机制

废水中多种有机物在 BES 系统的水体-电极-微生物界面发生一系列物理、化学和生物转化等过程，在废水处理的生物微界面是微量有机和无机污染物的重要载体和场所。因此，影响生物微界面反应的因素均会对 BES 的性能产生影响，并最终将影响污染物的归宿和效应，通过微生物-电极-水界面强化可以提高废水处理效率[12]。

8.5.3.1 共代谢界面强化

BES 中微生物通常对结构相对简单的小分子易生物降解有机物有较强的降解能力。焦化废水中含多种芳香族有机物如酚类化合物、多环芳烃或 NHCs 等，这些有机物含有稳定的苯环结构。生物降解过程中，苯环的开环需要消耗较多的能量，被认为是实现芳香类有机物高效降解的关键步骤。共代谢碳源可以促进细菌增殖，诱导氧化酶，从而协同强化难降解有机物的去除。微生物对焦化废水中有机污染物的分解和转化是通过一系列的酶促生化反应进行的。易生物降解有机物作为共代谢可为微生物生长提供能量来源，诱导关键酶的产生，从而促进有机物污染物及其中间代谢产物在水体-电极-微生物界面的氧化还原反应。

在电化学系统运行过程中，扩散 N_D 和电化学诱导的电迁移 N_E 是决定污染物及其中间产物在 BES 中传质的重要参数。N_E 和 N_D 分别通过式（8-9）和式（8-10）计算：

$$N_E = D \frac{zFc}{RT} \frac{\Delta E}{\Delta L} \tag{8-9}$$

$$N_D = D \frac{\Delta c}{\Delta L} \tag{8-10}$$

式中，D 为溶质扩散系数；z 为离子电荷；F 为法拉第常数，$F = 96485 C/mol$；c 为溶质摩尔浓度；R 为通用气体常数，$R = 8.314 J/(mol \cdot K)$；$L$ 为扩散距离；T 为开尔文温度；ΔE 为电压。

生物电化学系统的电化学特性与其中污染物的降解具有协同效应。在共代谢碳源作用下，电化学系统中较高阳极电位促进有机物转移到阳极表面，有利于阳极表面微生物作用，促进污染物的降解。以苯酚的降解为例，在共代谢碳源条件下，生物膜中的酚降解菌在共代谢碳源作用下加速生长，促进苯酚的生物转化，减少中间代谢产物积累。这个过程中酚降解菌首先将苯酚转化为邻苯二酚，然后通过环裂解反应将邻苯二酚转化为 2-羟基黏康酸半醛（HMS），进一步分解为 CO_2 和 H_2O。

电极表面微生物的分布与生物电化学系统的产电性能及污染物降解特性密切相关。图 8-31 为苯酚在生物电化学系统的强化降解机制。共代谢碳源作用下，一些功能性微生物菌属如 *Acidovorax*、*Thauera*、*Comamonas* 和 *Sedimentibacter* 的富集，共代谢碳源为酚降解菌提供能量，可以促进苯酚的开环反应，实现苯酚的初步降解。此外，*Geobacter*、*Anaerovorax* 和 *Devosia* 等电活性菌和其他的微生物在共代谢碳源的作用下得以快速生长，并对中间产物进行进一步的分解，电活性菌通过外表面 c 型细胞色素、导电菌毛和分泌的电子穿梭体将电子传递给电极，加快对苯酚小分子的中间代谢产物的降解并产生电能。因此，共代谢碳源通过提高电极-微生物界面的微生物量，促进相关功能菌的富集；并通过不同菌属的种间合作，促进生物电化学系统的生物微界面反应，从而实现电化学系统中苯酚的强化降解和同步产电。

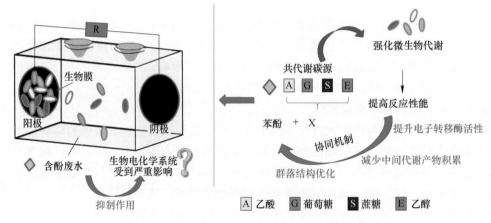

图 8-31　苯酚在生物电化学系统的强化降解机制

8.5.3.2　多孔介质调控 BES 微界面反应

焦化废水中酚类等复杂的有机物含量高，而微生物针对复杂水体的污染物去除具有巨大的降解潜能，其中多孔介质较大的比表面积可为微生物生长提供条件，促进生物微界面的生物化学转化过程，有利于生物电化学系统对焦化废水的高效去除和产能。

多孔介质的孔结构及表面官能团的分布会影响电化学系统的性能。电化学系统中多孔介质的吸附作用能够促进苯酚从本体溶液向内部孔结构的迁移，这有助于减少本体溶液中的苯酚含量，减轻高浓度苯酚的抑制作用。多孔介质丰富的孔结构，可作为微生物的生长载体，为产电微生物（生物催化剂）提供更多的生长空间，其表面负载的产电微生物均可以作为电子受体，使更多的电子从含酚的底物通过微生物的作用转移到阳极。负载在多孔介质上的细菌会分泌酶进入孔内，促进被吸附有机物的胞外生物降解，也会提高电化学系统微生物活性（见图 8-32）。

此外，多孔介质为微生物生长提供微氧和兼氧环境，有助于生物电化学系统中功能细菌的富集和微生物生态系统的发展。根据 Arai 等人提出的苯酚降解菌的有氧代谢机制，推测苯酚首先通过苯酚 2-单加氧酶将苯酚羟基化转化为 CAT，然后由邻苯二酚 2,3-双加氧酶（C23O）进行间位环裂解反应将 CAT 转变为 HMS。之后 HMS 进入三羧酸循环转化为 PYR。假单胞菌（*Psudomonas*）和单胞菌（*Comamonas*）可以编码上述苯酚降解途径相关

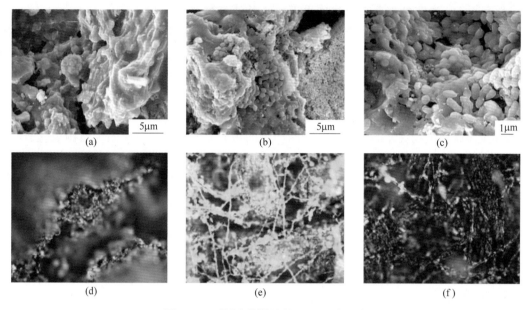

图 8-32 不同生物样品的 SEM 显微照片

（a）褐煤活性焦（活性焦）放大 5000 倍；（b）驯化后放大 5000 倍；（c）放大 10000 倍条件下活性焦表面微生物的分布
及放大 10 倍后不同样品的荧光显微照片；（d）活性焦表面生物膜；（e）活性焦-BES 阳极；（f）对照 BES 阳极

的酶实现苯酚的间位降解。另外，苯酚被羟基丙烯酸脱羧酶羧化为 4HB 和 4H3MB，一些
厌氧菌如 *Thauera* 和 *Sedimentbacter* 可以在厌氧条件下产生相应的酶来降解苯酚。高浓度的
苯酚在生物电化学系统中，可通过以上两种途径实现苯酚的去除。在多孔介质的调控作用
下多种不同代谢类型的菌种均可以在电化学系统中富集，酚降解菌和其他菌种的富集有利
于苯酚的开环和进一步降解，多样的代谢路径和特殊的解毒机制有利于电化学系统对苯酚
的去除（见图 8-33）。

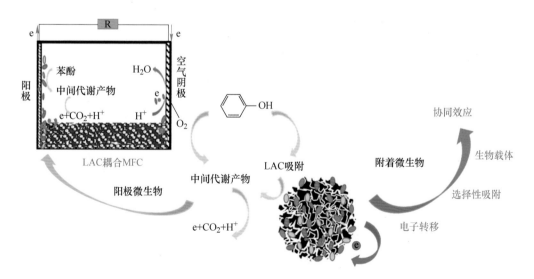

图 8-33 生物负载活性焦作用机制示意图

8.5.3.3　共代谢及多孔介质作用下污染物迁移转化

焦化废水原水含有芳香类有机污染物、腐殖质、富里酸等多种有机污染物，其中相对分子质量小于 1000 的有机物占所用有机物含量的 88.6%，是焦化废水的主要组成部分。10000~50000 占比约为 5.1%，高于 50000 占比为 4.3%，5000~10000 占比仅为 0.3%。经生物电化学处理后，出水仍以相对分子质量分布小于 1000 的小分子有机物为主，经过共代谢及多孔介质作用之后，出水小分子有机物的百分含量显著减少。这是因为共代谢作用会诱导难降解污染物代谢的同时导致中间产物的积累，多孔介质可吸附天然碳氢化合物、溶解性腐殖质，以及其他惰性且难以降解的复杂有机化合物，而这些物质通常相对分子质量大且难以生物降解，导致出水小分子物质的含量上升。共代谢及多孔介质耦合的生物电化学系统对小分子物质的去除效果显著，可促进复杂水体中相对分子质量分布区间大部分难降解有机物的去除。

参 考 文 献

[1] 曲久辉，贺泓，刘会娟．典型环境微界面及其对污染物环境行为的影响 [J]．环境科学学报，2009，29 (1)：2-10.

[2] 汤鸿霄．环境纳米污染物与微界面水质过程 [J]．环境科学学报，2003，1 (2)：146-155.

[3] 汤鸿霄．天然水环境中的胶体和界面化学 [J]．安徽大学学报（自然科学版），1987 (S1)：13-24.

[4] 侯嫔，张春晖，何绪文．水处理过程化学 [M]．北京：冶金工业出版社，2015.

[5] REN J, LI J F, LI J G. Tracking multiple aromatic compounds in a full-scale coking wastewater reclamation plant: Interaction with biological and advanced treatments [J]. Chemosphere, 2019, 222: 431-439.

[6] LI J F, LIU X Y, CHENG F. Bio-refractory organics removal and floc characteristics of poly-silicic-cation coagulants in tertiary-treatment of coking wastewater [J]. Chemical Engineering Journal, 2017, 324: 10-18.

[7] WANG S J, Li E Z, LI J F, et al. Preparation and coagulation-flocculation performance of covalently bound organic hybrid coagulant with excellent stability [J]. Colloids and Surfaces A: Physicochemical and Engineering Aspects, 2020, 600: 124966.

[8] 吴庸烈．膜蒸馏技术及其应用进展 [J]．膜科学与技术，2003，23 (4)：67-79.

[9] SUN N, LI J F, REN J, et al. Insights into the enhanced flux of graphene oxide composite membrane in direct contact membrane distillation: the different role at evaporation and condensation [J]. Water Research, 2022 (212): 118091.

[10] REN J, LI J F, XU Z Z, et al. Simultaneous anti-fouling and flux-enhanced membrane distillation via incorporating graphene oxide on PTFE membrane for coking wastewater treatment [J]. Applied Surface Science, 2020, 531: 147-169.

[11] 王建龙．现代环境生物技术 [M]．北京：清华大学出版社，2008.

[12] SHEN J, LI J, LI F, et al. Effect of lignite activated coke packing on power generation and phenol degradation in microbial fuel cell treating high strength phenolic wastewater [J]. Chemical Engineering Journal, 2021, 417 (18): 128091.

9 大气污染控制中的界面胶体化学

大气污染是自然界或人类在生产生活中产生的各类大气污染物排放量不断增多，导致大气中的有害物质超过环境自净能力，对气候、生态、人体健康等造成不利影响的现象。现存的大气污染问题大多都是人类活动引起的，人为大气污染物已超过 3000 种，主要有二氧化硫、氮氧化物、一氧化碳、挥发性有机物、臭氧、各种粒径的颗粒物及附着其上的重金属物质等，种类繁多。不过，按其存在状态可简要概括为两大类，一是气溶胶状态或颗粒态污染物，二是气体状态污染物。大气污染控制就是运用各种政策措施或技术措施预防或减少这两类大气污染物排放的行为，可以分为除烟尘、除杂、除臭、消毒等。除尘有布袋除尘、静电除尘、喷淋、加抑尘剂等措施；除杂为处理各种废气（如脱硫、脱硝）、温室气体（如碳捕集、利用与封存）和重金属等；除臭有生物除臭、生物滤塔除臭、活性炭除臭等；消毒方法有日光消毒、紫外消毒、化学试剂消毒等，主要用来杀死致病性的病毒、细菌或减少生物气溶胶的活性。利用大气污染物自身的理化性质，尤其是气溶胶之间或者气溶胶与气态污染物之间不断发生的相互作用是优化大气污染控制技术的重要途径，通过观察或探测气溶胶界面或表面发生的物理化学反应对于理解它们在大气中的演化过程，更好地实现气溶胶凝聚、碰并、性质改变，继而开发先进的大气污染控制技术具有重要意义。

9.1 大气污染的产生与迁移转化

9.1.1 大气污染的特点

随着工业化进程的推进和经济社会快速发展，越来越多的人为污染物质排入大气中，使大气污染出现阶段性和地域性的差异，增加了大气污染治理难度。目前我国的大气污染主要有以下三个特点：

（1）污染物种类繁多，温室气体逐渐受到重视。工业生产（特别是化工类生产）、农业、交通和生活会产生大量的不同类型的大气污染物，且污染物种类在不断增加，成分也变得复杂。在目前碳中和背景下，温室气体排放对环境和气候的影响受到格外重视。《京都议定书》中规定控制的 6 种温室气体为二氧化碳（CO_2）、甲烷（CH_4）、氧化亚氮（N_2O）、氢氟碳化合物（HFCs）、全氟碳化合物（PFCs）、六氟化硫（SF_6），其中后 3 类气体造成温室效应的能力强于前 3 类，但对全球升温的贡献百分比来说，由于 CO_2 含量较多，所占的比例也最大，因而 CO_2 的关注度最高。

（2）区域性污染重，主要污染物地域差异明显。由于气象、地理、生产生活等多方面的原因，不同区域呈现不同的大气污染特点，区域性大气污染问题较突出。依据生态环境部的《中国生态环境状况公报》，大气 $PM_{2.5}$ 是 2020 年度造成京津冀及周边地区、汾渭平原超标天数最多的污染物，而长江三角洲地区超标天数最多的污染物则为 O_3。华东和华北区域是二氧化硫和粉烟尘的主要排放区域，而华中地区氮氧化物的排放量较其他地区多。

地区发展的差异性导致各地大气污染程度也存在差异。经济发达地区往往在环保工作上投入的力度更大，对污染企业管控更严格，导致许多排污企业向经济欠发达地区转移；而在经济欠发达的区域，不仅排污企业较多，而且在大气污染治理上投入的资金较之发达地区也少，因而污染情况可能更严重一些，导致大气污染出现地区差异。

（3）二次污染物增多，呈现复合污染态势。大气污染物虽然种类较多，但总体可分为一次污染物和二次污染物。从污染源直接排进大气的称为一次污染物，如二氧化硫、一氧化碳、氮氧化物、矿物颗粒、氨气等。二次污染物是由一次污染物间发生化学反应或一次污染物与其他大气成分发生反应生成的物质，又称继发性污染物，如二氧化硫在环境中氧化生成的硫酸盐气溶胶；汽车废气中的氧化氮、碳氢化合物等在日光照射下发生光化学反应生成的臭氧、过氧乙酰硝酸酯（PAN）、甲醛和酮类等。二次污染物对环境和人体的危害通常比一次污染物严重，如甲基汞比汞或汞的无机化合物对人体健康的危害要大得多。

随着城市化、工业化、区域经济一体化进程的加快，大气污染正从局地、单一的城市空气污染向区域、复合型大气污染转变，部分地区出现光化学烟雾、高浓度臭氧、氮氧化物等混合 $PM_{2.5}$ 的空气重污染现象，其中京津冀及周边地区大气污染尤为严重，2019～2021 年环境空气质量最差的城市均位于京津冀及周边地区。$PM_{2.5}$ 和臭氧协同控制成为我国"十四五"时期大气污染防治的一项重要任务。

9.1.2　大气污染物的主要来源

大气污染源可分为自然源和人为源两大类。自然污染源是由于火山爆发、森林火灾等自然原因而形成，人为污染源是由于人们从事生产和生活活动而形成，主要的人为污染源有工业企业、生活炉灶与采暖锅炉、交通运输、农业生产、畜禽养殖、其他（如城镇化建设中的建筑工地和道路边的二次扬尘、垃圾焚烧、尸体火化、战争或军事演习期间的枪炮发射等）。

9.1.3　大气污染物的迁移转化

大气污染物在进入大气环境后的常见去除方式是通过风力扩散、气流扩散、沉降等，易溶于水的气体物质主要通过湿沉降除去，难溶于水的气态物质主要通过对流扩散迁移至地表被树木或建筑物阻留，或迁至平流层。大气中许多吸光物质均可产生光离解，如 O_2、N_2、O_3、NO_2、SO_2、甲醛、卤代烃等，它们在太阳光照射下，可以发生光化学反应，即先通过吸收光量子形成激发态，然后进一步发生次级反应生成反应产物。光化学烟雾多发生在阳光强烈的夏秋季节，随着光化学反应的不断进行，反应生成物不断蓄积，在 3～4h 后达到最大值。

在诸多大气污染物中，气溶胶占有核心地位，如图 9-1 所示。它们将悬浮在大气中的固态颗粒、由气相分子反应聚集或液相化导致的液滴等汇聚在一起，对大气组成及物理化学转化过程产生重要的影响[1]。不同颗粒之间及气体与颗粒之间通过碰并、凝聚、化学反应等产生多组分、多相复合的气溶胶体系。微米和亚微米级气溶胶具有较大的比表面积和较高的化学活性，易使空气中许多无机和有机化合物吸附在其表面，发生多相化学反应，导致理化性质发生改变。掌握气溶胶的形貌特征、界面化学、传输过程中的成分变化有助于探究大气污染物的转化与消除机理，为大气污染治理和环境保护提供理论依据。

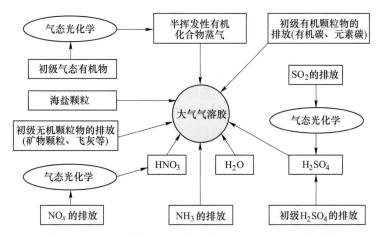

图 9-1　大气气溶胶在大气化学反应中的核心地位示意图

9.2　大气气溶胶的理化性质及在环境中的演化

9.2.1　大气气溶胶的分类

　　大气气溶胶是指液滴或固体微粒均匀地分散在气体中形成的相对稳定的悬浮体系，其中分散的各种粒子称为大气颗粒物。大气气溶胶数量巨大、成分复杂、性质多样，依据不同的分类方法划分为不同的类别。

　　（1）按分散相分类，分为固态气溶胶、液态气溶胶、固液混合态气溶胶。

　　（2）按粒径分类，分为总悬浮颗粒物（TSP，空气动力学当量直径 $D_p \leqslant 100\mu m$）、可吸入颗粒物（PM_{10}，$D_p \leqslant 10\mu m$，可通过鼻腔进入呼吸道）、粗颗粒物（$PM_{2.5\sim 10}$，D_p 为 $2.5\sim 10\mu m$）、细颗粒物（$PM_{2.5}$，$D_p \leqslant 2.5\mu m$，可以沉降在肺泡，又称可入肺颗粒物）、超细颗粒物（UFP，$D_p < 0.1\mu m$）等。

　　（3）按气溶胶粒子的模态分类，分为 4 种，如图 9-2 所示。1）凝结核模态：主要由气态前体物凝结和生长而产生，空气动力学直径为 $3\sim 20 nm$；2）爱根核模态：粒径小于 $0.05\mu m$ 的气溶胶粒子；3）积聚模态：粒径为 $0.05\sim 2\mu m$ 的粒子，由凝结核模态中的粒子凝聚长大而形成；4）粗粒子模态：粒径大于 $2\mu m$ 的粒子。

　　（4）按气溶胶粒子来源分类，分为人为源和天然源两类。人为源气溶胶主要包括工业废气、化石燃料和生物质燃烧、机动车尾气、建筑工地扬尘、道路扬尘、垃圾焚烧及其他人类活动引起或排放的颗粒物。天然源主要包括海洋飞沫、森林火灾、生物释放、火山爆发、沙尘暴等自然活动带来的颗粒物。很多颗粒既可由天然源产生，也可由人为源产生，如黑碳气溶胶，既可来源于野火燃烧，也可由化石燃料燃烧（人为源）产生。

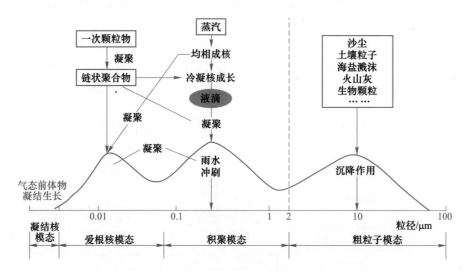

图 9-2　按不同模态划分的气溶胶类别

（5）按气溶胶形成方式分类，分为一次气溶胶和二次气溶胶。一次气溶胶是指从自然源或人为源直接排放到大气环境中的颗粒，如沙尘、海盐等；二次气溶胶是指由自然源和人为源释放的气态前体物在大气中通过一系列物理化学反应生成的颗粒，如 NH_3 在大气中分别与 SO_2 和 NO_x 反应生成的硫酸铵和硝酸铵；挥发性、半挥发性有机物在大气中被氧化后形成的二次有机气溶胶（SOA）等。

（6）按气溶胶化学成分分类。大气气溶胶按化学成分可分为生物气溶胶和非生物气溶胶，非生物气溶胶一般由无机水溶性离子、矿物尘、碳质组分和金属元素等组成。近年来发现环境持久性自由基（EPFRs）、微塑料等也可附着其上。大多数非生物气溶胶表面都有有机物覆盖，形成一层膜，主要由具有较高含氧量的水溶性有机物、多元酸或类腐殖物组成，它们可影响光散射、改变颗粒的聚集形态、促进云凝结核的生成，还能增加雾滴中憎水性有机污染物的富集，被吸入人体后还能与肺组织作用，产生一定的毒性效应。生物气溶胶主要包括细菌、真菌、病毒、尘螨、花粉和细胞碎片等，它们可以传播微生物病原体、内毒素和过敏原，并且可以排泄内毒素和外毒素，以多种方式影响人类生活环境和人体健康。对社会和经济造成重大影响的传染性或流行性疾病都与生物气溶胶的源排放和传播密切相关，如由 SARS 冠状病毒引起的严重急性呼吸综合征、由埃博拉病毒引起的出血热，以及由新型冠状病毒导致的肺炎（COVID-19）等。

9.2.2　大气气溶胶的理化性质

9.2.2.1　尺寸与粒径谱分布

大气气溶胶作为胶体物质的一种，具有胶体的共性，如丁达尔效应、电泳现象、可发生凝聚等。气溶胶的尺寸和粒径分布决定着气溶胶粒子自身的理化特性，是气溶胶散射效应、湍流运动、布朗运动等的重要影响因子，常见气溶胶的粒径、形态及形成特征见表 9-1。

表 9-1 常见的几种气溶胶形态及主要形成特征

形 态	分散相	粒径/μm	形 成 特 征
轻雾	水滴	>40	雾化、冷凝过程
浓雾	液滴	<10	雾化、蒸发、凝结和凝聚过程
粉尘	固体粒子	>1	机械粉碎、扬尘、煤燃烧
烟尘	固、液微粒	0.01~1	蒸发、凝聚/升华等过程，一旦形成很难再分散
烟	固体微粒	<1	升华、冷凝、燃烧过程
烟雾	液滴、固体微粒	<1	冷凝过程，化学反应
烟炱	固体微粒	0.1~1	燃烧、升华、冷凝过程
霾	液滴、固体微粒	<1	凝聚过程、化学反应

9.2.2.2 比表面积与吸附作用

比表面积指单位体积颗粒物所具有的表面积（m^2/cm^3），间接反映了颗粒受到的物理化学作用与重力作用的相对大小。气溶胶粒径越小，表面上原子所占的比例就越大，这种巨大的比表面积使气溶胶体系有很强的吸附能力，能吸附多种固液粒子和化学物质。

气溶胶粒子的吸附作用分为物理吸附与化学吸附。借助于物理力的吸附称为物理吸附。当发生吸附时的温度低于某种气体的临界温度时，该气体即可在气溶胶粒子表面发生物理吸附，在气体相对压力较高时（蒸气压 p 和饱和蒸气压 p_0 之比大于 0.5）才有较大的吸附量。化学吸附是由于吸附分子与颗粒表面形成了化学键，可以吸附气相中的水蒸气分子和有机物，形成粒子表面的水溶性有机薄层。

气溶胶的吸附能力与它的润湿性质及接触液体的性质有关。液体与气溶胶颗粒表面性质接近时，润湿性好；反之，润湿性差。气溶胶粒子的润湿性还与粒子大小有关，例如，石英是硅的氧化物，亲水性好，易被水润湿，但当石英粒子小到 $1\mu m$ 以下时反而难被水润湿。

9.2.2.3 吸湿性

大气气溶胶在吸水和失水过程中所表现出来的性质称为吸湿性，描述吸湿性随参数变化的曲线称为吸湿性曲线。潮解和风化是研究气溶胶吸湿性的两个重要过程。在吸水过程中，当空气湿度增加到一个定值时，大气颗粒物会迅速吸收大量水蒸气而变为液滴，此时的相对湿度称为潮解点（DRH），即液滴的饱和浓度点。相对湿度继续升高时，液滴可持续吸水，使体积继续增加。在失水过程中，气溶胶液滴往往不会在 DRH 结晶成固态。当环境相对湿度降低到 DRH 以下时，会形成亚稳态的过饱和气溶胶液滴，当湿度继续下降，直到达到过饱和临界浓度时，所含水分开始蒸发，气溶胶变成固态颗粒，这个湿度称为风化点（ERH）。同种化合物的潮解点往往高于风化点（见表 9-2），即各物质的 ERH 均低于 DRH，出现滞后现象，这种滞后现象源自均相成核或者异相成核受阻。

气溶胶在吸湿过程中会导致粒径和形貌发生变化，进而影响其寿命、反应活性及环境效应。吸湿性强的气溶胶大部分含硫酸盐、硝酸盐、铵盐等无机成分，含海盐的气溶胶吸湿性也很强，而非吸湿性的气溶胶主要为黑碳及大部分有机物。

表 9-2　常见化合物的潮解点（DRH）和风化点（ERH）

体　系	DRH/%	ERH/%	T/K
$NaCl/H_2O$	75~75.7	43~45.5	298
$FeCl_3/H_2O$	77($FeCl_3 \cdot 6H_2O$)	48	293
KBr/H_2O	81±1	52	293
KCl/H_2O	84.3	59	293
KF/H_2O	17.7	9.0±0.1	298
$MnCl_2/H_2O$	57.4($MnCl_2 \cdot 4H_2O$)	30	293
$NaBr/H_2O$	45(无水)	22	293
Na_2SO_4/H_2O	84	57	298
$(NH_4)_2SO_4/H_2O$	75~82	37~48	298
NH_4Cl/H_2O	77	45	293

9.2.2.4　密度

大气气溶胶密度会因化学组分、大小、形状和孔隙度不同而出现很大差异。气溶胶密度对于确定气溶胶来源、研究气溶胶混合态及在大气中的物理化学过程有着重要意义。常用密度有物质密度和有效密度两种。物质密度（$\rho_m = m/V$）是粒子的质量与体积之比，是粒子内所有固态和液态物质化学组分的平均密度（见表 9-3）；有效密度 ρ_{eff} 为粒子的质量与粒子等效体积的比值，是质量浓度除以将粒子假设成球形时计算的体积，在粒子为均匀球形的情况下，气溶胶有效密度与物质密度及粒子密度相等。

表 9-3　常见气溶胶物质密度

大气气溶胶类型	物质密度/$g \cdot cm^{-3}$	大气气溶胶类型	物质密度/$g \cdot cm^{-3}$
黑碳	1.8~2	硝酸铵	1.73
有机碳	1.2~1.5	矿物尘	2.6
硫酸铵	1.72~1.77	氯化钠	2.0~2.2

物质密度和有效密度是在一定假定条件下近似于真实密度的表示方法，实际上大气气溶胶粒子的形状复杂，且内部存在的空隙会影响粒子的真实密度。不同形态的气溶胶粒子的物质密度 ρ_m、有效密度 ρ_{eff} 与真实密度 ρ_p 之间存在一定的对应关系，详见表 9-4。

表 9-4　不同形态气溶胶粒子物质密度、有效密度和真实密度之间的关系

气溶胶粒子形态	特征描述	三种密度间的关系
	球形，内部无空隙	$\rho_m = \rho_p = \rho_{eff}$
	球形，内部有空隙	$\rho_m > \rho_p = \rho_{eff}$
	不规则形状，内部无空隙	$\rho_m = \rho_p > \rho_{eff}$
	不规则形状，内部有空隙	$\rho_m > \rho_p > \rho_{eff}$

9.2.2.5　荷电性

气溶胶粒子的带电性反映了它们所带电荷的大小和极性。一般而言，气溶胶中的固体和液体粒子都带有电荷，其电荷来源于与大气中气体离子的碰撞或与介质的摩擦，所带电荷量随时间而发生变化。在生产生活中，产生离子并进而使颗粒物带电的方法统称为气溶胶荷电技术，利用它可以对气溶胶进行控制和测量，广泛应用于气体净化和亚微米颗粒物测量等领域。

气溶胶粒子带电量将影响气溶胶的凝聚速率、沉降速度及稳定性。气溶胶分散相粒子带电性质和数量常与粒子大小、极性、表面状态和介电常数有关。一般情况下，粒径大于 $3\mu m$ 的粒子表面带负电荷，小于 $0.01\mu m$ 的粒子带正电荷，介于 $0.01\sim0.1\mu m$ 和 $0.1\sim3\mu m$ 的粒子可能既有带正电荷也有带负电荷的。气溶胶粒子的多分散性使得几乎所有的天然气溶胶和工业气溶胶中固体粒子带的正电荷与带的负电荷几乎相等，因而大气气溶胶整体多为电中性的。

9.2.2.6　光学特性

大气气溶胶对光或太阳辐射具有吸收、散射、消光等作用。对太阳辐射的减弱作用表现在两方面：（1）能够散射和吸收太阳辐射，从而减少到达地球表面的太阳辐射量（直接效应）；（2）可作为云凝结核和冰核影响太阳辐射传输和降水（间接效应）。

气溶胶对光的吸收情况主要决定于气溶胶体系的化学组成，而光的反射和散射的强弱与分散体系的分散度有关。粒子直径大于入射光的波长时，粒子能起反射作用；粒子直径小于光的波长时，就发生散射。入射光通过气溶胶时会受到粒子的散射和吸收，使出射光受到衰减，称为气溶胶的消光作用，它是影响能见度的直接因素，雾霾天气能见度的降低就属于这种情况[2]。

设入射光的光通量为 F_o（或光强度为 I），通过气溶胶层在原光线方向的出射光量会发生衰减。粒子对光的吸收引起的衰减服从指数定律，即

$$F_a = F_o e^{-aL} \tag{9-1}$$

式中，L 为介质层厚度；a 为吸收系数。

因散射而引起的衰减为

$$F_b = F_o e^{-bL} \tag{9-2}$$

式中，b 为散射系数。

吸收和散射的共同作用，即消光作用引起的光的衰减为

$$F = F_o e^{-(a+b)L} = F_o e^{-\gamma L} \tag{9-3}$$

式中，γ 为衰减系数（也称浊度），$\gamma = a + b$。

式（9-3）表示粒子对光的消光特性随气溶胶层厚呈指数衰减。

对于单分散粒子的气溶胶（粒子大小相同），γ 可表示为

$$\gamma = a + b = n\theta_E A \tag{9-4}$$

式中，n 为单位体积气溶胶中的粒子数（粒子浓度）；A 为粒子的横截面积；θ_E 为单个粒子的消光效率因子。

θ_E 的定义如下：

$$\theta_E = \frac{通过单个粒子消减后的光通量}{入射到单个粒子上的光通量} = \frac{F_E}{F_o} \tag{9-5}$$

对于粒子大小不均匀的气溶胶可得与式（9-4）类似的结果：

$$\gamma = n\bar{\theta}_E\bar{A} \tag{9-6}$$

式中，$\bar{\theta}_E$ 为多分散的气溶胶的消光效率因子的平均值；$\bar{A}$ 为粒子的大小（或截面积）的平均值。

若粒子在气溶胶中的浓度以单位体积中粒子的质量数表示（质量浓度），并以 c_m 表示质量浓度，则有

$$c_m = n\frac{\pi}{6}d^3\rho \tag{9-7}$$

式中，d 为粒子的直径；ρ 为粒子的密度。

从而衰减系数 γ 可表示为

$$\gamma = 3c_m\theta_E/(2\rho d) \tag{9-8}$$

单个粒子的消光效率因子 θ_E 由粒子直径 d、粒子折射指数 m 和入射光波长 λ 等参数决定，当忽略光的吸收作用时，可得

$$\theta_E = \frac{8}{3}a^4\left(\frac{m^2-1}{m^2+2}\right)^2 = \frac{8}{3}\left(\frac{\pi d}{\lambda}\right)^4\left(\frac{m-1}{m+2}\right)^2 \tag{9-9}$$

式中，a 为粒径参数。

式（9-9）表示在粒子很小且只有散射而引起的消光作用时，则消光效率因子与直径的 4 次方成正比，与入射光波长的 4 次方成反比。如果可以测出气溶胶的衰减系数和粒子的消光效应因子，就可以求出气溶胶的浓度。

9.2.2.7 形貌和混合状态

气溶胶的混合状态对理化性质有着重要影响，如吸水性、黏度、光学性质、非均相反应性等。不同来源和不同成分的气溶胶往往以外混态或内混态的形式结合在一起，不同物种的混合结构会随着气溶胶来源、污染水平、运输距离和相对湿度而变化。

气溶胶的形貌多种多样，由于它们粒径较小，需要借助电子显微镜才能很好地识别，主要仪器有扫描电子显微镜-能谱仪（SEM-EDX）、透射电子显微镜-能谱仪（TEM-EDX）、扫描透射 X 射线显微成像（STXM）、原子力显微镜（AFM）、气溶胶飞行时间质谱仪/单粒子气溶胶质谱仪（ATOFMS/SPAMS）、纳米二次离子质谱（Nano-SIMS）及飞行时间二次离子质谱（TOF-SIMS）等。基于 SEM-EDX 和 TEM-EDX 测量方法得到的常见气溶胶类型见表 9-5[3]。

表 9-5 常见大气气溶胶形貌与成分特征描述

种 类			扫描电镜二次电子像特征	X 射线能谱图	主要来源
碳质颗粒	1. 有机碳（OC）	水溶性有机颗粒	圆形或液滴状、发暗	以 C、O 为主且含量差别不大，有时可检出 S、N	来源复杂，人工或自然源均有，有很多是二次有机碳颗粒
		固态有机颗粒	不规则形状、光亮		
	2. 元素碳（EC）	烟炱（烟尘集合体）	絮状或分支状	以 C、O 为主且 C 含量大于 3 倍的 O 含量	主要来源于燃烧产物
		焦油球	球形、明亮		
		煤尘或炭片	不规则、较光亮		

种 类			扫描电镜二次电子像特征	X 射线能谱图	主要来源
矿物尘颗粒	3. 初级矿物尘	石英（SiO_2）	形状不规则，光亮	Si 和 O 原子浓度比约为 1：2，有时含少量 Al_2O_3、CaO	主要来源于土壤、风化的岩石、建筑工地等
		方解石或白云石（$CaCO_3$/$CaMg(CO_3)_2$）	形状不规则，光亮	含 Ca、C、O 或 Ca、Mg、C、O	
		铝硅酸盐（AlSi）	形状不规则，光亮	以 Al、Si、O 为主，含少量的 Na、K、Ca、Fe 等	
		二氧化钛（TiO_2）	形状不规则，光亮	以 Ti、O 为主，Ti 和 O 原子浓度比约为 1：2	
	4. 反应或老化的矿物尘	反应或老化的铝硅酸盐颗粒(AlSi+(N,S))	形状不规则，有些地方发暗	以 Al、Si、O 为主，含有硫酸盐或硝酸盐	主要是矿物尘颗粒与硫氧化物或氮氧化物发生反应的产物，有些虽未反应，但覆盖或黏附有 $(NH_4)_2SO_4$ 或 NH_4NO_3 等二次气溶胶
		反应的 $CaCO_3$ 或 $CaMg(CO_3)_2$	产物包含硫酸钙、硝酸钙、硫酸镁、硝酸镁或其混合物	含有 Ca、Mg、O 外，可检测出明显的 N、S 谱峰（单独或者同时都有）	
二次气溶胶	5. 二次颗粒	主要为含 CNOS 的颗粒，为 $(NH_4)_2SO_4$ 或 NH_4HSO_4 与水溶性有机物的混合产物，有时含有 NH_4NO_3	液滴状，发暗	含有 C、N、O、S，或只含 C、O、S，易受电子损伤	空气中 SO_2、NO_x、NH_3 等气态污染物反应生成的颗粒物，$(NH_4)_2SO_4$ 或 NH_4NO_3 是典型代表
海水飞沫、沙漠岩盐等	6. 海盐或含 NaCl 颗粒	新鲜海盐	明亮的立方体，周围有发暗的胶状物	Na、Cl 占比较大，原子浓度比约为 1：1，含有 C、O 及少量的 Ca、K 等	主要来源于海洋飞沫
		含 NaCl 的颗粒	明亮的立方体	主要为 Na、Cl，原子浓度比约为 1：1	来源于烹饪、沙漠岩盐、含盐土壤等
		由海盐或 NaCl 与硫氧化物、氮氧化物反应产生的 $NaNO_3$ 或 Na_2SO_4	表面发暗，为立方体、圆形或针状	含 Na、N、S、O，有时有 Cl、C、K、Mg 等	在空气中发生化学反应或老化的产物，有些与 NaCl 共存
其他燃烧源颗粒	7. 富 K 颗粒	KCl、$KHSO_4$、K_2SO_4 等	形状不规则，较亮	K 浓度大于 10%，含 K、S、O 或 K、Cl 等	主要来源于生物质燃烧
	8. 富 Fe 颗粒	铁氧化物或铁氢氧化物，如 Fe_2O_3、Fe_3O_4、$Fe(OH)_3$ 等	形状不规则，明亮	以 Fe、O 为主，Fe 浓度大于 20%	人为源和自然源均有，以人为源为主
	9. 飞灰	粉煤灰等	球形，光亮	含 Al、Si、O 及少量 Fe、Ca 等	矿物质高温熔融冷却的产物
	10. 其他	仅含 O 元素的颗粒	形状不规则	X 射线中只有 O 元素	来源不明，也可能是测量中的误差
		仅含 Mg 元素的颗粒		X 射线中只有 Mg 元素	

9.2.2.8 化学性质与非均相反应

大气气溶胶的化学性质处于不断变化之中，因为它们易于富集空气中的各类物质，且受来源、粒径、所处气候条件和污染状况等影响。不论自然源还是人为源，也不论是一次还是二次气溶胶，它们在空气中停留时间越长越容易发生化学变化。

在气溶胶表面发生的均相和非均相反应常常改变气溶胶的化学性质。均相反应一般发生在粒子浓度较高时，可对污染因子产生吸附作用；非均相反应主要是在空气湿度较大时发生，先在粒子表面形成一层水膜，随之反应物质进行相变。界面过程总体上是非均相的，而局部又是均相的，例如，在液滴表面上常发生非均相，而在向液滴内部输送气相或液相物质时，液滴内部发生的则是均相化学反应。大气气溶胶在非均相反应中不仅自身可以直接参与反应，还为反应提供了场所和反应位点，气溶胶较小的粒径、较大的比表面积和特殊的表面结构，使得痕量气体很容易在其表面发生包括吸附和催化等反应在内的非均相反应。气溶胶本身的氧化还原性质和催化性能使得一些在气相中难以发生的反应过程可以在其表面进行，不但对大气中一些气相物种的去除有促进作用，而且可能导致新的气相物种产生。通过大气非均相反应，大气污染气体会被吸附、溶解、摄取或者转化为其他的气相物种甚至颗粒态的物种。

在气溶胶表面还可以进行复合非均相反应[4]，例如，共存 NO_2 可以促进 SO_2 在矿物尘表面转化为硫酸盐。在 γ-Al_2O_3 表面，SO_2 单独反应只能产生亚硫酸盐，而共存的 NO_2 能够促进表面亚硫酸盐向硫酸盐的转化；NO_2 在矿质氧化物表面促进了 O_2 的活化，进而促进了 SO_2 氧化转化为硫酸盐，说明 O_2 在 NO_2 促进 SO_2 转化为硫酸盐的非均相反应过程中起着最终氧化剂的作用。在 $NaCl$ 和其他种类如 $CaCO_3$、Al_2O_3、TiO_2、$MgCl_2 \cdot 6H_2O$、MgO、黑碳等表面，O_3 可以促进 SO_2 向 SO_4^{2-} 的转化，其中碱性和具有催化活性的颗粒物可极大地提高转化效率。掌握大气非均相反应对于深入认识区域空气质量改善和全球气候变化、了解大气颗粒物污染控制中的界面胶体化学具有重要意义。

9.2.3 大气气溶胶在环境演化中的界面化学

9.2.3.1 大气气溶胶的界面特点

大气气溶胶是大量无机物和有机物组成的混合体，基本结构是无机盐胶体被一层具有表面活性的有机物质所包裹，这种由有机物包裹的胶体状结构可以简化成核-壳模型（见图 9-3）。存在于气溶胶表面的有机膜能减少水分从液滴或颗粒物的蒸发，减缓液滴的清除，对研究气溶胶组分与大气污染物之间的复合作用至关重要。大气气溶胶界面环境不同于纯气相和液相的反应环境，和它们相比，气溶胶界面处的密度急剧变化，物理和化学性质也易发生改变，对大气物质发生大气化学反应的影响在很多情况下与溶液内部相当甚至影响更大，气溶胶界面的水分子具有比溶液内部更松散的氢键网络，大气物质可以较容易进入该界面。气溶胶界面还可以降低化学反应所需能量，从而促进非均相反应的发生，导致气溶胶成分、大小和物理性质发生改变，进而影响其对环境、气候和人体健康的效应。

图 9-4 描述了具有高反应活性的气相物质 A 与大气气溶胶在气-液界面及气溶胶内部可能发生的一系列传质及化学反应过程。首先是气相中的物质 A 吸附到气溶胶界面，在该界面，一种可能是物质 A 发生碰撞作用而返回到气相中，另一种可能是在界面发生氧化作用，其氧化产物存在于气溶胶表面或渗入到内部，也有些通过解吸附回到气相中。有时，少量物

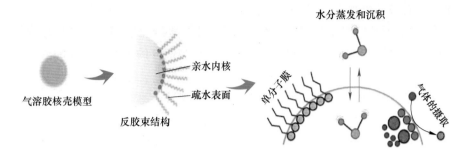

图 9-3　气溶胶核-壳模型及表面有机物结构示意图

质 A 也能经过溶解作用，和气溶胶内部物质进行物理或化学反应，生成物留在粒子内部或挥发到气相中。

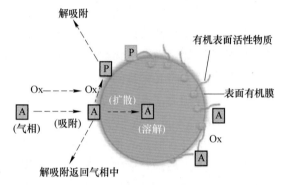

图 9-4　气溶胶表面有机膜及界面反应示意图
A—气态物质；P—反应产物；Ox—氧化性物质

9.2.3.2　不同类型大气气溶胶的界面化学反应与机理

界面存在于两相之间，厚度约为几个分子层。按气、液、固三相的组合方式，可将宏观界面分为两相的界面有液-液、固-液、气-固、气-液和固-固 5 种类型。在环境中比较普遍存在的是气-液界面反应，在这些界面，常有可溶性或挥发性物质发生化学反应而转移到另一种环境介质中去，使污染物发生变化。了解不同种类的大气气溶胶界面化学反应及机理对于深入理解发生在大气中的各种物理化学过程和污染控制有重要意义。

A　黑碳气溶胶

a　来源与危害

黑碳气溶胶（BC）是含碳物质不完全燃烧所产生的细小颗粒物，是地球大气底层气溶胶体系中一种非常重要的成分，粒径通常为 $0.01\sim1\mu m$，主要来源于工业排放、道路交通尾气、煤炭和生物质燃烧、火山喷发和森林大火等，在可见光到红外光波段范围内对太阳辐射有强烈的吸收作用，对气溶胶总的光吸收贡献在 90% 以上，是大气中引起全球变暖仅次于 CO_2 的物质。BC 可加速小水滴的形成，通过改变云凝结核的特性促进云的生成，从而间接影响气候变化；BC 增多可降低大气能见度，影响大气化学过程，促进灰霾天气形成，并吸附有机物、重金属和二次气溶胶，危害人体健康，尤其增加心血管和呼吸系统疾病的患病风险。

b　老化过程及其机制

大气中的黑碳颗粒已经成为仅次于 CO_2 的气候影响因子，涉及含碳物质燃烧的过程基本都会造成黑碳的排放，黑碳的化学组分和形态结构与燃料的种类、燃烧的温度和持续时间等因素密切相关。

燃烧源排放的黑碳颗粒在大气传输过程中可通过碰并、凝结和非均相氧化等与多种颗粒物和气态污染物之间发生相互作用，导致黑碳颗粒在混合态、形貌、粒径和化学组成上发生变化，并进一步影响黑碳的光学性质、吸湿性、云凝结核与冰核活性，这个过程称为黑碳的老化（见图 9-5）[5]。BC 的性质会随其在自然环境中的老化或氧化过程而改变，因为 BC 颗粒的表面氧化过程以非生物氧化为主，在其表面形成含氧官能团后，其元素组成、表面化学、对无机和金属离子的固定能力及阳离子交换量等性质随之改变，常常能与大气中水溶性无机和有机物质发生混合，从而改变自身形貌，改变过程简述如下：第一阶段，从发动机或烟囱中排放的新鲜黑碳呈枝杈状的链式结构；第二阶段，大气中的低挥发性有机物凝结到新鲜的黑碳上，黑碳的形状从链式结构变为致密的近球形结构，此时，黑碳的吸光能力变化不显著；第三阶段，低挥发性有机物继续一层层地包裹在已变为球形的黑碳表面上，这些有机物如同凹透镜一样，将光聚集到中间被包裹的黑碳上，使黑碳的吸光能力显著增强，最高可增强 2.4 倍。伴随着老化程度的增加，BC 颗粒的形状由初始的不规则结构向近似球形的结构转变。BC 在不同强度非生物氧化条件下其表面性质（包括孔隙结构、比表面积及总孔体积、表面酸性官能团的种类和数量及 ζ 电位）会发生不同程度的变化，从而改变黑碳在环境中的行为。酸性官能团的增加使黑碳亲水性增强，进而促进了它的分解，亲水性的增强也促进了黑碳的生物氧化作用。老化后的黑碳颗粒具有吸湿能力，且能够活化成为云凝结核，从而参与并影响云的形成。与此同时，黑碳颗粒通过湿沉降被清除的概率增加，缩短了其在大气中的停留时间。

c　不同来源黑碳气溶胶的形貌与成分特征

黑碳气溶胶的 X 射线能谱结果显示，碳原子浓度大于 3 倍的氧原子浓度，且碳和氧的原子浓度之和大于 90%，说明 BC 颗粒中大部分是碳，不含或只含少量的氧，它们的主要来源包括煤炭和生物质燃烧、汽车尾气和居民烹饪等。不同燃烧源的 BC 形貌有一定差异，柴油车燃烧排放的 BC 颗粒呈球形，团聚成长链状，单个颗粒粒径小于 50nm；汽油车排放的 BC 颗粒粒径、形貌与柴油车相似，但聚合更加明显；燃煤源 BC 颗粒一般为多孔状，形状多样；生物质燃烧排放的 BC 颗粒呈块状或不规则形状，且保留植物纤维的结构（多孔状或管状）。

大气环境中，黑碳与非黑碳气溶胶常通过外混或内混形式结合在一起，混合态与其老化程度密切相关，并受污染来源、污染水平、传输距离和相对湿度的影响。混合结构会改变黑碳颗粒本身的理化特征，也为灰霾形成时二次气溶胶的发展提供了重要的核或附着物，辨别黑碳气溶胶的混合状态对于判断灰霾的进展程度并评估其对于大气环境和人体健康的影响至关重要。以太原市 2011 年和 2018 年冬季灰霾期间采集的黑碳气溶胶为例[6]，分为伸展型（或絮型）、支链型、团聚型和嵌入型 4 类，各类型的形貌与成分特点如图 9-6 和图 9-7 所示。

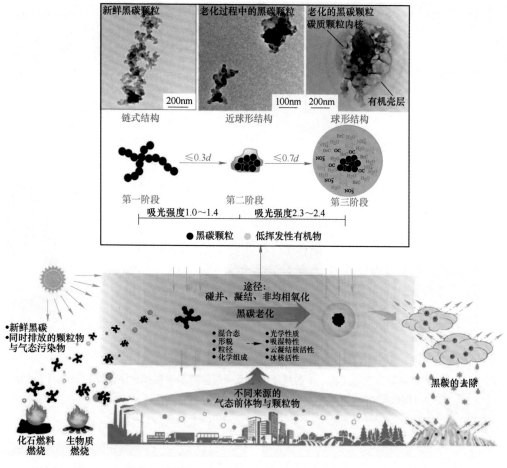

图 9-5 黑碳颗粒在大气中的来源、老化及吸光强度($E_{\text{MAC-BC}}$)变化示意图

（1）伸展型（或絮型）。呈蓬松状或絮状（见图 9-6（a）），为新鲜的黑碳颗粒，C 与 O 原子浓度比约为 9.5±4.8，等效直径 $D_p \approx (7.7 \pm 4.9)\,\mu m$，伸长率 $E \approx 5.0 \pm 3.1$，各支链之间纵横交错，围成具有一定空间的间隙，这些间隙为空气中细小颗粒的附着与化学转化提供了有效的支撑和反应平台。

（2）支链型。由许多圆形小球串连形成的致密颗粒，如图 9-7 中的颗粒（15）（16）（18）等，它们的伸长率 $E \approx 1.1 \pm 0.9$、纵横比 $R \approx 1.6 \pm 0.5$，其 X 射线能谱中主要为 C 峰和 O 峰，有时有少量的 S 和 K，说明硫酸盐或二次颗粒物已开始与之发生混合，C 与 O 原子浓度比约为 6.5±4.0、C 与 S 原子浓度比约为 19.7±14.8。

（3）团聚型。分枝状颗粒发生聚集并压实、收缩，团聚在一起，其等效直径、伸长率均减小，而纵横比增大，有机物及硫酸盐、硝酸盐等与之发生互混，氧化程度增加，C 与 O 原子浓度比变小，约为 5.1±3.6（见图 9-6（b）），粒径集在 1 μm 以下，如图 9-7 中的颗粒（19）（21）（28）等。

（4）嵌入或黏附型。黑碳颗粒嵌入到矿物尘、硫酸铵、焦油球等颗粒中，或与它们紧密黏附，但保留其支链或串珠形态，C 与 O 原子浓度比约为 6.7±3.0（见图 9-6（c））。

对 4 种黑碳气溶胶进行统计分析发现（见图 9-8）：（1）它们在粒径范围 $D_p = 1\sim2\,\mu m$、

图 9-6 典型黑碳颗粒二次电子像、X 射线能谱图及通过蒙特卡罗模拟程序计算的元素原子浓度

（黑碳颗粒 X 射线能谱图中的 Al 峰来自采样膜；+为 X 射线能谱测量点）

（a）絮型（或伸展型）；（b）团聚型；（c）嵌入或黏附型

图 9-7 不同粒径范围典型黑碳颗粒的扫描电镜二次电子像（SEIs）

（采自 2018 年冬季）

（a）$PM_{1\sim2}$；（b）$PM_{0.5\sim1}$

$0.5\sim1\mu m$、$<0.5\mu m$ 中的数量相对丰度平均为 10.1%、29.8%、31.4%，说明它们主要分布在小粒径范围，2018 年样品中 C 与 S 元素原子浓度比显著大于 2011 年的，表明 2018 年黑碳气溶胶受硫氧化物或硫酸盐的影响减少，与近年来大气中 SO_2 浓度不断下降相一致。（2）2011 年样品中团聚型和支链型的相对丰度大于 2018 年的，而 2018 年样品中伸展

型和嵌入型则较多，原因可能是：一方面，2011年黑碳排放量较大，灰霾程度严重，黑碳颗粒易于发生老化；另一方面，太原市采取的一系列大气清洁行动方案、控制煤炭和生物质燃料燃烧政策、"煤改气"措施的实施初见成效，黑碳排放源发生了很大变化。（3）伸展型黑碳气溶胶在各个时间段基本都有，夜晚和白天的丰度相差不大，说明在灰霾期间无论昼夜都不断有新鲜黑碳排放；支链型和团聚型在20点、0点、4点、8点时段相对较多，与夜间相对湿度大、易于发生老化有关。嵌入型在8点、12点、16点之间较多，可能与白天气温升高、人们活动加强、扬尘和有机物排放量大有关。

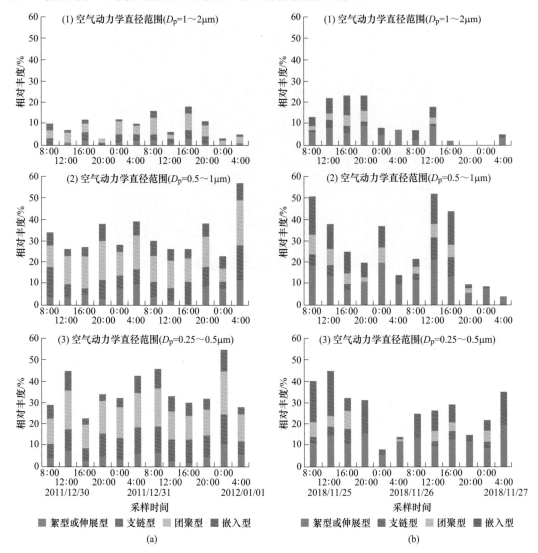

图 9-8　太原市两次灰霾期间各类型黑碳气溶胶在不同采样时段的数量相对丰度

（a）2011—2012 年；（b）2018 年

B　矿质气溶胶

矿质气溶胶是大气气溶胶的重要组成部分之一，是由强风吹扫地表土壤或沙尘进入大气所致，主要由 Si、Al、Ca 和 Fe 等元素的氧化物如铝硅酸盐、石英、方解石、白云石、

Fe_2O_3、TiO_2 等组成，能够为大气中酸性气体和挥发性有机物等提供富集和反应场所，在二次气溶胶形成过程中起到成核、汇聚、催化调控等作用。

a 铝硅酸盐

铝硅酸盐颗粒包括钾长石、钠长石、伊利石、斜长石、角闪石、绿泥石等，在沙尘颗粒中的比例可达 40% 以上，它们的二次电子像大部分呈明亮不规则形状，如图 9-9 所示[3]，元素以 Al、Si、O 为主，含少量的 Na、K、Ca、Fe 等，可进一步细分为高岭石、铁铝榴石、蒙脱石或蛭石。

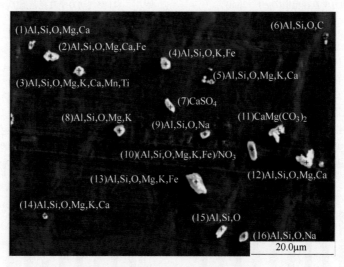

图 9-9   北京沙尘暴期间矿质气溶胶扫描电镜二次电子像

b 方解石和白云石

方解石和白云石也是矿质气溶胶的重要成分，它们对大气中酸性气体的去除有明显的促进作用，可与空气中的硫氧化物和氮氧化物发生化学反应。大气中 $CaCO_3$ 经 SO_2 反应转化为 $CaSO_4$ 或 $CaSO_4 \cdot 2H_2O$，可以认为是一种天然固硫过程。$CaCO_3$ 颗粒吸收大气中的水分，在表面形成液膜，液膜会大大增加颗粒物对 SO_2 等污染气体的吸附性，高相对湿度加速了 SO_2 在大气颗粒物上的吸附，促进反应形成亚硫酸盐，通过大气中 O_3、·OH 等氧化剂的协同催化作用，亚硫酸盐再氧化成硫酸盐，导致硫酸盐在短时间内迅速增加。在 $CaCO_3$ 与 SO_2 反应过程中，$CaCO_3$ 往往与 $CaSO_4$ 共存，但在 $CaCO_3$ 与 NO_2 反应过程中，只要湿度足够，反应会一直进行下去，直到全部的 $CaCO_3$ 被 $Ca(NO_3)_2$ 取代（见图 9-10）。

当 SO_2 与 $CaCO_3$-NH_4NO_3 复合颗粒发生反应时，与单纯 $CaCO_3$ 颗粒相比，其表面转化效应增强，且随相对湿度的增加而增大。由于 NH_4NO_3 的强吸湿性，复合颗粒具有更多的活性位点，且能赋存更多水分，使颗粒表面形成液膜，表面吸附水分增多，极大地促进了 SO_2 的吸附和化学转化，加快了 SO_2 转化生成 SO_4^{2-} 的速度。由于反应生成的 H_2SO_3 可水解产生 H^+，同时 NH_4^+ 水解也产生 H^+，因而复合颗粒界面呈酸性，NO_3^- 在酸性条件下具有强氧化性，可以将 S(IV) 迅速氧化为 S(VI)，加速了气态 SO_2 的固定。

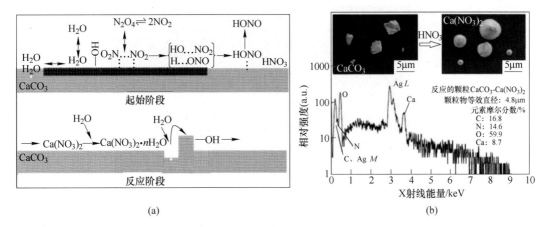

图 9-10 NO_2（或 HNO_3）与 $CaCO_3$ 颗粒表面发生反应变为 $Ca(NO_3)_2$ 的过程及 SEM-EDX 测量结果

（压强 $p_{HNO_3} = (14\pm1)$ μmmHg（1mmHg = 133.3Pa），相对湿度 RH = 36%±1%，采样膜为铝箔，反应时间为 2h）

（a）NO_2 在湿润状态下与 $CaCO_3$ 表面的反应过程；（b）NO_2 与 $CaCO_3$ 的反应产物

c TiO_2 颗粒

在矿质气溶胶中常能检测到 TiO_2 颗粒，TiO_2 具有光催化活性，紫外光能够增强 TiO_2 对 SO_2 的吸收。在暗反应条件下 SO_2 在 TiO_2 表面发生非均相反应的主要产物是亚硫酸盐，而光照能够促进其表面的亚硫酸盐转化为硫酸盐。

d 富铁颗粒

富铁颗粒是大气中常见的颗粒物，在大气矿质颗粒物中的占比约为 6%，主要来源于钢铁冶炼、交通、煤矿开采等过程。它们的形状不规则，Fe 的原子浓度一般大于 20%，主要存在形式有单质铁、Fe 与 FeO_x（铁的氧化物或氢氧化物）的混合物、含碳有机物与 FeO_x 的混合物等，它们的形貌与化学成分如图 9-11 所示。富铁颗粒既有光化学活性，又有比较强的氧化性，能够通过铁循环实现 SO_2 的氧化。富 Fe 的 Al_2O_3/Fe_2O_3 混合物比单独的氧化物能更有效地将 SO_2 非均相氧化为硫酸盐，反应生成的硫酸盐修饰 α-Fe_2O_3 颗粒物表面，使其由不规则的椭球形变得更加接近球形、更加光滑。硝酸盐能显著提高赤铁矿-硝酸盐混合物的反应性、促进二氧化硫的吸收和赤铁矿上硫酸盐的形成。

C 海盐气溶胶

海盐气溶胶是海岸大气边界层中一种普遍存在的细颗粒悬浮物，来源于海洋和盐湖等，由海水飞沫破裂进入大气而形成。海盐气溶胶在海面或海边生成后，会在风力的作用下向内陆传输，它们在随气流运动扩散飘向陆地的过程中，如果相对湿度低于 50%，则水分逐渐蒸发，大液滴逐步缩小为小液滴，部分甚至形成干海盐颗粒，因此，常能见到液滴状和固态晶体两种形状的海盐气溶胶（尤其在沿海城市的大气环境中），其构成平衡状态的近似临界相对湿度约为 NaCl 颗粒的潮解点，即相对湿度 75%左右。在沿海地区高湿环境下，海盐气溶胶易发生潮解，潮解后所形成的液滴为海盐气溶胶参与大气化学反应提供了液相环境。在湿度较大、污染严重的沿海城市中，海盐粒子会与空气中的 NO_x 和 SO_2 分别构成 NaCl-NO_x-H_2O（气）-空气、NaCl-SO_2-H_2O（气）-空气体系，促使海盐颗粒与酸性组

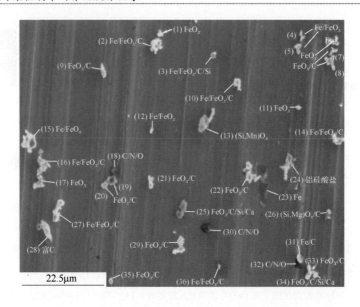

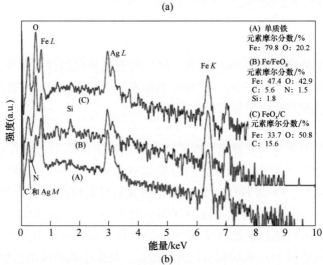

图 9-11　含 Fe 或 FeO$_x$ 颗粒的二次电子像、X 射线能谱图及元素摩尔分数

（a）富铁颗粒扫描电镜二次电子像；（b）富铁颗粒 X 射线能谱图

分 HNO$_3$ 和 H$_2$SO$_4$ 发生非均相反应，生成含钠、镁的硝酸盐和硫酸盐气溶胶或其混合物（见图 9-12）[7]，这也是导致沿海地区海盐气溶胶发生氯亏损的主要机制。氯亏损现象的发生与海盐颗粒的粒径大小有直接的关联：粗颗粒的氯亏损程度约为 30%，而细颗粒的氯亏损程度可以达到 90%，进一步研究发现：粗颗粒主要与硝酸反应，而细颗粒则主要与硫酸发生置换。

　　海盐气溶胶的成分变化可以反映当地的大气污染特征，以北极新奥尔松地区（78°55′N、11°56′E）和南极乔治王岛（62°13′S、58°47′W）海盐气溶胶的成分测量为例。北极反应的海盐占颗粒总数的 44%，新鲜海盐所占的比例不到 10%，反应的海盐中以含硝酸盐的颗粒为主（见图 9-13（a）和图 9-14），说明北极空气已受到大量人为氮氧化物的污染。南

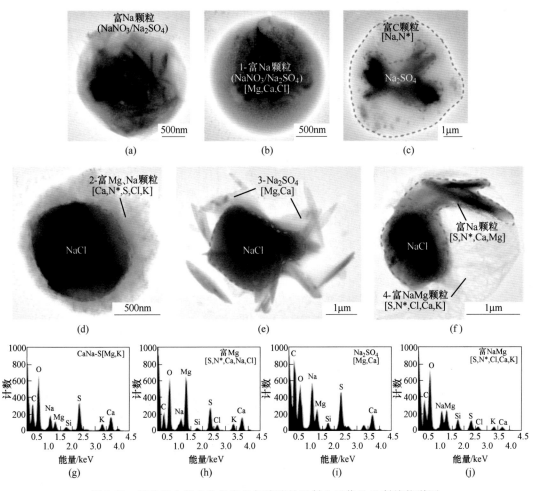

图 9-12 部分和全部老化的海盐气溶胶的透射电子像及 X 射线能谱图

(a)~(c) 新鲜海盐与大气中 SO_2 和 NO_2 完全反应后生成的硫酸钠、硝酸钠及其混合物；

(d)~(f) 未反应完全的海盐颗粒与硫酸钠、硝酸钠混合在一起；

(g)~(j) 分别为 1、2、3、4 测点的 X 射线能谱图

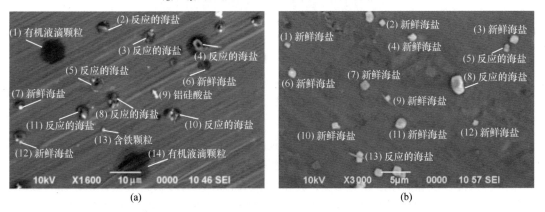

图 9-13 南北极海盐气溶胶颗粒扫描电镜二次电子像（SEI）

(a) 北极新奥尔松地区气溶胶样品；(b) 南极乔治王岛气溶胶样品

极的新鲜海盐占总数的74%左右，反应的海盐占19%，反应的海盐全部含硫酸盐（见图9-13（b）和图9-15）、未发现含硝酸盐的颗粒，推测S元素来源于二甲硫醚（DMS），DMS等含硫物质主要来源于海洋浮游生物代谢过程及其降解产物，基本与人为污染无关。

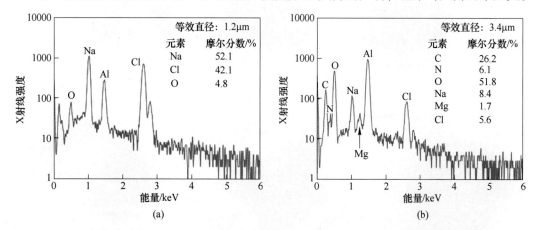

图9-14   北极样品中新鲜海盐和含硝酸根海盐的X射线能谱图及各元素的相对原子浓度
（Al峰来自于采样膜：铝箔）
（a）北极新鲜海盐气溶胶（图9-13（a）中的颗粒（12））；
（b）北极含硝酸盐的海盐气溶胶（图9-13（a）中的颗粒（2））

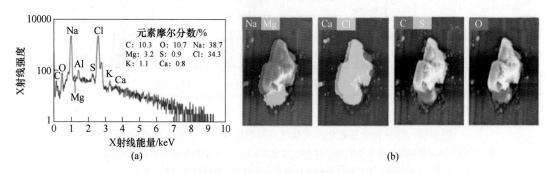

图9-15   南极含硫酸根海盐气溶胶的元素面扫描及X射线测量结果
（图9-13（b）中颗粒（5），Al峰来自于采样膜：铝箔）
（a）含硫海盐气溶胶的X射线能谱图；（b）含硫海盐气溶胶元素的面扫描结果

D 二次气溶胶

大气中NH_3、SO_2和NO_x在适当温度和湿度下会发生反应生成（NH_4）$_2SO_4$、NH_4HSO_4和NH_4NO_3等二次无机气溶胶（SIA），也可能转变为有机氮，参与形成二次有机气溶胶（SOA）。

SOA的来源和生成过程主要概括为两条途径：（1）VOCs中的某些特征物种和大气环境中存在的氧化性物质发生反应，形成诸如醛基、酮基、羟基等含氧极性官能团后，进一步反应为低挥发性和高水溶性的物质，典型的SOA前体物为环状有机化合物，如芳香烃、环烯烃和萜烯等；（2）一些半挥发性有机物（SVOCs）经过非均相转化成为低挥发性的气相物质参与到SOA的形成过程中。颗粒物种子的存在可对SOA的生成过程产生影响，尤其是酸性颗粒物NH_4HSO_4、H_2SO_4及有机酸等可引发表面非均相酸催化反应的进行，且伴随复杂的界面反应。

相比 SOA, SO_4^{2-}、NO_3^-、NH_4^+（简称 SNA）的形成过程相对清晰，主要是通过工业或者农业产生的 SO_2、NO_x 和 NH_3 等前体物发生氧化、非均相反应等过程而形成。电子探针微区分析结果显示：灰霾期间富含 C、O、S 或 C、N、O、S 元素的液滴状颗粒大量出现，它们可能是水溶性有机物、NH_4NO_3、NH_4HSO_4 或（NH_4）$_2SO_4$ 的混合物。富含 CNO 和 CNOS 的液滴颗粒中的含碳物质多是水溶性二次有机物，N 元素来自有机氮和二次无机盐，如（NH_4）$_2SO_4$ 和 NH_4NO_3 等，N 信号有时因为受电子束损伤而检测不到。NH_4NO_3、NH_4HSO_4、（NH_4）$_2SO_4$ 等吸湿性很强，含水分和有机物较多，其扫描电镜二次电子像多数为黑色、圆形，呈液滴状。对于含碳量较少且形状规则、明亮的 CNOS 颗粒而言，它们很可能是空气中新生成不久的硫酸铵颗粒，尚未吸收空气中的有机物发生老化，如在养殖场内采集的 $PM_{2.5}$ 中发现大量该类颗粒（见图 9-16）。养殖场及周围 NH_3 排放量较大，易形成新鲜的硫酸铵等二次颗粒。

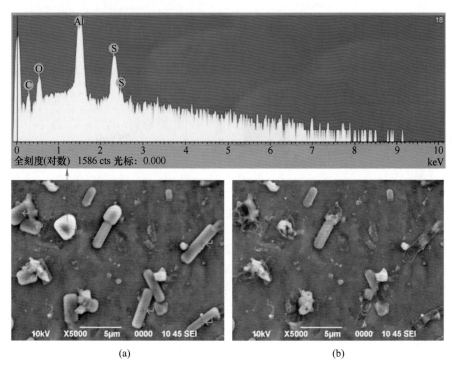

图 9-16 山西省晋中市一养牛场内富含 CNOS 颗粒的扫描电镜二次电子像

（采样膜为铝箔）

（a）EDX 测量前；（b）EDX 测量后

E 生物气溶胶

大气环境一般不具备微生物生存所需的营养条件，通常只是微生物的临时寄居场所，而不是源，因此，空气中微生物含量和群落组成在很大程度上取决于生物气溶胶的来源。生物气溶胶的产生包括自然源和人为源（见图 9-17），它们的粒径范围很宽，粒径可以从 $10^{-3}\,\mu m$ 到 $10^2\,\mu m$，粒子形貌有简单的球体、圆柱体等，也有复杂的不规则形状（见图 9-18）。

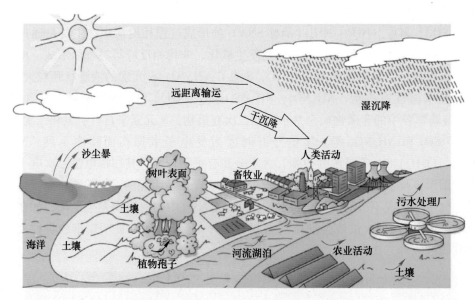

图 9-17 生物气溶胶的来源及其大气循环

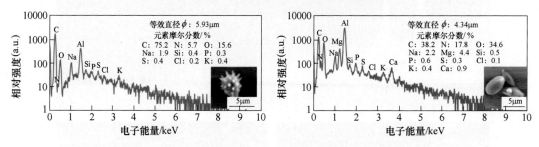

图 9-18 采集于韩国白翎岛的生物气溶胶颗粒形貌及元素构成

生物气溶胶形貌多样,它们与环境之间的相互作用也多种多样。真菌孢子和干瘪的花粉可能反映了它们应对干燥严酷的大气环境而采取的生存策略,进入休眠状态(如孢子)、改变细胞壁、减弱或停止代谢活动可以提高其对干燥环境和紫外辐射的抵抗力,增加在大气中存活的概率。生物气溶胶的表面属性如蛋白质和大分子会影响其表面特征、改变其迁移运动、影响细菌的黏附作用,关于生物气溶胶的扩散和黏附过程、致病机理等仍需深入研究。

与非生物气溶胶相比,生物气溶胶的质量浓度一般较小,但有些地区生物气溶胶在总体气溶胶质量浓度中占有较高的比例,在热带雨林中可以占到55%~95%。大气中的花粉粒子虽然数量很少,但是粒径很大,所以具有较高的质量浓度。生物气溶胶排放强度和排放机制随来源的不同而显著不同。迄今为止,人类对生物气溶胶的自然排放机制认识只停留在风力释放、生物体自身行为及气泡破碎等原因,关于各种自然源的排放通量数据还十分匮乏。

9.2.4 灰霾天气发生期间大气 $PM_{2.5}$ 的界面胶体化学

9.2.4.1 大气 $PM_{2.5}$ 污染与灰霾天气的产生

大气 $PM_{2.5}$ 污染是指 $PM_{2.5}$ 浓度升高,超过环境空气质量标准(GB 3095—2012)的天气现象。PM$_{2.5}$粒径小、比表面积大、吸附性强、成分复杂，能够长时间漂浮在大气中，且表面可吸附重金属、多环芳烃等多种有毒有害物质，对气候变化、人体健康和空气质量产生较大影响。各类源解析模型显示：燃煤和生物质燃烧、工业（钢铁、重化工、建材和冶金等）、机动车及其他移动源、扬尘等是大气PM$_{2.5}$污染的主要来源。

　　大气PM$_{2.5}$二次无机（SIA）和二次有机气溶胶（SOA）的快速增长已被证明是造成霾污染事件的重要因素。若以PM$_{2.5}$浓度在5h内升幅超过100μg/m^{3}作为判定出现PM$_{2.5}$爆发式增长的依据，空气质量从优良水平可快速跃升至重度及以上污染水平，在京津冀大气污染传输通道"2+26"城市（简称"2+26"城市）及汾渭平原出现的大气重污染过程中，常会出现PM$_{2.5}$爆发式增长现象，如2016年12月16—22日和2019年1月10—14日的两次重污染过程（见图9-19）[8]。

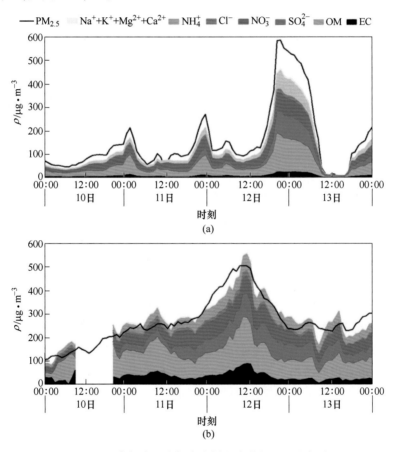

图9-19 大气中二次气溶胶爆发式增长过程示意图
（a）北京市；（b）保定市

　　霾污染发生具有区域性和季节性，多见于秋冬季节，夏季基本没有；发生频率为北方地区大于南方，严重程度也是北方大于南方。从地域分布上看，呈现南低北高、西低东高的特征，京津冀地区和中东部地区等呈现明显的高集聚状态；且PM$_{2.5}$浓度高、霾严重的城市往往聚集在一起，呈现区域集聚的特点，然后逐渐向周边城市扩散。灰霾的发生是内因和外因的共同作用，首先，导致灰霾形成的内因是污染物的过多排放，这些污染物中有

90%来自于人为排放，占比很大，依照影响能见度的作用大小排序，依次为二次有机气溶胶、硫酸盐（主要是（NH$_4$）$_2$SO$_4$）、硝酸盐（主要是 NH$_4$NO$_3$）、黑碳、海盐、矿质颗粒等；其次，导致灰霾形成的外因主要是气象条件，其中低风速、高湿度、高温、大气纬向环流等可促进灰霾天气形成或加重。这些气象要素在一定条件下会加速不同气态污染物之间的理化反应，从而造成大气中复杂的污染过程，其中界面化学的反应最为复杂。在低湿条件下，空气中的水汽含量不足以使颗粒物吸湿沉降，但随着相对湿度增加，PM$_{2.5}$得以快速形成并积聚，稳定地漂浮在大气中，导致能见度下降。

9.2.4.2 灰霾期间 PM$_{2.5}$的界面化学反应

大气 PM$_{2.5}$中 50%~80%为无机物、10%~30%为有机物，还有 2%~10%的生物物质及一些挥发性有机物（VOCs）、持久性有机物（POPs）等，类似于一个复杂的化学混合物，不同粒子之间及气粒之间相互作用，通过碰并、凝聚、化学反应等作用方式产生了多组分、多相复合的胶体颗粒。致霾颗粒以二次气溶胶为主，灰霾期间二次气溶胶在 PM$_{2.5}$中占比可达 60%~90%，且近年来呈现硝酸盐比重上升而硫酸盐比重下降的趋势，即 PM$_{2.5}$中 $c(\text{NO}_3^-)/c(\text{SO}_4^{2-})$ 比值不断升高，硝酸盐的大量生成和富集成为重污染条件的表现形式之一。由于 HNO$_3$与 NH$_3$的反应为一个可逆过程，而（NH$_4$）$_2$SO$_4$在大气中比较稳定不易分解，因此 NH$_3$会优先与 H$_2$SO$_4$发生中和反应，即 PM$_{2.5}$中 NH$_4$NO$_3$的形成通常是在完全中和的条件下或者是 NH$_3$富集的条件下。

近年来，二次气溶胶如（NH$_4$）$_2$SO$_4$、NH$_4$NO$_3$等爆发式增长引起的以 PM$_{2.5}$异常增多为特征的灰霾天气常出现在京津冀及周边地区、汾渭平原等，大气 PM$_{2.5}$被认为是形成霾天气的主要原因之一。这些二次气溶胶粒径较小，容易吸湿增长，且二次有机和无机气溶胶产生后常常互相混合，或者与黑碳、矿物尘等一次颗粒物相互嵌入或包覆在一起，它们的大小和理化性质随光照、温湿度、气态和固态污染物浓度的改变而发生变化（见图 9-20）。

大气 PM$_{2.5}$表面往往存在一些化学活性很强的表面功能基团，当它们与环境中其他物质发生作用时，会因其极性、荷电性和 Lewis 酸碱性不同而表现出不同的作用力和反应速率，进而影响其在大气环境中的赋存形态、稳定性、迁移性及毒性。灰霾发生期间，由于湿度增加和气态污染物浓度增大，PM$_{2.5}$与大气痕量气体发生非均相反应速度加快，各组分间因各自的物理化学性质（颗粒孔隙结构、吸湿性、反应活性、酸碱性等）不同，也存在着相互影响。

A PM$_{2.5}$中的难溶或不溶成分

PM$_{2.5}$中的难溶或不溶成分包括矿质颗粒、燃煤飞灰、元素碳等。这些难溶或不溶成分提供了化学反应的载体，它们的表面微结构及其化学活性不但控制着重金属离子、持久性有机污染物等各类环境污染物与矿物之间的各种界面反应方式，而且控制着它们之间的反应速率，即在大气非均相反应中扮演催化剂的角色。如矿质颗粒气溶胶在促进 SO$_2$转化为硫酸盐的过程中起到了重要作用，它们表面的化学组分影响其与 SO$_2$的反应性，光照、湿度和共存 NO$_x$也会改变颗粒表面 SO$_2$的转化反应（见图 9-21），其参与的化学变化可导致大气中无机盐的浓度增加，进而加剧霾的形成。

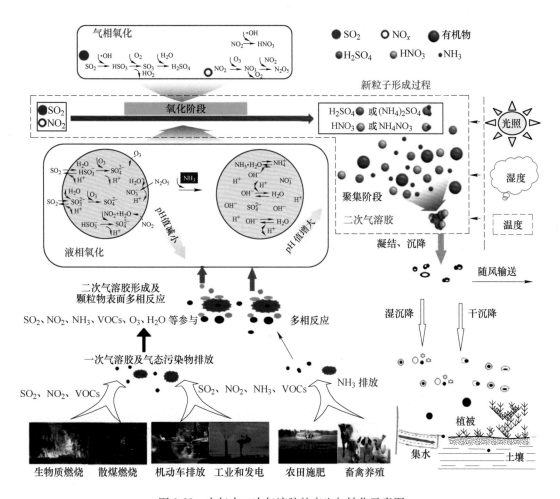

图 9-20 大气中二次气溶胶的产生与转化示意图

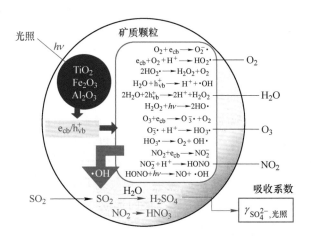

图 9-21 NO$_2$ 和 SO$_2$ 在矿质颗粒物表面的非均相反应机制示意图

BC 是 $PM_{2.5}$ 中数量较多、危害较大的污染物，在 $PM_{2.5}$ 中质量占比为 1% ~ 30%，是 $PM_{2.5}$ 的重要组成部分，BC 在城市灰霾产生过程中也充当着重要的角色，灰霾发生期间大气 $PM_{2.5}$ 浓度显著升高，往往伴随 BC 大量增加，BC 浓度常与灰霾强度呈正相关关系。在灰霾发生发展过程中，BC 表面的芳香烃基团能够快速吸收空气中的 SO_2、NO_2 和水分，促进表面多相反应及有机物和二次离子的气粒转化，而 SO_2 等多相反应又使 BC 表面的吸湿性增强，加速 BC 间的聚集及对硝酸盐和其他污染物的吸附作用。BC 快速老化与二次气溶胶组分形成混合结构后，可成为雾滴的重要凝结核。吸湿性增强和雾滴的形成为 SO_2 和 NO_x 等气态污染物向颗粒转化提供了便利条件，可促进硫酸盐和硝酸盐的大量产生，可能引发细颗粒物出现爆发式增长。

灰霾期间，富铁颗粒溶解性增强，其界面反应机制总结如下：

(1) 质子促进溶解。颗粒物中的铁在 H^+ 作用下发生溶解，在实际大气中普遍存在。干旱或半干旱地区的沙尘颗粒物通常为中性或碱性，在传输过程中可能摄取 SO_2、NO_2 等酸性气体，使颗粒物液相 pH 值降低至 1~2。酸性溶液中颗粒物表面形成铁氧化物水合物，在质子攻击下 O—H 键和 Fe—O 键依次被破坏，使铁离子进入溶液。在自然界中，铁氧化物中的铁大多以正三价存在，在质子作用下溶解产物主要为 Fe(Ⅲ)。该机制主要受 pH 值和颗粒物表面羟基数量影响，pH 值越低、表面羟基越多，质子促进溶解能力越强。由于霾天气发生时，酸性气体增加，故而铁的溶解性增加。

(2) 配体促进溶解。配体促进溶解指颗粒物中的铁与有机或无机配体发生络合反应，一方面能够将晶格中不易溶的铁转化为更易溶的含铁络合物，另一方面配体与溶液中铁离子发生络合降低游离态铁浓度，从而促进固体中铁的溶出。在云滴、雨滴、海洋表界面和气溶胶液相中，有机酸普遍存在，在霾天气下，有机酸含量增加，能够进入含铁颗粒物内部或附着在其表面形成铁-有机配体的反应概率增加。对于非还原性配体促进溶解的过程，促进能力主要受形成络合物的稳定性控制，如形成双齿螯合物（如草酸）比弱配合（如硫酸）促进铁溶解能力更强；对于还原性配体促进溶解的过程，颗粒物表面形成的金属有机络合物上发生电子转移，Fe(Ⅲ) 被还原为更易溶的 Fe(Ⅱ) 进入溶液。由于络合物从颗粒物表面分离是限制溶解度的关键步骤，pH 值变化直接影响颗粒物表面吸附络合物的量，霾天气下颗粒物酸性增加，故而铁的溶解性增加。

B 含硫酸盐、硝酸盐、铵盐的水溶性无机组分

$PM_{2.5}$ 中的 SO_4^{2-} 主要通过 SO_2 在液态颗粒物中被 O_3、H_2O_2、NO_2、过渡金属离子等氧化生成；NO_3^- 主要通过 NO_x 在日间的气相氧化反应和夜间的非均相摄取反应生成；NH_3 与含硫、含氮的酸性物质发生中和反应生成 NH_4^+，二次有机物主要由挥发性有机物（VOCs）在大气中经复杂的多相化学反应生成。霾发生时，硝酸盐和有机化合物在 $PM_{2.5}$ 中占比上升。

京津冀及周边地区大气中 NH_3 浓度维持在较高水平，处于富氨状态，近年来随着 SO_2 浓度的不断降低，硝酸盐已超过硫酸盐成为京津冀大气 $PM_{2.5}$ 中最主要的二次无机组分。大气中硝酸铵不稳定，在适宜环境条件下可以逆向形成 NH_3 和气态硝酸，导致 NH_3 浓度上升，增加了大气反应过程中的复杂性。在重霾期间，硫酸铵、硝酸铵在 $PM_{2.5}$ 中所占的比重达到 70% 以上，虽然在高湿度条件下，SO_2 的液相氧化过程对于 SO_4^{2-} 的快速增长起了重要作用（SO_2 被溶解在水层中的 O_3、H_2O_2 和有机过氧化物等物质通过过渡金属离子催

化或非催化的液相氧化途径生成 SO_4^{2-}）（见图 9-22（a）），但最近的研究强调了 NO_2 在高氨、高湿条件下可直接氧化 SO_2 这条途径在霾污染期间的重要贡献。高浓度氨气存在下，可以通过促进 NO_2 与还原性气体 SO_2 发生氧化还原反应从而促进强氧化性物质亚硝酸气（HONO）的生成与累积，说明环境中还原性气体如氨气的大量存在会较大程度提升我国大气环境的氧化能力，从而进一步促进霾污染的发生。由于 NH_3、SO_2 和 NO_2 在我国京津冀及周边地区大气环境中大量共存，NH_3 对 HONO 形成的正向促进效应可进一步产生较高浓度的二次气溶胶，加重大气颗粒物污染（见图 9-22（b））。

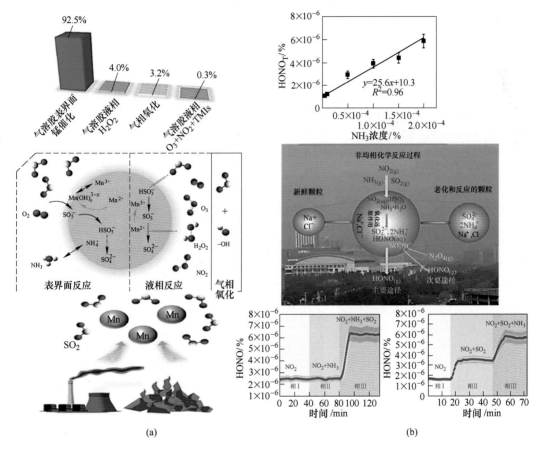

图 9-22　灰霾期间金属离子催化硫酸盐形成及含硫酸盐、硝酸盐、铵盐的气溶胶界面反应示意图
（a）气溶胶表界面锰催化主导灰霾期间硫酸盐的快速生成；
（b）灰霾期间 NO_2 在高氨、高湿条件下直接氧化 SO_2 快速生成硫酸盐的过程

　　实验证明，老化的二次无机气溶胶（SIA）上往往覆盖有有机物质（主要是 SOA），这些富含 CNOS 的颗粒常常表现出核-壳结构，这一结构是由 SOA 逐渐覆盖包裹 SIA 而形成（见图 9-23）[9]。由于 X 射线能谱仪无法测量 H 元素，因而无法判断这些富含 CNOS 的二次气溶胶中 S 元素是以硫酸氢铵（NH_4HSO_4）还是硫酸铵（$(NH_4)_2SO_4$）的状态存在，需要根据气溶胶酸碱性或周围大气中 NH_3 是否过量来分析，如果 NH_3 充足则以 $(NH_4)_2SO_4$ 为主，否则大部分为 NH_4HSO_4。我国京津冀及周边地区大气中 NH_3 的浓度显著高于美国等发达国家和地区，处于富氨状态，近年来区域内 SO_2 的浓度不断下降，因而

有利于（NH$_4$）$_2$SO$_4$ 的形成，同时，也利于硝酸盐的形成，硝酸盐已超过硫酸盐成为京津冀大气 PM$_{2.5}$ 中主要的二次无机组分。

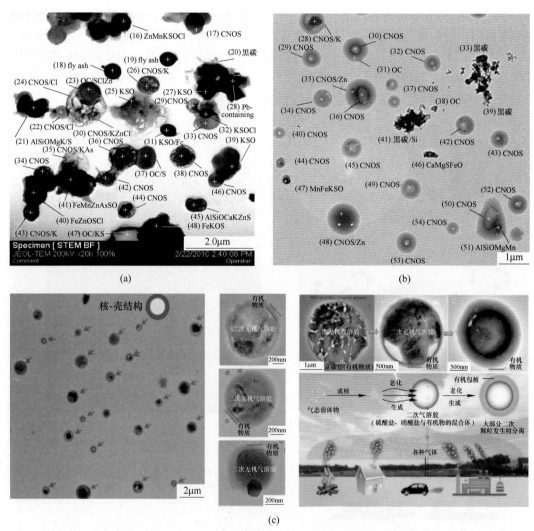

图 9-23　灰霾期间二次气溶胶（CNOS 颗粒）透射电子像及核-壳结构形成过程示意图

（a）太原市夏季灰霾天（2010 年 7 月 11 日）PM$_1$ 颗粒物样品；

（b）太原市冬季灰霾天（2010 年 1 月 9 日）PM$_1$ 颗粒物样品）；（c）济南市农村灰霾期间 PM$_1$ 中二次气溶胶

C　二次有机气溶胶（SOA）

SOA 在大气中的形成和转化机制较复杂，大体分为三类：（1）大气气态前体物发生氧化反应，通过气粒转化形成；（2）在湿度较大的条件下，污染物发生液相氧化形成；（3）在气溶胶界面上形成。多相化学过程包括气溶胶界面及气溶胶内部的非均相反应过程，云/雾滴及颗粒相中的多相化学过程是 SOA 形成的重要途径。

在霾演化过程中，SOA 的形成伴随光化学到液相化学的转变，光化学在霾污染早期占主导作用，而液相化学在霾污染严重期起主导作用。羰基化合物在液相中形成 SOA 的反应机制包括光氧化、水合、聚合、缩合或与胺/氨反应，其中水合、聚合及缩合反应均是在黑暗条件下形成；光照充足时，羰基化合物在氧化剂（如 OH 及 NO_3 自由基）作用下进行液相光氧化反应。灰霾期间，会有大量二次气溶胶吸附在已经存在的颗粒物表面，形成核-壳结构，具有核-壳结构的颗粒物相对数量百分比可达 20% 以上，而清洁天该类颗粒物一般小于 5%；同时，灰霾天颗粒物的粒径明显大于清洁天。大气 $PM_{2.5}$ 核-壳结构的形成往往是因为颗粒物的表面发生凝结和非均相化学反应，较小的核/壳比意味着颗粒物具有较多的包裹体，说明它们的老化程度更大。

D　海盐气溶胶

海盐气溶胶参与大气的物理化学进程，通过与大气污染物发生光化学反应来影响空气质量。它们易与气态污染物发生反应，生成硫酸盐与硝酸盐细粒子并放出氯气，加剧灰霾的发展。海盐气溶胶吸收酸性气体的微观机制总结如图 9-24 所示，与新鲜海盐相比，反应后海盐气溶胶的形貌与成分均发生了较大变化（见图 9-25），尤其在界面处。

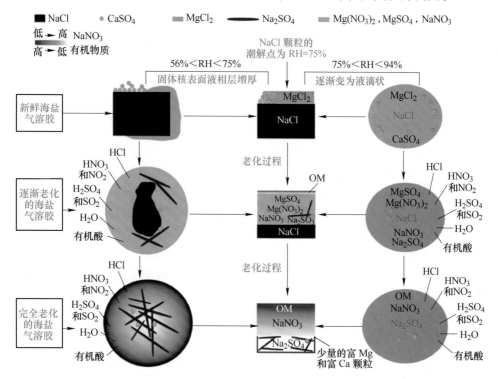

图 9-24　海盐气溶胶与酸性气体反应过程示意图

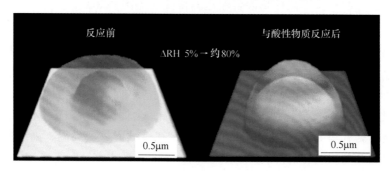

图 9-25　用原子力显微镜观察海盐气溶胶与酸性物质反应前后的形貌变化

9.2.5　我国大气污染防控成效与协同控制策略

9.2.5.1　大气 $PM_{2.5}$ 浓度变化趋势

近年来，随着我国大气污染治理力度加大，大气 $PM_{2.5}$ 浓度和超标天数下降明显。涵盖全国 337 个地级及以上城市的国家城市环境空气质量监测网的监测统计结果表明，2015—2019 年全国地级城市 $PM_{2.5}$ 重污染天数（$PM_{2.5}$ 日均值大于 $150\mu g/m^3$）呈显著下降趋势，由 2015 年的 3083 天下降至 2019 年的 1813 天，降幅达 41.2%，$PM_{2.5}$ 小时值超过 $300\mu g/m^3$ 的小时数较 2015 年减少 58.8%。2020 年 1—2 月，全国地级城市 $PM_{2.5}$ 重污染天数为历史同期最低，较 2015 年同期减少 39.2%，$PM_{2.5}$ 小时值超过 $300\mu g/m^3$ 的小时数较 2015 年减少 47.8%。可见，无论是 $PM_{2.5}$ 重污染天数还是 $PM_{2.5}$ 小时浓度超 $300\mu g/m^3$ 的小时数均在 2015—2020 年间有显著下降，全国地级城市重污染天气大幅减少。

9.2.5.2　大气污染新特点

"十三五"期间，我国细颗粒物污染治理取得巨大成效，同时，已经实现大气污染和经济发展"脱钩"。从 2013 年到 2020 年，汽车保有量增长 120%，国内生产总值增长 51%，粗钢产量和能源消费量分别增长 29% 和 17%。与此同时，生态环境持续向好，$PM_{2.5}$ 浓度下降约 50%，SO_2 浓度下降 76%，重污染天数下降 85%。但是，即使如此，$PM_{2.5}$ 污染问题仍然严峻，2020 年，全国仍有 37.1% 的城市 $PM_{2.5}$ 超标，24 个城市超标 50% 以上，约 77% 的重度及以上污染是由 $PM_{2.5}$ 引起。

值得注意的是，随着细颗粒物治理的不断突破，新的挑战也正逐步显现，目前臭氧污染正成为影响我国空气质量的又一大因素。2020 年，337 个城市臭氧最大 8h 浓度第 90 百分位数的平均值为 $138\mu g/m^3$，比 2015 年上升 12.6%。京津冀及周边地区、长三角、汾渭平原这三大重点区域，2020 年臭氧浓度较 2015 年分别上升了 24.5%、18% 和 32.1%。337 个城市中，臭氧浓度超标的城市数量从 2015 年的 19 个增加到了 2020 年的 56 个。在对流层中，O_3 是一种污染气体，同时也是重要的温室气体，特别是高浓度的近地面 O_3（地面至 2km 左右）将引发城市光化学烟雾，影响人类健康，对植被和农作物也会造成严重影响。从垂直方向上看，近地层 O_3 垂直交换具有普遍性，边界层垂直交换对地面 O_3 浓度贡献为 19%~47%。从水平方向上看，由于 O_3 在大气中的寿命（7~21 天）比 NO_x（约 1 天）和活性 VOCs（数小时）长很多，这就意味着 O_3 能够比它的前体物传输更长的距离。因此，大范围、跨区域（跨省）的 O_3 污染输送通常以 O_3 自身为主；短距离、相邻城市间的 O_3 污染输送呈现 O_3 及其前体物混合输送的特征（见图 9-26）。

9.2.5.3　大气 $PM_{2.5}$、O_3 和温室气体协同控制策略

臭氧是典型的二次污染物，同 $PM_{2.5}$ 中二次组分一样，都是一次污染物排放到大气环境后，经过复杂的化学物理过程转化而形成的，两者都拥有同一种重要的前体物——VOCs。从这个角度来看，$PM_{2.5}$ 和臭氧可以说同根同源。而从另一方面来看，生成臭氧和 $PM_{2.5}$ 的驱动力都来自大气氧化。大气氧化性的增强，会促进二次 $PM_{2.5}$ 生成，也会使臭氧浓度升高。夏季臭氧和 $PM_{2.5}$ 污染并非没有交集，在持续静稳、高温、高湿的不利气象条件下，也会出现 $PM_{2.5}$ 和臭氧双高的现象。

鉴于此，首先，大气 $PM_{2.5}$ 和 O_3 可以协同防控。$PM_{2.5}$ 和臭氧污染严重的区域基本重

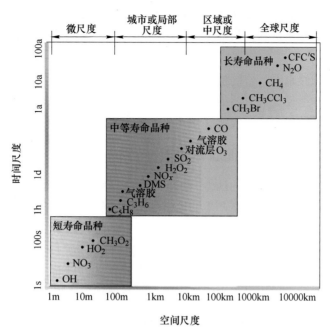

图 9-26 O₃ 及其关键前体物的寿命和传输距离示意图

合，可以实现空间协同。既然它们的前体物均包含氮氧化物和 VOCs，则可以做好控制措施的协同，增强氮氧化物和 VOCs 的减排与控制力度。外场观测、烟雾箱和模式模拟结果显示，大比例削减 NO_x 可实现 $PM_{2.5}$ 和 O_3 污染协同治理。其次，大气污染物与温室气体减排可以进行协同控制。在实现"碳达峰、碳中和"目标的大背景下，减少温室气体排放是首要任务，而人为 CO_2 的产生与大气污染物具有同源同根性，可以通过协同控制一起进行治理。

"十四五"时期，我国生态环境保护进入了减污降碳协同治理的新阶段。在碳达峰、碳中和工作整体布局下，统筹优化减污和降碳工作以实现协同增效，对进一步深化环境治理、助推高质量发展具有重要意义。大气 $PM_{2.5}$、O_3 和温室气体协同控制策略建议如下：

（1）深入推进产业结构调整，严格环境准入要求，持续推进产业集群综合治理，加快现有产能升级改造与布局调整，推进含 VOCs 原辅材料和产品的源头替代，推动绿色环保产业健康发展。

（2）深入推进能源结构优化，持续减污降碳，严格控制煤炭和石油消费量，推进燃煤锅炉和小热电关停整合，加快工业窑炉燃料清洁替代，持续推进北方地区清洁取暖。

（3）优化交通结构。大宗货物中长途运输推广铁路、水路或管道方式，中短途运输优先采用新能源车辆，加快国六车辆替代高排放的老旧车，对城市货物运输则主要采用新能源轻型物流车。同时，大力推广新能源车船，积极推动车船升级优化。

（4）强化 VOCs 和氮氧化物减排。通过产业结构、能源结构、交通运输结构调整等综合措施，强化源头控制，大力推进低 VOCs 含量产品源头替代，推进产业、产品升级提升；通过提升工艺、精细化管理，加强污染物排放控制。

（5）推进治理体系和能力现代化，突出精准治污、科学治污、依法治污，完善法律法规标准体系和大气环境监测监控网络，强化目标任务监督考核，深化大气污染区域联防联控机制和重污染天气应对机制，加强排放清单动态管理，提升执法监管能力，强化科技基础支撑。

从必要性和可行性来看，协同推进减污降碳势在必行，这是打赢污染防治攻坚战、实现碳中和目标的根本途径。大气污染物与温室气体的高度同源性使得减污降碳的可行性和可操作性都非常强，基于合理手段能够在不久的将来实现这一目标。

9.3　颗粒物污染控制中的界面胶体化学

大气颗粒物既包括非燃烧源的沙尘、建筑扬尘、道路扬尘、机动车、农田土壤、各类生产企业废物排放等，也包括燃烧产生的黑碳、棕碳、粉煤灰、含重金属颗粒等，它们在自然力或机械力作用下，逸散到环境空气中造成严重的大气污染，损害当地或所经地区的大气环境质量，尤其空气动力学直径小于 $2.5\mu m$ 的细颗粒物（$PM_{2.5}$）。做好颗粒物污染控制对于改善环境空气质量、保护人体健康具有重要意义。目前，颗粒物的控制手段主要分为使用或燃烧前控制、使用过程中或燃烧中控制及使用后或燃烧后的末端治理。使用或燃烧前控制主要是做好颗粒物的固定、优选、遮盖，包括浮选、控制粒度、选用合适的抑尘物质；使用过程中或燃烧中控制包括液体喷淋、优化燃烧条件、炉内喷添加剂、声波或超声团聚、混煤燃烧及煤与生物质、污泥混烧等；使用后或燃烧后的末端治理主要指采用静电除尘器、布袋除尘器及湿式洗涤器等除尘设备脱除烟气中的颗粒物，针对细微颗粒使用电袋耦合技术、团聚技术及水汽相变脱除技术等。无论何种控制方法，均与颗粒物粒径、比表面积及颗粒物表面性质密切相关，在控制过程中往往还涉及界面胶体化学[10]。

9.3.1　扬尘颗粒物污染控制技术

9.3.1.1　抑尘剂的分类

早在 20 世纪 60 年代时，国外就有一些煤矿开始通过使用表面活性剂的方法来对煤尘进行防治，自此以后化学抑尘技术开始不断发展。化学抑尘措施主要针对悬浮在空气中细小的疏水性煤尘，从而降低呼吸性煤尘给人类带来的伤害，其主要组分也逐渐从最初的碱金属盐和卤盐向目前的高倍吸水树脂、表面活性剂和生物质材料等过渡，目前高倍吸水树脂、表面活性剂和生物质材料在抑尘剂产品领域中的应用越来越广泛。

抑尘剂按照不同的抑尘机理分为四大类：润湿型、黏结型、凝聚型和复合型。除此之外，由于各行业对抑尘剂的要求不断增加，推动着抑尘剂快速发展，逐渐演变出许多新型抑尘剂，如特殊功能型、高分子型及环境友好型抑尘剂。

A　润湿型抑尘剂

润湿型抑尘剂是以吸湿性化学物质为主要原料、表面活性剂为辅料制成的混合剂，其中表面活性剂可以降低溶液的表面张力，起到润湿、渗透、乳化、发泡等作用，达到抑尘的功能，多以表面活性剂的优选和复配为主。在不影响产品性能的前提下，通过原料的改变，可有效降低表面活性剂的制备成本，如通过提取造纸废料中的木质素并对其进行磺化和改性处理，制备出阴离子表面活性剂木质素磺酸钠，再利用接枝共聚技术将十二烷基苯磺酸钠作为支链接到木质素磺酸钠上，可制备出具有润湿煤尘能力的润湿型抑尘剂。

B　黏结型抑尘剂

黏结型抑尘剂是通过覆盖、黏结、硅化、聚合等作用来抑制扬尘的，按照不同的配方可分为油类有机抑尘剂和盐类无机抑尘剂。油类有机抑尘剂是对原油、沥青、树脂等原料进行乳化得到乳状液，乳状液再通过物理和化学吸附与扬尘颗粒黏结，从而达到抑尘的目的。而盐类无机抑尘剂是以黏土、卤化物、粉煤灰等为原料，喷洒后可在物料表面形成具有一定强度的固化层，防止颗粒物分散，达到抑尘目的。由于盐类无机抑尘剂形成的固化层可抵御一定外力，因此该类抑尘剂适合在物料运输和堆放过程中使用，也可用于防止尾矿库对周围环境产生污染。相比润湿型抑尘剂，黏结型抑尘剂的有效抑尘期会更长，同时也存在一定缺点：黏结型有机抑尘剂渗透能力较差，需添加一定助剂来提高其产品性能；黏结型无机抑尘剂的乳化性较差，无法自然降解，存在二次污染的问题。

C　凝聚型抑尘剂

凝聚型抑尘剂是通过凝并作用使小颗粒凝聚成大颗粒，形成快速沉降，从而达到抑尘的目的。吸湿剂是凝聚型抑尘剂的主要成分，它可以使粉尘颗粒保持一定含水量，不易形成扬尘。凝聚型抑尘剂分高吸水树脂抑尘剂和吸湿性无机盐抑尘剂两种类型。淀粉作为一种丰富易得的天然可再生资源，不仅价格低廉，还具有极好的生物降解性，以淀粉作为基体来制备高吸水树脂，很好地契合了当今的环保理念。另外，当高吸水树脂用于抑制煤尘时，还具有协同燃烧作用。而吸湿性无机盐的吸湿保水性能突出，但其水溶液具有一定腐蚀性，不仅会加大配套设备的损耗，还会对路面有一定损害。

D　复合型抑尘剂

复合型抑尘剂是在一定的物理或化学条件下，将两种或两种以上的抑尘剂复配，形成具有一定润湿、黏结、凝并、吸湿保水等功能的新产品。与前三种抑尘剂相比，复合型抑尘剂的产品性能更加突出，无论是吸湿保水性，还是黏结和抗风蚀性都有所提升。如以工业级高分子黏结成膜剂、吸湿剂和润湿剂为原料，制备出一种应用在煤炭运输中的复合型抑尘剂。该抑尘剂具有润湿黏结和凝聚功能，喷洒在煤层表面可以形成具有一定抗压强度的固化层。固化层厚度可达 11.2mm，相比黏结型抑尘剂，该抑尘剂的抑尘效果明显提升。另外，复合型抑尘剂的环境适应性强，在不同的应用领域中抑尘效率稳定。但复合型抑尘剂的原料组成较多，各影响因子相互制约，需要大量试验选择出合适的原料和配比，还要考虑应用领域环境对配方的影响，加大了该抑尘剂制备难度。

E　新型抑尘剂

新型抑尘剂在制备原料和产品功能上都有所提升。特殊功能型抑尘剂在拥有抑尘效果的同时还会附加防冻、防自燃和防腐效果，拥有良好的适应性，可根据气候差异灵活调整原料配方比例。基于环氧-丙烯酸酯核壳乳液，通过添加多聚磷酸铵和腐植酸增强阻化性能，制备出一种特殊功能型煤炭阻燃抑尘剂，可有效抑制煤尘的同时还可以降低煤自燃的风险。高分子型抑尘剂是通过高分子材料制成的一种新型抑尘剂，通过捕捉、吸附、团聚粉尘，相互渗透形成黏结层减少物料消耗，起到抑尘的效果。高分子型抑尘剂的黏结性和渗透性都有所提升。与传统的黏结型抑尘剂相比，结壳强度更加突出。例如，有研究者将秸秆、淀粉和碱以 10：9：0.6 的质量比制备出一种环境友好型抑尘剂，该抑尘剂制备成本和工艺较简单，并且无毒无害，对煤尘抑制效果稳定。

9.3.1.2 抑尘剂的配方成分

表面活性剂因其有良好的润湿、渗透、分散和聚集等功能被广泛用作抑尘剂的主要组分。目前化学抑尘剂以有机高分子聚合物、表面活性剂（起功能调节作用）为主要组分。表面活性剂的主要作用是乳化、润湿、增溶和保水作用，按表面活性剂的类型分为不同配方型抑尘剂。

A 阴离子型表面活性剂参与的配方

阴离子型表面活性剂参与的抑尘剂有以水玻璃、增塑剂、阴离子表面活性剂、甲基苯乙烯乳液等为主要组分的抑尘剂；以碱金属盐类、阴离子表面活性剂和改性剂等为原料制备的煤尘抑制剂；以渣油、水、十二烷基硫酸钠、十二醇为主要原料用来黏结粉尘的渣油/水乳状液型抑尘剂；以渗透剂 JFC、腐殖酸钠、十二烷基苯磺酸钠、金属洗涤剂、六偏磷酸钠为主要原料的高效水泥降尘剂等。

B 阳离子型表面活性剂参与的配方

阳离子型表面活性剂的亲水离子中大多含氮原子，也有含磷、硫原子的。如以季铵盐阳离子表面活性剂、絮凝剂（聚氮丙啶，聚 2-羟丙酯-1-N-甲基氯铵）、环氧乙烷、水为主要组分的煤尘抑制剂。实际应用的阳离子表面活性剂多为含氮原子的，如铵盐和季铵盐，在化学抑尘剂中应用阳离子型表面活性剂的较少，这是因为多数矿物或植物类物质粉尘在水中多带负电荷，阳离子表面活性剂吸附后表面疏水化，并且铵盐型表面活性剂水溶性较差，在中性、碱性介质中发生水解析出胺；而季铵盐阳离子表面活性剂润湿能力差，成本高，毒性较大。

C 两性表面活性剂参与的配方

两性表面活性剂毒性小、耐硬水性好，与其他类型表面活性剂相容性好，但价格昂贵，有以酰基甜菜碱、三乙醇胺烷基硫酸盐为主要组分的粉尘抑制剂。

D 非离子型表面活性剂参与的配方

非离子型表面活性剂有良好的分散、乳化、润湿、分散等性能。在以改善润湿性能为主的抑尘剂中，一半多的表面活性剂为非离子型的，如以多种非离子型表面活性剂（Surfynol 440、Macol 30、Plurafac RA 43、Mindust 293、Neodol 92）或阴离子表面活性剂（聚氧乙烯月桂酸酰醚和 1,2-二丁酯萘-6-硫酸钠等）为主要成分制成润湿煤尘的抑尘剂。以黏性为主的抑尘剂中也广泛应用非离子型表面活性剂，如聚醚改性硅酮油、聚氧乙烯壬基酚醚和聚氧乙烯烷基醚等，以无机黏结剂、丙烯酸钠聚合物、聚乙二醇非离子型表面活性剂或硫酸酯为主要组分的粉尘黏结剂等。

E 高分子表面活性剂参与的配方

在抑尘剂中应用的高分子表面活性剂有聚乙烯醇、部分水解的聚丙烯酰胺及聚丙烯酸盐等。一般多用作乳化剂和分散剂。如以水溶性阴离子丙烯酸聚合物、丙烯酰胺、丙烯腈、丙烯酸或甲基丙烯酸醚、水溶性非离子亚烃基醇共聚物、水溶性非离子聚烷氧基醇表面活性剂及其他高分子物质等制成抑尘剂，以多糖类水溶性聚合物（如瓜尔豆胶）及其衍生物、多元醇、聚丙烯酸及其衍生物等为原料制成煤尘抑制剂，以 PVA、丙烯酸酯、聚乙烯酰胺树脂、乳化剂（OP)(烷基苯酚与环氧乙烷的缩合物）、山梨醇脂肪酸酯（Span）、吐温（Tween）、过硫酸钠等为原料制成树脂型抑尘剂，以淀粉接枝聚丙烯酸钠为原料制备的用于路面抑尘的树脂型抑尘剂，以可溶性淀粉、硅酸钠、丙三醇等为原料的生态型抑尘剂等。总的来说，化学抑尘剂的研究中以阴离子型、非离子型和高分子表面活性剂应用较多、效果显著。

9.3.1.3 抑尘剂的应用领域

目前，抑尘剂主要应用于以下领域。

A 在建筑施工中的应用

建筑施工过程中的旧建拆除、基础开挖、土方工程、建筑材料加工、人员和车辆活动等大规模作业容易使工地周围环境产生扬尘。由于混凝土尘的润湿性不如土壤尘，粒径越小越不容易被润湿，因而主要治理手段是设置挡风墙和防尘网，定时洒水和喷洒抑尘剂处理。以保水剂、凝并剂和表面活性剂为原料的具有良好凝并和抗蒸发性能的复合型抑尘剂在建筑施工过程中使用较多，其原料中的润湿剂和黏结剂可有效提升抑尘剂在建筑施工扬尘上的渗透性和保水性。另外，带有成膜属性的抑尘剂适合在物料堆放过程中使用，因其能在物料表面形成一定强度的固结层，具有一定抗风蚀能力。以植物提取物海藻酸钠和无水氯化钙为原料，可制备出一种用于建筑施工的抑尘剂，具有快速成膜效果，可有效固结物料表面细颗粒物，提高表面强度，抑尘率在99%以上。然而，带有成膜属性的抑尘剂不适合应用在人员和车辆流动路线上，人为外界因素容易破坏表面固结层，制造出新的裸露面，这种情况下应使用具有保水和凝并作用的抑尘剂。

B 在道路与运输中的应用

抑尘剂在道路和运输中的应用主要体现在城市道路、矿山道路、物料的铁路运输上。我国北方地区秋冬时节空气干燥、气温较低，路面洒水易结冰，容易造成交通事故，需要用到防冻抑尘剂。以氯化钙溶液、去离子水、聚丙烯酸钠、AEO-9、甘油、甲酸钾、十二烷基硫酸钠为主要原料可以配制出特殊功能型的防冻抑尘剂，通过调节浓度来满足不同的地区和用户，如东北地区需要60%以上的抑尘剂浓度，而中西部地区20%以上的浓度即可满足防冻要求。

物料的汽车运输主要是配备防尘网来抑尘，运输路程较短，若使用抑尘剂会增加成本，不具备经济性。而物料的铁路运输路程较长，喷洒抑尘剂可以减少物料运输过程中的消耗，降低其产生扬尘的概率，相比汽车运输，铁路运输设置抑尘剂的喷洒设施更方便，因而铁路运输上使用抑尘剂比较广泛。以羧甲基纤维素钠、十二烷基磺酸钠、聚丙烯酸钠和无水硫酸钠为原料制备出的用于煤炭运输的高分子型抑尘剂可形成具有一定强度的固化保护层，可避免运输过程中外界因素造成的煤炭损失和扬尘污染，可根据运输时间来调节抑尘剂浓度。硬壳型抑尘剂虽然具备一定抗冲击性和抗雨水冲蚀性能，但运输过程中难免会有车辆震动，容易使硬壳破裂造成部分区域抑尘失效，所以应加强对壳体可塑性的提升。凹凸棒土是一种天然纳米镁铝硅酸盐黏土矿物，具有良好的可塑性和黏结性，以凹凸棒土、丙烯酸丁酯和苯乙烯为原料，通过半连续种子乳液聚合法制备出的一种软膜复合型抑尘剂可在煤层形成一定强度和韧性的固结层，且具有较好的抗风蚀性、抗震荡性和保水性，可应对于多种气候条件，适合煤炭运输过程中使用。

C　在煤尘抑制中的应用

煤炭开采和储运过程中会产生大量的煤尘，煤尘悬浮在空气中并具有疏水性，井下煤尘若治理不当极易导致自燃爆炸，严重威胁井下工人的生命和健康。复合型抑尘剂因其具有良好的润湿性和黏结性，可有效降低矿井空气中的煤尘浓度，最重要的是对井下设备和工作人员不会造成危害。

除了井下抑尘之外，抑尘剂在煤炭的储存过程中同样发挥着重要作用，目前煤化工企业、发电厂、洗煤厂及港口等都配有露天煤炭堆场，煤粉在堆放期间很容易在风力作用下形成扬尘向四周扩散。煤炭堆放和建筑施工地物料堆放类似，在此过程中使用带有成膜属性的抑尘剂较多，附有煤炭阻燃效果的特殊功能型抑尘剂也受欢迎。以海藻酸钠、胶原蛋白、丙烯酰胺、过硫酸钾及 N-N 亚甲基双丙烯酰胺为原料制备出的抑尘剂可与煤粉形成固化层，抑制煤尘扩散，并且润湿速度较快，可应用于煤炭堆放。

9.3.1.4　抑尘剂的表面作用理论

抑尘剂的作用过程可概括为以下三步：（1）润湿，指用抑尘剂溶液代替颗粒物表面上的空气，减小固/液-气界面接触角 θ（固-液界面水平线与气-液界面切线之间通过液体内部的夹角），使煤炭、矿粉、碴土等细小颗粒表面长时间保持湿润状态，从而起到抑尘作用。（2）固结，指抑尘剂溶液使细小颗粒有效固化黏结成固化层或结膜，不被风力吹起，从而起到抑尘作用。（3）凝并，指大气颗粒物通过物理、化学作用由小颗粒结合成大颗粒，加速其沉降。凝并分为热凝并（由布朗运动造成的颗粒碰撞）和动力学凝并（由外力引起的颗粒间的碰撞）。引起颗粒物凝并的因素包括重力、静电力、布朗运动、紊流、光泳等，其中布朗运动和静电力是主要因素。下面以煤矿抑尘剂为例阐述抑尘剂的表面作用理论。

A　煤尘润湿理论

喷雾除尘是井下粉尘治理的主要措施，主要是通过高压喷嘴喷洒水雾，使空气中的煤尘湿润并沉降，从而降低粉尘浓度。因此，煤尘润湿性是影响降尘效果的重要因素之一。从宏观上看，润湿可以看作是液体将其他液体从固体表面替换的一种过程，从微观上看，液体在固体表面展开后，将原来的固体表面的分子替换掉。润湿现象分为沾湿、浸湿和铺展三种类型（见图 9-27）。

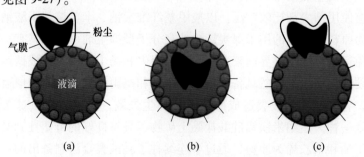

图 9-27　液滴润湿煤尘过程示意图
（a）沾湿；（b）浸湿；（c）铺展

a 沾湿

液体与固体接触，原来的气-固界面被液-固界面取代，这一过程称为沾湿，如图 9-27（a）所示。此过程的自由能 ΔG 表达式如下：

$$W_a = -\Delta G = \gamma_{sg} + \gamma_{lg} - \gamma_{sl} \tag{9-10}$$

式中，W_a 为向外做的功，即黏附功；ΔG 为系统自由能；γ_{sg}、γ_{lg}、γ_{sl} 为固-气之间、液-气之间和固-液之间的体积自由能。

W_a 越大，固-液接触面结合越牢固，体系越稳定。

b 浸湿

将某一固体浸入液体中，固体表面的气体被液体置换，形成了新的固-液界面，如图 9-27（b）所示，此过程中的自由能变化表达式如下：

$$W_i = -\Delta G = \gamma_{sg} - \gamma_{sl} \tag{9-11}$$

式中，W_i 为浸湿功，浸湿发生的条件为：恒温恒压下，$W_i \geq 0$。

c 铺展

铺展是指将液体滴在固体表面时，液体在固体表面铺展开来，如图 9-27（c）所示。这一过程不仅让固-液界面取代了固-气界面，而且还形成了新的液-气界面。此过程中自由能变化表达式为：

$$S = -\Delta G = \gamma_{sg} - \gamma_{sl} - \gamma_{lg} \tag{9-12}$$

式中，S 为铺展系数，当 $S \geq 0$ 时铺展现象才能发生。

增加煤尘润湿性的有效方法是提高 γ_{sg}，同时减小 γ_{sl} 和 γ_{lg}，从而使 $S \geq 0$，但提高 γ_{sg} 的难度较大，而改变 γ_{sl} 和 γ_{lg} 较为容易，因此最简便的方法是在液体中添加润湿剂，其作用机理是使 γ_{sl} 和 γ_{lg} 下降。

将化学抑尘剂加入水中，可以提高水溶液对煤尘的润湿性，如图 9-28 所示。

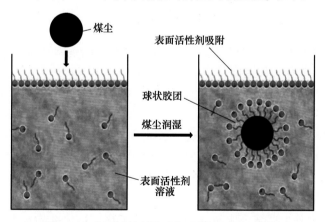

图 9-28　表面活性剂溶液润湿煤尘过程示意图

B 水雾除尘理论

水雾除尘是综合利用捕尘技术与凝并机理的过程。由于水雾与煤尘粒径都很小，捕集与凝并作用都不能将并合物质从气体中分离，因此，要高效净化含尘气体，除了捕尘技术之外，还应当加强凝并与沉降分离措施。复合抑尘水雾主要包括水雾捕尘沉降阶段和尘雾沉降后阶段（见图 9-29）。

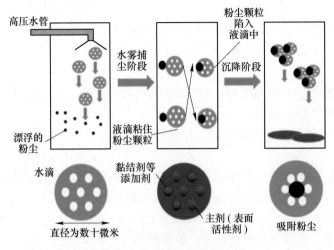

图 9-29   水雾除尘过程示意图

a   水雾捕尘沉降阶段

水雾捕尘沉降阶段可划分为尘雾直接接触、尘雾相互耦合、尘雾有机结合等过程。粉尘、水雾颗粒在空气中发生碰撞、冲击，但因尘雾理化特性、运动参数的差异，可能出现浸湿包裹、黏附或弹开等现象。在潮湿条件下，使粉尘颗粒维持一定的含水率，具有抑制粉尘飞扬的效果。粉尘颗粒沉降的数学表达式为

$$V = \frac{2r^2\rho_{粒}(\rho_{粒} - \rho_{流})\dfrac{1 + \dfrac{3\mu}{\theta_r}}{1 + \dfrac{4\mu}{\theta_r} + 6\left(\dfrac{\mu}{\theta_r}\right)^2}}{g} \tag{9-13}$$

式中，V 为颗粒沉降速度；r 为颗粒粒径；$\rho_{粒}$ 为颗粒密度；$\rho_{流}$ 为气流密度；μ 为运动黏度；θ_r 为外摩擦系数；g 为重力加速度。

水雾捕捉空气中粉尘，凝聚成团后发生沉降，从而使空气中粉尘浓度降低。

b   尘雾沉降后阶段

当尘雾的组合体沉降至地面后，为避免二次扬尘，宜考虑延长尘雾有机组合体保水时间、增强与地面的黏结力度等。抑尘剂的吸湿作用机理为：尘雾组合体部分水分挥发后，因过饱和而析出的抑尘剂产生了微孔隙，水蒸气扩散进入其中，由于毛细凝聚作用而液化，最终实现抑尘剂的吸湿功能。

另外，还可从改善尘雾结合体黏结性能方面来考虑，抑尘剂渗入尘堆或沉降进入接触面孔隙，可以提高抑尘剂与粉尘、接触面间的黏结效果，从而达到抑制二次扬尘的目的。

根据上述两种基础理论。在水溶液中能够产生正吸附的溶质可以使水的表面张力降低，而产生负吸附的溶质则会使水的表面张力提高。由于煤尘表面含有大量的脂肪烃和芳香烃等非极性的疏水基团，当煤尘与水分子碰撞、接触时，两者之间的物理性质差异较大（因为水与煤尘之间的表面张力较大），因而导致煤尘难以被润湿。根据这些特点，向水中添加使水的表面张力显著降低的表面活性剂，如十二烷基硫酸钠、十二烷基二甲基溴

化铵等可以显著提高对煤尘的吸附效率。

9.3.2 燃煤细颗粒物污染控制技术

9.3.2.1 煤炭燃烧过程中细颗粒物的产生机理

煤的高温燃烧过程不仅产生一次颗粒物，而且排放二次颗粒物的前驱体如 SO_x、NO_x、VOCs、重金属蒸气等。煤燃烧过程中，非主量元素会转化为各种形态，并最终形成具有双峰尺寸分布的飞灰；其中，较大颗粒通常是由焦炭燃烧中各种碎裂过程直接产生；而细颗粒主要通过气化-凝结机理形成（见图9-30）。在燃烧过程中，煤中部分非主量元素会从焦炭颗粒内气化，气化的元素在炉膛内发生一系列化学动力学过程，形态也随之发生变化。随着温度降低，一部分气相组分发生均相成核；另一部分凝结到周围已存在的颗粒或者锅炉墙面上；颗粒之间的碰撞引起凝聚，生长成更大的颗粒。炉内的运行工况如燃烧温度、燃烧气氛和对流受热面等都会影响非主量元素的化学反应及飞灰颗粒的产生，而产生的细颗粒会形成积灰和结渣的初始层，加速积灰和结渣的形成，一部分细颗粒物弥散进入大气中，造成大气污染。

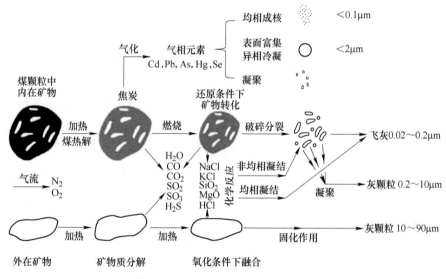

图 9-30　煤炭燃烧过程中细和超细颗粒物的产生与转化过程示意图

燃烧形成的颗粒物是多形态的，它不是一种特定的化学实体，而是由不同大小、不同成分及不同特性的颗粒组成的混合物。其中有些颗粒是液体状的，有些是固体状的，还有些是液体包裹固体内核形成的颗粒。其中，最小的颗粒是由气相向固相转变时产生的，形成核态，或称纳米颗粒，核态通过凝并和表面增大而形成积聚态。较大一些的颗粒物是由燃料中固相或液相残留下的无机物产生，被称作残渣 PM。这部分排放物取决于燃料的组成、燃烧条件和所采用的污染净化设备等。在实际燃煤锅炉中，影响成核的主要原因是烟气温度的降低，增大温度的冷却速率可以促进均相成核，增加小核的生成。当存在高浓度的粒子，而且气体饱和度低的时候，气相痕量元素便在原有的粒子上发生冷凝，并不生成新核。冷凝不会影响气溶胶的数目，但由于原有的颗粒会长大，质量也会增加。在凝聚发生时，因为痕量元素的凝聚相具有相当低的挥发性，所以颗粒表面的元素蒸气的浓度可以忽略。如果生成的颗粒发生碰撞和凝聚的现象，将会导致粒子总数减少，粒子平均尺寸增大。小于 $1\mu m$ 的粒子，由于布朗运动而引起颗粒间碰撞凝聚。假定全部粒子都是球形，当两个粒子碰撞时，它们会凝聚在一起，形成第三个粒子，体积等于原来两个粒子体积的总和。如果粒子尺寸比气体平均自由程大得多，则碰撞过程是受扩散制约的。成核作用、冷凝作用和凝聚作用是燃烧过程中亚微米颗粒形成和演化的主要作用机理。在煤燃烧的复杂环境下，这三种机理几乎能够同时发生作用，共同促使颗粒物的形成和长大[11]。

9.3.2.2 燃烧源细颗粒物的常用控制技术

A 燃煤除尘技术

除尘技术的应用是目前减少颗粒物排放的重要措施，在大型燃煤设施上加装除尘系统是最为有效和现实的措施。燃煤除尘可分为重力沉降技术、惯性分离技术、过滤分离技术、静电除尘技术、电袋复合技术等，通过外力使颗粒获得与气流方向不同的速度分量，从而将其与气流分离。主要的常规颗粒排放控制装置（PECD）包括旋风除尘器、湿式除尘器、静电除尘器（ESP）和袋式除尘器等（见表 9-6）。随着除尘技术的进步，来自电力和工业的 $PM_{2.5}$ 排放还会继续减少。

旋风除尘器是利用旋转气流产生的离心力使尘粒从气流中分离的装置，适用于非黏性及非纤维性粉尘的去除，大多用来去除 $5\mu m$ 以上的粒子，对细小尘粒（$<5\mu m$），尤其是 $PM_{2.5}$ 的去除效率较低。

湿式除尘器是使含尘气体与水密切接触，利用水滴和颗粒的惯性碰撞或者利用水和粉尘的充分混合作用捕集颗粒或使颗粒留于固定容器内达到水和粉尘分离效果的装置。同时，也能脱除部分气态污染物。它具有结构简单、占地面积小、操作及维修方便和净化效率高等优点，但存在设备和管道腐蚀及污水和污泥的处理等问题，处理微细颗粒时能耗增大。

电除尘器是利用电晕放电，使气体中的尘粒带电，再通过静电作用使带电尘粒沉积在集尘电极上，将尘粒从含尘气体中分离的一种除尘设备。静电除尘器是目前我国燃煤电厂主要的除尘设备。一般来说，粒径大于 $1\mu m$ 和小于 $0.1\mu m$ 的颗粒均可通过静电除尘器有效去除，而对粒径为 $0.1\sim1\mu m$ 的中等大小的颗粒较难控制。

袋式除尘器是利用由过滤介质制成袋状或筒状过滤元件来捕集含尘气体中粉尘的除尘设备，当含尘气体穿过滤料孔隙时粉尘被拦截下来，沉积在滤袋上的粉尘通过机械振动，从滤料表面脱落，捕获率可达 99.7%。滤袋使用时，被筛滤拦截的尘粒在网孔之间产生搭桥现象并在滤袋表面形成粉尘层，除尘效率提高，但阻力也相应增大。

目前许多传统除尘方式对细颗粒排放的控制效果并不明显，国内外正在试验和研制许多新型的细颗粒物排放控制技术，包括：

（1）增湿再飞散控制技术。是通过在颗粒表面增湿促进颗粒物团聚从而达到控制细小颗粒物排放的方法。其中，风速、灰尘表面含水量、加水的频率、表面水的蒸发率等对细颗粒再飞散均有影响。湿式纳米级涡流除尘技术利用多级除尘装置组合提高了对超细颗粒物的脱除效率。

表 9-6　各除尘技术特点及应用领域

分类	机械除尘			湿式除尘			静电除尘		过滤除尘		
类型	重力沉降	惯性除尘	旋风除尘	喷雾除尘	水膜除尘	文丘里除尘	干式静电除尘	湿式静电除尘	袋式除尘	电袋复合除尘	高温过滤除尘
捕集机制	重力	惯性力	离心力	惯性碰撞、凝聚等拦截机制			库仑力	库仑力、液滴扬集等	惯性碰撞、扩散拦截等	荷电和过滤拦截结合	惯性碰撞、扩散等拦截机制
捕集粒径/μm	≥50	≥20	≥5	≥5	≥1	≥0.01	≥0.01	≥0.01	≥0.01	≥0.01	≥0.01
气体流速/m·s⁻¹	1.5~2	15~20	20~30	1~2	10~20	60~90	0.8~1.5	2.5~4	过滤速度：0.6~1.2m/min	过滤速度：0.8~1.5m/min	过滤速度：≤0.8m/min
除尘效率/%	40~60	50~70	70~92	75~95	85~98	90~98	99~99.9	70~85	99~99.95	99~99.98	85~99.95
本体阻力/Pa	50~130	300~800	500~2000	250~500	500~2000	3000~10000	100~200	125~500	800~1500	600~1200	1000~5000
主要特点	结构简单、阻力小、除尘效率低		结构简单、除尘效率高	阻力小、对大颗粒除尘效率较高、耗水量大		阻力较高、除尘效率高	除尘效率高、设备阻力小、处理烟气量大		除尘设备高、对细颗粒物的脱除效率较高	对细微颗粒物的脱除效率较高、设备阻力高	除尘效率高、设备阻力高、对细颗粒物的脱除效率高
应用领域	广泛应用于小型工业锅炉及部分钢铁企业，多作为多级除尘的预除尘			适用于高温、易燃、易爆有害气体场所，如冶金、化工等行业烟气净化			广泛应用于电力、钢铁、水泥、冶金等多个行业		广泛应用于电力、冶金、水泥、陶瓷等多个行业		

（2）新型电除尘器。新型电除尘器不仅可以控制颗粒物的排放，而且可以脱除烟气中的汞，是一种颗粒物和汞协同控制的新技术，它可以促进亚微米颗粒发生团聚，对于亚微米颗粒的脱除效率可以达到85%~97%。

（3）等离子体技术。利用低温等离子体产生多种分子激发态，细和超细颗粒物在等离子体中荷电，极大地提高了除尘效率。

（4）新型复合除尘器。采用电除尘器与布袋除尘器相结合，可有效控制细颗粒的排放。

（5）团聚预处理。主要通过在传统除尘器前设置预处理方法使亚微米颗粒团聚成较大粒径后加以清除。

B　燃煤细颗粒物的荷电及凝并过程

静电除尘器中颗粒荷电基本原理如下：向放电极施加高强度电压，使放电极尖端场强足够高从而产生电晕放电，此电离区域内气体分子被电离并释放出大量自由电子，而在距电离区较远的区域，电子与气体分子碰撞并附着在气体分子上形成离子，这些离子是静电除尘器中的主要空间电荷，也是使颗粒荷电的主要粒子。

颗粒凝并技术是通过促进烟气中颗粒黏附、减少颗粒数量、增加颗粒平均粒径的方法，从而提高除尘器中颗粒的脱除效率，对于颗粒荷电量和驱进速度较低的细颗粒脱除增效很有意义。在颗粒运动和碰撞过程中，黏附力的作用会使颗粒在碰撞的过程中相互吸引并发生凝并。颗粒间的黏附力包括范德华力、库仑力和液桥力（液体层的表面张力），对于细颗粒物，颗粒之间的黏附力明显大于颗粒重力，对颗粒在流场中的运动有着与斯托克斯阻力同样级别的影响。

C　燃煤细颗粒物的团聚技术

对于尾部烟气净化技术，可从两方面入手解决细颗粒物的污染问题。一方面，升级除尘设备，提高设备对细颗粒物的捕集效率；另一方面，利用外场的作用使细颗粒发生团聚，使之长大，即对颗粒物进行预处理，使之形成粒径较大的颗粒，达到易去除的目的。

分散的细颗粒通过物理或化学作用相互结合成较大颗粒的过程称为团聚，团聚技术主要包括电团聚、声团聚、热团聚、湍流团聚、磁团聚和化学团聚等。

a　电团聚

电团聚通过增加颗粒的荷电能力，促进细颗粒以电泳方式到达飞灰颗粒表面的数量，从而增加颗粒间的团聚效应，包括异极性荷电粉尘的库仑团聚、异极性荷电粉尘在恒电场中的团聚、同极性荷电粉尘在交变电场中的团聚、异极性荷电粉尘在交变电场中的团聚等四个方面，异极性荷电粉尘在交变电场中的团聚作用远大于同极性荷电粉尘在交变电场中的团聚。在弱带电情况下，团聚受带电粒子的影响很小；而对于强带电偶极气溶胶，由两粒子间的静电引力造成的团聚大为加强。在非对称偶极细颗粒的电团聚过程中，一种双区式（只包括团聚区和收尘区）电团聚除尘技术在团聚区内同时实现粉尘的荷电与团聚，使得粉尘在该区内多次荷电与团聚，相同条件下，这种新型的双区电团聚除尘器的除尘效率高于三区电团聚除尘器。

b　声团聚

声团聚是指在具有高强度的声波区域，利用声波的各种作用使细或超细颗粒物发生团聚。声波团聚主要是基于声波对颗粒物的携带作用，声波的振动带动介质振动，介质又通过黏性力带动其中的颗粒物振动，不同频率的声波对不同粒径的颗粒物具有的携带能力不一样。

燃烧产生的烟气携带颗粒物进入声波团聚室后，在声波作用下，不断团聚增大，最后进入沉降室分离粒径较大的颗粒，当声波频率较高时，声波对间距较小的颗粒的流体力学作用力影响更大。中等频率声波作用下，对于粒径和密度较大的颗粒，流体对颗粒间的作用力更加明显。

针对细颗粒源，采用合适的声波频率，最大化声波团聚的作用，是实现声波团聚应用的重要研究内容，但由于声波团聚问题的复杂性、实验条件的不同、测试方法的局限性等，迄今为止，研究者在一些关键性问题上还没取得一致的看法，甚至有的结论还相互矛盾，致使这项技术仍处于试验阶段。

c 热团聚

热团聚又称为热扩散团聚，是指细颗粒在没有外力、温度较高的环境下产生的明显的成核和团聚现象。通常，如果烟气中的颗粒物浓度较高，且尺度相差较大时，热团聚能明显地增大颗粒的平均粒径，使除尘器的除尘效率得到明显提高。在饱和蒸汽中，细颗粒物不断团聚长大，进入静电除尘器后，细颗粒物浓度大幅降低，去除效率大幅提高，粒径100nm左右的颗粒通过热团聚后，可增大到原来的 5 倍。温度越高，热团聚后颗粒粒径越大，团聚效果也越好。但是，由于热团聚过程通常都比较缓慢，因而在工业中应用较少。

d 湍流团聚

在湍流流动中，存在热团聚、梯度团聚和湍流团聚，颗粒粒径越大，这三种团聚作用就越强。湍流的脉动会促使细颗粒碰撞并发生团聚，虽然湍流的脉动对边界层的影响较小，但在边界层内，速度梯度更大，此时主要是梯度团聚作用于细颗粒物。梯度团聚是由于横向速度梯度引起的碰撞而导致的团聚现象，在边界层的横向速度梯度最大，也称为边界层团聚。

湍流团聚是指在湍流的急速射流中颗粒由于流体的剪切而加剧碰撞团聚的现象，由于只有在高速流动且速度梯度较大时，颗粒之间团聚才会比较明显，故湍流团聚技术不适于大规模推广。

e 磁团聚

具有磁性的颗粒在强磁场作用下发生相互吸引而产生的团聚现象称为磁团聚。颗粒大小、磁通密度、颗粒在磁场中停留时间、总颗粒物浓度等均可影响磁团聚效果，去除效率最高的是中间尺寸的颗粒。弱磁性的颗粒由于磁感应性不强，所以颗粒之间的磁力不大，很难发生团聚，因而目前磁团聚主要适用于铁氧化物含量比较高、磁性较强的颗粒。在团聚的颗粒中添加一定量的铁氧化物可以提高磁团聚的效果。

f 光团聚

在光辐射作用下促进团聚的方法称为光团聚。通过激光照射可以使细颗粒团聚，遵循如下过程：入射电子束→等离子体膨胀→等离子体云膨胀→成核→冷凝膨胀长大+等离子云膨胀→凝结→ 不规则片状化→团聚→凝胶化，每个过程团聚后平衡状态下颗粒的数量、形状、粒径、聚合程度等均有不同。不同的光散射率产生不同的团聚形状，首先形成长链状的结构，然后很多小颗粒结合形成紧凑的聚合体，呈现出不规则的片状。改变激光传播的折射角、光的强度等多种参数可以促进颗粒物发生团聚。

g 化学团聚

化学团聚是指使用黏结剂、吸附剂或絮凝剂等将超细颗粒物团聚变大，再通过传统除尘方式加以去除的方法。它主要通过电荷中和作用、架桥作用来实现。此外，化学团聚剂的选择也会极大地左右团聚效果的好坏。目前使用较多的是高分子有机絮凝剂，它可以适应成分不同的多种燃煤飞灰，而且作用时间较长，当喷入团聚室后，由于挥发较慢，因而可以长时间作用于飞灰颗粒，促使它们团聚变大。

化学团聚主要通过物理吸附和化学反应相结合的机理来实现。在煤燃烧高温条件下能够稳定存在的吸附剂不仅和颗粒发生反应能生成较大粒径的颗粒，还能为气化态物质提供凝结面。化学团聚对超细颗粒物的排放控制不仅十分有效，而且在未来有望实现多种污染物同时脱除。在静电除尘器前对超细颗粒物进行团聚，既不改变静电除尘器的工作条件，也不改变它的操作参数；除此之外，如果能开发出一种廉价的、高效的化学团聚剂，不仅可以控制超细颗粒团聚的排放，还可以吸附有害的痕量金属元素，同时建立切实可行的、可靠的污染物控制技术，进一步减少煤燃烧过程中的超细颗粒物和痕量重金属的排放。

h 复合团聚

在实际工作中，常用到复合团聚技术，单独水汽相变作用或单独的声波作用下，细颗粒物的脱除效率较低；而在声波团聚和水汽相变协同作用下，细颗粒物的脱除效率远高于单独水汽相变或声波作用。由于湿法脱硫后的净烟气水汽含量高，可以有效降低耦合作用下蒸汽的消耗量，故对于湿法脱硫后的净烟气，水汽相变技术耦合声波团聚技术可以极大提高细颗粒物的脱除效率。与单独的水汽相变或湍流团聚作用相比，在水汽相变和湍流团聚的协同作用下，细颗粒物的长大效果明显提升。

D 团聚机理

在燃煤细颗粒形成过程中，成核、冷凝和凝结是主要的作用机理。成核一般发生在温度的降低或压力下降的情况下，随着蒸汽分子的间距逐渐减小，最后相互紧密连接在一起形成颗粒，从而实现气-固相转化。冷凝是指高温蒸汽接触到温度较低的颗粒，直接在颗粒表面凝聚，实现气相向固相的转化过程。凝聚主要指细颗粒之间发生的一种聚合现象，不发生物相转化，主要特点是蒸汽浓度不变、颗粒的数目减少、颗粒直径增大。

细颗粒形状、大小、直径的变化会影响颗粒团聚效果，颗粒的位置、团聚体的内部结构也决定着外力的作用大小和分配。随着团聚的发生，颗粒数目减小，不规则的团聚体形成，通常采用团聚体特征长度表征不规则形状的变化，建立团聚力与颗粒形状的关系。团聚颗粒间的作用力是颗粒粒径、多孔性和相关黏性力的函数，作用力主要包括流动阻力、范德华力、液相桥力、重力差、表面层黏性力和表面弹性力等，颗粒之间相对速度的大小和方向不同，它们的受力状况也不同。团聚颗粒间相互联结的表面有很明显的内陷形变，颗粒要么相互联结通过架桥形成较长的链条状，要么许多较小颗粒富集在某一较大颗粒表面连成更大的块状，有时可观察到两个大颗粒间由一个较小颗粒连接在一起的形式。

对于颗粒的软团聚机理，人们的看法比较一致，是由颗粒表面分子或原子之间的范德华力和静电引力导致的。对于硬团聚，不同化学组成、不同制备方法有不同的团聚机理，无法用一个统一的理论来解释，目前流行的主要有以下5种理论。

a 晶桥理论

颗粒毛细管中存在着气-液界面，在界面张力作用下，颗粒与颗粒之间互相接近，由于存在表面羟基和因溶解—沉淀形成的晶桥而变得紧密，随着时间的延长，这些晶桥互相结合，变成大的团聚体。如果液相中含有盐类物质（如氢氧化物），还会在颗粒间形成结晶盐的固相桥，从而形成团聚体。

b 氢键或化学键作用理论

氢键理论认为，颗粒之间硬团聚的主要原因是颗粒之间存在的氢键，但这种理论并不完整：如果液相为水，最终残留在颗粒间的微量水会通过氢键的作用，由液相桥将颗粒紧密粘在一起；如果颗粒之间的作用力仅是氢键，那么在完全脱水后，颗粒之间的氢键是可以消除的，但实际上，脱水不会引起团聚程度的降低，因此，对大多数硬团聚现象而言，氢键理论并不适用。

化学键理论认为，存在于颗粒表面的非架桥烃基是产生硬团聚的根源。

c 毛细管吸附理论

毛细管吸附理论认为颗粒产生的硬团聚主要是因为排水过程中的毛细管作用造成的。含有分散介质的颗粒物在加热时吸附液体介质开始蒸发，随着水分的蒸发，颗粒之间的间距减小，在颗粒之间形成了连通的毛细管，随着介质的进一步蒸发，颗粒的表面部分裸露出来，而水蒸气则从孔隙的两端出去，这样，由于毛细管力的存在，在水中形成静拉伸压力，导致毛细管孔壁的收缩，从而产生硬团聚。按照这种理论，无论何种分散介质，所引起的硬团聚大体相同。但事实上，对许多纳米颗粒而言，特别是氧化物纳米颗粒，以水作为介质和以与水表面张力相近的有机溶剂获得的颗粒团聚状态有很大差异。因此，毛细管作用虽然在细颗粒的团聚中起到一定的作用，但并不是引起硬团聚的根本原因。

d 表面原子扩散键合理论

一般而言，高温的环境也是造成颗粒团聚的重要原因。在高温分解过程中，刚分解得到的颗粒表面原子具有很大的活性，当颗粒为纳米级时，表面断键引起原子的能量远高于内部原子的能量，容易使颗粒表面原子扩散到相邻颗粒表面并与其对应的原子键合，形成稳固的化学键，从而形成永久性的硬团聚。

e 絮凝团聚理论

通过在亚微米颗粒中喷入雾化团聚剂液滴产生的高分子链，以架桥的形式将分散的颗粒物连接在一起，达到使颗粒团聚的目的，这种团聚现象可以通过团聚絮凝理论来解释，它包括以下三种作用：

（1）双电层压缩作用。颗粒发生团聚时，如果相互间排斥能（ζ，Zeta 电位）降低到相当小，颗粒就能够被第二最小能量值的吸引力所吸引，产生疏松的絮凝体，这样的絮凝体容易扩散。离子型的高分子絮凝剂溶于水后，所带离子将增大水溶液中的离子浓度，ζ 电位大大下降。ζ 电位的下降不是由吸附引起的，而是由于双电层压缩的缘故。颗粒的 ζ 电位降低及双电层的压缩导致颗粒间的相互作用能达到第二最小能量值，颗粒之间产生吸引从而产生絮凝。

（2）电荷中和作用。高分子絮凝剂吸附在胶体颗粒上，可以使胶体颗粒表面电荷中和，胶体颗粒间的距离缩小，在范德华引力作用下，胶体颗粒间的相互作用能处于第一最小能量值，结果形成稳定的絮凝体。加入的絮凝剂被胶体颗粒表面吸附时，电荷不但可以被降低到零，而且还可以带上相反的电荷，它导致胶体颗粒与水之间界面的改变从而使物理化学性质改变。电荷的中和作用与双电层的压缩是不同的，电荷的中和作用是第一最小能量的吸引力作用的结果，这个吸引力是很强的；而双电层的压缩是第二最小能量的作用力的结果，这个作用力是比较弱的。这两个作用力的强弱不同，所产生的絮凝体的性质也不同。强作用力下所产生的絮凝体坚实、体积小、不能再变为胶体；弱作用力所产生的絮凝体体积庞大、疏松，能够再变成胶体而消失。

（3）架桥絮凝作用。吸附在微粒表面上的高分子长链可能同时吸附在另一个微粒的表面上，通过架桥方式将两个或更多的微粒连在一起，从而导致絮凝，这就是发生高分子絮凝作用的架桥机理。早期使用的高分子絮凝剂多是高分子电解质，它们的作用机理被认为是简单的电性中和作用，但起絮凝作用的并不仅限于电荷与胶体相反的高分子电解质，一些非离子型高分子（如聚氧乙烯、聚乙烯醇），甚至某些带同号电荷的高分子电解质，对胶体也能起絮凝作用，因此，电荷中和绝非高分子絮凝作用的唯一原因，它们可能是氢键作用、非极性基在某些表面上的吸附作用及聚合物分子上的偶极基团与离子晶体表面的静电场作用等。

在团聚剂促进颗粒团聚的方法中，絮凝理论是主要的团聚机理。影响高分子絮凝剂团聚效果的因素主要有：高分子化合物所带电荷的种类、结构、相对分子质量、性质、伸展度和柔顺性等。

9.3.2.3   水汽相变促进颗粒物的长大过程

水汽相变促进细颗粒长大并脱除技术的研究早在20世纪60年代就已经开始了，其技术流程如下：细颗粒在过饱和水汽条件下先被激活成核化中心，在颗粒表面形成液滴晶胚，然后晶胚在过饱和条件下继续长大形成大的液滴，同时含颗粒的液滴在热泳、湍流和流体曳力等作用下发生凝并，形成更大的团聚体，最终这些含尘液滴进入脱除塔被捕集，从而实现细颗粒物的脱除（见图9-31）。在湿法烟气脱硫（WFGD）系统中直接添加蒸汽构建过饱和场可促进细颗粒长大，该蒸汽相变技术可以使 $PM_{2.5}$ 的排放浓度降低 $30\% \sim 50\%$。

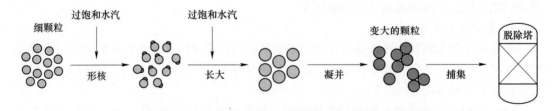

图9-31   水汽相变促进细颗粒长大并脱除的技术流程示意图

水汽在细颗粒表面凝结可以分为核化和长大两个阶段，核化指的是从水汽在颗粒表面凝结开始至其在颗粒表面形成临界晶胚为止，长大是指水汽继续在临界晶胚表面凝结使颗粒尺寸增大，直至水汽凝结速率与颗粒表面液滴蒸发速率平衡为止。异质核化理论认为水汽在不可溶颗粒表面核化是从一个晶胚开始的（见图9-32），颗粒表面存在一些活化部位，水汽只会在这些活化部位开始凝结并且形成晶胚。核化速率随着颗粒尺寸而变化，颗粒越小，核化速率越小；颗粒越大，核化速率也越大；核化速率与颗粒的表面性质和化学成分具有紧密的联系，进行了表面化学修饰的颗粒随着可溶成分质量分数的增加，成核能力也增加。颗粒核化后的长大主要受颗粒润湿性能、颗粒数量、颗粒在水汽条件下的停留时间及水汽的过饱和度等影响。

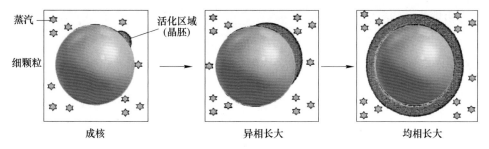

蒸汽
细颗粒
活化区域（晶胚）

成核　　　　　　异相长大　　　　　　均相长大

图 9-32　水汽在颗粒表面凝结成核示意图

　　液滴晶胚在细颗粒表面成核所需要克服的自由能
与颗粒表面的润湿性能和颗粒的粒径有关。燃煤 $PM_{2.5}$
主要成分为含 O、Al、Si 等元素的硅铝酸盐矿物，属
于中等憎水性颗粒；而燃油 $PM_{2.5}$ 主要成分为含 C、O
等元素的有机组分，属于强憎水性颗粒，润湿性能不
好，因此燃煤 $PM_{2.5}$ 的长大脱除效果比燃油 $PM_{2.5}$ 的长
大脱除效果要好。颗粒表面成核所需要克服的临界自
由能计算结果需用到图 9-33 所示的物理模型。

　　模型中，定义蒸汽相为 v，晶胚所在液相为 l，颗
粒为固体相 s，晶胚的体积为 V_e，晶胚与蒸汽相的接
触面积为 S_{lv}，晶胚与颗粒的接触面积为蒸汽在细颗粒
表面形成晶胚时系统的 Gibbs 自由能变化：

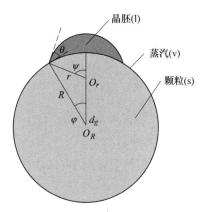

晶胚(l)
蒸汽(v)
颗粒(s)

图 9-33　水汽在细颗粒表面
异质核化的 Fletcher 模型

$$\Delta G = \Delta G_v V_l + \sigma_{lv} S_{lv} + (\sigma_{sl} - \sigma_{sv}) S_{sl} \tag{9-14}$$

式中，ΔG_v 为蒸汽由气相状态变化为液相状态单位体积的自由能改变量；σ_{lv}、σ_{sl}、σ_{sv} 分
别为气-液、固-液和固-气之间的表面自由能。设

$$m = \cos\theta = \frac{\sigma_{sv} - \sigma_{sl}}{\sigma_{lv}} \tag{9-15}$$

根据几何知识可知：

$$S_{lv} = 2\pi r^2 (1 - \cos\psi) \tag{9-16}$$

$$S_{lv} = 2\pi R^2 (1 - \cos\varphi) \tag{9-17}$$

$$V_e = \frac{1}{3}\pi r^3 (2 - 3\cos\psi + \cos^3\psi) - \frac{1}{3}\pi R^3 (2 - 3\cos\psi + \cos^3\psi) \tag{9-18}$$

$$\cos\varphi = \frac{R - r\cos\theta}{d} = \frac{R - rm}{d} \tag{9-19}$$

$$\cos\psi = -\frac{r - R\cos\theta}{d} = -\frac{r - Rm}{d} \tag{9-20}$$

$$d = (R^2 + r^2 - 2rRm)^{\frac{1}{2}} \tag{9-21}$$

式中，R 为颗粒直径；θ 为颗粒表面的接触角。

　　为了求解临界晶胚直径，求导可得：

$$\left(\frac{\partial G}{\partial r}\right)^* = 0 \tag{9-22}$$

则临界自由能为：

$$\Delta G^* = \frac{8\pi\sigma_{lv}^3}{3(\Delta G_v)^2} f(m,x) \tag{9-23}$$

其中

$$f(m,x) = 1 + \left(\frac{1-mx}{g}\right)^2 + x^3\left[2 - 3\left(\frac{x-m}{g}\right) + \left(\frac{x-m}{g}\right)^3\right] + 3mx^2\left(\frac{x-m}{g} - 1\right) \tag{9-24}$$

$$g = (1 + x^2 - 2mx)^{\frac{1}{2}} \tag{9-25}$$

$$x = R/r^* \tag{9-26}$$

$$r^* = -\frac{2\sigma_{lv}}{\Delta G_v} \tag{9-27}$$

$$\Delta G_v = \frac{k_B T}{V_{wm}}\ln S \tag{9-28}$$

式中，V_{wm} 为单个水分子的体积；k_B 为玻尔兹曼常数；r^* 为临界核化半径；S 为过饱和度；T 为蒸汽温度。

根据统计物理学的玻尔兹曼分布，得到成核速率公式如下：

$$J = 4\pi R^2 K_c \exp\left(-\frac{\Delta G^*}{k_B T}\right) \tag{9-29}$$

式中，J 为成核速率；K_c 为动力常数，为不确定值，数量级在 $10^{28} \sim 10^{31}\mathrm{m}^{-2}\cdot\mathrm{s}^{-1}$。

由以上公式可以看出，颗粒的接触角越大，液滴在颗粒表面成核的临界自由能壁垒也越大，且颗粒表面的润湿性能越好，成核速率越大。由于蒸汽在超疏水表面形核所需要克服的临界自由能壁垒远远大于蒸汽在颗粒表面成核所需克服的临界自由能壁垒，蒸汽会优先在颗粒表面凝结，而不是在超疏水表面凝结，从而能够实现水汽在超疏水细颗粒表面的可控凝结。

单质细颗粒在水汽条件下的成核物理模型简述如下：过饱和蒸汽条件下，水分子从气态向液态转变，不断地向颗粒表面凝结，同时颗粒表面的水分子也不断地从液态蒸发至气相成为气态分子，因此，对于光滑均匀的表面，在形成临界晶胚之前，水分子在颗粒表面每一点上的凝结速率是相同的。但是，一旦在颗粒表面的某一处跨过能量壁垒 ΔG^* 形成了大于临界尺寸 γ^* 的晶胚之后，水分子在晶胚表面凝结过程中的 Gibbs 自由能会变小，气态中的水分子在该点的净凝结速率则会大于其他部位的净凝结速率从而形成更大的晶胚。

当蒸汽在单个单质细颗粒表面凝结时，晶胚的形成从颗粒表面的某一点开始，然后蒸汽在这一个晶胚的表面进行凝结，并最终包裹颗粒，形成一个以颗粒为核心的液滴。晶胚在 2 个细颗粒表面的形成与单个颗粒表面时完全不同，此时，晶胚的形成位置不再是随机地出现在颗粒表面的某一点，而是在 2 个颗粒的交界处形成，然后继续长大。环境扫描电镜和分子动力学的模拟结果证明：长大后的液滴不能对颗粒形成包裹。当蒸汽在多个单质细颗粒表面凝结时，晶胚的形成与颗粒的空间位置有关，如果颗粒呈链状分布，则晶胚形成于颗粒圆心与其交界点连线形成夹角最小的位置，并在该晶胚上继续长大，形成大的液滴，对颗粒不会形成包裹；如果颗粒呈环状分布，晶胚的形成则从各颗粒交界面开始，然后发生凝并，形成大的晶胚出现在颗粒中心，蒸汽在该晶胚的表面进行凝结，并最终包裹多个颗粒，形成一个以多个颗粒为核心的液滴（见图 9-34）。当多个颗粒存在时，在颗粒表面形成临界尺寸晶胚之前，每个颗粒表面都能形成均一的小于临界尺寸的晶胚，由于颗粒之间有交界面，因此交界面处小于临界尺寸的晶胚一定会发生凝并，从而形成大于临界尺寸的晶胚，所以蒸汽在多个颗粒表面的凝结总是在颗粒的交界面处发生。

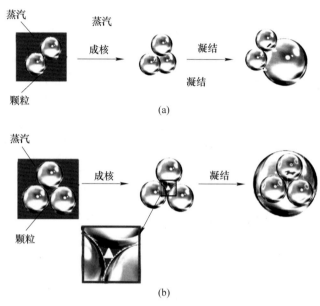

图 9-34　多个颗粒成核模型示意图

（a）多个颗粒（呈链状分布）；（b）多个颗粒（呈环状分布）

根据以上分析，水汽在燃煤细颗粒表面凝结长大的动力学简述如下：颗粒粒径较小时（$R<0.5\mu m$），长大速率会随着颗粒的增大剧烈增大，当粒径进一步增大时，液滴长大速率增长变缓。随着液滴粒径的增大，由于液滴的表面积增大，在径向增长相同的尺寸时，大液滴表面所需要凝结的蒸汽量要远大于小液滴表面所需要凝结的蒸汽量，所以液滴的长大速率会下降。液滴的长大速率与过饱和度呈指数关系。蒸汽温度的增高阻碍颗粒表面蒸汽向液相转变时的潜热释放，从而降低液滴的长大速率。燃煤细颗粒表面的润湿性对液滴的长大速率作用明显，尤其是当 $0.8\leqslant\cos\theta\leqslant 1$ 时，长大速率会随着润湿角余弦值的增大而急剧增大。

9.4　硫氮汞污染控制中的界面胶体化学

燃煤电厂作为煤炭消耗的大户，其排放的污染物所造成的环境污染问题一直备受重视。经过长时间的改造治理，电厂现有的空气污染物控制装置（APCDs）已经能够很好地控制 SO_2、NO_x 和颗粒物等常规污染物的排放，甚至能够达到超低排放。例如选择性催化还原/选择性非催化还原（SCR/SNCR）脱除烟气中的 NO_x、静电除尘/布袋除尘（ESP/FF）脱除烟气中的颗粒物、湿法脱硫（WFGD）脱除烟气中的 SO_2 等，但除上述常规污染物外，煤炭燃烧还会释放众多非常规污染物，如重金属（尤其是 Hg）、SO_3 和可凝结颗粒物。燃煤电厂控制重金属主要依靠现有 APCDs 的协同脱除，如何将烟气中的气态和颗粒态重金属与硫氧化物或氮氧化物协同脱除是今后努力的方向，而这一协同控制过程与颗粒的界面胶体化学密切相关。

9.4.1 硫氧化物污染控制技术

9.4.1.1 硫氧化物的生成机理

低热值煤中的硫可分为 4 种形态，即黄铁矿硫（FeS_2）、硫酸盐硫（$CaSO_4 \cdot 2H_2O$，$FeSO_4 \cdot 2H_2O$）、有机硫（$C_xH_yS_z$）及元素硫。其中黄铁矿硫、有机硫和元素硫是可燃硫，硫酸盐硫是不可燃硫。低热值煤在燃烧过程中会产生 SO_2、SO_3 等硫氧化物，其中在氧化气氛中，所有的可燃硫均会被氧化生成 SO_2，若在炉膛的高温条件下存在氧原子或在受热面上存在催化剂时，一部分 SO_2 会转化成 SO_3。通常生成的 SO_3 只占 SO_2 的 $0.5\% \sim 2\%$。

A SO_2 的形成与转化

在氧化性气氛下，黄铁矿硫（FeS_2）直接氧化生成 SO_2：

$$4FeS_2 + 11O_2 \longrightarrow 2Fe_2O_3 + 8SO_2 \tag{9-30}$$

B   有机硫的氧化

低热值煤中有机硫分布较均匀，其主要存在形式是硫茂（噻吩），约占有机硫的 60%，它是低热值煤中最普通的含硫有机结构，另外还有硫醇（R-SH）、二硫化物（R-SS-R）和硫醚（R-S-R）。在加热释放挥发分过程中，硫侧链（-SH）和环硫链（-S-）结合较弱，因此硫醇、硫化物等在低温（<450℃）时先分解。硫茂的结构比较稳定，要到 930℃ 时才开始分解析出。在氧化气氛下，全部氧化生成 SO_2，硫醇氧化反应最终生成 SO_2 和烃基 R；在还原性气氛下，有机硫会转化成 H_2S 或 COS。

C   元素硫的氧化

所有硫化物的火焰中都曾发现元素硫，对纯硫蒸气及其氧化过程的研究表明：硫蒸气分子是聚合的，其分子式为 S_8，其氧化反应具有链锁反应的特点：

$$S_8 + O \longrightarrow SO + S + S_6 \tag{9-31}$$

反应产生的 SO 在氧化性气氛中会反应生成 SO_2。

D H_2S 的氧化

低热值煤中的可燃硫在还原性气氛中均生成 H_2S，H_2S 在遇到氧时就会燃烧生成 SO_2 和 H_2O。

E CS_2 和 COS 的氧化

CS_2 的氧化反应是由一系列链锁反应组成的，而 COS 则是 CS_2 火焰中的一种中间体，此外，可燃硫在还原性气氛中也会还原成 COS。

9.4.1.2 硫氧化物的控制技术

A   硫氧化物的炉内控制技术

a   循环流化床锅炉炉内硫氧化物控制技术

循环流化床（CFB）燃烧技术是目前洁净煤技术中一项成熟的技术，正在向高参数大容量发展，具有燃料适应性广、燃烧效率高、污染物易控制等优点。循环流化床燃烧过程中最常用的脱硫剂是钙基脱硫剂，如石灰石（$CaCO_3$）、白云石（$CaCO_3 \cdot MgCO_3$）等。其脱硫过程可分为炉内的煅烧过程与转化为硫酸盐的过程。石灰石煅烧成多孔氧化钙后，与炉内 SO_2 接触发生脱硫反应，生成硫酸钙。石灰石进入循环流化床锅炉脱硫的总反应，可以表示为：

$$CaCO_3 + SO_2 + \frac{1}{2}O_2 \longrightarrow CaSO_4 + CO_2 \qquad (9-32)$$

就整体化学反应而言，脱硫过程中主要为气-固界面的传热传质过程。假设 $CaCO_3$ 煅烧后得到的 CaO 仍为一球形颗粒，CaO 转化为硫酸盐的反应主要包括 4 个过程：SO_2 气体由气相主体向脱硫剂固相表面的扩散，SO_2 气体在固体颗粒孔隙内的扩散，SO_2 气体在固体颗粒固相表面的物理吸附，SO_2 在气固界面与 CaO 之间的化学反应。其中，SO_2 气体向脱硫剂表面扩散过程为扩散控制，其余的过程则与脱硫剂的温度、物理特性和活性有关。钙硫摩尔比（Ca/S）、温度、脱硫剂的性质、粒径等会影响循环流化床锅炉炉内脱硫效率。一般要达到 90% 的脱硫效率，常压鼓泡床锅炉中的 Ca/S 摩尔比为 3.0~3.5，常压循环流化床锅炉为 1.8~2.5，增压流化床锅炉为 1.5~2.0。

b 循环流化床锅炉的强化脱硫技术

为了使循环流化床锅炉在更为经济有效的脱硫方式下运行，在较低钙硫比下仍获得较高的脱硫效率，就必须发展适用于 CFB 锅炉的强化脱硫技术，以达到提高脱硫剂钙利用率的目的。常见的循环流化床锅炉的强化脱硫技术包括改善煅烧后 CaO 的孔隙结构、改变石灰石的投加方式、飞灰回燃提高钙利用率和脱硫灰/渣改性后高温再脱硫等。

改善煅烧后 CaO 孔隙结构的一种方法是采用添加剂对石灰石进行改性，添加剂可以使脱硫剂发生重结晶，对钙基脱硫剂的微观结构、固硫气固反应及增湿时吸湿性与钙基脱硫剂中钙的形式产生影响，但该方法的缺点是加入的碱性添加剂会导致锅炉的腐蚀与结垢。另一种方法是在控制气氛的前提下，对石灰石进行预煅烧，使脱硫剂获得理想的孔径分布，但缺点是增加了煅烧设备，使脱硫费用增加。

将石灰石与燃料搅拌充分混合后再送入炉内，改变石灰石的投加方式，可充分利用燃料凝聚结团的特性，使脱硫剂均匀分布在燃料中，使固硫剂在炉内的停留时间延长，固硫剂和 SO_2 反应更充分，提高了固硫剂中钙的利用率。

飞灰回燃技术是以降低飞灰中未燃烧碳含量为主要目标，但同时也把未反应的石灰石粒子返回炉内循环利用，提高钙利用率，从而起到节约石灰石的作用。另外，采取活化措施对脱硫灰/渣改性后进行高温再脱硫，也可以充分利用脱硫灰中未反应的 CaO 强化脱硫。

c SO_3 的炉内控制技术

循环流化床锅炉中，可通过在燃烧过程中喷入 $Ca(OH)_2$、$Mg(OH)_2$ 等碱性物质有效减少 SO_3 排放。炉内喷入碱性物质可脱除部分 SO_2 和高达 90% 的 SO_3，同时可防止 SCR 的砷中毒。在炉膛顶部喷入 $Mg(OH)_2$ 和 MgO 等碱性物质，一般以 $Mg(OH)_2$ 浆液形式喷入炉膛，因炉内温度高，使水分蒸发，成为 MgO 颗粒，MgO 颗粒与气相 SO_3 在炉内高温下发生反应生成 $MgSO_4$，从而达到脱除 SO_3 的目的。美国 Gavin 电厂炉膛喷镁脱硫效果显著，当 Mg/SO_3 摩尔比为 7 时，SO_3 脱除率高达 90%。

B 烟气脱硫技术

a 常规烟气脱硫（FGD）技术

从本质上来说，烟气中的 SO_2 是酸性的，可以通过与适当的碱性物质反应而从烟气中脱除出来。烟气脱硫最常用的碱性物质是石灰石（主要成分是 $CaCO_3$），原因在于石灰石产量丰富，价格便宜，并且能通过加热来制取生石灰和熟石灰。有时也用纯碱（主要成分为 Na_2CO_3）、$MgCO_3$ 和 NH_3 等其他碱性物质。这些碱性物质以溶液（湿法烟道气脱硫技术）或具有湿润表面的固体（干法或半干法烟道气脱硫技术）形式与 SO_2 反应，产生亚硫酸盐和硫酸盐的混合物，所生成的亚硫酸盐和硫酸盐的比率取决于工艺条件。根据所用的碱性物质不同，这些生成的盐可能是钙盐、钠盐、镁盐或铵盐。

依据反应物与 SO_2 接触反应机理的不同，烟气脱硫的技术原理主要有吸收法和吸附法。

按脱硫剂的种类，烟气脱硫主要可分为以下方法：以 $CaCO_3$（石灰石）为基础的钙法，以 MgO 为基础的镁法，以 Na_2SO_3 为基础的钠法，以 NH_3 为基础的氨法，以及以有机碱为基础的有机碱法。其中，钙法是目前世界上最普遍使用的脱硫商业化技术，所占比例在 90% 以上。

按脱硫产物是否回收，FGD 技术可分为抛弃法和回收法。前者是将 SO_2 转化为固体残渣抛弃掉，后者则是将烟气中的 SO_2 转化为硫酸、硫黄、液体 SO_2 或化肥等有用物质回收。

按吸收剂及脱硫产物在脱硫过程中的物料状态可分为湿法、干法和半干（半湿）法。湿法 FGD 技术利用含有吸收剂的溶液或浆液，在湿态下脱硫，该方法脱硫反应速度快、脱硫效率高，但普遍存在腐蚀严重、运行维护费用高及易造成二次污染等问题。干法 FGD 技术的脱硫吸收和产物处理均在干态下进行，具有无污水废酸排出、设备腐蚀程度较轻，烟气在净化过程中无明显降温、净化后烟温高、利于烟囱排气扩散、二次污染少等优点，但存在脱硫效率低、反应速度较慢、设备庞大等问题。半干法 FGD 技术是指脱硫剂在干燥状态下脱硫、在湿态下再生（如水洗活性炭再生流程），或者在湿态下脱硫、在干态下处理脱硫产物（如喷雾干燥法）的烟气脱硫技术。在湿态下脱硫并在干态下处理脱硫产物的半干法，既有湿法脱硫反应速度快、脱硫效率高的优点，又有干法无污水废酸排出、脱硫后产物易于处理的优势，受到人们广泛的关注。

以下以氨法脱硫为例，阐述颗粒物生成与去除的过程。

在氨法脱硫过程中，由氨水挥发逸出的气态 NH_3 与烟气中的 SO_2 和水汽会在烟气中发生非均相反应生成气溶胶，生成的气溶胶颗粒物组分中可能包含 $(NH_4)_2SO_3$、NH_4HSO_3、$(NH_4)_2SO_3 \cdot H_2O$、$(NH_4)_2SO_4$、NH_4HSO_4 等可溶性无机盐颗粒物。关于 NH_3 与 SO_2 的反应，已有大量研究报道，由 SO_2 和 NH_3 反应生成的颗粒物其平均粒径为 $0.12\mu m$。在高水汽含量条件下添加 NH_3 和 SO_2 进行反应时，当 NH_3 与 SO_2 的添加比例略小于 2 时，SO_2 会被完全消耗，生成产物为 $(NH_4)_2SO_3$ 和 NH_4HSO_3。当水汽浓度较低，接近 NH_3 和 SO_2 浓度水平时，反应产物大概率为 NH_3SO_2 和 $(NH_3)_2SO_2$；当水汽过量时，产物中检测出硫酸铵（$(NH_4)_2SO_4$）。在微水汽含量及室温条件下 SO_2 与 NH_3 反应时，反应产物主要为 $(NH_3)_2SO_2$ 和 NH_3SO_2，由于 $(NH_3)_2SO_2$ 具有较弱的挥发性，因此是相对主要的生成产物，两者的生成比例关系取决于反应物 NH_3 和 SO_2 的比例；对反应产物的粒径测量发现，生成的颗粒物大多处于亚微米级范畴，检测到的最大粒径为 $7.5\mu m$。在较高水汽含量下，即便反应温度高于 $54℃$，反应也会进行至较大的程度，在温度低于 $85℃$、NH_3/SO_2 添加比为 2:1 时，超过 95% 的 SO_2 参与了反应，生成 $(NH_4)_2SO_3$ 和 NH_4HSO_3。

非均相反应对于气溶胶颗粒物的形成占主要贡献，数量浓度与质量浓度均高于单纯脱硫浆液夹带蒸发。在两种不同机理作用下，生成的气溶胶颗粒物形貌有较大差异，夹带蒸发形成的颗粒物多为圆球形，粒径大小较为均匀，多数在 $1\mu m$ 左右；非均相反应工况下生成的颗粒物极其细小，基本为亚微米级乃至粒径小于 $0.1\mu m$ 的超细颗粒物。由上述分析可知，氨法脱硫中气溶胶颗粒主要由非均相反应生成，其次由夹带蒸发途径形成。因此，控制氨法脱硫气溶胶的排放，重点在于控制脱硫过程中的非均相反应。

在氨法脱硫过程中发生的非均相反应可以大致分为两类，一类是 SO_2 相关的反应，主要是与水汽和 NH_3 反应；另一类是与 SO_3 相关的反应，分别称之为 SO_2 反应和 SO_3 反应。利用非均相反应平台对两类非均相反应分别进行实验研究发现，SO_3 反应生成的颗粒物中超过 90% 都为超细颗粒物，而由 SO_2 反应生成的颗粒物中包含了更高比例的超细颗粒物。SO_2 反应大部分在气相主体中进行，反应起始阶段主要通过均相反应和均相成核作用形成初始气溶胶。随着反应的推进，气相中的初始气溶胶起到凝结核和提供反应场所的作用，更多的反应选择在其表面进行，也会有反应生成物在其表面沉积，促使初始气溶胶长大。在相同的反应时间内，最终这些气溶胶颗粒物的尺寸能增长至何种程度，决定于均相反应成核和异相反应长大两种不同作用在反应过程中的比例，从根本上取决于反应速率与反应物浓度的大小。而对于 SO_3 反应而言，由于 SO_3 与 H_2O 具有极强的结合趋势，SO_3 应该首先与 H_2O 反应生成 H_2SO_4，并在实验温度下凝结形成硫酸雾，而主要的气溶胶生成反应依然是气相中 NH_3 与硫酸雾之间的反应。因此 SO_3 反应生成的气溶胶尺寸主要取决于凝结形成的硫酸雾尺寸。

综上所述，氨法脱硫过程中排放的气溶胶中包含了大量粒径较小的细颗粒物乃至超细颗粒物，常规除尘技术对这部分颗粒物通常具有较低的脱除效率；同时有研究指出，对于一些末端治理设备，如湿式电除尘，由于其采用高压电晕放电方法处理气溶胶，烟气中有一些前驱物会在电场中被激活而参与反应产生新的超细颗粒物，其生成量和排放特性与电场电压及烟气流速有关，因此并不能保证末端处理设备完全可靠，增设此类设备未必可将最终排放的颗粒物浓度降低至合理范围内。相比之下，充分利用已有的脱硫设施、通过过程优化手段降低气溶胶生成与排放是较好的选择，其优势是，气溶胶减排过程在脱硫系统内部实现，不需要额外的场地，方便改造和应用；同时相比较于增设新设备，应用此方法所需的投资运行费用较少，经济性较好。此方法不仅可以作为单独应对氨法气溶胶排放问题的技术手段，亦可作为下游高效除尘设备的前处理方案，减轻后续设备的除尘压力，因此是解决氨法气溶胶问题的优选方法。

b 循环流化床烟气脱硫（CFB-FGD）

循环流化床脱硫塔内的化学反应非常复杂。一般认为当石灰、工艺水和燃煤烟气同时加入流化床中时，会有生石灰与液滴结合产生水合反应、SO_2 被液滴吸收、$Ca(OH)_2$ 与 H_2SO_3 反应及部分 $CaSO_3 \cdot 1/2H_2O$ 被烟气中的 O_2 氧化等主要反应发生。烟气中的 HCl 和 HF 等酸性气体可同时被 $Ca(OH)_2$ 脱除。

脱硫剂颗粒在流化床中激烈湍动，在烟气上升过程中形成聚团物向下运动，而聚团物在激烈湍动中又不断解体，重新被气流提升，气-固间的滑落速度比单颗粒的滑落速度高几十倍。在流化过程中颗粒表面的固态产物外壳被破坏，里面未反应的新鲜颗粒暴露出来继续参加反应反复循环。由于高浓度密相循环的形成，脱硫塔内传热、传质过程被强化，反应效率、反应速度都被大幅度提高。由于反应灰中含有大量未反应完全的吸收剂，脱硫塔内实际钙硫比高达 40 以上，远大于表观钙硫比。这种循环流化床内气固两相流机制，极大地强化了气-固间的传质与传热，为实现高脱硫率提供了根本的保证。

9.4.2 氮氧化物污染控制技术

9.4.2.1 氮氧化物的生成机理

低热值煤燃烧过程中产生的氮氧化物包括 NO、NO_2 和 N_2O，其中 NO 占 90% 以上，NO_2 占 5%~10%，N_2O 只占 1% 左右。氮氧化物主要有热力型氮氧化物、燃料型氮氧化物和快速温度型氮氧化物。

A 热力型氮氧化物

空气中的氮在超过 1500℃ 的高温下，发生氧化反应而生成的氮氧化物称为热力型氮氧化物，其生成是在高温下由氧原子撞击氮分子而发生下列链式反应的结果：

$$O + N_2 \rightleftharpoons N + NO \tag{9-33}$$

$$3O + N_2 \rightleftharpoons O + 2NO \tag{9-34}$$

N_2 与 O_2 先生成 NO，继而 NO 与 O_2 反应生成 NO_2。热力型氮氧化物的生成速度与温度的关系遵循阿累尼乌斯定律，随着温度的升高，氮氧化物的生成速度呈指数增加。

B 燃料型氮氧化物

燃料中的氮受热分解和氧化生成的氮氧化物称为燃料型氮氧化物，主要指挥发分中的氮经过氧化后生成的氮氧化物，占到氮氧化物总量的 80%~90%，这部分氮氧化物在燃烧器出口处的火焰中心生成。

在低热值煤燃烧初始阶段挥发产物析出的过程中，大部分挥发分氮随低热值煤中的其他挥发产物一起释放出来，首先形成中间产物 NH_i（$i=1$，2，3）、CH 及 HCN，其中主要为 NH_3 和 HCN。当氧气存在时，含氮的中间产物会进一步氧化生成 NO，而在还原性气氛中，HCN 则会生成多种胺（NH_i），胺在氧化气氛中会进一步氧化生成 NO。在氧化性气氛中，随着过量空气系数的增加，挥发分氮生成的氮氧化物会迅速增加。

以燃料中挥发分的含量来衡量燃料氮向 NO 和 N_2O 的最终转化率是目前的一种常见方法，通过比较各种燃料中 NO 和 N_2O 的排放，发现这样的规律（以燃料氮转化率从高到低为序）：对 NO，褐煤>烟煤>石油焦；对 N_2O，石油焦>无烟煤、贫煤>烟煤>褐煤>木材。

C 快速温度型氮氧化物

快速型氮氧化物生成的主要基元反应有：

$$N_2 + CH \longrightarrow HCN + N \tag{9-35}$$

$$N_2 + CH_2 \longrightarrow HCN + NH \tag{9-36}$$

$$N_2 + CH_3 \longrightarrow HCN + NH_2 \tag{9-37}$$

$$N_2 + 2C \longrightarrow 2CN \tag{9-38}$$

$$HCN + O \longrightarrow NCO + H \tag{9-39}$$

$$HCN + OH \longrightarrow NCO + H_2 \tag{9-40}$$

$$CN + O_2 \longrightarrow NCO + O \tag{9-41}$$

$$NCO + O \longrightarrow NO + CO \tag{9-42}$$

$$NCO + OH \longrightarrow NO + CO + H \tag{9-43}$$

燃料挥发分中的碳氢化合物高温分解生成的 CH 自由基与空气中的 N_2 发生反应生成 HCN 和 N，再进一步与 O_2 作用，以极快的速度生成氮氧化物，形成时间只需要 60ms，因此，快速型氮氧化物的生成与燃烧过程密切相关，主要在火焰带内瞬间形成。

9.4.2.2　氮氧化物的控制技术

A　氮氧化物的炉内控制技术

a　燃料型 NO_x 的控制技术

在低热值煤燃烧过程中燃料型 NO_x，尤其是挥发分 NO_x 的生成量占比最大，因此低 NO_x 燃烧技术的基本出发点就是抑制燃料型 NO_x 的生成。低热值煤在燃烧过程中，一部分 N 以 HCN、NH_3 和焦油 N 的形式存在于挥发分中，剩余的 N 存在于半焦中。燃料型 NO_x 的生成与低热值煤热解气和火焰的氧气浓度有密切关系，氧气的浓度和分布状况对 NO_x 的生成起着决定性的作用。如果使煤粉在锅炉主燃区与氧气的混合延迟，使燃烧中心缺氧，则可以使大部分的挥发分的 N 和部分半焦中的 N 转化为 N_2。

b　热力型 NO_x 的控制技术

抑制热力型 NO_x 的生成也能在一定程度上减小 NO_x 的排放量，只是效果并不显著。燃烧过程中改变燃烧温度、过量空气系数和烟气在高温区的停留时间等都会影响热力型 NO_x 的生成。

c　快速型 NO_x 的控制技术

根据快速型 NO_x 的生成机理，其对温度的依赖性不强，在 O_2 浓度较低时才会发生，在燃煤锅炉中生成量非常少，基本可以忽略不计，只有在不含氮的碳氢燃料在低温燃烧时才需要特别的关注。

d　再燃技术

再燃技术是目前被广泛研究的一种有前景的 NO_x 控制技术。从提高再燃区内还原 NO_x 的效果角度考虑，气体作为再燃燃料最为合适。

e　控制 NO_x 生成的主要途径

减少 NO_x 生成的主要途径有：降低燃烧温度，保持适当的氧浓度，缩短燃料在高温区的停留时间，采用含氮量低的燃料，扩散燃烧时推迟燃料与空气的混合，向炉膛内添加还原性物质等。

通过改变燃烧条件，或合理组织燃烧方式等方法来降低 NO_x 产生量的技术统称为低 NO_x 燃烧技术，是降低燃煤锅炉 NO_x 排放值比较经济的技术。虽然低 NO_x 燃烧技术的减排效率通常只有 30%~60%，远低于 NO_x 烟气控制技术可达到 90%的脱硝率，但其成本要远低于 NO_x 烟气控制技术，因此将这一减排措施纳入锅炉的整体设计是合理而必要的。

B　烟气脱硝技术

烟气脱硝是指通过吸收、吸附或催化转化的方法脱除烟气中 NO_x 的技术，按治理工艺可分为湿法脱硝和干法脱硝。湿法脱硝主要指利用氧化剂如臭氧、二氧化氯等将 NO 先氧化成 NO_2，再用水或碱液等加以吸收处理。应用较多的有酸吸收法、碱吸收法、氧化吸收法、络合吸收法。干法脱硝，指在气相中利用还原剂氨、尿素、碳氢化合物等或高能电子束、微波等手段，将 NO 和 NO_2 还原为对环境无毒害作用的 N_2 或转化为硝酸盐并进行回收利用。干法脱硝工艺主要有：选择性催化还原法（SCR）、选择性非催化还原法（SNCR）、电子束法、脉冲电晕法、离子体活化法等。湿法与干法相比，主要缺点是装置复杂且庞大；排水需处理，内衬材料腐蚀，副产品处理较难，电耗大（特别是臭氧法），因而在大机组的烟气脱硝上目前尚无应用。干法脱硝技术是目前工业应用的主流和发展方向，其中燃煤电厂烟气脱硝技术以 SCR 与 SNCR 为主。

　　a　SCR 烟气脱硝技术

　　SCR 烟气脱硝法技术是在有催化剂存在的条件下，合适的温度范围内，用还原剂 NH_3 有选择地将烟气中的 NO_x 还原为 N_2 和 H_2O 的技术。其选择性是指还原剂 NH_3 优先与烟气中的 NO_x 反应。对尾部烟气进行 SCR 脱硝处理可进一步降低 NO_x 的排放，以达到环保标准。由于 SCR 脱硝具有技术成熟、净化率高、设备紧凑及运行可靠等优点，被大量应用在燃煤电厂的烟气处理中，且已成为烟气脱硝的主流技术。

　　b　SNCR 烟气脱硝技术

　　SNCR 是在不采用催化剂的情况下，在炉膛（或 CFB 锅炉的旋风分离器）内喷入 NH_3、尿素、异氰酸等还原剂与 NO_x 进行选择性反应，生成 N_2 和 H_2O，而 NH_3 基本不与 O_2 发生作用的技术。

　　SNCR 过程除了可以使用 NH_3 作还原剂外，还可以直接用尿素（$CO(NH_2)_2$）或异氰酸（HNCO）作还原剂，使用的还原剂不同，其还原 NO_x 的机理也不尽相同，分别称为热力 $DeNO_x$ 原理、$NO_x OUT$ 原理和 $RAPRENO_x$ 原理。

　　热力 $DeNO_x$ 过程使用 NH_3 作为还原剂，NH_3 与 NO 反应生成 N_2。当操作温度高于温度窗口时，NH_3 的氧化反应开始起主导作用，反而生成 NO；在合适的温度窗口，有多余的 O_2 存在，气态均相反应迅速发生，使反应物选择性地还原 NO，而烟气中大量的 O_2 不被还原。

　　$NO_x OUT$ 过程使用尿素作为还原剂，其反应过程是尿素还原和被氧化两类反应相互竞争的结果。相对于氨，尿素作为固体更容易运输，储运更安全，对管道无腐蚀。在大型电厂锅炉上，通常采用尿素作为还原剂。

　　$RAPRENO_x$ 过程使用氰尿酸来还原 NO_x，氰尿酸在高于 600K 时就可升华，分解为异氰酸，在足够高的温度（如 1273K）下，HNCO 分解并激活，可导致 NO 还原的链锁反应。

9.4.3　硫氮污染物协同控制技术

9.4.3.1　一体化脱硫脱硝技术

　　一体化脱硫脱硝技术，包括同时脱硫脱硝技术和联合脱硫脱硝技术两大类。联合脱硫脱硝技术在本质上是在同一装置内将不同的两个工艺流程整合，分别脱除 SO_2 和 NO_x。同时脱硫脱硝技术是在同一装置内通过同一工艺流程内将 SO_2 和 NO_x 同时脱除的技术。同时脱硫脱硝技术按照工艺过程可分为五大类：固体吸附/再生同时脱硫脱硝技术，如活性炭法、CuO 法等；气固催化同时脱硫脱硝技术，如 SNRB（SO_x-NO_x-RO_x-BO_x）法、CFB 工艺等；高能电子活化氧化技术，如电子束照射法（EBA）法、脉冲电晕等离子体法（PPCP）等；吸收剂喷射同时脱硫脱硝技术，如尿素法、干式一体化 NO_x/SO_2 技术；湿法烟气同时脱硫脱硝技术，如氯酸法、湿式络合吸收工艺等。其中以活性炭加氨和 CuO 为代表的固体吸附再生法、以 SNRB 为代表的催化脱除方法、以 PPCP 为代表的高能电子活化氧化方法，是目前得到公认的具有实际应用价值的一体化脱除技术。

9.4.3.2　烟气污染物高效协同脱除技术

烟气污染物高效协同一体化脱除技术是在同时脱硫脱硝技术的基础上，增加对颗粒物及重金属特别是汞的同时脱除，将单独的脱硫、脱硝和除尘技术有机地组合在一起而形成的一种高效节能的新型环保技术（见图9-35），具有减少系统复杂性、成本低、运行性能好等突出的优点。该协同脱除系统包括：SCR 反应器，入口与经低氮燃烧改造后的锅炉尾部烟道的出烟口相连；SCR 脱硝催化剂，采用能够提高零价汞氧化性能的改性催化剂；低低温除尘设备，入口与 SCR 反应器出口相连，用于除尘和脱除 SO₃；脱硫吸收塔，入口与低低温除尘设备出口相连，用于脱硫和除尘；湿式静电除尘器，入口与脱硫吸收塔出口相连，出口经升温设备连接至烟囱，用于除尘，脱除石膏雾滴、汞和 SO₃。

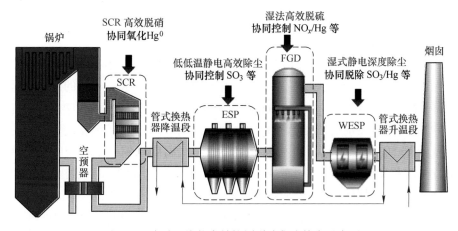

图 9-35　多种污染物高效协同脱除集成技术示意图

在该技术中，采用改性蜂窝式脱硝催化剂高效脱除烟气中的 NO_x，同时协同将烟气中的 Hg^0 氧化为 Hg^{2+}，以便将汞在以后的脱硫工艺中脱除。另外，采用适当降低 V_2O_5、增加有助于抑制 SO_2 氧化的 WO_3 等添加剂，在保持较高脱硝效率的同时一定程度上减少 SO_3 生成，降低 SO_2/SO_3 转化率。该技术在传统的喷淋吸收塔的基础上加装塔内托盘等烟气均流技术，使得吸收区湍流激烈，达到较高的脱硫效率。在强化脱硫的同时，通过改变除雾器型式、增加除雾器级数，达到大于 50% 的除尘效率。采用低低温除尘技术，配套管式换热器，提高除尘效率，同时协同除掉 90% 的 SO_3。脱硫塔后设置湿式电除尘，湿式静电除尘器对亚微米颗粒的高捕获率，对 SO_3 的微液滴起相同作用，因此能够很好地去除 SO_3 及其中的 $PM_{2.5}$ 粒子。另外，烟囱前设管式烟气换热器，将烟囱出口的烟温抬升至 70℃ 以上，可以消除烟囱冒白烟的现象。

9.4.4　汞污染控制技术

9.4.4.1　汞的生成机理

A　低热值煤中汞的存在形态

低热值煤中汞的存在形态主要包括无机汞（辰砂、方铅矿、金属汞）和有机汞。在低热值煤中汞主要存在于矿物质中，且主要赋存于黄铁矿内，在后期热液成因的黄铁矿内汞尤为富集。除黄铁矿外，其他硫化物和硒化物中也含有汞。低热值煤中汞的含量与硫分、灰分含量呈显著正相关，与铁也有一定的相关性，但与铝、钙、镁的相关性很差。研究表明，汞的赋存形态主要是硫化物结合态和残渣态，可交换态和有机物结合态都极少。

B 燃烧过程中汞污染物的形成及演化

低热值煤中各种汞的化合物在温度高于 $700\sim800℃$ 时都处于热力不稳定状态，可能分解形成 Hg^0。通常煤粉炉的炉膛温度范围为 $1200\sim1500℃$，随着低热值煤中黄铁矿和朱砂（HgS）等含汞物质的分解，98%～99%的汞（包括无机汞和有机汞）转变成 Hg^0，并以气态形式停留于锅炉的出口烟气中，仅有1%～2%的汞随灰渣的形成直接留在其中。

随后烟气流出炉膛，经过各种换热设备后，烟气温度逐渐降低，烟气中的汞形态也发生变化。烟气中汞的形态分布会受多种因素影响，如煤种、烟气温度、反应条件、气体成分、飞灰成分等。而影响汞形态转化的低热值煤中的组分主要有氯含量、溴含量、硫含量等，其中氯含量对汞排放形态影响较大。

在后续烟气中汞的形态主要有三类：颗粒态汞（Hg^P），元素态汞（Hg^0）和氧化态汞（Hg^{2+}）。不同形态的汞产生区域及物理、化学性质相差较大。具体的迁移过程为：随着锅炉尾部烟道温度的降低，一部分 Hg^0 通过物理吸附、化学吸附和化学反应等途径，被残留的炭颗粒或其他飞灰颗粒表面所吸收，形成颗粒态的汞，存在于颗粒中的汞包括 $HgCl_2$、HgO、$HgSO_4$ 和 HgS 等；另一部分 Hg^0 在烟气温度降到一定程度时，与烟气中的其他成分发生均相反应，形成氧化态汞的化合物，其中主要为汞和含氯物质之间的反应。除了含氯物质之外，其他烟气组分如 O_2 和 NO_2 等也可促进 Hg 转化成 Hg^{2+}，但烟气中的 NO_2 会抑制 Hg 在飞灰表面的吸附。还有一部分 Hg^0 在烟气中颗粒物的作用下，在颗粒物表面与烟气组分之间发生非均相反应生成 Hg^{2+}，其中飞灰中的 CuO 和 Fe_2O_3 对汞的形态转化起着催化作用。形成的气态 Hg^{2+} 化合物中一部分保持气态，随着烟气一起排出，一部分被飞灰颗粒吸收，也形成颗粒态汞 Hg^P。只有一部分气态 Hg^0 保持不变，随烟气排入大气中。

以上单质汞（Hg^0）、氧化态汞（Hg^{2+}）和颗粒态汞（Hg^P）统称为总汞（Hg^T）。其中 Hg^P 可以通过除尘器捕获，大部分 $Hg^{2+}(g)$ 可以直接被湿法烟气脱硫装置脱除，最后未被转化并脱除的 $Hg^0(g)$ 和 $Hg^{2+}(g)$ 则直接排入大气。

9.4.4.2 汞的控制技术

随着环保要求的不断提高，汞也被纳入需要控制排放的火电厂大气污染物中，目前燃煤大气汞排放控制方法包括节煤与燃煤替代、燃烧前控制、燃烧中控制和燃烧后控制等。

节煤与燃煤替代主要通过减少发电燃煤的使用量来减少总汞排放量。燃烧前脱汞措施主要是采用一些煤处理技术，如传统洗煤、选煤、配煤及煤炭改质等，减少煤中汞含量，其中煤炭洗选是最主要的除汞方式。由于烟煤燃烧后产生的氧化汞比次烟煤要多，而烟气脱硫设施的汞捕获效率很大程度上取决于烟气脱硫设施入口处氧化汞的含量，因此可通过配煤来大幅度提高脱汞效率。当烟气脱硫系统上游安装 SCR 脱硝系统时，配煤对脱汞效率的改善效果更为显著。电厂的测试结果表明，次烟煤与烟煤的混合比例为 60：40 时，未设置 SCR 的锅炉与设置了 SCR 的锅炉所生成的氧化汞比例分别是 63% 和 97%，未混合烟煤的次烟煤的氧化汞生成率为 0~40%，这说明氧化汞的生成量随着烟煤量的增加而增加，而且 SCR 脱硝工艺会进一步提高烟气中氧化汞的含量。

燃烧中控制主要通过改变燃烧工况、改进燃烧技术和在炉膛中喷入氧化剂或添加剂实现对汞排放的控制；燃烧后控制技术主要是利用现有污染物控制技术协同脱汞，或利用活性炭、飞灰、钙基吸收剂及一些新型吸收剂等专门的脱汞技术来减少汞的排放，或结合现有设施通过添加氧化剂、吸收剂、稳定剂、结合（螯合）剂的方式脱汞。

煤炭燃烧后烟气中汞的存在形式通常有三种：气态氧化汞、气态单质汞和颗粒汞。颗粒态汞与氧化态汞易被除尘器和湿法洗涤系统脱除，而元素态汞不溶于水，难以被现有污染控制装置捕集，成为目前汞污染控制研究的重点。

参 考 文 献

［1］庄国顺．大气气溶胶和雾霾新论［M］．上海：上海科学技术出版社，2019.
［2］耿红．大气气溶胶单颗粒分析：电子探针微区分析技术应用［M］．北京：科学出版社，2018.
［3］向晓东．气溶胶科学技术基础［M］．北京：中国环境科学出版社，2012.
［4］贺泓．大气灰霾追因与控制［M］．杭州：浙江大学出版社，2021.
［5］谭天怡，郭松，吴志军，等．老化过程对大气黑碳颗粒物性质及其气候效应的影响［J］．科学通报，2020，65（36）：4235-4250.
［6］冯小姣，耿红，彭妍，等．太原市灰霾期间黑碳气溶胶形貌与成分分析［J］．地球化学，2021，50（1）：75-87.
［7］CHI J W, LI W J, ZHANG D Z, et al. Sea salt aerosols as a reactive surface for inorganic and organic acidic gases in the Arctic troposphere［J］. Atmos. Chem. Phys. , 2015, 15: 11341-11353.
［8］胡京南，柴发合，段菁春，等．京津冀及周边地区秋冬季 $PM_{2.5}$ 爆发式增长成因与应急管控对策［J］．环境科学研究，2019，32（10）：1704-1712.
［9］LI W, LIU L, ZHANG J, et al. Microscopic evidence for phase separation of organic species and inorganic salts in fine ambient aerosol particles［J］. Environmental Science & Technology, 2021, 55: 2234-2242.
［10］贺泓．环境催化——原理及应用［M］．2 版．北京：科学出版社，2021.
［11］程芳琴，杨凤玲，张培华．低热值煤燃烧污染控制技术及原理［M］．北京：科学出版社，2017.

10 煤基固废利用中的界面胶体化学

煤基固废主要是指煤炭在开采、加工利用过程中产生的固体废物，主要包括煤矸石、粉煤灰、脱硫石膏等。随着我国工业的高速发展，煤基固废的产生量也在逐年增加，大量堆存对周边环境造成生态环境威胁，同时也造成了大量资源的浪费。在山西北部、内蒙古中西部开采出大量的高铝煤炭，且伴生有锂、镓等稀散元素，极具回收利用价值。因此，煤基固废的资源化利用主要以建筑建材利用的大宗利用为主，辅以铝、硅、锂、镓等有价元素提取的高值化利用方式，形成规模化与高值化利用相结合的利用方式，有利于构建我国绿色循环经济。

煤基固体废弃物存在组分复杂、矿相结构稳定等特点，制约其高效综合利用。在煤基固废资源利用的过程中，往往需要进行化工单元操作，如萃取、吸附、吸收、结晶等过程，均存在着组分在固-液、固-气、液-液及固-液-气等界面的迁移扩散、界面反应/作用等，因此，亟须认识和揭示低品位/废弃资源利用过程中颗粒的性质、界面作用/反应、组分的迁移转化规律等，为资源提质增效提供理论基础和调控方法。

10.1 资源化利用过程及界面化学理论

10.1.1 资源化利用

目前粉煤灰的利用主要集中在建筑建材、有价元素提取、农业土壤改良及催化剂载体等方面[1]。

10.1.1.1 建筑建材行业

粉煤灰作为一种优质的活性掺和料，以其碳化性、胶凝性、体积稳定性、耐久性良好的特点，已被广泛应用于各种水泥、混凝土、墙体材料、陶瓷等工程中。粉煤灰的合理掺入不仅能显著改善水泥的耐久性及工作性能，而且由于硅酸盐水泥熟料用量的减少，对降低工程造价、节能减排、环境保护等都具有可观的效果。在水泥生产过程中，粉煤灰的掺入可提高水泥后期强度增进率、降低体系水化热等特点，其掺量一般为 20%~40%；在混凝土生产过程中，掺加适量的粉煤灰可改善混凝土的和易性、增强混凝土后期强度等；在墙体材料方面，用粉煤灰制成的粉煤灰砖具有强度高、重量轻、耐久性好的特点。

水泥基材料均是多相复合材料，其性质取决于体系中各组分自身性质、相互间的关系和体系的均匀性。例如，界面在骨料和基体之间起到桥梁作用，水化早期的界面边壁效应、微区泌水效应及硬化过程中膨胀系数的差别，会影响到后期材料的强度、弹性模量和耐久性；界面的厚度及出现的裂缝也是影响水泥基复合材料在荷载作用下由线性响应转变为非线性的主要原因；较大尺寸的水化产物晶体比表面积、范德华力的变化，会影响材料的黏结能力；活性固体颗粒在净浆体系中的分散性，也决定了颗粒的化学反应和新拌浆体的结构特性。对于发泡材料而言，气-液界面所具有的表面自由能决定了泡沫发生失液、聚合和歧化行为，常通过调节凝胶体系气-水界面吸附特性和界面膜厚度，提升泡沫稳定性来调控材料的孔结构。这些过程均与界面化学有密切的关系。

10.1.1.2 元素提取利用

粉煤灰由 50%~70% 的铝、硅、铁和钙的氧化物及 0.5%~3.5% 的钠、磷、钾和硫元素组成，还存在微量元素。世界粉煤灰样品中稀土元素的平均总浓度达到 0.0404%，极具经济利用价值。粉煤灰提取氧化铝的技术发展较为完善，包括酸法、碱法、铵法和氯化焙烧法等。

粉煤灰等煤基固废由于存在组分复杂、矿相结构稳定、元素分布赋存不清晰导致元素溶出率低、产品质量差等问题，难以实现煤基固废的高效提取与高值化利用。因此，需要利用界面调控与分离来强化元素的富集分离。在超微活化过程中，利用改变颗粒的尺寸和性质来达到反应活性的提高和改善；在溶出反应过程中，通过搅拌等方式改变反应界面的产物浓度，加速溶出反应的进行；在固液分离过程中，通过表面活性剂的添加来改变酸性体系铝硅的分离界面，实现高效分离；在萃取分离过程中，通过微通道的反应设备或限域空间反应来提高萃取过程元素在两相的分离过程，缩短分离时间，这些过程均与界面化学与调控有直接关系。

10.1.1.3 农业土壤改良

粉煤灰在农业领域主要用于土壤酸碱性改良和制作肥料。粉煤灰用作土壤改良剂，可缓冲土壤 pH 值、改善土壤质地和养分状况。酸碱度修正后，砂质和壤质土壤的持水能力可提高 8%。粉煤灰中除有机碳和氮外，还含有丰富的植物营养元素，可以与化肥或有机肥结合使用，改善土壤物理特性并控制病虫害来提高产量。此外，粉煤灰合成骨料可用作观赏植物生长的容器基质。

10.1.1.4 吸附催化应用载体

粉煤灰粒径为 2.5~300μm，比表面积为 300~500m²/kg，具有耐久性和一定的化学活性，可用于制备低成本吸附剂和催化剂。粉煤灰处理工业废水过程中存在絮凝和吸附两种作用，可用于吸附重金属离子。粉煤灰凭借多孔结构对净化印染废水的脱色、废水中磷和 COD 及改善污泥脱水性能等方面取得良好效果。利用粉煤灰制备成型吸附剂可用于吸附废气中 NO_x 或作为生物曝气池的滤料。

10.1.2 溶剂浸出——未反应核收缩模型

煤矸石物料在盐酸中的浸出过程属复杂的多相反应过程，液固反应的浸出过程可选用固体颗粒大小不变的未反应核收缩模型（见图 10-1），假设矿粒为致密球形，浸出过程矿粒大小不变，生成的固体产物或残留物形成固体层包裹着未反应核。从图 10-1 可知，浸出过程需经历的步骤有：（1）浸出剂由流体相通过边界层向矿粒

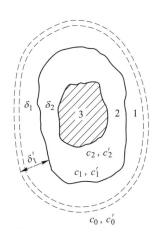

图 10-1 矿粒浸出过程的模型示意图

1—液固相边界层；2—固膜（浸出的固态生成物及残留物）；
3—未反应核；δ_1—浸出剂扩散层厚度；
δ_2—固膜厚度；δ_1'—可溶性浸出产物的扩散层厚度；
c_0~c_2—分别为浸出剂在溶液相、矿粒表面和未反应核表
面的浓度；c_0'~c_2'— 分别为可溶性浸出产物
在溶液相，矿粒表面和未反应核表面的浓度

表面扩散（外扩散）；（2）浸出剂进一步扩散通过固膜到达未反应核表面（内扩散）；（3）浸出剂与未反应的矿物进行反应（化学反应）；（4）生成的不溶性产物使固膜加厚，可溶性产物扩散通过固膜到矿粒表面（内扩散）；（5）可溶性产物扩散通过边界层进入溶液本体（外扩散）。

总的浸出反应取决于最慢的步骤，过程的控制步骤不同，用以表示浸出过程的动力学方程式如式（10-1）~式（10-6）所示：

（1）化学反应控制的动力学方程如下：

$$1 - (1 - R)^{1/3} = K_c t \tag{10-1}$$

$$K_c = \frac{kc_0^n M}{r_0 \rho} \tag{10-2}$$

式中，R 为浸出分数，%；K_c 为表观化学反应速率常数，$\min^{-1}$；t 为浸出时间，$\min$；k 为化学反应速率常数；c_0 为盐酸的初始浓度，$\mathrm{mol/L}$；n 为反应级数；M 为矿粒的摩尔质量；r_0 为矿粒的颗粒初始半径，cm；ρ 为矿粒的密度，$\mathrm{kg/m^3}$。

（2）外扩散控制的动力学方程如下：

$$1 - (1 - R)^{1/3} = K_p' t \tag{10-3}$$

$$K_p' = \frac{D_1 c_0 M}{\alpha \delta_1 \rho r_0} \tag{10-4}$$

式中，K_p' 为外扩散速率常数，$\min^{-1}$；D_1 为浸出剂在液相中的扩散系数，$\mathrm{cm^2/min}$。

（3）内扩散控制的动力学方程如下：

$$1 - 3(1 - R)^{2/3} + 2(1 - R) = K_p t \tag{10-5}$$

$$K_p = \frac{6MD_2 c_0}{\alpha r_0^2 \rho} \tag{10-6}$$

式中，K_p 为内扩散速率常数，$\min^{-1}$；D_2 为浸出剂在固膜中的扩散系数，$\mathrm{cm^2/min}$。

10.1.3 萃取法——双膜模型及动力学

根据双膜模型来认识萃取过程中两相间的传质，双膜模型可以描述一种溶质从一相（如水相）向另一相（如有机相）传递的情况；反之亦然[2]。图 10-2 表示溶质在两相间的浓度分布，中间的垂直线为界面，虚线两边分别为溶质在水相和有机相中的浓度 c_W、c_O，假定它们在强烈搅拌下各自处于均匀状态，无浓度

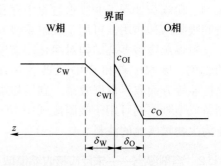

图 10-2 双膜模型中溶质在两相间的浓度分布

梯度。溶质在界面两边的浓度为 c_{WI}、c_{OI}，此时溶质在两相中的分配比 $P = c_{OI}/c_{WI}$。虚线与界面间的距离为界面层的厚度，其间的直线表示溶质的浓度梯度，溶质以分子扩散形式从一相到另一相。

溶质在两相间传递的推动力取决于浓度差（$c_W - c_{WI}$）和（$c_{OI} - c_O$）。界面处水相界面层和有机相界面层的传质系数（分子扩散系数与扩散距离的比值）分别为

$$k_W = \frac{D_W}{\delta_W} \tag{10-7}$$

$$k_O = \frac{D_O}{\delta_O} \tag{10-8}$$

稳态时，溶质在两相界面层中传递速率相等：

$$k_O(c_{OI} - c_O) = k_W(c_W - c_{WI}) = J \tag{10-9}$$

总的传质阻力等于界面两边的阻力之和。假设达到平衡时，与 c_W 平衡的有机相中溶质的相应浓度为 c_O^*，则

$$J = K_O(c_O^* - c_O) \tag{10-10}$$

式中，K_O 为用有机相中溶质浓度表示的传质系数，反映了总传质阻力。同样，还能得到用水相平衡浓度表示的总传质系数 K_W：

$$J = K_W(c_W - c_W^*) \tag{10-11}$$

并且

$$\frac{1}{K_O} = \frac{1}{k_O} + \frac{P_1}{k_O} \tag{10-12}$$

$$\frac{1}{K_W} = \frac{1}{k_W} + \frac{1}{k_O P_2} \tag{10-13}$$

说明总阻力为分阻力之和，其中：

$$P_1 = \frac{c_O^*}{c_W} \tag{10-14}$$

$$P_2 = \frac{c_O}{c_W^*} \tag{10-15}$$

式中，P_1、P_2 分别为在平衡条件下的两个分配比。如果 P_1 很大，有利于溶质进入有机相，有机相的传质阻力可以忽略，则该传质过程为水相膜控制。相反，如果 P_1 很小，有机相的阻力变得很大，传质过程为有机相膜控制。

理想状态下，仅存在分子扩散时，传质系数与扩散系数成正比。但在实际的萃取过程中，传质系数与扩散系数的 0.5~1 次方成正比，说明在界面层中不仅存在分子扩散，也有紊流扩散。

为了进一步揭示萃取过程的机理，建立了非稳态模型和稳态模型。萃取开始时体系处于非稳态，在非稳态模型中，以有机萃取剂为例，有机相一侧的有机酸分子趋于两相界面，逐渐在界面吸附，直至达到饱和吸附浓度，而且同时还溶解进入水相一侧。界面上的有机酸萃取剂发生离解，产生酸根阴离子和 H^+，H^+ 进入水相。水相中金属离子逐渐挤占 H^+ 的地位，在界面两侧建立起双电层。金属离子和萃取剂反应生成萃合物，亲水的 H^+ 向水相扩散，亲油的萃合物进入有机相。相界面的变化通过界面层内分子扩散完成。在上述过程中，各部分的浓度在不断变化，因此是非稳态状态，必须用费克第二定律通过一系列偏微分方程来描述，在复杂情况下不一定能获得解析。界面状态的变化很难测定，因此，非稳态模型还停留在理论分析，难以和数据拟合求出参数。

非稳态过程结束后，萃取过程进入稳态。此时体系中，界面及两边的液膜中与界面平行的各个断面中，所有物料都处于动态平衡，即在同一时间内，进入某断面的某一物料的量与流出的量相同，化学反应速度与传质量相等，既不积累也不亏损。萃取过程的速度同时受反应和扩散的影响，取决于过程中的控制步骤，也就是其中最慢的一步。文献中主要有两种建立模型的途径。第一种方法是首先确定反应区，建立反应与传质之间的数学等

式。其中，静止液膜层的厚度、反应速度常数、控制步骤能通过模型和实验数据拟合求出，这种模型几乎能够概括各种不同类型的萃取动力学。第二种方法是利用现有的传质和反应同时发生的方程，若反应为扩散方程积分的边界条件，设定控制步骤为化学反应，建立积分方程形式的模型。将模型与实验数据拟合，可以获得扩散和反应对整个萃取过程影响的信息。这种模型也已经应用于许多实际的萃取体系。影响萃取过程动力学的化学因素主要有：萃取剂的结构及反应活性，动力协萃现象，金属离子性质与萃取速度。

10.1.4 吸附法——吸附动力学和等温吸附模型

一级、二级动力学往往假定一种理想环境，即反应速率由单因子决定，但考虑到现实环境，影响因素复杂，因此对吸附过程进行修正，得到伪一级动力学、伪二级动力学模型模拟吸附过程。

伪一级动力学模型如下：

$$\lg(q_e - q_t) = \lg q_e - \frac{k_1}{2.303}t \tag{10-16}$$

式中，q_e 为吸附 3h 后达到平衡时，吸附剂对稀土离子的吸附量，mg/g；q_t 为时间为 t 时对稀土的吸附量，mg/g；k_1 为一级吸附速率常数。

伪二级动力学模型如下：

$$\frac{t}{q_t} = \frac{1}{k_2 q_e^2} + \frac{1}{q_e}t \tag{10-17}$$

式中，k_2 为二级吸附速率常数。

Weber 和 Morris 模型如下：

$$q_t = k_{ip} t^{1/2} + C \tag{10-18}$$

式中，k_{ip} 为内扩散速率常数；C 为关于厚度、边界层的常数。

为了研究同一温度下，吸附量与初始溶液浓度的关系，本书利用 Freundlich 模型和 Langmuir 模型对不同浓度下静态吸附数据进行拟合。其中 Freundlich 模型是一个经验方程，其公式如下：

$$q_e = K_F C_e^{1/n} \tag{10-19}$$

线性化后公式如下：

$$\lg q_e = \lg K_F + \frac{1}{n}\lg C_e \tag{10-20}$$

式中，K_F 为吸附平衡常数；$1/n$ 为浓度对最终吸附量影响强弱程度，数值一般介于 0~1。

Langmuir 等温吸附模型假设整个吸附过程处于动态平衡，单层吸附，即化学吸附。吸附剂表面活性位点分布均匀且分子剧烈运动过程中，每个活性位点结合稀土离子的概率相等。每个活性位点上只吸附一个分子。其计算公式如下：

$$q_e = q_{max} \frac{K_L C_e}{1 + K_L C_e} \tag{10-21}$$

线性化后公式如下：

$$\frac{C_e}{q_e} = \frac{1}{q_{max}} C_e + \frac{1}{K_L q_{max}} \tag{10-22}$$

式中，K_L 为 Langmuir 吸附平衡常数；q_{max} 为吸附剂的饱和吸附量。

10.2 有价元素提取

10.2.1 煤基固废活化预处理

粉煤灰是煤炭在高温下燃烧后形成的产物,其主要的含铝矿物是莫来石,属斜方晶系,其化学结构式是 $3Al_2O_3 \cdot 2SiO_2$,是 Al_2O_3-SiO_2 系中唯一稳定的二元化合物,其化学成分实质上是介于 $Al_2O_3 \cdot 2SiO_2$ 和 $2Al_2O_3 \cdot SiO_2$ 之间的。莫来石的晶体结构可以看作是由硅线石结构演变而来,非常稳定,其结构如图 10-3(a)所示。煤矸石中主要含铝矿物高岭石($Al_2O_3 \cdot 2SiO_2 \cdot 2H_2O$),为三斜晶系,属二八面体 1:1 型层状结构硅酸盐矿物,其晶体结构如图 10-3(b)所示。高岭石的晶体结构特点为每个(Si—O)四面体 $[SiO_4]$ 中有 3 个 O 与其他相邻的(Si—O)四面体共有,剩余的 O 朝向同一个方向,形成一平面层。无数单一分子层之间主要以氢键相联,叠合形成高岭石长程有序的晶体结构,结构稳定,化学反应性差。

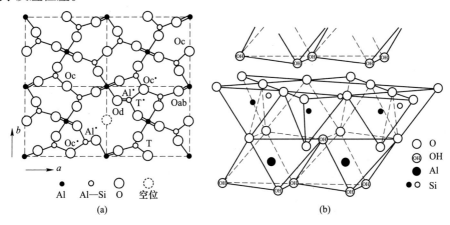

图 10-3 莫来石和高岭石的晶体结构示意图
(a)莫来石;(b)高岭石

从粉煤灰、煤矸石中提取氧化铝等有价元素,需要将莫来石、高岭石等铝硅酸盐矿物通过化学或物理激活将其转变成化学反应活性高的物相。活性激发的方法主要包括热活化、化学活化、机械力活化及各种活化方式相结合的复合活化等。在这些活化方式中,热活化由于工艺简单、效果显著而得到最广泛的应用。煤矸石中的主要含铝矿物为高岭石,通常采用热活化即可达到显著的活化效果,而粉煤灰中的主要含铝矿物为莫来石,它是煤或煤矸石经高温燃烧后的产物,结构上更具稳定性,因此仅采用热活化并无明显效果,目前广泛采用的是化学活化与热活化相结合的复合活化方式。此外,矿物加工过程中普遍需要经过破碎、粉磨过程,机械力活化相对其他活化方式更易于工业实施,也常常作为一种重要的活化方式与其他活化方式加以复合。

10.2.1.1 机械力活化

机械力活化是通过机械力的方式将样品磨细,常用于粉煤灰、矿渣、煤矸石等的活化方面,不仅可以大大强化铝、铁、硅等离子的浸出,降低过程温度和试剂消耗,提高产品的回收率,而且由于其易于应用于工业实施的特点,为煤系固废的资源化利用开辟了一个新的领域。根据机械力活化产生的作用，可将机械力的作用归结为物理效应、结晶状态及化学变化（见图 10-4），但详细的作用机理仍在探讨中。

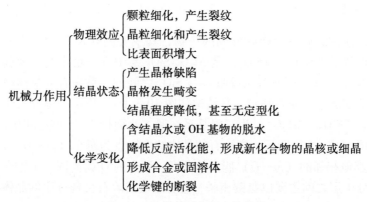

图 10-4　机械力活化产生的作用

10.2.1.2　热活化

热活化是激发煤矸石活性的有效手段[3]。主要是利用高温使煤矸石在燃烧脱碳的同时，脱去硅铝酸盐矿物中的结合水，破坏其内部分子结构，从而形成热力学不稳定结构，即烧成后的煤矸石中含有大量的活性氧化铝和氧化硅。

高岭石在 450~980℃发生脱羟基反应，即高岭石晶体结构中的羟基在热作用下逐渐脱去，转变为高活性的偏高岭石。在这一阶段，羟基的脱除使高岭石结构中 Al 原子的配位方式由六配位 Al^{VI} 变为五配位 Al^{V} 和四配位 Al^{IV}，而且化学键的断裂导致高岭石中原来的铝氧八面体结构层发生严重畸变和破坏，偏高岭石晶格中存在大量缺陷，长程有序结构被打破，转变为高活性偏高岭石，呈现非晶态结构。脱水反应可表示为：

$$Al_2O_3 \cdot 2SiO_2 \cdot 2H_2O \xrightarrow{450\sim980℃} Al_2O_3 \cdot 2SiO_2 + 2H_2O \qquad (10\text{-}23)$$

煤矸石的热活化原理实质上就是其中的高岭石在高温下发生脱羟基反应生成偏高岭石，它是煤矸石活性产生的主要来源。图 10-5 是山西潞安某矿区煤矸石在热活化前后的 XRD 图谱。原煤矸石主要含高岭石（K）和石英（Q），800℃热处理后煤矸石中的高岭石（K）衍射峰大部分消失。

10.2.1.3　化学活化

化学活化主要是利用化学助剂在高温下破坏煤矸石和粉煤灰中稳定的高岭石和莫来石结构[4]。常用的助剂主要有 Na_2CO_3、$NaOH$、K_2CO_3 等钠助

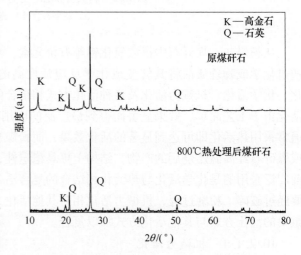

图 10-5　煤矸石热活化前后 XRD 图谱

剂及 $CaCO_3$、$Ca(OH)_2$ 等钙助剂。由于煤矸石采用热活化即可达到较好的效果，目前化学活化主要用于粉煤灰活化。

CaO 可以使 Al_2O_3 和 SiO_2 组成的化合物，如莫来石，转化为含钙铝硅酸盐物相，含钙铝硅酸盐的化学反应活性远高于莫来石。在这些物质中，钙长石 $CaO \cdot Al_2O_3 \cdot 2SiO_2$（$CAS_2$）可溶于酸，$12CaO \cdot 7Al_2O_3$（$C_{12}A_7$）在 Na_2CO_3 溶液中有很高的溶出率。因而可以通过向粉煤灰中添加 CaO，形成以钙长石或 $12CaO \cdot 7Al_2O_3$ 为主的含钙铝硅酸盐，通过酸、碱浸取将粉煤灰中的 Al_2O_3 提取出来。

通过活化过程，粉煤灰中莫来石等铝硅酸盐矿物在 CaO 作用下转变为钙长石等含钙铝硅酸盐，这些含钙铝硅酸盐涉及的反应如下：

$$3Al_2O_3 \cdot 2SiO_2 + 3CaO \longrightarrow 3CaO \cdot Al_2O_3 \cdot SiO_2 (约 1100℃) \tag{10-24}$$

$$7(3Al_2O_3 \cdot 2SiO_2) + 3CaO \longrightarrow 3(12CaO \cdot 7Al_2O_3) + 14(2CaO \cdot SiO_2)(约 1250℃)$$
$$\tag{10-25}$$

在 Al_2O_3 和 SiO_2 体系中加入 Na_2O，由 Al_2O_3-SiO_2 组成的铝硅酸矿物如莫来石、偏高岭石等可以转化为霞石（$NaAlSiO_4$），霞石是一种酸溶活性很高的非晶态物相，与酸反应可以将其中的 Al_2O_3 溶解出来，从而促进粉煤灰、煤矸石中的 Al_2O_3 在酸中的溶出。活化过程主要反应式如下：

$$Na_2CO_3 + Al_2O_3 + 2SiO_2 \longrightarrow 2NaAlSiO_4(霞石) + CO_2 \tag{10-26}$$

$$NaOH + Al_2O_3 + 2SiO_2 \longrightarrow 2NaAlSiO_4(霞石) + H_2O \tag{10-27}$$

目前关于钠助剂活化粉煤灰的研究较多，常用的钠助剂以 Na_2CO_3 和 NaOH 为主。Na_2CO_3 和 NaOH 均可使粉煤灰发生相转变，将莫来石转变为霞石，但二者的作用有所差异。添加 Na_2CO_3 助剂，在 600℃ 时粉煤灰中的莫来石开始分解，在高于 800℃ 时形成 $NaAlSiO_4$（霞石）；加入 NaOH 助剂，粉煤灰中的莫来石在 400℃ 即可分解，但随温度增加，NaOH 对莫来石的分解作用增加不大，莫来石向霞石相的转化也比 Na_2CO_3 作用下的弱。因而，NaOH 在低温下（<600℃）对粉煤灰的活化效果优于 Na_2CO_3，而高温下（>700℃）Na_2CO_3 对粉煤灰的活化作用较好。而同时添加 Na_2CO_3 和 NaOH，NaOH 在低温下（400℃）对莫来石的分解作用促进了 Na_2CO_3 在高于 600℃ 时对莫来石的分解，因而 Na_2CO_3 和 NaOH 形成的混合碱助剂对粉煤灰的活化效果更为优越，在 700℃ 氧化铝的提取率即可达到 90% 以上。NaOH 和 Na_2CO_3 活化粉煤灰机理如下：

$$6NaOH + 3Al_2O_3 \cdot 2SiO_2 + 10SiO_2 \longrightarrow 6NaAlSi_2O_6 + 3H_2O(约 400℃) \tag{10-28}$$

$$8NaOH + Na_2CO_3 + 4NaAlSi_2O_6 \longrightarrow 2NaAlSiO_4 +$$
$$Al_2O_3 + 6Na_2SiO_3 + 4H_2O + CO_2(400 \sim 600℃) \tag{10-29}$$

$$Na_2CO_3 + NaAlSiO_4 \longrightarrow NaAlSiO_4 + 2Na_2SiO_3 + Al_2O_3 + CO_2(700 \sim 800℃)$$
$$\tag{10-30}$$

钠、钾、钙助剂活化粉煤灰/煤矸石这一现象可通过电荷补偿效应加以解释，当晶体中的取代杂质离子与晶体中相应的被取代离子的氧化态不同时，产生的取代缺陷将带有一定的有效电荷，为保持体系的电中性，晶体中将产生出带有相反有效电荷的缺陷，使取代缺陷的电荷得到补偿。在粉煤灰和 Na_2O、K_2O、CaO 反应体系中，铝离子由 AlO_6 转变为 AlO_4，形成的 AlO_4 中存在电荷缺陷，而 Na^+、K^+、Ca^{2+} 作为补偿电荷可以填补这一空隙，从而降低网络结构的不稳定性，其矿相转化机理如图 10-6 所示。

莫来石　　　　　　　　　　　　　　KAlSiO$_4$　　　　　　　　　　　　KAlSiO$_4$-O1

图 10-6　碳酸钾活化粉煤灰中莫来石相及其晶型转变过程机理图

10.2.2　煤矸石中铝、铁溶出动力学

酸法是煤矸石提铝广泛采用的工艺，在酸浸过程中，煤矸石中的 Fe、Ca、Mg、K、Ti 等杂质金属离子（其氧化物的总量占到矸石组成的 5%～10%）也同时溶出带入滤液，影响铝产品的纯度和质量。因此，有必要了解酸浸过程中金属离子的溶出行为及酸浸液中杂质的组分及含量。Fe 作为酸浸过程中最主要的杂质，对铝产品质量的影响最大，因此，在 Al$_2$O$_3$ 溶出的同时，了解 Fe$_2$O$_3$ 酸浸溶出的动力学过程，对控制 Fe 杂质的浸出和优化 Al 的溶出过程有重要意义。

以某地区的煤矸石为原料，研究了煤矸石在热活化方式下金属离子在酸浸过程中的溶出行为，考察金属离子的溶出活性和其在矸石中矿物存在形态之间的关系；研究酸浸时间、盐酸浓度、酸浸温度对热活化矸石物料酸浸溶出金属离子的影响，并提出酸浸预除杂的工艺；以 HCl 作为酸浸介质，采用矿物的未反应核收缩模型对煤矸石热活化—酸浸溶出 Al$_2$O$_3$ 和 Fe$_2$O$_3$ 的动力学过程进行了模拟，研究了 HCl 浓度和酸浸温度对 Al$_2$O$_3$ 和 Fe$_2$O$_3$ 溶出的影响，确定了 Al$_2$O$_3$ 和 Fe$_2$O$_3$ 溶出过程的控制步骤；基于 Al$_2$O$_3$ 和 Fe$_2$O$_3$ 溶出的动力学特点和 AlCl$_3$、FeCl$_3$ 在不同浓度盐酸中的溶解度数据，提出了 Al$_2$O$_3$ 溶出的强化措施和除铁工艺。

研究不同浓度的 HCl（3～7mol/L）和酸浸温度（40～106℃）对热活化—酸浸过程中 Al$_2$O$_3$ 和 Fe$_2$O$_3$ 溶出的影响，分别控制酸浸温度为 90℃ 和盐酸浓度为 6mol/L，结果如图 10-7 所示。从动力学的角度解释，提高盐酸浓度有利于 Al$_2$O$_3$ 溶出速率的提高；但 AlCl$_3$ 在 HCl 中的溶解度随 HCl 浓度增加而下降，而 HCl 浓度的增加有利于 Fe$_2$O$_3$ 的快速溶出。

根据矿物未反应核收缩模型的动力学方程对 Al$_2$O$_3$ 和 Fe$_2$O$_3$ 的酸浸溶出过程进行模拟，由于在反应过程中剧烈地搅拌，忽略外扩散对浸出反应的影响。采用内扩散控制的动力学方程拟合 Al$_2$O$_3$ 的溶出过程，相关系数 R^2 比较高，在 0.96 以上；在盐酸浓度为 7mol/L 时，线性关系发生了偏离，说明在酸浸温度为 90℃、盐酸浓度为 3～6mol/L 时，Al$_2$O$_3$ 的溶出速率受固膜扩散控制。基于图 10-7 的溶出数据可见，在 HCl 浓度为 3～6mol/L 时，$1-(1-R)^{1/3}$ 和酸浸反应时间 t 表现出了良好的线性关系，R^2 在 0.96 以上，说明在实验条件下，Fe$_2$O$_3$ 的溶出速率受化学反应控制。

根据图 10-7 酸浸温度对 Al$_2$O$_3$ 和 Fe$_2$O$_3$ 溶出的影响实验数据，绘制了 6mol/L 的 HCl 中，不同温酸浸下（40～106℃）Al$_2$O$_3$ 溶出的动力学拟合曲线（见图 10-8）。在 40～80℃ 时，$1-(1-R)^{1/3}$ 和反应时间 t 呈线性关系（见图 10-8（a）），相关系数 R^2 在 0.92 以上，说明在此温度区内，Al$_2$O$_3$ 的溶出速率受化学反应控制；在 90～106℃ 时，$1-3(1-R)^{2/3}+$

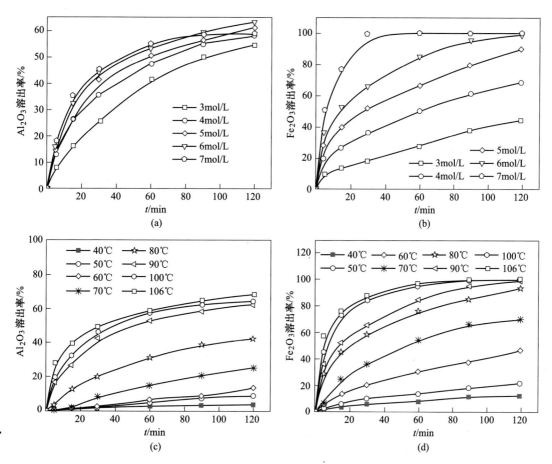

图 10-7　不同盐酸浓度和浸出温度对煤矸石中铝、铁溶出的影响

（a）（c）Al_2O_3；（b）（d）Fe_2O_3

$2(1-R)$ 和反应时间 t 的关系为一条直线（见图 10-8（b）），说明在酸浸温度为 $90\sim106℃$ 时，浸出剂 HCl 穿过生成的固体产物膜到达矸石颗粒表面的扩散作用占主导。图 10-8（c）为 Fe_2O_3 溶出的 $1-(1-R)^{1/3}$ 和反应时间 t 的线性关系，$R^2>0.93$，可见在 $40\sim100℃$ 的温度范围内，化学反应是限制 Fe_2O_3 溶出速率提高的主要原因。

　　根据以上动力学拟合曲线及反应速率常数与温度的关系 Arrhenius 公式，可计算出 Al_2O_3 和 Fe_2O_3 溶出的表观活化能 E_a。Arrhenius 公式可表示为：

$$K = A\exp\left(-\frac{E_a}{RT}\right) \tag{10-31}$$

式中，K 为速率常数；A 为指前因子；E_a 为表观活化能，kJ/mol；R 为理想气体常数，其值为 8.314×10^{-3} kJ/（mol·K）；T 为温度，K。

可得 $\ln K\text{-}1/T$ 的线性关系式如下：

$$\ln K = \ln A + \left(-\frac{E_a}{R}\right)\frac{1}{T} \tag{10-32}$$

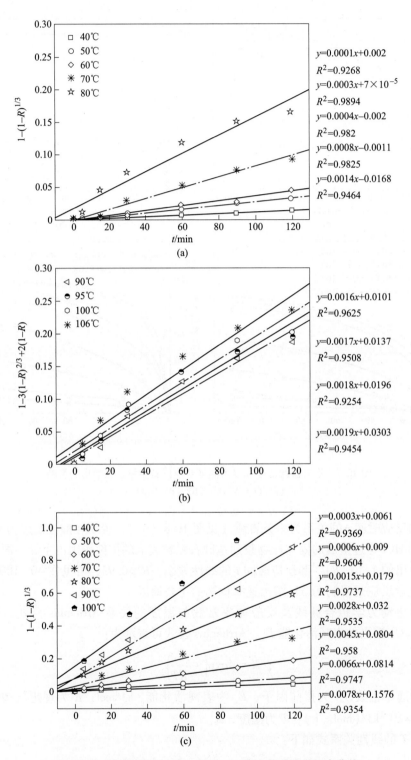

图 10-8　不同温度下 Al_2O_3 和 Fe_2O_3 溶出的动力学拟合曲线

（a）Al_2O_3（40~80℃）；（b）Al_2O_3（90~106℃）；（c）Fe_2O_3（40~100℃）

不同酸浸温度下 Al_2O_3 和 Fe_2O_3 溶出的速率常数 K 值对应于图 10-8 中直线的斜率。以此作图,图 10-9 为 Al_2O_3 和 Fe_2O_3 溶出结果的 lnK 随 $1/T$ 变化的关系曲线,即 Arrhenius 曲线。根据式(10-32),从图 10-9 直线的斜率,可计算出表观活化能 E_a 的值。

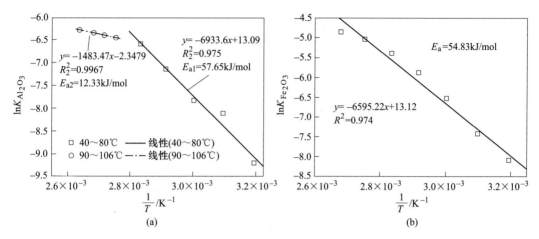

图 10-9　Al_2O_3(a)和 Fe_2O_3(b)溶出的 Arrhenius 曲线

(温度范围为 40~106℃；HCl 浓度为 6mol/L)

由文献可知,表观活化能较高时(>41.8kJ/mol),矿物溶出的动力学过程受界面化学反应控制,而当表观活化能较低时(4~12kJ/mol),扩散控制占主导。由前面的研究可知,在酸浸温度为 40~80℃时,Al_2O_3 的溶出受化学反应控制；在酸浸温度为 90~106℃时,扩散控制占主导。由图 10-9 可知,对于 Al_2O_3 的溶出,在酸浸温度为 40~80℃和 90~106℃时,表观活化能的值分别为 57.65kJ/mol 和 12.33kJ/mol。在 40~106℃时,Fe_2O_3 溶出的表观活化为 54.83kJ/mol。计算出的表观活化能的值可进一步验证 Al_2O_3 和 Fe_2O_3 溶出的速率控制步骤。基于煤矸石中 Al_2O_3 和 Fe_2O_3 酸浸溶出的动力学特点和 $AlCl_3$ 和 $FeCl_3$ 在盐酸中的溶解度数据,可采用低温浓酸工艺进行预除铁。

10.2.3　铝硅分离过程强化

白炭黑又称水合二氧化硅,因其具有耐高温、多孔性、高表面活性等特点,替代炭黑作为橡胶轮胎的补强剂的研究和应用成为人们关注的焦点。以粉煤灰为原料制备白炭黑的传统方法是通过碱熔(Na_2CO_3 或 NaOH)制备出硅酸钠溶液,再经沉淀法(硫酸或盐酸)制备白炭黑,这种方法能耗高、工艺复杂、后处理困难,产品纯度难以提高。为进一步提高粉煤灰中硅的利用率,用粉煤灰与碳酸钠烧结,盐酸酸浸一步法制备白炭黑。由于酸化过程中形成硅酸胶体导致产品与杂质(Ca^{2+}、Fe^{3+}、Al^{3+})的分离很困难,产品中杂质含量高。此外,制备的产品表面存在大量的硅羟基使产品具有很强的亲水性和高表面能,当被用作橡胶轮胎的补强剂时存在许多障碍:在有机相中难以润湿或分散,难以在聚合物和填料之间形成耦合且容易聚集。

目前,改善沉淀法白炭黑的分散性和疏水性主要采用化学方法,常用的改性剂是硅烷偶联剂。硅烷偶联剂可以显著提高二氧化硅的分散性和表面疏水性,然而,如果反应过程没有得到适当的控制,硅烷偶联剂的自缩聚效应会大大影响改性效果。表面活性剂也常被用于白炭黑的表面改性。混合表面活性剂能够改善产品在橡胶化合物中的使用性能。选择在反应过程中直接添加改性剂,再从粉煤灰中提取二氧化硅的过程中直接添加混合表面活性剂 CTAB 和 PEG 进行改性。通过这种方法,制备出分散性和疏水性较好的白炭黑,成本低且后处理简单。表面活性剂 CTAB 与 PEG 在铝硅分离过程中的强化分离机理如图 10-10 所示,即利用表面活性剂的分散性质使胶体粒子发生聚沉。通过 CTAB 与 SiO_2 之间的范德华引力或者离子交换作用吸附于 SiO_2 表面,减弱静电作用,当相斥力大于范德华引力时,胶体开始聚沉。PEG 分子通过醚键上的氧原子与 SiO_2 表面的羟基形成氢键吸附于 SiO_2 粒子表面,通过空间位阻和网络凝聚效应发生聚沉。CTAB 与 PEG 复配时偶极-离子相互作用,增大疏水链密度,使胶体发生聚沉。利用 PEG 的配合能力将胶体中 Al^{3+}、Fe^{3+} 和 Ca^{2+} 转移至液相,进一步提高分离效率。

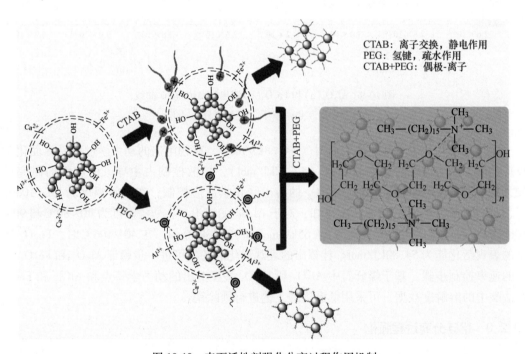

图 10-10 表面活性剂强化分离过程作用机制

在添加 PEG 改性后,相比 CTAB 的 45min 分离时间,改性显著降低了过滤水洗时间,基本维持在 10min 左右。PEG 的亲水基醚键位置在疏水基中间,而 CTAB 的亲水基在末端,这使得 PEG 分子在溶液中扩散得较快,不易在溶液中形成胶束,而在表面(界面)定向排列使界面张力大大降低,润湿性比 CTAB 好。在反应体系中,CTAB 分子本身吸附时由于同电荷相斥导致分子间排列不紧密,占据的分子横截面积较大。加入 PEG 后,由于疏水效应及两种表面活性剂之间可能产生的偶极-离子相互作用导致 PEG 分子很容易插入松散的 CTAB 吸附层中,减弱了同电荷相斥作用,增大了疏水链密度。非离子表面活性剂 PEG 醚键中的氧原子极易吸引水中 H^+,呈假离子性质。CTAB 的加入不仅可提高表面活性,且由于同性电荷相斥削弱分子间作用力,改善了分散性。相比单独使用 CTAB 或 PEG,混合表面活性剂的使用使过滤水洗时间显著缩短。在 CTAB 的浓度为 $9 \times 10^{-4} mol/L$、

PEG 的添加量为 0.5%时，过滤水洗时间最短为 3min。这说明双表面活性剂对产品的分散性更好。

在添加 CTAB 和 PEG 后，白炭黑产品中杂质的含量显著降低。未添加表面活性剂时，产品中 SiO_2 的含量为 85.76%，添加双表面活性剂（见表 10-1）之后，产品中 SiO_2 的含量增加到 92.51%。此外，相比单表面活性剂，CTAB 和 PEG 混合添加后产品中杂质的含量降低。这是因为 CTAB 和 PEG 对硅酸胶体产生的协同效应更有利于杂质与产品的分离。

表 10-1　白炭黑产品的化学组成（质量分数）　　　　　　　　　　　（%）

组　分	SiO_2	Al_2O_3	Fe_2O_3	CaO
不添加表面活性剂	85.76	1.21	0.12	0.15
CTAB	88.41	0.42	0.09	0.156
PEG	91.44	0.29	0.046	0.074
CTAB+PEG	92.51	0.23	0.020	0

10.2.4　萃取法提镓的界面行为

溶剂萃取法具有操作简单、传质速率快等优势，是有价元素提取常用的分离工艺。溶剂萃取的过程是一个复杂的物理化学过程，它是根据金属离子在互不相溶的两相中溶解度或分配系数的差异，使金属离子从一相转移到另一相的方法，该法涉及液-液两相界面的传质过程。萃取剂和金属离子的化学作用，首先是在两相界面上进行的。金属离子在水相中一般是以水合状态 $[M(H_2O)_n]^{m+}$ 存在的，具有亲水性，如何使亲水的金属离子去水合使其具有疏水性是跨界面相转移的关键。根据萃取机理的不同，可分为螯合萃取、离子交换萃取、离子缔合萃取、中性配合物萃取等。

Ga 是一种重要的稀散金属，在粉煤灰资源化利用过程中协同提 Ga 能提高利用过程的经济效益。一般是采用煅烧活化—浸出—循环等方法将其富集到浸出母液中，再采用溶剂萃取等方法选择性提取 Ga^{3+}[5]。粉煤灰浸出液是一个含 Fe^{3+}、Al^{3+}、Ca^{2+}、K^+、Na^+、Ti^{4+} 等的高离子强度、多离子共存的复杂体系，而 Ga 在浸出液中的相对含量很低（<100mg/L），且与主要金属离子 Al^{3+}、Fe^{3+} 的化学性质极为相似，选择性提取难度大。深入认识各种金属离子在水溶液中的配合形态和反应活性，对指导复杂体系中金属离子的分离具有重要的意义。

10.2.4.1　金属离子反应活性分析

金属离子的反应活性受到金属离子核外电荷、离子半径、d 电子稳定能、配位数和水合能等诸多因素的影响。图 10-11 所示为金属离子的核外电子排布、离子势及最外层电子结构，一般来说，中心离子电荷越高，半径越小，离子势 Φ 越大，则中心离子的电场强度越大，形成的配合物越稳定。Fe(Ⅲ)、Ga(Ⅲ)、Al(Ⅲ) 离子电荷数相等，反应活性相近，但其最外层电子排布不同。基于配体场理论，Fe(Ⅲ) 有 d 轨道，相对于具有惰性电子结构的 Al(Ⅲ)，更容易形成稳定的配合物；由于变形性和极化性，有全充满 d 轨道 $3d^{10}$ 的 Ga(Ⅲ)，相对于稀有气体构型 $2s^2 2p^6$ 的 Al(Ⅲ) 更容易生成稳定的配合物。Fe(Ⅲ)、Ga(Ⅲ)、Al(Ⅲ) 三价金属离子的反应活性顺序也可用其在溶液中的配合形态进行解释。在 pH=0~5 的范围内，Fe^{3+}、Ga^{3+}、Al^{3+} 等金属离子均以水合和水解配合形态存在，继续升高 pH 值，金属离子生成氢氧化物沉淀；不同的是，不同金属离子形成水解配合形态的 pH 值不一样，金属离子发生水解的先后顺序分别为 Fe(Ⅲ)、Ga(Ⅲ)、Al(Ⅲ)。因此，金属离子反应活性的顺序为：Ti(Ⅳ)>Fe(Ⅲ)>Ga(Ⅲ)>Al(Ⅲ)>Mg(Ⅱ)>K(Ⅰ)。

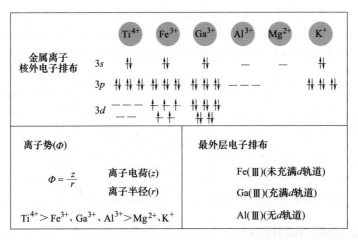

图 10-11　金属离子的核外电子排布、离子势及最外层电子结构

因此，根据 Fe(Ⅲ)/Ga(Ⅲ)/Al(Ⅲ) 反应活性的差异提出了 Fe(Ⅲ)/Ga(Ⅲ)/Al(Ⅲ) 梯级分离思路，即先 Fe(Ⅲ)/Ga(Ⅲ) 分离，再 Ga(Ⅲ)/Al(Ⅲ) 分离。

10.2.4.2　酸性萃取剂萃取金属离子的热力学平衡

选择合适的萃取剂是 Ga 选择性分离的关键。目前已经研究的提 Ga 萃取剂有很多，包括酸性含磷萃取剂、羧酸萃取剂、中性含磷萃取剂和胺类萃取剂等，萃取剂的结构不同，萃取机理、适用的体系、选择性等有差异。作者所在课题组考察了不同种类的酸性萃取剂、中性萃取剂、碱性萃取剂对 Ga(Ⅲ) 的萃取效率，最终确定了 3 种酸性含磷萃取剂 P204、P507 和 Cyanex 272，萃取剂的结构如图 10-12 所示。

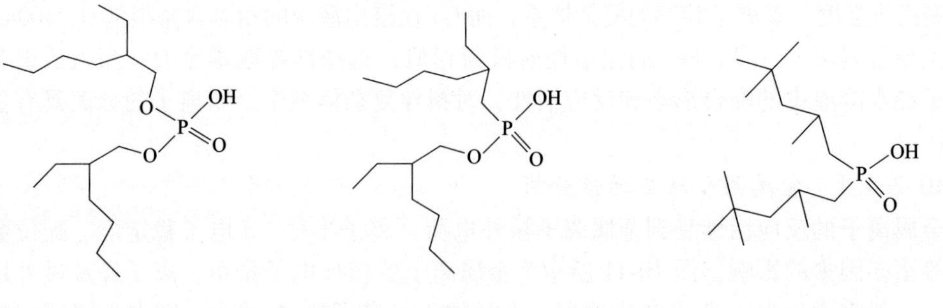

P204	P507	Cyanex 272
二(2-乙基己基)磷酸酯	2-乙基己基磷酸单-2-乙基己基酯	二(2,4,4-三甲基戊基)膦酸

图 10-12　P204、P507 和 Cyanex 272 萃取剂的分子结构

磷酸类萃取剂一般通过氢键以二聚体 (H_2L_2) 的形式存在。采用磷酸萃取剂萃取金属离子包括如下的化学平衡：萃取剂 H_2L_2 在液-液两相的分配平衡、H_2L_2 在水相中的离解平衡、被萃金属离子 M^{n+} 与萃取剂离解后的阴离子 L^- 在水相中的配位平衡、金属络合物在

两相中的分配平衡（见图 10-13）。

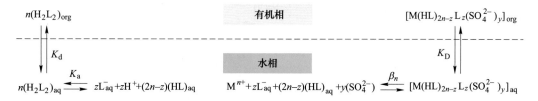

图 10-13　磷酸萃取剂萃取金属的化学平衡示意图

$$K_d = \frac{c^n(H_2L_2)_{org}}{c^n(H_2L_2)_{aq}} \tag{10-33}$$

$$K_a = \frac{c^z(H^+) \cdot c^z(L^-)_{aq} \cdot c^{2n-z}(HL)_{aq}}{c^n(H_2L_2)_{aq}} \tag{10-34}$$

$$\beta_n = \frac{c\left[M(HL)_{2n-z}L_z(SO_4^{2-})_y\right]_{aq}}{c(M^{n+}) \cdot c^z(L^-)_{aq} \cdot c^{2n-z}(HL)_{aq} \cdot c^y(SO_4^{2-})} \tag{10-35}$$

$$K_D = \frac{c\left[M(HL)_{2n-z}L_z(SO_4^{2-})_y\right]_{org}}{c\left[M(HL)_{2n-z}L_z(SO_4^{2-})_y\right]_{aq}} \tag{10-36}$$

式中，K_d 为萃取剂在两相之间的分配系数；K_a 为萃取剂的溶解常数；β_n 为生成的金属化合物的稳定常数；K_D 为金属化合物在两相之间的分配系数。

金属离子和酸性萃取剂发生反应进入有机相主要是通过与萃取剂发生阳离子交换生成中性萃合物并同时向水相中放出 H^+，阳离子交换的方程式可表示为：

$$M^{z+} + ySO_4^{2-} + n(H_2L_2)_{org} \rightleftharpoons \left[M(HL)_{2n-z}L_z(SO_4^{2-})_y\right]_{org} + zH^+ \tag{10-37}$$

该反应的平衡常数 K_{ex} 可表示为式（10-38），将上述平衡常数的表达式代入，可得式（10-39）：

$$K_{ex} = \frac{c\left[M(HL)_{2n-z}L_z(SO_4^{2-})_y\right]_{org} \cdot c^z(H^+)}{c^n(H_2L_2)_{org} \cdot c(M^{z+}) \cdot c^y(SO_4^{2-})} \tag{10-38}$$

$$K_{ex} = \frac{K_a \cdot \beta_n \cdot K_D}{K_d} \tag{10-39}$$

结合式（10-38）和式（10-39）得：

$$D_M = \frac{c^n(H_2L_2)_{org} \cdot c^y(SO_4^{2-})}{c^z(H^+)}K_{ex} = \frac{c^n(H_2L_2)_{org} \cdot c^y(SO_4^{2-}) \cdot K_a \cdot \beta_n \cdot K_D}{c^z(H^+) \cdot K_d} \tag{10-40}$$

式中，D_M 为金属离子在两相的分配系数，可以看出，D_M 主要受萃取剂、硫酸浓度、各平衡常数和 pH 值影响。

酸性萃取剂 P204、P507 和 Cyanex 272 对应的 pK_a 分别为 3.42、4.51 和 6.02，萃取剂的 pK_a 越低，酸解离常数 K_a 越高；H^+ 浓度越低，金属离子分配系数越高；不同 pK_a 的萃取剂对金属离子分配系数相同时所需的平衡 pH 值不同。因此可以通过控制萃取体系的平衡 pH 值、选择合适 pK_a 的萃取剂实现 Ga 的选择性提取。基于上述分析，依据 Ga^{3+}、Fe^{3+}、Al^{3+} 在水溶液中配合形态和反应活性差异，提出了 P507-Cyanex 272 从粉煤灰浸出液梯级除杂和选择性提 Ga 的技术方案（见图 10-14）。

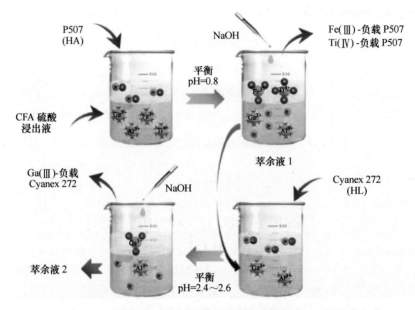

图 10-14   P507-Cyanex 272 梯级除杂和选择性提 Ga 的技术方案

控制平衡 pH 值为 0.8 左右，采用酸性较强的 P507 萃取除铁；控制平衡 pH 值至 2.4 ~ 2.6，再采用 Cyanex 272 提 Ga。经 P507 萃取除铁后，浸出液中 Fe^{3+} 浓度从 5.09g/L 降到了 0.172g/L；Cyanex 272 提 Ga 后，Ga^{3+} 浓度从 104mg/L 降低到 19mg/L，Ga 的萃取率为 80% 左右；该工艺对 Fe/Ga、Fe/Al 和 Ga/Al 的分离因子分别为 145、133 和 40。

10.2.4.3   Cyanex 272 萃取 Ga 的界面作用机理

分析图 10-15 的结构可以看出，这些分子具有双亲性，烷基链端亲油、磷酰基（—P＝O）和羟基（—OH）亲水，在萃取过程中，—P＝O 和—OH 取向于水中，和 Ga（Ⅲ）发生化学作用使其去水合，同时再把等摩尔的 H^+ 交换到水中。Ga^{3+} 进入有机相本体后，进一步与 Cyanex 272 分子配合，形成 GaL_3、$Ga(HL)L_3$ 和 $Ga(HL)_3L_3$ 稳定的萃合物结构。

在 GaL_3 中，Ga 与 3 个 Cyanex 272 分子在磷酸基团上 H 发生阳离子交换后与 P—O、P＝O 配位，生成六配位的配合物。在 $Ga(HL)L_3$ 中，Ga 与 3 个 Cyanex 272 上的 P—O—H 发生阳离子交换，并与另外 1 个 Cyanex 272 上的 P＝O 发生配位反应，生成四配位的配合物。在 $Ga(HL)_3L_3$ 中，Ga 与 3 个 Cyanex 272 上的 P—O—H 发生阳离子交换，并同时与另外 3 个 Cyanex 272 上的 P＝O 发生配位反应，这 6 个 Cyanex 272 分子属于 3 个 Cyanex 272 二聚体。萃取反应的方程式如下：

$$Ga^{3+} + 2\,\overline{(H_2L_2)} \Longrightarrow \overline{Ga(HL)L_3} + 3H^+ \qquad (10\text{-}41)$$

$$Ga^{3+} + 1.5\,\overline{(H_2L_2)} \Longrightarrow \overline{GaL_3} + 3H^+ \qquad (10\text{-}42)$$

$$Ga^{3+} + 3\,\overline{(H_2L_2)} \Longrightarrow \overline{Ga(HL)_3L_3} + 3H^+ \qquad (10\text{-}43)$$

萃取过程中的振荡和搅拌可使有机相在水相中高度分散，由于表面张力的原因，一般以球形或椭球形油滴分散在水相中，油滴越小表面积越大，单位体积有机相中活性基团的

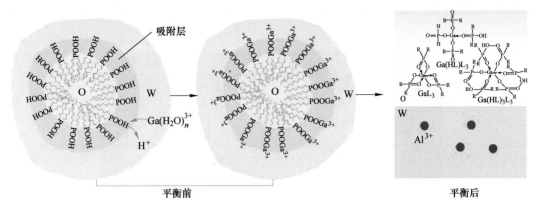

图 10-15 Cyanex 272 萃取 Ga^{3+} 过程中的界面反应

O—有机相；W —水相

数目越多，萃取速度越快。水相中的 H^+ 也在界面不断与结合了 Ga 的 Cyanex 272 分子作用，又重新形成新的萃取剂分子。当两者速度相等时，就达到萃取平衡。萃取剂的结构、金属离子的离子势（z/r）、金属离子在水相中的络合形态均会影响液-液界面的性质和活性基团的取向，进而影响萃取过程中的界面行为。另外，萃取过程中的乳化现象与两相的高度分散、有机相组成、水相中颗粒物的存在等有关，乳化的形成导致相分离困难、两相互相夹带，在生产中应该避免。

10.2.5 吸附分离稀土的界面行为

稀土元素由于其独特理化性质，成为风力涡轮机、电池、电动汽车发动机、通信设备及许多高科技领域的核心部件材料，其工业需求正在急剧上升。中国是稀土主要生产国，但稀土矿过度开采导致储量减少，稀土矿分布不均，伴生矿辐射强且利用难度大等问题，扩充稀土的来源和提高稀土的分离效率已经成为当务之急。新的稀土来源主要包括伴生矿尾矿、卤水、铝土矿渣、粉煤灰和电子废弃物等，这些来源中的稀土元素总量大、种类多。从新的稀土资源中富集、回收和利用其中的稀土金属，具有重要的经济价值。然而新的资源中稀土元素的浓度通常较低，比如通过浸出等手段得到的溶液中稀土元素的浓度往往是 10^{-6} 级；另外在这些稀土资源里还存在多种其他的非稀土金属元素，分离稀土元素时，酸性溶液中通常含有浓度较高的 Al^{3+}、Ca^{2+}、Fe^{3+} 和 Mg^{2+} 等金属离子。这些都为从替代稀土资源中回收和利用不同稀土金属带来了巨大的挑战。工业上主要通过液-液萃取法对稀土元素进行富集和分离，该方法所得稀土元素纯度相对较高，基本符合技术需求，但是存在过程复杂、产生废液多、环境不友好等诸多问题。相比之下，吸附法对稀土元素的分离效率相对较高，工艺简单且环境友好，是目前用于低浓度稀土元素选择性分离的重要手段，其难点和核心在于高效固体吸附剂材料的设计和制备[6]。

作者课题组以粉煤灰中的硅元素作为无机硅源，制备了耐酸性好、比表面积大的 SBA-15 作为吸附剂载体，利用磷酸类配体对其表面改性制备了固体吸附剂，并研究了吸附条件对稀土离子（Eu、Gd、Tb、Sm、Nd）吸附的影响，利用动力学模型和等温吸附模型模拟其吸附过程，探究了典型竞争离子对稀土离子吸附的影响，其吸附过程如图 10-16 所示。

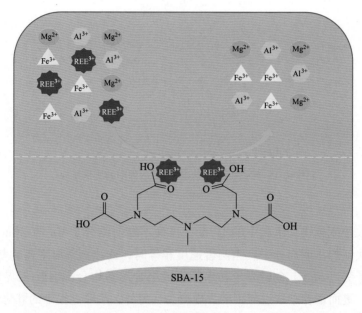

图 10-16   DTPADA-SBA-15 吸附溶液中稀土元素的界面行为

时间对 DTPADA-SBA-15 吸附稀土离子的影响如图 10-17 所示。可以看出，对 5 种稀土离子而言，整个吸附过程包括快速吸附和缓慢吸附阶段。在初期阶段，吸附剂表面吸附位点未被占据，溶液中大量稀土离子快速结合至吸附剂表面，当反应进行至一定阶段时，吸附剂表面大多数位点被占据，吸附剂表面积累正电荷，对溶液中稀土离子产生静电排斥作用，吸附速度减慢，直至吸附剂表面结合力与静电排斥力达到平衡，即吸附达到平衡。对于 Eu^{3+}、Gd^{3+}、Tb^{3+}、Nd^{3+} 4 种稀土离子，30min 即可达到吸附平衡；而对于 Sm^{3+}，120min 达到吸附平衡，这可能是由于镧系收缩现象，随着原子序数增加，其离子半径逐渐减小，5 种稀土离子中，Sm^{3+} 半径比其余 4 种离子半径大，与吸附剂表面结合能力较差。在最佳实验条件下，DTPADA-SBA-15 对 Eu^{3+}、Gd^{3+}、Tb^{3+}、Sm^{3+}、Nd^{3+} 5 种稀土离子的吸附容量分别为 3.987mg/g、3.962mg/g、3.957mg/g、3.956mg/g、3.982mg/g。

吸附过程的动力学分析主要用来确定吸附过程的控速步骤。通过伪一级动力学和伪二级动力学模型对不同时间下 DTPADA-SBA-15 吸附稀土吸附量数据进行模拟，其中伪一级动力学以时间 t 为横坐标，以 $\lg(q_e-q_t)$ 为纵坐标，而二级动力学以 t 为横坐标，以 t/q_t 为纵坐标作图进行拟合，并通过拟合方程式斜率和截距进行推算，计算其动力学参数，结果如图 10-17 所示。伪二级动力学对 Eu^{3+}、Gd^{3+}、Tb^{3+}、Nd^{3+}、Sm^{3+} 5 种稀土离子吸附的拟合相关系数分别为 0.999、0.994、0.991、0.996、0.992，远高于同等实验条件下伪一级动力学模型模拟结果。说明 DTPADA-SBA-15 吸附剂对 5 种稀土离子的吸附以化学吸附为主。

吸附过程主要包括外部扩散和内部扩散两大进程，通过 Weber-Morris 模型来确定

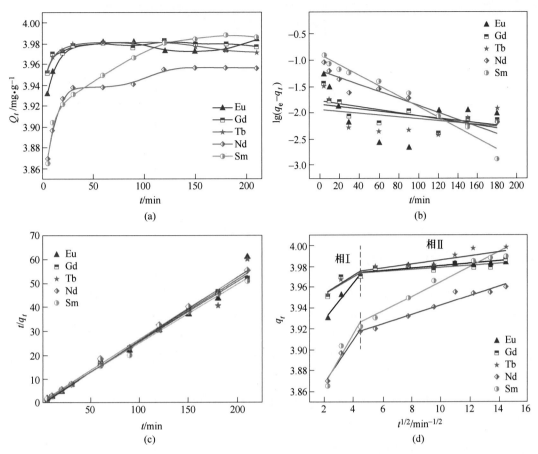

图 10-17 不同时间下 DTPADA-SBA-15 对 Eu^{3+}、Gd^{3+}、Tb^{3+}、Nd^{3+}、Sm^{3+} 吸附容量(a)、
DTPADA-SBA-15 吸附稀土离子动力学拟合结果(b)、(c)和 Weber-Morris 模型拟合结果(d)

影响吸附过程整体速率的步骤（见图 10-17（d））。以 t 和 q_t 作为横纵坐标作图，假设吸附过程中液膜扩散阻力很小甚至可以忽略，且扩散方向随机，即图中第一阶段，液膜扩散至出现在吸附最开始阶段，且第一阶段直线较陡，斜率大，说明液膜扩散速率快，阻力小；第二阶段代表颗粒内扩散过程，对 5 种稀土离子拟合的直线较平缓，斜率小，内扩散较慢，说明内扩散阻力较大；两个阶段均没有通过原点，说明内扩散不是整个吸附过程的唯一控速步骤，整个吸附过程中，液膜扩散和内扩散均有重要影响。

为确定吸附剂 DTPADA-SBA-15 吸附稀土离子的吸附类型，利用 Langmuir 和 Freundlich 等温吸附模型对最优吸附条件下不同初始浓度下吸附剂吸附稀土离子的吸附容量数据进行拟合，拟合结果如图 10-18 所示。Langmuir 模型拟合 Eu^{3+}、Gd^{3+}、Tb^{3+}、Nd^{3+}、Sm^{3+} 5 种稀土离子吸附的相关系数分别为 0.989、0.980、0.978、0.992、0.990，远高于同实验条件下 Freundlich 等温吸附模型相关系数。说明 DTPADA-SBA-15 吸附剂表面活性位点分布均匀，对稀土离子结合力均等，属化学吸附。

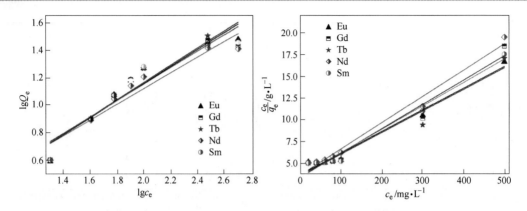

图 10-18　DTPADA-SBA-15 等温吸附模型拟合结果

10.3　固废矿化固定 CO_2

矿化最早是通过模拟自然界中含 $CaSiO_3$ 和 $MgSiO_3$ 的矿物的自然风化过程来实现 CO_2 的固定。矿化可以通过碱性固废和天然矿物的矿化作用，以稳定的碳酸盐矿物的形式永久地将 CO_2 封存，是储存 CO_2 的重要技术途径。与其他存储技术相比，矿化可以实现 CO_2 的永久存储且无需监测，环境风险较小。与天然的钙镁硅酸盐矿物相比，碱性工业固废具有靠近 CO_2 排放源、产生量大、反应活性高等优点。除了可以实现 CO_2 就地固定以外，还可以产生具有一定附加值的副产品。碱性工业固废如钢渣、电石渣和粉煤灰等被广泛用于矿化固定 CO_2 并联产绿色建材[7-8]。

10.3.1　钢渣/电石渣矿化固定 CO_2

钢渣（SS）中的矿物成分主要是 Ca_2SiO_3、Ca_3SiO_5、$Ca_2Fe_2O_5$ 和 RO 相等高度结晶的晶相，通过超微粉磨后，将其中的 Ca 元素在常温常压下的水溶液中溶出，从而提高矿化效率。电石渣（CS）是在氯碱工业中由电石水解生产 C_2H_2 的过程产生的，其中 Ca 元素以 CaO 计达到 80%，因此被称为劣质 $Ca(OH)_2$，是通过矿化反应实现 CO_2 减排的优质原料。研究采用 SS 与 CS 的质量比为 1：1 进行复配后矿化固定 CO_2。矿化反应速率、固碳率等是衡量矿化固定 CO_2 效果的重要指标。

矿化反应的实质是酸碱中和反应，因此 pH 值降低的速率可以反映出矿化反应的速率。CO_2 与 SS、CS 和 SS+CS 之间的矿化反应过程的时间与 pH 值关系如图 10-19 所示。从图 10-19 可以看出，3 个体系的 pH 值开始时约等于 12.00，而在结束时约等于 6.50，pH 值降低了 5.50。对单一体系而言，SS 完成矿化反应所需的时间为 537s，CS 完成矿化反应所需的时间为 1215s，复配体系 SS+CS 完成矿化反应所需的时间为 729s。如果只是物理复配而没有协同作用，根据单一的 SS 和 CS 的相关数据进行计算，SS+CS 体系完成矿化反应所需要的时间为 876s，矿化反应速率为 0.0063units/s。而实际上，这些数值分别是 729s 和 0.0075units/s。与理论计算值相比，SS+CS 体系的固碳反应时间缩短了 147s，矿化反应速率增加了 19.0%。根据以上分析，SS 和 CS 复配后在矿化反应速率方面具有协同效应，能够加快矿化反应的速率。

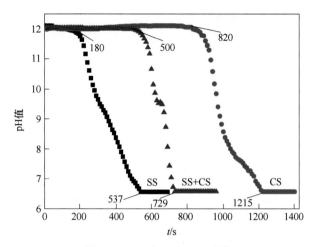

图 10-19　矿化反应 pH-t 曲线

通过对矿化前的 SS(b-SS)、矿化前的 CS(b-CS)、矿化后的 SS(a-SS)、矿化后的 CS(a-CS) 和矿化后的 SS+CS(a-SS+CS) 进行 TGA 分析，结果如图 10-20 所示。从图中可知，b-SS、b-CS 和 a-CS 样品在 307~490℃ 和 550~800℃ 范围内有两个明显的失重峰。然而，对于 a-SS 和 a-SS+CS，仅在 550~800℃ 范围内出现一个失重峰。对于 SS 和 CS，分别在 307~490℃ 和 550~800℃ 出现的失重峰是由于 $Ca(OH)_2$ 热分解脱水和 $CaCO_3$ 热分解放出 CO_2 所致。因此，b-SS、b-CS 和 a-CS 中都同时存在 $Ca(OH)_2$ 和 $CaCO_3$，a-SS 和 a-SS+CS 中只有 $CaCO_3$。这表明在样品 a-CS 中 $Ca(OH)_2$ 没有完全和 CO_2 发生矿化反应，而在 a-SS 和 a-SS+CS 中 $Ca(OH)_2$ 的矿化反应则比较彻底。

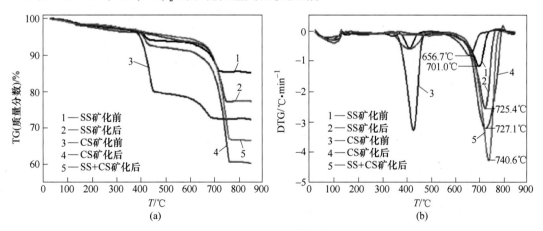

图 10-20　原料和矿化产物的 TGA 分析
（a）TG 曲线；（b）DTG 曲线

根据 TGA 结果进行计算可知，SS、CS 和 SS+CS 的平均矿化效率分别为 9.7%、32.8% 和 26.1%。如果没有协同作用，对于 SS+CS 体系，根据单一的 SS 和 CS 进行计算，矿化效率为 21.2%。事实上，SS+CS 矿化效率与理论计算值相比增加了 4.9%，相对增加率达到 23.1%。这说明 SS 和 CS 之间存在协同作用，导致矿化效率的提高。另外，a-SS 中的 $CaCO_3$ 分解初始温度与 a-CS 中的 $CaCO_3$ 相近，而 a-SS+CS 中的 $CaCO_3$ 分解初始温度高于 a-SS 和 a-CS 中的 $CaCO_3$。这表明 SS+CS 复配体系生成的 $CaCO_3$ 具有较高的结晶度。

由图 10-21 可以看出，CS 原料表面粗糙，质地疏松，出现了许多裂缝状孔隙；SS 原料表面光滑，质地密实。与原料（b-CS 和 b-SS）相比，矿化产物（a-CS、a-SS 和 a-SS+CS）表面出现了大量 $CaCO_3$ 颗粒，说明在矿化反应过程中产生了 $CaCO_3$ 并覆盖在原料表面。对于 a-CS 而言，CS 颗粒的表面几乎全部被 $CaCO_3$ 覆盖。对于 a-SS 而言，SS 颗粒有很多未被覆盖的暴露表面，但对于 a-SS+CS 而言，SS 暴露表面明显减少，说明发生矿化

元素	线扫	质量分数/%	摩尔分数/%
O	K	55.93±2.04	73.09±2.62
Si	K	22.33±2.34	16.32±1.71
Ca	K	20.69±12.92	10.59±6.61
合计		100.00	100.00

图 10-21　材料 SEM 和 EDS 分析

（a）b-CS；（b）a-CS；（c）b-SS；（d）a-SS；（e）a-SS+CS；（f）a-SS+CS

反应后生成的 CaCO₃ 大量地覆盖在 SS 的表面（称为异位分散），相应地，覆盖在 CS 表面的 CaCO₃ 将大大减少（称为原位附着）。因此，CS 暴露的比表面积更多，降低了 CS 表面被覆盖的概率，使 CS 与 CO_2 的反应更彻底，矿化效率更高。这应该是提高矿化效率的原因之一。此外，SS 本身还可以发生矿化反应。

由于分散粒子表面带有电荷而吸引周围的反号离子，这些反号离子在两相界面呈扩散状态分布而形成扩散双电层。ζ 电位是连续相与附着在分散粒子上的流体稳定层之间的电势差。通过分析 SS/CS 在水溶液中的 ζ 电位与 pH 值的关系，可确定 CaCO₃ 优先生长在 SS 颗粒表面，如图 10-22 所示。当 pH>9.43 时，CS 的 ζ 电位呈阳性。在 pH 值为 6.40 ~ 12.23 时，SS 的 ζ 电位始终为负，所以在反应的起始阶段，SS 颗粒优先通过静电吸引力吸附 Ca^{2+}。一旦形成 CaCO₃ 晶核，SS 颗粒表面将生长大量的 CaCO₃，这样必将导致 CS 颗粒暴露出的活性反应位点较多，矿化效率升高。

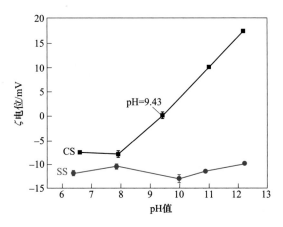

图 10-22　SS/CS 颗粒在水中的 pH-ζ

综上所述，SS 经超声速蒸汽磨活化以后，其粒度减小，比表面积增大，参与矿化反应的活性位点增加。另外，因 SS 提供了惰性表面供 CaCO₃ 生长，从而减少了其对 CS 表面的包覆，使 CS 的固碳率提高。以上两个原因使复配体系的矿化反应速率和固碳率提高。

通过矿化反应在钢渣等固废微米颗粒表面定向附着生长 CaCO₃ 纳米颗粒，实现纳米 CaCO₃ 形貌尺度定向调控，可以将固废基微纳米材料用于无机胶凝材料生产时，减少固废的需水量，增加固废颗粒和其他材料之间的界面相容性。

10.3.2　粉煤灰/电石渣矿化固定 CO₂

将粉煤灰与电石渣复配后矿化固定 CO₂，矿化产物 CaCO₃ 颗粒在粉煤灰表面呈现异位分散附着形态，而单一电石渣矿化产物 CaCO₃ 则在电石渣颗粒表面呈现原位聚集附着形态。因粉煤灰颗粒提供了供 CaCO₃ 生长的惰性表面，减少了 CaCO₃ 颗粒对电石渣的表面包覆，从而提高矿化反应速率和固碳率。此固碳渣可以用于制备胶凝材料。

图 10-23 为矿化反应时间对试块 3 天和 28 天抗压强度的影响。由图 10-23 可知，矿化温度和养护温度均为 60℃，电石渣占比 20%。随矿化反应时间延长，试块 3 天和 28 天抗压强度变化趋势相同，均为先增强后减弱，当矿化时间为 30min 时，试块的强度最大，对

应 3 天和 28 天抗压强度分别为 6.0MPa 和 15.6MPa。对比不矿化反应分别增加了 62.2% 和 89.1%。这说明 CO_2 与电石渣-粉煤灰胶凝体系发生矿化反应，一定程度上可增加胶凝试块的 3 天抗压强度和 28 天抗压强度。说明矿化反应对胶凝试块的后期抗压强度有显著影响。这可能因为一方面矿化反应生成碳酸钙晶核，促进试块的胶凝和晶化，表现为增加试块抗压强度；另一方面，矿化程度加深，CO_2 消耗过多的 $Ca(OH)_2$，影响到 $Ca(OH)_2$ 与粉煤灰中硅铝氧化物的胶凝反应，使得生成的硅铝酸钙胶凝物质量不足，导致试块抗压强度降低。

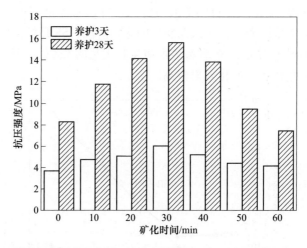

图 10-23　矿化反应时间对应试块 3 天和 28 天抗压强度

为了获得最大试块强度和矿化固碳效果，考察了电石渣与粉煤灰不同配比与不同矿化时间对应试块 3 天强度的变化规律，结果如图 10-24 所示，其中水灰比为 0.55，矿化和养护温度均为 60℃。

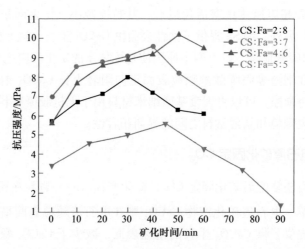

图 10-24　不同配比条件下浆体矿化时间对试块 3 天强度的影响

由图 10-24 看出，在制浆过程中通入 CO_2 反应后，电石渣不同配比所对应碳化试块的 3 天强度均出现明显增加，电石渣配比分别为 20%、30%、40% 和 50% 时，对应碳化试块的 3 天强度最大值分别达 8.0MPa、9.6MPa、10.2MPa 和 5.6MPa，比不矿化时强度分别增加了 40.4%、37.1%、82.1% 和 64.7%，且对应强度峰值的矿化时间分别为 30min、40min、50min 和 45min，峰值强度及其对应矿化时间均呈现先增后降趋势。其原因可能是：在 CO_2 通入流速相同的前提下，矿化时间直接与 CO_2 输入量成正相关，矿化时间越短，通入的 CO_2 越少，浆体中氢氧化钙或硅酸钙矿化反应不完全，生成的碳酸钙晶核较少，提高试块强度幅度有限；通入适量 CO_2 气体，浆体矿化反应较为充分，生成适量的碳酸钙晶核，有利于增加试块的强度；当通入 CO_2 气体过量时，消耗了浆体中大量的氢氧化钙，一定程度上影响了火山灰反应，减少了胶凝物质的生成和含量，导致试块强度降低。矿化反应与火山灰反应对试块抗压强度的影响是既相互促进又相互制约，在保障火山灰反应生成充足的胶凝物前提下，矿化反应生成的碳酸钙晶核数量会对试块强度造成较大影响，碳酸钙晶核生成不足和过量均不利于试块强度的提高。

10.4 固废基胶凝/发泡材料

粉煤灰、钢渣和脱硫石膏等固体废弃物主要以硅铝酸盐矿物为主，能够在碱性条件下发生水化作用，生成水化硅酸钙凝胶（C-S-H）、水化铝酸钙凝胶（C-A-H）等水化产物，具有类似水泥石的结构和特性。因此，广泛用于制备无机胶凝材料。但是，粉煤灰的胶凝活性是潜在的，而钢渣本身的胶凝活性也并不高，通常要对其进行活性激发。一方面，通过减小原料颗粒的粒度，增大其比表面积，优化体系中原料组分的粒度分布、颗粒堆积和表/界面特性，利于胶凝材料强度的提升；另一方面，通过促进原料中更多的硅、铝释放出来参与水化反应，或是利用多种原料的协同效应，生成更多的多相非均匀的水化凝胶产物，逐步弱化界面效应，形成胶凝材料的黏结强度。此外，胶凝材料各组分的界面效应和协同效应、养护制度等都对复合胶凝材料的水化反应及水化胶凝产物有重要影响，直接决定着材料的抗压强度和耐水性等性能。在发泡胶凝材料的制备中需添加发泡剂调控材料的孔结构，一般通过发泡剂在浆体中发生化学反应产生气体而发泡（化学发泡），或者利用发泡剂亲水极性基团和憎水性非极性基团在浆体液相中发生定向排列，形成稳定的双电子层结构包裹空气而产生大量的气泡（物理发泡）。泡沫属于典型的热力学不稳定的胶体粗分散系统，其气-液界面具有较高的表面自由能，为减少界面面积，自由能自发降低促使泡沫发生失液、聚合和歧化行为。因此，还需要辅以稳泡剂，通过调节凝胶体系气-水界面吸附特性和界面膜厚度，提升泡沫稳定性来调控材料的孔结构。

10.4.1 硅铝质胶凝材料

10.4.1.1 原料超微活化对胶凝材料的影响

A 粉煤灰

普通粉煤灰和循环流化床粉煤灰利用超声速蒸汽粉化处理后，可用于制备胶凝材料[9]。无论是哪种粉煤灰，粉煤灰超微粉-水泥胶凝试块的抗压强度都要高于粉煤灰原灰-水泥胶凝试块的抗压强度。其中，在相同条件下，如图 10-25 所示，循环流化床粉煤灰超微粉-水泥胶凝试块的 3 天抗压强度比循环流化床粉煤灰原灰-水泥胶凝试块的 3 天抗压强度提高了约 252.6%，7 天抗压强度提高了约 4.2%，28 天抗压强度提高了约 6.6%。而循环流化床粉煤灰超微粉-水泥胶凝试块 3 天、7 天和 28 天抗压强度分别增加了 247.3%、138.8%和 22.6%。通过对粉煤灰进行超微粉化处理，对胶凝材料早期抗压强度（3 天、7 天）的提升更加明显。这源于经过超声速蒸汽粉化处理后的粉煤灰，粒度显著降低，表面积明显增大。粉煤灰粒度的减少使得粉煤灰中大颗粒的数目降低，细小颗粒数目增加，从而提高了粉煤灰颗粒的润滑作用和均化作用，利于显现粉煤灰的物理活性。物理活性效应表现为颗粒形态效应与微集料效应。颗粒形态主要是指胶凝材料的颗粒形貌粗细、表面粗糙度、级配、内外结构等几何性及圆度、色度、密度等，不同品种硅铝质胶凝材料的颗粒形态存在明显不同。微集料效应是指胶凝材料颗粒充当微细集料，均匀分布在体系中，填充空隙和毛细孔，改善体系的孔结构和增加密实度。而粉煤灰的比表面积的增加，显著增加了其在化学反应的有效接触面积和反应过程中分子的有效碰撞频率，加速粉煤灰的化学反应，利于显现粉煤灰的化学活性，加速生成水化硅酸钙凝胶（C-S-H）与水化铝酸钙凝胶（C-A-H）等产物，对胶凝材料的黏结强度作出贡献。此外，无论是否对粉煤灰进行超微粉化处理，循环流化床粉煤灰-水泥胶凝试块的 3 天抗压强度和 7 天的抗压强度始终高于普通粉煤灰-水泥胶凝试块，而 28 天抗压强度的对比则是相反的结果。粉煤灰中晶体矿物的结晶度和其硅铝酸盐物质的阴离子聚合度降低随着粒度的减小而降低。相比于普通粉煤灰，循环流化床粉煤灰中硅铝酸盐的阴离子聚合度较低，自由顶点更多，晶体结晶度也较低，无定型活性组分较多，活性硅铝组分更容易解析出来，使得其早期活性更加容易显现出来，造成循环流化床粉煤灰水泥的胶凝试块的早期抗压强度较高。而普通粉煤灰的玻璃体中的活性 SiO_2 和 Al_2O_3 在反应过程中缓慢释放，加强了水泥的二次水化反应，生成水化硅酸钙凝胶（C-S-H），更加有利于提升普通粉煤灰水泥胶凝试块的后期抗压强度。

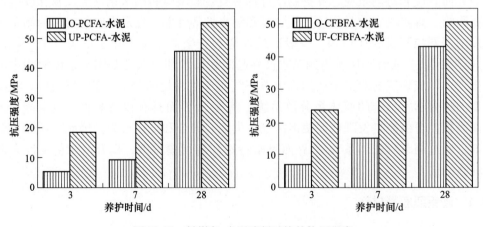

图 10-25 粉煤灰-水泥胶凝试块的抗压强度

B 钢渣

活性指数一般用于评估钢渣的水化活性的大小。取粒度分布范围分别为 0~20μm、0~10μm 和 0~50μm 的同种钢渣，所对应的中位径（D_{50}）分别为 2.15μm、6.63μm 和 17.79μm，比表面积（SA）分别为 768m²/kg、660m²/kg 和 475m²/kg。经过超声速蒸汽粉化处理的 3 种粒度分布的钢渣超微粉的 7 天活性指数分别为 66.8%、59.2%、39.9%，28 天活性指数分别为 78.8%、69.8%、46.2%。这说明颗粒粒度越小，反应比表面积越大，颗粒富集更多胶凝相（硅酸二钙（C_2S）和硅酸三钙（C_3S））；此外，阴离子聚合度也越低，从而使得其分子结构不致密，较容易解聚，化学反应活性较高，则钢渣超微粉的活性指数越大。对样品进行 XRD 分析得到同样的结果：晶体尺寸越小，其稳定性越差，晶体缺陷和晶体畸变越大，参与反应的活性位点增多，应活性更高[10]。

将 0~10μm 的钢渣微粉加入粉煤灰水泥体系中，制备钢渣-粉煤灰-水泥胶凝试块。与无钢渣超微粉的胶凝试块（空白样）相比，添加钢渣超微粉的胶凝试块的 3 天和 7 天抗压强度相对较低；同时，随着钢渣超微粉添加量的增加，试块的 3 天和 7 天抗压强度呈现下降趋势。这表明钢渣超微粉降低了粉煤灰-水泥胶凝试块的早期抗压强度，钢渣超微粉添加量越大，降低的幅度也越大。对于 28 天抗压强度而言，随着钢渣超微粉添加量的增多，呈现先升高后降低的趋势。当钢渣超微粉对水泥的替代量为 25% 时，胶凝试块的 28 天抗压强度最大，达到了 44.2MPa，比空白样提高约 25.6%。实验数据表明，利用钢渣超微粉替代水泥制备胶凝试块，钢渣超微粉最高可以替代 75% 的水泥，并且胶凝试块的强度不降低。对试块进行 XRD 分析，得到了除水化硅酸钙凝胶（C-S-H）以外的硬硅钙石（$Ca_6Si_6O_{17}(OH)_2$）和水化铁铝酸钙（$CaAl_8Fe_4O_{19} \cdot 11H_2O$）的衍射峰，属于水化反应新生成的物相，能够对胶凝试块的力学性能作出贡献。

10.4.1.2 组分协同胶凝效应对胶凝材料的影响

利用固废制备胶凝材料的过程中涉及多种组分，各组分的自身性质、界面效应和体系的均匀性，特别是各组分间的协同效应对复合胶凝材料的水化产物和水化特性有重要影响，直接决定试块的抗压强度、吸水率、耐水性等性能。

对比钢渣胶凝体系（一元体系）、粉煤灰-钢渣胶凝体系（二元体系，粉煤灰：钢渣=30：70）、粉煤灰-钢渣-脱硫石膏胶凝体系（三元体系，粉煤灰：钢渣：脱硫石膏=20：70：10），在相同实验条件下，不同体系胶凝试块的抗压强度依次为：三元（39.6MPa）>二元（26.2MPa）>一元（7.9MPa），吸水率依次为：三元（5.9%）>二元（6.2%）>一元（7.6%），耐水性（软化系数）依次为：三元（1.08）>二元（1.09）>一元（1.11）。说明钢渣-粉煤灰-脱硫石膏三元体系胶凝试块的协同效应最高。钢渣自身具有水化胶凝特性，其自身可以发生水化反应，从而固化并具有一定强度；当体系中添加粉煤灰后，粉煤灰中活性 SiO_2、Al_2O_3 与 $Ca(OH)_2$ 发生反应，促进钢渣的二次水化，形成更多的强度相 C-S-H 凝胶，提高了基体的强度，这些凝胶还填充于水泥水化产物的孔隙中，并沿孔隙生长，从而形成致密的空间结构；而当体系中继续加入脱硫石膏，脱硫石膏提供 SO_4^{2-}，与粉煤灰溶于液相中的 AlO_2^-、$Ca(OH)_2$ 发生反应生成钙矾石，针杆状的钙矾石晶体交错填充孔隙，使得孔隙率降低，界面较致密，提高了样品的抗压强度。其次，SO_4^{2-} 可以取代水化产物 C-S-H 中的部分 SiO_4^{2-}，被置换出的 SiO_4^{2-} 能够与外层的 Ca^{2+} 反应生成更多的 C-S-H 凝胶，从而进一步提升胶凝试块的抗压强度。

钢渣的水化作用反应如下：

$$3Ca \cdot SiO_2(C_3S) + nH_2O \longrightarrow xCaO \cdot SiO_2 \cdot yH_2O + (3-x)Ca(OH)_2 \quad (10-44)$$

$$2Ca \cdot SiO_2(C_3S) + nH_2O \longrightarrow xCaO \cdot SiO_2 \cdot yH_2O + (2 - x)Ca(OH)_2 \quad (10\text{-}45)$$

粉煤灰促进钢渣的二次水化反应如下：

$$Ca(OH)_2 + nSiO_2 + mAl_2O_3 \longrightarrow nCaO \cdot SiO_2 \cdot yH_2O + mCaO \cdot Al_2O_3 \cdot yH_2O$$

$$(10\text{-}46)$$

脱硫石膏对粉煤灰的活化作用反应如下：

$$3CaO \cdot Al_2O_3 \cdot 6H_2O + 20H_2O + 3(CaSO_4 \cdot 2H_2O) \Longrightarrow 3CaO \cdot Al_2O_3 \cdot 3CaSO_4 \cdot 32H_2O$$

$$(10\text{-}47)$$

此外，对样品进行 XRD 分析发现，三元体系中除了出现钙矾石相之外，还检出新物相 $Ca_6Si_6O_{17}(OH)_2$。这说明随着脱硫石膏的加入，钢渣和粉煤灰的水化反应程度加深。一方面，脱硫石膏参与反应，生成钙矾石晶体，C-S-H 凝胶与针杆状钙矾石晶体交错生长，并呈现出致密网络结构的形貌；另一方面，脱硫石膏对体系起到活化作用，促进高钙硅比水化硅酸钙（$Ca_2SiO_4 \cdot H_2O$）向低钙硅比水化硅酸钙（$Ca_6Si_6O_{17}(OH)$）的转换。通常，较低钙硅比水化硅酸钙具有更好的力学性能。

对粉煤灰-钢渣-脱硫石膏全固废体系进行分析后，其水化胶凝反应可分为 5 个阶段（见图 10-26）：第一阶段主要是钢渣的水解反应，该阶段反应的快慢与钢渣颗粒的特性有关，包括颗粒尺寸、晶体大小、晶体化程度等。第二阶段包括 OH^-、Ca^{2+} 与生成的

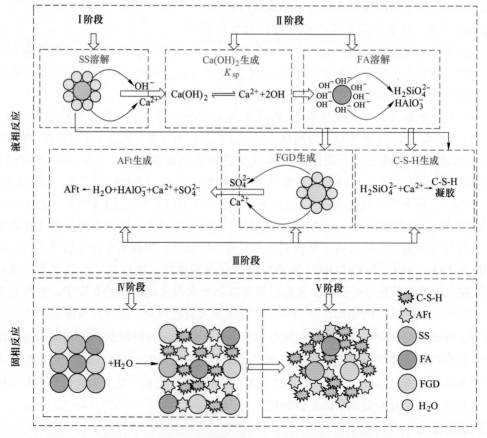

图 10-26 SS-FA-DG 胶凝体系反应进程和水化机理示意图

Ca(OH)$_2$沉淀的一个平衡反应（K_{sp}为溶度积）和粉煤灰在 OH$^-$ 激发下生成 H$_2$SiO$_4^{2-}$ 与 HAlO$_3^-$。这个阶段反应速度由 OH$^-$ 与 Ca^{2+} 浓度控制，同时也与粉煤灰颗粒大小、非晶态 Al 和 Si 含量多少相关。第三阶段是溶液中的两个离子反应，一是 Ca^{2+} 与溶解出来的 H$_2$SiO$_4^{2-}$ 生成 C-S-H 凝胶物质，另一个是脱硫石膏溶于水中的 SO$_4^{2-}$ 与 HAlO$_3^-$、Ca^{2+}生成微晶态的钙矾石的反应。前面 3 个阶段的反应都是在液相中发生的反应。而第四、第五阶段为固相反应，主要是水化产物 C-S-H 和 AFt 的大量生成，包裹在原料颗粒表面，达到一定的浓度时，C-S-H 和 AFt 在原料颗粒表面成核、结晶（第四阶段），并互相交错生长，形成网络状结构（第五阶段）[11]。

10.4.1.3 养护温度对胶凝材料的影响

养护温度影响胶凝体系反应进程的每个阶段，造成体系 pH 值和反应产物的不同，最终会影响到宏观指标抗压强度。以粉煤灰-钢渣-脱硫石膏全固废胶凝体系为例，pH 值的变化存在于以下 5 个主要反应阶段（见图 10-27）：第一阶段，钢渣的溶解阶段，钢渣颗粒与水接触，表面的 CaO 和少量硅酸三钙、硅酸二钙开始水化，溶液中 OH$^-$ 和 Ca^{2+} 逐渐增多，溶液 pH 值快速升高，同时生成少量的水化硅酸钙（C-S-H）胶体物质。第二阶段，C-S-H 凝胶在溶液中扩散，露出新的钢渣表面，钢渣继续反应。但是由于溶液 pH 值较高，钢渣的水化速率变慢，pH 值升高速率变慢。同时，粉煤灰的无定型 Al/Si 在 OH$^-$ 的刺激下开始溶解，在溶液中生成 Al^{3+}、Si^{2+}，界面上的元素发生变化。当 OH$^-$ 和 Ca^{2+} 达到饱和，析出氢氧化钙晶体。第三阶段，粉煤灰不断溶出 Al^{3+}、Si^{2+}，其中，Si^{2+} 与 OH$^-$、Ca^{2+} 等结合形成各种不定型的 C-S-H 胶体，Al^{3+} 与 OH$^-$、Ca^{2+} 结合，并与来自脱硫石膏中的 CaSO$_4$·2H$_2$O 发生反应，形成微晶态钙矾石（AFt），溶液 pH 值开始降低，氢氧化钙晶体重新溶解，界面上物质的形貌发生变化。第四阶段，C-S-H 胶体和钙矾石大量生成，达到一定浓度时，开始成核、结晶，同时氢氧化钙不断被消耗，溶液 pH 值持续降低，界面上物质的结构发生变化。第五阶段，C-S-H 胶体与钙矾石晶体在颗粒间扩散，相互交错，不断生长，结构更加致密，溶液 pH 值趋于稳定。在 40℃和 60℃反应条件下 SS-FA-DG 浆体的 pH 值也基本存在这 5 个反应阶段，但是各阶段反应的时间不一致。

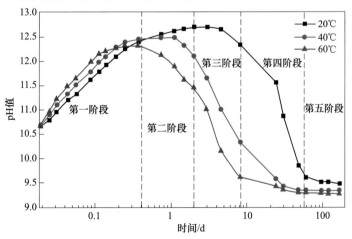

图 10-27 SS-FA-DG 浆体溶液的 pH 值

相比 20℃反应条件，浆体体系在 40℃和 60℃条件下第一阶段的反应时间分别为 0～0.15h 和 0～0.1h，第二阶段分别为 0.15～0.55h 和 0.1～0.35h，第三阶段为 0.55～2h 和 0.35～1.5h，第四阶段为 2～30h 和 1.5～28h，第五阶段为大于 30h 和大于 28h。各阶段反应时间的缩短说明升高温度提高了钢渣的水化溶解速率（第一、第二阶段），促进粉煤灰活性 Al、Si 的溶出和离子沉淀（第二、第三阶段），加快体系内水化反应速率，加速钙矾石和 C-S-H 等水化产物的大量形成和结晶、生长（第四、第五阶段），从而提升试块强度。但是，较高的温度会加速水分由胶凝试块内部向表面的扩散运动，在试块内部形成连通孔隙，从而破坏试块的整体结构，导致试块的抗压强度降低。同时，较高温度会在胶凝试块的内部和外表面之间形成较大的温度差，增大了试块内部的温度应力，也使得胶凝试块的抗压强度降低。

10.4.2　镁质水泥发泡材料

镁质水泥发泡材料是在水泥浆或水泥砂浆中引入适量微小气泡，经混合搅拌、浇筑成型、养护而成的一种内部含有大量气孔的水泥基材料，其制备方法主要有物理发泡和化学发泡两类。物理发泡是在水泥浆体中加入表面活性剂作为发泡剂，利用表面活性剂亲水极性基团和憎水性非极性基团（碳氢链）在浆体液相中发生定向排列，形成稳定的双电子层结构包裹空气而产生大量的气泡（见图 10-28）[12-13]。化学发泡主要通过发泡剂在浆体中发生化学反应产生气体而发泡，常见的发泡剂有双氧水（H_2O_2）和铝粉。铝粉发泡不仅对浆液的 pH 值要求较高（>11.5），不适合镁质水泥弱碱性浆体的发泡，而且产生的氢气存在安全隐患；H_2O_2 发泡一般需采用外加激发剂进行辅助发泡，如高锰酸钾（$KMnO_4$）、二氧化锰（MnO_2）、碘化钾（KI）等，均可促进双氧水分解产生氧气发泡。泡沫属于典型的热力学不稳定体系，其气-液界面具有较高的表面自由能，而为减少界面面积，自由能自发降低的趋势是促使泡沫发生失液、聚合和歧化（粗化）行为的主要原因。因此，在实践中，必须调控镁质水泥浆体的水化速率与泡沫稳定性相匹配，才能得到性能优异的镁水泥发泡材料。

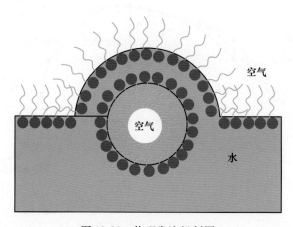

图 10-28　物理发泡机制图

10.4.2.1 镁水泥多孔吸声材料

A 泡沫稳定性对材料孔结构及性能的影响

如图 10-29 所示,以氧化镁、硫酸镁为主要原料,以柠檬酸(CA)为改性剂,以十四烷基甜菜碱(C$_{14}$BE)为引气剂,采用物理发泡法制备了碱式硫酸镁水泥(简称 BMS 水泥)多孔吸声材料,研究了 MgSO$_4$ 浓度、C$_{14}$BE 添加量和粉煤灰(FA)的掺量等对其抗物相组成、孔结构、压强度和吸声性能的影响,实现了BMS 水泥基多孔吸声材料的可控制备[14]。

图 10-30 为 BMS 水泥多孔吸声材料的微观形貌、孔结构和声波在孔道中的传输示意图。从图中看出,所制备的 BMS 多孔材料的孔结构均匀、孔道丰富、孔隙率高、连通孔占比大,具有良好的声学结构,有利于声波传入孔隙内部;而孔壁上生长着大量针杆状碱式硫酸镁(5Mg(OH)$_2$·MgSO$_4$·7H$_2$O,简称 5·1·7 相)晶体,表面呈现出绒毛状微纳粗糙结构,显著增强了孔壁与空气的摩擦力和黏滞力,使声能快速转化为热能,声波在传输过程中急剧衰减,从而达到高效降噪的目的。

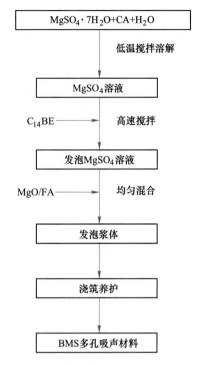

图 10-29 BMS 水泥多孔吸声材料的制备流程图

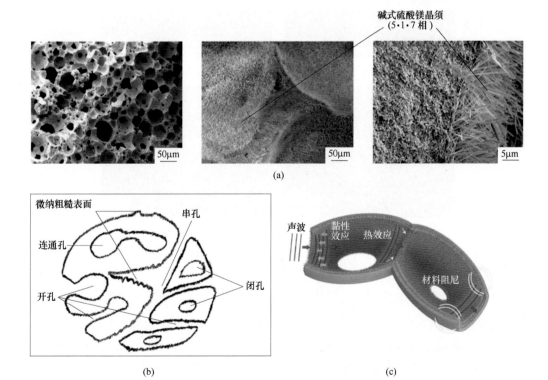

(a)

(b)   (c)

图 10-30 镁质吸声材料的微观形貌(a)、孔结构(b)和声波在孔道中的传输示意图(c)

　　不同 FA 掺量下 BMS 多孔吸声材料的微观形貌和孔结构如图 10-31 所示。显然，与未掺 FA 的多孔材料相比，随着 FA 掺量的增加，材料的孔径变小、孔间壁变厚，且一些 FA 颗粒填充于孔中，黏附在针杆状晶体上。从图 10-32 所示的吸声材料的降噪系数（NRC）和孔隙率也可以看出，掺杂 FA 后，多孔材料的孔隙率及开孔率随着 FA 掺量的增加而逐渐降低；当 FA 掺量为 40% 时，孔隙率降为 68.76%，开孔率仅为 50.39%。相应地，NRC 值也逐渐减小，由未掺 FA 时的 0.70 减小至 0.51。其原因除了 FA 掺杂导致浆体的发泡性能变差、孔隙率和开孔率降低之外，还可能因为孔内附着的 FA 颗粒对声波的反射作用，阻碍其进入多孔材料的内孔道，从而导致材料的吸声性能下降。

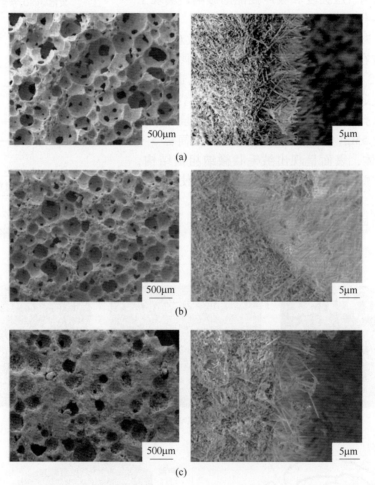

图 10-31　不同 FA 掺量 BMS 多孔吸声材料的 SEM 图
（水灰比为 1.1；$C_{14}BE$ 浓度为 9.8mmol/L）
（a）0；（b）20%；（c）40%

　　研究发现，发泡过程中的泡沫稳定性是影响材料孔结构和性能的重要因素。图 10-33 为 $C_{14}BE$ 浓度对硫酸镁溶液的发泡高度和泡沫稳定性的影响。从图中可以看出，$MgSO_4$ 溶液的发泡高度随 $C_{14}BE$ 浓度的增加呈现先快速增长然后趋于平稳的变化趋势。当 $C_{14}BE$ 浓度增大至 9.8mmol/L 时，溶液的发泡高度迅速增大到 33.58cm，随后基本不再变化，而纯

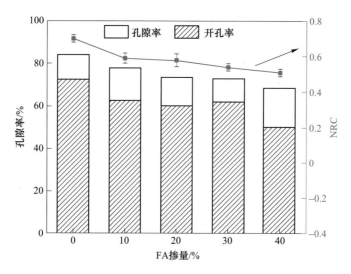

图 10-32 不同 FA 掺量 BMS 多孔吸声材料的降噪系数和孔隙率

（水灰比为 1.1；$C_{14}BE$ 浓度为 9.8mmol/L）

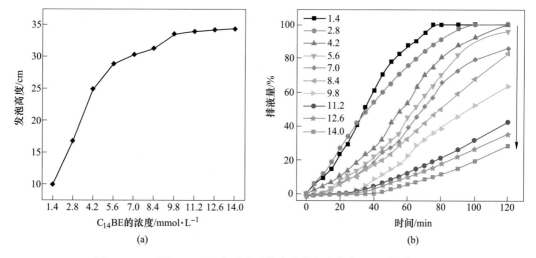

(a)

(b)

图 10-33 不同 $C_{14}BE$ 浓度下硫酸镁溶液的发泡高度(a)和排液量(b)

（$MgSO_4$ 溶液的浓度为 2.4mol/L；图(b)中箭头方向为 $C_{14}BE$ 浓度由 1.4mmol/L 增大至 14.0mmol/L）

$C_{14}BE$ 水溶液在其浓度为 1.4mmol/L 时泡沫高度可达 37.88cm，远高于同等条件下 $MgSO_4$ 溶液产生的泡沫高度（9.97cm），说明 $MgSO_4$ 对 $C_{14}BE$ 的发泡有强烈的抑制作用。这是由于 $MgSO_4$ 溶液的浓度高（2.4mol/L），溶液的表面张力和黏度大、盐析作用强，使 $C_{14}BE$ 在溶液中的溶解度减小，导致起泡能力下降，只有进一步增大 $C_{14}BE$ 浓度才能形成足够的泡沫。另外，正是由于溶液表面张力和黏度大，使液膜内分子间作用力增大，提高了液膜的黏弹性和泡沫稳定性。此外，由于 $C_{14}BE$ 是两性表面活性剂，分子内同时存在带正电的季铵基和带负电的羧基，因此在液膜表面的 $C_{14}BE$ 分子呈电中性，相邻分子之间存在斥力，导致泡沫稳定性变差；而 $MgSO_4$ 溶液中的高浓度离子可屏蔽相邻头基之间的排斥作用，使界面上 $C_{14}BE$ 分子排列更加致密有序，促使液膜稳定性提高。然而，随着 $C_{14}BE$ 浓度增大，泡沫在相同时间内的排液量逐渐减少，排液速率降低，说明泡沫稳定性提高。当 $C_{14}BE$ 浓度超过 9.8mmol/L 后，虽然泡沫稳定性还可进一步提高，但溶液的起泡能力并没有明显增强。

硫酸镁溶液的浓度对溶液的发泡高度和液膜排液量的影响如图 10-34 所示。当纯水中加入浓度为 9.8mmol/L 的 $C_{14}BE$ 时，其泡沫高度可达 44.6cm，但纯水产生的泡沫排液量在 20min 时就超过了 80%，40min 时达 100%，说明其泡沫稳定性很差。当 $MgSO_4$ 溶液的浓度从 2.0mol/L 增至 2.4mol/L，发泡高度从 37.4cm 降至 33.6cm，继续增大至 2.8mol/L 时，泡沫高度降至 19.7cm，说明 $MgSO_4$ 溶液的浓度越大，起泡性能越差。但是，溶液的泡沫稳定性随着 $MgSO_4$ 浓度增大而逐渐提高。当 $MgSO_4$ 溶液的浓度为 2.4mol/L 时，液膜在 25min 后开始排液，而浓度为 2.8mol/L 时，50min 后才开始排液，且排液量非常低，证明 $MgSO_4$ 的存在有利于泡沫稳定性。由此可知，$MgSO_4$ 浓度对溶液的起泡性能和泡沫稳定性的影响，与其对制得的 BMS 多孔吸声材料的孔结构、吸声性能和力学性能的影响完全一致。

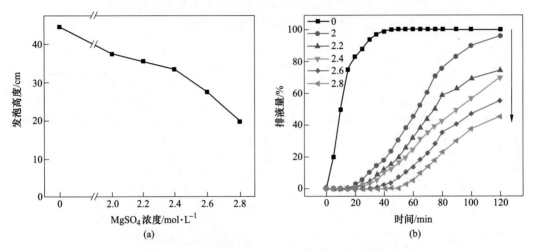

图 10-34 不同浓度硫酸镁溶液的发泡高度(a)和排液量(b)

($C_{14}BE$ 的浓度为 9.8mmol/L；图(b)中箭头方向 $MgSO_4$ 溶液的浓度由 0mol/L 增大至 2.4mol/L)

B 气相沉积法表面改性

BMS 水泥多孔材料表面亲水性强、吸水率高、耐水性较差，采用表面气相沉积法不仅可使改性剂在较低温下气化后沉积于材料的外表面，还可通过毛细管凝结沉积于材料的孔道中，形成一层超薄的疏水膜，将超亲水表面转化为超疏水表面。不同改性剂经气相沉积得到的表面改性效果如图 10-35 所示。当采用全氟癸基三乙氧基硅烷为改性剂，65℃下处理 3h 时，表面水接触角可达 151°，达到了超疏水程度。且所制备的镁质多孔吸声材料密度为 250kg/m³ 时，抗压强度为 1.8MPa，降噪系数可达 0.7。该技术制备工艺简单，易实现工业化生产，所制备的疏水吸声板材有望大规模用作铁路、公路两侧的声屏障吸声材料。

10.4.2.2 镁水泥多孔保温材料

A 镁水泥浆体化学发泡性能与发泡机理

以 H_2O_2 为发泡剂，碱式硫酸镁（BMS）水泥浆体在 $KMnO_4$、MnO_2 和 KI 三种不同激

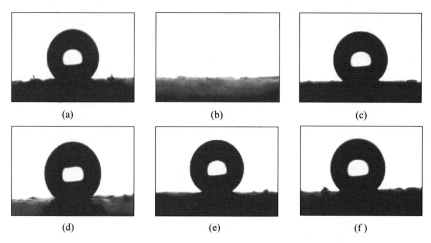

图 10-35　BMS 水泥多孔吸声材料的气相沉积法表面改性效果

（a）0.1mL 全氟癸基三乙氧基硅烷（55℃，2h），WCA＝138°；（b）未改性，WCA＝0°；

（c）0.1mL 三乙氧基甲基硅烷（70℃，3h），WCA＝142°；（d）0.15mL 异丁基三乙氧基硅烷

（65℃，4h），WCA＝129°；（e）0.1mL 全氟癸基三乙氧基硅烷（65℃，3h），WCA＝151°；

（f）0.2mL 三乙氧基甲基硅烷（60℃，4h），WCA＝137°

发剂作用下的起泡能力可通过测定动态发泡行为进行评价，即浆体体积膨胀率 V_E 随时间的变化曲线，结果如图 10-36 所示。从图 10-36（a）～（c）中看出，加入激发剂后，起泡初期的体积膨胀率均急剧增大（开始起泡后的几分钟），且激发剂添加量越大，V_E 值增长速率越快。随着时间的延长，V_E 值增长速率逐渐减缓（大约 10min），最后趋于稳定（约 20min 后）。图 10-36（d）所示的最大 V_E 值与不同激发剂添加量之间的线性关系表明，可以通过拟合的线性方程准确估算达到相同发泡程度所需不同激发剂的用量。由 3 条拟合直线的斜率看出，3 种激发剂的活性顺序为：$KMnO_4 \gg KI > MnO_2$，这一结果与各激发剂在 BMS 水泥浆体中的不同激发机理密切相关[15]。

$KMnO_4$ 作为激发剂时，H_2O_2 在 BMS 水泥浆体中的发泡机理如式（10-47）～式（10-51）所示。$KMnO_4$ 在水中极易电离产生 K^+ 和 MnO_4^-，MnO_4^- 遇到具有还原性的 H_2O_2 后发生剧烈的不可逆反应，MnO_4^- 被还原为 MnO_2，同时释放大量的 O_2。随后，产物 MnO_2 还可继续作为催化剂，激发 H_2O_2 分解产生更多 O_2。此外，由于 H_2O_2 的弱酸性特点，在弱碱性 BMS 水泥浆体（pH＝9～10）中分解产生 H^+，并进一步与 MnO_4^- 反应产生 O_2。这些反应的综合结果是在短时间内产生大量的 O_2，导致浆体呈现剧烈的发泡过程。

$$KMnO_4 \longrightarrow K^+ + MnO_4^- \tag{10-47}$$

$$2MnO_4^- + 3H_2O_2 \longrightarrow 2MnO_2 \downarrow + 3O_2 \uparrow + 2OH^- + 2H_2O \tag{10-48}$$

$$H_2O_2 \longrightarrow HO_2^- + H^+ \tag{10-49}$$

$$4MnO_4^- + 4H^+ \longrightarrow 4MnO_2 \downarrow + 3O_2 \uparrow + 2H_2O \tag{10-50}$$

$$H_2O_2 + MnO_2 + 2H^+ \longrightarrow 2H_2O + Mn^{2+} + O_2 \uparrow \tag{10-51}$$

KI 在 H_2O_2 分解反应中主要起均相催化作用，如式（10-52）和式（10-53）所示。首先，I^- 与 H_2O_2 反应生成不稳定的中间产物 IO^-，IO^- 进一步与 H_2O_2 反应释放出 O_2 和 I^-。因此，KI 的催化活性与 I^- 的浓度密切相关：I^- 浓度越大，BMS 浆体发泡性能越强。

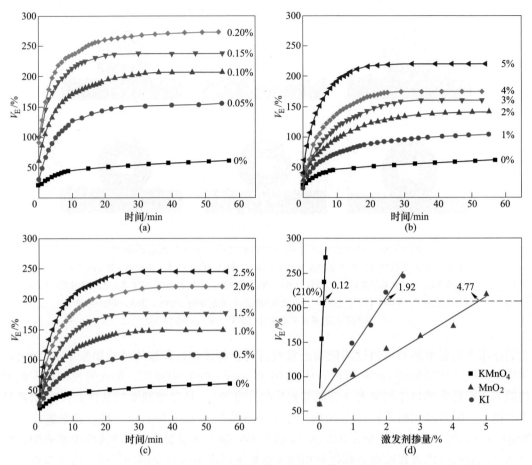

图 10-36   不同激发剂对 BMS 发泡浆体的体积膨胀率 V_E 的影响

（H_2O_2 用量为 5%）

（a）$KMnO_4$；（b）MnO_2；（c）KI；（d）最大体积膨胀率 $V_{E,max}$ 与激发剂掺量的线性拟合关系

$$H_2O_2 + I^- \longrightarrow IO^- + H_2O \tag{10-52}$$

$$IO^- + H_2O_2 \longrightarrow O_2 \uparrow + I^- + H_2O \tag{10-53}$$

　　MnO_2 催化 H_2O_2 分解反应机理如式（10-49）、式（10-51）和式（10-53）所示。一般地，MnO_2 难溶于水，但是由于 MnO_2 是两性氧化物，在酸、碱性溶液中溶解度均会略有增大。H_2O_2 在水泥浆体中电离释放出的 H^+ 可促进 MnO_2 电离，进而与 H_2O_2 反应释放出 O_2。最后，Mn^{2+} 又被 H_2O_2 氧化成 MnO_2。这是一个典型的多相催化反应，H_2O_2 的分解只能发生在 MnO_2 颗粒的表面，而高黏度 BMS 水泥浆体阻碍了 MnO_2 颗粒的分散，加上 MnO_2 溶解度低，使得发泡程度受限。因此，达到相同积膨胀率（210%）时所需的 MnO_2 用量是 KI 用量的两倍多（见图 10-36（d））。

　　不同激发剂作用下制得的 BMS 水泥发泡材料的 SEM 图进一步说明了发泡程度对材料孔结构的影响，如图 10-37 所示。从图 10-37（a）看出，无激发剂时，H_2O_2 在 BMS 水泥浆体中也具有一定的发泡作用，但是材料中的孔径小、数量少且分布不均匀，难以得到轻质高强的发泡材料。加入 $KMnO_4$ 后形成了大量的大孔和连通孔（见图 10-37（b）），孔间壁薄，导致其抗压强度低、保温性能差；以 MnO_2 为激发剂时（见图 10-37（c）），孔径较大，孔间壁变厚，连通孔减少，因此力学性能和保温性能都有显著提高；以 KI 为激发剂时（见图 10-37（d）），所得到 BMS 发泡水泥的孔径显著减小，孔的形状更接近球形，且大孔和连通孔数量少，孔径分布较为狭窄，孔间壁适中。因此，在相同绝干密度下，以 KI 为激发剂制备的 BMS 水泥发泡保温材料具有更加优异的力学性能和保温性能。

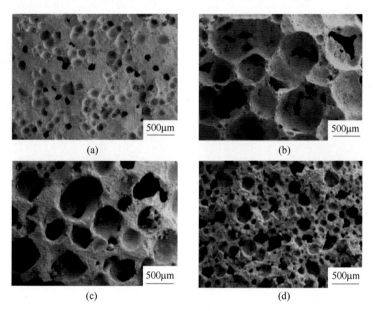

图 10-37　不同激发剂作用下制备的 BMS 多孔材料(28 天)的 SEM 图
（H_2O_2 用量为 5%）

（a）空白；（b）$KMnO_4$；（c）MnO_2；（d）KI

B　EPS-BMS 水泥有机无机复合发泡材料

针对聚苯乙烯（EPS）泡沫保温板易燃的问题，以镁水泥为黏合剂、改性 EPS 泡沫颗粒为填料，采用化学发泡法制备了具有防火、保温功能的 EPS-BMS 有机无机复合镁水泥发泡板材[16]。如图 10-38 所示，通过苯丙乳液和纳米氧化硅对 EPS 进行表面亲水改性，EPS 表面包裹一层亲水纳米氧化硅和氧化镁干粉，可使其均匀分散于镁水泥发泡水泥浆体中，且水化反应可以直接在 EPS 泡沫颗粒表面进行，极大地改善了 EPS 泡沫颗粒与 5·1·7 相之间的界面相容性，提高了保温材料的力学性能。图 10-39 中 EPS 表面改性前后的

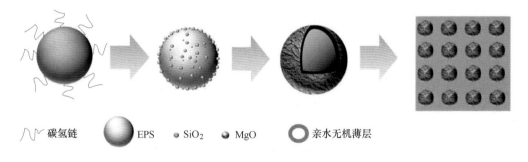

ΛΛ 碳氢链　　● EPS　　· SiO_2　　· MgO　　◯ 亲水无机薄层

图 10-38　EPS 表面改性机理示意图

EPS-BMS 复合发泡材料的 SEM 图证实，亲水改性后的 EPS 与 BMS 水泥的界面相容性明显改善。此外，EPS 泡沫颗粒的填充也提高了复合材料的保温性能。当复合材料中 EPS 体积占比为 60%、密度为 336kg/m³ 时，其导热系数为 0.102W/(m·K)，抗压强度达到 2.5MPa（可达密度为 900kg/m³ 的泡沫混凝土的强度指标）。

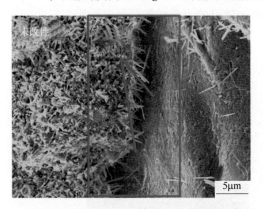
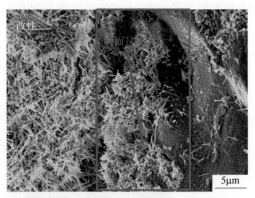

图 10-39   EPS-BMS 复合发泡材料的 SEM 图

参 考 文 献

[1] 郭彦霞，张圆圆，程芳琴. 煤矸石综合利用的产业化及其展望 [J]. 化工学报，2014，65（7）：2443-2453.

[2] 朱屯. 湿法冶金技术丛书：萃取与离子交换 [M]. 北京：冶金工业出版社，2005：182-190.

[3] GUO Y X，LI Y Y，CHENG F Q，et al. Role of additives in improved thermal activation of coal fly ash for alumina extraction [J]. Fuel Process. Technol.，2013，110：114-121.

[4] YAO Z T，XIA M S，SARKER P K，et al. A review of the alumina recovery from coal fly ash, with a focus in China [J]. Fuel，2014，120：74-85.

[5] ZHAO Z S，CUI L，GUO Y X，et al. Recovery of gallium from sulfuric acid leach liquor of coal fly ash by stepwise separation using P507 and Cyanex 272 [J]. Chem. Eng. J.，2020，381：122699.

[6] CUI J L，WANG Q，GAO J M，et al. The selective adsorption of rare earth elements by modified coal fly ash based SBA-15 [J]. Chinese Journal of Chemical Engineering，2022，47：155-164.

[7] SEIFRITZ W. CO_2 disposal by means of silicates [J]. Nature，1990，345（6275）：486.

[8] ROMANOV V，SOONG Y，CARNEY C，et al. Mineralization of carbon dioxide：A literature review [J]. ChemBioEng Reviews，2015，2（4）：231-256.

[9] 李响，阿茹罕，阎培渝. 水泥-粉煤灰复合胶凝材料水化程度的研究 [J]. 建筑材料学报，2010，13（5）：584-588.

[10] 赵计辉. 钢渣的粉磨/水化特征及其复合胶凝材料的组成与性能 [D]. 北京：中国矿业大学（北京），2015.

[11] 段思宇. 钢渣-粉煤灰-脱硫石膏复合胶凝体系的反应机制及应用研究 [D]. 太原：山西大学，2020.

[12] 赵国玺，朱步瑶. 表面活性剂作用原理 [M]. 北京：中国轻工业出版社，2003.

［13］吴刚. 无机盐对表面活性剂及其复合体系泡沫稳定性影响的机理研究［D］. 北京：中国石油大学，2017.

［14］周冬冬，方莉，杨巧珍，等. 碱式硫酸镁多孔吸声材料的制备及性能研究［J］. 化工学报，2021，72（6）：3041-3052.

［15］ZHOU D D，FANG L，TAO M J，et al. Preparation，properties of foamed basic magnesium sulfate cements and their foaming mechanisms with different activators［J］. Journal of Building Engineering，2022，50：104202.

［16］方莉，周冬冬，杨巧珍，等. 改性聚苯乙烯-碱式硫酸镁水泥复合保温材料的制备方法：中国，202110026956.9［P］. 2022-05-20.

11 土壤污染控制中的胶体界面化学

土壤是地球大多数生命的承载体,是生命活动最为旺盛的环境介质。人类活动导致的土壤污染,不仅给人类自身的健康和安全带来了巨大的威胁,也影响了其他生物的生存。污染物的界面行为是土壤污染控制的核心过程,胶体界面化学是进行污染物界面行为研究的最主要理论基础。本章在讲述土壤的组成与性质的基础上,说明了土壤污染的产生与迁移转化,并从胶体界面化学的角度对三个主要土壤界面(土-水界面、根际-土壤界面及微生物-土壤界面)的污染物行为进行重点阐述,介绍了相关的理论知识及应用案例。

11.1 土壤的组成与性质

11.1.1 土壤粒径组成

土壤圈和大气圈、生物圈、水圈、岩石圈共同构成了地球表层系统。土壤层处于其他各圈层的交接面上,与其他圈层有着频繁的物质和能量交换。土壤位于陆地表面,若光线、温度、降水等外在条件充足,则可供植物生长。土壤的母质是通过水或风搬运、堆积的岩石风化物。在某段时期内,母质在与气候、生物、地形、时间等因素的交互作用下形成(包括人类活动)。

土壤是由固体、液体和气体三相物质组成的疏松多孔体。固相物质包括三部分:土壤矿物质(岩石风化后的产物)、土壤有机质(土壤中植物和动物残体的分解产物和再合成的物质)和土壤生物(活的动物和微生物)。土壤固相物质之间为形状和大小不同的孔隙,孔隙中贮存着水分(液相)和空气(气相)。

11.1.1.1 土壤矿物质

土壤固相中矿物质一般占95%~98%,有机质一般占5%以下。

土壤中矿物质主要由岩石中矿物变化而来。土壤矿物的化学组成一方面继承了地壳化学组成的原有特点,以O、Si、Al为主,另一方面成土过程中存在元素的分散、富集特性和生物积聚作用。其中O、Si、C、H等元素在成土过程中增加,Ca、Mg、K、Na等元素显著下降。

土壤矿物质包括原生矿物、次生黏土矿物和可溶性盐,其中次生黏土矿物是土壤矿物质的主体。按照次生黏土矿物的化学组成和内部构造特点,次生黏土矿物分为两大类:一类是具有层状或链状晶格的铝硅酸盐;另一类是硅、铁、锰、铝的含水氧化物和氢氧化物。

A 层状铝硅酸盐黏土矿物

构成层状硅酸盐黏土矿物晶格的基本结构单位(晶片)是硅氧四面体和铝氧八面体。单位晶层由数目不等的硅片$(SiO_4)^{4-}$和铝片$(AlO_6)^{9-}$组成。硅氧四面体由1个硅离子(Si^{4+})和4个氧原子(O^{2-})所构成(见图11-1)。铝氧八面体由1个铝离子(Al^{3+})和6个氧离子(O^{2-})构成(见图11-2)。由于硅片和铝片都带有负电荷,不稳定,必须通过重叠化合才能形成稳定的化合物。硅片和铝片配合比例不同,构成1:1型层状硅铝酸盐矿物、2:1型可膨胀性层状铝硅酸盐矿物、2∶1 型非膨胀性层状铝硅酸盐矿物、2∶1∶1 型夹层混合黏土矿物。

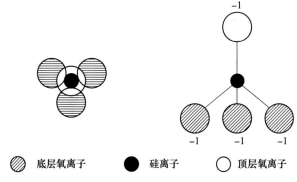

图 11-1 硅氧四面体及其构造图示法

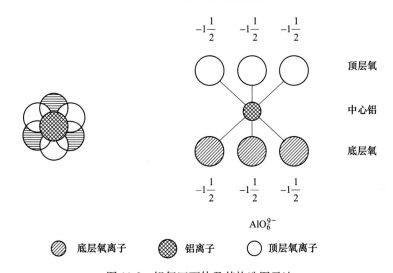

$$AlO_6^{9-}$$

图 11-2 铝氧四面体及其构造图示法

由于同晶替代作用，层状铝硅酸盐黏土矿物具有吸附作用。同晶替代作用是指组成层状铝硅酸盐黏土矿物的中心离子（Si^{4+} 或 Al^{3+}）被电性相同、大小相近的其他金属离子所替代，而晶格构造保持不变的现象。

根据层状铝硅酸盐黏土矿物的构造特点和性质，可将其归纳为 4 个类组，主要有高岭组、蒙蛭组、水化云母组和绿泥石组。层状铝硅酸盐黏土矿物种类及性质见表 11-1。

表 11-1　层状铝硅酸盐黏土矿物种类及性质

种　类	代表矿物	性　　质
高岭组（1∶1 型）	高岭石、珍珠陶土、地开石及埃洛石等	非膨胀性；电荷数量少，阳离子交换量只有 30~150mmol/kg；胶体特性弱，如可塑性、黏结性、黏着性和吸湿性都较弱，颗粒较粗，有效直径为 0.2~2μm
蒙蛭组（2∶1 型）	蒙脱石、绿脱石、拜来石、蛭石等	膨胀性大；同晶替代现象普遍，电荷数量大，阳离子交换量可高达 800~1500mmol/kg；胶体特性突出，可塑性、黏结性、黏着性和吸湿性都特别显著；颗粒细微，如蒙脱石有效直径为 0.01~1mm

种　类	代表矿物	性　质
水化云母组 （2：1 型）	伊利石	非膨胀性；同晶替代现象普遍，电荷数量较大，阳离子交换量为 200~400mmol/kg；胶体特性一般，可塑性、黏结性、黏着性和吸湿性都介于高岭石和蒙脱石之间；颗粒大小介于高岭石和蒙脱石之间
绿泥石组 （2：1：1 型）	绿泥石	同晶替代现象较普遍，阳离子交换量为 100~400mmol/kg；可塑性、黏结性、黏着性和吸湿性居中；颗粒较小

B　非层状硅酸盐黏土矿物

非层状硅酸盐黏土矿物是指由硅酸盐类矿物在地表经强风化后产生的铁、铝、硅的非晶质矿物及由凝胶老化脱水结晶而成的结晶矿物，包括氧化铁、氧化铝、氧化硅等。电荷主要通过表面基团的质子化或脱质子化而产生。其负电吸附点位可以吸附阳离子，正电吸附点位可以吸附阴离子，表面羟基（—OH）可以通过配位体交换作用而吸附重金属。氧化物是土壤吸附的重要介质，对土壤元素的化学行为具有重要影响。

11.1.1.2　土壤粒级

土粒是构成土壤固相骨架的基本颗粒，可分为矿物质土粒和有机质土粒。按土粒的大小，分为若干组，称为土壤粒级。土粒中 SiO_2 含量会随着粒径的降低逐渐减少，Al_2O_3、Fe_2O_3 和盐基的含量会随着粒径的降低逐渐增加。土壤粒径的变化会导致比表面积、可塑性、黏结性、黏着性等物理性质的变化。

土壤粒级的划分至今尚缺公认的标准。表 11-2 为常见的土壤粒级制。

表 11-2　常见的土壤粒级制

当量粒径/mm	中国制	卡钦斯基制		美国农部制	国际制
3~2	石砾	石砾		石砾	石砾
2~1	石砾	石砾		极粗砂粒	
1~0.5	粗砂粒		粗砂粒	粗砂粒	粗砂
0.5~0.25	粗砂粒		中砂粒	中砂粒	粗砂
0.25~0.2	细砂粒	物理性砂粒	细砂粒	细砂粒	细砂
0.2~0.1	细砂粒	物理性砂粒	细砂粒	细砂粒	细砂
0.1~0.05	细砂粒	物理性砂粒	细砂粒	极细砂粒	细砂
0.05~0.02	粗粉粒	物理性砂粒	粗粉粒	粉粒	粉粒
0.02~0.01	粗粉粒	物理性砂粒	粗粉粒	粉粒	粉粒
0.01~0.005	中粉粒	物理性砂粒	中粉粒	粉粒	粉粒
0.005~0.002	细粉粒	物理性黏性	细粉粒	粉粒	粉粒
0.002~0.001	粗黏粒	物理性黏性	细粉粒	粉粒	粉粒
0.001~0.0005	细黏粒	物理性黏性	粗黏粒	黏粒	黏粒
0.0005~0.0001	细黏粒	物理性黏性	黏粒 细黏粒	黏粒	黏粒
<0.0001	细黏粒	物理性黏性	胶质黏粒	黏粒	黏粒

在所有的粒级中，石砾是最粗的土粒，其矿物组成与岩石、母质中相同。土壤中较大的粒级是砂粒。砂粒又可细分为粗砂、中砂和细砂。砂粒通常由石英、长石、云母等原生

矿物组成，为物理风化产物。比砂粒小的粒级是粉粒，其颗粒大小介于砂粒与黏粒之间，由部分原生硅酸盐矿物和次生硅酸盐矿物组成，为化学风化产物。土壤中最小的粒级是黏粒，形状以片状或针状为主，大部分是次生硅酸盐矿物，为化学风化、生物化学风化产物。土壤基质中土粒的粗细不同，所体现出的理化性质差异很大。

11.1.1.3 土壤质地分类

土壤质地是土壤各粒级组合反映出来的特征。它对土壤的理化性状及土壤肥力有着直接的影响，是土壤的基本性质之一。进行土壤质地划分时，首先要对土壤样品做颗粒组成分析，以获得土壤的颗粒组成，然后按照不同的土壤质地分类体系进行划分。

土壤机械组成指土壤中各粒级所占的比例，又称颗粒组成。根据土壤机械分析，分别计算其各粒级的相对含量，即为机械组成，并可由此确定土壤质地。

土壤颗粒分析是先把土壤进行分散处理，又不破坏其原状地分离成各种粒径的单粒，然后对分离出来的各级单粒进行定量测定。土壤分散处理常用的分散方法有 3 种：物理分散法、化学分散法、物理-化学分散。一般对于大于 0.25mm 的粗粒部分采用不同孔径的筛子进行筛分、称量；对于粒径较细的土粒部分可采用吸管法、比重计法、离心力法和激光粒度分析仪等方法进行测定。

关于土壤质地分类，至今尚缺世界公认的土壤质地分类制。国际上最常见的土壤质地分类系统有国际制（见图 11-3）。我国在《中国土壤》（第 2 版，1987 年）中公布了中国土壤质地分类系统（见表 11-3）。

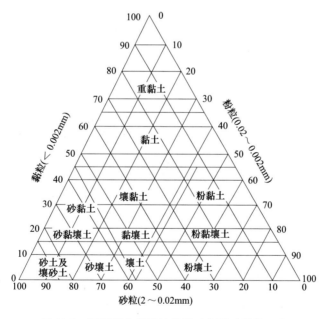

图 11-3 国际制土壤质地分类三角图（单位:%）

在使用国际制土壤质地分类三角图时，为求得某一土壤在国际制中属于何种质地组，首先需知各级土粒的含量。分别在代表砂粒、粉粒和黏粒的 3 条边上确定所测定土壤的 3 个粒级含量点。然后，分别向其 0% 含量所在的边做平行线，所测定的土壤质地名称为 3 条线相交点所在区域的质地名称。

表 11-3　中国土壤质地分类

质地组	质地名称	颗粒组成/%		
		砂粒（1~0.05mm）	粗粉粒（0.05~0.01mm）	细黏土（<0.001mm）
砂土	极重砂土	>80		<30
	重砂土	70~80		
	中砂土	60~70		
	轻砂土	50~60		
壤土	砂粉土	≥20	≥40	
	粉土	<20		
	砂壤	≥20	<40	
	壤土	<20		
黏土	轻黏土			30~35
	中黏土			35~40
	重黏土			40~60
	极重黏土			>60

11.1.2　土壤有机质

土壤有机质是指存在于土壤中所含碳的有机物质，它包括土壤中的各种动、植物残体，微生物体及其分解、合成的产物。有机质是土壤的重要组成部分，尽管土壤有机质只占土壤总重量的很小一部分，但它在保持土壤健康、可持续作物生产、人类健康（污染物固定和增加微量营养元素的可用性）及气候变化缓解（碳封存）等方面起着重要作用。

11.1.2.1　土壤有机质的来源、形态及组成

A　土壤有机质的来源

土壤有机质主要来源于微生物、植物、动物残体及人类活动。原始土壤中，最早出现在母质中的有机体是微生物，微生物是土壤有机质最原始最早的来源。随着生物的进化和成土过程的发展，动、植物残体及其分泌物就成为土壤有机质的基本来源。

B　土壤有机质的形态

土壤中的有机质大致分为以下几种形态：

（1）新鲜的有机物质。新鲜的有机物质指那些刚进入土壤中未被微生物分解的动、植物残体，它们仍保留原来的形态学特征，是土壤有机质的基本来源。

（2）半腐殖的有机物质。微生物的代谢产物和动、植物残体的半分解产物，它们失去了原来的形态学特征，呈分散的暗黑色小块，包括有机质分解产物和新合成的简单有机化合物。

（3）腐殖质物质。腐殖质物质是有机质经过微生物分解和再合成的腐殖酸类高分子化合物，是一种化学性质稳定、结构复杂的杂褐色胶体。通常已与矿物质土粒紧密结合，是土壤有机质存在的主要形态。

C　土壤有机质的组成及性质

土壤有机质的成分复杂，性质各异，可以分为腐殖质和非腐殖质两大类。腐殖质部分

约占土壤有机质的 70%~80%，是土壤有机胶体的主要组成成分，对土壤化学性质有重要的影响。土壤有机质中的非腐殖物质部分约占土壤有机质的 20%~30%，是一些结构比较简单、易被微生物分解、具有明确物理化学性质的物质。

a 腐殖质

腐殖质组成复杂，既没有固定的元素组成和结构，也没有特定的理化性质。腐殖质的分组方法不同，组分也不相同。一般根据土壤有机质的颜色和在不同溶剂中的溶解行为，可分为 3 个最基本和重要的组分：富里酸（FA）、胡敏酸（HA）、胡敏素。富里酸又称为黄腐酸，能被酸碱溶解，其结构中的大量酸性官能团如羧基和羟基决定了其亲水性，化学性质活泼。胡敏酸又称为腐殖酸、褐腐酸，溶于碱但不溶于酸，是非均质且以杂环结构为特征的高分子缩聚物。胡敏素又称为腐黑物、腐殖素，不溶于酸碱。胡敏素主要是由没有完全降解的木质素、多糖等生物高聚物构成，相对分子质量很大且难溶于水，常与矿物质紧密结合。

b 非腐殖质

非腐殖质包括土壤中的糖类物质、（半）纤维素、脂类、木质素和含氮化合物等。

（1）糖类。土壤中糖类物质中的碳约占土壤有机碳总量的 5%~25%，主要可分为单糖、多糖、糖醛酸和氨基糖等。土壤中的糖类物质有 3 种存在形式：土壤溶液中的游离糖；与土壤有机组分结合的复杂多糖；多聚分子，强烈地吸附在黏粒及腐殖质胶体上，不易分离。

（2）纤维素和半纤维素。在植物残体中，纤维素和半纤维素是构成植物细胞壁的主要成分。半纤维素在酸和碱的稀溶液中易于水解，纤维素在强酸强碱溶液中才可以水解，均能被土壤微生物分解。

（3）脂类。土壤中的脂类物质是指土壤中不溶于水，可溶于某种有机溶剂的复杂化合物，土壤中的脂类大部分是植物和微生物组织的残余物，主要包括蜡类、有机酸、碳氢化合物、多环烃、甘油酯和磷脂、类固醇和类萜、类胡萝卜素等。土壤脂类中的许多组分具有生理活性，有些化合物对植物生长具有抑制作用，而有些则起着生长激素的作用。此外，这类物质在土壤中，对于化学分解作用和细菌的分解作用也是比较稳定的。

（4）木质素。木质素是一类带环状结构的复杂有机化合物，存在于成熟的植物组织尤其是木本植物组织中。木质素比较稳定，不易被细菌和化学物质分解，但在土壤中可以不断被真菌、放线菌分解。

（5）含氮化合物。生物体中有着复杂的含氮化合物，如蛋白质，主要来源于进入土壤的动物残体。各种蛋白质经过水解以后，一般可产生许多种不同的氨基酸。一部分比较简单的可溶性氨基酸可被微生物直接吸收，但大部分的含氮化合物需要经过微生物分解以后才能被利用。

11.1.2.2 土壤有机质的转化

各种动物、植物有机残体进入土壤后，在微生物的作用下进行着复杂深刻的转化过程，如图 11-4 所示。这些过程可以概括为两个方面，即有机质矿质化过程和腐殖化过程。这两个过程是有机质腐解不可分割的两个方面，它们在土壤中相互联系，相互渗透，在不同的条件下其特点和强度均有不同。

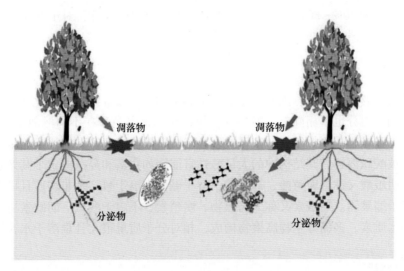

图 11-4 土壤有机质转化

A 土壤有机质矿质化过程

土壤有机质的矿质化过程，是指复杂的有机物质在微生物的作用下，分解为简单的化合物，同时释放出矿质养料和能量的过程，主要是靠微生物的酶来完成。整个过程往往是分阶段进行的，在分解过程中，可以产生各种类型的中间产物。大约是 3 个部分，最初是易分解的有机物，如单糖、氨基酸和多数蛋白质等，分解迅速，它们可在几小时或几天内消耗殆尽，微生物从分解产物中获得能量和营养；其次是较难分解的有机物，如多糖、纤维素等，它们首先被转化为低聚糖，然后再转化为单糖；木质素是最难分解的，它主要靠真菌作用，是形成腐殖质的一种重要成分。在矿质化过程中，有机物被微生物分解时，不是从一而终，而是多种微生物相继作用完成。因此，环境条件和有机质的组成部分不同，微生物的分解能力和最终产物及提供的养分和能量也不同。

B 土壤有机质腐殖化过程

进入土壤中的有机残体，在微生物的作用下，进行矿质化的同时，还进行一系列复杂的腐殖化过程。即有机质在微生物的作用下，形成复杂的腐殖质的过程。据最近的研究资料，一般认为腐殖质的形成过程可分为以下两个阶段：第一阶段，是产生构成腐殖质主要成分的原始材料阶段。进入土壤中的有机残体在微生物的作用下，有些成分被矿化了，而有些成分由于结构稳定，只能部分地降解，而保留原来结构单元中的某些特征。第二阶段为合成阶段，上述原始材料通过某种合成机制（酶促反应和可能发生的纯化学反应等）合成腐殖质的单分子。腐殖质的形成过程实际上是在有机质矿质化作用的基础上进行的。

C 影响土壤有机质转化的因素

土壤有机质转化过程中，无论矿质化过程还是腐殖化过程，都是在微生物直接参与下进行的。因此，可影响微生物的活动及生理作用的因素都会影响土壤有机质转化。

a 有机物的组成

微生物在分解有机质时，需要同化一部分的碳和氮，同时还需要分解一部分的有机碳化合物作为能量来源。因此，有机物组成中的 C/N 比（指有机质中碳素总量和氮素总量的比值），是影响转化速度的根本原因。一般多汁、幼嫩和 C/N 比小的植物残体，矿质化和腐殖化都比较容易进行，分解得快，形成腐殖质的数量少，释放出的氮素多。反之干枯老化和 C/N 比大的植物残体，转化较慢，释放的氮素量少。各种有机物，无论 C/N 比的大小如何，当它们进入土壤后，在微生物的反复作用下，它们的比率一般会稳定在一定的范围内。此外，有机物灰分元素的含量高时，也易于中和有机质分解时所产生的酸类，从而更有利于有机质的转化。

b 土壤环境条件

（1）土壤质地。土壤质地影响土壤的湿度和通气性，从而影响有机质的转化，因为微生物活动需要一定的湿度和通气性。在适度湿润、通气良好的土壤中，好气微生物活动活跃。这时有机质进行好气分解，速度快且分解较完全，矿化率高，中间产物很少累积，释放的矿质养料多，有利于植物吸收利用，但不利于土壤有机质累积。反之，在湿度过大、通气性差的土壤中，水分充塞了绝大部分土壤孔隙，通气受阻，一般以嫌气微生物占优势。有机质在嫌气条件下分解，速度慢且分解不完全，矿化率低，容易积累中间产物，可能还会产生某些还原性气体如 H_2、H_2S、CH_4 等对作物有害。但土壤通气性不好时，有机质矿化率低，有利于土壤有机质积累和保存。

（2）土壤温度。在一定的温度范围内，微生物的活性和温度成正相关，增高温度能促进微生物的活动，有利于有机质的分解。当温度低于 0℃ 时，微生物停止活动，高于 45℃ 时，一般的微生物活动受到明显的抑制，有些有机物质可能发生纯化学的氧化分解作用或导致挥发。一般土壤微生物最适宜的土壤温度为 25~35℃。

（3）土壤的酸碱性。任何微生物都有适宜活动的 pH 值范围，如大多数细菌最适宜的 pH 值一般在中性附近（pH=6.5~7.5）；而放线菌活动的最适宜 pH 值比细菌略偏碱性；真菌最适于酸性（pH=3~6）条件。适于土壤微生物活动的 pH 值大都在中性附近（pH=6.5~7.5），土壤过酸或过碱，都会显著抑制微生物的活动。因此，土壤酸碱性不同，土壤中各类微生物总量、相对比例及活性等都不一样，从而导致有机质转化的速度和产物不同。

11.1.2.3 土壤有机质的作用

作为土壤的关键组成部分，有机质通过对土壤结构发育和地球生物化学过程的双重控制，对各种土壤过程起着调节作用，发挥着多种生态服务功能。

A 植物营养的主要来源

土壤有机质中含有大量的植物营养元素 N、P、S 和一些微量元素等，在矿化分解过程中，这些营养元素释放出来供作物吸收利用。此外，在有机质分解和转化过程中，还会产生一些腐殖酸和低分子有机酸，对土壤矿物质具有溶解作用，有利于养分的有效化。

B 改善土壤的物理性状

土壤有机质，特别是腐殖质的黏结力比土壤黏粒小，腐殖质覆盖在黏粒的表面时，可减少土壤黏粒间的直接接触，降低了黏粒间的黏结力。有机质的胶结作用还可形成较大的团聚体，更进一步降低黏粒间的接触面，使土壤的黏性大大降低，从而改善土壤的通气性及透水性。同时，土壤得到黏性改善，可以降低胀缩性，防止土壤干旱时出现大的裂隙。此外土壤有机质的吸水能力可达自身重量的几十倍，对保持土壤水分有积极作用。

C　增强土壤的保肥性和缓冲性

土壤腐殖质，尤其是腐殖酸的酸性功能团的解离，使腐殖质成为带净负电荷的有机胶体，可吸附土壤溶液中的交换性阳离子，避免其随水流失，又能被其他阳离子交换出来，供植物吸收利用，不失其有效性。同时腐殖酸和其腐殖酸盐类可组成缓冲体系，能增加土壤对酸碱变化的缓冲性，使土壤不因外界原因而环境剧烈变化。土壤腐殖质的含量与矿物质相比，虽然不多，但腐殖质保存阳离子养料的能力，要比矿物质胶体大几倍至几十倍。因此，土壤有机质对土壤保肥能力有巨大影响，增加土壤腐殖质含量，可以大大增强土壤保蓄养分的能力。

D　减少土壤中农药的残留量和重金属的污染

土壤有机质对农药等有机污染物有强烈的亲和力，腐殖质胶体具有配合和吸附的作用，因而能减轻或消除农药的残留和重金属的污染。对于土壤中重金属污染，腐殖酸通过对金属离子的配合、螯合、吸附和还原作用，能降低其重金属的毒害作用。腐殖物质还能作为还原剂而改变农药的结构，一些有毒有机化合物与腐殖物质结合后，其毒性降低或消失，也能吸附某些农药，降低其活性。

E　固碳和稳定气候变化功能

土壤有机质还是存在于地球上的最大的有机碳碳库，对整个地球生态系统的碳平衡有深远的意义。提升土壤固碳本质上看是从其量的平衡角度关注有机碳在土壤中的封存，因而增加有机质储存成为固碳减排的主要途径。通过改善农业发展模式，提高土壤碳储量，可以实现温室气体减排，稳定气候变化。

11.1.3　土壤微生物

土壤具有绝大多数微生物生活所需的各种条件，是自然界微生物生长繁殖的良好基地，其原因在于土壤含有丰富的动植物与微生物残体，可供微生物作为碳源、氮源与能源。

土壤含有大量而全面的矿质元素，供微生物生命活动所需。土壤中的水分都可满足微生物对水分的需求。不论通气条件如何，都可适宜某些微生物类群的生长，通气条件好可为好氧性微生物创造生活条件；通气条件差，处于厌氧状态时又成了厌氧性微生物发育的理想环境。

土壤微生物是生活在土壤中的细菌、真菌、放线菌、藻类的总称。其个体微小，一般在微米或纳米数量级，其种类和数量随成土环境及其土层深度的不同而变化。它们在土壤中进行氧化、硝化、氨化、固氮、硫化等过程，促进土壤有机质的分解和养分的转化。土壤微生物一般以细菌数量最多，有益的细菌有固氮菌、硝化细菌和腐生细菌，有害的细菌有反硝化细菌等。

11.1.3.1　土壤微生物的分类

土壤中微生物的类群、数量与分布，由于土壤质地、发育母质、发育历史、肥力、季节、作物种植状况、土壤深度与层次等不同而有很大差异。土壤微生物中细菌最多，作用强度与影响最大，放线菌与真菌类次之，藻类与原生动物等数量较少，影响也小。

A　细菌

土壤中细菌可占土壤微生物总量的 70%~90%，其生物量可占土壤质量的 1/10000 左右。虽然细菌个体小，但其数量庞大，与土壤接触的表面积特别大，是土壤中最大的生命活动面，也是土壤中最活跃的生物因素，推动着土壤中的各种物质循环。

细菌通常分为两类，一类为自养型细菌，它有同化二氧化碳的能力，所以这个种群的作用是直接影响土壤的理化性质，平衡土壤的酸碱度高低。另一类为异养型细菌，这一类细菌通常都是以和作物共生的状态存在，对作物生长有直接促进作用，如豆科植物的根瘤菌等，具有强大的固氮作用，对作物能够产生明显的增产效果。细菌在土壤中的分布方式一般就是黏附于土壤团粒表面，形成菌落或菌团，也有一部分散布于土壤溶液中，且大多处于代谢活动活跃的营养体状态。

B 放线菌

在土壤中放线菌是以需氧性异养状态生活，它们的主要活动是分解土壤中的纤维素、木质素和果胶类物质等，通过这些作用来改善土壤的养分状况，便于作物直接吸收利用土壤养分。放线菌主要在中性和微碱性的土壤中活动。

C 真菌

真菌是土壤中第三大类微生物，广泛分布于土壤耕作层。真菌中霉菌的菌丝体像放线菌一样，发育缠绕在有机物碎片与土粒表面，向四周伸展，蔓延于土壤孔隙中，并形成有性或无性孢子。

土壤霉菌为好氧性微生物，一般分布于土壤表层，深层较少发育。真菌较耐酸，在 pH 值为 5.0 左右的土壤中，细菌与放线菌的发育受到限制，而土壤真菌在土壤微生物总量中占有较高的比例。

真菌菌丝比放线菌菌丝宽几倍至几十倍，据估计，每克土壤中真菌菌丝长度可达 40m，以平均直径 $5\mu m$ 计，则每克土壤中的真菌活重为 0.6mg 左右。土壤中酵母菌含量较少，每克土壤在 $10 \sim 10^3$ 个，但在果园、养蜂场土壤中含量较高，每克果园土可含 10^5 个酵母菌。土壤中真菌有藻状菌、子囊菌、担子菌与半知菌类，其中以半知菌类最多。

D 藻类

土壤中藻类的数量远比其他微生物类群少，在土壤微生物总量中不足 1%。在潮湿的土壤表面与近表土层中，发育有许多大多为单细胞的硅藻或呈丝状的绿藻与裸藻，偶见有金藻与黄藻。在温暖季节的积水土面可发育有衣藻、原球藻、小球藻、丝藻、绿球藻等绿藻与黄褐色的硅藻，水田中还有水网藻与水绵等丝状绿藻。

藻类与高等植物一样有叶绿素，能将 CO_2 转化为有机物，它的主要作用通常是可以固定空气中氮素营养，帮助植物多方式利用各种状态存在的氮素养分。与以上几种菌类不同的是，它更适于在碱性环境下发挥作用，一般来说，碱性土壤中就主要靠这些藻类微生物来维持辅助作用。

11.1.3.2 土壤微生物的作用及调节

土壤微生物大部分对作物生长发育是有益的，它们对土壤的形成发育、物质循环和肥力演变等均有重大影响。对作物来讲是影响其生长发育的重要环境条件之一，其具体作用如下：

（1）形成土壤结构。作为土壤的活跃组成成分，土壤微生物的区系组成、生物量及其生命活动对土壤的形成和发育有密切关系。有活性的土壤是由固态的土壤、液态的水和气态的空气共同组成的，单纯的土壤颗粒和化肥所构成的并不是真正意义上的土壤。土壤微生物通过代谢活动的氧气和二氧化碳的交换，以及分泌的有机酸等有助于土壤粒子形成大的团粒结构，最终形成真正意义上的土壤。

（2）分解有机质。作物的残根落叶和施入土壤中的有机肥料，只有经过土壤微生物的作用，才能腐烂分解，释放出营养元素，供作物利用，并形成腐殖质，改善土壤的结构和耕性（见图11-5）。

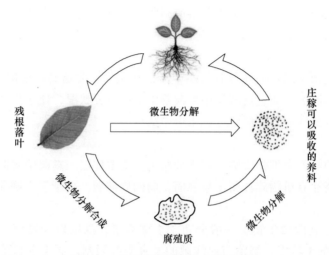

图 11-5　有机质的分解与合成示意图

（3）分解矿物质。土壤微生物的代谢产物能促进土壤中难溶性物质的溶解。例如磷细菌能分解出磷矿石中的磷，钾细菌能分解出钾矿石中的钾，以利于作物吸收利用，提高土壤肥力。另外，尿素的分解利用也离不开土壤微生物。

（4）固氮作用。氮气占空气组成的4/5，但植物不能直接利用，某些微生物可借助其固氮作用将空气中的氮气转化为植物能够利用的固定态氮化物（见图11-6）。

（5）调节植物生长。土壤微生物与植物根部营养有密切关系。植物根际微生物及与植物共生的微生物如根瘤菌、菌根和真菌等能为植物直接提供氮素、磷素和其他矿质元素的营养及有机酸、氨基酸、维生素、生长素等各种有机营养，促进植物的生长。

（6）防治土传病害。土壤中存在一些抗生性微生物，它们能够分泌抗生素，抑制病原菌的繁殖，防治土传病原菌对作物的危害。

11.1.3.3　土壤中微生物的分布

A　微生物在土壤中的垂直分布

土壤是高度的异质体，由固相、液相和气相组成，具有明显的结构特征，既有垂直的剖面层次，又有团聚体等不同的微生境。所以微生物的分布情况非常复杂。土壤中有机营养型微生物占有重要地位，其数量与有机质含量密切相关。

B　土壤微环境与微生物的分布

土壤的固体部分包括矿物质、有机质和各种生物，它们相互结合和作用使土壤具有结构性，特别是土壤团聚体，它是土壤肥沃性的重要因素。土壤团聚体之间和内部的气体与水分状况的差别也很大，而且是处于变动状态。各种团聚体是微生物在土壤中生活的微环

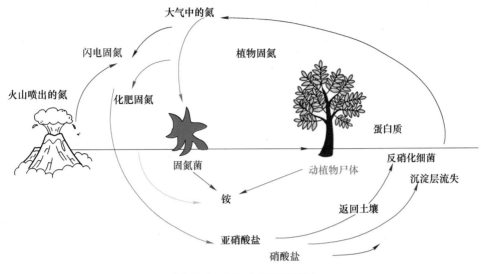

图 11-6 土壤的氮循环简图

境之一，团聚体内外的条件不同，微生物的分布也不一样，微生物在团聚体中不是均匀分散的，而是形成微菌落，与土壤黏粒紧密联系在一起[1]。

11.2 土壤污染的产生与迁移转化

11.2.1 土壤污染的特点

土壤污染是指人类活动产生的环境污染物进入土壤并积累到一定程度，引起土壤环境质量恶化的现象。衡量土壤环境质量是否恶化的标准是土壤环境质量标准。土壤污染的实质是通过各种途径进入土壤的污染物，其数量和速度超过了土壤自净作用的数量和速度，破坏了自然动态平衡。其后果是导致土壤正常功能失调，土壤质量下降，影响到作物的生长发育，引起质量和数量的下降，一般有以下几个特点：

（1）土壤污染具有隐蔽性和滞后性。土壤污染的判定，既要考虑土壤中污染物的测定值，又要考虑土壤的本底值，比较土壤中的元素和化合物含量有无异常。同时，还要考虑农作物中污染物的含量，看它与土壤污染的关系，要注意观察农作物生长发育是否受到抑制，有无生态变异，甚至要进行人畜健康的影响研究才能确定，且土壤污染从产生到发现危害通常时间较长。

（2）土壤污染具有累积性。相比于大气和水体，污染物更难在土壤中迁移、扩散和稀释。因此，污染物容易在土壤中不断累积，土壤污染危害大，后果严重。

（3）土壤污染具有不均匀性。污染物可通过食物链富集而危害动物和人类健康。土壤污染还可以通过地下水渗漏，造成地下水污染，或通过地表径流污染水体，土壤污染地区若遭风蚀，又将污染的土粒吹扬到远处，扩大污染面。由于土壤性质差异较大，而且污染物在土壤中迁移慢，导致土壤中污染物分布不均匀，空间变异性较大。

（4）土壤污染具有难可逆性。由于重金属难以降解，导致重金属对土壤的污染基本上是一个不可完全逆转的过程。另外，土壤中的许多有机污染物也需要较长时间才能降解。

（5）土壤污染治理具有艰巨性。土壤污染一旦发生，仅仅依靠切断污染源的方法则往往很难恢复，有时要靠换土、淋洗土壤等方法才能解决问题，其他治理技术可能见效较慢。因此，治理污染土壤通常成本较高、治理周期较长。

11.2.2 土壤污染的主要来源

土壤污染的显著象征是土壤生产力降低。但凡进入土壤并影响土壤的理化性质和构成物而致使土壤的天然功用失调、土壤质量恶化的物质，统称为土壤污染物。土壤污染物的种类繁复，既有化学污染物也有物理污染物、生物污染物和放射污染物等，其间以土壤的化学污染物最为遍及、严峻和杂乱。按污染物来源的性质通常可分为四类，即有机污染物、重金属、放射性元素和病原微生物。

11.2.2.1 有机污染物

土壤有机污染物首要是化学农药。当前运用较多的化学农药有 50 多种，主要包含有机磷农药、有机氯农药、氨基甲酸酶类、苯氧羧酸类、苯酚、胺类。此外，石油、多环芳烃、多氯联苯、甲烷、有害微生物等，也是土壤中常见的有机污染物。当前，我国农药生产量居国际第二位，但商品结构不合理，质量较低，商品中杀虫剂占 70%，杀虫剂中有机磷农药占 70%，有机磷农药中高毒种类占 70%，致使很多农药残留，带来严峻的土壤污染。

11.2.2.2 重金属

运用富含重金属的废水进行灌溉是重金属进入土壤的一个重要路径。重金属进入土壤的另一条路径是随大气沉降落入土壤。重金属主要有汞、铜、锌、铬、镍、钴等。因为重金属不能被微生物分化，并且可为微生物富集，所以土壤一旦被重金属污染，其天然净化进程和人工管理都是十分艰难的。此外，重金属能够被生物富集，因而对人类有较大的潜在损害。

11.2.2.3 放射性元素

放射性元素首要来源于大气层核试验的沉降物，以及原子能和平利用进程中所排放的各种废气、废水和废渣。富含放射性元素的物质不可避免地随天然沉降、雨水冲刷和废弃物堆积而污染土壤。土壤一旦被放射性物质污染就难以自行消除，只能天然衰变为安稳元素而消除其放射性。放射性元素可经过食物链进入人体。

11.2.2.4 病原微生物

土壤中的病原微生物主要包含病原菌和病毒等。来源于人畜的粪便及用于灌溉的污水（未经处理的日常污水，特别是医院污水）。人类若直接触摸富含病原微生物的土壤，也许会对健康带来影响；若食用被土壤污染的蔬菜、水果等则直接遭到污染[2]。

11.2.3 土壤污染的迁移转化

进入土壤中的污染物，可以通过与土壤物质的物理化学及生物作用进行迁移和转化。其作用的强弱与速率，取决于污染物的种类和物理、化学性质，还与土壤的结构、氧化还原电位、pH 值、有机物质和胶体物质含量及生物种类和数量关系密切，目前土壤污染的迁移转化主要集中在农药和重金属。

11.2.3.1 农药在土壤中的迁移转化

农药按用途可分为杀虫剂、杀菌剂和除草剂；按来源可分为植物型农药、微生物型农药和化学农药。植物型农药是用植物产品制造的农药，属于天然有机化合物，如除虫菊、鱼藤（鱼藤酮）和烟草（烟碱）等。微生物型农药是以微生物或者其代谢产物研制的农药，其有效成分是细菌孢子、真菌孢子、病毒或抗生素，如杀螟杆菌、白僵菌、稻瘟菌和井岗霉素等。化学农药是目前使用最多的农药，可分为两类：无机化学农药，主要指含汞、砷、铅和氟等无机元素的农药；有机化学农药，主要指含氯、磷和氮的有机农药，表11-4 为有机农药种类及用途。

表 11-4 有机农药种类及用途

种　类	用　　途	名　　称
有机氯农药	杀虫剂、杀菌剂、除草剂	六六六、DDT、七氯、艾氏剂、狄氏剂、氯丹六氯苯、五氯酚钠、2,4-DCP、除草醚
有机磷农药	杀虫剂、杀菌剂	敌百草、敌敌畏、杀虫威、马拉硫磷、对硫磷苯、克瘟散
有机氮农药	杀虫剂、杀菌剂、除草剂	西维因、速灭威、巴丹、克菌剂、灭菌丹、敌稗

农药在土壤中的迁移转化主要分为土壤对农药的吸附，农药在土壤中的挥发、迁移和扩散，农药在土壤中的降解，以及农药在土壤中的水解作用。

A　土壤对农药的吸附

土壤是一个由无机胶体（黏土矿物）、有机胶体（腐殖酸类）及有机-无机胶体所组成的胶体体系，具有较强的吸附性能。在酸性土壤下，土壤胶体带正电荷，在碱性条件下，则带负电荷。进入土壤的化学农药可以通过物理吸附、化学吸附、氢键结合和配价键结合等形式吸附在土壤颗粒表面。农药被土壤吸附后，移动性和生理毒性随之发生变化。所以土壤对农药的吸附作用，在某种意义上就是土壤对农药的净化。但这种净化作用是有限度的，土壤胶体的种类和数量，胶体的阳离子组成，化学农药的物质成分和性质等都直接影响到土壤对农药的吸附能力，吸附能力越强，农药在土壤中的有效性越低，则净化效果越好。

B　农药在土壤中的挥发、迁移和扩散

土壤中的农药，在被土壤固相物质吸附的同时，还通过气体挥发和水的淋溶在土体中迁移扩散，因而导致大气、水和生物的污染。大量资料证明，不仅非常易挥发的农药，不易挥发的农药（如有机氯）也可以从土壤、水及植物表面大量挥发。对于低水溶性和持久性的化学农药来说，挥发是农药进入大气中的重要途径。农药在土壤中的挥发作用大小，主要决定于农药本身的溶解度和蒸气压，也与土壤的温度、湿度等有关。有研究表明，有机磷和某些氨基甲酸酯类农药的蒸气压高于 DDT、狄氏剂和林丹的蒸气压，所以前者的蒸发作用要快于后者。又如六六六在耕层土壤中因蒸发而损失的量高达 50%，当气温增高或物质挥发性较高时，农药的蒸发量将更大。农药除以气体挥发形式扩散外，还能以水为介质进行迁移，其主要方式有两种：一是直接溶于水中，如敌草隆、灭草隆；二是被吸附于土壤固体细粒表面上随水分移动而进行机械迁移，如难溶性农药 DDT。一般来说，农药在吸附性能小的砂性土壤中容易移动，而在黏粒含量高或有机质含量多的土壤中则不易移动，大多积累于土壤表层 30cm 土层内。因此有的研究者指出，农药对地下水的污染是不大的，主要是由于土地侵蚀，通过地表径流流入地面水体造成地表水体的污染。

    C   农药在土壤中的降解

如图 11-7 所示，农药在土壤中的降解过程包括光化学降解、化学降解和微生物降解等。

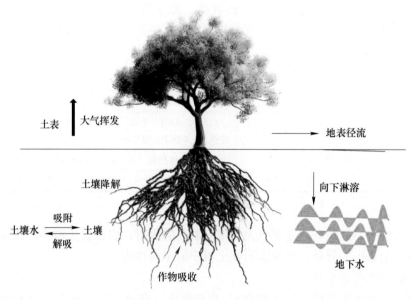

图 11-7　农药在土壤中的降解

（1）光化学降解指土壤表面接受太阳辐射能和紫外线光谱等能流而引起农药分解的作用。由于农药分子吸收光能，使分子具有过剩的能量，呈激发状态。这种过剩的能量可以通过荧光或热等形式释放出来，使化合物回到原来状态，但是这些能量也可产生光化学反应，使农药分子发生光分解、光氧化、光水解或光异构化。其中光分解反应是其中最重要的一种。由紫外线产生的能量足以使农药分子结构中碳—碳键和碳—氢键发生断裂，引起农药分子结构的转化，这可能是农药转化或消失的一个重要途径。如杀草快光解生成盐酸甲铵，对硫磷经光解形成对氧磷、对硝基酚和硫已基对硫磷等。但紫外光难于穿透土壤，因此光化学降解对落到土壤表面与土壤结合的农药的作用，可能是相当重要的，而对土表以下的农药作用较小。

（2）化学降解是以水解和氧化最为重要，水解是最重要的反应过程之一。有人研究了有机磷水解反应，认为土壤 pH 值和吸附是影响水解反应的重要因素，二嗪农在土壤中具有较强的水解作用，而且水解作用受到吸附催化。

（3）微生物降解指土壤中微生物（包括细菌、霉菌、放线菌等各种微生物）对有机农药的降解作用。在国外已有文献报道，发现假单胞菌对于 $4 \times 10^{-4}\%$ 的对硫磷只要 20h 即可全部降解，我国专家实验证明，辛硫磷在含有多种微生物的自然土壤中迅速降解，2 周后消退 75%，38 天可全部降解，而在无菌的土壤中 38 天后仅有 1/4 消失，同时土壤微生物也会利用这些农药和能源进行降解作用。但由于微生物的菌属不同，破坏化学物质的速度也不同。土壤中微生物对有机农药的生物化学作用主要有脱氯作用、氧化还原作用、脱烷基作用、水解作用、环裂解作用等。

1）脱氯作用。有机氯农药 DDT 等化学性质稳定，在土壤中残留时间长，通过微生物作用脱氯，使 DDT 变为 DDD 或是脱氢脱氯变为 DDE；而 DDE 和 DDD 都可进一步氧化为 DDA。

2）氧化还原作用。微生物的还原反应在农药降解中非常普遍。如把带硝基的农药还原成氨基衍生物，在氯代烷烃类农药 DTTBHC 的生物降解中发生还原性去氯反应等。

3）脱烷基作用。如三氯苯农药大部分为除草剂，微生物常使其发生脱烷基作用。不过这种作用并不伴随发生去毒作用，例如二烷基胺三氯苯形成的中间产物比它本身毒性还大，只有脱胺基和环破裂才能转变为无毒物质。

D　农药在土壤中的水解作用

在氨基甲酸酯、有机磷和苯酰胺一类具有醚、酯或酰胺键的农药类群中，水解是常见的。有酯酶、酰胺酶或磷酯酶等水解酶类参与。由于许多非生物因子，如 pH 值、温度等也可引起这类农药水解，因此微生物的酶促水解作用一般只有在分离到这类酶后才能确认。

在同类化合物中影响其降解速度的是这些化合物取代基的种类、数量、位置，以及取代基团分子大小的不同。研究表明，单个取代基芳香化合物生物降解的易难顺序为：苯酚→苯甲酸→甲苯→苯→苯胺→硝基苯。苯环上若含有相同取代基化合物，其邻位、间位和对位的化合物降解难易不同，邻位取代的化合物，其生物降解易难顺序为：邻苯二酚→邻苯二甲酸→邻二硝基苯→邻二甲苯→邻苯二胺。而间位取代的化合物生物降解易难顺序为：二甲苯→间苯二甲酸→间苯二酚→间二硝基苯→间苯二胺。对位取代的化合物生物降解易难顺序为：对苯二甲酸→对二甲苯→对苯二酚→对二硝基苯。取代基的数量越多，基团越大，就越难分解。

综上所述，土壤和农药之间的作用性质是极其复杂的，农药在土壤中的迁移转化不仅受到了土壤组成的有机质和黏粒、离子交换容量等的影响，也受到了农药本身化学性质及微生物种类和数量等诸多因素的影响，只有在一定条件下，土壤才能对化学农药有缓冲解毒及净化的能力，否则，土壤将遭受化学农药的残留积累及污染毒害。

11.2.3.2　重金属在土壤中的迁移转化

进入土壤中的重金属的归宿将由一系列复杂的化学反应和物理与生物过程所控制。虽然不同重金属之间某些化学行为有相似之处，但它们并不存在完全的一致性。当它们进入土壤后，最初的可动性将在很大程度上依赖于添加重金属的形态，也就是说这将依赖于金属的来源。在消化污泥中，与有机质相缔合的金属占有相当大的比例，仅有一小部分以硫化物、磷酸盐和氧化物存在。熔炼厂的颗粒排放物含有金属氧化物。土壤中重金属污染物来源是多途径的，但其主要来源为人类活动，包括工业活动、农业生产活动及交通运输等。

土壤中的重金属迁移过程具有多变性，不仅可以从水平方面向平面迁移，还可以从竖直方向向上下实施迁移。重金属会在受到外界的影响时产生形态上的改变，比如在受到外界的物理、生物还有化学方面的影响时，改变了形态，随着各个方面的运动更容易从人类和自然界的土壤中向其他介质运动和迁移。而且由于重金属污染物在从自身的土壤向其他介质实施形态迁移的同时，会被自身土壤中所携带的溶液所影响，使这些重金属污染物在土壤中发生形态上的转化。土壤中的重金属污染物主要就是通过物理、化学和微生物等一个或者几个相互作用进行形态上的迁移转化。

（1）土壤中重金属污染物的物理迁移。土壤中重金属元素在受到土壤自身溶液的作用下，会在土壤中发生水平方向或者垂直方向上的迁移运动。重金属污染物的水平迁移会让重金属元素向周围不断地扩散，土壤被污染的面积越来越大。竖直迁移运动有向上和向下两个方向，向上是由于风力或者人为活动，土壤的表层被带起浮向空气当中，被重金属污染的大气进行活动的过程中带向周围，被周围的土壤胶质再次吸附，造成周围环境被重金属污染。向下迁移会深入到地下的深层土壤和地下水流当中，对更深的土壤造成重金属污染。

（2）土壤中重金属污染物的化学迁移。土壤中的重金属以不同的形式存在，其形态大体上可分为在液相物质中的形态和在固相物质中的形态。在重金属中难溶电解质的作用下，会使土壤固相和液相之间形成多相平衡的稳定状态。但是，如果土壤溶液中的 pH 值等发生变化，则会打破重金属在土壤中的这种平衡，这时土壤当中的重金属元素就会实施迁移及形态的转化。土壤中的有机物质和土壤胶体也会对重金属污染物的迁移产生影响，电解质的这种平衡状态被破坏，重金属污染物的迁移过程也会被破坏，它的存在形态也会产生变化。

（3）土壤中重金属污染物的生物迁移。土壤属于一个生态环境，土壤和周围的动植物及大量的微生物组成了完整的一个体系。而土壤中重金属污染物的生物迁移指的就是在这个体系中生物的影响下，土壤中的重金属污染物进行迁移，实现形态的转化。生物可以吸收各自特定的重金属元素，将重金属污染物有效地吸收并且改变它们的化学形态，在这个过程中，土壤中的重金属污染物进行迁移并且还发生了形态的转变。因为土壤所属于的生物体系是很庞大的，这些生物给土壤中重金属污染物带来的迁移也是极为复杂的。土壤中的重金属污染程度可以通过生物的固化作用在一定程度上减少。

土壤中的重金属元素以不同的形态存在，而这些不同的形态特征变化则又决定其在土壤中毒性的高低变化。土壤中重金属元素的形态特征差异不仅会产生众多不同的环境效应，同时也会影响其在土壤中的迁移能力变化及在土壤中和其他环境发生直接交换的能力。土壤中重金属元素的活跃程度一方面取决于其在土壤中的总含量，更重要的一方面则是其形态特征分布所起到的作用。只有在有效态的存在状态下，重金属元素才能与周围土壤及土壤与生物间发生迁移转化。而重金属元素在污染土壤与植物根系土壤间形态的变化，也是影响重金属元素在土壤植物间迁移转化的重要因素。

重金属在土壤中的存在形式不同、性质不同，在土壤中的迁移和转化是复杂多样的，以几种重金属的迁移转化为例说明如下：

（1）汞（Hg）的迁移与转化。汞的特殊性是它以气态和液态存在于自然环境，是易进入植物的有毒元素。进入土壤的汞以 Hg^0、Hg^+ 和 Hg^{2+} 形式存在。与酸根结合的汞及甲基汞易溶于水，便于迁移转化进入植物体内。土壤中汞被还原成金属汞后，在阳光照射充足的条件下，则以蒸气形式迁移出土壤进入大气，也有的随地下水流进行迁移。

（2）镉（Cd）在土壤中的迁移与转化。镉属亲铜元素，与汞类似属于有毒元素。镉在土壤中的存在形态与土壤的氧化还原条件及 pH 值有关。水溶性镉随氧化还原电位增高及 pH 值降低而增加，使镉的生物有效性增强。水溶性镉在土壤中，一是随水流迁移，二是被植物吸收。在干旱土壤中常留在本地。

（3）铅（Pb）在土壤中的迁移与转化。土壤中铅的存在形态取决于土壤条件，通常以二价铅为主，但在强氧化和高腐殖条件下铅易与腐殖质形成配合物，沉积于土壤中的铅难以迁移，不易被植物吸收[3]。

11.3 土壤污染物迁移转化过程

11.3.1 污染物土-水界面行为的调控

污染物进入环境后，会在土壤-水-空气-生物系统中发生一系列的迁移、积累及转化等界面行为（见图11-8），其中在土-水界面主要发生吸附、挥发、沉淀、溶解、氧化还原、配合、水解等过程。其中，污染物在土-水界面的吸附行为对其迁移转化起着决定性作用。因此，当前污染物土-水界面行为的调控关键在于对土壤中污染物吸附过程的调控[4]。

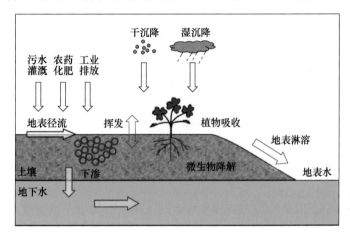

图 11-8　污染物在环境中的迁移转化

11.3.1.1 污染物土-水界面行为的调控机制

吸附作用是分子或小颗粒附着物固定在吸附剂上的吸附与解吸的统一过程，是一种或多种化学物质在相界面上富集的现象。其主要分为竞争吸附和非竞争吸附，土壤对污染物的吸附作用因污染物种类不同而异。

对有机污染物而言，在土-水界面既存在竞争吸附也存在非竞争吸附，主要包括表面吸附、分配作用、专性吸附和非专性吸附等。

A　表面吸附

固体通过范德华力和各种化学键力在有机化合物表面吸附的作用。按溶质分子和吸附剂表面的作用力性质不同，可以将其分为物理吸附和化学吸附两种类型：前者主要靠范德华力，后者则是各种化学键力如氢键、离子键、共价键、配位键作用的结果。其吸附等温线是非线性的，并存在竞争吸附，同时在吸附过程中往往要放出大量的热，来补偿反应中熵的损失。

B　分配作用

有机污染物在水溶液和土壤有机质之间进行分配的过程，即土壤有机质对有机化合物的溶解作用，而且在溶质的整个溶解范围内，吸附等温线都是线性的，与表面吸附位无关，只与有机污染物的溶解度相关。附着物和吸附质之间没有强烈的相互作用，因而放出的吸附热较小。

对金属污染物而言，其在土-水界面只存在竞争吸附，主要分为专性吸附和非专性吸附两种机理。

C 专性吸附

专性吸附主要是离子与土壤表面的官能团发生化学反应，形成内圈化合物。被专性吸附的离子能进入氧化物表面的金属原子的配位壳中，与配位壳中的羟基或水分子重新配位，并直接通过共价键或配位键结合在固相表面。同时，被专性吸附的离子是非交换态的，在一定的 pH 值和离子强度下不能被 Na^+、K^+ 等电性吸附离子置换，而只能被亲和力更大的离子置换。能够被土壤专性吸附的阳离子主要是重金属离子，如 Cu^{2+}、Zn^{2+}、Ni^+、Mn^{2+}、Pb^{2+}、Cd^{2+} 等。这种吸附作用具有选择性，吸附过程反应速度较慢且趋于不可逆。

D 非专性吸附

非专性吸附主要是指离子与土壤表面电荷的静电吸附作用，多形成外圈化合物。土壤黏粒一般带有负电荷，这些负电荷通常为 Li^+、Na^+、K^+、Ca^{2+}、Mg^+ 等阳离子所补偿，并保持在扩散双电层的外层中。这种吸附作用不具有选择性，吸附过程反应速度较快且可逆，可以等当量地互相置换，并遵守质量守恒定律。

11.3.1.2 污染物在土-水界面吸附影响因素

目前的研究发现，影响污染物吸附效果的因素有很多，除吸附剂本身的性质结构外，土壤的组成、污染物的性质及环境因素等均会影响吸附作用[5,6]。

A 土壤的组成

吸附质一旦确定，以何种机理和程度吸附到土壤上取决于土壤的组成和性质。土壤的主要组成部分是有机质（主要成分是腐殖质）、黏土矿物和金属氧化物。其中，有机质和黏土矿物是污染物吸附的活性成分。土壤有机质包括腐殖酸、富里酸、胡敏素三个成分，含量最多的成分为腐殖酸，它可以与重金属污染物发生络合、螯合作用（参与反应的官能团主要有氨基、羧基、偶氮化合物、环形氮化物醚等），与有机物污染物发生分配作用。有研究表明，土壤对 Cu^{2+}、Pb^{2+}、Cd^{2+} 等重金属离子的吸附随着腐殖酸的添加呈先升后降的趋势，添加量为 5% 时吸附量达到最大（见图 11-9）。可见，对污染物的吸附来说，土壤中的腐殖酸含量并不是越高越好。此外，不同土壤腐殖酸的官能团和极性功能团含量是不同的，因此对于污染物的吸附可能起到促进作用，也可能起到抑制作用。

另外，土壤的黏土矿物对污染物的吸附也发挥着重要的作用。黏土矿物的黏粒含量是影响土壤阳离子交换量的主要因素，阳离子交换量反映了土壤胶体的负电荷量，阳离子交换量越高，负电荷量越高，通过静电吸引而吸附的重金属离子也越多。同时由于其表面存在着大量的吸附位，对憎水有机化合物有较强的吸附作用，特别是干土壤条件下对气态有机化合物的吸附，或在非极性溶剂中对有机化合物的吸附。但在土壤-水体系中，黏土矿物表面覆盖的极性水分子会对有机化合物的吸附产生一定的抑制作用，尤其是对非极性有机化合物。当土壤中有机质或者有机碳含量达到一定的水平时，黏土矿物的吸附作用常可以忽略。

B 污染物的性质

对一定的土壤而言，污染物的吸附与其本身性质有关。其中，有机污染物的吸附与其

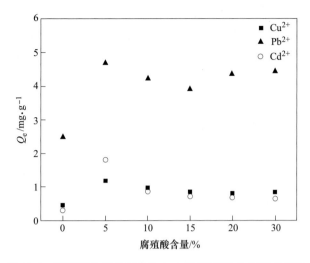

图 11-9　腐殖酸含量对污染物在土壤/沉积物上吸附的影响

自身的憎水性、极性、可极化性及空间构型有关，而这些性质又与其自身结构有关。重金属的吸附则与其自身的离子价态有关。也正因此，使得不同污染物在相同吸附剂上的吸附也存在较大差异。

C　环境因素

a　pH 值

大量的研究已经证明土壤吸附污染物会受到土壤中 pH 值的强烈影响。对有机污染物而言，pH 值对极性或可离子化有机化合物吸附的影响强于非离子性憎水有机化合物，它不仅决定着可离子化有机化合物的离解程度，而且会影响土壤的表面性质及有机质构型。研究发现，pH 值可以通过影响沉积物有机质的构型来影响对硝基苯的吸附，且吸附能力表现为低 pH 值时大于高 pH 值（见图 11-10（a））。对金属污染物而言，pH 值可以改变重

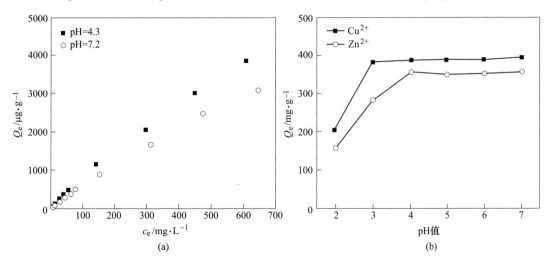

图 11-10　pH 值对污染物在土壤/沉积物上吸附的影响

（a）对硝基苯；（b）Cu^{2+}、Zn^{2+}

金属的溶解度和其他离子对交换点位的竞争，一般来说，pH 值升高会促进重金属离子水解成羟基离子，从而促进重金属离子的专性吸附，提高重金属的吸附量，反之则下降。如图 11-10（b）所示，土壤对 Cu^{2+}、Zn^{2+} 的吸附量随 pH 值升高呈先升高后趋于稳定的趋势。

　　b　温度

温度是考察环境因素的重要条件，对污染物的吸附行为起着重要作用。吸附通常是一个放热过程，当温度升高时，土壤对有机化合物的吸附能力下降。而温度对重金属吸附的影响则表现为 3 种状态，分别为吸附量增加、吸附量减少、吸附量无变化，因土壤的类型不同而表现出不同的吸附状态。

　　c　离子强度

离子强度影响金属离子在溶液中的活度，从而影响金属离子在土壤上的吸附。同时溶液中的金属离子通过改变土壤的表面特征及有机质的性质而影响有机化合物的吸附，其具体影响因污染物种类及其他环境条件而异，如 pH = 8.5 时五氯酚在 HDTMA 改性的钠基蒙脱土上的吸附随着离子强度的增大而增强，而 pH 值为 4~6 时离子强度对其吸附的影响不明显。Pb^{2+} 和 Cu^{2+} 随体系中离子强度的增加而增加，而 Zn^{2+} 和 Cd^{2+} 则随体系中离子强度的增加而减少。

　　d　共存污染物

污染环境往往是多种污染物的共存体系，这种污染又称为复合污染。一种污染物的吸附行为不仅受制于上述诸因素，而且常常受到共存污染物的影响。如果共存污染物使目标化合物的吸附减弱，则这种现象称为竞争效应。这里所指的目标化合物，常称为主溶质，而起竞争作用的化合物常称为共溶质或者竞争溶质。研究表明，这种竞争效应广泛存在于有机污染物之间，如图 11-11 所示，苯酚、对氯苯酚、对甲酚、2,4-DCP、苯胺、对氯苯胺等共溶质都表现出对对硝基苯胺较强的竞争吸附效应。除此之外，竞争效应还存在于重金属污染物之间、有机污染物与重金属污染物之间。一般而言，极性有机化合物的竞争能力强于非极性有机化合物。但竞争效应的强弱受制于多种因素，比如，吸附剂的性质，主溶质和共溶质的理化性质及浓度大小。

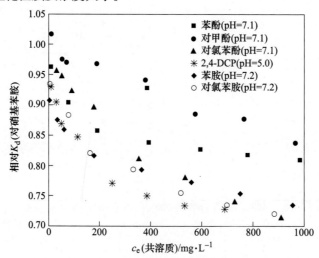

图 11-11　共溶质（$c_0 = 1 \sim 1000\text{mg/L}$）对主溶质（对硝基苯胺，$c_0 = 80\text{mg/L}$）

在土壤/沉积物上吸附的影响

11.3.2 污染物土壤植物根际的迁移转化

11.3.2.1 根际的定义

根际的概念最早由 Hiltner 提出，主要是指植物根围受根系活动影响的土体，其范围通常只有几微米到几毫米。在植物生长过程中，植物通过根系及其分泌物（有机阴离子、质子和酶等）直接或者间接影响根际土壤的物理、化学和生物学性质，并最终影响植物对养分和污染物的吸收与积累。

根际沉淀是指植物通过根系向土壤中释放的有机物质，是植物影响根际土壤环境最重要的方式。根际沉淀提供了丰富的碳源，能刺激根际微生物的大量繁殖，进而在根际形成有别于土体的特殊土壤微区，并由此产生根际效应。

植物根际效应主要体现在根际土壤有别于非根际土壤的物理、化学和生物学特征，其中物理特征主要包括根际土壤特有的土壤结构、土壤孔隙和较高的土壤含水量等；化学特征主要包括根际土壤特有的 pH 值和 E_h 值、根际土壤矿物的转化和根际土壤有机质的增加等；根际生物学特征主要指根际微生物的定殖及其特有微生物群落结构等。

植物根际效应不但使根际土壤的物理、化学和生物学性质发生显著改变，而且深刻影响着污染物在土壤中的根际化学行为。同时，土壤中的污染物也会影响植物的生理状态及其生长过程，进而影响植物根系分泌物的分泌和植物根际效应。

根是植物的营养器官，植物通过根系从土壤中摄取生长代谢所需的养分和水分，同时通过根系向土壤释放分泌物影响土壤环境。根际是污染物进入植物体内的主要通道和屏障，土壤污染物在植物根际的环境化学行为与提高污染土壤的植物修复效率密切相关。

按照污染物属性土壤污染可区分为无机污染、有机污染等。土壤无机污染以重金属或类金属（如镉、砷、汞、铜、铅、铬）污染为主。土壤有机污染以六六六、滴滴涕、多氯联苯、多环芳烃等有机化合物污染为主，而近年来一些新兴有机污染物，如全氟化合物、多溴联苯醚、短链氯化石蜡、五氯苯等也逐渐引起关注。一方面污染物往往具有致毒作用，会直接影响土壤生物活性，改变土壤生物系统结构，进而影响土壤生态功能；另一方面，土壤生物通过一系列代谢途径消纳、转化或富集污染物，影响污染物的环境行为。

11.3.2.2 重金属在土壤根际的行为

A 重金属对植物根际效应的影响

植物通过根系可从土壤中吸收某种或某几种形态的重金属，并在植物体内累积。在重金属污染土壤中，植物生长受到重金属胁迫，从而影响植物生理状态并改变其根系分泌物，进而影响植物根际效应。

由植物根系与周围土壤组成的根际，其物理、化学和生物特性不同于非根际土壤，使根际与非根际土壤中重金属的形态转化（重金属生物有效态的转化）、迁移分布（重金属浓度差异）具有显著性差异（见图 11-12）。

a 改变根际土壤 pH 值

植物根系作用使根际土壤 pH 值明显有别于非根际土壤，其原因主要包括以下 4 个方面：（1）阴阳离子吸收不平衡；（2）有机阴离子的释放；（3）根分泌与呼吸作用；（4）氧

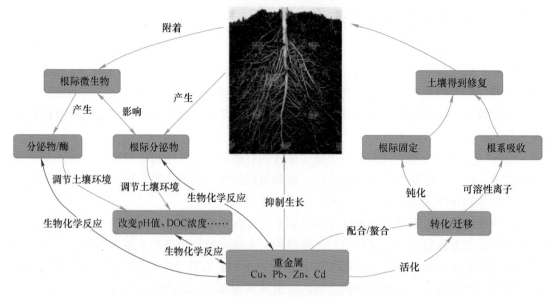

图 11-12　重金属污染土壤中根际效应的修复机理

化—还原作用。重金属胁迫对根际土壤 pH 值具有重要影响，高浓度重金属胁迫能够改变植物根系细胞透性，从而影响质子分泌。根际土壤 pH 值的变化，尤其是在重金属污染土壤中，将直接或间接地影响重金属的形态及其生物可给性。根际土壤 pH 值的降低可能提高根际土壤重金属的迁移性，使得重金属的污染风险增加。

b　改变根际土壤 E_h 值

根际土壤的氧化还原电位（E_h）与非根际土壤存在显著差异。对于大多数植物而言，由于植物根系呼吸作用和根际微生物的好氧呼吸作用，根际土壤中氧气的分压降低、二氧化碳的分压上升，所以根际土壤 E_h 值一般低于非根际土壤。此外，植物根系分泌物中的有机酸、酚酸等还原态物质也可直接降低根际土壤 E_h 值，如植物分泌的有机酸和酚酸可还原土壤锰氧化物，从而导致锰结合态重金属的释放，提高重金属的生物可给性。但是对于水稻和一些湿地植物而言，由于其根系具有特殊的泌氧功能，使得根际土壤的 E_h 值高于非根际土壤，这类植物根际土壤特殊的氧化环境对于植物自身生长和防止污染物向植物体内迁移都具有重要作用。

c　根际矿物质

矿物质是土壤的主要组分，也是重金属的重要吸附载体，不同矿物对重金属的吸附能力差异显著。根际矿物丰度明显不同于非根际，特别是无定型矿物及膨胀性页硅酸盐矿物在根际土壤发生了显著变化。根际矿物的变化可通过影响其对重金属的吸附作用而改变重金属的生物可给性。矿物质对重金属吸附能力除受到根系作用的显著影响外，与矿物本身性质也密切相关。

d　植物根系分泌物

植物根系分泌物是植物在生长过程中，根系向生长介质分泌质子和大量有机物质（根际沉淀）的总称。广义的根系分泌物包括 4 种类型：（1）渗出物，即细胞主动扩散出的一类低相对分子质量化合物；（2）分泌物，即细胞在代谢过程中被动释放出来的物质；

（3）黏胶质，包括根冠细胞、未形成次生壁的表皮细胞和根毛分泌的黏胶状物质；

（4）裂解物质，即成熟根段表皮细胞的分解产物、脱落的根冠细胞、根毛和细胞碎片等。

据估计，根系分泌的有机化合物一般在 200 种以上（见表 11-5），按相对分子质量大小可分为低分子分泌物和高分子分泌物。低分子分泌物主要包括有机酸、糖类和各种氨基酸；高分子分泌物主要包括黏胶和胞外酶，其中黏胶主要是多糖和多糖醛酸。

表 11-5　根系分泌物中的主要化合物

分类	化 合 物
糖类	葡萄糖、果糖、核糖、蔗糖、木糖、鼠李糖、阿拉伯糖、低聚糖、聚多糖、岩藻糖、半乳糖、麦芽糖、棉子糖
氨基酸类	精氨酸、赖氨酸、组氨酸、亮氨酸、天冬氨酸、天冬酰胺、谷氨酸、谷氨酰胺、脯氨酸、苯丙氨酸、丙氨酸、色氨酸、异亮氨酸、半胱氨酸、胱氨酸、γ-氨基丁酸、丝氨酸、甲硫氨酸、甘氨酸、苏氨酸、缬氨酸
酚酸类	对羟基苯甲酸、4-羟基苯乙酸、香豆酸、丁香酸、香草酸、阿魏酸、肉桂酸、咖啡酸、杏仁酸、原儿茶酸、水杨酸、藜芦酸
甾醇类	油菜素甾醇、胆甾醇、谷甾醇、豆甾醇、豆甾烷醇
有机酸	醋酸、柠核酸、草酸、苹果酸、酒石酸、乳酸、丙酸、丙二酸、己二酸、丙酮酸、丁酸、丁二酸、反丁烯二酸、戊酸、戊二酸、羟基乙酸、顺丁烯二酸
脂肪酸	油酸、亚油酸、亚麻酸、硬脂酸、软脂酸、棕榈酸
酶类	淀粉酶、转化酶、磷酸酯酶、多聚半乳糖醛酸酶、硝酸还原酶、硫酸酶、木聚糖酶、过氧化物酶、半乳糖苷酶、磷酸水解酶、吲哚乙酸氧化酶、蛋白酶、脲酶、接触酶、RNA 酶
生长因子	植物生长素、生物素、烟酸、泛酸、胆碱、肌醇、硫胺素、尼克酸、维生素 B_1、维生素 B_5、维生素 B_6、维生素 H、对氨基苯甲酸
其他	二氧化碳、乙烯、质子、核苷、尿核苷、皂苷、黄酮类化合物、植物抗毒素、多肽、荧光物质、葡萄糖苷、氢氰酸、有机磷化物、铁载体、腺嘌呤、鸟嘌呤、胞二磷胆碱、独脚金内酯、鼠李糖脂

根际土壤中的有机酸能与重金属配位结合，通过配合作用影响土壤重金属的形态及在植物体内的运输和积累等过程。作物根际螯合重金属的有机酸主要有草酸、苹果酸、柠檬酸等。根际土壤有机酸的羧基和羟基官能团与重金属发生配合反应，使吸附在土壤中的重金属释放，提高土壤中有效态重金属浓度、改变重金属迁移性能、影响作物对重金属的积累。有机酸也可与土壤有机质或铁铝氧化物发生反应，改变土壤表面电荷，影响土壤对重金属的吸附，也影响作物对重金属的吸收。

　B　根际应对重金属胁迫的响应机制

植物通过根际效应改变着根际土壤环境的物理、化学和生物学特性，同时也影响着根际环境中重金属的沉淀—溶解、氧化—还原、配合及吸附—解析等反应过程。植物根系分泌物、土壤化学物质与重金属离子发生氧化还原、配合/螯合等化学反应是根际重金属的形态转化受到根际微环境驱动的重要原因。

　a　沉淀—溶解反应

植物根系分泌物中的 H^+、低相对分子质量有机酸等组分可影响土壤中重金属化合物的沉淀—溶解平衡，进而影响重金属的生物可给性。

植物根系分泌物对土壤重金属的溶解作用，还会与土壤类型、植物种类及污染类型等因素有关，其主要原因是根系分泌物会影响土壤 pH 值，而土壤 pH 值对配位体、重金属离子及土壤对络合物的吸附有多方面的重要影响。pH 值的变化不仅影响络合物的种类、数量及其稳定性，还影响吸附表面（特别是氧化物表面）基团的种类及其电荷特征，从而影响重金属离子的吸附。

b　氧化—还原反应

根际土壤中变价重金属（Cr、Mn、Hg 等）和类金属（As）的形态与根际土壤氧化还原电位（E_h）密切相关。

c　配合反应

在根际环境中，植物分泌的有机组分与重金属可通过配合作用影响土体组分对重金属的吸附性能，进而影响其形态和生物可给性。根据配位化学的相关理论，不同有机配位体对重金属的吸附影响不同，其主要取决于该有机组分与重金属离子之间的配合强度及配位体与吸附表面之间的结合强度。根系分泌物中含有大量的有机酸、酚酸等组分，它们对重金属一般都具有较高的配合能力，所以对根际土壤中重金属的形态和生物可给性具有重要影响。

d　吸附—解吸反应

土壤对重金属的吸附—解析作用是影响重金属生物可给性的重要化学过程之一。根际土壤中含有大量植物根系分泌物，可与重金属发生配合作用，进而影响土壤对重金属的吸附过程。因此，根际土壤对重金属的吸附—解吸可能有别于非根际土壤。

总之，土壤、植物和重金属的相互作用共同决定了根际环境中重金属的化学行为，并进一步影响重金属在土壤—植物系统中的迁移转化。

C　重金属在植物根际的迁移转化

土壤中的重金属形态一般分为水溶态、可交换态、碳酸盐结合态、铁锰氧化物结合态、有机结合态、残渣态。其中对植物危害较大的一般为水溶态与可交换态。有研究发现种植植物后的根周土壤可交换态铅浓度均显著低于原土，若根据距离植物根系的远近，将种植植物后的土壤分为根际区、近根区、远根区，其含量大小顺序均为远根区>近根区>根际区（见图 11-13）。

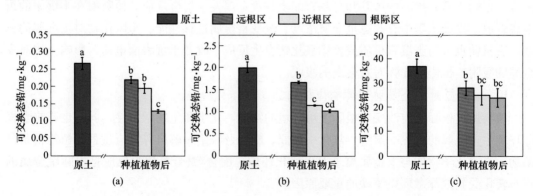

图 11-13　不同环境铅浓度种植植物 80 天后土壤可交换态铅浓度变化

（a、b、c、cd 和 bc 用来指示数据间是否具有显著性差异，一般认为：没有标注相同字母的两组数据之间具有显著性差异）

（a）0mg/kg；（b）300mg/kg；（c）3000mg/kg

可能有两种途径导致了土壤中可交换态铅的减少，一种是通过植物根系作用被迁移，一种是通过各种根际作用被转化为其他不易吸收的形态，一般来说，后者的占比远远高于前者，尤其是在环境重金属浓度高的情况下（见图11-14）。

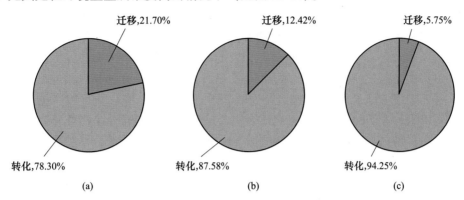

图 11-14 不同环境铅浓度种植植物后土壤减少的可交换态铅被迁移和转化的占比

（a）0mg/kg；（b）300mg/kg；（c）3000mg/kg

11.3.2.3 有机污染物在土壤根际的行为

植物根系释放到土壤中的酶可直接降解有关的有机化合物，人们在根系分泌物中陆续发现了转化酶、磷酸酶、蛋白酶、淀粉酶、过氧化氢酶等。植物根系分泌到根际的酶系统可直接降解有关的有机污染物。植物根系在活动过程中可以向外界环境分泌各种根系分泌物，可有效降低有机污染物胁迫（见图11-15）。

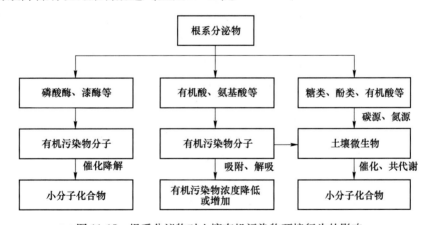

图 11-15 根系分泌物对土壤有机污染物环境行为的影响

A 有机污染物胁迫对根际的影响

由于植物根及其根系分泌作用的存在，根际环境中 pH 值、E_h 值、养分状况、微生物组成及酶活性等物理、化学及生物学特性的变化，将直接影响有机污染物在土壤-植物系统中的迁移和转化行为。

根系分泌物是植物响应外界胁迫的重要途径，植物对土壤中有机污染物的耐受能力往往与根系分泌物密切相关。相同胁迫条件下，植物根系分泌物的释放特征及其主要组分的种间差异主要取决于植物基因型及其生理状态。当植物种类相同，而有机污染物的种类、胁迫浓度及胁迫时间存在差异时，植物的根系分泌特征较为复杂。通常，有机污染物胁迫均可诱导植物分泌更多的有机酸、氨基酸和糖类，这可能与污染物胁迫改变根细胞的选择透过性有关。有机污染物的种类及其胁迫程度的差异可能导致根系分泌物的组成和含量呈现不同的变化规律。总体来看，有机污染物胁迫对根系分泌的小分子化合物组成无明显影响，浓度则随胁迫浓度呈现不同的变化趋势。

有机污染物对根系分泌物的促进效应，可能与植物对污染物的富集能力相关。植物对污染物的富集能力越强，根系受到的胁迫程度越大，其释放的分泌物也相应增加。陈桐等人发现，邻苯二甲酸酯（PAEs）胁迫促进低分子有机酸（草酸、酒石酸）的分泌，并增强了水稻对 PAEs 的吸收和积累。研究还表明，根系释放的不同分泌物直接或间接参与了有机污染物的降解过程，并且存在加和效应和协同效应，说明根系分泌物可减轻有机污染物胁迫。

B　根际应对有机污染物胁迫的响应机制

根际对有机污染物胁迫的响应主要与植物种类、矿质养分、土壤性质、根系分泌物的组成及根微生物的作用有关联。

由于不同种类或者不同基因型植物的生理特性有很大差异，在同一植物的不同生长阶段，对污染物降解能力也是不同的。禾本科植物比木本植物能吸收积累更多的有机污染物。另外，根系类型不同，根比表面积、根分泌物、酶、菌根等的数量和种类也会不同，导致根际土壤中有机污染物的降解有很大差异。

植物根系吸收作用会影响矿质养分在根际空间的分布，而矿质养分是影响根际有机污染物降解的重要因素。不同的有机物矿质养分的影响有所不同。

土壤质地、水分、酸碱度、通气性、有机质含量、微生物群落组成等影响根际有机污染物降解微生物的种类、数量及活性，使同一种修复植物在不同土壤中对污染物的相应效果也有很大不同。土壤颗粒组成直接关系到土壤颗粒比表面积的大小，从而影响其对持久性有机污染物的吸附能力。土壤水分能抑制土壤颗粒对污染物的表面吸附能力，促进生物有效性。土壤酸碱性条件不同，其吸附持久性有机污染物的能力也不同。碱性条件下，土壤中部分腐殖质由螺旋状转变为线形态，提供了更丰富的结合位点，降低了有机污染物的生物可给性。有机质含量高的土壤会吸附或固定大量的有机污染物，有机污染物有效性也更低。土壤中矿物质和有机质的含量是影响有机污染物生物有效利用率的两个重要因素，矿物含量高的土壤对亲水性有机污染物的吸附能力较强，降低其生物可利用性；有机质含量高的土壤会吸附或固定大量的疏水性有机物，降低其生物可利用性。

根系分泌物对有机污染物胁迫的响应主要有两种途径，即直接作用和间接作用。有机污染物胁迫下，根系分泌的酶类可以直接降解有机污染物。此外，根系分泌物还可以通过促进土壤中有机污染物的溶解、氧化还原过程及微生物的作用间接加速有机污染物的降解。根系分泌物还可通过共代谢作用来促进有机污染物的降解，降解作用包括微生物降解和通过共代谢而进行的生物转换过程。

根际微生物在有机污染物降解过程中具有不可替代的重要作用。土壤有机污染物的降解关键过程如脱氯、开环、脱氮、氧化及还原等往往在微生物作用下完成。微生物降解有机污染物主要分为两种方式：生长代谢和共代谢。生长代谢是指微生物将有机污染物作为碳源和能源物质加以分解和利用的代谢过程。微生物的共代谢指只有在初级能源物质存在的条件下，才能进行的有机化合物生物降解过程。

11.3.3　污染物土壤微生物界面过程的规律

土壤微生物是土壤中的活性胶体，比表面积大且带电荷，代谢活动旺盛。有机物和重金属等污染物在微生物界面发生的一系列的固定、吸附、降解等过程，将影响污染物的归宿和效应。

11.3.3.1　重金属在土壤微生物界面的行为

重金属除了在土壤物理化学界面发生反应外，还可以在土壤生物界面迁移转化。活性重金属离子在自然环境中的固定化、去除和解毒作用可以通过微生物活动来实现。微生物去除重金属具有使用简单、成本低、吸附能力高、可利用率大等突出优点，其中细菌和真菌的应用最为广泛。

细菌作为地球上最丰富的微生物，已被广泛用于清除环境中的重金属。一般来说，重金属离子可以通过羧基、氨基、磷酸盐和硫酸盐基团等官能团吸附在细菌的多糖黏液层上。重金属离子可以结合在这些基团上，并具有良好的吸附能力。一般来说，细菌对重金属离子的吸收能力为 $1\sim500mg/g$。铜绿假单胞菌作为一种耐汞菌株，可选择性吸附汞离子，最大吸收能力接近 $180mg/g$。这些汞离子是由富含半胱氨酸的转运蛋白积累的，这些转运蛋白富含巯基，对汞离子具有高亲和力。

真菌可以在高重金属浓度下存活，并同时积累微量营养素和重金属。因此，真菌被广泛应用于重金属离子的吸附，具有较高的金属吸收能力。真菌细胞内的甲壳素-壳聚糖复合物、葡萄糖醛酸、磷酸盐和多糖通过离子交换和配位在重金属吸附过程中发挥重要作用。不同类型的可电离位点和氨基、羧基、羟基、磷酸基、巯基等各种官能团影响着真菌菌株对重金属离子的吸附能力和特异性。陆地真菌的酸性表面可以通过羧基、咪唑、磷酸盐、巯基和羟基官能团吸收 $Cr(Ⅵ)$。酿酒酵母可以修复高盐环境下的铜、锌、镉污染，利用氯化钠可以提高其吸附能力。

此外，由核酸、蛋白质、脂质和复杂碳水化合物组成的胞外聚合物（EPS）在重金属离子的吸附中也起着重要作用。微生物细胞表面的 EPS 可以通过避免微生物进入细胞内环境来保护微生物免受重金属毒性的影响。EPS 上阳离子和阴离子官能团的存在可以有效地积累汞、钴、铜、镉等重金属离子。

微生物对重金属离子的抗性机制主要是细胞外隔离、细胞内隔离、重金属的主动转运和酶解毒，可以避免重金属暴露或降低其生物利用度（见图 11-16）。

活性重金属离子的细胞外隔离可以有效地降低其对微生物的毒性，这是去除微生物最广泛使用的方法。重金属离子可以通过多种生物结构积累，包括胞外聚合物、铁载体、谷胱甘肽和生物表面活性剂。EPS 是铅、铜、锌、铬、银等各种重金属的高效生物吸附剂，可影响重金属在微生物中的分布。因此，EPS 可以保护微生物免受重金属毒性的影响，并作为一种重要的生物修复工具。像吡咯丁这样的铁载体是由细菌和真菌产生的有机配体。铁载体具有积累三价铁并形成铁配合物的能力，帮助微生物在缺铁条件下生存。除了铁，铁载体还可以结合其他类型的重金属，包括铜、锌和镍，保护微生物免受重金属毒性。由

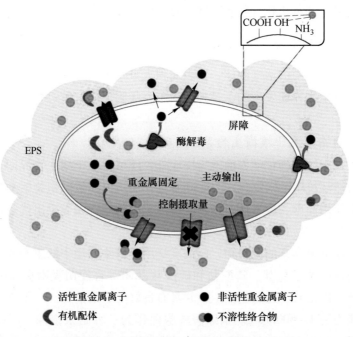

图 11-16   微生物对重金属离子的抗性机制

微生物分泌的谷胱甘肽也具有很强的重金属离子结合能力。重金属离子可以与谷胱甘肽吸附形成复合物，不能进入活细胞。微生物产生的硫化氢通常对重金属的解毒作用有显著的影响。脱硫弧菌脱硫剂不受硫化氢自身产生的高浓度重金属离子的影响。细胞外环境中分泌的硫化氢会诱导重金属离子的沉淀，保护活细胞免受重金属离子的毒性。此外，微生物的细胞壁也是抵御重金属毒性的重要防御系统。细胞壁上有大量的阳离子和阴离子官能团，如羟基、氨基、羧基和磷酸基等官能团，可以避免重金属离子通过细胞外金属隔离进入细胞内环境。

一旦重金属离子穿过细胞壁进入微生物，细胞质内的细胞内陷阱就可以将这些重金属离子隔离起来，并阻止它们达到毒性水平。因此，可以保护敏感的细胞成分不暴露于重金属离子中。许多微生物可以在硫化物、胞质多磷酸盐和半胱氨酸蛋白的帮助下转化重金属离子。一方面，活性重金属离子可以转化为不溶性的金属沉淀物。一些细菌和蓝藻细菌可以利用胞质多聚磷酸盐来沉积重金属离子。另一方面，重金属离子可以被富含半胱氨酸的蛋白质如金属硫蛋白结合，当暴露于重金属离子中时，微生物可以产生更多的金属硫蛋白来降低重金属的毒害。金属硫蛋白中的半胱氨酸残基可能是重金属离子的结合位点。

使重金属离子远离细胞内环境是另一个保护重金属应力的过程，它可以通过外排系统有效地调节细胞内重金属离子的浓度。这些外排系统通常在不同的微生物中被发现，特别是那些从金属污染环境中分离出来的微生物。一般来说，外排系统中金属离子转运体的表达依赖于细菌种类和重金属离子，它们受到染色体或质粒上的特殊抗性基因的调控。这些基因编码了控制重金属离子的摄取和排除的膜转运体。在细胞膜中广泛存在许多金属输出蛋白，以实现重金属离子的外排，如 p 型外排 ATP 酶、质子-阳离子转运体、ABC 转运体和阳离子扩散促进剂。亚砷酸盐的外排是由细胞膜上的一种输出蛋白通过 ATP 酶来调节的。此外，p 型外排 ATP 酶可以帮助革兰氏阳性细菌输出 Cu（Ⅱ）、Cd（Ⅱ）和 Zn（Ⅱ）。ABC 转运体（也称为交通 ATP 酶）能够介导重金属离子的膜易位，从而帮助微生物克服重金属应激。

酶对重金属离子从高毒性形式到低毒性形式的生物转化或化学修饰，对微生物抵抗重金属离子有很大作用。重金属离子通过还原或氧化反应改变其氧化还原状态，可以有效地降低其毒性。这一防御途径可以由解毒酶调节，解毒酶也受微生物特殊抗性基因的控制。细菌如芽孢杆菌属，通过汞离子还原酶对汞离子具有抗性。汞还原酶将汞离子还原为金属汞，并进一步通过细胞膜释放到周围环境中[7]。

11.3.3.2 有机物在土壤微生物界面的行为

有机污染物分子结构复杂、种类多变、溶解性差异大、毒性高并且难生物降解，微生物技术是处理有机污染物的主要手段之一。

目前已有多种降解多氯联苯的微生物被鉴定纯化成功，其对多氯联苯类有机污染物质的降解方式有：（1）非共代谢降解，即是以有机污染物质为唯一碳源、能源的矿化；（2）共代谢降解，即是与其他有机污染物质共同被代谢，从而降解多氯联苯。

氯代芳香烃（包括 PCB）、多环芳烃、硝基芳烃、农药（杀虫剂、除草剂）等，大多为异生物合成物。由于氯代芳香烃苯环上的氯取代基具有高电负性，使苯环形成难被氧化的疏电子环，亲电反应活性下降，化学性质相当稳定；与苯系化合物相比，其好氧生物降解性能明显降低，导致氯代芳香烃在环境中如水体沉积物或土壤有机质中发生积累。氯的脱除是氯代芳香族有机物生物降解的关键过程，好氧微生物可通过双加氧酶/单加氧酶作用使苯环羟基化，形成氯代儿茶酚，进行邻位、间位开环、脱氯；也可在水解酶作用下先脱氯后开环，最终矿化。氯代芳香族污染物厌氧生物降解是通过微生物还原脱氯作用，逐一脱氯形成低氯代中间产物或被矿化生成 $CO_2 + CH_4$ 的过程。一般规律是高氯代的芳香族有机物易于还原脱氯，低氯代的芳香族有机物厌氧降解较难。

胞外聚合物（EPS）是微生物产生的胞外多糖、蛋白、脂质等高分子聚合物，其在吸附和降解外源有机物过程中起着重要作用。EPS 是外源有机物进入细胞和细胞间相互作用的重要通道，具有吸附有机物、持有降解底物的多种酶系、细胞间信号传导、抵抗外源毒物、通过自身水解提供营养物质和有机质等重要功能。

根据有机污染物在细胞吸附降解中的位置，有机污染物去除可分为 3 种方式：

（1）胞外处理，即 EPS 拦截有机物，胞外酶在胞外直接吸附或降解有机污染物生成代谢物/副产品。如烟曲霉（*Aspergillus fumigatus*）在去除蒽时主要作用就是胞外酶（木质素过氧化物酶）代谢。

（2）沿程处理，即有机污染物在细胞膜 EPS 层吸附，同时在胞外酶、周质酶、胞质酶作用下沿程降解。如微生物去除石油烃过程中，其周质酶、胞质酶和胞外酶都参与生物降解，只是不同底物的酶活性不同。

（3）胞内处理，即污染物进入胞内，由胞内酶代谢后排出。如白腐真菌可吸收布洛芬、吲哚美辛、酮洛芬和萘普生，由胞内酶（细胞色素 c、P450 等）将其代谢后排出细胞。

　　有机污染物通过结合胞外化合物受体蛋白、跨膜蛋白，诱导调控趋化、跨膜运输和微生物胞外 EPS 合成（生物表面活性剂、胞外多糖）、有机物降解酶基因转录表达，促进有机污染物吸附降解。EPS 去除有机污染物机理包括物理作用（吸附及分配）、化学作用（还原及电化学还原）和生物作用（胞外酶降解）。通常 EPS 与污染物之间多种相互作用同时存在，而且随外界条件（pH 值、离子强度、官能团种类和结构）变化其作用机制也发生变化。EPS 强疏水性、吸附位点多及吸附力强的特点使其去除率更高。

11.3.3.3　表面活性剂强化土壤微生物降解多环芳烃

　　细菌在含多环芳烃（PAHs）污染土壤中起着主要的修复作用。目前为止，人们已经分离鉴定出了大量的 PAHs 降解菌。如从焦化废水处理单元中分离出的 *Klebsiella oxytoca* PYR-1，可以芘作为唯一碳源生长。

　　吸附是细菌降解多 PAHs 的重要步骤和决定因素。细胞利用，首先要将其吸附在表面，再经过跨膜传输进入胞内，在降解酶作用下代谢同化为自身营养物质。图 11-17 显示吸附在去除中占有重要的贡献，过程的前期（0~6 天）表观去除率可达到 65.3%，但主要以菌体的吸附为主，占到总去除率的 89.0%，而实际降解的部分很少，份额小于 10%。中期（6~12 天）表观去除率可接近 80%，菌体吸附的芘开始被代谢，吸附态减少，降解的部分快速增加，达到 27.3% 左右。12 天以

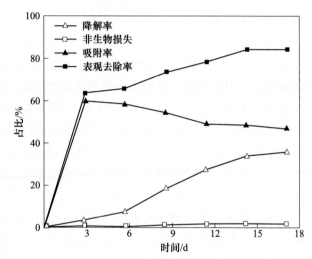

图 11-17　对芘的去除、吸附和降解作用

后，表观去除率在 18 天内可以达到 84.4%，伴随着吸附率的降低和降解率的缓慢增长。

　　菌体对 PAHs 的吸附是生物降解的第一步，但土壤是一个复杂的多介质体系，土壤酸度、盐度、环境温度等都会影响细菌对土壤中溶液的吸附，另外污染物的性质也是影响菌体吸附的重要因素。研究发现吸附达到平衡的时间与污染物疏水性呈负相关，吸附程度与污染物疏水性呈正相关；随着温度的升高，芘的分配系数（K_d）显著下降。失活菌体吸附非极性芘是放热过程，因此温度的升高抑制溶质从溶液传输到吸附剂，不利于吸附过程的发生。

　　针对表面活性剂对细菌降解的影响是否与其对吸附作用的影响有关，以及表面活性剂对污染物在"土壤溶液-细菌"这一界面行为的影响等问题，有研究者测定了不同种类和浓度表面活性剂存在条件下细菌对芘的表观去除的影响，计算了芘的表观去除率、吸附率和降解率，如图 11-18 所示，得出表面活性剂对细菌吸附、降解 PAHs 确实有较大影响，且与表面活性剂的种类和浓度有关。如 Tween 20 和 Tween 80 可促进 *Klebsiella oxytoca* PYR-1 对芘的表观去除、吸附和降解；生物表面活性剂鼠李糖脂对芘的去除无明显影响，但可

略微促进芘的降解；而 Triton-X100 对芘的去除有显著的抑制效果[8]。

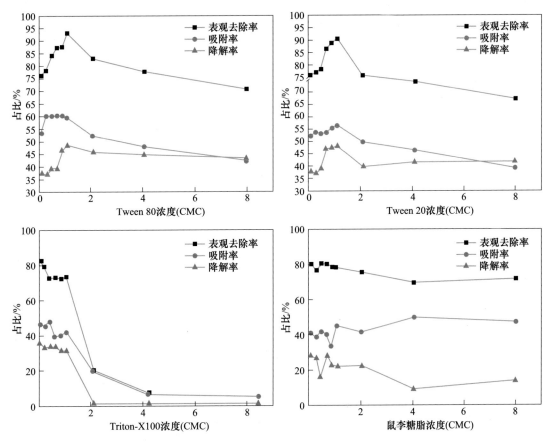

图 11-18　表面活性剂对 *Klebsiella oxytoca* PYR-1 表观去除、吸附和降解芘的影响

参 考 文 献

[1] 陈怀满. 环境土壤学 [M]. 2 版. 北京：科学出版社，2010.

[2] 胡英旭. 环境学概论 [M]. 北京：中国环境科学出版，2008.

[3] 张明山，许真，张雄. 土壤中重金属污染物的迁移转化规律研究 [J]. 资源节约与环保，2022（1）：
　　 45-47，55.

[4] 朱利中. 土壤有机污染物界面行为与调控原理 [M]. 北京：科学出版社，2015.

[5] 蔺亚青. 铜、铅、镉在离子型稀土矿区土壤中的吸附-解吸特性研究 [D]. 南昌：江西理工大
　　 学，2018.

[6] 娄保锋. 有机污染物在沉积物上的竞争吸附效应及影响因素 [D]. 杭州：浙江大学，2004.

[7] 陈英旭. 土壤重金属的植物污染化学 [M]. 北京：科学出版社，2008.

[8] 张栋. 表面活性剂对 PAHs 微生物界面行为的影响及调控机制 [D]. 杭州：浙江大学，2013.

索　引